建筑施工安全技术与管理

主　编　李英姬　王生明
副主编　丛绍运

中国建筑工业出版社

图书在版编目（CIP）数据

建筑施工安全技术与管理/李英姬，王生明主编. —北京：中国建筑工业出版社，2020.3（2023.3重印）
ISBN 978-7-112-24847-6

Ⅰ. ①建… Ⅱ. ①李… ②王… Ⅲ. ①建筑施工-安全技术-教材②建筑施工-安全管理-教材 Ⅳ. ①TU714

中国版本图书馆 CIP 数据核字（2020）第 025384 号

责任编辑：石枫华 张 磊 张 瑞
责任设计：李志立
责任校对：李美娜

建筑施工安全技术与管理
主 编 李英姬 王生明
副主编 丛绍运
*
中国建筑工业出版社出版、发行（北京海淀三里河路 9 号）
各地新华书店、建筑书店经销
霸州市顺浩图文科技发展有限公司制版
北京建筑工业印刷厂印刷
*
开本：787×1092 毫米 1/16 印张：27¾ 字数：688 千字
2020 年 8 月第一版 2023 年 3 月第二次印刷
定价：**99.00** 元
ISBN 978-7-112-24847-6
（35400）

序

目前我国正处于建筑产业现代化和城镇建设的快速发展时期，各种工程施工新技术、新材料、新设备、新工艺得到了广泛的应用。但由于建设管理水平、施工水平及技术水平参差不齐，使得建筑业的伤亡事故一直高居各行业的前列，仅次于交通业和采矿业，是高危险行业之一。

为适应高素质、强能力的工程应用型人才培养的需要，促进建筑企业的项目经理、安全员及有关人员学习、执行现行标准，提高施工现场的安全管理水平，减少施工现场安全事故的发生，编者以现行标准为基础，依据安全方面的法律、法规的相关要求，组织编写了本书。

本书注重施工实践经验的总结，力求理论与实践相结合，将国家相关安全规范的内容融会贯通，内容全面、系统和翔实。本书以施工安全技术与安全生产管理为全书阐述的重点，使“技术”与“管理”有机结合。力求适应当前经济社会发展新常态下，我国建筑行业产业结构调整和新的一体化高端建设的模式下的建筑施工企业安全生产风险防控要求。并对施工过程中典型事故案例进行详细分析，帮助读者解决安全施工生产中出现的问题，有较强的指导性和实用性。本书可作为教材或参考资料，也可用于现场施工人员进行安全教育和职业培训。

本书由上海应用技术大学李英姬拟定编写大纲，并进行全书的统稿与定稿。本书共14章组成，第1章第1.1节、第1.4节、第2章、第3章第3.1～第3.10节由中国建筑第二工程局有限公司丛绍运编写，第4章、第6章和第10章由南京可锐达建筑科技咨询有限公司王生明编写，其余章节由上海应用技术大学李英姬编写。

本书在编写过程中得到了中储发展股份有限公司天津事业部张燕、上海鲁班软件股份有限公司谢嘉波以及中国建筑工业出版社的有关领导和编辑同志们的热心指导。本书编写时参阅了大量文献，引用了有关专家、同行的研究成果，在此一并表示衷心感谢。

限于编写者水平和经验，书中难免有疏漏和不妥之处，敬请广大读者批评指正。

编　者

2019年10月

目　　录

第 1 章　安全生产管理的基本理论知识……1
1.1　概述……1
1.2　事故管理基本知识……6
1.3　危险源辨识……24
1.4　风险管理……32
思考题……37
第 2 章　建设工程安全生产管理法律法规……38
2.1　建设工程安全生产法律法规体系……38
2.2　安全生产法律法规及制度主要内容……57
2.3　安全生产的方针……63
思考题……69
第 3 章　建筑工程安全管理……70
3.1　建筑工程安全管理基本原则……70
3.2　建筑安全生产主要任务……71
3.3　建设单位安全责任……72
3.4　勘察、设计、工程监理单位的安全责任……73
3.5　施工企业安全生产管理制度……74
3.6　施工企业安全生产责任……77
3.7　安全生产策划……88
3.8　施工企业危险源安全管理……91
3.9　安全生产技术管理……97
3.10　安全教育与培训……100
3.11　事故隐患排查……102
3.12　安全检查……108
3.13　生产安全事故与应急管理……111
3.14　建筑安全 PDCA 闭环管理……114
思考题……117
第 4 章　建筑施工信息化……118
4.1　概述……118
4.2　建筑施工企业信息化建设……121
4.3　建筑工程项目管理信息化……125
思考题……129
第 5 章　BIM 技术应用……130

5.1 BIM 概况 …… 130
5.2 BIM 实施组织管理 …… 140
5.3 施工准备阶段 BIM 应用 …… 144
5.4 施工实施阶段 BIM 应用 …… 151
5.5 预制装配式建筑 BIM 应用 …… 154
思考题 …… 158

第 6 章 临时工程 …… 159
6.1 概要 …… 159
6.2 施工现场临时用电 …… 164
6.3 给水排水系统 …… 171
6.4 安全防护设施 …… 173
思考题 …… 176

第 7 章 土石方工程 …… 177
7.1 建筑地基土的分类及工程性质 …… 177
7.2 土石方工程基本规定 …… 181
7.3 土方工程机械设备 …… 182
7.4 边坡工程 …… 184
7.5 土方开挖安全技术 …… 187
思考题 …… 195

第 8 章 基坑工程 …… 196
8.1 基坑支护概述 …… 196
8.2 基坑支护结构 …… 199
8.3 基坑的降排水及常见事故 …… 206
8.4 基坑工程风险分析和安全管理要点 …… 214
8.5 基坑开挖的监测与控制 …… 220
8.6 基坑工程事故案例分析 …… 225
思考题 …… 231

第 9 章 混凝土结构工程 …… 233
9.1 概要 …… 233
9.2 钢筋工程 …… 233
9.3 模板工程 …… 246
9.4 混凝土工程 …… 265
思考题 …… 275

第 10 章 装配式混凝土结构工程 …… 277
10.1 概述 …… 277
10.2 基本规定 …… 277
10.3 预制构件生产制作 …… 278
10.4 预制构件施工前期准备 …… 287
10.5 预制构件吊装安装 …… 291

10.6 预制构件调节及就位…………………………………………………… 293
10.7 预制墙板（柱）安装…………………………………………………… 296
10.8 预制梁、板安装…………………………………………………… 302
10.9 装配式建筑施工安全控制要点…………………………………………… 305
思考题…………………………………………………………………… 307
第 11 章 钢结构工程 ……………………………………………………… 308
11.1 钢结构安全施工概述…………………………………………………… 308
11.2 钢结构施工前准备工作…………………………………………………… 309
11.3 工厂加工制作…………………………………………………… 312
11.4 钢结构的连接…………………………………………………… 315
11.5 钢结构施工安装…………………………………………………… 319
11.6 危险源辨识及控制措施…………………………………………………… 325
11.7 钢结构工程事故案例分析…………………………………………………… 326
思考题…………………………………………………………………… 328
第 12 章 脚手架工程 ……………………………………………………… 329
12.1 脚手架概述…………………………………………………… 329
12.2 木、竹脚手架搭设…………………………………………………… 333
12.3 扣件式钢管脚手架…………………………………………………… 337
12.4 悬挑式钢管扣件式脚手架…………………………………………………… 349
12.5 附着式升降脚手架…………………………………………………… 353
12.6 门式脚手架…………………………………………………… 358
思考题…………………………………………………………………… 365
第 13 章 垂直运输机械 ……………………………………………………… 366
13.1 概述…………………………………………………… 366
13.2 塔式起重机…………………………………………………… 368
13.3 施工升降机…………………………………………………… 379
13.4 施工起重吊装作业…………………………………………………… 397
思考题…………………………………………………………………… 404
第 14 章 高处作业 ……………………………………………………… 406
14.1 概述…………………………………………………… 406
14.2 临边作业及洞口作业…………………………………………………… 409
14.3 攀登与悬空作业…………………………………………………… 412
14.4 吊篮作业…………………………………………………… 415
14.5 操作平台…………………………………………………… 421
14.6 交叉作业…………………………………………………… 424
14.7 高处坠落事故的原因…………………………………………………… 424
14.8 坠落事故预防措施…………………………………………………… 425
14.9 建筑施工安全“三宝”的防护…………………………………………… 426
思考题…………………………………………………………………… 434
参考文献…………………………………………………………………… 435

第1章 安全生产管理的基本理论知识

1.1 概述

在我国经济新常态背景下，随着建筑企业的建设模式、盈利模式的变化，绿色施工和建筑产业现代化发展等对建筑安全生产工作提出了更高的要求和期望。建立建筑安全长效机制，筑牢安全生产责任网、监督网、保障网是建筑安全生产工作的必由之路。

众所周知，建筑业是高危险和事故多发行业。施工生产的流动性，建筑产品的一次性和产品多样性，施工生产过程的复杂性等建筑施工特点都决定了施工过程中的不确定性。建筑施工的安全隐患多存在于高处作业、基坑作业、交叉作业、垂直运输和使用电气设备等方面，这些方面建筑施工复杂，工作环境必然呈多变状态，因而容易发生安全事故。高处坠落、坍塌事故、起重事故、机械伤害、物体打击、触电事故为建筑业最常发生的事故，占事故总数的85%以上，称为“六大伤害”。

1.1.1 安全生产技术与管理相关术语

1. 安全生产

安全生产是指在生产经营活动中，为避免发生造成人员伤害和财产损失的事故而采取相应的事故预防和控制措施，从而保证从业人员的人身安全，并保证生产经营活动得以顺利进行的相关活动。

2. 安全生产管理

安全生产管理是指经营管理者对安全生产工作进行的策划、组织、指挥、协调、控制和改进等一系列活动。

3. 建筑施工安全技术

消除或控制建筑施工过程中已知或潜在危险因素及其危害的工艺和方法。

4. 建设工程施工安全策划

建设工程施工安全策划是指针对建设工程的规模、结构、技术、环境等，通过识别和评价建筑工程中的危险源和环境因素，确定安全目标和要求的活动。

5. 安全生产费用

安全生产费用是指企业按照规定标准提取在成本中列支，专门用于完善和改进企业或者生产单位安全生产条件的资金。安全生产费用按照“企业提取、政府监管、确保需要、规范使用”的原则进行管理。

6. 安全技术措施

安全技术措施是指为防止工伤事故和职业病的危害，从技术上采取的措施。在工程施工中是指针对工程特点、环境条件、劳动力组织、作业方法、施工机械、供电设施等制定的确保安全施工的措施。

7. 安全技术交底

安全技术交底是指将预防和控制安全事故发生及减少其危害的安全技术措施以及工程项目、分部分项工程概况向作业班组、作业人员作出详细说明。

8. 事故隐患

事故隐患是指生产经营单位违反安全生产法律、法规、规章、标准、规程和安全生产管理制度的规定，或者因其他因素在生产经营活动中存在可能导致事故发生的物的危险状态、人的不安全行为和管理上的缺陷。

一般事故隐患是危害和整改难度较小，发现后能够立即整改排除的隐患；重大事故隐患是危害和整改难度较大，应当全部或者局部停产停业，并经过一定时间整治治理方能排除的隐患。

9. 安全检查

安全检查是对施工项目贯彻安全生产法律法规的情况、安全生产状况、劳动条件、事故隐患等所进行的检查，其主要内容包括查思想、查制度、查机械设备、查安全卫生设施、查安全教育及培训、查生产人员行为、查防护用品施工、查伤亡事故处理等。

10. 事故风险辨识、评估

事故风险辨识、评估是指针对不同事故种类及特点，识别存在的危险危害因素，分析事故可能产生的直接后果以及次生、衍生后果，评估各种后果的危害程度和影响范围，提出防范和控制事故风险措施的过程。

11. 应急预案

应急预案是指针对可能发生的事故，为迅速、有序地开展应急行动而预先制定的行动方案。应急预案必须是真实性和实用性的处置方案。

12. 应急准备

应急准备是指针对可能发生的事故，为迅速、有序地开展应急行动而预先进行的组织准备和应急保障。预防生产安全事故，重在事前的准备工作。

13. 应急救援

应急救援是指在应急响应过程中，为消除、减少事故危害，防止事故扩大或恶化，最大限度地降低事故造成的损失或危害而采取的救援措施或行动。

14. 安全风险

安全风险是指发生危险事件或有害暴露的可能性，与随之引发的人身伤害或健康损害的严重性的组合。安全管理的目的是辨识风险和控制风险。“事前预防、事中控制、事后总结”是安全风险管控的基础。

15. 危险性较大的分部分项工程

危险性较大的分部分项工程是指房屋建筑和市政基础设施工程在施工过程中，容易导致作业人员群死群伤或造成重大经济损失的分部分项工程。

16. 安全风险评估

安全风险评估是指运用定性或定量的统计分析方法对安全风险进行分析、确定其严重程度，对现有控制措施的充分性、可靠性加以考虑，以及对其是否予以确定的过程。

1.1.2 建筑施工安全生产基本内容

建筑施工安全生产工作包括建筑施工安全技术、安全生产管理、安全教育培训等基本内容。

1. 建筑施工安全技术

建筑施工安全技术是指研究建筑工程施工中可能存在的各种事故因素及其产生、发展和作用方式，采取相应的技术和管理措施，及时消除其存在，或者有效抑制、阻止其孕育和发动，并同时采取保险和保护措施，以避免伤害事故发生的技术。建筑施工安全技术应包括安全技术规划、分析、控制、监测与预警、应急救援及其他安全技术等。

建筑施工安全技术规划是指为实现建筑施工安全总体目标制订的消除、控制或降低建筑施工过程中潜在危险因素和生产安全风险的专项技术计划。

工程项目开工前应结合工程特点编制建筑施工安全技术规划，确定施工安全目标；规划内容应覆盖施工生产的全过程。建筑施工安全技术规划编制应包含工程概况、编制依据、安全目标、组织结构和人力资源、安全技术分析、安全技术控制、安全技术监测与预警、应急救援、安全技术管理、措施与实施方案等。

为了主动、有效地预防事故，必须充分分析和了解、认识事故发生的直接原因，运用工程技术手段消除事故发生的致因因素，实现生产工艺和设备、设施的本质安全。建筑施工安全技术分析应包括建筑施工危险源辨识、建筑施工安全风险评估和建筑施工安全技术方案分析，并应符合下列规定：

1）危险源辨识应覆盖与建筑施工相关的所有场所、环境、材料、设备、设施、方法、施工过程中的危险源；

2）建筑施工安全风险评估应确定危险源可能产生的生产安全事故的严重性及其影响，确定危险等级；

3）建筑施工安全技术方案应根据危险等级分析安全技术的可靠性，给出安全技术方案实施过程中的控制指标和控制要求。

安全控制技术包括专项施工技术、监控、保险、防护技术等。建筑施工安全技术控制措施的实施应符合下列规定：

1）根据危险等级、安全规划制定安全技术控制措施；

2）安全技术控制措施符合安全技术分析的要求；

3）安全技术控制措施按施工工艺、工序实施，提高其有效性；

4）安全技术控制措施实施程序的更改应处于控制之中；

5）安全技术措施实施的过程控制应以数据分析、信息分析以及过程监测反馈为基础。

监测预警技术包括安全检查、安全检测、安全信息、安全监控、预警提示技术等。建筑施工安全技术监测与预警应根据危险等级分级进行，并满足下列要求：

1）Ⅰ级：采用监测预警技术进行全过程监测控制；

2）Ⅱ级：采用监测预警技术进行局部或分段过程监测控制。

应急救援技术包括总响应技术、专项救援技术、医疗救护技术等。建筑施工生产安全事故应急预案应根据施工现场安全管理、工程特点、环境特征和危险等级制定。建筑施工安全应急救援预案应对安全事故的风险特征进行安全技术分析，对可能引发次生灾害的风险，应有预防技术措施。

2. 建筑安全生产管理

建筑安全生产管理是指以国家的法律、法规、技术标准和施工企业的标准及制度为依据，采取各种手段，对建筑工程生产的安全状况实施有效制约的一切活动，是管理者对安全生产工作进行的计划、组织、指挥、协调和控制的一系列活动。

建筑安全生产管理是安全管理原理和方法在建筑领域的具体应用，是建筑工程管理的一个重要部分。目的是保证在生产、经营活动中的人身安全与健康，以及财产安全。

3. 安全教育与培训

建筑施工企业和施工现场应建立健全安全生产教育培训制度，明确教育岗位、教育人员、教育内容、教育时间等。建筑施工企业职工应每年至少一次参加安全生产教育培训，培训考核不合格者，不得上岗。企业、项目部和班组应对新进场作业人员进行三级安全教育，未经教育培训或教育培训考核不合格的人员，不得上岗作业。

通过教育培训，加强和提高从业人员的安全意识，强化从业人员对作业场所职业病危害的防范知识和技能，促进安全管理工作的持续发展，有效保护劳动者的健康。

1.1.3 建筑施工安全生产特点

（1）建筑产品是一次性的、单一的产品。由于工程项目的规模、结构形式及建筑施工环境的差异，导致建筑产品没有完全相同的。建筑产品的单一性使得它不同于其他制造业能够重复生产。

（2）具有流动性。由于建筑产品的固定性，施工队伍就必须转移到另一个新的环境，施工流动性大，生产周期长，作业环境复杂，可变因素多。建筑工程的施工是流水作业，工作场所和工作内容是不断变化的，其施工过程的安全问题也是不断变化的，故危险源存在不确定性。

（3）产品的多样性。每一个建筑都具有特定的使用功能要求。因此决定了它的结构形式、建筑物的大小、建筑表现手法都各不相同，形成建筑产品的多样性。而随着施工进度，施工现场的不安全因素也变化，必须采取相适应的安全防范措施。

（4）建筑工程的协作性。建筑工程项目是由多个安全责任主体共同协作完成的。其参与主体有建设、勘察、设计、监理、施工及材料设备供应等多个单位，它们之间存在着较为复杂的关系，需要通过法律法规、合同来协调工作。

（5）施工周期长和露天及高处作业多。由于建筑产品的体积特别庞大，施工周期一般都在一年以上，且基础、主体、屋面及室外装修等工程大多是露天作业占整个工作量的70%，高处作业约占90%，重体力劳动作业较多。建筑作业的高强度，施工现场的噪声、有害气体和尘土等，使得作业人员体力和注意力下降，工作环境条件较差，很容易引发各类伤亡事故。

1.1.4 建设工程的参与者

建设工程是一个涉及面广、程序复杂、生产周期较长的系统性工程。从事建设活动的单位主要有建设单位、工程项目管理企业、工程勘察设计企业、工程监理企业、施工单位等。

1. 建设单位

投资建设某项建设工程的单位称为建设单位。在工程项目中，建设单位可以是建设方或房地产开发商。

建设方是工程项目建设全过程的总负责方，拥有相应的建设资金，可能是政府、企业、其他投资者或几个企业的组合。建设方根据工程的需要，确定建设规模、功能、外观、材料设备等。

房地产开发商是以土地、房屋或基础配套设施开发经营为主体的经济实体，在工程建设中，角色与建设方相似。

2. 工程项目管理企业

工程项目管理企业是以工程项目管理技术为基础，以工程项目管理服务为主业，具有工程勘察、设计、施工、监理、造价咨询等一项或多项资质。工程项目管理企业代表建设方对工程项目进行多方面的管理。

3. 工程勘察设计企业

工程勘察设计企业是指依法取得资格，从事工程勘察、工程设计活动的单位。勘察单位最终提出施工现场的地理位置、地形、地貌、地质水文等勘察报告。

设计单位是指根据建设工程的要求，对建设工程所需的技术、经济、资源、环境等条件进行分析论证、工程设计的单位。设计单位最终提供设计图纸和成本预算成果。

4. 工程监理企业

工程监理企业是指经政府有关部门批准，具有法人资格，代表建设方对项目的实施进行监督管理的单位。工程建设中，监理单位对工程建设项目施工阶段的工程质量、建设工期、施工安全、建设投资和环境保护等代表建设单位实施专业化监督管理。监理做到建设方和施工单位签订公平、公正的合同。

5. 施工单位

施工单位是指从事土木工程、建筑工程、线路管道设备安装工程、装修工程的新建、扩建、改建活动的企业。施工单位负责施工现场的生产及安全管理。严格执行合同并保质量地完成任务，不能偷工减料。

图 1-1 为建设工程合同关系图。

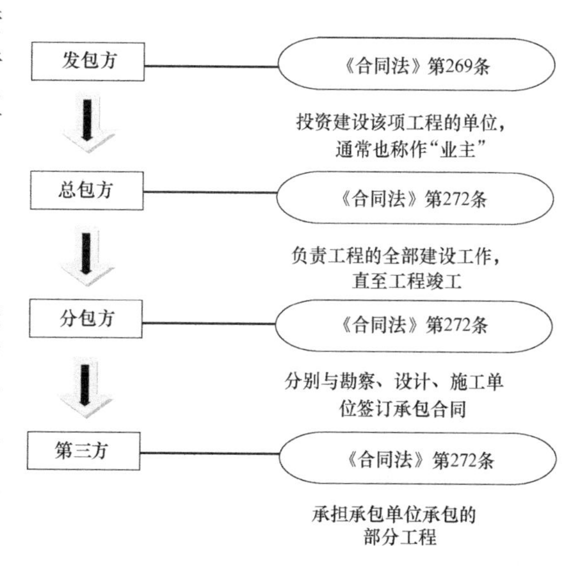

图 1-1 建设工程合同关系图

1.1.5 安全生产管理实施要点

安全生产管理是以安全为目的，进行有关计划、组织、激励和控制等方面的活动。安全管理的对象是生产中一切人、物、环境的状态管理与控制，是一种动态管理，其目的是辨识危险及控制风险，其核心是控制事故。

安全生产管理是企业生产管理的重要组成部分，是一门综合性的系统科学。安全管理需要全体管理者和员工的持续不懈的共同努力。

1. 安全生产管理具体实施要点

1）树立企业安全生产理念

企业为保证安全生产，要始终坚持“安全重在管理，事故重在预防”的观念。强化隐患排查，树立“归零”理念。

2）完善安全生产管理制度

安全生产管理制度是企业安全生产管理的纲领性文件，必须结合企业实际情况制定实施细则。主要目的是控制风险，将危害降到最小。

3）建立风险分级管控体系

为加强风险管理和岗位风险控制，预防事故发生，应制定规范的安全风险管控制度。应按照“分级管理、分线负责”、“管业务必须管安全”的原则制定。

4）隐患排查治理

事故隐患排查治理工作应当坚持生命至上、预防为主、科学管理、单位主责、政府监督、社会参与的原则，实行生产经营单位自查、自报、主治和政府部门监督管理的排查治理工作机制。

5）落实全员安全责任

施工企业必须根据各类岗位工作人员的岗位工作内容，按照“一岗双责”、“管业务必须管安全、管生产经营必须管安全”的原则，建立健全覆盖所有管理和操作岗位的安全生产责任制，严格落实施工人员安全生产岗前培训教育制度。

6）进行过程管理，降低安全风险

过程安全管理应运用风险管理和系统管理思想、方法建立管理体系，主动地、前瞻性地管理和控制过程风险，预防重大事故发生。

7）应急响应

应急响应应根据应急预案采取抢险准备、信息报告、应急启动和应急终止四个程序统一执行。

8）管理持续改进体系

施工安全管理体系应根据 PDCA 循环模式的运行方式，以逐步提高、持续改进的思想指导企业系统地实现安全管理的既定目标。

2. 安全管理主要应对的风险

1）安全生产隐患风险：由于安全生产隐患引起的企业经济损失、社会损失。

2）安全生产事故风险：主要包括生产安全事故隐患和重大危险源。

3）安全生产法律风险：由于生产活动、安全生产隐患、安全生产事故违反法律法规，引起的企业经济损失、社会损失。

1.2　事故管理基本知识

安全管理是以事故为主要研究对象，以事故预防、事故分析、事故处理为主要研究内容的一项管理。

1.2.1 事故的特性

在安全管理工作中，进行事故预防和事故调查分析时，首先要了解事故的特性。事故具有以下特性：

1. 潜在性

潜在性是指事故尚未发生和造成损失之前，似乎一切处于“正常”和“平静”状态，但潜伏于生产过程之中。在事故发生前，人、机、环境系统所处的状态是不稳定的，系统存在着事故隐患。事故的这一特性要求人们树立牢固的安全意识，消除侥幸心理和麻痹思想，要常备不懈，防止事故发生。

2. 因果性

因果性就是某一现象作为另一现象发生的根据的两种现象之关联性。

事故是相互联系的多种因素共同作用的结果。因此，分析和研究事故发生的因果关系，深入剖析其根源，防止同类事故重演。

3. 偶然性和必然性

事故是一种随机现象，是一个小概率事件。事故发生和后果具有一定的偶然性和必然性。呈现在人们面前的各类事故是一种偶然的和随机的事件，但是从概率角度讲，人的不安全行为、物的不安全状态的反复出现，最终导致事故的发生。

4. 突发性

事故往往在不期望的时间突然发生，是一种紧急情况，常常使人们措手不及。对于事故的突发性，加强事故应急管理，即针对突发事故采取一系列预防、准备、响应与恢复等应急活动。

5. 可预防性

事故的发生和发展都是有规律的，任何事故只要按照科学的方法和严谨的态度进行预防工作，预防事故是可能的。

1.2.2 事故的分类

事故按不同的分类方法有不同的分类。

1. 按事故类别分类

依据《企业职工伤亡事故分类》（GB 6441—86）综合考虑致害起因、伤害方式等将事故分为20类，如表1-1所示。

根据《企业职工伤亡事故分类》的事故分类　　表1-1

序号	事故类别	备　注
01	物体打击	落物、滚石、撞击、碎裂、崩块、砸伤，不包括爆炸引起的物体打击
02	车辆伤害	包括挤、压、撞、颠覆等伤害
03	机械伤害	包括绞、碾、割、戳、切等伤害
04	起重伤害	各种起重引起的伤害
05	触电	电流流过人体或人与带电体间发生放电引起的伤害，包括雷击

续表

序号	事故类别	备注
06	淹溺	各种作业中落水及矿山透水引起的溺水伤害
07	灼烫	火焰烧伤、高温物体烫伤、化学物质灼伤、射线引起的皮肤损伤等，不包括电烧伤及火灾事故引起的烧伤
08	火灾	造成人员伤亡的企业火灾事故
09	高处坠落	包括由高处落地和由平地坠入地坑引起的事故
010	坍塌	建筑物、构筑物、堆置物倒塌及土石塌方引起的事故，不适用于矿山冒顶、片帮及爆炸、爆破引起的坍塌事故
011	冒顶片帮	指矿山开采、掘进及其他坑道作业发生的顶板冒落、侧壁垮塌事故
012	透水	使用与矿山开采及其他坑道作业发生因涌水造成的伤害
013	爆破	由爆破引起的事故，包括因爆破引起的中毒
014	火药爆炸	生产、运输和储藏过程中的意外爆炸事故
015	瓦斯爆炸	包括瓦斯、煤尘和空气混合形成的混合物的爆炸事故
016	锅炉爆炸	适用于工作压力在0.07MPa以上、以水为介质的蒸汽锅炉的爆炸
017	容器爆炸	包括物理爆炸和化学爆炸
018	其他爆炸	可燃性气体、蒸汽、粉尘等与空气混合形成的爆炸性混合物的爆炸；炉膛、钢水包、亚麻粉尘的爆炸等
019	中毒和窒息	职业性毒物进入人体引起的急性中毒、缺氧窒息性伤害
020	其他伤害	上述范围之外的伤害事故，如冻伤、扭伤、摔伤、野兽咬伤等

2. 按事故严重程度分类

根据《生产安全事故报告和调查处理条例》（国务院第493号）规定，按照事故造成人员伤亡或者直接经济损失将安全事故分为4个等级，见表1-2。

按事故严重程度分类　　表1-2

事故类型	死亡人数 A	重伤人数 B	直接经济损失 C（万元）
一般事故	$A<3$	$B<10$	$C<1000$
较大事故	$3\leqslant A<10$	$10\leqslant B<50$	$1000\leqslant C<5000$
重大事故	$10\leqslant A<30$	$50\leqslant B<100$	$5000\leqslant C<10000$
特别重大事故	$A\geqslant 30$	$B\geqslant 100$	$C\geqslant 10000$

根据发生生产安全事故可能产生的后果，应将建筑施工危险等级划分为Ⅰ级、Ⅱ级、Ⅲ级。建筑施工危险等级系数的取值应符合表1-3的规定。

建筑施工危险等级系数　　表1-3

危险等级	事故后果	危险等级系数
Ⅰ	很严重	1.10
Ⅱ	严重	1.05
Ⅲ	不严重	1.00

在建筑施工过程中，应结合工程施工特点和所处环境，根据建筑施工危险等级实施分级管理并综合采用相应的安全技术。

3. 按事故中人的伤亡情况进行分类

按照事故中人的伤亡情况进行分类可以把事故分为伤亡事故和一般事故。

伤亡事故是指造成人身伤害或急性中毒的事故。其中，在生产区域中发生的和生产有关的伤亡事故称为工伤事故。

按人员遭受伤害的严重程度，把伤亡事故分为四类：

1）暂时性失能伤害。受伤害者或中毒者暂时不能从事原岗位工作。

2）永久性部分失能伤害。受伤害者或中毒者肢体或某些器官功能不可逆丧失的伤害。

3）永久性全失能伤害。使受伤害者完全残废的伤害。

4）死亡。

根据《事故伤害损失工作日标准》（GB/T 15499—1995），把受伤害者的伤害分成三类：

1）轻伤：损失工作日低于105d的失能伤害。

2）重伤：损失工作日等于或大于105d的失能伤害。

3）死亡：发生事故后当即死亡，包括急性中毒死亡，或受伤后在30d内死亡的事故。死亡损失工作日为6000d。

4. 按伤亡事故性质分类

根据《生产安全事故报告和调查处理条例》，生产安全事故可分为责任事故、非责任事故、破坏性事故。通过事故调查分析，对事故的性质要有明确结论。其中，对认定为自然事故（非责任事故或者不可抗拒的事故）的，可不再认定或者追究。事故责任人对认定为责任事故的，要按照责任大小和承担责任的不同分别认定直接责任者、主要责任者、领导责任者。

1）责任事故：是指从事生产、作业的人员违反安全管理规定造成的事故。可分为主要责任事故和非主要责任事故。非主要责任事故包括管理责任、监管责任、次要责任、一定责任。

2）非责任事故：是指由于人们不能遇见或不可抗力的自然条件变化所造成的事故，或是在技术改造、发明创造、科学试验活动中，因科学技术条件的限制超出所能预料的事故。

3）破坏性事故：是指为达到既定目的而故意制造的事故。对已确定为破坏性事故的，应由公安机关和企业保卫部门认真追查破案，依法处理。

1.2.3 事故的致因理论

预防和控制事故的关键是掌握事故发生的规律、发现事故的原因，保证生产系统处于安全状态。

1. 海因里希事故因果连锁论

1931年，海因里希在《产业事故预防》一书中第一次提出了事故因果连锁论，他用多米诺骨牌原理，阐明导致伤亡事故的各种原因与结果之间的关系，伤亡事故五个因素如图1-2所示。

海因里希认为，人的遗传及社会环境是造成人的性格缺陷的主要原因。人的缺点造成人的不安全行为或造成机械、物质不安全状态，它们是造成事故的直接原因。如果移去因果连锁中的任何一块骨牌，则连锁被破坏，事故过程即被中止，达到控制事故的目的。海因法则（图 1-3）告诉我们，每一起严重事故的背后，必有 29 次轻微事故和 300 起未遂先兆以及 1000 起事故隐患。

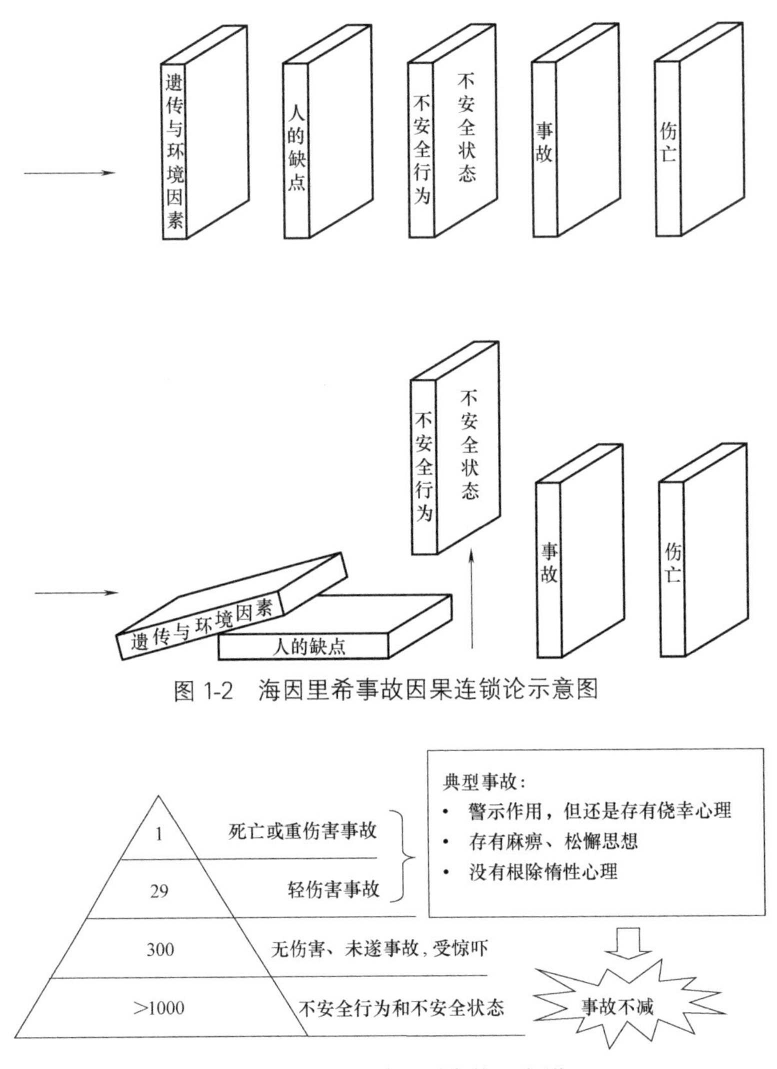

图 1-2　海因里希事故因果连锁论示意图

图 1-3　海因里希法则事故金字塔

2. 博德因果连锁理论

博德在海因里希事故致因理论的基础上，引入了现代安全观点的事故因果连锁链，认为事故的根本原因是管理缺陷，主张加强组织管理。博德的事故因果连锁过程同样为五个因素，如图 1-4 所示，但每个因素的含义与海因里希的都有所不同。

博德事故因果连锁理论认为，事故的直接原因是人的不安全行动、物的不安全状态，间接原因包括个人因素及与工作有关的因素。根本原因是管理的缺陷，管理失误主要表现在对导致事故的根本原因控制不足。

博德存在的问题是没有明确提出管理缺陷的具体内容，在管理实践中难操作。

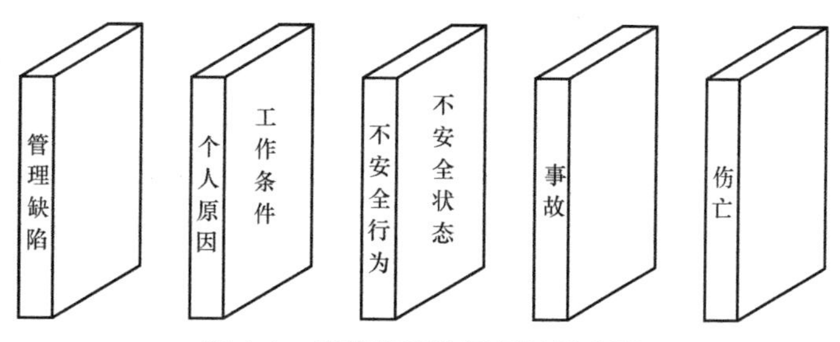

图 1-4 博德的事故因果链示意图

3. 北川彻三事故因果连锁理论

自海因里希之后，北川彻三对事故因果连锁理论进行了修改，提出了另一种事故因果连锁理论。

北川彻三认为工业伤害事故发生的原因较复杂，超出了企业安全工作的范围。一个国家或地区的政治、经济、文化、教育、科技水平等诸多社会因素，对企业内部伤害事故的发生和预防有着重要的影响。北川彻三基于这种考虑把事故原因归为如表 1-4 所示。

北川彻三事故因果连锁轮 **表 1-4**

根本原因	间接原因	直接原因	事故	伤亡
学校教育的原因 社会的原因 历史的原因	技术的原因 教育的原因 身体的原因 精神的原因 管理的原因	不安全行为 不安全状态		

4. 亚当斯事故因果连锁理论

亚当斯连锁理论的核心是对造成现场失误的背后原因进行了深入的研究。操作者的不安全行为及生产作业过程中的不安全状态等现场失误，是由于企业领导者和安全技术人员的管理失误造成的，该模型如表 1-5 所示。

亚当斯的理论仅对造成现场失误的管理原因进行了分析，但对人的因素、工作条件和环境的因素较少涉及，对生产安全管理具有一定的局限性。

亚当斯事故因果模型 **表 1-5**

管理体制	管理失误		现场失误	事故	伤害或损坏
	领导者决策错误或没做决策	安全技术人员的管理失误或疏忽			
目标组织技能	政策 目标 权威 责任 职责 注意范围 权限授予	行为 责任 权威 规则 指导主动性 积极性 业务活动	不安全行为 不安全状态	伤亡事故 损坏事故 无伤害事故	对人 对物

5. 能量意外释放理论

1966年，美国人哈顿（Haddon）完善了能量意外释放理论，提出一种事故控制论，把事故的本质定义为能量的不正常转移。哈顿引申了吉布森（Gibson）提出的下述观点："人受伤害的原因只能是某种能量的转移"，并提出了能量逆流于人体造成伤害的分类方法。他将伤害分为两类：第一类是由于施加了超过局部或全身性承受限值的能量引起的伤害，主要指机械伤害。第二类是由于影响了局部或全身性能量交换引起的伤害，主要指中毒、窒息和冻伤。

哈顿认为，在一定条件下，某种形式的能量能否产生造成人员伤亡事故的伤害，取决于能量大小、接触能量的时间长短和频率以及力的集中程度。

6. 轨迹交叉理论事故模型

当前世界各国普遍采用如图1-5所示的轨迹交叉理论事故模型。该模型着重于伤亡事故的直接原因即人的不安全行为和物的不安全状态，以及其背后的深层原因即管理失误。轨迹交叉理论认为在事故发展进程中，人的不安全行为与物的不安全状态一旦在时间、空间上发生运动轨迹交叉，就会发生事故。国家标准《企业职工伤亡事故分类》就是基于这种事故因果连锁模型制定的。

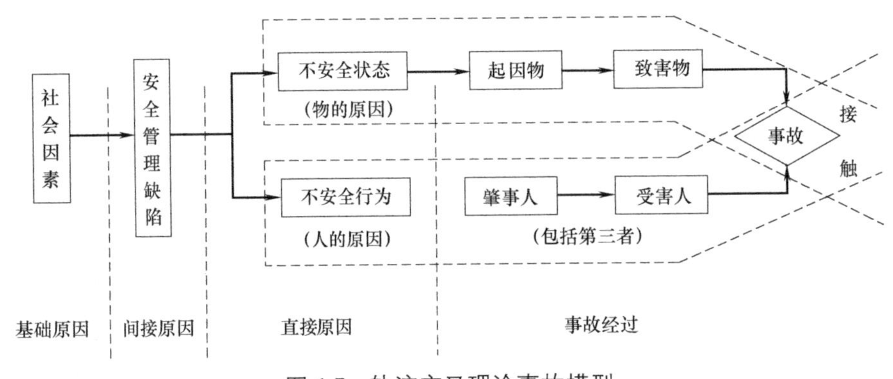

图1-5　轨迹交叉理论事故模型

1.2.4　事故的预测和预防

海因里希事故因果连锁理论，强调消除人的不安全行为和物的不安全状态在事故预防工作中的重要地位，是事故预防工作的理论基础。其理论的局限性是把不安全行为和不安全状态发生完全归结于人的缺点，但是该理论中的许多内容在如今的事故预防工作中仍然产生重大影响。

事故的预测和预防的原理，就是依据事故所具有的潜在性、因果性、偶然性、必然性和突发性等特点，从而寻找事故的规律性，以防事故的发生。现代安全科学管理的基本理论认为事故预测预防的模式，可分为事后型管理模式和预防型管理模式两种。其中事后型管理模式是指事故或者灾害发生后，根据事故的教训和发生规律进行整改与防范，以避免同类事故再发生的一种对策，这是一种被动的对策。这种对策模式遵循如下技术步骤：事故或灾难发生→调查原因→分析主要原因→提出整改对策→实施对策→进行评价→新的对策。预防型管理模式则是一种主动、积极地预防事故或灾难发生的对策。显然是现代安全管理和减灾对策的重要方法和模式。其基本的技术步骤是：根据生产过程中出现的问题、险肇事故或事故预兆→提出安全或减灾目标→分析存在的问题→找出主要问题→制定实施方案→落实方案→进行评价→新的目标。

1. 事故预测

事故预测的目的就是对系统的安全状况进行预测，为安全技术和安全管理提供决策的依据，为制定政策、发展规划与技术方案提供参考。依据事故所具有的因果性、偶然性、必然性和再现性等特点，寻找事故的规律性，以防事故的发生。

事故预测分析方法有直接预测法、事故时间序列预测法、因果预测法、回归预测法、灰色预测法等，其中事故的回归预测法和事故的灰色预测法比较准确。这两种方法是通过对大量的事故案例进行统计、分析和研究，利用数学统计学的非线性回归分析和灰色系统理论的手段建立“事故预测数学模型”，能确切反应事故发生的客观规律。

事故预测有宏观和微观之分，事故宏观预测是对各种事故现象或各类事故在一定时期内的整体趋势所做的估计和推测；事故微观预测是指在某一特定的环境和条件下，对某系统的安全状态进行分析和评价，研究某种危险源能否导致事故，事故发生的概率及其危险度。事故树分析是目前进行事故微观预测的常用方法。

2. 事故的预防

预防事故基本原则是：

1）事故可以预防；

2）防患于未然；

3）根除可能的事故原因；

4）全面治理的原则。

事故预防的基本指导思想是预防生产过程中产生的危险和有害因素、排除或降低已产生的危险和有害因素、预防生产装置失灵和操作失误产生的危险和危害因素、发生意外事故时能为遇险人员提供自救条件的要求。事故的预防工作是一个不断循环进行、不断提高的过程，是采用系统的安全管理方法来实施。

事故预防采用“3E原则”，即工程技术对策（Engineering）、安全教育对策（Education）、法制对策（Enforcement）。

工程技术对策：运用工程技术手段消除设施设备的不安全因素、改善作业环境条件，完善防护与报警装置，实现生产工艺、机械设备等生产条件的安全。

安全教育对策：利用多种层次、形式和内容的教育和训练，使职工牢固树立“安全第一”的思想，掌握安全生产所必需的知识和技能。

法制对策：利用法律、规程、标准以及规章制度等必要的强制手段约束人们的行为，达到消除不重视安全、违章作业等现象的目的。

3. 事故预防工作有5阶段模型，即

1）建立健全事故预防工作组织（Organization）；

2）发现事实（FactFinding）；

3）分析事故及不安全问题产生的原因（Analysis）；

4）选择改进措施（Selection of Remedy）；

5）实施改进措施（Application of Remedy）。

事故的预防技术可划分为预防事故发生的安全技术和防止或减少事故损失的安全技

术。前者是发现、识别各种危险因素及其危险性的技术，后者是消除、控制危险因素，防止事故发生和避免人员受到伤害的技术。

1.2.5　事故原因分析方法

事故原因分析分四个步骤：收集信息、整理收集到的信息、识别事故原因、实施行动计划。

事故原因分析方法有事故树分析法、事件树分析法、鱼骨图分析法等。

1. 事故树分析法（Fault Tree Analysis，FTA）

事故树分析方法起源于美国贝尔电话研究所，1961 年，沃森（H. A Watson）在研究民兵式导弹发射控制系统的安全性评价时首先提出了这种方法，1965 年由波音公司完善该理论。

事故树分析是一种事故演绎逻辑分析方法，是分析大型复杂系统安全性与可靠性常用的方法。这种方法把系统或作业活动中可能发生或已发生的事故作为事故树的顶上事件，按照工艺流程、先后次序和因果关系绘制树形图，通过对事故树的定性与定量分析，逐级找出事故发生的直接原因直至基本原因，为确定安全对策提供可靠依据。它由输入符号或逻辑关系符号组成，是系统安全分析中最重要、应用最广泛的方法。

（1）事故树分析方法的特点

1）能对导致灾害或功能事故的各种因素及其逻辑关系做出全面、简洁和形象的描述，为安全设计、制定安全技术措施和安全管理要点提供依据。

2）能识别导致事故的基本事件（基本的设备故障）与人为失误的组合，提供设法避免或减少导致事故基本原因的线索，从而降低事故发生的可能性；可作为定性评价，也可定量计算系统的故障概率及其可靠性参数，为改善和评价系统的安全性和可靠性提供定量分析的数据。

3）可使系统设计的管理、操作和维修人员全面了解和掌握各项防灾控制要点。

（2）事故树分析步骤

1）熟悉分析系统。全面了解系统的整个情况，包括系统性能、工艺程序、各种重要参数、作业情况及周围环境状况等，必要时绘出工艺流程图及其布置图。

2）调查事故。调查和分析系统发生的相关事故案例，同时还要了解系统未发生而同类系统发生的事故。

3）确定顶上事件。所谓顶上事件就是事故树最上一层的事件也是所要分析的对象事件-系统失效事件。对调查的事故，要分析其严重程度和发生的频率，从中找出后果严重且发生概率大的事件作为顶上事件。

4）调查原因事件。调查与事故有关的所有原因事件和各种因素，包括机械设备故障、安全装置失灵、原材料和能源供应不正常、生产管理、指挥和操作上的失误与差错、周围环境的影响等。

5）绘制事故树。根据事故的原因分析，从顶上事件开始，按照逻辑演绎法，逐级找出所有直接原因事件，直至最基本的原因事件为止。按照逻辑关系，用逻辑门连接输入输出关系画出事故树，这是事故树分析的核心部分之一。

6）修改、简化事故树。在事故树建造完成后，应进行修改和简化，特别是在事故树的不同位置存在相同基本事件时，必须用布尔代数进行整理化简。

7）事故树定性分析。求出事故树的最小割集和最小径集，进行各基本事件的结构重要度分析，根据定性分析的结论，按轻重缓急分别提出防止事故的对策及安全措施。

8）定量分析。定量分析应根据需要和条件来确定各基本事件的故障率或失误率，并计算其发生概率，求出顶上事件发生的概率。然后，对各基本事件进行概率重要度分析和临界度分析。

9）制定安全措施。依据上述分析结果及安全投入的可能，选择经济、合理、切合实际的最佳方案，以便达到预测和预防事故发生的目的。

（3）事故树的编制

事故树由事件符号和逻辑符号组成，事故树的表示符号见表 1-6。

事故树的表示符号 **表 1-6**

种类	符号	名称	内涵
事件符号	（矩形）	顶上事件	1. 事故树的结果事件，位于事故树的顶端； 2. 表示由许多其他事件相互作用而引起的； 3. 可进一步往下分析事件，只能输出事件
		中间事件	1. 是位于事故树的中间； 2. 可进一步往下分析事件
	（圆形）	基本事件	1. 事故中最基本的原因事件； 2. 不能进行往下分析； 3. 处在事故树的底端
	（菱形）	省略事件	1. 缺乏资料不能进一步分析； 2. 不愿意继续分析而有意省略
	（房形）	正常事件	1. 正常情况下应该发生的事件； 2. 允许存在，不可避免
逻辑门符号	A · B_1 B_2	与门	表示事件 B_1 和 B_2 两个事件同时发生（输入）时，A 事件可能发生（输出）
	A + B_1 B_2	或门	表示事件 B_1 和 B_2 任一事件单独发生（输入）时，A 事件都可能发生（输出）
	A · a B_1 B_2	条件与门	表示事件 B_1 和 B_2 两个事件同时发生（输入）时，还必须满足 a，A 事件才发生（输出）
	A + a B_1 B_2	条件或门	表示事件 B_1 和 B_2 任一事件单独发生（输入）时，还必须满足 a，A 事件才发生（输出）
	A a B	限制门	表示事件 B 事件单独发生（输入）时且满足 a 时，A 事件才能发生（输出）

续表

种类	符号	名称	内涵
转移符号		转入符号	表示在别处的部分时，由该处转入（在三角形内标出从何处转入）
		转出符号	表示这部分树由此处转移至他处（在三角形内标出从何处转移）

绘制事故树时：

1）顶上事件放在最上端，将其所有直接原因（中间事件）列在第二层，并用逻辑门连接上下层事件，再将第二层各事件的所有原因事件写在对应事件的下面（第三层），上下层之间用逻辑门连接，层层分析到最基本的原因事件，从而构成一株完整的事故树。

2）完成每个逻辑门的全部出入事件后，再分析其他逻辑门的出入事件，两个逻辑门不能直接连接，必须通过中间事件连接。

（4）事故树事件

在事故树分析中各种非正常状态或不正常情况皆称事故事件，各种完好状态或正常情况事件皆称成功事件，两者均为事件。事故树中每一个节点都表示一个事件。

1）结果事件

结果事件是由其他事件组合所导致的事件，位于某个逻辑门的输出端。用矩形符号表示结果事故。结果事件分为顶上事件和中间事件。

顶上事件是事故树分析中所关心的结果事件，位于事故树的顶端，它总是所讨论事故树中逻辑门的输出事件而不是输入事件，即系统可能发生的或实际已经发生的事故结果。

中间事件是位于事故树顶事件和底事件之间的结果事件。它既是某个逻辑门的输出事件，又是其他逻辑门的输入事件。

2）底事件

底事件是导致其他事件的原因事件，位于事故树的底部，它总是某个逻辑门的输入事件而不是输出事件。底事件又分为基本原因事件和省略事件。

基本原因事件，也称基本事件，表示导致顶上事件发生的最基本的或不能再向下分析的原因或缺陷事件。

省略事件，表示没有必要进一步向下分析或其原因不明确的原因事件。另外，省略事件还可以表示二次事件，即不是本系统的原因事件，而是来自系统之外的其他原因事件。

3）正常事件

正常事件是在正常工作条件下发生的正常事件，如“因走动取下安全带”。图1-6为脚手架安全事故故障树分析图。

2. 事件树分析法（Event Tree Analysis，ETA）

事件树分析是一种归纳逻辑图，是决策树在安全分析中的应用。适合于预测事故发展趋势，研究事故预防对策。

事件树分析法是根据事故发生的先后顺序，从一个故障事件开始，顺着其发生发展，逐步分析系统的成功与失败，并用水平树状网络图表示其可能结果的一种研究方法。其理论基础是运筹学中的决策论，可定性与定量地评价系统的安全性。

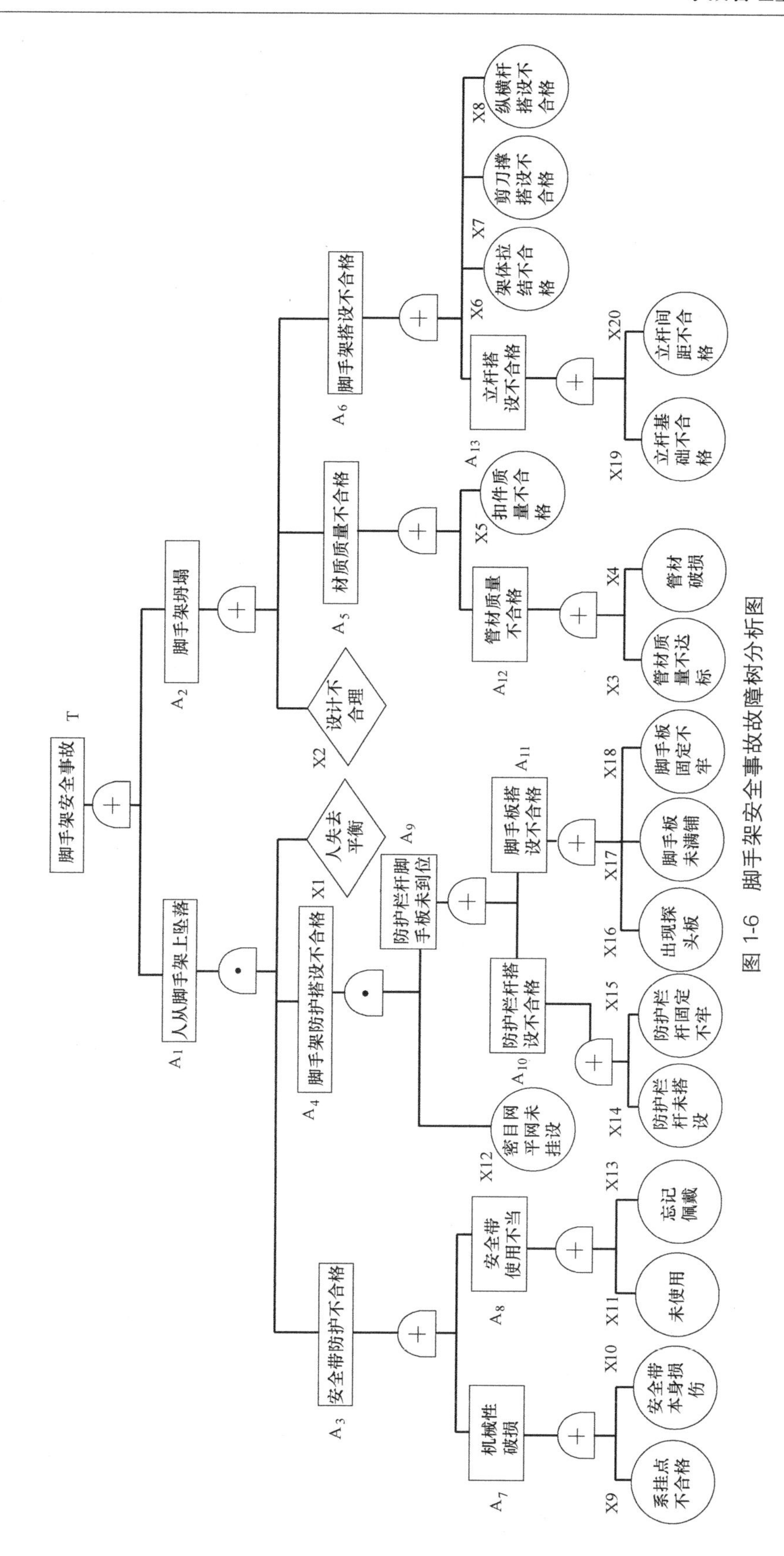

图 1-6　脚手架安全事故故障树分析图

事件树分析是动态分析过程，通过事件树分析可以看出系统变化的过程，查明系统中各个构成要素对事故发生的作用及其相互关系，从而判别事故的原因和发生条件。在事件树上只有安全对立的两种状态（成功或失败）。

事件树分析可以事前预测事故及不安全因素，估计事故的可能后果，寻求最佳的预防手段和方法；可以对已发生的事故进行原因分析，十分方便明确；事件树分析可用于管理上对重大问题的决策；分析资料可作为安全教育的资料；找出最严重的事故后果，为事故树分析法确定顶上事件提供依据。

事件树的分析步骤如下：

（1）确定初始事件。确定系统和寻求可能导致系统严重后果的初始事件，正确选择初始事件十分重要（可将那些可能导致相同事件树的初始条件划分为一类）。

（2）判断安全设计功能。分析系统组成要素并进行功能分解，识别能消除初始事件的安全设计功能。

（3）分析因果关系。分析系统各要素的因果关系及其成功或失败的两种状态。

（4）绘制事件树。根据因果关系及状态，从初始事件开始，按照事件发展过程由左到右绘制事件树，用树枝代表事件发展途径。

（5）事件树的简化。当遇到失效概率极低的系统不列入后续事件中，当系统已经失效，在其以后的各系统已经不可能缓减后果时，该事件链即已结束。

（6）事件树的定量分析。根据每一事件的发生概率，计算各种途径的事故发生概率，比较各个途径概率值的大小，做出事故发生的可能性序列，确定最易发生事故的途径。

图1-7为工人搭设脚手架时不慎将扳手从12m高处坠落，致使行人死亡的事故分析。

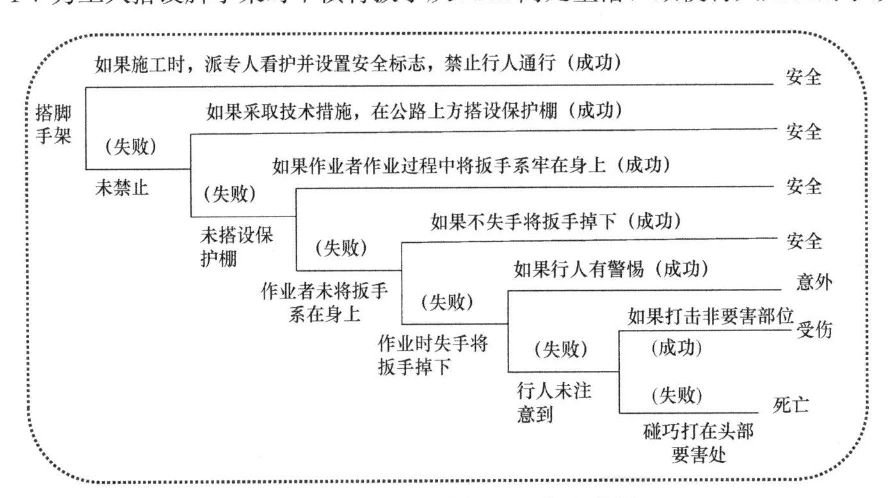

图1-7 高处施工中扳手砸伤事件树

3. 鱼骨图分析法（Fishbone Diagram）

鱼骨图是由日本管理大师石川馨先生发展出来的，用以分析导致结果的各种原因。从因果分析图中，可以直接看到导致某种结果的直接原因和次要原因的方法，也可称之为“因果图”。

鱼骨图是一个非定量的工具，其特点是简洁实用，深入直观。它由结果、原因和枝干三部分组成，如图 1-8 所示。

（1）结果：指事故的类别或后果；

（2）原因：指引起事故的影响因素；

（3）枝干：原因与结果，原因与原因之间的关系。

中央的枝干为主干，用双箭头表示。从主干两边一次展开的枝干为大枝（直接原因），大枝两侧展开的枝干为中枝（间接原因），中枝两侧展开的枝干为小枝（造成间接原因的上一层原因），用单箭头表示。对于鱼骨图的大枝通常采用人、物、环境、管理（4M）方法。

鱼骨分析法的步骤如下：

（1）确定分析对象，找出作为问题的结果，并写在图右端；

（2）确定导致事故的要因，如人、机具设备、材料、工艺、环境、安全管理等，画大枝；

（3）整理原因，把所有原因从大到小，按其关系用箭头连接起来；

（4）将上述原因层层分析，一直到不能分为止；

（5）进行核查、验证，找出最主要的原因，作为重点控制对象。

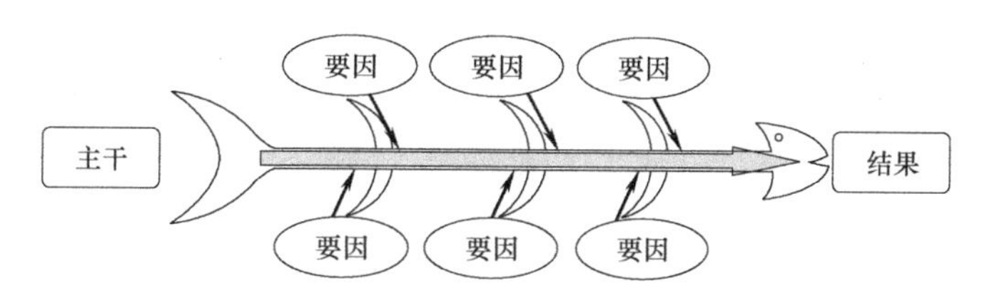

图 1-8　鱼骨图分析法示意图

1.2.6　事故调查与处理

《生产安全事故报告和调查处理条例》是为了规范生产安全事故的报告和调查处理，落实生产安全责任追究制度，防止和减少生产安全事故的发生而制定的。

在安全管理工作中，对已发生的事故进行调查与分析是极其重要的一个环节。所谓事故调查，可定义为在事故发生后，为获取事故发生的全面资料，全面、彻底查清事故的原因，明确责任，并采取措施避免事故发生的过程。

1. 事故调查对象

企业、单位在生产经营活动中，发生的人身伤亡或造成直接经济损失等都是事故调查的对象。选择合适的事故调查对象相当重要，事故调查的范畴有重大事故、未遂事故或无伤害事故、伤害轻微但发生频繁的事故、可能因管理缺陷引发的事故、高危险工作环境的事故等。

2. 事故等级划分

依照《生产安全事故报告和调查处理条例》规定，事故根据严重程度，分为一般事故、较大事故、重大事故和特别重大事故。事故等级和事故调查报告类别见表 1-7。

按事故的性质可以分为非生产安全事故和生产安全事故。生产安全事故又分责任事故和非责任事故。

事故等级与事故调查 表1-7

事故等级	事故报告	事故调查
特别重大事故	国务院	国务院或国务院授权有关部门组织事故调查组
重大事故	国家安监总局和行政主管部委	省级人民政府或授权有关部门组织事故调查组
较大事故	省、自治区、直辖市安监局和行政主管部门	设区的市级人民政府或授权有关部门组织事故调查组
一般事故	设区的市安监局和行政主管部门	区、县级人民政府或授权有关部门组织事故调查组
未造成人员伤亡的一般事故	设区的市安监局和行政主管部门	县级人民政府委托事故发生单位组织调查
1)事故调查组组成:政府、安监部门、行政主管部门、监察机关、公安机关、工会; 2)事故发生单位向政府职能部门报告时限为不超过1小时;政府逐级向上报告时限为不超过2小时		

3. 事故调查的目的和原则

(1) 事故调查的目的

事故调查的目的主要有两个，一是了解事故发生的原因，避免类似事故的再次发生；二是明确事故责任。

通过事故调查总结事故教训，提出防范和整改措施，控制事故或消除此类事故，为企业和政府有关部门安全工作的宏观决策提供依据。

对于重特大事故的调查，如果事故责任人员涉及违反国家有关法律法规的行为，或渎职行为，通过事故调查，确认相关责任，还要追究事故相关责任人员的行政责任、刑事责任。

通过事故调查可以描述事故的发生过程，依据国家有关法律法规和工程建设标准，分析事故发生的直接原因和间接原因，从而积累事故资料，为事故统计分析、预防事故提供科学依据。

(2) 事故调查基本原则

事故的调查处理应当按照实事求是、尊重科学、“四不放过”的原则。要求事故发生后，及时、准确地查清事故经过、原因和损失，查明事故性质，认定事故责任，总结事故教训，提出整改措施，并对事故责任者依法追究责任。

实事求是的原则：即必须从实际出发，在深入调查的基础上，客观、真实地查清事故真相。

尊重科学的原则：即要在科学的基础上，多做技术分析和研究，充分发挥专家和技术人员的作用，查明事故原因。

“四不放过”的原则：即事故原因未查清不放过，事故责任者未受到严肃处理不放过，事故责任者和群众未受到教育不放过，防范措施未落实不放过。

4. 事故处理

按照伤亡事故的大小，单位安委会依照事故调查报告和《安全生产奖惩办法》进行经济处罚，并按照“四不放过”原则，对事故相关责任人实行行政责任追究，报上一级单位安委会备案。

事故调查处理程序包括以下内容：

1）报告安全事故；

2）迅速抢救伤员并保护好事故现场；

3）根据事故等级组织事故调查组；

4）现场勘查；

5）分析事故原因，进行责任分析并明确责任者；

6）制定防范措施；

7）提出处理意见，撰写调查报告；

8）事故审理和结案。

5. 事故报告

《生产安全事故报告和调查处理条例》第九条明确规定：事故发生后，事故现场有关人员应当立即向本单位负责人报告；单位负责人接到报告后，应当于1h内向事故发生地县级以上人民政府安全生产监督管理部门和负有安全生产监督管理职责的有关部门报告。

情况紧急时，事故现场有关人员可以直接向事故发生地县级以上人民政府安全生产监督管理部门和负有安全生产监督管理职责的有关部门报告。

事故性质暂无法认定时，应首先根据事故级别上报，以便上级单位尽快调动一切可能的资源采取应急响应行动，必要时可以越级报告。图1-9为某公司生产安全事故报告流程图。

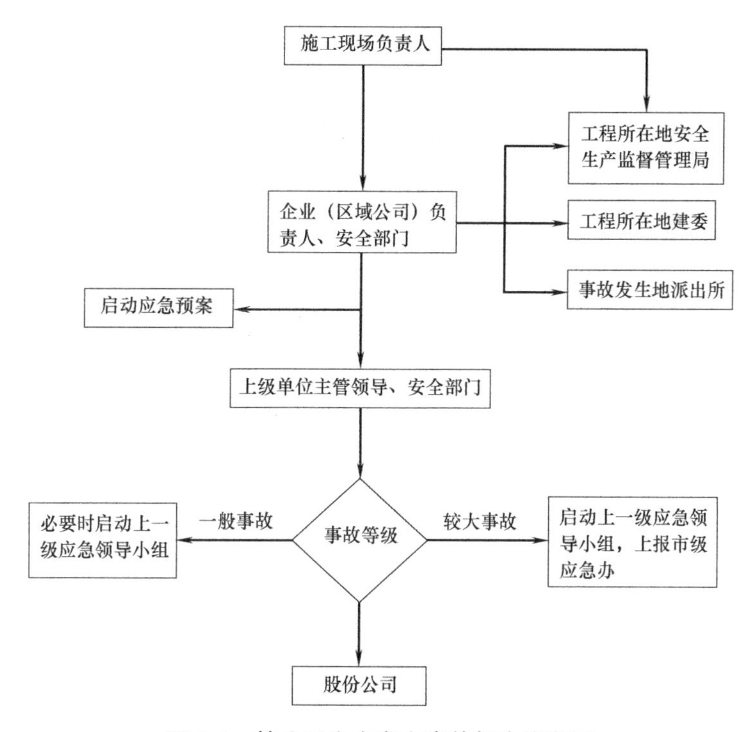

图1-9　某公司生产安全事故报告流程图

1.2.7　伤亡事故分析

伤亡事故是指企业职工在生产劳动过程中，发生的人身伤害、急性中毒事故。

1. 事故性质

按伤亡事故性质分为责任事故、非责任事故以及破坏性事故。

2. 事故原因

在分析事故原因时，应从直接原因入手，逐步深入到间接原因。通过对直接原因和间接原因的分析，确定事故中的直接责任者和领导责任者，再根据其在事故发生过程中的作用，确定主要责任者。

（1）直接原因

直接原因是指直接导致事故发生的原因，又称一次原因。事故的直接原因有人的原因、环境和物的原因。

人的原因：是指人的不安全行为，包括人的身体缺陷、错误行为、违纪违章。

环境和物的原因：是直接导致伤亡事故发生的机械、物质和环境的不安全状态。

（2）间接原因

使直接原因得以产生和存在的原因，包括事故中属于技术和设计上的缺陷；安全生产教育培训不够、未经培训；身体的原因；精神的原因；管理上有缺陷；学校教育的原因；社会历史原因等。其中前五种又称二次原因，后两种又称基础原因。

（3）主要原因

导致事故发生的主要因素，是事故的主要原因。

3. 事故分析的步骤

（1）整理和仔细阅读调查材料；

（2）按标准分析伤害方式：受伤部位、受伤性质、起因物、致害物、伤害方法、不安全状态和不安全行为七项内容；

（3）确定事故的直接原因；

（4）确定事故的间接原因；

（5）确定事故的责任者。

1.2.8　事故应急

事故应急是安全生产工作的重要组成部分，在事故预防和控制方面具有重要的作用。近年来，我国大力推进生产安全事故应急工作，安全生产应急管理“一案三制”（预案、体制机制和法制）建设得到明显加强，全国形成了比较完整的安全生产应急救援体系。但是依然存在应急救援预案实效性不强、应急救援队伍能力不足、应急资源储备不充分、事故现场救援机制不够完善、救援程序不够明确、救援指挥不够科学等问题。针对上述问题和薄弱环节，国务院2019年2月17日公布了《生产安全事故应急条例》（以下简称《条例》），自2019年4月1日起施行。《条例》是《安全生产法》和《突发事件应对法》的配套行政法规，是生产安全事故应急工作的行为规范。《条例》共五章三十五条，对生产安全事故应急工作体制、应急准备、应急救援等作了规定。

1. 应急工作原则

1）以人为本，安全第一。把保障员工生命安全和身体健康、最大限度地减少安全事故造成的人员伤亡作为首要任务。

2）统一领导，分级负责。在本单位安委会统一领导和组织协调下，各职能部门、发生事故的项目部按各自职责和权限负责事故的报告、应急响应和事故处理相关工作。

3）依靠科学，依法规范。依法规范应急救援工作，确保应急预案的科学性和可操作性，增强应急救援能力，并且根据施工现场的需要，持续改进。

4）预防为主，平战结合。贯彻落实“安全第一，预防为主、综合治理”的方针，坚持事故应急与预防工作相结合，做好事故预防、应急物资储备和应急演练等工作。

2. 事故应急管理

2015年2月28日，国家安监总局颁布实施《企业安全生产应急管理九条规定》（以下简称《九条规定》）。《九条规定》的主要内容由9个“必须”组成，是企业安全生产应急管理工作的基本要求和底线。

1）必须落实企业主要负责人是安全生产应急管理第一责任人的工作责任制，层层建立安全生产应急管理责任体系。

2）必须依法设置安全生产应急管理机构，配备专职或者兼职安全生产应急管理人员，建立应急管理工作制度。

3）必须依法建立专（兼）职应急救援队伍或与邻近专职救援队签订救援协议，配备必要的应急装备、物资，危险作业必须有专人监护。

4）必须在风险评估的基础上，编制与当地政府及相关部门相衔接的应急预案，重点岗位制定应急处置卡，每年至少组织一次应急演练。

5）必须开展从业人员岗位应急知识教育和自救互救、避险逃生技能培训，并定期组织考核。

6）必须向从业人员告知作业岗位、场所危险因素和险情处置要点，高风险区域和重大危险源必须设立明显标识，并确保逃生通道畅通。

7）必须落实从业人员在发现直接危及人身安全的紧急情况时停止作业，或在采取可能的应急措施后撤离作业场所的权利。

8）必须在险情或事故发生后第一时间做好先期处置，及时采取隔离和疏散措施，并按规定立即如实向当地政府及有关部门报告。

9）必须每年对应急投入、应急准备、应急处置与救援等工作进行总结评估。

3. 应急预案

生产安全事故应急预案是应急管理的重要组成部分。为贯彻落实十三届全国人大一次会议批准的《国务院机构改革方案》和《生产安全事故应急条例》，2019年7月11日，国家应急管理部对原由国家安监总局第88号令《生产安全事故应急预案管理办法》（以下简称《预案管理办法》）进行了修正，自2019年9月1日起施行。《预案管理办法》中，生产经营单位的应急预案编制主要内容如下：

1）生产经营单位主要负责人负责组织编制和实施本单位的应急预案，并对应急预案的真实性和实用性负责；各分管负责人应当按照职责分工落实应急预案规定的职责。

2）生产经营单位应急预案分为综合应急预案、专项应急预案和现场处置方案。

综合应急预案是指生产经营单位为应对各种生产安全事故而制定的综合性工作方案，是本单位应对生产安全事故的总体工作程序、措施和应急预案体系的总纲。

专项应急预案是指生产经营单位为应对某一种或者多种类型生产安全事故，或者针对重要生产设施、重大危险源、重大活动，防止生产安全事故而制定的专项性工作方案。

3）应急预案的编制应当遵循以人为本、依法依规、符合实际、注重实效的原则，以应急处置为核心，明确应急职责、规范应急程序、细化保障措施。

4）编制应急预案应当成立编制工作小组，由本单位有关负责人任组长，吸收与应急预案有关的职能部门和单位的人员，以及有现场处置经验的人员参加。

5）编制应急预案前，编制单位应当进行事故风险辨识、评估和应急资源调查。

事故风险辨识、评估是指针对不同事故种类及特点，识别存在的危险危害因素，分析事故可能产生的直接后果以及次生、衍生后果，评估各种后果的危害程度和影响范围，提出防范和控制事故风险措施的过程。

应急资源调查是指全面调查本地区、本单位第一时间可以调用的应急资源状况和合作区域内可以请求援助的应急资源状况，并结合事故风险辨识评估结论制定应急措施的过程。

6）生产经营单位应当根据有关法律、法规、规章和相关标准，结合本单位组织管理体系、生产规模和可能发生的事故特点，与相关预案保持衔接，确立本单位的应急预案体系，编制相应的应急预案，并体现自救互救和先期处置等特点。

7）生产经营单位风险种类多、可能发生多种类型事故的，应当组织编制综合应急预案。

综合应急预案应当规定应急组织机构及其职责、应急预案体系、事故风险描述、预警及信息报告、应急响应、保障措施、应急预案管理等内容。

8）对于某一种或者多种类型的事故风险，生产经营单位可以编制相应的专项应急预案，或将专项应急预案并入综合应急预案。

专项应急预案应当规定应急指挥机构与职责、处置程序和措施等内容。

9）对于危险性较大的场所、装置或者设施，生产经营单位应当编制现场处置方案，现场处置方案应当规定应急工作职责、应急处置措施和注意事项等内容。

事故风险单一、危险性小的生产经营单位，可以只编制现场处置方案。

10）生产经营单位应急预案应当包括向上级应急管理机构报告的内容、应急组织机构和人员的联系方式、应急物资储备清单等附件信息。附件信息发生变化时，应当及时更新，确保准确有效。

11）生产经营单位组织应急预案编制过程中，应当根据法律、法规、规章的规定或者实际需要，征求相关应急救援队伍、公民、法人或者其他组织的意见。

12）生产经营单位编制的各类应急预案之间应当相互衔接，并与相关人民政府及其部门、应急救援队伍和涉及的其他单位的应急预案相衔接。

13）生产经营单位应当在编制应急预案的基础上，针对工作场所、岗位的特点，编制简明、实用、有效的应急处置卡。

应急处置卡应当规定重点岗位、人员的应急处置程序和措施，以及相关联络人员和联系方式，便于从业人员携带。

1.3　危险源辨识

危险源有可能导致职工安全健康和影响生产建设的顺利进行，是事故发生的根本原因。安全管理必须以风险为指引，并重点管控重要危险源。危险源辨识与风险评价是预防安全事故的关键技术。准确地辨识生产过程中的各种危险源，对其进行管理和控制，实现事前预防，达到控制风险、对风险实施风险管理 PDCA（图 1-10）的目的。所谓 PDCA 即是策划（Plan）、实施（Do）、检查（Check）、行动（Action）的首字母组合。

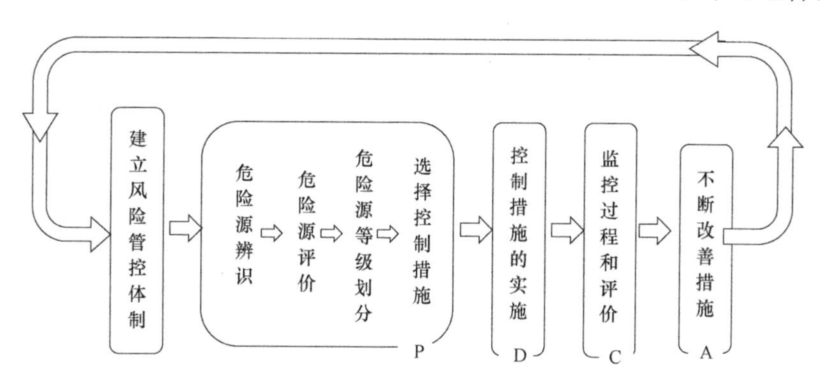

图 1-10　风险管理模式流程图

1.3.1　危险源辨识

一般来说，危险源有可能存在事故隐患，也可能不存在事故隐患，对于存在的事故隐患，必须及时进行排查整改，否则就会导致事故的发生。

1. 危险源的定义

危险源（hazard）是指系统存中客观存在的、具有潜在能量和物质释放危险的、在一定的触发因素作用下转换为隐患、事故的根源或状态。危险源是否变成隐患，进而引发事故，往往取决于人们的行为。

2. 危险源的三要素

危险源由潜在危险性、存在条件和触发因素三个要素构成。

(1) 潜在危险性

危险源的潜在危险性是指一旦触发事故，可能带来的危害程度或损失大小，或者说危险源可能释放的能量强度或危险物质量的大小。

(2) 存在条件

危险源的存在条件是指危险源所处的物理、化学状态和约束条件状态。比如管理条件、储存条件、防护条件、操作条件、周围环境障碍物等。

(3) 触发因素

触发因素不属于危险源的固有属性，但它是危险源转化为事故的外因，而且每一类型的危险源都有相应的敏感触发因素。

3. 危险源的分类

根据能量意外释放理论，事故发生时能量或危险物质意外释放。根据危险源在事故发生、发展中的作用，把危险源可划分为如下两大类：

(1) 第一类危险源。生产过程中存在的，可能发生意外释放的能量（能源或能量载体）或危险物质称作第一类危险源。能量和危险物质的存在是危险产生的最根本原因。

为了防止第一类危险源导致事故，必须采取措施约束、限制能量或危险物质，控制危险源，避免和减少事故损失。

第一类危险源与其所造成的事故类型如表1-1所示。一般来说，第一类危险源是事故发生的根源或源泉，因此把此类危害因素称为源头类危害因素。

（2）第二类危险源。导致约束、限制能量的措施失控、失效或危险物质措施失控的各种不安全因素称作第二类危险源。第二类危险源主要包括人、物、环境因素以及管理因素。与源头类危害因素相反，第二类危险源并不是客观存在的，而是由于人为因素造成的，故可称为衍生类危害因素。

1）人的因素：包括人的不安全行为和人的失误。这些因素可能直接破坏对第一类危险源的控制，造成能量或危险物质的意外释放。

人的不安全行为一般指违章操作、违章指挥、不遵守有关规定的行为，这种行为往往直接导致事故发生。人的失误是指人的行为的结果偏离预定的标准，包括人们偶然失误或无意识的失误。

人的不安全行为，无论何种类型，都是可以通过强化安全技能、业务素质培训教育、强化安全意识、加强劳动纪律和监督管理等手段等加以改善。

2）物的因素：包括物的不安全状态或故障。物的不安全状态是指机械设备、物质等明显的不符合安全要求的状态。物的故障是指机械设备、零部件等由于性能低下而不能实现预定功能的现象。

通过强化硬件设施的隐患排查，强化设备、设施的安全检查等，可以有效降低物的不安全状态引起的事故发生率。在《生产过程危险和有害因素分类代码》（GB/T 13861—2009）中，物的危害因素分为物理性、化学性和生物性危害因素三大类。

3）环境因素：自然环境、生产环境和社会环境对人的精神、情绪和生理状况的影响，从而导致人的不安全行为和物的不安全状态。

4）管理因素：由于管理上的缺陷或失误，可导致技术设计缺陷、对操作者不良教育、劳动组织不合理、缺乏现场的合理指挥、没有严格有效执行安全标准和规范等。

在《生产过程危险和有害因素分类代码》（GB/T 13861—2009）中，管理方面的危害因素分六大类，组织不健全、责任制未落实、规章制度不完善、投入不足、管理不完善及其他管理因素等。

4. 危险源与事故

危险源是可能导致事故发生的根本原因。一起事故的发生是两类危险源共同作用的结果，第一类危险源是事故发生的前提，第二类危险源的出现是第一类危险源导致事故的必要条件。

在事故的发生、发展过程中，两类危险源相互依存、相辅相成。第一类危险源在事故时释放出的能量导致人员伤害或财物损坏的能量主体，决定事故的严重程度；第二类危险源出现的难易决定事故发生的可能性大小。两类危险源共同决定危险源的危险性。

5. 危险源辨识

危险源辨识是风险管理的前提和基础。要进行风险管理，首先应开展风险源辨识工作。危险源辨识旨在事先确定所有由组织活动产生、可能导致人身伤害或健康损害的根源、状态或行为（或其组合）。在危险源辨识过程中，当一个危险源的存在伴有另一个或多个危险源同时存在时，应分别辨识。

辨识对象包括：

（1）所有作业活动，包括常规和非常规（如：周期的、偶然的、紧急的）的活动；

（2）所有进行入作业场所人员的活动；

（3）所有场所内的设施，包括企业内部或外部提供的设施；

（4）其他与职业安全有关的活动

6. 危险源辨识依据

在危险源辨识时，应从危险源的三种状态、三种时态、六类危险与有害因素考虑。

（1）三种状态

正常状态：指固定的、例行的活动中，可能存在的危险源。

异常状态：虽在计划之中，但不是例行性的活动。如电器、机械设备的试运转、维修时的危险源。

紧急状态：突发性的灾害情况。如火灾、爆炸、台风等。

（2）三种时态

过去时态：以往遗留的和过去发生的危险源。

现在时态：现在正在发生，并持续到未来的危险源。

将来时态：将来可能产生的危险源，如新项目带来的、法规变化带来的和不可预见的危险源。

（3）四大类危险和有害因素

根据《生产过程危险和有害因素分类与代码》（GB/T 13861—2009）中的规定，将生产过程中的危险因素与有害因素分四大类，即人的因素、物的因素、环境因素及管理因素。

危险因素：是能对人造成伤亡或对物造成突发性损坏的因素，强调突发性和瞬间作用。

有害因素：是能影响人的身体健康，导致疾病，或对物造成慢性损坏的因素，强调在一定时间内的累积作用。

1）人的因素：分心理、生理性危险和有害因素及行为性危险和有害因素。

① 心理、生理性危险和有害因素包括以下 6 项：负荷超限、健康状况异常、从事禁忌作业、心理异常、辨识功能缺陷和其他心理、生理性危险和有害因素。

② 行为性危险和有害因素包括以下 4 项：指挥错误、操作错误、监护失误、其他行为性危险和有害因素。

2）物的因素：包括物理性、化学性、生物性危险和有害因素三类。

① 物理性危险和有害因素包括以下 15 项：设备设施工具附件缺陷、防护缺陷、电伤害、噪声危害、振动危害、电离辐射、非电离辐射、运动物危害、明火、高温物体、低温物体、信号缺陷、标志缺陷、有害光照、其他物理性危险和有害因素。

② 化学性危险和有害因素包括以下 9 项：爆炸品、压缩气体和液化气体、易燃液体、易燃固体自然物品和遇湿易燃物品、氧化剂和有机过氧化物、有毒品、放射性物品、腐蚀品、粉尘与气溶胶、其他化学性危险和有害因素。

③ 生物性危险和有害因素包括以下 5 项：致病微生物、传染病媒介物、致害动物、

致害植物、其他生物危险和有害因素。

3）环境因素：包括室内作业场所环境不良、室外作业场所环境不良、地下（含水下）作业场所环境不良、其他作业环境不良等。

① 室内作业场所环境不良包括以下15项：室内地面滑、室内作业场所狭窄、室内作业场所杂乱、室内地面不平、室内梯架缺陷、地面墙和顶棚上的开口缺陷、房屋地基下沉、室内安全通道缺陷、房屋安全出口缺陷、采光照明不良、房屋安全出口缺陷、作业场所空气不良、室内温度湿度和气压不适、室内给水排水不良、室内涌水、其他室内作业场所环境不良。

② 室外作业场所环境不良包括以下18项：恶劣气候与环境，作业场地和交通设施湿滑，作业场地狭窄，作业场地杂乱，作业场地不平，航道狭窄、有暗礁或险滩，脚手架、阶梯和活动梯架缺陷，地面开口缺陷，建筑物和其他结构缺陷，门和围栏缺陷，作业场地基础下沉，作业场地安全通道缺陷，作业场地光照不良，作业场地温度、湿度和气压不适，作业场地涌水，其他室外作业场地环境不良。

③ 地下（含水下）作业场所环境不良包括以下9项：隧道/矿井顶面缺陷、隧道/矿井正面或侧壁缺陷、隧道/矿井地面缺陷、地下作业面空气不良、地下火、冲击地压、地下水、水下作业供氧不当、其他地下（含水下）作业环境不良。

④ 其他作业环境不良包括强迫体位、综合性环境不良及以上未包括的其他作业环境不良。

4）管理因素：包括职业安全卫生组织机构不健全、职业安全卫生责任制未落实、职业安全卫生管理规章制度不完善、职业安全卫生投入不足、职业健康管理不完善、其他管理因素缺陷。

职业安全卫生管理规章制度不完善：具体包括建设项目“三同时”制度未落实、操作规程不规范、事故应急预案及响应缺陷、培训制度不完善、其他职业卫生管理规章制度不健全。

1.3.2　危险源的辨识方法

危险源的辨识是发现、识别系统中危险源的工作，应遵循“横向到边、纵向到底、主次分明、不留死角”的原则。

常用的危险源辨识的方法有直观经验分析法和系统安全分析法。

1. 直观经验分析法

该方法适用于有可供参考先例、有以往经验可以借鉴的危害辨识过程，不能应用在没有可供参考先例的新技术、新工艺、新材料、新设备“四新”开发系统中。

1）对照经验法：对照有关标准、法规、检查表或依靠分析人员的观察分析能力，借助于经验和判断能力直观地评价对象危险性和危害性的方法。

2）类比法：利用相同或相似的工程系统或作业条件的经验以及职业安全卫生的统计资料等，来类推、分析评价对象的危险、危害因素。一般是基于大量数据、资料支持的“数据驱动法”，即定量辨识法。

2. 系统安全分析法

系统安全分析法是应用系统安全工程中危险评价方法对建设工程项目进行危险有害因

素的辨识。危险因素和有害因素一般统称为危险有害因素。通常通过检查和分析它们的存在。

在充分考虑危险源的各方面危险、有害因素后，应根据所确定的评价对象作业性质和危害负载程度，选择一种或结合多种方法对具体对象进行危险源辨识，危险源辨识方法主要有如下几种：

1）安全检查表法（Safety Check List，SCL）；

2）预先危害分析法（Preliminary Hazard Analysis，PHA）；

3）失效模式与影响分析法（Failure Mode and Effects Analysis，FMEA）；

4）危害与可操作性研究分析（Hazard and Operability Studies，HAZOP）；

5）故障假设与检查表法（What If/CheckList，WI/CL）；

6）故障树分析（Fault Tree Analysis，FTA）；

7）事件树分析（Event Tree Analysis，ETA）；

8）因果分析法（Cause-Consequence Analysis，CCA）。

在上述危险源辨识方法中，安全检查表法（SCL）、预先危害分析法（PHA）等，功能单一，只能用于单纯的危险源辨识，不具备其他功能。而危害与可操作性研究分析（HAZOP）、失效模式与影响分析法（FMEA）等是在危险源辨识之后，把风险评估及措施制定等风险管理全过程囊括在一种方法中。

危害与可操作性研究分析（HAZOP）是在开展工艺危害分析工作中所运用到的，通过使用“引导词”分析工艺过程中偏离正常工况的各种情形，从而发现危害源和操作问题的一种系统性方法。危害与可操作性研究应用于新工艺或项目的设计阶段，对计划或现有的流程及操作进行结构化和系统的检查，以识别和评估可能代表人员或设备风险的问题，防止其发生。危害与可操作性研究是基于指导性的定性技术，需要多学科安全专家团队共同研究。

失效模式与影响分析法（FMEA）是在产品设计阶段和过程设计阶段，对构成产品的子系统、零件，对构成过程的各个工序逐一进行分析，找出所有潜在的失效模式，并分析其意外事件的后果，从而预先采取必要的措施，以提高产品的质量和可靠性的一种系统化的活动。失效模式与影响分析法是一种由下而上的归纳分析法，只能进行定性分析。

3. 危险源辨识的步骤

危险源辨识是为明确所有可能产生或诱发风险的危害因素，辨识的目的是为了对其进行事前控制。

1）危险源的调查；

2）各类安全事故机理分析；

3）危险源辨识；

4）危险源评价；

5）重大危险源；

6）危险源等级划分；

7）制定管理方案；

8）危险源评审修订。

4. 危险源识别清单

施工企业应定期组织相关人员对本单位的危险源进行辨识，项目技术负责人应针对施工、采购、办公和服务等活动，工作场所的设备、设施、材料、人员行为等开展危险源的辨识和危险源评价，通过评价分级后形成重大危险源清单，由此确定项目相关的过程、产品和场所中存在的一般风险和重大风险。针对重大危险源制定重大危险源控制措施。

危险源清单应经上级技术主管部门审核、企业总工程师审批。危险源清单也可纳入施工组织设计的安全管理计划中进行编制，最后一并由上级技术主管部门审核审批。

1.3.3　重大危险源辨识

1. 重大危险源定义

重大危险源是危险性较大的分部分项工程实施过程中危险的施工部位或工艺、工法、工序等环节。

建筑工程施工相关活动中，导致事故发生的可能性较大，且事故发生会造成严重后果的危险源确定为施工现场重大危险源。其因素包括：物的不安全状态和能量、不良的环境影响、人的不安全行为及管理上的缺陷等。

重大危险源辨识是危险评价的首要任务。现行的国家法律法规、国家标准、行业规范、操作规程及以前一些事故案例，可作为施工现场重大危险源辨识的依据。

2. 重大危险源分级管理

重大危险源按事故发生的概率和造成后果的影响程度，分为三级重大危险源。

一级重大危险源：因建设施工可能导致安全生产重大及以上事故的。

二级重大危险源：因建设施工可能导致安全生产较大事故的。

三级重大危险源：因建设施工可能导致安全生产一般事故的。

建设单位在开工前，应组织施工、监理单位等有关专业技术人员，对重大危险源进行辨识、评估、论证，建立重大危险源管理体系，落实各参建单位和责任人。

施工单位是重大危险源的管理主体，应根据工程特点和施工范围，在不同阶段施工前，对施工过程进行安全分析，分类、分级列出重大危险源，经项目技术负责人审查后制定预防措施，编制《施工安全危险源辨识与防控措施月报表》。监理单位对《施工安全危险源辨识与防控措施月报表》审核，经监理单位项目总监审批后，报建设单位进行辨识。由建设方单位组织召开危险源辨识与防控会议，进一步分析、补充和完善，会后施工单位及时把三方形成的意见布置给专职安全员及相关人员。

施工单位对危险源状态、控制措施到位情况实行动态检查，明确检查频次，不漏查一个危险源，尤其要突出重大危险源的动态监控。项目级、公司级和集团公司级安全生产监督管理部门根据月度生产计划，每月进行重要危险源辨识，形成分级月度重要危险源清单（项目级、公司级和集团公司级）。

3. 重大危险源辨识

重要危险源主要包括如下危险作业：

1）超过一定规模的危险性较大的分部分项工程；

2）违反法律、法规及国家标准、行业标准中强制性条款的危险作业；

3）具有中毒、爆炸、火灾、坍塌等危险的场所；

4）经风险评价确定为重大危险源的；

5）采用新技术、新工艺、新材料、新设备及尚无相关安全技术标准分项工程；

6）其他高风险作业。

4. 重大危险源风险评估

重大危险源应进行风险评估。风险评估的方法和顺序应符合下列规定：

1）评估危险源发生事故的可能性等级；

2）评估危险源发生事故的严重性等级；

3）在危险源发生事故的可能性等级和严重性等级评估的基础上，确定危险源的风险等级。

危险源发生事故可能性评估分析，应按照危险源构成的因素，划分为3个层次的评估结构进行评估（图1-11）：第一层为目标层，为待评危险源；第二层为中间层，为构成危险源评估的基本因素，由作业人员、施工机具、临时设施、施工方法、作业环境和安全管理六大评估因素构成；第三层为操作层，为构成六大中间层评估因素的操作层评估因素。

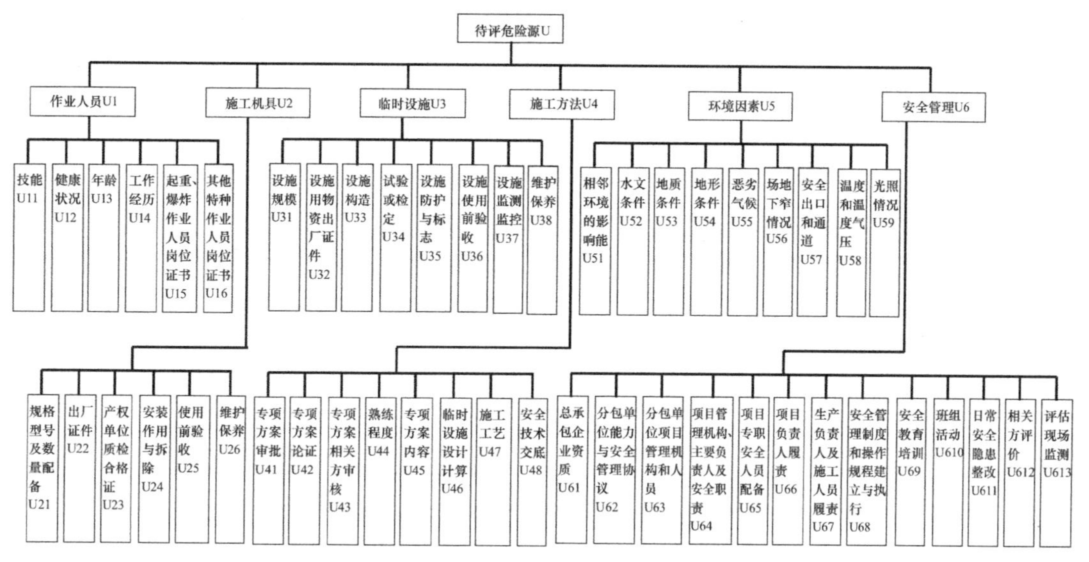

图1-11 危险源发生事故可能性评估层次结构

企业应及时发现、治理和消除本单位安全事故。《安全生产法》规定：生产经营单位对重大危险源应当登记建档，进行定期检测、评估、监控，并制定应急预案，告知从业人员和相关人员在紧急情况下应当采取的应急措施。生产经营单位应当按照国家有关规定将本单位重大危险源及有关安全措施、应急措施报有关地方人民政府负责安全生产监督管理的部门和有关部门备案。

生产经营单位的安全生产管理人员应当根据本单位的生产经营特点，对安全生产状况进行经常性检查；对检查中发现的安全问题，应当立即处理；不能处理的，应当及时报告本单位有关负责人，有关负责人应当及时处理。检查及处理情况应当如实记录在案。

生产经营单位的安全生产管理人员在检查中发现重大事故隐患，依照相关规定向本单位有关负责人报告，有关负责人不及时处理的，安全生产管理人员可以向主管的负有安全生产监督管理职责的部门报告，接到报告的部门应当依法及时处理。

1.3.4　危险源管控

危险源管控实行全员参与、全面辨识、分级管理、全局管控的原则。施工单位依据危险源风险评估结果，将重大危险源（含较大危险源）列为重点管理对象，应当登记建档，制定应急预案，定期进行检测、评估、监控，并按照国家有关规定将本单位重大危险源及有关安全措施、应急措施报安全监管等有关部门备案。重大危险源必须做到专人负责，确保控制措施落实到位，时刻处于受控状态。图 1-12 为某企业危险源的辨识、评估、管控流程图。

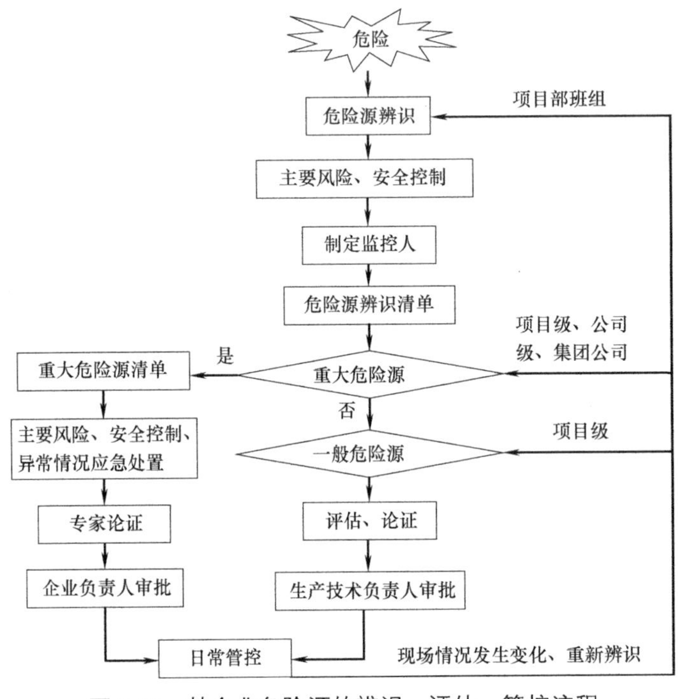

图 1-12　某企业危险源的辨识、评估、管控流程

1.4　风险管理

风险管理起源于 20 世纪 30 年代美国的保险业界，是一个全面、综合的方法和手段，它可以应用于广泛的企业管理领域。风险管理是通过风险分析、风险评价和风险控制三个环节来实现，是一个动态的、循环的、系统的、完整的过程。风险管理的特点在于管理的主动性和预防性，即在事件发生之前，通过风险管理，采取积极主动的预防措施，从而避免不希望的事件发生。建设工程项目风险管理可以面向建设全过程，也可以是某个阶段。

1.4.1　风险管理基础知识

1. 风险的定义

比较经典的风险定义是美国人韦氏（Webster）给出的："风险是遭受损失的一种可能性"。其基本含义是损失的不确定性，在一个项目中，损失可能有各种不同的后果形式。

一般意义上的风险是事故发生的可能性和后果的组合，可用事件发生的可能性与严重程度之乘积来计算风险。

$$R=f(p,c) \tag{1-1}$$

式中：R——风险；

p——风险事件发生的概率；

c——风险事件发生的后果，即损失。

在风险管理实践中，风险的大小 R 也称为“风险等级”。上述风险定义中，无论损失或者后果，均是针对事故而言的，包括已发生的事故和将会发生的事故。

然而，从整个系统安全的角度出发，仅以事故来衡量系统风险不是很充分的，除非能够辨识所有可能的事故形式。风险可按式（1-2）形式表达为系统危险影响因素的函数，此风险函数并非精确的函数表达式，只是对风险的概括性描述。

$$R=f(R_1,R_2,R_3,R_4,R_5) \tag{1-2}$$

式中：R_1——人的因素；

R_2——设备因素；

R_3——环境因素；

R_4——管理因素；

R_5——其他因素。

2. 风险管理

风险管理就是指为了降低风险可能导致的事故，减少事故造成的损失所进行的风险因子的识别、危险源分析、隐患判别、风险评价、制定并实施相应风险对策和措施的全过程。从宏观角度而言，其对象存在于系统中的人、物和环境，以及由它们所构成的系统。从微观角度而言，风险管理的对象就是指风险因子、危险源、隐患和事故。

风险因子是指一定的状态、形式存在的物或物质。风险因子自身具有中性的属性，但从事故的不期望角度而言，它又表现为风险性。

安全风险管理就是要对不期望的、能导致事故的风险因子进行识别和控制。

隐患是指超出了人们设定的安全界限的状态或行为，是直接导致事故发生的根源。

事故是人们在实现其目的的行动过程中，突然发生的、迫使其有目的的行动暂时或永远终止的一种意外事件。如造成人员伤亡、伤害、职业病、财产损失或其他损失的意外或偶发事件。

事故是一种危险因素或几种危险因素相互作用导致的，这些因素是事故的外在原因或直接原因。风险管理是一种动态事件，开始于危险的激化，图 1-13 为风险与事故的关系图。

3. 风险管理原则

风险管理是企业安全管理的核心，企业一切安全事务最终目的就是为了控制风险。

国际标准化组织（ISO）在《风险管理-原则与指南》ISO 31000：2009 中提供了风险管理的 11 项原则，具体包括：

1）风险管理创造并保护价值；

2）风险管理是整合在所有组织过程中的一部分；

3）风险管理是决策的一部分；

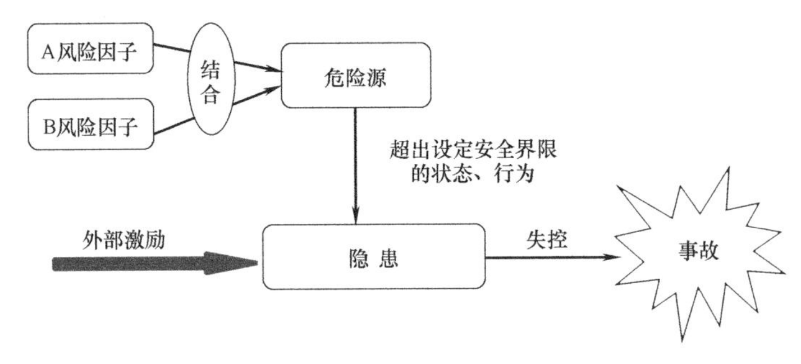

图 1-13　风险与事故的关系图

4）风险管理明晰解决不确定问题；

5）风险管理具有系统、结构化和及时性；

6）风险管理基于最可利用的信息；

7）风险管理是定制的；

8）风险管理考虑人文因素；

9）风险管理是透明、包容的；

10）风险管理是动态、迭代和应对变化的；

11）风险管理促进组织的持续改进。

4. 风险管理过程

风险管理是一个连续的管理过程，通常包括计划和准备、风险识别、风险分析、风险评价、风险应对策略实施和风险监控等。

1）计划和准备：成立风险评估工作小组，进行搜集资料、现场调研、制定风险评估工作方案。

2）风险辨识：风险辨识是风险管理的首要步骤，是指通过一定的方式，系统而全面地分析影响建设工程目标实现的各种因素，并对项目存在的风险加以适当归类的过程。

3）风险分析：风险分析的目的是避免可能发生的事故，是一种“主动”的方法。风险分析是对风险性质的理解和对风险严重程度确定的过程。风险分析主要以危险识别、危险事件的频率分析、对危险事件的后果进行归纳分析三个步骤进行。

4）风险评价：是以风险分析为基础，考虑社会、经济、环境等方面的因素，评估风险大小以及确定风险量级是否可接受的全过程，即将风险与安全要求（法律法规、方针）进行比较，判定其是否可以接受。

5）风险应对策略实施：制定风险的管理方案，采取措施进一步落实具体计划和措施，避免风险的发生或减少风险造成的损失。

6）风险对策实施的监控：在项目实施过程中，评估风险应对的工作效果，及时发现和评估新的风险，监视项目变数的变化情况，在此基础上对风险管理方案进行调整。

1.4.2　工程项目风险管理

1. 工程项目的风险因素

工程项目是在一定的约束条件（时间、费用、质量等）下，为实现特定目标而进行的由一系列具有明确起点、终点的协调和控制活动所构成的唯一过程。工程项目施工工艺和施工流程是非常复杂的，在全寿命周期中将遇到较多的风险因素，加上自身所处环境的复杂性，使人们很难全面、系统地识别其风险因素。因此，要从以系统地完成工程项目的角度出发，对可能影响项目的风险因素进行识别。

工程项目的风险因素大体有政治风险、经济风险和工程风险。政治风险和经济风险均带有普遍性，只要发生这类风险，各行各业都会受到影响。而工程风险仅涉及工程项目，其风险的主体只限于参与各方，其他行业不受影响。

2. 工程风险定义

工程风险是指工程在设计、施工及移交运营的各个阶段可能遭受的、影响项目目标实现的风险。工程风险来自于具体的风险因素或风险事件。风险因素是指风险产生和存在的各种各样的原因。风险事件是指由一种或几种风险因素相互作用而可能发生的影响项目目标实现的事件。

要控制风险，应该对产生工程风险的原因及其导致的后果有清晰的认识。工程风险由自然风险、决策风险、组织和管理风险、技术风险和责任风险等主要因素造成。

3. 工程风险管理的核心内容

项目风险管理程序涵盖项目实施全过程的风险管理内容，包括风险识别、风险评估、风险应对和风险监控。既是风险管理的内容，也是风险管理的基本步骤和过程。工程风险管理核心内容包括风险辨识、风险估计、风险评价、风险控制。其中前三项为风险评估内容。风险评估和风险控制构成风险管理的两个重要组成部分，具体的工程风险管理模式如图 1-14 所示。

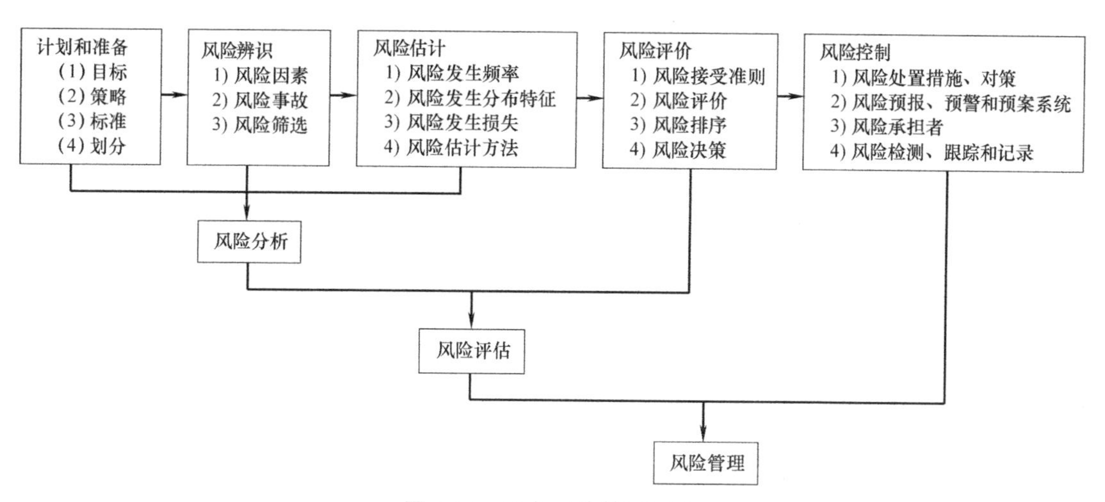

图 1-14　工程风险管理模式

风险评价是对危险源导致的风险进行评估，对现有的控制措施的充分性加以考虑以及对风险是否可接受予以确定的过程。

风险评价的范围应包括：

1）规划、设计和建设、投产、运行等阶段；

2）常规和异常活动；

3）事故及潜在的紧急情况；

4）所有进入作业场所的人员的活动；

5）原材料、产品的运输和使用过程；

6）作业场所的设施、设备、车辆、安全防护用品；

7）人为因素，包括违反安全操作规程和安全生产规章制度；

8）丢弃、废弃、拆除与处置；

9）气候、地震及其他自然灾害等。

施工企业可以根据企业实际情况，选择有效、可行的风险评价方法，如作业条件危险性分析法（LEC）、事故分析法、风险矩阵分析法和事故后果模拟分析法等风险评价方法进行风险评价。

1.4.3 风险控制的方法

风险控制是指风险管理者采取各种措施和方法，消灭或减少风险事件发生的各种可能性，或风险控制者减少风险事件发生时造成的损失。

风险控制的基本方法有：风险回避、损失控制、风险转移和风险自留等。

1）风险回避：回避是指风险潜在威胁发生的可能性较大，影响后果也很严重，又无其他规避策略可用时，主动放弃或改变项目标的行动方案，从而规避项目风险项目的一种策略。回避风险是一种最彻底的控制风险的方法，与此同时也放弃了潜在的目标收益。

2）损失控制：损失控制是制定计划和采取措施降低风险发生的可能性或减少后果的不利影响。控制阶段包括事前、事中和事后三个阶段。

3）风险转移：是指借助合同或协议，在风险事故发生时将损失的一部分转移到有能力承受风险的其他企业。风险转移的主要形式有合同转移和保险转移。

4）风险自留：是指建设方主动地承担风险事件带来的后果。通过风险分析后认为可以承担风险损失时，可采用这种方法。风险自留包括无计划自留和有计划自我保险。

1.4.4 风险评估

风险评估是包括风险辨识、风险分析和风险评价在内的全部过程。风险评估的作用是提供必要的信息，以便做出关于损失最小化的决策。

建筑工程施工中的风险评估因素包括作业人员因素、施工机具因素、临时设施因素、施工方法因素、作业环境因素和安全管理因素共六大类。

安全生产评估是一个持续循环的动态过程，应对风险评估的结果及时进行评审或检查，建立风险动态更新制度。

生产经营单位在下列情形发生时重新进行风险评估：

1）有关法律、法规、规章、标准、规范性文件发生变化的；

2）周围环境发生变化，形成新的重大危险源的；

3）生产工艺和技术发生变化的；

4）重要应急资源发生重大变化的；

5）应急预案需要修订的；

6）发生安全生产事故的。

在HSEMS（Health Safety and Environmen Management System），把风险的“辨识、评估与控制”简称为风险管理的“三部曲”。《风险管理 原则与实施指南》（GB/T

24353—2009）风险管理原则、框架和流程及相互关系图（图 1-15）中描述了风险管理三大基石的相互关系。

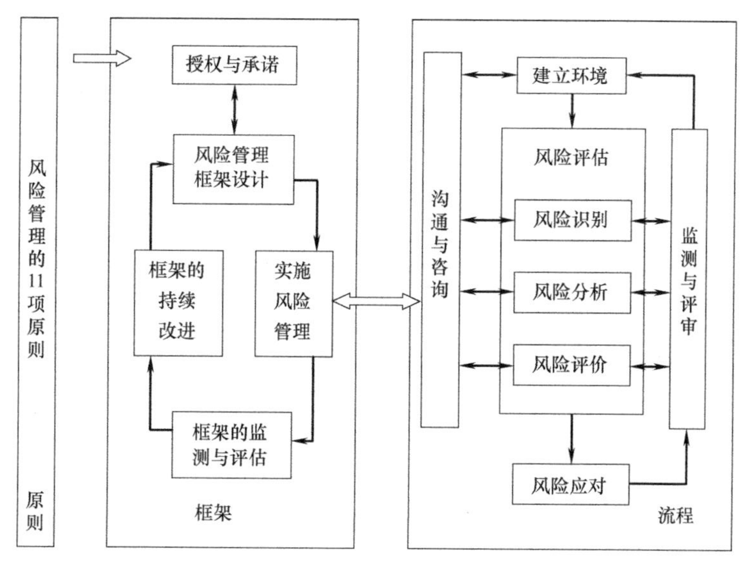

图 1-15　风险管理原则、框架和流程及相互关系图

思考题

1. 施工危险源是指什么？如何进行辨识？
2. 建筑施工安全生产的特点是什么？
3. 安全生产管理具体实施要点有哪些？
4. 安全管理应对的风险有哪些？
5. 事故的特性有哪些？
6. 企业职工伤亡事故分类有哪些（至少说出十种）？
7. 按建筑施工事故按严重程度分为哪几类？
8. 事故的致因理论有几种？分别是什么？
9. 事故原因分析的步骤和方法有哪些？
10. 生产安全事故发生后，事故调查程序有哪些？
11. 风险管理的原则是什么？

第 2 章　建设工程安全生产管理法律法规

安全生产法律法规是安全法制的制度层次，是国家意志的体现，是安全行为的规范，是政府安全管理工作的准绳和企业社会责任的底线，它规定企业存在的起码条件、生产经营的基本需求、市场准入的最低门槛、从业人员的行为准则。

2.1　建设工程安全生产法律法规体系

安全生产法律体系是一个包含多种法律形式和法律层次的综合性系统，从法律规范的形式和特点来讲，既包括作为整个安全生产法律法规基础的宪法规范，也包括行政法规、地方性法规、国务院部委规章、地方政府规章及技术性法律规范、标准。按法律地位及效力同等原则，安全生产法律体系框架如图 2-1 所示。

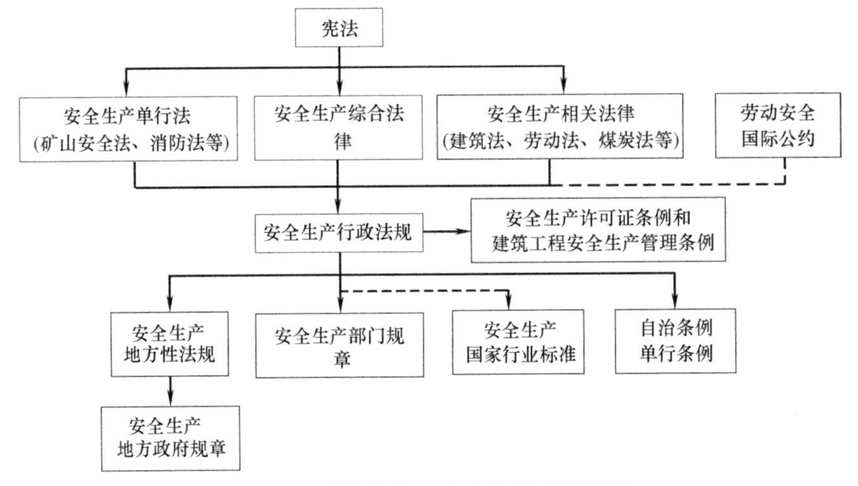

图 2-1　建筑安全生产法律体系框架图

2.1.1　安全生产法律法规及制度

1. 安全生产方面的法律

安全生产方面的法律是指狭义的法律，专指全国人大及其常务委员会制定的规范性文件，在全国范围内施行。法律地位和权力仅次于宪法，高于行政法规、地方法规和部门规章等。

在法律层面上，《建筑法》和《安全生产法》是构建建筑工程安全生产法规体系的两大基础。

2. 安全生产行政法规

安全生产行政法规是指国务院制定的法律法规文件，是对法律条款的进一步细化，颁布后在全国范围内施行。国务院根据宪法和法律，为实施安全生产法律或规范安全生产监督管理制度，而制定行政法规，一般以国务院令形式公布。

在行政法规层面上，《安全生产许可证条例》和《建设工程安全生产管理条例》是建设工程安全生产法律法规体系中非常重要的行政法规。在《安全生产许可证条例》中，我国第一次以法律形式确立了企业安全生产的准入制度，是强化安全生产源头管理。《建设工程安全生产管理条例》是根据《建筑法》和《安全生产法》制定的有关建筑工程安全生产的专项规定。

3. 安全生产部门规章

安全生产部门规章是由国务院组成部门及直属机构在本部门职权范围内制定的在安全生产方面的规范性文件。部门规章规定的事项属于执行法律或国务院行政法规、决定、命令的事项，对全国有关行政管理部门具有约束力，主要以部令形式发布。

4. 安全生产地方性法规

安全生产地方性法规是指由省、自治区、直辖市以及省、自治区人民政府所在地的市和经国务院批准的较大的市的人民代表大会及其常委会，在其法定权限内制定的法律规范性文件。如目前我国有 27 个省、自治区和直辖市人民代表大会制定了《劳动保护条例》和《劳动安全卫生条例》等。

5. 安全生产地方性规章

安全生产地方性规章是指由地方性法规制定权的地方人民政府依照法律、行政法规、地方性法规或者本级人民代表大会及其常委会授权制定的在本行政区域内施行政策管理安全生产的规范性文件。仅在其行政区域内有效，其法律效力低于地方性法规。

6. 安全生产标准

安全生产标准是安全生产法律体系中的一个重要组成部分，也是安全生产管理的基础和监督执法工作的技术依据。安全生产标准大致分为设计规范类、安全生产设备及工具类、生产工艺安全卫生、防护用品类 4 类标准。按标准发生作用的范围和审批级别来分，则分为国家标准、行业标准、地方标准、企业标准 4 级。按标准的约束性来分，分为强制性标准（GB）和推荐性标准（GB/T ）两类。

7. 国际劳工公约

国际劳工公约是国际劳工组织的一种立法形式。国际劳工组织的立法包括国际劳工公约和建议书两种形式。国际劳工公约是一种正式的国际公约，各成员国一经批准，就要承担遵守公约的义务。国际公约是指我国作为国际法主题同外国缔结的双边、多边协议和其他具有条约、协定性质的文件。

2.1.2 我国现行的建筑安全管理法律法规清单

我国已经基本建立起建筑工程安全管理法律法规清单如表 2-1 所示。

我国现行建筑安全管理法律法规清单 **表 2-1**

性质	名　称
法律	《中华人民共和国矿山安全法》(2009)
	《中华人民共和国劳动法》(2009)

续表

性质	名称
法律	《中华人民共和国环境保护法》(2015)
	《中华人民共和国安全生产法》(2014)
	《中华人民共和国建筑法》(2011)
	《中华人民共和国消防法》(2009)
	《中华人民共和国刑法修正案》(2015)
	《中华人民共和国劳动合同法》(2008)
	《中华人民共和国突发事件应对法》(2007)
	《中华人民共和国环境影响评价法》(2016)
行政法规	《建设工程安全生产管理条例》(〔2003〕国务院令第 393 号)
	《安全生产许可证条例》(〔2014〕国务院令第 653 号)
	《生产安全事故报告和调查处理条例》(〔2007〕国务院令第 493)
	《特种设备安全监察条例》(〔2009〕国务院令第 549 号)
	《工伤保险条例》(〔2011〕国务院令第 586 号)
	《危险化学品安全管理条例》〔2011〕国务院令第 591 号)
	《国务院关于特大安全事故行政责任追究的规定》(〔2001〕国务院令第 302 号)
部门规章	《中央企业安全生产监督管理暂行办法》(〔2008〕国资委 21 号令)
	《建筑起重机械安全监督管理规定》(〔2008〕建设部令第 166 号)
	《建筑施工人员个人劳动保护用品使用管理暂行规定》(建质〔2007〕255 号)
	《建筑施工特种作业人员管理规定》(建质〔2008〕75 号)
	《建筑施工企业安全生产管理机构设置及专职安全生产管理人员配备办法》(建质〔2008〕91 号)
	《特种设备安全监察条例》(国务院 549 号令)
	《关于建筑施工特种作业人员考核工作的实施意见》(建质〔2008〕41 号)
	《关于修改生产安全事故应急预案管理办法的决定》(应急管理部令第 2 号)
	《突发事件应急预案管理办法》(国办发〔2013〕101 号)
	《建设项目安全设施"三同时"监督管理暂行办法》(安监总局令第 36 号)
	《危险性较大的分部分项工程安全管理规定》建设部[2018]第 37 号令,2019 修订版
	《建设工程高大模板支撑系统施工安全监督管理导则》(建质〔2009〕254 号)
	《劳动防护用品监督管理规定》(国家安全生产监督管理总局令〔2005〕第 01 号)
	《注册安全工程师管理规定》(国家安全生产监督管理总局令〔2006〕第 11 号)
	《生产经营单位安全培训规定》(国家安全生产监督管理总局令〔2006〕第 3 号)

续表

性质	名　　称
部门规章	《安全生产事故隐患排查治理暂行规定》 (国家安全生产监督管理总局令〔2007〕第16号)
	《生产安全事故应急预案管理办法》 (国家安全生产监督管理总局令〔2009〕第17号)
	《国务院安委会办公室关于大力推进安全生产文化建设指导意见》 (安委办〔2012〕34号)
	《生产安全事故信息报告和处置办法》 (国家安全生产监督管理总局令〔2007〕第21号)
	《作业场所职业健康监督管理暂行规定》 (国家安全生产监督管理总局令〔2007〕第23号)
	《危险化学品重大危险源监督管理暂行规定》 (国家安全生产监督管理总局令〔2011〕第40号)
	《安全生产培训管理办法》(国家安全生产监督管理总局令〔2012〕第44号)
	《企业安全生产费用提取和使用管理办法》(财企〔2012〕16号)
	《防暑降温措施管理办法》(安监总安健〔2012〕89号)
	《建设工程消防监督管理规定》(公安部令第106号)
地方性法规和规章	《北京市建设工程施工现场管理办法》
	《江苏省工程建设管理条例》
	《南京市工程施工现场管理规定》
	《南京市建设工程深基坑工程管理办法》
	《南京市建设工程施工阶段监理工作监督管理办法(试行)》
	《河北省建设工程安全生产监督管理规定》
	《广州市建设工程施工现场消防安全管理规定》
	《天津市建设工程施工安全管理条例》
	《上海市建设工程施工安全监督管理办法》
	《上海市安全生产条例》
	《上海市深基坑工程管理规定》
工程建设标准	《建筑施工安全技术统一规范》(GB 50870)
	《建筑机械使用安全技术规程》(JGJ 33)
	《建筑施工安全检查标准》(JGJ 59)
	《施工现场临时用电安全技术规范》(JGJ 46)
	《建筑工程大模板技术规程》(JGJ 74)
	《施工企业安全生产评价标准》(JGJ/T 77)
	《建筑施工高处作业安全技术规范》(JGJ 80)
	《龙门架及井架物料提升机安全技术规范》(JGJ 88)

续表

性质	名　　称
工程建设标准	《建筑拆除工程安全技术规范》(JGJ 147)
	《建筑施工模板安全技术规范》(JGJ 162)
	《建筑施工木脚手架安全技术规范》(JGJ 164)
	《建筑施工碗扣式钢管脚手架安全技术规范》(JGJ 166)
	《建筑施工扣件式钢管脚手架安全技术规范》(JGJ 130)
	《建筑施工土石方工程安全技术规范》(JGJ 180)
	《液压升降整体脚手架安全技术规程》(JGJ 183)
	《建筑施工作业劳动防护用品配备及使用标准》(JGJ 184)
	《施工现场临时建筑物技术规范》(JGJ/T 188)
	《建筑起重机械安全评估技术规程》(JGJ/T 189)
	《建筑施工塔式起重机安装、使用、拆卸安全技术规程》(JGJ 196)
	《混凝土预制拼装塔式起重机基础技术规程》(JGJ/T 197)
	《施工企业工程建设技术标准化管理规范》(JGJ/T 198)
	《型钢水泥搅拌墙技术规程》(JGJ/T 199)
	《建筑深基坑工程施工安全技术规范》(JGJ 311)
	《施工企业工程建设技术标准化管理规范》(JGJ/T 198)
	《建筑基坑支护技术规程》(JGJ 120)
	《塔式起重机安全规程》(GB 5144)
	《建筑施工升降设备设施检验标准》(JGJ 305)
	《建筑塔式起重机安全监控系统应用技术规程》(JGJ 332)
	《施工企业工程建设技术标准化管理规范》(JGJ/T 198)
	《建筑设备监控系统工程技术规范》(JGJ/T 334)
	《安全帽测试方法》(GB 2812)
	《安全帽》(GB 2811)
	《安全带》(GB 6095)
	《安全网》(GB 5725)
	《起重机械安全规程》(GB 6067)
	《装配式混凝土结构技术规程》(JGJ 1)
	《装配式建筑评价标准》(GB/T 51129)
	《钢筋机械连接通用技术规程》(JGJ 107)

2.1.3　建筑工程安全生产管理相关法律法规

1. 企业安全生产主体责任

企业是安全生产的责任主体，应该全面落实安全生产主体责任。2014 年 12 月开始实行的新修订的《安全生产法》，进一步强化和落实了企业生产经营单位的主体责任，完善了政府监管措施，加大监管力度，强化了安全生产责任追究，加重了对违法行为特别是责任人的处罚力度，进一步增强了法律法规的可执行性和可操作性。

(1) 安全生产组织管理体系

企业需要建立现代企业制度相适应的安全生产组织管理体系，通过加强自身管理，防范事故和伤害风险。《安全生产法》第四条规定：生产经营单位必须遵守本法和其他有关安全生产的法律、法规，加强安全生产管理，建立、健全安全生产责任制和安全生产规章制度，改善安全生产条件，推进安全生产标准化建设，提高安全生产水平，确保安全生产。

企业的安全规章制度必须落实到位。要培养企业安全文化，促进规章制度的落实。提高全体员工的安全责任意识，培养员工的核心价值观，自觉遵守、执行企业制定的各项安全管理规章制度。建立“以人为本”企业制度，树立现代管理学“人是管理的主体，又是管理的客体”的管理思想。

企业必须具备安全生产条件，才能从事生产经营。不具备安全生产条件的，不得从事生产经营活动。《安全生产法》第十七条规定：生产经营单位应当具备本法和有关法律、行政法规和国家标准或者行业标准规定的安全生产条件；不具备安全生产条件的，不得从事生产经营活动。《安全生产许可证条例》第六条对企业应具备的安全生产条件做出了如下规定：

1）建立、健全安全生产责任制，制定完备的安全生产规章制度和操作规程；

2）安全投入符合安全生产要求；

3）设置安全生产管理机构，配备专职安全生产管理人员；

4）主要负责人和安全生产管理人员经考核合格；

5）特种作业人员经有关业务主管部门考核合格，取得特种作业操作资格证书；

6）从业人员经安全生产教育和培训合格；

7）依法参加工伤保险，为从业人员缴纳保险费；

8）厂房、作业场所和安全设施、设备、工艺符合有关安全生产法律、法规、标准和规程的要求；

9）有职业危害防治措施，并为从业人员配备符合国家标准或者行业标准的劳动防护用品；

10）依法进行安全评价；

11）有重大危险源检测、评估、监控措施和应急预案；

12）有生产安全事故应急救援预案、应急救援组织或者应急救援人员，配备必要的应急救援器材、设备；

13）法律、法规规定的其他条件。

《建筑法》第十二条对从事建筑活动的建筑施工企业应当具备的条件规定如下：

1）有符合国家规定的注册资本；

2）有与其从事的建筑活动相适应的具有法定执业资格的专业技术人员；

3）有从事相关建筑活动所应有的技术装备；

4）法律、行政法规规定的其他条件。

（2）安全生产责任制

安全生产责任制是保证安全生产的基本制度，在建设工程项目安全管理中，应按照“一岗双责、齐抓共管”的原则，建立以本单位主要负责人为核心、企业全面负责、职工积极参与的安全生产保障机制。

《建筑法》对安全生产责任制度的规定是：建筑施工企业必须依法加强对建筑安全生产的管理，执行安全生产责任制度，采取有效措施，防止伤亡和其他安全生产事故的发生。

《安全生产法》第十九条规定，生产经营单位的安全生产责任制应当明确各岗位的责任人员、责任范围和考核标准等内容。生产经营单位应当建立相应的机制，加强对安全生产责任制落实情况的监督考核，保证安全生产责任制的落实。

《安全生产法》第五条规定，生产经营单位的主要负责人对本单位的安全生产工作全面负责。第十八条明确了生产经营单位的主要负责人对本单位安全生产工作负有的七项职责：

1）建立、健全本单位安全生产责任制；

2）组织制定本单位安全生产规章制度和操作规程；

3）组织制定并实施本单位安全生产教育和培训计划；

4）保证本单位安全生产投入的有效实施；

5）督促、检查本单位的安全生产工作，及时消除生产安全事故隐患；

6）组织制定并实施本单位的生产安全事故应急救援预案；

7）及时、如实报告生产安全事故。

两个以上生产经营单位在同一作业区域内进行生产经营活动，可能危及对方生产安全的，应当签订安全生产管理协议，明确各自的安全生产管理职责和应当采取的安全措施，并指定专职安全生产管理人员进行安全检查与协调。

生产经营单位不得将生产经营项目、场所、设备发包或者出租给不具备安全生产条件或者相应资质的单位或者个人。

生产经营项目、场所发包或者出租给其他单位的，生产经营单位应当与承包单位、承租单位签订专门的安全生产管理协议，或者在承包合同、租赁合同中约定各自的安全生产管理职责；生产经营单位对承包单位、承租单位的安全生产工作统一协调、管理，定期进行安全检查，发现安全问题的，应当及时督促整改。

（3）安全组织保障

为了保证企业安全生产顺利进行，《安全生产法》要求生产经营单位应当具备安全生产条件所必需的资金投入，明确了按照规定提取和使用安全生产费用。

企业应当按照规定设置安全生产管理机构或者配备专职安全生产管理人员。《安全生产法》第二十一条规定：矿山、金属冶炼、建筑施工、道路运输单位和危险物品的生产、经营、储存单位，应当设置安全生产管理机构或者配备专职安全生产管理人员。规定以外的其他生产经营单位，从业人员超过一百人的，应当设置安全生产管理机构或者配备专职安全生产管理人员；从业人员在一百人以下的，应当配备专职或者兼职的安全生产管理人员。

同时，第二十二条明确了生产经营单位的安全生产管理机构以及安全生产管理人员的职责：

1）组织或者参与拟订本单位安全生产规章制度、操作规程和生产安全事故应急救援预案；

2）组织或者参与本单位安全生产教育和培训，如实记录安全生产教育和培训情况；

3）督促落实本单位重大危险源的安全管理措施；

4）组织或者参与本单位应急救援演练；

5）检查本单位的安全生产状况，及时排查生产安全事故隐患，提出改进安全生产管理的建议；

6）制止和纠正违章指挥、强令冒险作业、违反操作规程的行为；

7）督促落实本单位安全生产整改措施。

（4）安全技术保障

《安全生产法》关于安全技术方面的规定有：

1）国务院有关部门应当按照保障安全生产的要求，依法及时制定有关的国家标准或者行业标准，并根据科技进步和经济发展适时修订。生产经营单位必须执行依法制定的保障安全生产的国家标准或者行业标准。

2）生产经营单位采用新工艺、新技术、新材料或者使用新设备，必须了解、掌握其安全技术特性，采取有效的安全防护措施，并对从业人员进行专门的安全生产教育和培训。

3）生产经营单位新建、改建、扩建工程项目（以下统称建设项目）的安全设施，必须与主体工程同时设计、同时施工、同时投入生产和使用。安全设施投资应当纳入建设项目概算。国家对严重危及生产安全的工艺、设备实行淘汰制度，具体目录由国务院安全生产监督管理部门会同国务院有关部门制定并公布。法律、行政法规对目录的制定另有规定的，适用其规定。

4）省、自治区、直辖市人民政府可以根据本地区实际情况制定并公布具体目录，对规定以外的危及生产安全的工艺、设备予以淘汰。生产经营单位不得使用应当淘汰的危及生产安全的工艺、设备。

5）安全设备的设计、制造、安装、使用、检测、维修、改造和报废，应当符合国家标准或者行业标准。

6）生产经营单位必须对安全设备进行经常性维护、保养，并定期检测，保证正常运转。维护、保养、检测应当做好记录，并由有关人员签字。

7）生产经营单位使用的危险物品的容器、运输工具，以及涉及人身安全、危险性较大的特种设备，必须按照国家有关规定，由专业生产单位生产，并经具有专业资质的检测、检验机构检测、检验合格，取得安全使用证或者安全标志，方可投入使用。检测、检验机构对检测、检验结果负责。

8）生产经营单位必须为从业人员提供符合国家标准或者行业标准的劳动防护用品，并监督、教育从业人员按照使用规则佩戴、使用。

9）生产经营单位必须依法参加工伤社会保险，为从业人员缴纳保险费。

《工伤保险条例》（国务院令第586号）第十四条、十五条、十六条、十七条对工伤认定作了具体规定。

《建筑法》对建筑安全技术管理制度的规定有：①建筑工程设计应当符合按照国家规定制定的建筑安全规程和技术规范，保证工程的安全性能。②建筑施工企业在编制施工组织设计时，应当根据建筑工程的特点制定相应的安全技术措施；对专业性较强的工程项目，应当编制专项安全施工组织设计，并采取安全技术措施。

（5）安全教育培训

建筑企业要实现安全管理水平的提升，落实安全生产各项工作，就必须牢固树立“安全培训不到位是重大安全隐患”的理念。《建筑法》第四十六条规定，建筑施工企业应当建立健全劳动安全生产教育培训制度，加强对职工安全生产的教育培训；未经安全生产教育培训的人员，不得上岗作业。

《安全生产法》关于安全培训的规定有：

1）生产经营单位的主要负责人和安全生产管理人员必须具备与本单位所从事的生产经营活动相应的安全生产知识和管理能力。危险物品的生产、经营、储存单位以及矿山、建筑施工单位的主要负责人和安全生产管理人员，应当由有关主管部门对其安全生产知识和管理能力考核合格后方可任职，考核不得收费。

2）生产经营单位应当对从业人员进行安全生产教育和培训，保证从业人员具备必要的安全生产知识，熟悉有关的安全生产规章制度和安全操作规程，掌握本岗位的安全操作技能，了解事故应急处理措施，知悉自身在安全生产方面的权利和义务。未经安全生产教育和培训合格的从业人员，不得上岗作业。

3）生产经营单位使用被派遣劳动者的，应当将被派遣劳动者纳入本单位从业人员统一管理，对被派遣劳动者进行岗位安全操作规程和安全操作技能的教育和培训。劳务派遣单位应当对被派遣劳动者进行必要的安全生产教育和培训。

4）生产经营单位接收中等职业学校、高等学校学生实习的，应当对实习学生进行相应的安全生产教育和培训，提供必要的劳动防护用品。学校应当协助生产经营单位对实习学生进行安全生产教育和培训。

5）生产经营单位应当建立安全生产教育和培训档案，如实记录安全生产教育和培训的时间、内容、参加人员以及考核结果等情况。

6）生产经营单位的特种作业人员必须按照国家有关规定经专门的安全作业培训，取得相应资格，方可上岗作业。

（6）风险管理和隐患治理

安全管理必须以风险为指引。生产单位必须建立完善的风险辨识及评估制度，必须实行重大安全风险“一票否决”风险管控制度。企业负有风险管理和隐患治理的主体责任。在企业风险管理过程中与之并行的是事故隐患排查、治理和防控。

事故隐患是指生产经营单位违反安全生产法律、法规、规章、标准、规程和安全生产管理制度规定，或者因其他因素在生产经营活动中存在可能导致事故发生的物的危险状态、人的不安全行为和管理上的缺陷。

事故隐患分为一般事故隐患和重大事故隐患。一般事故隐患，是指危害和整改难度较小，发现后能够立即整改排除的隐患。重大事故隐患，是指危害和整改难度较大，应当全部或者局部停产停业，并经过一定时间整改治理方能排除的隐患，或者因外部因素影响致使生产经营单位自身难以排除的隐患。

对于一般事故隐患，由生产经营单位（车间、分厂、区队等）负责人或者有关人员及时组织整改。

对于重大事故隐患，由生产经营单位主要负责人组织制定并实施事故隐患治理方案。重大事故隐患治理方案应当包括以下内容：

1）治理的目标和任务；

2）采取的方法和措施；

3）经费和物资的落实；

4）负责治理的机构和人员；

5）治理的时限和要求；

6）安全措施和应急预案。

《安全生产法》规定：生产经营单位应当建立健全生产安全事故隐患排查治理制度，采取技术、管理措施，及时发现并消除事故隐患。事故隐患排查治理情况应当如实记录，并向从业人员通报。对重大危险源应当登记建档，进行定期检测、评估、监控，并制定应急预案，告知从业人员和相关人员在紧急情况下应当采取的应急措施。生产经营单位应当教育和督促从业人员严格执行本单位的安全生产规章制度和安全操作规程；并向从业人员如实告知作业场所和工作岗位存在的危险因素、防范措施以及事故应急措施。

《生产安全事故隐患排查治理规定》（修订稿）有关规定有：

1）生产经营单位是事故隐患排查、治理、报告和防控的责任主体，应当建立健全事故隐患排查治理制度，完善事故隐患自查、自改、自报的管理机制，落实从主要负责人到每位从业人员的事故隐患排查治理和防控责任，并加强对落实情况的监督考核，保证隐患排查治理的落实。

生产经营单位主要负责人对本单位事故隐患排查治理工作全面负责，各分管负责人对分管业务范围内的事故隐患排查治理工作负责。

2）各级安全监管监察部门按照职责对所辖区域内生产经营单位排查治理事故隐患工作依法实施综合监督管理；各级人民政府有关部门在各自职责范围内对生产经营单位排查治理事故隐患工作依法实施监督管理。

各级安全监管监察部门应当加强互联网＋隐患排查治理体系建设，推进生产经营单位建立完善隐患排查治理制度，运用信息化技术手段强化隐患排查治理工作。

3）任何单位和个人发现事故隐患或者隐患排查治理违法行为，均有权向安全监管监察部门和有关部门举报。安全监管监察部门接到事故隐患举报后，应当按照职责分工及时组织核实并予以查处；发现所举报事故隐患应当由其他有关部门处理的，应当及时移送并记录备查。

4）生产经营单位应当建立包括下列内容的事故隐患排查治理制度：

① 明确主要负责人、分管负责人、部门和岗位人员隐患排查治理工作要求、职责范围、防控责任；

② 根据国家、行业、地方有关事故隐患的标准、规范、规定，编制事故隐患排查清单，明确和细化事故隐患排查事项、具体内容和排查周期；

③ 明确隐患判定程序，按照规定对本单位存在的重大事故隐患作出判定；

④ 明确重大事故隐患、一般事故隐患的处理措施及流程；

⑤ 组织对重大事故隐患治理结果的评估；

⑥ 组织开展相应培训，提高从业人员隐患排查治理能力；

⑦ 应当纳入的其他内容。

5）生产经营单位在事故隐患治理过程中，应当采取相应的安全防范措施，防止事故发生。事故隐患排除前或者排除过程中无法保证安全的，应当从危险区域内撤出作业人员，并疏散可能危及的其他人员，设置警戒标志，暂时停产停业或者停止使用相关设施、设备；对暂时难以停产或者停止使用后极易引发生产安全事故的相关设施、设备，应当加强维护保养和监测监控，防止事故发生。

（7）建立健全事故应急救援体系

《安全生产法》规定，生产经营单位应当制定本单位生产安全事故应急救援预案，与所在地县级以上地方人民政府组织制定的生产安全事故应急救援预案相衔接，并定期组织演练。危险物品的生产、经营、储存单位以及矿山、金属冶炼、城市轨道交通运营、建筑施工单位应当建立应急救援组织。生产经营规模较小的，可以不建立应急救援组织，但应当指定兼职的应急救援人员。

生产经营单位应当加强生产安全事故应急工作，建立、健全生产安全事故应急工作责任制，其主要负责人对本单位的生产安全事故应急工作全面负责。

生产经营单位发生生产安全事故时，单位的主要负责人应当立即组织抢救，并不得在事故调查处理期间擅离职守。生产经营单位发生生产安全事故后，事故现场有关人员应当立即报告本单位负责人。单位负责人接到事故报告后，应当迅速采取有效措施，组织抢救，防止事故扩大，减少人员伤亡和财产损失，并按照国家有关规定立即如实报告当地负有安全生产监督管理职责的部门，不得隐瞒不报、谎报或者迟报，不得故意破坏事故现场、毁灭有关证据。

事故应急救援管理应按照《中华人民共和国突发事件应对法》的相关要求实行。

2019 年 4 月 1 日开始实行的《生产安全事故应急条例》（国务院令第 708 号）明确了三项制度，即应急预案制度、定期应急演练制度和应急值班制度，规定了应急工作违法行为的法律责任。此条例强化了应急准备在应急管理工作中的主体地位、明确了有关各方生产安全事故应急中的职责，强化了生产安全事故应急处置、提高应急处置救援能力等一系列重点要求，突出了企业安全生产主体责任落实。具体要求如下：

1）应急准备

① 生产经营单位应当针对本单位可能发生的生产安全事故的特点和危害，进行风险辨识和评估，制定相应的生产安全事故应急救援预案，并向本单位从业人员公布。

② 生产安全事故应急救援预案应当符合有关法律、法规、规章和标准的规定，具有科学性、针对性和可操作性，明确规定应急组织体系、职责分工以及应急救援程序和措施。有下列情形之一的，生产安全事故应急救援预案制定单位应当及时修订相关预案：

（一）制定预案所依据的法律、法规、规章、标准发生重大变化；

（二）应急指挥机构及其职责发生调整；

（三）安全生产面临的风险发生重大变化；

（四）重要应急资源发生重大变化；

（五）在预案演练或者应急救援中发现需要修订预案的重大问题；

（六）其他应当修订的情形。

③ 易燃易爆物品、危险化学品等危险物品的生产、经营、储存、运输单位，矿山、金属冶炼、城市轨道交通运营、建筑施工单位，以及宾馆、商场、娱乐场所、旅游景区等人员密集场所经营单位，应当将其制定的生产安全事故应急救援预案按照国家有关规定报送县级以上人民政府负有安全生产监督管理职责的部门备案，并依法向社会公布。

④ 下列单位应当建立应急值班制度，配备应急值班人员：

（一）县级以上人民政府及其负有安全生产监督管理职责的部门；

（二）危险物品的生产、经营、储存、运输单位以及矿山、金属冶炼、城市轨道交通运营、建筑施工单位；

（三）应急救援队伍。

规模较大、危险性较高的易燃易爆物品、危险化学品等危险物品的生产、经营、储存、运输单位应当成立应急处置技术组，实行 24 小时应急值班。

⑤ 生产经营单位应当对从业人员进行应急教育和培训，保证从业人员具备必要的应急知识，掌握风险防范技能和事故应急措施。

2）应急救援

① 发生生产安全事故后，生产经营单位应当立即启动生产安全事故应急救援预案，采取下列一项或者多项应急救援措施，并按照国家有关规定报告事故情况：

迅速控制危险源，组织抢救遇险人员；

根据事故危害程度，组织现场人员撤离或者采取可能的应急措施后撤离；

及时通知可能受到事故影响的单位和人员；

采取必要措施，防止事故危害扩大和次生、衍生灾害发生；

根据需要请求邻近的应急救援队伍参加救援，并向参加救援的应急救援队伍提供相关技术资料、信息和处置方法；

维护事故现场秩序，保护事故现场和相关证据；

法律、法规规定的其他应急救援措施。

② 在生产安全事故应急救援过程中，发现可能直接危及应急救援人员生命安全的紧急情况时，现场指挥部或者统一指挥应急救援的人民政府应当立即采取相应措施消除隐患，降低或者化解风险，必要时可以暂时撤离应急救援人员。

③ 现场指挥部或者统一指挥生产安全事故应急救援的人民政府及其有关部门应当完整、准确地记录应急救援的重要事项，妥善保存相关原始资料和证据。

3）法律责任

生产经营单位未制定生产安全事故应急救援预案、未定期组织应急救援预案演练、未对从业人员进行应急教育和培训，生产经营单位的主要负责人在本单位发生生产安全事故时不立即组织抢救的，由县级以上人民政府负有安全生产监督管理职责的部门依照《安全生产法》有关规定追究法律责任。

生产经营单位未对应急救援器材、设备和物资进行经常性维护、保养，导致发生严重生产安全事故或者生产安全事故危害扩大，或者在本单位发生生产安全事故后未立即采取相应的应急救援措施，造成严重后果的，由县级以上人民政府负有安全生产监督管理职责的部门依照《中华人民共和国突发事件应对法》有关规定追究法律责任。

生产经营单位未将生产安全事故应急救援预案报送备案、未建立应急值班制度或者配备应急值班人员的，由县级以上人民政府负有安全生产监督管理职责的部门责令限期改正；逾期未改正的，处 3 万元以上 5 万元以下的罚款，对直接负责的主管人员和其他直接责任人员处 1 万元以上 2 万元以下的罚款。

《生产安全事故应急条例》明确规定了以下违法追责的情形：

① 第三十条明确了按照安全生产法规定追究法律责任的违法行为；

② 第三十一条明确了按照突发事件应对法规定追究法律责任的违法行为；

③ 第三十二条明确了责令限期改正和处以罚款的违法行为；

④ 第三十三条规定构成违反治安管理行为的由公安机关依法给予处罚、构成犯罪的依法追究刑事责任。

2. 企业安全生产法律责任

（1）违规责任

《安全生产法》第九十四条规定，生产经营单位有下列行为之一的，责令限期改正，可以处五万元以下的罚款；逾期未改正的，责令停产停业整顿，并处五万元以上十万元以下的罚款。

1）未按照规定设置安全生产管理机构或者配备安全生产管理人员；

2）危险物品的生产、经营、储存单位以及矿山、金属冶炼、建筑施工、道路运输单位的主要负责人和安全生产管理人员未按照规定经考核合格；

3）未按照规定对从业人员、被派遣劳动者、实习学生进行安全生产教育和培训，或者未按照规定如实告知有关的安全生产事项；

4）未如实记录安全生产教育和培训情况；

5）未将事故隐患排查治理情况如实记录或者未向从业人员通报；

6）未按照规定制定生产安全事故应急救援预案或者未定期组织演练的；

7）特种作业人员未按照规定经专门的安全作业培训并取得相应资格，上岗作业。

第九十六条规定，生产经营单位有下列行为之一的，责令限期改正，可以处五万元以下的罚款；逾期未改正的，处五万元以上二十万元以下的罚款，情节严重的，责令停产停业整顿。

1）未在有较大危险因素的生产经营场所和有关设施、设备上设置明显的安全警示标志；

2）安全设备的安装、使用、检测、改造和报废不符合国家标准或者行业标准；

3）未对安全设备进行经常性维护、保养和定期检测；

4）未为从业人员提供符合国家标准或者行业标准的劳动防护用品；

5）危险物品的容器、运输工具，以及涉及人身安全、危险性较大的海洋石油开采特种设备和矿山井下特种设备未经具有专业资质的机构检测、检验合格，取得安全使用证或者安全标志，投入使用；

6）使用应当淘汰的危及生产安全的工艺、设备。

《建设工程安全生产管理条例》对企业单位的违规行为有以下法律责任规定。

违反第六十二条例的规定，施工单位有下列行为之一的，责令限期改正；逾期未改正的，责令停业整顿，依照《中华人民共和国安全生产法》的有关规定处以罚款。

1）未设立安全生产管理机构、配备专职安全生产管理人员或者分部分项工程施工时无专职安全生产管理人员现场监督；

2）施工单位的主要负责人、项目负责人、专职安全生产管理人员、作业人员或者特种作业人员，未经安全教育培训或者经考核不合格即从事相关工作；

3）未在施工现场的危险部位设置明显的安全警示标志，或者未按照国家有关规定在施工现场设置消防通道、消防水源、配备消防设施和灭火器材；

4）未向作业人员提供安全防护用具和安全防护服装；

5）未按照规定在施工起重机械和整体提升脚手架、模板等自升式架设设施验收合格后登记；

6）使用国家明令淘汰、禁止使用的危及施工安全的工艺、设备、材料。

违反第六十四条例的规定，施工单位有下列行为之一的，责令限期改正；逾期未改正的，责令停业整顿，并处5万元以上10万元以下的罚款。

1）施工前未对有关安全施工的技术要求作出详细说明；

2）未根据不同施工阶段和周围环境及季节、气候的变化，在施工现场采取相应的安全施工措施，或者在城市市区内的建设工程的施工现场未实行封闭围挡；

3）在尚未竣工的建筑物内设置员工集体宿舍；

4）施工现场临时搭建的建筑物不符合安全使用要求；

5）未对因建设工程施工可能造成损害的毗邻建筑物、构筑物和地下管线等采取专项防护措施。

违反第六十五条例的规定，施工单位有下列行为之一的，责令限期改正；逾期未改正的，责令停业整顿，并处10万元以上30万元以下的罚款；情节严重的，降低资质等级，直至吊销资质证书；造成损失的，依法承担赔偿责任。

1）安全防护用具、机械设备、施工机具及配件在进入施工现场前未经查验或者查验不合格即投入使用；

2）使用未经验收或者验收不合格的施工起重机械和整体提升脚手架、模板等自升式架设设施；

3）委托不具有相应资质的单位承担施工现场安装、拆卸施工起重机械和整体提升脚手架、模板等自升式架设设施；

4）在施工组织设计中未编制安全技术措施、施工现场临时用电方案或者专项施工方案。

违反第六十三条例的规定，施工单位挪用列入建设工程概算的安全生产作业环境及安全施工措施所需费用的，责令限期改正，处挪用费用20%以上50%以下的罚款；造成损失的，依法承担赔偿责任。

（2）事故责任

《安全生产法》第一百零九条规定，发生生产安全事故，对负有责任的生产经营单位除要求其依法承担相应的赔偿等责任外，由安全生产监督管理部门依照下列规定处以罚款：

1）发生一般事故的，处二十万元以上五十万元以下的罚款；

2）发生较大事故的，处五十万元以上一百万元以下的罚款；

3）发生重大事故的，处一百万元以上五百万元以下的罚款；

4）发生特别重大事故的，处五百万元以上一千万元以下的罚款；情节特别严重的，处一千万元以上二千万元以下的罚款。

《生产安全事故罚款处罚规定（试行）》对企业单位的责任事故规定如表 2-2 所示。

事故责任《生产安全事故罚款处罚规定（试行）》　　**表 2-2**

事故级别	上限罚款	上限处罚条款
一般事故	50 万元	谎报或瞒报
较大事故	100 万元	谎报或瞒报
重大事故	500 万元	谎报或瞒报
特别重大事故	2000 万元	(1)瞒报； (2)谎报； (3)未批先建； (4)拒绝、阻碍行政执法； (5)拒不执行有关停产停业、停止施工、停止使用相关设备或者设施的行政执法指令； (6)明知存在事故隐患，仍然进行生产经营活动； (7)一年内已经发生 2 起以上较大事故，或者 1 起重大以上事故，再次发生特别重大事故的； (8)领导没有按照规定带班下井的

住建部《安全生产许可证动态监管暂行办法》（建质［2008］121 号）对事故责任的规定如表 2-3 所示。

事故责任规定　　**表 2-3**

事故级别	暂扣安全生产许可证处罚	12 个月内(非一年内) 第二次发生事故扣证处罚	12 个月内(非一年内) 第三次发生事故扣证处罚
一般事故	30～60 日	60～90 日	吊销安全生产许可证
较大事故	60～90 日	120～150 日，超过 120 日的吊销安全生产许可证	
重大事故	90～120 日	吊销安全生产许可证	

住建部印发的《住房城乡建设质量安全事故和其他重大突发事件督办处理办法》（建法［2015］37 号文件）对事故法律责任也提出了以下要求：

发生一次死亡 5 人及以上质量安全事故或者其他特别重大突发事件的，住房城乡建设部相关司局赴现场了解情况，并召开新闻发布会通报事故和突发事件情况。

对发生较大质量安全事故负有责任的施工企业，由县级以上人民政府住房城乡建设主管部门依据权限责令停业整顿一年。停业整顿期间，企业在全国范围内不得承接新的工程项目、不得参与工程项目投标。

对发生重大及以上质量安全事故负有责任的施工企业，由县级以上人民政府住房城乡建设主管部门依据权限降低资质等级或者吊销资质证书。

对质量安全事故频发、造成恶劣影响的地区，住房城乡建设部将责令当地住房城乡建设主管部门，在一定范围、一定期限内停工检查，切实消除质量安全隐患。

住房城乡建设部对较大及以上质量安全事故和其他重大突发事件实行挂牌督办。

《危险性较大的分部分项工程安全管理规定》中，企业单位有以下法律责任。

施工单位未按照本规定编制并审核危大工程专项施工方案的，依照《建设工程安全生产管理条例》对单位进行处罚，并暂扣安全生产许可证 30 日；对直接负责的主管人员和其他直接责任人员处 1000 元以上 5000 元以下的罚款。

施工单位有下列行为之一的，依照《中华人民共和国安全生产法》、《建设工程安全生产管理条例》对单位和相关责任人员进行处罚：

1）未向施工现场管理人员和作业人员进行方案交底和安全技术交底的；

2）未在施工现场显著位置公告危大工程，并在危险区域设置安全警示标志的；

3）项目专职安全生产管理人员未对专项施工方案实施情况进行现场监督的。

施工单位有下列行为之一的，责令限期改正，处 1 万元以上 3 万元以下的罚款，并暂扣安全生产许可证 30 日；对直接负责的主管人员和其他直接责任人员处 1000 元以上 5000 元以下的罚款：

1）未对超过一定规模的危大工程专项施工方案进行专家论证；

2）未根据专家论证报告对超过一定规模的危大工程专项施工方案进行修改，或者未按照本规定重新组织专家论证的；

3）未严格按照专项施工方案组织施工，或者擅自修改专项施工方案的。

施工单位有下列行为之一的，责令限期改正，并处 1 万元以上 3 万元以下的罚款；对直接负责的主管人员和其他直接责任人员处 1000 元以上 5000 元以下的罚款：

1）项目负责人未按照本规定现场履职或者组织限期整改的；

2）施工单位未按照本规定进行施工监测和安全巡视的；

3）未按照本规定组织危大工程验收的；

4）发生险情或者事故时，未采取应急处置措施的；

5）未按照本规定建立危大工程安全管理档案的。

3. 建设方主要人员安全生产法律责任

（1）违规责任

《安全生产法》生产经营单位的安全生产管理人员安全生产法律违规责任的规定表 2-4 所示。

生产经营单位的安全生产管理人员安全生产法律违规责任　　表 2-4

违规条款	处罚规定
第九十四条	对其直接负责的主管人员和其他直接责任人员处一万元以上二万元以下的罚款，构成犯罪的，依照刑法有关规定追究刑事责任
第九十六条	
第九十八条	对其直接负责的主管人员和其他直接责任人员处二万元以上五万元以下的罚款，构成犯罪的，依照刑法有关规定追究刑事责任

（2）事故责任

2006 年 6 月主席令第 51 号《中华人民共和国刑法修正案（六）》对建设方主要人员安全生产法律责任规定如下：

在生产、作业中违反有关安全管理的规定，因而发生重大伤亡事故或者造成其他严重后果的，处三年以下有期徒刑或者拘役；情节特别恶劣的，处三年以上七年以下有期徒刑。

强令他人违章冒险作业，因而发生重大伤亡事故或者造成其他严重后果的，处五年以下有期徒刑或者拘役；情节特别恶劣的，处五年以上有期徒刑。

安全生产设施或者安全生产条件不符合国家规定，因而发生重大伤亡事故或者造成其他严重后果的，对直接负责的主管人员和其他直接责任人员，处三年以下有期徒刑或者拘役；情节特别恶劣的，处三年以上七年以下有期徒刑。

在安全事故发生后，负有报告职责的人员不报或者谎报事故情况，贻误事故抢救，情节严重的，处三年以下有期徒刑或者拘役；情节特别严重的，处三年以上七年以下有期徒刑。

4. 从业人员的安全生产权利和义务

《安全生产法》规定：生产经营单位的从业人员有依法获得安全生产保障的权利，并应当依法履行安全生产方面的义务。

（1）生产经营单位的安全生产管理机构以及安全生产管理人员履行下列职责：

1）组织或者参与拟订本单位安全生产规章制度、操作规程和生产安全事故应急救援预案；

2）组织或者参与本单位安全生产教育和培训，如实记录安全生产教育和培训情况；

3）督促落实本单位重大危险源的安全管理措施；

4）组织或者参与本单位应急救援演练；

5）检查本单位的安全生产状况，及时排查生产安全事故隐患，提出改进安全生产管理的建议；

6）制止和纠正违章指挥、强令冒险作业、违反操作规程的行为；

7）督促落实本单位安全生产整改措施。

生产经营单位的安全生产管理机构以及安全生产管理人员应当恪尽职守，依法履行职责。

（2）生产经营单位作出涉及安全生产的经营决策，应当听取安全生产管理机构以及安全生产管理人员的意见。生产经营单位不得因安全生产管理人员依法履行职责而降低其工资、福利等待遇或者解除与其订立的劳动合同。危险物品的生产、储存单位以及矿山、金属冶炼单位的安全生产管理人员的任免，应当告知主管的负有安全生产监督管理职责的部门。

（3）生产经营单位的主要负责人和安全生产管理人员必须具备与本单位所从事的生产经营活动相应的安全生产知识和管理能力。危险物品的生产、经营、储存单位以及矿山、金属冶炼、建筑施工、道路运输单位的主要负责人和安全生产管理人员，应当由主管的负有安全生产监督管理职责的部门对其安全生产知识和管理能力考核合格。考核不得收费。

危险物品的生产、储存单位以及矿山、金属冶炼单位应当有注册安全工程师从事安全生产管理工作。鼓励其他生产经营单位聘用注册安全工程师从事安全生产管理工作。注册安全工程师按专业分类管理，具体办法由国务院人力资源和社会保障部门、国务院安全生产监督管理部门会同国务院有关部门制定。

生产经营单位应当教育和督促从业人员严格执行本单位的安全生产规章制度和安全操作规程；并向从业人员如实告知作业场所和工作岗位存在的危险因素、防范措施以及事故应急措施。

（4）生产经营单位与从业人员订立的劳动合同，应当载明有关保障从业人员劳动安全、防止职业危害的事项，以及依法为从业人员办理工伤保险的事项。

生产经营单位不得以任何形式与从业人员订立协议，免除或者减轻其对从业人员因生产安全事故伤亡依法应承担的责任。

（5）生产经营单位的从业人员有权了解其作业场所和工作岗位存在的危险因素、防范措施及事故应急措施，有权对本单位的安全生产工作提出建议。从业人员有权对本单位安全生产工作中存在的问题提出批评、检举、控告；有权拒绝违章指挥和强令冒险作业。

（6）生产经营单位不得因从业人员对本单位安全生产工作提出批评、检举、控告或者拒绝违章指挥、强令冒险作业而降低其工资、福利等待遇或者解除与其订立的劳动合同。

（7）从业人员发现直接危及人身安全的紧急情况时，有权停止作业或者在采取可能的应急措施后撤离作业场所。

生产经营单位不得因从业人员在前款紧急情况下停止作业或者采取紧急撤离措施而降低其工资、福利等待遇或者解除与其订立的劳动合同。

（8）因生产安全事故受到损害的从业人员，除依法享有工伤保险外，依照有关民事法律尚有获得赔偿的权利的，有权向本单位提出赔偿要求。从业人员在作业过程中，应当严格遵守本单位的安全生产规章制度和操作规程，服从管理，正确佩戴和使用劳动防护用品。

2.1.4 安全生产监管的主要法规

《建设工程安全生产管理条例》、《安全生产许可证条例》、《生产安全事故报告和调查处理条例》是目前建设工程安全生产的主要行政法规。

1.《建设工程安全生产管理条例》的主要内容

《建设工程安全生产管理条例》（以下简称《安全条例》）于2003年国务院第28次常务会通过，自2004年2月1日起施行。

（1）政府部门对施工单位的安全生产监督管理

建设行政部门对施工单位安全生产监督管理的方式主要有两种：一是日常监管；二是安全生产许可证动态监管。监管的主要内容如下：

1）《安全生产许可证》办理情况；

2）建筑工程安全防护、文明施工措施费用的使用情况；

3）设置安全生产管理机构和配备专职安全管理人员情况；

4）三类人员经主管部门安全生产考核情况；

5）特种作业人员持证上岗情况；

6）安全生产教育培训计划制定和实施情况；

7）施工现场作业人员意外伤害保险办理情况；

8）职业危害防治措施制定情况，安全防护用具和安全防护服装的提供及使用管理情况；

9）施工组织设计和专项施工方案编制、审批及实施情况；

10）生产安全事故应急救援预案的建立与落实情况；

11）企业内部安全生产检查开展和事故隐患整改情况；

12）重大危险源的登记、公示与监控情况；

13）生产安全事故的统计、报告和调查处理情况；

14）其他有关事项。

（2）施工企业安全生产制度

1）安全生产责任制度；

2）安全生产教育培训制度；

3）专项施工方案专家论证审查制度；

4）施工起重机机械使用登记制度；

5）施工现场消防安全责任制度；

6）意外伤害保险制度；

7）生产安全事故应急救援制度。

2.《安全生产许可证条例》

《安全生产许可证条例》于2014年7月9日修订，自2014年7月29日起施行。

制定《安全生产许可证条例》的目的就是为了严格规范安全生产条件，进一步加强安全生产监督管理，防止和减少生产安全事故，对危险性较大、易发生事故的企业实行严格的安全许可证制度，提高高危行业市场准入门槛。

（1）安全生产许可证制度的适用范围

国家对矿山企业、建筑施工企业和危险化学品、烟花爆竹、民用爆炸物品生产企业（以下统称企业）实行安全生产许可制度。

企业未取得安全生产许可证的，不得从事生产活动。

（2）取得安全生产许可证的条件

1）建立、健全安全生产责任制，制定完备的安全生产规章制度和操作规程；

2）安全投入符合安全生产要求；

3）设置安全生产管理机构，配备专职安全生产管理人员；

4）主要负责人和安全生产管理人员经考核合格；

5）特种作业人员经有关业务主管部门考核合格，取得特种作业操作资格证书；

6）从业人员经安全生产教育和培训合格；

7）依法参加工伤保险，为从业人员缴纳保险费；

8）厂房、作业场所和安全设施、设备、工艺符合有关安全生产法律、法规、标准和规程的要求；

9）有职业危害防治措施，并为从业人员配备符合国家标准或者行业标准的劳动防护用品；

10）依法进行安全评价；

11）有重大危险源检测、评估、监控措施和应急预案；

12）有生产安全事故应急救援预案、应急救援组织或者应急救援人员，配备必要的应急救援器材、设备；

13）法律、法规规定的其他条件。

（3）安全生产许可证的申领

企业进行生产前，应当依照本条例的规定向安全生产许可证颁发管理机关申请领取安全生产许可证，并提供本条例第六条规定的相关文件、资料。安全生产许可证颁发管理机关应当自收到申请之日起45日内审查完毕，经审查符合本条例规定的安全生产条件的，颁发安全生产许可证；不符合本条例规定的安全生产条件的，不予颁发安全生产许可证，书面通知企业并说明理由。

（4）安全生产许可证的有效期与期满延伸

安全生产许可证的有效期为3年。安全生产许可证有效期满需要延期的，企业应当于期满前3个月向原安全生产许可证颁发管理机关办理延期手续。

企业在安全生产许可证有效期内，严格遵守有关安全生产的法律法规，未发生死亡事故的，安全生产许可证有效期届满时，经原安全生产许可证颁发管理机关同意，不再审查，安全生产许可证有效期延期3年。

2.2 安全生产法律法规及制度主要内容

2.2.1 《中华人民共和国宪法》

《中华人民共和国宪法》（以下简称《宪法》）于2004年3月14日第十届全国人民代表大会第二次会议通过，是安全生产法律体系框架的最高层级，“加强劳动保护，改善劳动条件”是有关安全生产方面最高法律效力的规定。

2.2.2 《中华人民共和国安全生产法》

《中华人民共和国安全生产法》（以下简称《安全生产法》）于2014年8月31日由第十二届全国人民代表大会常务委员会第十次会议通过，自2014年12月1日起施行。《安全生产法》是对所有生产经营单位的安全生产普遍适用的基本法律。

1. 修改《安全生产法》的主要思路

新修订的《安全生产法》分为七章一百一十四条，表2-5为新旧《安全生产法》比较。

新旧安全生产法对比　　表2-5

	章名	原法	新法	修改	增加	不变
第一章	总则	15	16	9	1	6
第二章	生产经营单位的安全生产保障	28	32	17	4	11
第三章	从业人员的安全生产权利义务	9	10	2	1	7
第四章	安全生产的监督管理	15	17	5	2	10
第五章	生产安全事故的应急救援与调查处理	9	11	7	2	2
第六章	法律责任	19	25	18	5	2
第七章	附则	2	3	0	1	2
合计		97	114	58	16	40

新修订的《安全生产法》进一步强化了安全生产工作的重要地位，强化和落实生产经营单位安全生产主体责任；完善政府监管措施，加大监管力度；强化安全生产责任追究，加重对行为特别是对责任人的处罚力度；注重预防和治本，严格责任追究，进一步增强法律规范的可执行性和可操作性。按照这个思路，如表新《安全生产法》在保持原来7章格局的基础上，作了较大的修改，条款由过去的97条扩展到114条，增加了17条。

2. 立法的目的

《安全生产法》第1条明确规定："为了加强安全生产工作，防止和减少生产安全事故，保障人民群众生命和财产安全，促进经济社会持续健康发展，制定本法。"明确了4个层次的立法目的，拓展了安全生产的内涵与外延。

3. 安全生产理念、安全生产方针

《安全生产法》确立了"以人为本、坚持安全发展"的安全发展理念和"安全第一、预防为主、综合治理"的安全生产工作"十二字方针"，明确了安全生产在经济社会发展中的重要地位、主体任务和实现安全生产的根本途径。

4. 安全生产工作机制

《安全生产法》第3条首次确定，"建立生产经营单位负责、职工参与、政府监管、行业自律和社会监督的机制"。这一机制，进一步明确了相关方面在安全生产工作中的责任，为构建齐抓共管的工作格局提供了法律依据。

5. 生产经营单位安全生产主体责任

《安全生产法》强化落实生产经营单位的安全生产主体责任，从18个方面对生产经营单位安全生产主体责任进行了规定。

（1）机构人员，按标配备

安全生产的良好局面不会自然出现，必须有人具体管，有人具体负责。《安全生产法》第21条规定了各类生产经营单位设置安全生产管理机构或者配备专（兼）职安全生产管理人员的不同要求。

（2）日常管理，建章立制

建立推行安全生产标准化制度、增加了安全生产责任制考核规定是生产经营单位安全生产管理的基础。生产经营单位应当按照《安全生产法》第4条、第18条、第19条、第22条、第93条等法律法规的规定，建立健全安全生产责任制、规章制度和操作规程。

（3）安全条件，合法合规

生产经营单位的安全生产条件，既包括《安全生产法》和有关法律、行政法规规定的安全生产条件，也包括国家标准或者行业标准规定的安全生产条件。《安全生产法》第17条、60条规定，不具备安全生产条件的，不得从事生产经营活动。有关条款对不具备安全生产条件从事生产经营的违法行为，设定了行政处罚或现场处置措施，并规定经停产停业整顿仍不具备安全生产条件的，予以关闭。

（4）资金投入，满足要求

《安全生产法》第20条要求生产经营单位应当具备的安全生产条件所必需的资金投入，同时，增加了按照规定提取和使用安全生产费用的规定。

（5）教育培训，全员合格

《安全生产法》用第24条、第25条、第26条、第27条、第55条等，对生产经营单位主要负责人和安全生产管理人员、特种作业人员、其他从业人员安全教育培训作了明确，并特别增加了对被派遣劳动者、实习学生也应当进行相应的教育培训的规定。

（6）安全设施，“三同时”到位

安全设施是生产经营单位在生产经营活动中将危险、有害因素控制在安全范围内以及预防、减少、消除危害所配备的装置（设备）和采取的措施。为防止建设项目在建成之初就存在先天性设计性安全隐患，《安全生产法》第28条设立了建设项目安全设施“三同时”制度，即：生产经营单位新建、改建、扩建工程项目（以下统称建设项目）的安全设施，必须与主体工程同时设计、同时施工、同时投入生产和使用。第29条、第30条、第31条对矿山、金属冶炼建设项目和用于生产、储存、装卸危险物品的建设项目安全设施“三同时”作了特别规定。

（7）危险防范，如实告知

为提高从业人员安全生产意识和防范事故能力，新《安全生产法》第41条规定，生产经营单位应当向从业人员如实告知作业场所和工作岗位存在的危险因素、防范措施以及事故应急措施，教育职工自觉承担安全生产义务。

（8）劳防用品，配备使用

劳动防护用品是预防事故和减少与消除事故影响的最后一道屏障。《安全生产法》第42条从三个层面设定了劳动防护用品方面的要求：一是生产经营单位必须为从业人员提供劳动防护用品；二是提供的劳动防护用品必须符合国家标准或者行业标准的要求；三是必须监督、教育从业人员按照使用规则佩戴、使用劳动防护用品。

（9）较大危险，标志明显

实践中，安全警示标志对于提示危险、提高安全意识、防止和减少事故发生有着不可或缺的作用。《安全生产法》第32条专门规定：生产经营单位应当在有较大危险因素的生产经营场所和有关设施、设备上，设置明显的安全警示标志。

（10）安全设施、设备，合法可靠

《安全生产法》有三条关于工艺设备合法可靠的规定：一是第33条规定了安全设备合法可靠要求，所谓安全设备，可理解为前述安全设施中的设备部分；二是第34条规定了生产经营单位使用的危险物品的容器、运输工具，以及涉及人身安全、危险性较大的海洋石油开采特种设备和矿山井下特种设备的合法可靠要求。《安全生产法》删除了其他特种设备部分，主要考虑《特种设备监察法》已经作出了专门规定；三是第35条规定了国家对严重危及生产安全的工艺、设备实行淘汰制度，要求生产经营单位不得使用应当淘汰的危及生产安全的工艺、设备。

（11）危险物品，严格管理

《安全生产法》第36条、第37条、第39条第一款对危险物品的管理作了严格规定。一是规定了对生产、经营、运输、储存、使用危险物品或者处置废弃危险物品，均需要有关主管部门审批并实施监督管理；二是规定了生产经营单位对危险物品构成重大危险源应当登记建档，进行定期检测、评估、监控，并制定应急预案；三是规定了生产、经营、储存、使用危险物品的车间、商店、仓库与员工宿舍之间的安全要求。

（12）事故隐患，及时消除

作为《安全生产法》新建立的12个制度措施之一，第38条、第43条明确了生产经营单位应当履行的四个方面的隐患排查治理义务：一是应当建立健全生产安全事故隐患排查治理制度；二是应当采取技术、管理措施，及时发现并消除事故隐患；三是应当如实记录事故隐患排查治理情况；四是应当向从业人员通报事故隐患排查治理情况。并为此配套了最为严厉的责任追究措施。

（13）疏散出口，保持畅通

充分吸取多起重特大事故教训，《安全生产法》第 39 条第二款强调，生产经营场所和员工宿舍应当设有符合紧急疏散要求、标志明显、保持畅通的出口，禁止锁闭、封堵生产经营场所或者员工宿舍的出口。

（14）危险作业，专人管理

为遏制危险作业事故多发势头，《安全生产法》第 40 条不仅保留了生产经营单位进行爆破、吊装等危险作业，应当安排专门人员进行现场安全管理，确保操作规程的遵守和安全措施的落实；同时，授权国务院安全生产监督管理部门会同国务院有关部门明确其他危险作业，也必须专人现场管理。

（15）相关各方，协调管理

实践中，同一作业区域内两个以上生产经营单位在安全生产管理上各自为政、互不相干，发包、出租一包了之、不闻不问，导致生产安全事故时有发生，甚至发生重特大事故。为此《安全生产法》第 45 条、第 46 条规定了两个以上生产经营单位在同一作业区域内进行生产经营活动，或者将生产经营项目、场所发包或者出租给其他单位的，应当签订专门的安全生产管理协议，或者在承包合同、租赁合同中约定各自的安全生产管理职责并进行协调、管理。

（16）制定预案，定期演练，落实应急措施

近年来，许多事故应急救援案例表明，制定科学可行的事故应急预案，并组织演练，能有效控制事故扩大、减少人员伤亡和财产损失。《安全生产法》在第 18 条要求生产经营单位的主要负责人组织制定并实施本单位的生产安全事故应急救援预案基础上，增加了生产经营单位应当制定本单位生产安全事故应急救援预案，并定期组织演练的规定（第 78、79 条）。

（17）发生事故，立即抢救

《安全生产法》第 47 条、第 80 条规定，只要生产经营单位发生生产安全事故时，单位的主要负责人应当立即组织抢救，并不得在事故调查处理期间擅离职守。按要求上报安全生产事故，做好事故抢险救援，妥善处理对事故伤亡人员依法赔偿等事故善后工作。

（18）工伤保险，依法缴纳

《安全生产法》第 48 条、第 49 条明确了生产经营单位必须依法参加工伤保险，为从业人员缴纳保险费。

2.2.3 《中华人民共和国建筑法》

《中华人民共和国建筑法》（以下简称《建筑法》）于 2011 年 4 月 22 日第十一届全国人民代表大会常务委员会第二十次会议修订通过，2011 年 7 月 1 日实施，确定了十八项基本法律制度。

《建筑法》第 1 条中明确提出立法的目的是："为了加强对建筑活动的监督管理，维护

建筑市场秩序，保证建筑工程的质量和安全，促进建筑业健康发展，制定本法。”

《建筑法》第5章用整个篇幅明确了有关建筑安全生产管理的基本方针、管理体制、安全责任制度、安全教育培训制度等规定，具体内容如下：

《建筑法》主要规定了建筑许可、建筑工程发包与承包、建筑工程监理、建筑安全生产管理、建筑工程质量管理及相应法律法规责任等方面的内容。

《建筑法》针对建筑安全生产管理明确了以下内容：

1. 基本方针和基本制度

《建筑法》第36条规定：“工程须坚持安全第一、预防为主的方针，建立健全安全生产的责任制度和群防群治制度。”

2. 相关安全生产管理法律制度

1）建筑安全技术管理制度

建筑工程设计应当符合按照国家规定制定的建筑安全规程和技术规范，保证工程的安全性能。

建筑施工企业在编制施工组织设计时，应当根据建筑工程的特点制定相应的安全技术措施；对专业性较强的工程项目，应当编制专项安全施工组织设计，并采取安全技术措施。(第38条)

2）施工现场安全管理制度

建筑施工企业应当在施工现场采取维护安全、防范危险、预防火灾等措施；有条件的，应当对施工现场实行封闭管理。施工现场对毗邻的建筑物、构筑物和特殊作业环境可能造成损害的，建筑施工企业应当采取安全防护措施。建设单位应当向建筑施工企业提供与施工现场相关的地下管线资料，建筑施工企业应当采取措施加以保护。

3）安全生产责任制度

建筑施工企业必须依法加强对建筑安全生产的管理，执行安全生产责任制度，采取有效措施，防止伤亡和其他安全生产事故的发生。建筑施工企业的法定代表人对本企业的安全生产负责。

4）安全责任负责制度

施工现场安全由建筑施工企业负责。实行施工总承包的，由总承包单位负责。分包单位向总承包单位负责，服从总承包单位对施工现场的安全生产管理。

5）劳动安全生产教育培训制度

建筑施工企业应当建立健全劳动安全生产教育培训制度，加强对职工安全生产的教育培训；未经安全生产教育培训的人员，不得上岗作业。

6）意外伤害保险制度

建筑施工企业应当依法为职工参加工伤保险缴纳工伤保险费。鼓励企业为从事危险作业的职工办理意外伤害保险，支付保险费。

7）事故救援及安全事故报告制度

施工中发生事故时，建筑施工企业应当采取紧急措施减少人员伤亡和事故损失，并按照国家有关规定及时向有关部门报告。

3. 建设单位的义务

有下列情形之一的，建设单位应当按照国家有关规定办理申请批准手续：

（1）需要临时占用规划批准范围以外场地的；

（2）可能损坏道路、管线、电力、邮电通信等公共设施的；

（3）需要临时停水、停电、中断道路交通的；

（4）需要进行爆破作业的；

（5）法律、法规规定需要办理报批手续的其他情形。

2.2.4 《中华人民共和国消防法》

《中华人民共和国消防法》（以下简称《消防法》）于2008年10月28日由中华人民共和国第十一届全国人民代表大会常务委员会第五次会议修订通过，自2009年5月1日起施行。《消防法》中与建筑工程安全生产相关的主要内容有以下几个方面：

1. 立法目的

《消防法》第1条明确规定："为了预防火灾和减少火灾危害，加强应急救援工作，保护人身财产安全、维护公共安全，制定本法。"

2. 消防工作方针

《消防法》第2条明确规定："消防工作贯彻预防为主、防消结合的方针，按照政府统一领导、部门依法监管、单位全面负责、公民积极参与的原则，实行消防安全责任制，建立健全社会化的消防工作网络。"

3. 火灾预防

（1）地方各级人民政府应当将包括消防安全布局、消防站、消防供水、消防通信、消防车通道、消防装备等内容的消防规划纳入城乡规划，并负责组织实施。城乡消防安全布局不符合消防安全要求的，应当调整、完善；公共消防设施、消防装备不足或者不适应实际需要的，应当增建、改建、配置或者进行技术改造。

（2）禁止在具有火灾、爆炸危险的场所吸烟、使用明火。因施工等特殊情况需要使用明火作业的，应当按照规定事先办理审批手续，采取相应的消防安全措施；作业人员应当遵守消防安全规定。

进行电焊、气焊等具有火灾危险作业的人员和自动消防系统的操作人员，必须持证上岗，并遵守消防安全操作规程。

（3）任何单位、个人不得损坏、挪用或者擅自拆除、停用消防设施、器材，不得埋压、圈占、遮挡消火栓或者占用防火间距，不得占用、堵塞、封闭疏散通道、安全出口、消防车通道。人员密集场所的门窗不得设置影响逃生和灭火救援的障碍物。

4. 消防组织

下列单位应当建立单位专职消防队，承担本单位的火灾扑救工作：

（1）大型核设施单位、大型发电厂、民用机场、主要港口；

（2）生产、储存易燃易爆危险品的大型企业；

（3）储备可燃的重要物资的大型仓库、基地；

（4）第一项、第二项、第三项规定以外的火灾危险性较大、距离公安消防队较远的其他大型企业；

（5）距离公安消防队较远、被列为全国重点文物保护单位的古建筑群的管理单位。

5. 灭火救援

(1) 任何人发现火灾都应当立即报警。任何单位、个人都应当无偿为报警提供便利，不得阻拦报警。严禁谎报火警。

(2) 人员密集场所发生火灾，该场所的现场工作人员应当立即组织、引导在场人员疏散。

(3) 任何单位发生火灾，必须立即组织力量扑救。邻近单位应当给予支援。

(4) 消防队接到火警，必须立即赶赴火灾现场，救助遇险人员，排除险情，扑灭火灾。

6. 有关单位的消防安全职责

机关、团体、企业、事业等单位应当履行下列消防安全职责：

(1) 落实消防安全责任制，制定本单位的消防安全制度、消防安全操作规程，制定灭火和应急疏散预案；

(2) 按照国家标准、行业标准配置消防设施、器材，设置消防安全标志，并定期组织检验、维修，确保完好有效；

(3) 对建筑消防设施每年至少进行一次全面检测，确保完好有效，检测记录应当完整准确，存档备查；

(4) 保障疏散通道、安全出口、消防车通道畅通，保证防火防烟分区、防火间距符合消防技术标准；

(5) 组织防火检查，及时消除火灾隐患；

(6) 组织进行有针对性的消防演练；

(7) 法律、法规规定的其他消防安全职责。

单位的主要负责人是本单位的消防安全责任人。

2.3 安全生产的方针

2.3.1 安全生产基本方针

2014年12月1日施行的《中华人民共和国安全生产法》(简称《安全生产法》)规定，安全生产工作应当以人为本，坚持安全发展，坚持安全第一、预防为主、综合治理的方针，强化和落实生产经营单位的主体责任，建立生产经营单位负责、职工参与、政府监管、行业自律和社会监督的机制。明确了安全生产理念、安全生产方针及工作机制。

(1) 安全生产理念是“以人为本，安全发展”

以人为本：是指把人身的安全放在首位，安全为了生产，生产必须保证人身安全。

安全发展：是指统筹兼顾，协调发展，正确处理安全生产与经济社会发展、与速度质量效益的关系。

(2) 安全生产方针是“安全第一、预防为主、综合治理”

安全第一：是指“以人为本”的安全理念，安全第一是安全生产管理的目标。

预防为主：是指要把预防生产安全事故的发生放在安全生产工作的首位的管理手段。

综合治理：是指要综合运用法律、经济、行政等手段，从发展规划、行业管理、安全投入、科技进步、经济政策、教育培训、安全文化以及责任追究等方面入手，建立安全生产长效机制。

(3) 安全生产工作机制

生产经营单位负责、职工参与、政府监管、行业自律和社会监督。

为保证“安全第一、预防为主、综合治理”方针的落实，《安全生产法》、《建筑法》和其他相关法规，还具体规定了安全生产责任制度、安全生产教育培训制度、安全生产检查监督制度、安全生产劳动保护制度、安全生产的市场准入制度及安全生产事故责任追究制度等基本制度。

2.3.2 工程建设安全生产的管理机构与职责

国务院建设行政主管部门主管全国建筑安全生产的行业监督管理工作。其主要职责是：

1）贯彻执行国家有关安全生产的法规和方针、政策，起草或者制定建筑安全生产管理的法规、标准；

2）统一监督管理全国工程建设方面的安全生产工作，完善建筑安全生产的组织保证体系；

3）制定建筑安全生产管理的中、长期规划和近期目标，组织建筑安全生产技术的开发与推广应用；

4）指导和监督检查省、自治区、直辖市人民政府建筑行政主管部门开展建筑安全生产的行业监督管理工作；

5）统计全国建筑职工因工伤亡人数，掌握并发布全国建筑安全生产动态；

6）负责对申报资质等级一级企业和国家一级、二级企业以及国家和部级先进建筑企业进行安全资格审查或者审批，行使安全生产否决权；

7）组织全国建筑安全生产检查，总结交流建筑安全生产管理经验，并表彰先进；

8）检查和督促工程建设重大事故的调查处理，组织或者参与工程建设特别重大事故的调查。

县级以上地方人民政府建设行政主管部门负责行政区域建筑安全生产的行业监督管理工作。其主要职责是：

1）贯彻执行国家和地方有关安全生产的法规、标准和方针、政策，起草或者制定本行政区域建筑安全生产管理的实施细则或者实施办法；

2）制定本行政区域建筑安全生产管理的中、长期规划和近期目标，组织建筑安全生产技术的开发与推广应用；

3）建立建筑安全生产的监督管理体系，制定本行政区域建筑安全生产监督管理工作制度，组织落实各级领导分工负责的建筑安全生产责任制；

4）负责本行政区域建筑职工因工伤亡的统计和上报工作，掌握和发布本行政区域建筑安全生产动态；

5）负责对申报晋升企业资质等级、企业升级和报评先进企业的安全资格进行审查或者审批，行使安全生产否决权；

6）组织或者参与本行政区域工程建设中人身伤亡事故的调查处理工作，并依照有关规定上报重大伤亡事故；

7）组织开展本行政区域建筑安全生产检查，总结交流建筑安全生产管理经验，并表彰先进；

8）监督检查施工现场、构配件生产车间等安全管理和防护措施，纠正违章指挥和违章作业；

9）组织开展本行政区域建筑企业的生产管理人员、作业人员的安全生产教育、培训、考核及发证工作，监督检查建筑企业对安全技术措施费的提取和使用；

10）领导和管理建筑安全生产监督机构的工作。

《安全生产法》第59条规定：县级以上地方各级人民政府应当根据本行政区域内的安全生产状况，组织有关部门按照职责分工，对本行政区域内容易发生重大生产安全事故的生产经营单位进行严格检查。安全生产监督管理部门应当按照分类分级监督管理的要求，制定安全生产年度监督检查计划，并按照年度监督检查计划进行监督检查，发现事故隐患，应当及时处理。

2.3.3 安全生产领域改革发展基本原则

在2016年12月印发的《中共中央国务院关于推进安全生产领域改革发展的意见》（中发〔2016〕32号）中，明确提出了坚持安全发展、坚持改革创新、坚持依法监管、坚持源头防范、坚持系统治理的5项基本原则。

1）坚持安全发展。贯彻以人民为中心的发展思想，始终把人的生命安全放在首位，正确处理安全与发展的关系，大力实施安全发展战略，为经济社会发展提供强有力的安全保障。

2）坚持改革创新。不断推进安全生产理论创新、制度创新、体制机制创新、科技创新和文化创新，增强企业内生动力，激发全社会创新活力，破解安全生产难题，推动安全生产与经济社会协调发展。

3）坚持依法监管。大力弘扬社会主义法治精神，运用法治思维和法治方式，深化安全生产监管执法体制改革，完善安全生产法律法规和标准体系，严格规范公正文明执法，增强监管执法效能，提高安全生产法治化水平。

4）坚持源头防范。严格安全生产市场准入，经济社会发展要以安全为前提，把安全生产贯穿城乡规划布局、设计、建设、管理和企业生产经营活动全过程。构建风险分级管控和隐患排查治理双重预防工作机制，严防风险演变、隐患升级导致生产安全事故发生。

5）坚持系统治理。严密层级治理和行业治理、政府治理、社会治理相结合的安全生产治理体系，组织动员各方面力量实施社会共治。综合运用法律、行政、经济、市场等手段，落实人防、技防、物防措施，提升全社会安全生产治理能力。

2.3.4 安全生产改革发展内容

《中共中央国务院关于推进安全生产领域改革发展的意见》中发〔2016〕32号中，对安全生产实施路径有如下规定：

1. 健全落实安全生产责任制

明确部门监管责任。按照管行业必须管安全、管业务必须管安全、管生产经营必须管安全和谁主管谁负责的原则，厘清安全生产综合监管与行业监管的关系，明确各有关部门安全生产和职业健康工作职责，并落实到部门工作职责规定中。

安全生产监督管理部门负责安全生产法规标准和政策规划制定修订、执法监督、事故调查处理、应急救援管理、统计分析、宣传教育培训等综合性工作，承担职责范围内行业领域安全生产和职业健康监管执法职责。负有安全生产监督管理职责的有关部门依法依规履行相关行业领域安全生产和职业健康监管职责，强化监管执法，严厉查处违法违规行为。其他行业领域主管部门负有安全生产管理责任，要将安全生产工作作为行业领域管理的重要内容，从行业规划、产业政策、法规标准、行政许可等方面加强行业安全生产工作，指导督促企事业单位加强安全管理。

（1）严格落实各建设方主体责任

企业对本单位安全生产和职业健康工作负全面责任，要严格履行安全生产法定责任，建立健全自我约束、持续改进的内生机制。企业实行全员安全生产责任制度，法定代表人和实际控制人同为安全生产第一责任人，主要技术负责人负有安全生产技术决策和指挥权，强化部门安全生产职责，落实一岗双责。完善落实混合所有制企业以及跨地区、多层级和境外中资企业投资主体的安全生产责任。建立企业全过程安全生产和职业健康管理制度，做到安全责任、管理、投入、培训和应急救援“五到位”。国有企业要发挥安全生产工作示范带头作用，自觉接受属地监管。

（2）健全责任考核机制

建立与全面建成小康社会相适应和体现安全发展水平的考核评价体系。完善考核制度，统筹整合、科学设定安全生产考核指标。各地区各单位要建立安全生产绩效与履职评定、职务晋升、奖励惩处挂钩制度，严格落实安全生产“一票否决”制度。

（3）严格责任追究制度

依法依规制定各有关部门安全生产权力和责任清单，尽职照单免责、失职照单问责。建立企业生产经营全过程安全责任追溯制度。严格事故直报制度，对瞒报、谎报、漏报、迟报事故的单位和个人依法依规追责。对被追究刑事责任的生产经营者依法实施相应的职业禁入，对事故发生负有重大责任的社会服务机构和人员依法严肃追究法律责任，并依法实施相应的行业禁入。

2. 改革安全监管监察体制

（1）完善监督管理体制

加强各级安全生产委员会组织领导，充分发挥其统筹协调作用，切实解决突出矛盾和问题。各级安全生产监督管理部门承担本级安全生产委员会日常工作，负责指导协调、监督检查、巡查考核本级政府有关部门和下级政府安全生产工作，履行综合监管职责。负有安全生产监督管理职责的部门，依照有关法律法规和部门职责，健全安全生产监管体制，严格落实监管职责。相关部门按照各自职责建立完善安全生产工作机制，形成齐抓共管格局。坚持管安全生产必须管职业健康，建立安全生产和职业健康一体化监管执法体制。

（2）健全应急救援管理体制

按照政事分开原则，推进安全生产应急救援管理体制改革，强化行政管理职能，提高组织协调能力和现场救援时效。健全省、市、县三级安全生产应急救援管理工作机制，建设联动互通的应急救援指挥平台。依托公安消防、大型企业、工业园区等应急救援力量，加强矿山和危险化学品等应急救援基地和队伍建设，实行区域化应急救援资源共享。

3. 大力推进依法治理

（1）健全法律法规体系

加强安全生产和职业健康法律法规衔接融合。研究修改刑法有关条款，将生产经营过程中极易导致重大生产安全事故的违法行为列入刑法调整范围。制定完善高危行业领域安全规程。

（2）完善标准体系

加快安全生产标准制定修订和整合，建立以强制性国家标准为主体的安全生产标准体系。鼓励依法成立的社会团体和企业制定更加严格规范的安全生产标准，结合国情积极借鉴实施国际先进标准。国务院安全生产监督管理部门负责生产经营单位职业危害预防治理国家标准制定发布工作；统筹提出安全生产强制性国家标准立项计划，有关部门按照职责分工组织起草、审查、实施和监督执行，国务院标准化行政主管部门负责及时立项、编号、对外通报、批准并发布。

（3）严格安全准入制度

严格高危行业领域安全准入条件。对与人民群众生命财产安全直接相关的行政许可事项，依法严格管理。对取消、下放、移交的行政许可事项，要加强事中事后安全监管。

（4）规范监管执法行为

完善安全生产监管执法制度，明确每个生产经营单位安全生产监督和管理主体，制定实施执法计划，完善执法程序规定，依法严格查处各类违法违规行为。对违法行为当事人拒不执行安全生产行政执法决定的，负有安全生产监督管理职责的部门应依法申请司法机关强制执行。完善司法机关参与事故调查机制，严肃查处违法犯罪行为。

（5）完善事故调查处理机制

坚持问责与整改并重，充分发挥事故查处对加强和改进安全生产工作的促进作用。完善生产安全事故调查组组长负责制。健全典型事故提级调查、跨地区协同调查和工作督导机制。建立事故调查分析技术支撑体系，所有事故调查报告要设立技术和管理问题专篇，详细分析原因并全文发布，做好解读，回应公众关切。建立事故暴露问题整改督办制度，事故结案后一年内，负责事故调查的地方政府和国务院有关部门要组织开展评估，及时向社会公开，对履职不力、整改措施不落实的，依法依规严肃追究有关单位和人员责任。

4. 建立安全预防控制体系

（1）加强安全风险管控

地方各级政府要建立完善安全风险评估与论证机制，科学合理确定企业选址和基础设施建设、居民生活区空间布局。高危项目审批必须把安全生产作为前置条件，城乡规划布局、设计、建设、管理等各项工作必须以安全为前提，实行重大安全风险“一票否决”。加强新材料、新工艺、新业态安全风险评估和管控。构建国家、省、市、县四级重大危险源信息管理体系，对重点行业、重点区域、重点企业实行风险预警控制，有效防范重特大生产安全事故。

（2）强化企业预防措施

企业要定期开展风险评估和危害辨识。针对高危工艺、设备、物品、场所和岗位，建立分级管控制度，制定落实安全操作规程。树立隐患就是事故的观念，建立健全隐患排查治理制度、重大隐患治理情况向负有安全生产监督管理职责的部门和企业职代会“双报告”制度，实行自查自改自报闭环管理。严格执行安全生产和职业健康“三同时”制度。大力推进企业安全生产标准化建设，实现安全管理、操作行为、设备设施和作业环境的标准化。开展经常性的应急演练和人员避险自救培训，着力提升现场应急处置能力。

（3）建立隐患治理监督机制

制定生产安全事故隐患分级和排查治理标准。负有安全生产监督管理职责的部门要建立与企业隐患排查治理系统联网的信息平台，完善线上线下配套监管制度。强化隐患排查治理监督执法，对重大隐患整改不到位的企业依法采取停产停业、停止施工、停止供电和查封扣押等强制措施，按规定给予上限经济处罚，对构成犯罪的要移交司法机关依法追究刑事责任。严格重大隐患挂牌督办制度，对整改和督办不力的纳入政府核查问责范围，实行约谈告诫、公开曝光，情节严重的依法依规追究相关人员责任。

（4）建立完善职业病防治体系

加快职业病危害严重企业技术改造、转型升级和淘汰退出，加强高危粉尘、高毒物品等职业病危害源头治理。完善相关规定，扩大职业病患者救治范围，将职业病失能人员纳入社会保障范围，对符合条件的职业病患者落实医疗与生活救助措施。加强企业职业健康监管执法，督促落实职业病危害告知、日常监测、定期报告、防护保障和职业健康体检等制度措施，落实职业病防治主体责任。

5. 加强安全基础保障能力建设

（1）完善安全投入长效机制

加强中央和地方财政安全生产预防及应急相关资金使用管理，加大安全生产与职业健康投入，强化审计监督。加强安全生产经济政策研究，完善安全生产专用设备企业所得税优惠目录。落实企业安全生产费用提取管理使用制度，建立企业增加安全投入的激励约束机制。健全投融资服务体系，引导企业集聚发展灾害防治、预测预警、检测监控、个体防护、应急处置、安全文化等技术、装备和服务产业。

（2）建立安全科技支撑体系

开展事故预防理论研究和关键技术装备研发，加快成果转化和推广应用。推动工业机器人、智能装备在危险工序和环节广泛应用。提升现代信息技术与安全生产融合度，统一标准规范，加快安全生产信息化建设，构建安全生产与职业健康信息化全国“一张网”。加强安全生产理论和政策研究，运用大数据技术开展安全生产规律性、关联性特征分析，提高安全生产决策科学化水平。

（3）健全社会化服务体系

支持发展安全生产专业化行业组织，强化自治自律。完善注册安全工程师制度。改革完善安全生产和职业健康技术服务机构资质管理办法。支持相关机构开展安全生产和职业健康一体化评价等技术服务，严格实施评价公开制度，进一步激活和规范专业技术服务市场。鼓励中小微企业订单式、协作式购买运用安全生产管理和技术服务。建立安全生产和职业健康技术服务机构公示制度和由第三方实施的信用评定制度，严肃查处租借资质、违法挂靠、弄虚作假、垄断收费等各类违法违规行为。

（4）发挥市场机制推动作用

取消安全生产风险抵押金制度，建立健全安全生产责任保险制度，在矿山、危险化学品、烟花爆竹、交通运输、建筑施工、民用爆炸物品、金属冶炼、渔业生产等高危行业领域强制实施，切实发挥保险机构参与风险评估管控和事故预防功能。完善工伤保险制度，加快制定工伤预防费用的提取比例、使用和管理具体办法。积极推进安全生产诚信体系建设，完善企业安全生产不良记录"黑名单"制度，建立失信惩戒和守信激励机制。

（5）健全安全宣传教育体系

把安全知识普及纳入国民教育，建立完善中小学安全教育和高危行业职业安全教育体系。把安全生产纳入农民工技能培训内容。严格落实企业安全教育培训制度，切实做到先培训、后上岗。推进安全文化建设，加强警示教育，强化全民安全意识和法治意识。发挥工会、共青团、妇联等群团组织作用，依法维护职工群众的知情权、参与权与监督权。加强安全生产公益宣传和舆论监督。加强安全生产国际交流合作，学习借鉴国外安全生产与职业健康先进经验。

思考题

1. 现代企业应具备的安全生产条件有哪些？（至少说出十条）
2. 生产经营单位的主要负责人对本单位安全生产工作负有哪些职责？
3. 《安全生产法》中关于对现代建筑安全企业的安全培训的规定有哪些？
4. 事故隐患分为哪几种？分别是指什么，具体如何定义？
5. 企业取得安全生产许可证的条件有哪些？
6. 《安全生产法》强化落实生产经营单位的安全生产主体责任，从哪些方面对生产经营单位安全生产主体责任进行了规定？
7. 何谓企业安全生产主体责任，如何才能有效落实？
8. 施工企业取得安全生产许可证的条件是什么？
9. 安全生产领域改革发展基本原则包括哪些？
10. 安全生产法明确了安全生产理念、安全生产方针及工作机制，具体内容是什么？

第3章　建筑工程安全管理

建筑工程安全管理是建设行政主办部门、建设单位、建筑施工企业及相关单位，结合建筑工程自身的特点，运用现代安全管理原理、方法或手段，对安全生产工作进行的策划、组织、指挥、协调、控制和改进等一系列活动。

施工企业的安全管理贯穿项目施工管理的全过程，作为施工项目管理中的重要分支，与质量、进度、成本、合同、环保等方面的管理共同构成一个相互联系、密不可分的管理框架，是一门综合性的系统科学。安全管理的对象是生产中一切人、物、环境的状态管理和控制，是一种动态管理。

3.1　建筑工程安全管理基本原则

建筑工程安全管理的基本原则包括以下几个方面。

1. 管生产同时管安全

管生产同时管安全，是生产管理部门的法定职责，是健全安全生产监管责任体系的必然要求，是推动各建设方主体责任落实的有效举措。应按照管行业、管业务、管生产必须同时管安全和谁主管、谁负责的原则，落实生产经营单位的主体责任，加大政府监管力度，强化生产安全事故责任追究，确保安全生产。建立和完善安全生产"一岗双责、齐抓共管"的安全责任体系，贯彻落实分级负责制度。

2. 明确安全管理的目的

安全管理的内容是对生产中的人、物、环境因素状态的管理，有效的控制人的不安全行为和物的不安全状态。消除或避免事故，达到保护劳动者的安全与健康的目的。

没有明确目的安全管理是一种盲目行为。盲目的安全管理，充其量只能算作花架子，劳民伤财，危险因素依然存在。在一定意义上，盲目的安全管理，只能纵容威胁人的安全与健康的状态，向更为严重的方向发展或转化。

3. 必须贯彻预防为主的方针

安全生产的方针是"安全第一、预防为主、综合治理"。安全第一是从保护生产力的角度和高度，肯定安全在生产活动中的位置和重要性。

贯彻"预防为主"的具体措施有以下几点：增强员工安全生产意识、提高员工安全生产技能、发动全员广泛参与、主抓生产一线现场管理、量化并加大安全考核力度等。

4. 坚持"四全"动态管理

安全管理不是少数人和安全机构的事，而是一切与生产有关的人共同的事。项目安全管理涉及施工生产活动的各个阶段，从开工到竣工交付使用的全部过程。因此，生产活动中必须坚持全员、全过程、全方位、全天候的动态安全管理，即"横向到边，纵向到底"。

5. 安全管理重在控制

对施工人员的不安全行为和物的不安全状态的控制，必须看作是动态的安全管理。事故的发生，是由于人的不安全行为运动轨迹与物的不安全状态运动轨迹的交叉的结果。对生产因素状态的控制，应该当作安全管理的重点。

6. 在管理中发展、提高

施工生产活动是不断发展与变化的，导致事故的因素也处在变化之中，因此要随生产的变化而改善安全管理工作，不断提高管理水平。更需要导入先进的安全管理理念，敢于创新。

7. "5 同时" 原则

"5 同时" 原则是指企业的生产组织领导者必须在计划、布置、检查、总结、评比生产工作的同时进行计划、布置、检查、总结、评比安全工作的原则。它要求把安全工作落实到每一个生产组织管理环节中去。这是解决生产管理中安全与生产统一的一项重要原则。

8. "三级安全教育" 原则

第一级公司安全培训教育的主要内容是国家和地方有关安全生产的方针、政策、法规、标准、规范、规程和企业的安全规章制度等。

第二级项目安全培训教育的主要内容是工地安全制度、施工现场环境、工程施工特点及可能存在的不安全因素等。

第三级班组安全培训教育的主要内容是本工种的安全操作规程、事故案例剖析、劳动纪律和岗位讲评等。

3.2 建筑安全生产主要任务

建筑安全生产主要任务有以下几点：

（1）构建更加严密的责任体系。强化各建设方主体责任、落实安全监督管理责任、严格目标考核与责任追究。

（2）强化安全生产依法治理。完善法律法规标准体系、加大监管执法力度、健全审批许可制度、提高监管监察执法效能。

（3）坚决遏制重特大事故。加快构建风险等级管控、隐患排查治理两条防线，对重点领域、重点区域、重点部位、重点环节和重大危险源，采取有效的技术、工程和管理控制措施，健全监测预警应急机制，切实降低重特大事故发生频次和危害后果，最大限度减少人员伤亡和财产损失。

（4）推进职业病危害源头治理。夯实职业病危害防护基础、加强作业场所职业病危害管控、提高防治技术支撑水平。

（5）强化安全科技引领保障。加强安全科技研发、推动科技成果转化、推进安全生产信息化建设。

（6）提高应急救援处置效能。健全先期响应机制、增强现场应对能力、统筹应急资源保障。

（7）提高全社会安全文明程度。强化舆论宣传引导、提升全民安全素质、大力倡导安全文化。

3.3　建设单位安全责任

在建设项目实施过程中，建设单位、勘察单位、设计单位、施工单位、工程监理单位是基本的参与主体，是建设工程安全管理的五方责任主体，都有相应的权利、责任和义务。建设单位作为建筑工程的投资主体，在建筑活动中居于主导地位。

《建设工程安全生产管理条例》明确规定了建设单位的安全责任。

3.3.1　施工现场环境及地下设施情况交底

《建筑法》规定，建设单位应当向建筑施工企业提供与施工现场相关的地下管线资料，建筑施工企业应当采取措施加以保护。有下列情形之一的，建设单位应当按照国家有关规定办理申请批准手续：

（1）需要临时占用规划批准范围以外场地的；

（2）可能损坏道路、管线、电力、邮电通信等公共设施的；

（3）需要临时停水、停电、中断道路交通的；

（4）需要进行爆破作业的；

（5）法律、法规规定需要办理报批手续的其他情形。

《建设工程安全生产管理条例》第六条规定，建设单位应当向施工单位提供施工现场及毗邻区域内供水、排水、供电、供气、供热、通信、广播电视等地下管线资料，气象和水文观测资料，相邻建筑物和构筑物、地下工程的有关资料，并保证资料的真实、准确、完整。建设单位因建设工程需要，向有关部门或者单位查询前款规定的资料时，有关部门或者单位应当及时提供。

3.3.2　安全生产职责

《建设工程安全生产管理条例》中，对建设单位在工程建设过程中应履行的安全生产职责，进行了明确的规定，具体如下：

（1）建设单位不得对勘察、设计、施工、工程监理等单位提出不符合建设工程安全生产法律、法规和强制性标准规定的要求，不得压缩合同约定的工期。

（2）建设单位在编制工程概算时，应当确定建设工程安全作业环境及安全施工措施所需费用。

（3）建设单位不得明示或者暗示施工单位购买、租赁、使用不符合安全施工要求的安全防护用具、机械设备、施工机具及配件、消防设施和器材。

（4）建设单位在申请领取施工许可证时，应当提供建设工程有关安全施工措施的资料。依法批准开工报告的建设工程，建设单位应当自开工报告批准之日起15日内，将保证安全施工的措施报送建设工程所在地的县级以上地方人民政府建设行政主管部门或者其他有关部门备案。

（5）建设单位应当将拆除工程发包给具有相应资质等级的施工单位。建设单位应当在拆除工程施工15日前，将下列资料报送建设工程所在地的县级以上地方人民政府建设行政主管部门或者其他有关部门备案：

1）施工单位资质等级证明；

2）拟拆除建筑物、构筑物及可能危及毗邻建筑的说明；

3）拆除施工组织方案；

4）堆放、清除废弃物的措施。

实施爆破作业的，应当遵守国家有关民用爆炸物品管理的规定。

3.3.3 法律责任

建设单位未提供建设工程安全生产作业环境及安全施工措施所需费用的，责令限期改正；逾期未改正的，责令该建设工程停止施工。建设单位未将保证安全施工的措施或者拆除工程的有关资料报送有关部门备案的，责令限期改正，给予警告。

建设单位有下列行为之一的，责令限期改正，处20万元以上50万元以下的罚款；造成重大安全事故，构成犯罪的，对直接责任人员，依照刑法有关规定追究刑事责任；造成损失的，依法承担赔偿责任：

1）对勘察、设计、施工、工程监理等单位提出不符合安全生产法律、法规和强制性标准规定的要求的；

2）要求施工单位压缩合同约定的工期的；

3）将拆除工程发包给不具有相应资质等级的施工单位的。

3.4 勘察、设计、工程监理单位的安全责任

勘察单位应当按照法律、法规和工程建设强制性标准进行勘察，提供的勘察文件应当真实、准确，满足建设工程安全生产的需要。勘察单位在勘察作业时，应当严格执行操作规程，采取措施保证各类管线、设施和周边建筑物、构筑物的安全。

设计单位应当按照法律、法规和工程建设强制性标准进行设计，防止因设计不合理导致生产安全事故的发生。设计单位应当考虑施工安全操作和防护的需要，对涉及施工安全的重点部位和环节在设计文件中注明，并对防范生产安全事故提出指导意见。

采用新结构、新材料、新工艺的建设工程和特殊结构的建设工程，设计单位应当在设计中提出保障施工作业人员安全和预防生产安全事故的措施建议。设计单位和注册建筑师等注册执业人员应当对其设计负责。

工程监理单位应当审查施工组织设计中的安全技术措施或者专项施工方案是否符合工程建设强制性标准。工程监理单位在实施监理过程中，发现存在安全事故隐患的，应当要求施工单位整改；情况严重的，应当要求施工单位暂时停止施工，并及时报告建设单位。施工单位拒不整改或者不停止施工的，工程监理单位应当及时向有关主管部门报告。工程监理单位和监理工程师应当按照法律、法规和工程建设强制性标准实施监理，并对建设工程安全生产承担监理责任。

为建设工程提供机械设备和配件的单位，应当按照安全施工的要求配备齐全有效的保险、限位等安全设施和装置。出租的机械设备和施工机具及配件，应当具有生产（制造）许可证、产品合格证。出租单位应当对出租的机械设备和施工机具及配件的安全性能进行

检测，在签订租赁协议时，应当出具检测合格证明。禁止出租检测不合格的机械设备和施工机具及配件。

在施工现场安装、拆卸施工起重机械和整体提升脚手架、模板等自升式架设设施，必须由具有相应资质的单位承担。安装、拆卸施工起重机械和整体提升脚手架、模板等自升式架设设施，应当编制拆装方案、制定安全施工措施，并由专业技术人员现场监督。施工起重机械和整体提升脚手架、模板等自升式架设设施安装完毕后，安装单位应当自检，出具自检合格证明，并向施工单位进行安全使用说明，办理验收手续并签字。

施工起重机械和整体提升脚手架、模板等自升式架设设施的使用达到国家规定的检验检测期限的，必须经具有专业资质的检验检测机构检测。经检测不合格的，不得继续使用。检验检测机构对检测合格的施工起重机械和整体提升脚手架、模板等自升式架设设施，应当出具安全合格证明文件，并对检测结果负责。

3.5 施工企业安全生产管理制度

3.5.1 安全生产管理制度

施工企业应根据法律法规、结合企业的安全管理目标、生产经营规模、管理体制建立安全生产管理制度。

《施工企业安全生产管理规范》(GB 50656—2011) 规定，施工企业安全生产管理制度应包括以下内容：

1) 安全生产责任制度；

2) 安全生产教育培训制度；

3) 安全费用管理；

4) 施工设施、设备及劳动防护用品的安全管理；

5) 安全生产技术管理；

6) 分包（供）方安全生产管理；

7) 施工现场安全管理；

8) 应急救援管理；

9) 生产安全事故管理；

10) 安全生产检查制度；

11) 安全检查和改进；

12) 安全考核和奖征制度。

由于企业安全工作涉及面广，是全员、全过程、全方位、全天候的动态安全管理。因此合理的安全管理组织应该形成纵横交织的网络结构。纵向要形成从上而下的分级管理组织架构，横向要使企业的各平行专业部门协同管理，层层展开。

3.5.2 安全生产组织

安全生产管理机构，是指在企业（或者企业基层的非法人施工单位）中，第一级独立行使安全生产管理职能的部门。专职安全生产管理人员，是指持有《建筑施工企业专职安全生产管理人员安全生产考核合格证书》，并在安全生产管理机构中专职任职，从事具体施工安全生产管理工作的人员。为确保安全生产，施工企业安全生产管理机构一般是按分级管理的原则进行设置。

1. 企业安全生产委员会

企业设立的安全生产管理委员会（以下简称“安委会”），主任是企业安全生产第一责任人，由各建设方主要负责人担任。企业安全生产委员会每年至少召开两次安全生产领导小组会议，会议由安委会主任组织并形成纪要。

2. 企业安全生产委员办公室

各企业应设立安全生产委员会办公室（以下简称“安委办”），作为“安委会”的办事机构。“安委办”设在企业安全生产监督管理部门，安委办主任由企业安全生产监督管理部门主要负责人兼任。

3. 生产单位安全生产领导小组

生产单位应成立安全生产领导小组，生产单位主要负责人任组长。安全生产领导小组是生产单位安全生产管理决策机构，每月应至少召开一次会议，分析安全生产运行状态，解决安全生产问题并制定改进措施，落实企业安全生产决定。图 3-1 为施工现场安全保证体系图。

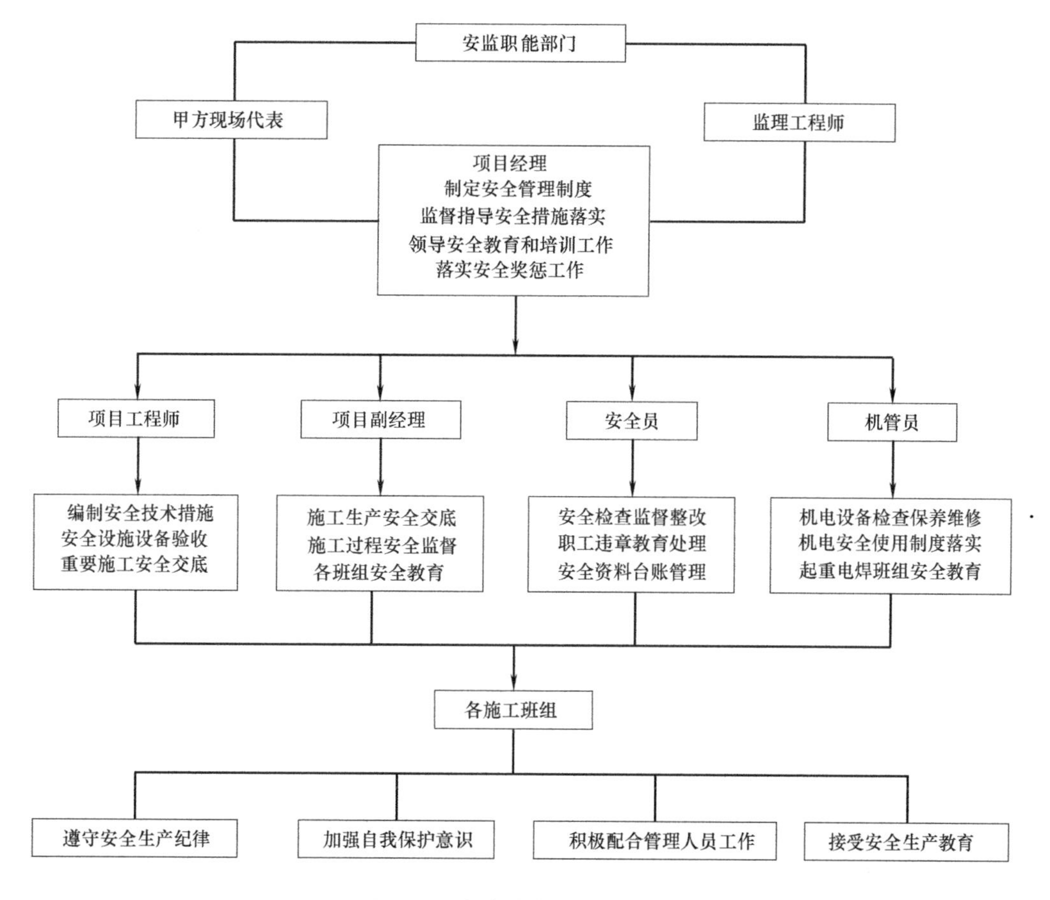

图 3-1 安全生产保证体系图

4. 安全生产监督管理部门

安全生产监督管理部门包括企业安全生产监督管理部门和生产单位安全生产监督管理部门。

从事工程建设、生产加工、设备制造、租赁、矿山等危险性程度较高的一类企业应设立独立安全生产监督管理部，从事投资、房地产开发、设计勘察、环境治理等二类企业应明确安全生产监督管理职能部门。

生产单位应根据规模或性质设置独立的安全生产监督管理部或明确安全生产监督管理职能部门。

5. 安全生产监督管理人员

根据《建筑施工企业安全生产管理机构设置及专职安全生产管理人员配备办法》(建质［2008］91号)，各企业应根据企业类别设置专（兼）职安全总监，企业安全生产监督管理部门应按专业足额配备专职安全生产管理人员。

各生产单位应根据规模或性质配备专（兼）职安全总监，并按专业足额配备专职安全生产管理人员。

6. 安全生产管理机构专职安全生产管理人员的配置

建筑施工企业安全生产管理机构专职安全生产管理人员的配备应满足下列要求，并应根据企业经营规模、设备管理和生产需要予以增加：

(1) 建筑施工总承包资质序列企业：特级资质不少于6人；一级资质不少于4人；二级和二级以下资质企业不少于3人。

(2) 建筑施工专业承包资质序列企业：一级资质不少于3人；二级和二级以下资质企业不少于2人。

(3) 建筑施工劳务分包资质序列企业：不少于2人。

(4) 建筑施工企业的分公司、区域公司等较大的分支机构应依据实际生产情况配备不少于2人的专职安全生产管理人员。

7. 总承包单位配备项目专职安全生产管理人员应当满足下列要求

(1) 建筑工程、装修工程按照建筑面积配备：

1) 1万平方米以下的工程不少于1人；

2) 1万～5万平方米的工程不少于2人；

3) 5万平方米及以上的工程不少于3人，且按专业配备专职安全生产管理人员。

(2) 土木工程、线路管道、设备安装工程按照工程合同价配备：

1) 5000万元以下的工程不少于1人；

2) 5000万～1亿元的工程不少于2人；

3) 1亿元及以上的工程不少于3人，且按专业配备专职安全生产管理人员。

(3) 分包单位配备项目专职安全生产管理人员应当满足下列要求：

1) 专业承包单位应当配置至少1名专职、安全生产管理人员，并根据所承担的分部分项工程的工程量和施工危险程度增加；

2) 劳务分包单位施工人员在50人以下的，应当配备1名专职安全生产管理人员；50～200人的，应当配备2名专职安全生产管理人员；200人及以上的，应当配备3名及以上专职安全生产管理人员，并根据所承担的分部分项工程施工危险实际情况增加，不得少于工程施工人员总人数的5‰。

8. 生产单位的安全生产管理机构以及和安全生产管理人员职责

1）组织或者参与拟订安全生产规章制度、操作规程和生产安全事故应急救援预案；

2）组织或者参与安全生产教育和培训，如实记录安全生产教育和培训情况；

3）督促落实重要危险源的安全管理措施；

4）组织或者参与应急救援演练；

5）检查安全生产状况，及时排查生产安全事故隐患，提出改进安全生产管理的建议；

6）制止和纠正违章指挥、强令冒险作业、违反操作规程的行为；

7）督促落实安全生产整改措施。

3.6 施工企业安全生产责任

《施工企业安全生产管理规范》（GB 50656—2011）明确规定，施工企业应建立和健全与企业安全生产组织相对应的安全生产责任体系，并应明确各管理层、职能部门、岗位的安全生产责任。

施工企业对本单位的安全生产承担主体责任，主要包括：组织机构、规章制度、物质资金、教育培训、安全管理等保障责任，事故报告、应急救援等安全生产责任。

安全生产责任制应根据《建筑施工安全检查标准》（JGJ 59—2011）和项目制定的安全管理目标，进行责任目标分解，并建立考核制度，定期（每月）考核。

建筑施工企业主要负责人、项目负责人和专职安全生产管理人员应严格按照住建部于2014年9月1日起实行的《建筑施工企业主要负责人、项目负责人和专职安全生产管理人员安全生产管理规定》，加强和提高安全生产管理能力。

3.6.1 施工单位安全责任

《建设工程安全生产管理条例》第四章明确规定了施工单位的安全责任。

（1）施工单位从事建设工程的新建、扩建、改建和拆除等活动，应当具备国家规定的注册资本、专业技术人员、技术装备和安全生产等条件，依法取得相应等级的资质证书，并在其资质等级许可的范围内承揽工程。

（2）施工单位主要负责人依法对本单位的安全生产工作全面负责。施工单位应当建立健全安全生产责任制度和安全生产教育培训制度，制定安全生产规章制度和操作规程，保证本单位安全生产条件所需资金的投入，对所承担的建设工程进行定期和专项安全检查，并做好安全检查记录。

施工单位的项目负责人应当由取得相应执业资格的人员担任，对建设工程项目的安全施工负责，落实安全生产责任制度、安全生产规章制度和操作规程，确保安全生产费用的有效使用，并根据工程的特点组织制定安全施工措施，消除安全事故隐患，及时、如实报告生产安全事故。

（3）施工单位对列入建设工程概算的安全作业环境及安全施工措施所需费用，应当用于施工安全防护用具及设施的采购和更新、安全施工措施的落实、安全生产条件的改善，不得挪作他用。

（4）施工单位应当设立安全生产管理机构，配备专职安全生产管理人员。

专职安全生产管理人员负责对安全生产进行现场监督检查。发现安全事故隐患，应当及时向项目负责人和安全生产管理机构报告；对违章指挥、违章操作的，应当立即制止。

专职安全生产管理人员的配备办法由国务院建设行政主管部门会同国务院其他有关部门制定。

（5）建设工程实行施工总承包的，由总承包单位对施工现场的安全生产负总责。

总承包单位应当自行完成建设工程主体结构的施工。

总承包单位依法将建设工程分包给其他单位的，分包合同中应当明确各自的安全生产方面的权利、义务。总承包单位和分包单位对分包工程的安全生产承担连带责任。

分包单位应当服从总承包单位的安全生产管理，分包单位不服从管理导致生产安全事故的，由分包单位承担主要责任。

（6）垂直运输机械作业人员、安装拆卸工、爆破作业人员、起重信号工、登高架设作业人员等特种作业人员，必须按照国家有关规定经过专门的安全作业培训，并取得特种作业操作资格证书后，方可上岗作业。

（7）施工单位应当在施工组织设计中编制安全技术措施和施工现场临时用电方案，对下列达到一定规模的危险性较大的分部分项工程编制专项施工方案，并附具安全验算结果，经施工单位技术负责人、总监理工程师签字后实施，由专职安全生产管理人员进行现场监督：

1）基坑支护与降水工程；

2）土方开挖工程；

3）模板工程；

4）起重吊装工程；

5）脚手架工程；

6）拆除、爆破工程；

7）国务院建设行政主管部门或者其他有关部门规定的其他危险性较大的工程。

对前款所列工程中涉及深基坑、地下暗挖工程、高大模板工程的专项施工方案，施工单位还应当组织专家进行论证、审查。

本条第一款规定的达到一定规模的危险性较大工程的标准，由国务院建设行政主管部门会同国务院其他有关部门制定。

（8）建设工程施工前，施工单位负责项目管理的技术人员应当对有关安全施工的技术要求向施工作业班组、作业人员作出详细说明，并由双方签字确认。

（9）施工单位应当在施工现场入口处、施工起重机械、临时用电设施、脚手架、出入通道口、楼梯口、电梯井口、孔洞口、桥梁口、隧道口、基坑边沿、爆破物及有害危险气体和液体存放处等危险部位，设置明显的安全警示标志。安全警示标志必须符合国家标准。

施工单位应当根据不同施工阶段和周围环境及季节、气候的变化，在施工现场采取相应的安全施工措施。施工现场暂时停止施工的，施工单位应当做好现场防护，所需费用由责任方承担，或者按照合同约定执行。

(10) 施工单位应当将施工现场的办公、生活区与作业区分开设置，并保持安全距离；办公、生活区的选址应当符合安全性要求。职工的膳食、饮水、休息场所等应当符合卫生标准。施工单位不得在尚未竣工的建筑物内设置员工集体宿舍。

施工现场临时搭建的建筑物应当符合安全使用要求。施工现场使用的装配式活动房屋应当具有产品合格证。

(11) 施工单位对因建设工程施工可能造成损害的毗邻建筑物、构筑物和地下管线等，应当采取专项防护措施。

施工单位应当遵守有关环境保护法律、法规的规定，在施工现场采取措施，防止或者减少粉尘、废气、废水、固体废物、噪声、振动和施工照明对人和环境的危害和污染。

在城市市区内的建设工程，施工单位应当对施工现场实行封闭围挡。

(12) 施工单位应当在施工现场建立消防安全责任制度，确定消防安全责任人，制定用火、用电、使用易燃易爆材料等各项消防安全管理制度和操作规程，设置消防通道、消防水源，配备消防设施和灭火器材，并在施工现场入口处设置明显标志。

(13) 施工单位应当向作业人员提供安全防护用具和安全防护服装，并书面告知危险岗位的操作规程和违章操作的危害。

作业人员有权对施工现场的作业条件、作业程序和作业方式中存在的安全问题提出批评、检举和控告，有权拒绝违章指挥和强令冒险作业。

在施工中发生危及人身安全的紧急情况时，作业人员有权立即停止作业或者在采取必要的应急措施后撤离危险区域。

(14) 作业人员应当遵守安全施工的强制性标准、规章制度和操作规程，正确使用安全防护用具、机械设备等。

(15) 施工单位采购、租赁的安全防护用具、机械设备、施工机具及配件，应当具有生产（制造）许可证、产品合格证，并在进入施工现场前进行查验。

施工现场的安全防护用具、机械设备、施工机具及配件必须由专人管理，定期进行检查、维修和保养，建立相应的资料档案，并按照国家有关规定及时报废。

(16) 施工单位在使用施工起重机械和整体提升脚手架、模板等自升式架设设施前，应当组织有关单位进行验收，也可以委托具有相应资质的检验检测机构进行验收；使用承租的机械设备和施工机具及配件的，由施工总承包单位、分包单位、出租单位和安装单位共同进行验收。验收合格的方可使用。

《特种设备安全监察条例》规定的施工起重机械，在验收前应当经有相应资质的检验检测机构监督检验合格。

施工单位应当自施工起重机械和整体提升脚手架、模板等自升式架设设施验收合格之日起30日内，向建设行政主管部门或者其他有关部门登记。登记标志应当置于或者附着于该设备的显著位置。

(17) 施工单位的主要负责人、项目负责人、专职安全生产管理人员应当经建设行政主管部门或者其他有关部门考核合格后方可任职。

施工单位应当对管理人员和作业人员每年至少进行一次安全生产教育培训，其教育培训情况记入个人工作档案。安全生产教育培训考核不合格的人员，不得上岗。

(18) 作业人员进入新的岗位或者新的施工现场前，应当接受安全生产教育培训。未经教育培训或者教育培训考核不合格的人员，不得上岗作业。

施工单位在采用新技术、新工艺、新设备、新材料时，应当对作业人员进行相应的安全生产教育培训。

（19）施工单位应当为施工现场从事危险作业的人员办理意外伤害保险。

意外伤害保险费由施工单位支付。实行施工总承包的，由总承包单位支付意外伤害保险费。意外伤害保险期限自建设工程开工之日起至竣工验收合格止。

3.6.2　企业管理层安全生产责任

根据相关安全生产管理工作法律法规规定，企业各级领导应按照“党政同责、一岗双责”的原则，履行岗位安全生产职责。

1. 党组织书记/董事长/总经理

1）党组织书记/董事长/总经理是企业安全生产第一责任人，对安全生产工作全面负责；

2）贯彻安全生产方针政策、法律法规，听取安全生产工作汇报，研究部署安全生产重要工作；

3）按法律法规要求设立安全生产监督管理机构，配备专职安全生产监督管理人员；

4）审批并批准安全生产责任制、安全生产规章制度，落实企业安全生产责任；落实干部选拔任用及评先评优过程中的安全生产“一票否决”规定；

5）明确安全生产目标，审批年度安全生产工作计划，落实安全生产费用；

6）监督企业其他负责人履行安全生产岗位职责；

7）组织制订并实施企业安全生产教育和培训计划；

8）督促、检查安全生产工作，及时消除事故隐患；

9）组织制定企业的生产安全事故应急救援预案；

10）及时、如实的报告生产安全事故；

11）落实领导带班制度，开展安全生产督导检查。

2. 主管生产副总经理

1）统筹组织实施生产过程中的安全生产措施，对企业安全生产工作负直接领导责任；

2）组织落实党组织会议、董事会、安委会有关安全生产工作要求；

3）协助总经理落实安全生产监督管理机构及安监队伍建设；

4）组织落实企业安全生产中长期发展规划、安全生产目标、安全生产工作计划；

5）协助总经理做好对企业各部门及基层企业的安全生产考核工作；

6）组织落实企业安全生产规章制度、操作规程；

7）组织落实企业安全生产教育和培训计划；

8）组织开展安全生产检查和隐患排查治理工作，落实重大事故隐患整改；

9）组织实施企业的生产安全事故应急救援预案；

10）及时、如实报告生产安全事故，组织企业内部生产安全事故调查处理；

11）督促分管部门、企业落实安全生产责任，做好安全生产工作；

12）落实领导带班制度，开展安全生产督导检查。

3. 分管财务副总经理

1）对分管范围内的安全生产工作负领导责任；

2）组织落实国家关于安全生产费用管理的有关规定；

3）组织开展年度安全生产费用预算、计划、过程管控、核算等工作；

4）指导监督基层企业安全生产费用管理工作；

5）落实应急处置费用，确保费用及时到位；

6）督促分管部门、企业落实安全生产责任，做好安全生产工作；

7）落实领导带班，开展安全生产督导检查。

4. 总工程师

1）对企业安全生产技术负总责，对分管范围内的安全生产工作负直接的领导责任；

2）组织建立健全安全生产技术保障体系，组织开展安全科技创新工作，推广先进的安全生产技术；

3）组织编制和审查重点和大型工程项目施工组织设计、危险性较大的分部分项工程专项方案确保，确保安全技术措施符合要求，并可行；

4）组织制定处置重大安全隐患和应急抢险中的技术方案，组织做好应急救援中的技术支持工作；

5）组织和参与重大生产安全事故的调查处理，提出技术防范措施；

6）领导安全技术攻关活动，采用新技术、新工艺、新设备、新材料“四新”技术时，负责审核实施过程安全性，提出技术措施，并组织建立技术推广应用和培训体系；

7）落实领导带班制度，开展安全生产督导检查。

5. 总会计师

1）负责企业财务管理，对分管范围内的安全生产工作负重要领导责任；

2）组织企业安全生产费用管理相关工作，组织制定并实施安全生产费用管理方法；

3）监督企业安全生产费用投入计划的执行；

4）监督基层企业制定、执行安全生产费用投入计划；

5）协助落实应急处置费用。

6. 总经济师

1）负责企业经济核算管理，对分管范围内的安全生产工作负领导责任；

2）负责生产经营合同中涉及安全生产内容的审定工作；

3）依法审核生产经营活动中的安全生产费用；

4）组织编制安全生产各项经济政策和奖罚条例；

5）参与生产安全事故应急处置，审核抢险救援费用。

3.6.3 各职能部门安全生产责任

按照“管业务必须管安全”的原则，各职能部门对所管辖业务的安全生产负责。

1. 办公室

1）负责收集、整理安全生产舆情监控信息；

2）督促建立健全企业安全生产应急管理体系，负责安全生产重大突发事件的应急统筹工作；

3）参与组织公司安全生产重要会议、活动，负责相关综合协调工作；

4）参与生产安全事故的应急处置工作。

2. 企业策划与管理部门

1）负责企业安全生产中长期发展规划、年度安全生产工作目标的制定和协助推行；

2）研究及规范企业安全生产组织机构的设置和组建；

3）牵头组织对各部门及基层企业的安全生产考核；

4）牵头组织专业部门评估并有效规避并购、改制、重组中存在的安全生产风险；

5）参与安全生产规章制度评审工作。

3. 人力资源管理部门

1）负责组织企业领导干部、全体员工和新入职人员的安全生产培训教育、考核；

2）牵头组织专职安全生产管理人员和注册安全工程师的继续教育等工作；

3）把安全生产工作职责情况、安全工作业绩纳入领导班子考核，职工晋级和奖励考核内容；

4）依法配齐企业安全生产监督管理部门岗位人员；

5）负责落实职工的工伤保险；

6）负责落实安全生产考核的奖励和处罚决定。

4. 财务资金管理部门

1）审核企业安全生产费用专项预算，确保专款专用、专项核算，做好过程管控；

2）监督基层企业做好安全生产费用预算的编制及执行工作；

3）按照会计科目对实际发生的安全生产费用进行统计分析，并按照规定上报；

4）具体落实应急处置费用。

5. 法律事务管理部门

1）负责审核企业安全生产规章制度的合法合规性；

2）宣传国家安全生产有关法律法规，为企业生产安全提供法律咨询和服务；

3）负责收集、识别本企业适用的有关安全生产、职业健康方面的法律法规；

4）负责涉及企业安全生产法律纠纷和诉讼事项的管理与协调；

5）监督指导经营、施工等行为符合法律规范；

6）审核合同文件中有关安全生产的合法合规性；

7）参与生产安全事故调查处理。

6. 项目管理部门

1）组织落实国家安全生产有关法律法规及企业内部有关安全生产制度、规定；

2）参与项目安全生产策划的编制、落实工作；

3）审核分包商和分供商的安全生产资质和安全生产条件；

4）评价分包商和分供商的安全生产履约能力；

5）组织实施安全生产技术措施和专项施工方案；

6）组织落实安全生产隐患排查及整改工作；

7）参加安全生产事故调查处理。

7. 科技（技术）管理部门

1）在总工程师领导下，建立健全安全生产技术保障体系、制度；

2）审核危险性较大的分部分项工程专项方案；组织超过一定规模的危险性较大的分部分项工程专项方案的专家论证会；

3）参与重大危险源的辨识、评价以及安全防护设施的验收；

4）组织推广应用安全生产新技术、新材料、新设备、新工艺；

5）参加应急救援，提出技术应对措施；

6）建立安全专项技术方案管理台账，做好方案策划、编审、论证工作记录；

7）参加事故调查处理，提出技术防范措施。

3.6.4 监管安全生产责任

1. 安全总监

1）配合主管生产副经理开展安全生产监督管理工作，对企业安全生产工作负监督领导责任；

2）落实企业安全生产中长期发展规划、安全生产目标、安全生产工作计划；

3）落实安全生产监督管理机构及队伍建设，落实安全生产宣传、教育和培训工作；

4）落实企业安全生产规章制度、安全操作规程；

5）开展安全生产检查和隐患排查治理工作；

6）组织开展企业的生产安全事故应急救援，主持企业内部生产安全事故调查处理；

7）督促指导基层企业开展安全生产工作，开展安全生产考核工作，提出奖罚意见；

8）主持召开安全生产工作会议，掌握安全生产动态，及时解决生产中存在的安全问题；

9）定期向党组织、董事会、安委会汇报安全生产工作，并落实相关要求；

10）监督并落实领导带班制度。

2. 安全生产管理委员会

1）是企业安全生产管理的最高组织，负责研究、部署、指导协调全公司的安全生产工作；

2）贯彻落实国家有关安全生产的法律、法规、方针和政策；

3）组织制定公司安全生产工作的重大战略方针，审查和决定安全生产工作的重要事项；

4）听取安全生产工作汇报，分析企业安全生产形势，研究解决公司安全生产工作中的重大问题。

3. 安全生产监督管理部门

1）监督落实国家安全生产方针政策及有关法律法规、标准等；

2）负责制定、更新企业安全生产规章制度、操作规程、应急救援预案等；

3）制定安全生产中长期发展规划，工作目标；

4）落实安全生产考核工作；

5）组织开展安全生产监督检查，督促落实重大危险源的安全管控措施，督促落实安全防范和隐患治理措施；

6）组织参与安全教育培训和安全活动，开展安全思想意识和安全技术知识教育；

7）监督企业和项目安全生产费用的正确使用；

8）审核项目专职安全生产管理人员的配备方案；

9）参与分包单位选择考核，对分包单位安全生产能力提出评价意见；

10）参加安全技术措施、安全专项施工方案的审核、专家论证；

11）参加重大工程项目机械设备、安全防护设施的验收；

12）组织应急救援演练活动，参加事故应急处置工作；

13）负责安全生产许可证维护工作，监督基层企业做好安全生产工作；

14）监督检查劳动防护用品、有毒有害作业场所劳动保护措施的落实；

15）如实报告生产安全事故，开展事故统计和分析，组织开展生产安全事故调查处理，落实生产安全事故责任追究。

3.6.5　项目管理层的安全生产责任

1. 项目经理

1）是项目安全生产第一责任人，对安全生产工作全面负责；

2）严格执行国家及地方安全生产法律法规、规章制度和企业安全生产制度、标准；

3）落实安全生产监督管理机构，配齐安全生产监督管理人员；

4）负责与各岗位管理人员及分包分供单位签订安全生产责任书，并组织考核；

5）组织制定项目安全生产目标和施工安全措施计划，并贯彻落实；

6）组织编写安全管理策划，制定落实安全管理策划的计划、措施和方案；

7）组织编制危险源清单，制定危险源防范措施和方案；

8）组织编制安全生产应急预案，并进行交底和组织演练；

9）负责安全生产措施费用的及时投入，保证专款专用；

10）组织并参加项目管理和作业人员的安全教育培训；

11）组织开展国家、地方政府及企业有关安全生产活动；

12）履行领导带班职责，组织安全生产检查，落实隐患整改；

13）组织召开安全生产会议，研究解决安全生产问题；

14）及时、如实报告生产安全事故，组织事故应急救援，配合事故调查和处理。

2. 项目生产经理

1）参与编写安全管理策划，落实安全管理策划的相关要求；

2）参与编写安全专项方案和技术措施，并组织落实；

3）组织大、中型机械设备、重要防护设施和消防设施的安全验收；

4）组织深基坑、模板支撑体系、高大脚手架等危险源的安全验收；

5）落实国家、地方政府及企业开展的有关安全生产活动；

6）履行领导带班职责，组织安全生产检查，落实隐患整改；

7）落实安全生产费用投入，监督审核分包分供单位安全生产投入计划；

8）落实应急救援设备和设施，组织开展应急演练；

9）主持召开安全生产会议，解决安全生产问题，制定安全防范措施；

10）组织开展安全文化建设及达标创优活动；

11）发生伤亡事故时，组织抢救人员、保护现场，配合事故调查。

3. 项目商务经理

1）审核投标项目安全生产措施费的合理性及合规性；

2）按照工程承包合同约定的方式和标准，及时核算安全生产措施费用；

3）确定工程合同汇总安全生产措施费，确保及时支付安全生产费用；

4）审核分包、分供方安全生产、文明施工措施费合规性；

5）审核项目安全生产措施清单，负责该费用的统筹、统计分析工作。

4. 项目总工程师

1）对生产单位安全生产技术负总责；

2）落实安全技术标准规范，配备有关安全技术标准、规范；

3）组织危险源的识别、分析和评价，组织编制危险源清单；

4）负责组织编制危险性较大的分部分项工程安全专项施工方案；

5）组织施工组织设计（施工方案）技术交底工作，监督方案的落实情况；

6）组织现场危险性较大的分部分项工程、特殊防护设施验收；

7）履行领导带班职责，组织安全生产检查，落实隐患整改；

8）参加安全生产会议，提出技术应对措施；

9）应用安全生产新材料、新技术、新工艺、新设备；

10）总结推广安全生产科技成果及先进技术；

11）参加事故应急救援，配合事故调查处理，制定技术防范措施。

5. 项目安全总监

1）宣贯安全生产法律法规及有关规定，监督安全管理人员配备和安全生产费用落实；

2）协助制订有关安全生产管理制度、生产安全事故应急预案；

3）组织实施安全生产监督管理策划，组织危险源的识别、分析与评价，参与危险源清单审核工作；

4）参加现场机械设备、安全防护设施、临电设施和消防设施的验收；

5）组织定期安全生产检查，组织安全管理人员开展安全日检查，督查隐患整改。对存在重大安全隐患的分部分项工程，有权下达停工整改决定；

6）落实员工安全教育、培训、持证上岗的相关规定，组织作业人员入场安全教育；

7）组织开展安全生产月、安全达标创优活动，及时上报有关活动资料；

8）负责监督分包单位的安全管理；

9）发生事故应及时如实上报，并迅速开展应急救援。

6. 工程部负责人

1）编制文明安全施工计划并组织实施；

2）参与现场机械设备、安全设施的验收；

3）参加安全生产、文明施工检查，组织制定隐患整改措施；

4）在危险性较大工程施工中，负责现场指导和监督；

5）参加事故应急救援，配合事故调查。

7. 技术部负责人

1）编制施工组织设计及各专项安全施工方案；

2）编制危险性较大分部分项工程等专项方案，并监督实施；

3）负责办理方案的审核审批手续；

4）识别、分析和评价项目危险源，编制危险源清单；

5）参加安全生产检查，对隐患整改提供技术支持；

6）掌握四新技术的安全技术特性，禁止使用淘汰、禁用产品、工艺、设备；

7）参加事故应急救援，配合事故调查。

8. 项目责任工程师

1）对其管理的单位工程（施工区域或专业）范围内的安全生产、文明施工全面负责；

2）严格执行安全施工方案，向作业人员进行安全技术交底；

3）检查作业人员执行安全技术操作规程的情况，制止违章作业行为；

4）参加辖区内设备设施的验收，并对设备的使用情况进行过程监控；

5）参加安全生产、文明施工检查，对辖区内的安全隐患制定整改措施并落实；

6）在危险性较大工程施工中，负责现场指导和监管；

7）发生安全事故，要立即向项目经理报告，组织抢救伤员和人员疏散，并保护好现场，配合事故调查，认真落实防范措施。

9. 项目安全管理人员

1）认真宣传和贯彻安全生产法律法规及有关规定，监督安全管理人员配备和安全生产费用落实；

2）协助制订有关安全生产管理制度、安全技术措施计划和安全技术操作规程，督促落实并检查执行情况；

3）组织实施安全管理策划，参与危险源清单审核工作；

4）参加现场机械设备、安全防护设施、临电设施和消防设施的验收；

5）监督安全生产检查，组织安全员开展安全日检查，督查隐患整改；

6）落实员工安全教育、培训、持证上岗的相关规定，组织作业人员入场安全教育；

7）对危险性较大工程安全专项施工方案实施过程进行旁站式监督；

8）组织开展安全生产月、安全达标创优活动，及时上报有关活动资料；

9）组织项目日常安全教育，督促班组开展班前活动；

10）负责监督分包单位的安全管理；

11）建立项目安全管理资料档案，如实记录和收集安全检查、交底、验收、教育培训及其他安全活动的资料；

12）开展应急救援，及时如实上报生产安全事故。

3.6.6　项目职能部门安全生产责任

1. 安全生产监督管理部门

1）落实对入场作业人员的培训工作；

2）参与制定安全管理制度并监督落实；

3）监督同级职能部门和各岗位人员安全生产责任的落实情况；

4）开展安全检查，制止并纠正现场“三违”现象，发现并处置安全隐患；

5）对危险性较大工程安全专项施工方案实施过程进行旁站式监督；

6）对各类检查中发现的安全隐患督促落实整改，对整改结果进行复查；

7）参加现场机械设备、电力设施、安全防护设施和消防设施的验收；

8）建立安全资料档案，如实记录，及时收集各项安全管理资料；

9）负责制定生产安全事故应急预案，负责开展应急救援，及时如实上报生产安全事故。

2. 工程管理部门

1）编制施工生产总控计划时，应编制安全生产保障措施计划；

2）安排施工生产任务前，负责落实安全生产技术保障措施；

3）检查生产计划实施的同时，检查安全措施落实的情况；

4）负责编制项目文明施工计划，并组织具体实施；

5）组织开展安全生产大检查和其他相关活动；

6）监督、评价分供商、分包商安全生产管理行为，提供不合格分供商、分包商名录；

7）组织安全设施和分部分项工程的验收；

8）参与生产安全事故调查。

3. 技术管理部门

1）组织编制分部分项工程安全专项施工方案，组织危险性较大工程专项施工方案的专家论证；

2）负责对安全专项施工方案进行交底；

3）参加安全设备、设施的验收；

4）负责检查安全技术措施的落实情况；

5）负责制定使用新技术、新工艺、新材料、新设备的安全技术措施和安全操作规程；

6）参与生产安全事故调查。

4. 商务合约管理部门

1）审查分包、分供资质，明确合同双方的权利义务和安全责任等；

2）负责按照施工组织设计和专项安全技术措施方案编制项目安全生产费用计划表，对确保计划落实负责；

3）协作安全生产人员办理安全奖罚手续，对及时提取安全费用，保证转款专用负责；

4）配合完成项目履约过程中有关安全生产的其他经济事项。

5. 设备管理部门

1）参与设备使用相关方案的编制；

2）参与设备租赁评审；

3）审核起重设备安装单位安装资质；

4）对现场设备进行初检；

5）负责大型机械设备安装的旁站工作；

6）做好安装验收记录，建立设备进出场台账；

7）监督设备操作人员按操作规程作业；

8）监督起重设备安装、使用、拆除手续的合法性；

9）监督、检查产权单位对施工设备的维修保养及资料整理。

6. 消防保卫管理部门

1）贯彻落实消防保卫法规、规程，制定工作计划和消防安全管理制度，并对执行情况进行监督检查；

2）对职工进行消防安全教育，会同有关部门对特种作业人员进行消防安全考核；

3）组织消防安全检查，督促有关部门对火灾隐患进行整改；

4）负责施工现场的保卫工作，统计分析火灾事故原因，并提出防范措施。

3.7　安全生产策划

3.7.1　基本原则

项目安全生产策划书是通过对项目的生产风险的科学分析，逐步实现对项目的有目标、有计划、有步骤的全面全过程控制。施工项目部、加工厂、搅拌站等生产单位作业前必须进行安全策划。

安全策划书是生产单位开展安全生产工作的指导性文件。由企业安全生产监督管理部门统一组织，相关部门评审，安全总监审核，主管生产领导批准后实施，项目安全生产策划工作由项目部负责完成。

安全策划书应在项目开工一个月内编制完成，并应及时完成审批手续。

项目安全策划书应根据国家有关安全生产的法律法规，上级的规章制度，项目施工组织设计，项目危险源辨识、生产安全风险的评价的结果进行。

3.7.2　安全策划书要点

完整的策划书内容包括安全生产目标、机构设置和安全生产组织体系；重大危险源识别和风险评估，风险管控全面具体；安全生产技术保证措施、安全生产标准化。

1. 安全生产目标和指标

安全目标、指标包括：

1）伤亡、事故控制目标：杜绝因工死亡事故，轻、重伤应有控制指标。

2）安全、文明施工达标、创优目标。

3）社会、建设方、员工、相关方的重大投诉控制目标。

2. 安全生产组织体系

安全生产组织体系包括安全生产管理组织机构、各级管理层安全生产责任制度、组织体系各级系统主要职能、包括分供商、分包商安全生产管理相关制度。分供商、分包商专（兼）职安全生产管理人员应纳入总承包单位统一管理。

3. 重大危险源辨识与风险评估

由企业技术总工或技术部门负责组织项目安全、技术、工程、物资有关人员，按照本单位《危险源辨识与风险评价程序》及国家、地方现行相关法律法规进行，生产单位也要参与。

危险源应先进行识别，通过评价分级后做出如表3-1所示重大危险源识别总表和预控措施，由项目安全员编制《项目重大危险源及控制清单》，报项目经理审核确认。

重大危险源应进行重点管理，进行定期或不定期专项检查。重点检查重大危险工程的管理制度的建立和实施；检查专项施工方案的编制、审批、交底和过程控制；检查现场实物与内业资料的相符性；检查监理单位旁站制度的落实情况，并对检查结果予以公布或通报。

重大危险源的控制措施的选定要从以下方面考虑：

1）消除危险源；

2）降低风险级次；

3）采取个体危险防护措施；

4）也可上述三种方式联合使用。

重大危险源识别汇总表 **表 3-1**

编号	危险源名称、场所/部位	风险等级	控制措施要点
1			
…			

4. 安全生产技术保证措施计划

根据风险源的评估，作业条件、施工环境以及计划等，制定安全生产技术措施方案的编制计划（表 3-2）。

安全生产技术保证措施计划表 **表 3-2**

序号	方案名称	编制时间	编制人	审核人	审批人	专家论证时间	实施时间	备注
1								
…								

注：当设计、施工方法或外部环境发生变化时，要及时对计划进行评审，在分部分项工程开工前完成方案的修订。

5. 安全生产教育培训计划

为加强项目部安全管理，不断提高职工的安全意识和安全素质，深入贯彻“安全第一、预防为主”的方针，制定安全生产教育培训计划。培训教育对象为生产单位安全管理人员、项目经理、安全员、特殊工种和技术岗位人员（包括新入场和转岗人员）。培训计划也包括培训的内容、培训方式、培训时间以及培训的讲师等（表 3-3）。

安全生产教育培训计划表 **表 3-3**

序号	培训内容	培训对象	培训方式	授课人	培训时间
1					
…					

6. 安全生产费用投入计划

为确保对安全技术措施经费使用及时、准确到位，提高项目的安全生产率，依据企业的安全生产投入保障制度，结合项目实际情况，编制安全生产费用投入计划（表 3-4）。

生产单位按月投入的安全生产费用计划表　　表3-4

序号	项目	计划投入时间				合计
		1	2	…	12	
1	个人安全防护用品、用具					
2	临边、洞口安全防护设施					
3	临时用电安全防护					
4	脚手架安全防护					
5	机械设备安全防护设施					
6	消防设施、器材					
7	施工现场文明施工措施费					
8	安全教育培训费用					
9	安全标志、标语等标牌费用					
10	专家论证费用					
11	与现场安全隐患整改等有关的费用支出					
12	季节性安全费用					
13	施工现场急救器材及药品					
14	其他安全专项活动费用					
…						
合计						

7. 安全生产活动计划

编制生产单位安全检查工作计划、开展安全生产月活动计划等（表3-5）。

安全生产活动计划表　　表3-5

序号	活动名称	活动时间	参与人员	活动内容
1				
…				

8. 安全生产应急管理计划

应急管理坚持“以人为本，安全第一”的原则，制定安全生产应急预案编制计划，应急演练计划等（表3-6）。

安全生产应急管理计划表　　表3-6

序号	预案名称	编制时间	编制人	审核人	交底时间	演练时间
1						
…						

3.7.3 安全生产目标管理

施工安全目标管理是建设工程的重要举措之一。它是生产企业在一定时期内，通过确定安全生产总目标，层层分解目标、落实措施、安排进度、具体实施、严格考核的一种管理方法。

施工企业应依据企业的总体发展规划，制定企业年度及中长期安全管理目标。

1. 安全目标及分解

施工现场应根据本项目的实际情况，依据企业所指定的年度目标指标和主管部门的相关要求，制定安全目标和指标，目的是保证企业的年度安全控制指标得到有效的控制。为了进一步落实各级安全目标，实行部门安全目标管理，确保本企业安全生产和文明生产。

目标分解要做到横向到边，纵向到底，纵横连锁，形成网络。横向到边就是把企业的总目标分解到各个职能部门、科室；纵向到底就是把安全总目标层层分解到基层企业和生产单位，责任到人，并与其签订年度《安全生产目标责任书》，根据分解的办法各单位每月进行安全目标考核。

2. 安全目标实施

安全管理目标的实施是安全目标管理取得成效的关键环节。施工企业各管理层及相关职能部门和岗位应根据分解的安全管理目标，配置相应的资源，并应有效管理。安全管理目标的实施工作包括建立分级负责的安全责任制度、建立安全保证体系、建立各级目标管理组织、建立危险源辨识及风险控制管理制度等内容，保证按照目标要求完成任务。

3. 安全目标考核与奖惩

安全目标考核与奖惩是指企业的上级主管部门，包括政府主管安全生产的职能部门、企业内部的各级行政领导，按照国家安全生产的方针政策、法律法规和企业的规章制度等有关规定，按照企业内部各级《安全生产目标责任书》规定的各项指标完成的情况，对企业法人代表和各责任人执行安全生产情况的考核与奖惩的制度。

3.8 施工企业危险源安全管理

施工单位项目部应根据工程特点和施工范围，在工程施工前对施工过程进行安全分析，对施工现场可能出现的危险因素进行辨识、评价，对重大危险源应登记建档，并报建设主管部门或其委托的建设工程安全生产监督机构备案。

3.8.1 五大安全伤害事故

施工现场的安全管理必须以风险为指引，并重点管控重要危险源。重要危险源的监督管理是安全生产和应急管理工作的重点，一旦管理不善极易导致重特大生产安全事故发生，造成惨重的人员伤亡和财产损失。

高处坠落、触电事故、物体打击、机械伤害、坍塌事故为建筑业最常发生的事故，占事故总数的85%以上，称为“五大伤害”。常见的建筑施工安全事故类型见表3-7。

常见的建筑施工安全事故类型 表 3-7

事故类型	常见事故
高处坠落	从基坑、楼面、屋面、高台边、阳台边缘坠落
	从脚手架或垂直运输设施坠落
	从预留洞口、楼梯口、电梯井口、天井口意外坠落
	从施工安装中的工程结构上坠落
	从机械设备上坠落
	其他原因滑倒、踩空、碰撞、失衡等引起坠落
触电事故	起重机械臂杆或其他导电物体触碰高压线
	带电电线(缆)断头、破口的触电伤害
	电动设备漏电伤害
	电闸箱、控制箱漏电和误触伤害
	雷击事故、强力自然因素致断电线伤害
物体打击	空中落物、崩块和滚动物体的砸伤
	触及固定或运动中的硬物、反弹物的碰伤、撞伤
	器具、硬物的击伤
	碎屑、硬物的飞溅伤害
机械、起重	机械转动部分的绞入、碾压和拖带伤害
	垂直机械设备、吊装设备的伤害
	机械部件的飞出伤害
	机械或起重机失稳或倾覆事故的伤害
	操作失控、违章作业和载人事故的伤害
	吊物失衡、脱钩、倾覆、变形和折断事故
坍塌事故	坑壁、沟壁、边坡、洞室等的土石方坍塌
	混凝土梁、板模板支撑失稳倒塌
	施工中的构筑物的坍塌
	拆除工程中的坍塌
	堆置物的坍塌

3.8.2 危险性较大的分部分项工程定义及工程范围

(1) 定义

根据《危险性较大的分部分项工程安全管理规定》2019年修订版的规定，危险性较大分部分项工程（以下简称“危大工程”）是指房屋建筑和市政基础设施工程在施工过程中，容易导致人员群死群伤或者造成重大经济损失的分部分项工程。

(2) 危大工程范围

住房城乡建设部办公厅《关于实施〈危险性较大的分部分项工程安全管理规定〉有关

问题的通知》（建办质［2018］31号）所列的危大工程如表3-8所示。

危险性较大分部分项工程范围　　表3-8

序号		危险性较大的分部分项工程	超过一定规模的危险性较大分部分项工程
1	基坑工程	开挖深度超过3m(含3m)的基坑(槽)的土方开挖、支护、降水工程 开挖深度虽未超过3m但地质条件、周围环境和地下管线复杂，或影响毗邻建、构筑物的基坑(槽)的土方开挖、支护、降水工程	深基坑工程中开挖深度超过5m(含5m)的基坑(槽)的土方开挖、支护、降水工程
2	模板工程及支撑体系	(1)各类工具式模板工程：包括大模板、滑模、爬模、飞模等工程。 (2)混凝土模板支撑工程： 1)搭设高度5m及以上； 2)搭设跨度10m及以上； 3)施工总荷载(荷载效应基本组合的设计值)$10kN/m^2$及以上； 4)集中线荷载(设计值)15kN/m及以上； 5)高度大于支撑水平投影宽度且相对独立无联系构件的混凝土模板支撑工程。 (3)承重支撑体系：用于钢结构安装等满堂支撑体系	(1)工具式模板工程：包括滑模、爬模、飞模、隧道模等工程。 (2)混凝土模板支撑工程： 1)搭设高度8m及以上； 2)搭设跨度18m及以上； 3)施工总荷载(设计值)$15kN/m^2$及以上； 4)集中线荷载(设计值)20kN/m及以上。 (3)承重支撑体系：用于钢结构安装等满堂支撑体系，承受单点集中荷载7kN以上
3	起重吊装及安装拆卸工程	(1)采用非常规起重设备、方法，且单件起吊重量在10kN及以上的起重吊装工程 (2)采用起重机械进行安装的工程 (3)起重机械设备自身的安装、拆卸	(1)采用非常规起重设备、方法，且单件起吊重量在100kN及以上的起重吊装工程。 (2)起重机安装和拆卸工程： 1)起重量300kN及以上； 2)搭设总高度200m及以上； 3)搭设基础标高在200m及以上
4	脚手架工程	(1)搭设高度24m及以上的落地式钢管脚手架工程； (2)附着式整体和分片提升脚手架工程； (3)悬挑式脚手架工程； (4)吊篮脚手架工程； (5)自制卸料平台、移动操作平台工程； (6)新型及异型脚手架工程	(1)搭设高度50m及以上落地式钢管脚手架工程； (2)提升高度150m及以上附着式整体脚手架工程或附着式升降操作平台工程； (3)分段架体搭设高度20m及以上的悬挑式脚手架工程
5	拆除工程	可能影响行人、交通、电力设施、通信设施或其他建筑物、构筑物安全的拆除工程	(1)码头、桥梁、高架、烟囱、水塔或拆除中容易引起有毒有害气(液)体或粉尘扩散、易燃易爆事故发生的特殊建、构筑物的拆除工程； (2)文物保护建筑、优秀历史建筑或历史文化风貌区控制范围的拆除工程
6	暗挖工程	采用矿山法、盾构法、顶管法施工的隧道、洞室工程	采用矿山法、盾构法、顶管法施工的隧道、洞室工程

续表

序号	危险性较大的分部分项工程		超过一定规模的危险性较大分部分项工程
7	其他	(1)建筑幕墙安装工程; (2)钢结构、网架和索膜结构安装工程; (3)人工挖孔桩工程; (4)水下作业工程; (5)装配式建筑混凝土预制构件安装工程; (6)采用新技术、新工艺、新材料、新设备可能影响工程施工安全,尚无国家、行业及地方技术标准的分部分项工程	(1)施工高度50m及以上的建筑幕墙安装工程; (2)跨度36m及以上的钢结构安装工程,或跨度60m及以上的网架和索膜结构安装工程; (3)开挖深度16m及以上的人工挖孔桩工程; (4)水下作业工程; (5)重量1000kN及以上的大型结构整体顶升、平移、转体等施工工艺; (6)采用新技术、新工艺、新材料、新设备可能影响工程施工安全,尚无国家、行业及地方技术标准的分部分项工程

3.8.3 危大工程安全管理实施

为加强对危大工程施工安全管理，必须规范危大工程从方案编制、审批、专家论证、交底、实施、监督及验收全过程管理，确保安全生产，有效防范生产安全事故的发生。

1. 前期保障

1）建设单位应当依法提供真实、准确、完整的工程地质、水文地质和工程周边环境等资料；

2）勘察单位应当根据工程实际及工程周边环境资料，在勘察文件中说明地质条件可能造成的工程风险；

设计单位应当在设计文件中注明涉及危大工程的重点部位和环节，提出保障工程周边环境安全和工程施工安全的意见，必要时进行专项设计；

3）建设单位应当组织勘察、设计等单位在施工招标文件中列出危大工程清单，要求施工单位在投标时补充完善危大工程清单并明确相应的安全管理措施；

4）建设单位应当按照施工合同约定及时支付危大工程施工技术措施费以及相应的安全防护文明施工措施费，保障危大工程施工安全；

5）建设单位在申请办理施工许可手续时，应当提交危大工程清单及其安全管理措施等资料。

2. 专项施工方案编制、审批程序

施工单位应当在危大工程施工前组织工程技术人员编制专项施工方案。实行施工总承包的，专项施工方案应当由施工总承包单位组织编制。危大工程实行分包的，专项施工方案可以由相关专业分包单位组织编制。

危大工程专项施工方案的主要内容应当包括：

1）工程概况：危大工程概况和特点、施工平面布置、施工要求和技术保证条件；

2）编制依据：相关法律、法规、规范性文件、标准、规范及施工图设计文件、施工组织设计等；

3）施工计划：包括施工进度计划、材料与设备计划；

4）施工工艺技术：技术参数、工艺流程、施工方法、操作要求、检查要求等；

5）施工安全保证措施：组织保障措施、技术措施、监测监控措施等；

6）施工管理及作业人员配备和分工：施工管理人员、专职安全生产管理人员、特种作业人员、其他作业人员等；

7）验收要求：验收标准、验收程序、验收内容、验收人员等；

8）应急处置措施；

9）计算书及相关施工图纸。

专项施工方案应当由施工单位技术负责人审核签字、加盖单位公章，并由总监理工程师审查签字、加盖执业印章后方可实施。危大工程实行分包并由分包单位编制专项施工方案的，专项施工方案应当由总承包单位技术负责人及分包单位技术负责人共同审核签字并加盖单位公章。

对于超过一定规模的危大工程，施工单位应当组织召开专家论证会对专项施工方案进行论证。实行施工总承包的，由施工总承包单位组织召开专家论证会。专家论证前专项施工方案应当通过施工单位审核和总监理工程师审查。

专家论证的主要内容应当包括：

1）专项施工方案内容是否完整、可行；

2）专项施工方案计算书和验算依据、施工图是否符合有关标准规范；

3）专项施工方案是否满足现场实际情况，并能够确保施工安全。

专家论证会后，应当形成论证报告，对专项施工方案提出通过、修改后通过或者不通过的一致意见。专家对论证报告负责并签字确认。

专项施工方案经论证需修改后通过的，施工单位应当根据论证报告修改完善后，重新履行规定的程序。专项施工方案经论证不通过的，施工单位修改后应当按照本规定的要求重新组织专家论证。

3.8.4　施工安全风险辨识和风险评价

建立安全风险分级管控和隐患排查治理双控机制，是加强施工安管管理的一项重要工作。施工企业要落实安全生产风险管控和隐患排查主体责任，加强自身“双控”体系建设，突出起重机械、高支模、深基坑等危险性较大分部分项工程的安全风险台账管理，明确防控技术措施。

施工企业项目管理部要编制分部分项工程风险清单。按照重大风险、较大风险、一般风险、低风险四个等级，建立风险分级台账。

编制施工方案和技术措施，明确管控责任。实施风险警示，公布主要风险点、风险类别、风险等级、管控措施和应急措施，让作业人员了解风险点的基本情况及防范和应急对策。

建筑施工主要涉及工艺风险、自然环境风险和周边环境风险等三方面风险。

工艺风险：包括高处坠落、坍塌、物体打击、机械伤害、起重伤害、触电伤害等。

自然环境风险：包括气象灾害、雷电灾害、地质灾害、地震灾害、水文灾害、有毒有害气体等。

周边环境风险：包括架空设施、毗邻危险设施、地下管线等。

危险源识别与风险评价清单如表 3-9 所示。

危险源识别与风险评价清单表　　表 3-9

序号	分部分项工程/部位	风险辨识	可能导致的事故	风险分级/风险标识	主要防范措施	工作依据
1						
…						

3.8.5 “0 灾害”安全理念

“0 灾害”安全理念贯穿着风险管理和过程控制中，其“0 灾害”安全理念三原则是海因里希法则及安全隐患辨识评价的具体运用，三原则包括“0”伤害原则、提前预防原则和全员参与原则，如图 3-2 所示。

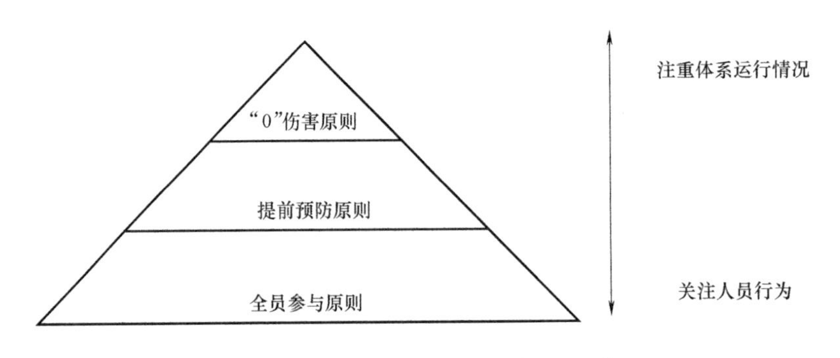

图 3-2　“0 灾害”安全理念三原则

“0”伤害原则不是单纯的考虑到不出现死亡和停工，对施工现场及班组作业等有潜在危险的地方存在的潜在危险进行及时的发现并解决问题，将工伤、职业病以及生产安全事故在内的一切灾害降到“0”。

“提前预防”原则是指在事故发生前发现、认识并避免在施工现场及日常工作中潜在的危险，预防灾害事故的发生。

全员参与原则是为了发现、掌握、解决潜伏在施工现场及班组作业的危险（问题），全体员工自主参与，进行有效的交流和沟通，不断提高安全意识和安全管理水平，齐心协力做到“0”事故。

“0 灾害”安全管理和过程控制方法有：Hiyari&Hatto（惊吓活动）、作业观察、KTY 危险预训练等。

Hiyari&Hatto 是日本厚生劳动省为了预防事故的发生，推广日本国内企业的安全管理理念。受惊吓、虚惊是由于人的不安全行为、物的不安全状态引发的事件，虽然后果不堪设想，但未造成人身伤害或人身伤害较轻。Hiyari&Hatto 的体验主要有三类：身体上的、精神上的、预想的。Hiyari&Hatto 事故排查重点突出，做得细致，可操作性强。

KYT（危险预知训练），起源于日本住友金属工业公司的工厂，1973 年经日本中央劳动灾害防止协会推广，形成技术方法，在众多日本企业获得了广泛运用，被誉为“0灾害”的支柱。KYT中，K—危险（Kiken），Y—预知（Yochi），T—训练（Training），即危险预知活动，是针对生产特点和作业全过程，以危险因素为对象，以作业班组为团队开展的一项安全教育和训练活动，它是一种群众性的“自主管理”活动。KYT是一种以讨论分析形式为主的现场班组安全活动，KYT4R循环法的开展是，以1R-现状把握；2R-本职追究；3R-制定对象；4R-目标设定的循环形式进行。一般以5～7人班组成员的形式展开。

第一步：现状把握-寻找潜在的危险因素（1R），让大家轮流分析，找出潜在的危险因素，并想象预测或预见可能出现的后果。

第二步：本质追究-确定主要危险因素（2R），在所发现的危险因素中找出1～3个最有可能成为重大事故危险源的因素。

第三步：制定对策-寻找可行的对策（3R），针对主要危险因素每人制定出具体、可实施的对策（提出的对策必须在实践上切实可行，并且不为法律法规所禁止）。

第四步：目标设定-确定执行对策（4R），统一思想，在所有对策中选出最优化的重点安全实施项目定为小组行动目标。

在进行KYT活动时，必须严格按照4R要求进行训练，流程正确、危险因素描述准确、对策措施具体可行、行动目标要重点突出、简练。

“0灾害”安全理念是把精细化管理与安全生产结合起来，对生产过程中的事故进行预防管理，是目前最先进的安全管理理念。通过从流程上、程序上、制度上、日常管理工作上的风险控制，使得企业上下员工牢固树立“零疏漏才能零灾害、零误差才能零灾害、零容忍才能零灾害、管理零失误和行为零缺陷才能零灾害”的安全理念，紧抓管理人员的责任管理和员工的自我管理，最终可以达到“0灾害”的安全生产目标。

3.9 安全生产技术管理

施工企业应根据施工生产特点和规模，并以安全生产责任制为核心，建立健全安全生产管理制度。

3.9.1 制度与体系

完善的建筑工程安全生产管理制度由安全管理生产组织、安全生产教育、安全生产责任体系、现场安全防控体系和安全应急预案体系等五个相互支撑的部分构成。各单位应制定安全生产技术管理制度，建立以本单位技术负责人为核心的生产安全技术保障体系。

各级企业对建设项目，要严格执行国家《环境保护法》第41条“三同时”规定：“建设项目中防治污染的设施，应当与主体工程同时设计、同时施工、同时投产使用。防治污染的设施应当符合经批准的环境影响评价文件的要求，不得擅自拆除或者闲置。”

安全管理是一种动态，积极开展安全创新工作，注重“新技术、新材料、新工艺、新设备”的应用，推广使用信息化手段，进行安全生产教育、监测、监督、评价等，提升安全生产监督管理水平。

3.9.2 安全施工方案

项目施工组织设计或施工方案应针对工程特点进行风险分析，制定有针对性安全技术措施。施工组织设计应附“危险性较大分部分项工程清单”和“超过一定规模危险性较大分部分项工程清单”。

对于危险性较大分部分项工程和超过一定规模危险性较大分部分项工程，以及涉及新技术、新工艺、新设备、新材料的工程，因其复杂性，在施工过程中容易发生人身伤亡事故，应按规定针对性地编制专项施工方案。专项方案应根据工程特点和现场条件进行风险分析，制定具体安全技术措施并附“重要危险因素清单”。安全专项施工方案应由施工总承包单位组织编制，编制人员应具有本专业中级以上技术职称。其中，起重机设备安装拆卸、深基坑、附着升降脚手架、建筑幕墙、钢结构等专业工程的安全专项施工方案应由专业承包企业负责编制。

施工单位、监理等工程建设安全生产责任主体应按照各自的职责建立健全建筑工程安全专项施工方案的编制、审查、论证和审批制度，保证方案的针对性、可行性、可靠性，并严格按照方案组织施工。

施工过程中方案编制人和审批人应对方案执行情况进行跟踪，安全生产监督管理部门负责监督安全技术措施的落实。施工过程中，工程部门负责安全技术措施的组织实施，严禁擅自改变方案。因现场条件变化方案安全措施无法实施时，须由方案编制人修改具体措施后实施，方案的改变需报审批人确认。

1. 安全技术交底

安全技术交底是安全制度的重要组成部分。根据《中华人民共和国安全法》、《建设工程安全管理条例》和《施工企业安全检查标准》等有关规定，在进行工程技术交底的同时要进行安全技术交底。

施工企业应根据施工组织设计、专项安全施工方案（措施）编制和审批权限的设置，分级进行安全技术交底，编制人员应参与安全技术交底、验收和检查。

安全技术交底顺序如下：

1）施工组织设计交底顺序为：项目总工程师→职能部门→责任工程师；

2）专项施工方案交底顺序为：项目总工程师/技术人员→责任工程师→作业工人。

安全技术交底的主要内容有：

1）工程项目和分部分项工程的概况及作业特点；

2）工程项目和分部分项工程的危险部位；

3）针对危险部位采取的具体防范措施；

4）作业中应注意的安全事项；

5）作业人员遵守的安全操作规程和规范；

6）作业人员发现事故隐患后应采取的措施；

7）发生事故后应及时采取的避险和应急措施；

8）职业健康、环境管理等。

对工人的安全技术交底应在施工前组织，每个分项工程分工种、分区域进行，针对现场具体情况，交代主要危险点、控制措施及操作注意事项。

安全技术交底必须全体作业人员参加，交底人和接受交底人书面签字并留存记录。

安全生产监督管理部门参与对工人的交底，审核交底内容。

下列情况须补充、重新交底：

1）施工季节改变；

2）更新设备或采用新技术、新工艺；

3）发生安全事故后；

4）发现新不安全因素或作业环境发生了变化。

2. 安全验收

（1）安全验收内容、范围

安全检查验收主要是为验证安全施工设施、施工设备、劳动防护用品、安全工器具等满足规范和方案要求，保证其安全性，生产单位对下列进场物资、设备设施、安全防护用品实行安全验收制度，验收合格后方可投入使用。

1）劳动防护用品：安全帽、安全带、安全网等特种劳动防护用品及一般劳动防护用品；

2）安全防护设施：各类临边洞口安全防护，高层施工外立面水平防护，电梯井内水平防护，机具防护棚、钢结构吊装吊具锁具等配套防护设施等；

3）各类脚手架：落地式脚手架、悬挑脚手架、爬架等外架，模板支架，大模板插放架，马道及其他脚手架，吊篮，卸料平台，移动操作平台等；

4）施工临时用电工程：电缆、临时用电系统，漏电保护器、电箱等电器；

5）大型机械设备：塔式起重机、施工升降机、物料提升机、龙门吊、行吊等大型起重设备，汽车吊、履带吊等流动起重设备，架桥机、桥梁挂篮等桥梁施工设备等；

6）中小型施工机具：钢筋加工机具、木工机具、机电安装工程加工机具、卷扬机等；

7）消防设施及消防器材：灭火器，消火栓，临时消防供水系统等；

8）安全工器具：爬梯、挂笼、氧气表、力矩扳手等。

（2）验收责任人及验收程序

1）劳动防护用品和安全工器具：采购人组织验收，安全工程师为验收负责人；

2）安全防护设施：责任工程师组织验收，安全工程师为验收负责人；

3）消防设施及消防器材：责任工程师组织验收，工程部门、技术部门参加，项目安全总监为验收负责人；

4）中小型施工机具：责任工程师组织验收，工程部门、安全生产监督管理部门和分包单位参加，机电工程师为验收负责人；

5）各类脚手架、施工临时用电工程和大型机械设备：责任工程师组织验收，工程部门、技术部门、安全生产监督管理部门等部门和分包单位参加，方案审批人为验收负责人。

（3）其他要求

1）新采购的安全用品、安全器材、机具、机械设备和安全设施材料，验收时需提供产品合格证，调拨、租赁的进场时验收；

2）验收应编制验收表，列出验收内容和标准。验收时填写分项验收结果和验收结论，参加验收的各方和验收负责人签字。验收记录由安全生产监督管理部门建档留存；

3）危险性较大分部分项工程验收需要项目总监理工程师签字，在验收表格内“项目监理工程师”一栏项目总监签字。

3. 分包方安全生产管理

施工企业应依据安全生产管理责任和目标，明确对分包（供）单位和人员的选择和清退标准、合同约定和履约控制等的管理要求。分包方安全生产管理应包括分包单位以及供应商的选择、施工过程管理、评价等工作内容。

施工企业对分包单位的安全生产管理应符合下列要求：

1）选择合法的分包（供）单位；

2）与分包（供）单位签订安全协议，明确安全责任和义务；

3）对分包单位施工过程的安全生产实施检查和考核；

4）及时清退不符合安全生产要求的分包（供）单位；

5）分包工程竣工后对分包（供）单位安全生产能力进行评价。

施工企业对分包（供）单位检查和考核，应包括下列内容：

1）分包单位安全生产管理机构的设置、人员配备及资格情况；

2）分包（供）单位违约、违章情况；

3）分包单位安全生产绩效。

3.10　安全教育与培训

安全教育是安全管理工作的重要环节，安全教育的目的是提高职工全员安全生产的自觉性、积极性，增强安全意识，掌握安全生产知识，不断提高安全管理水平，防止事故发生，实现安全生产。

施工企业安全生产教育培训应贯穿于生产经营的全过程，教育培训应包括计划编制、组织实施和人员持证审核等工作内容。安全生产教育培训计划应依据类型、对象、内容、时间安排，形式等需求进行编制。

3.10.1　安全教育内容

1. 安全法制教育

安全法制教育就是对员工进行安全年生产、劳动保护方面的法律、法规教育，从而提高职工遵法、守法、守纪的自觉性，以达到安全生产的目的。

2. 安全思想教育

安全思想教育的目的是通过对员工进行深入细致的思想工作，提高员工对安全生产重要性的认识。通常从加强思想认识、方针政策和劳动纪律教育等方面进行。

3. 安全知识教育

安全知识教育是让员工了解施工生产中的安全基本知识，全体员工必须接受安全知识教育和每年按规定学时进行安全培训。

安全知识教育的主要内容有：

（1）本企业生产基本概况；

（2）施工流程及施工方法；

(3) 企业施工中的主要危险区域及其安全防护的基本知识和注意事项；
(4) 施工设施、设备、机械的有关安全常识；
(5) 有关电气设备安全常识；
(6) 高处作业安全知识；
(7) 施工过程中有毒有害物质的辨别及防护知识；
(8) 消防制度及灭火器材的使用方法；
(9) 工伤事故的简易施救方法和报告程序及保护事故现场等规定；
(10) 个人劳动防护用品的正确穿戴、使用常识等。

4. 安全技能教育

安全技能教育是在安全知识教育的基础上，进一步开展的专项安全教育，其侧重点是安全技术、劳动卫生和安全操作规程。

国家规定建筑登高架设、起重、焊接、电气、爆破、压力容器、锅炉等特种作业人员必须进行专门的安全技术培训，考试合格后才持证上岗。

5. 事故案例教育

事故案例教育是通过对一些典型事故进行原因分析、事故教训和预防事故发生所采取的措施，引以为戒，不蹈覆辙。事故案例教育是一种独特的安全教育方法。

3.10.2 安全教育培训形式

1. 新工人“三级”安全教育培训

三级教育培训是指施工单位对新进场的工人进行的公司级、项目级、班组三级安全教育培训。新进场的工人必须接受三级安全教育培训，时间不得少于40小时，并经考核合格后，方能上岗。

新上岗操作工人必须进行岗前教育培训，教育培训应包括下列内容：
1) 安全生产法律法规和规章制度；
2) 安全操作规程；
3) 针对性的安全防范措施；
4) 违章指挥、违章作业、违反劳动纪律产生的后果；
5) 预防、减少安全风险以及紧急情况下应急救援的基本知识、方法和措施。

2. “三类人员”安全教育

“三类人员”是指建筑施工企业的主要负责人、项目负责人和专职安全管理人员。“三类人员”应当经建设行政主管部门或者其他有关部门考核合格后持“安全考核合格证”方可任职，考核内容主要是安全生产的知识和安全管理能力。除管理人员取证培训以外，还须按照国家有关规定进行一定时间的日常管理培训。

3. 特种作业人员安全教育培训

特种作业人员必须按照国家有关规定，经过专门的安全作业培训，并取得特种作业资格证书后，方能上岗作业。

4. 转场、转岗和复岗人员安全教育培训

项目部转场、转岗和复岗人员，在重新上岗前，必须接受一次安全教育培训，时间不少于20小时，其中变换工种的应进行新工种的安全教育。

变换工种安全教育培训应当包括以下内容：

（1）新工作岗位或生产班组安全生产概况、工作性质和职责；

（2）新工作岗位必要的安全知识，各种机具设备及安全防护设施的性能和作用；

（3）新工作岗位、新工种的安全技术操作规程；

（4）新工作岗位危险因素及个人防护用品使用要求等。

5. 新技术、新工艺、新设备、新材料安全教育培训

在项目施工中推行新工艺、新技术、新设备、新材料的，必须有技术人员对施工人员进行安全、工艺的讲座。施工人员必须掌握其安全技术特性，有针对性地采取有效的安全防护措施，科技讲座必须有培训计划和培训考核。

6. 季节性安全教育

季节性安全教育是针对气候特点（如冬季、夏季、雨期等）可能给施工安全带来危害而组织的安全教育。

7. 节假日安全教育

节假日安全教育是节假日期间和前后，为防止职工纪律松懈、思想麻痹而进行的安全教育。主要包括作业人员思想教育、安全规章制度、上岗前的安全教育等。

3.11　事故隐患排查

安全生产的理论和实践证明，只有把安全生产的重点放在建立事故预防体系上，超前采取措施，才能有效防范和减少事故，最终实现安全生产。为指导和规范隐患排查治理工作的深入开展，2007年12月28日，国家安全监管总局颁布了《安全生产事故隐患排查治理暂行规定》（国家安全生产监督管理总局令第16号），自2008年2月1日起施行。为了更好地推进和指导各地开展安全生产事故隐患排查治理体系建设，2012年7月，国务院安委办印发《安全生产事故隐患排查治理体系建设实施指南》，给出了具体可行的方法。

3.11.1　《安全生产事故隐患排查治理暂行规定》相关要点

制定《安全生产事故隐患排查治理暂行规定》的目的是为了建立安全生产事故隐患排查治理长效机制，强化安全生产主体责任，加强事故隐患监督管理，防止和减少事故。

《安全生产事故隐患排查治理暂行规定》第三条规定："本规定所称安全生产事故隐患（以下简称事故隐患），是指生产经营单位违反安全生产法律、法规、规章、标准、规程和安全生产管理制度的规定，或者因其他因素在生产经营活动中存在可能导致事故发生的物的危险状态、人的不安全行为和管理上的缺陷。"

1. 生产经营单位事故隐患排查治理职责

生产经营单位应当履行下列事故隐患排查治理职责：

（1）生产经营单位应当依照法律、法规、规章、标准和规程的要求从事生产经营活动。严禁非法从事生产经营活动。

（2）生产经营单位是事故隐患排查、治理和防控的责任主体。生产经营单位应当建立健全事故隐患排查治理和建档监控等制度，逐级建立并落实从主要负责人到每个从业人员的隐患排查治理和监控责任制。生产经营单位主要负责人对本单位事故隐患排查治理工作全面负责。

(3) 生产经营单位应当保证事故隐患排查治理所需的资金，建立资金使用专项制度。

(4) 生产经营单位应当定期组织安全生产管理人员、工程技术人员和其他相关人员排查本单位的事故隐患。对排查出的事故隐患，应当按照事故隐患的等级进行登记，建立事故隐患信息档案，并按照职责分工实施监控治理。

(5) 生产经营单位应当建立事故隐患报告和举报奖励制度，鼓励、发动职工发现和排除事故隐患，鼓励社会公众举报。对发现、排除和举报事故隐患的有功人员，应当给予物质奖励和表彰。

(6) 生产经营单位将生产经营项目、场所、设备发包、出租的，应当与承包、承租单位签订安全生产管理协议，并在协议中明确各方对事故隐患排查、治理和防控的管理职责。生产经营单位对承包、承租单位的事故隐患排查治理负有统一协调和监督管理的职责。

(7) 安全监管监察部门和有关部门的监督检查人员依法履行事故隐患监督检查职责时，生产经营单位应当积极配合，不得拒绝和阻挠。

(8) 生产经营单位应当每季、每年对本单位事故隐患排查治理情况进行统计分析，并分别于下一季度 15 日前和下一年 1 月 31 日前向安全监管监察部门和有关部门报送书面统计分析表。统计分析表应当由生产经营单位主要负责人签字。

(9) 对于重大事故隐患，生产经营单位除依照前款规定报送外，应当及时向安全监管监察部门和有关部门报告。重大事故隐患报告内容应当包括：

1) 隐患的现状及其产生原因；

2) 隐患的危害程度和整改难易程度分析；

3) 隐患的治理方案。

(10) 对于一般事故隐患，由生产经营单位（车间、分厂、区队等）负责人或者有关人员立即组织整改。

对于重大事故隐患，由生产经营单位主要负责人组织制定并实施事故隐患治理方案。重大事故隐患治理方案应当包括以下内容：

1) 治理的目标和任务；

2) 采取的方法和措施；

3) 经费和物资的落实；

4) 负责治理的机构和人员；

5) 治理的时限和要求；

6) 安全措施和应急预案。

(11) 生产经营单位在事故隐患治理过程中，应当采取相应的安全防范措施，防止事故发生。事故隐患排除前或者排除过程中无法保证安全的，应当从危险区域内撤出作业人员，并疏散可能危及的其他人员，设置警戒标志，暂时停产停业或者停止使用；对暂时难以停产或者停止使用的相关生产储存装置、设施、设备，应当加强维护和保养，防止事故发生。

(12) 生产经营单位应当加强对自然灾害的预防。对于因自然灾害可能导致事故灾难的隐患，应当按照有关法律、法规、标准和本规定的要求排查治理，采取可靠的预防措施，制定应急预案。在接到有关自然灾害预报时，应当及时向下属单位发出预警通知；发生自然灾害可能危及生产经营单位和人员安全的情况时，应当采取撤离人员、停止作业、加强监测等安全措施，并及时向当地人民政府及其有关部门报告。

(13) 地方人民政府或者安全监管监察部门及有关部门挂牌督办并责令全部或者局部停产停业治理的重大事故隐患，治理工作结束后，有条件的生产经营单位应当组织本单位的技术人员和专家对重大事故隐患的治理情况进行评估；其他生产经营单位应当委托具备相应资质的安全评价机构对重大事故隐患的治理情况进行评估。

(14) 经治理后符合安全生产条件的，生产经营单位应当向安全监管监察部门和有关部门提出恢复生产的书面申请，经安全监管监察部门和有关部门审查同意后，方可恢复生产经营。申请报告应当包括治理方案的内容、项目和安全评价机构出具的评价报告等。

2. 有关监督管理的规定

(1) 安全监管监察部门应当指导、监督生产经营单位按照有关法律、法规、规章、标准和规程的要求，建立健全事故隐患排查治理等各项制度。

(2) 安全监管监察部门应当建立事故隐患排查治理监督检查制度，定期组织对生产经营单位事故隐患排查治理情况开展监督检查；应当加强对重点单位的事故隐患排查治理情况的监督检查。对检查过程中发现的重大事故隐患，应当下达整改指令书，并建立信息管理台账。必要时，报告同级人民政府并对重大事故隐患实行挂牌督办。

(3) 已经取得安全生产许可证的生产经营单位，在其被挂牌督办的重大事故隐患治理结束前，安全监管监察部门应当加强监督检查。必要时，可以提请原许可证颁发机关依法暂扣其安全生产许可证。

(4) 安全监管监察部门应当会同有关部门把重大事故隐患整改纳入重点行业领域的安全专项整治中加以治理，落实相应责任。

(5) 对挂牌督办并采取全部或者局部停产停业治理的重大事故隐患，安全监管监察部门收到生产经营单位恢复生产的申请报告后，应当在10日内进行现场审查。审查合格的，对事故隐患进行核销，同意恢复生产经营；审查不合格的，依法责令改正或者下达停产整改指令。对整改无望或者生产经营单位拒不执行整改指令的，依法实施行政处罚；不具备安全生产条件的，依法提请县级以上人民政府按照国务院规定的权限予以关闭。

(6) 安全监管监察部门应当每季将本行政区域重大事故隐患的排查治理情况和统计分析表逐级报至省级安全监管监察部门备案。省级安全监管监察部门应当每半年将本行政区域重大事故隐患的排查治理情况和统计分析表报国家安全生产监督管理总局备案。

3. 有关处罚的规定

(1) 生产经营单位及其主要负责人未履行事故隐患排查治理职责，导致发生生产安全事故的，依法给予行政处罚。

(2) 生产经营单位违反本规定，有下列行为之一的，由安全监管监察部门给予警告，并处三万元以下的罚款：

1) 未建立安全生产事故隐患排查治理等各项制度的；

2) 未按规定上报事故隐患排查治理统计分析表的；

3) 未制定事故隐患治理方案的；

4) 重大事故隐患不报或者未及时报告的；

5）未对事故隐患进行排查治理擅自生产经营的；

6）整改不合格或者未经安全监管监察部门审查同意擅自恢复生产经营的。

（3）生产经营单位事故隐患排查治理过程中违反有关安全生产法律、法规、规章、标准和规程规定的，依法给予行政处罚。

（4）安全监管监察部门的工作人员未依法履行职责的，按照有关规定处理。

3.11.2 《安全生产事故隐患排查治理体系建设实施指南》相关要点

1. 安全生产事故隐患排治理基本概念

（1）安全生产事故隐患

安全生产事故隐患（以下简称隐患、事故隐患或安全隐患），是指生产经营单位违反安全生产法律、法规、规章、标准、规程和安全生产管理制度的规定，或者因其他因素在生产经营活动中存在可能导致事故发生的物的危险状态、人的不安全行为和管理上的缺陷。

在事故隐患的三种表现中，物的危险状态是指生产过程或生产区域内的物质条件（如材料、工具、设备、设施、成品、半成品）处于危险状态，人的不安全行为是指人在工作过程中的操作、指示或其他具体行为不符合安全规定，管理上的缺陷是指在开展各种生产活动中所必需的各种组织、协调等行动存在缺陷。

（2）隐患分级

隐患的分级是以隐患的整改、治理和排除的难度及其影响范围为标准的，可以分为一般事故隐患和重大事故隐患。一般事故隐患，是指危害和整改难度较小，发现后能够立即整改排除的隐患。重大事故隐患，是指危害和整改难度较大，应当全部或者局部停产停业，并经过一定时间整改治理方能排除的隐患，或者因外部因素影响致使生产经营单位自身难以排除的隐患。

（3）隐患排查

隐患排查是指生产经营单位组织安全生产管理人员、工程技术人员和其他相关人员对本单位的事故隐患进行排查，并对排查出的事故隐患，按照事故隐患的等级进行登记，建立事故隐患信息档案。

（4）隐患治理

隐患治理就是指消除或控制隐患的活动或过程。对排查出的事故隐患，应当按照事故隐患的等级进行登记，建立事故隐患信息档案，并按照职责分工实施监控治理。对于一般事故隐患，由于其危害和整改难度较小，发现后应当由生产经营单位（车间、分厂、区队等）负责人或者有关人员立即组织整改。对于重大事故隐患，由生产经营单位主要负责人组织制定并实施事故隐患治理方案。

2. 企业隐患排查治理工作

企业自查隐患就是在政府及其部门的统一安排和指导下，确定自身分类分级的定位，采用其适用的隐患排查治理标准，通过准备、组织机构建设、建立健全制度、全面培训、实施排查、分析改进等步骤形成完整的、系统的企业自查机制。尤其是大型企业集团，应在企业内部形成连接所有管理层级和各个生产单位，以及当地安全监管部门的隐患排查治理体系。

（1）准备工作

为保证隐患自查工作能够打下坚实的基础，企业必须做好与之相关的准备工作。隐患排查治理是涉及企业所有部门、所有生产流程、所有人员的一项系统工程，如果不做好全面的准备，那么所建立的隐患排查治理机制将缺乏系统性和可操作性，结果必然是“一阵风”式的开展一次“运动”，不能做到深入和持久地开展自查工作。

1）收集信息

由企业安全生产主管部门和有关专业人员，对现行的有关隐患排查治理工作的各种信息、文件、资料等通过多种行之有效的方式进行收集。此项工作也可以委托与企业有合作关系的服务方来实施。

2）辅助决策

将收集信息形成的有关材料向企业管理层汇报，并说明有关情况，使企业管理层的领导能够全面、正确理解和认识隐患排查治理工作，对企业建设隐患排查治理工作做出正确决策。

3）领导决策

高、中层领导需要从思想意识中真正解决为什么要实施隐患排查治理工作的问题，并为此项工作提供充分的各类资源，隐患排查治理工作才会在企业得到有效和完全的实施。

（2）组织机构建设

由企业一把手担任隐患排查治理工作的总负责人，以安全生产委员会或领导班子为总决策管理机构，以安全生产管理部门为办事机构，以基层安全管理人员为骨干，以全体员工为基础，形成从上至下的组织保证。形成从主要负责人到一线员工的隐患排查治理工作网络，确定各个层级的隐患排查治理职责。

1）领导层：主要负责人是隐患排查治理工作的第一责任人，通过安委会、领导办公会等形式，将隐患排查治理工作纳入到其日常工作的范围中，亲自定期组织和参与检查，及时准确把握情况，发出明确的指令。主管负责人要在其职责中明确有关隐患排查治理的内容，将有关情况上传下达，做好主要负责人的帮手。其他有关领导也要在各自管辖范围内做好隐患排查治理工作，至少要知道、过问、督促、确认。

2）管理层：安全生产管理机构和专职安全管理人员是隐患排查治理工作的骨干力量，编制有关制度、培训各类人员、组织检查排查、下达整改指令、验证整改效果等是主要的工作内容。还要通过监督方式对各部门和下属单位及所有员工在隐患排查治理工作方面的履职情况进行了解，纳入考核，全力推动隐患排查治理工作的全方位和全员化。

3）操作层：按照责任制、相关规章制度和操作规程中明确的隐患排查治理责任，在日常的各项工作中，员工要有高度的隐患意识，随时发现和处理各种隐患和事故苗头，自己不能解决的及时上报，同时采取临时性的控制措施，并注意做好记录，为统计分析隐患留下资料。

（3）建立健全规章制度

制度是企业管理的基本依据，需要企业将法律法规和标准规范以及上级和外部的其他要求全面掌握，将其各项具体的规定结合自身的实际情况，通过编制工作将外部的规定转化为企业内部的各项规章制度，再经过全面的执行和落实，变成企业的管理行动。隐患排查治理工作也不例外，也基本按这一思路展开。企业需要建立的制度主要有：《隐患排查治理和监控责任制》、《事故隐患排查治理制度》、《隐患排查治理资金使用专项制度》、《事故隐患建档监控制度》(事故隐患信息档案)、《事故隐患报告和举报奖励制度》等。

(4) 隐患排查治理标准的细化

企业应根据其适用的政府部门制定颁布的隐患排查治理标准,结合自身的实际情况,对标准的内容和要求应当进行细化,例如对企业主要负责人的安全生产职责中规定"督促、检查安全生产工作,及时消除生产安全事故隐患"的内容,企业就应当提出更具体的要求:明确督促的方式方法、检查的方式方法(对矿山等企业领导来说可能就要与下井带班作业相结合)、检查的频率(是每周还是每月参加一次)等。

(5) 人员全面培训

在全面铺开工作之前,应对有关人员进行初步的培训,使其掌握"谁来干?干什么?如何干?工作质量有什么要求?"等内容。

企业隐患排查治理体系建设的初期培训对象分为两种,一是对领导层(高层与中层)人员进行背景培训,二是对承担推进工作的骨干人员进行全面培训。

隐患排查的主体是企业的所有人员,包括从领导到一线员工直到在企业工作范围内的外部人员,以保证排查的全面性和有效性。

在颁布隐患排查治理制度文件之后,组织全体员工,按照不同层次、不同岗位的要求,学习相应的隐患排查治理制度文件内容。

所有人员能不能或者会不会隐患排查是关键,必须对其进行有针对性和有效果的教育培训。

(6) 实施排查

排查的实施是一个涉及企业所有管理范围的工作,需要有计划、按部就班地开展。

1) 排查计划

排查工作涉及面广、时间较长,需要制订一个比较详细可行的实施计划,确定参加人员、排查内容、排查时间、排查安排、排查记录等内容。为提高效率也可以与日常安全检查、安全生产标准化的自评工作或管理体系中的合规性评价和内审工作相结合。

2) 隐患排查的种类

包括专项排查、日常排查两种类型。

专项排查是指采用特定的、专门的排查方法,这种类别的方法具有周期性、技术性和投入性。主要有按隐患排查治理标准进行的全面自查、对重大危险源的定期评价、对危险化学品的定期现状安全评价等。

日常排查是指与安全生产检查工作的结合,具有日常性、及时性、全面性和群众性。主要有企业全面的安全大检查、主管部门的专业安全检查、专业管理部门的专项安全检查、各管理层级的日常安全检查、操作岗位的现场安全检查等。

3) 排查的实施

以专项排查为例,企业组织隐患排查组,根据排查计划到各部门和各所属单位进行全面的排查,流程及关键点如图 3-3 所示。排查时必须及时、准确和全面地记录排查情况和发现的问题,并随时与被检查单位的人员做好沟通。

4) 排查结果的分析总结

① 评价本次隐患排查是否覆盖了计划中的范围和相关隐患类别;

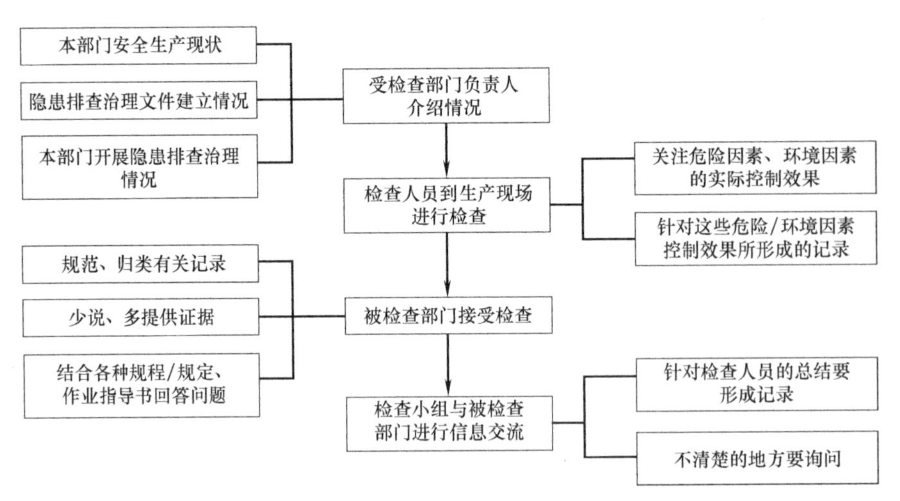

图3-3　在各部门的排查流程及关键点

② 评价本次隐患排查是否做到了“全面、抽样”的原则，是否做到了重点部门、高风险和重大危险源适当突出的原则；

③ 确定本次隐患排查发现：包括确定隐患清单、隐患级别以及分析隐患的分布（包括隐患所在单位和地点的分布、种类）等；

④ 做出本次隐患排查治理工作的结论，填写隐患排查治理标准表格；

⑤ 向领导汇报情况。

（7）纳入考核和持续改进

为了确保顺利进行隐患排查治理工作，领导必须责成有关部门以考核手段为基本的保障。必须规定上至一把手、下至普通的员工以及所有的检查人员的职责、权利和义务，特别是必须明确规定企业中、高层领导在此项工作中的义务与职责。因为，企业的中、高层领导是实施与开展隐患排查治理工作的重要保障力量。

隐患排查治理机制的各个方面都不是一成不变的，也要随着安全生产管理水平的提高而与时俱进，借助安全生产标准化的自评和评审、职业健康安全管理体系的合规性评价、内部审核与认证审核等外力的作用，实现企业在此工作方面的持续改进。

另外隐患排查治理也为整体安全生产管理提供了持续改进的信息资源，通过对隐患排查治理情况的统计、分析，能够为预测预警输入必要的信息，能够为管理的改进提供方向性的资料。

3.12　安全检查

安全检查是指对生产过程及安全管理中存在的隐患、有害与危险因素、缺陷等进行预测、预报和预防，确保安全生产顺利进行。安全检查的内容以“一标四规范”（《建筑施工安全检查评分标准》(JGJ 59—2011)、《施工现场临时用电安全技术规范》、《建筑施工高处作业安全技术规范》、《龙门架、井架物料提升机安全技术规范》、《脚手架安全技术规范》）和有关安全管理的规程、标准为主要检查依据。

3.12.1 安全检查内容

1. 查意识

检查各级管理人员对安全生产的认识，对安全生产方针、政策、法令、规程的理解和贯彻的情况。

2. 查管理

检查安全管理工作的实施情况。即检查各级部门安全生产责任制是否落实；检查各项规章制度和档案是否健全；检查三级安全教育，特殊工种是否经过培训、考核持证上岗；检查安全技术措施是否有针对性；检查伤亡事故管理的实施情况等。

3. 查隐患

通过检查劳动条件、安全设施、安全装置、安全用具、机械设备、电器设备等否符合安全生产法律、标准的要求，及时消除安全生产事故隐患。

4. 查事故处理

检查企业对工伤事故是否及时报告、认真调查、严肃处理；是不是按“四不放过”的要求处理事故；有没有采取有效措施，防止类似事故重复发生。

3.12.2 安全检查的形式

1. 定期安全检查

定期检查一般是通过有计划、有目的、有组织的形式来实现。检查周期根据施工单位的具体情况而定。如施工单位可确定季查、分公司月查、施工现场周查、班组日查制度。定期检查面广、深度大，能解决一些普遍存在的问题。

2. 例行检查

例行检查是采取个别的、通过日常的巡视方式实现的。如各级安全员日常巡查、管理人员对危险作业的旁站监督等。

3. 专项检查

专项检查是针对易发生安全事故的大型机械设备、特殊场所或特殊工序等进行的安全检查。这类检查具有较强的针对性和专业性。

4. 季节性、节假日安全检查

季节性、节假日安全检查包括冬雨季施工安全检查和节假日加班及节假日前后安全生产检查。

5. 检查记录与隐患整改

安全检查记录严格按照《建筑施工安全检查标准》进行检查、打分、评价。施工单位均应建立事故隐患排查台账，各类安全检查均应留下检查记录（检查时间、人员、类别、内容、隐患记录及整改回复等）。评价性检查应发检查通报，依据相关规定落实奖惩。检查记录和领导带班记录在安全生产监督管理部门留存。

对于一般事故隐患，检查人当场纠正处置。对于重大隐患，检查人向责任单位或责任人发书面安全整改单，按“五定”原则（定责任人、定时限、定资金、定措施、定预案）落实整改。施工单位安全生产监督管理部门应及时总结安全检查工作，开展隐患统计分析，并制定改进措施，以实现持续改进。

表3-10为安全管理检查评分表。

安全管理检查评分表 表3-10

序号	检查项目		扣分标准	应得分数	扣减分数	实得分数
1	保证项目	安全生产责任制	未建立安全生产责任制,扣10分 安全生产责任制未经责任人签字确认,扣3分 未备有各工种安全技术操作规程,扣2～10分 未按规定配备专职安全员,扣2～10分 工程项目部承包合同中未明确安全生产考核指标,扣5分 未制定安全资金保障制度,扣5分 未编制安全资金使用计划或未按计划实施,扣2～5分 未制定伤亡控制、安全达标、文明施工等管理目标,扣5分 未进行安全责任目标分解,扣5分 未建立安全生产责任制、责任目标考核制度,扣5分 未按考核制度对管理人员定期考核,扣2～5分	10		
2		施工组织设计及专项施工方案	施工组织设计中未制定安全技术措施,扣10分 危险性较大的分部分项工程未编制安全专项施工方案,扣10分 未按规定对超过一定规模危险性较大的分部分项工程专项施工方案进行专家论证,扣10分 施工组织设计、专项施工方案未经审批,扣10分 安全技术措施、专项施工方案无针对性或缺少设计计算,扣2～8分 未按施工组织设计、专项施工方案组织实施,扣2～10分	10		
3		安全技术交底	未进行书面安全技术交底,扣10分 未按分部分项进行交底,扣5分 交底内容不全面或针对性不强,扣2～5分 交底未履行签字手续,扣4分	10		
4		安全检查	未建立安全检查制度,扣10分 未留有安全检查记录,扣5分 事故隐患的整改未做到定人、定时间、定措施,扣2～6分 对重大事故隐患改通知书所列项目未按期整改和复查,扣5～10分	10		
5		安全教育	未建立安全教育培训制度,扣10分 施工人员入场未进行三级安全教育培训和考核,扣5分 未明确具体安全教育培训内容,扣2～8分 变换工种或采用新技术、新工艺、新设备、新材料施工时未进行安全教育,扣5分 施工管理人员、专职安全员未按规定进行年度培训考核,每人扣2分	10		
6		应急救援	未制定安全生产应急救援预案,扣10分 未建立应急救援组织或未按规定配备救援人员,扣2～6分 未配置应急救援器材和设备,扣5分 未定期进行应急救援演练,扣5分	10		
		小 计		60		

续表

序号	检查项目		扣分标准	应得分数	扣减分数	实得分数
7	一般项目	分包单位安全管理	分包单位资质、资格、分包手续不全或失效，扣10分 未签订安全生产协议书，扣5分 分包合同、安全生产协议书，签字盖章手续不全，扣2～6分 分包单位未按规定建立安全机构或未配备专职安全员，扣2～6分	10		
8		作业持证上岗	未经培训从事施工、安全管理和特种作业，每人扣5分 项目经理、专职安全员和特种作业人员未持证上岗，每人扣2分	10		
9		生产安全事故处理	生产安全事故未按规定报告，扣10分 生产安全事故未按规定进行调查分析、制定防范措施，扣10分 未依法为施工作业人员办理保险，扣5分	10		
10		安全标志	主要施工区域、危险部位未按规定悬挂安全标志，扣2～6分 未绘制现场安全标志布置图，扣3分 未按部位和现场设施的变化调整安全标志设置，扣2～6分 未设置重大危险源公示牌，扣5分	10		
		小计		40		
检查项目合计				100		

3.13 生产安全事故与应急管理

《安全生产法》对企业的应急预案主体责任、政企应急预案衔接、应急预案法律责任等作了明确规定。2019年新修订的《生产安全事故应急预案管理办法》强调重在事前准备，强调真实实用。《预案管理办法》强化了生产经营单位主要负责人职责，完善了生产经营单位应急预案体系；调整了应急预案编制和备案；强调应急预案的动态管理，加强了应急预案实施，调整了相应法律责任。

3.13.1 应急预案

(1) 应急预案编制原则

应急预案的编制应当遵循以人为本、依法依规、符合实际、注重实效的原则，以应急处置为核心，明确应急职责、规范应急程序、细化保障措施。

(2) 应急预案的编制基本要求

1) 有关法律、法规、规章和标准的规定；

2) 本地区、本部门、本单位的安全生产实际情况；

3) 本地区、本部门、本单位的危险性分析情况；

4) 应急组织和人员的职责分工明确，并有具体的落实措施；

5) 有明确、具体的应急程序和处置措施，并与其应急能力相适应；

6) 有明确的应急保障措施，满足本地区、本部门、本单位的应急工作需要；

7）应急预案基本要素齐全、完整，应急预案附件提供的信息准确；

8）应急预案内容与相关应急预案相互衔接。

（3）明确责任和实施

1）生产经营单位主要负责人负责组织编制和实施本单位的应急预案，并对应急预案的真实性和实用性负责；各分管负责人应当按照职责分工落实应急预案规定的职责；

2）各级安全生产监督管理部门应当将本部门应急预案的培训纳入安全生产培训工作计划，并组织实施本行政区域内重点生产经营单位的应急预案培训工作；生产经营单位应当组织开展本单位的应急预案、应急知识、自救互救和避险逃生技能的培训活动，使有关人员了解应急预案内容，熟悉应急职责、应急处置程序和措施；

3）生产经营单位的应急预案经评审或者论证后，由本单位主要负责人签署公布，并及时发放到本单位有关部门、岗位和相关应急救援队伍；

事故风险可能影响周边其他单位、人员的，生产经营单位应当将有关事故风险的性质、影响范围和应急防范措施告知周边的其他单位和人员。

（4）企业编制的应急预案

综合应急预案：是指生产经营单位为应对各种生产安全事故而制定的综合性工作方案，是本单位应对生产安全事故的总体工作程序、措施和应急预案体系的总纲。

专项应急预案：是指生产经营单位为应对某一种或者多种类型生产安全事故，或者针对重要生产设施、重大危险源、重大活动防止生产安全事故而制定的专项性工作方案。

现场处置方案：是指生产经营单位根据不同生产安全事故类型，针对具体场所、装置或者设施所制定的应急处置措施。

3.13.2 应急准备

2019年4月1日实施的《生产安全事故应急条例》要求重点建立应急预案制度、应急演练制度、应急救援队伍制度、应急储备制度及应急值班制度。为贯彻落实《生产安全事故应急条例》，应急管理部对《生产安全事故应急预案管理办法》（国家安全生产监督管理总局令第88号）部分条款予以修改，自2019年9月1日起施行。

对于应急救援准备，《生产安全事故应急条例》第五条规定：生产经营单位应当针对本单位可能发生的生产安全事故的特点和危害，进行风险辨识和评估，制定相应的生产安全事故应急救援预案，并向本单位从业人员公布。第六条规定：生产安全事故应急救援预案应当符合有关法律、法规、规章和标准的规定，具有科学性、针对性和可操作性，明确规定应急组织体系、职责分工以及应急救援程序和措施。

有下列情形之一的，生产安全事故应急救援预案制定单位应当及时修订相关预案：

1）制定预案所依据的法律、法规、规章、标准发生重大变化；

2）应急指挥机构及其职责发生调整；

3）安全生产面临的风险发生重大变化；

4）重要应急资源发生重大变化；

5）在预案演练或者应急救援中发现需要修订预案的重大问题；

6）其他应当修订的情形。

生产经营单位应当查找本单位危险危害因素、危险源，并制定结合本单位的生产安全事故应急救援预案。生产安全事故应急救援预案和重大危险源应急预案应当与所在地县级以上人民政府组织制定的生产安全事故应急救援预案相衔接，并针对应急救援预案确定的不同致灾因素定期组织演练。

建筑施工单位应当建立应急救援队伍，应急救援队伍的应急救援人员应当具备必要的专业知识、技能、身体素质和心理素质。建筑施工单位应当按照国家有关规定对应急救援人员进行培训；应急救援人员经培训合格后，方可参加应急救援工作。

应急救援队伍应当配备必要的应急救援装备和物资，并定期组织训练。

各单位要成立事故应急救援指挥部和现场处置工作组，负责事故的决策和指挥以及现场救护，其他组成员按分工各负其责，一切行动听从指挥部的指挥。

3.13.3 应急救援

发生生产安全事故后，生产经营单位应当立即启动生产安全事故应急救援预案，采取下列一项或者多项应急救援措施，并按照国家有关规定报告事故情况：

1）迅速控制危险源，组织抢救遇险人员；

2）根据事故危害程度，组织现场人员撤离或者采取可能的应急措施后撤离；

3）及时通知可能受到事故影响的单位和人员；

4）采取必要措施，防止事故危害扩大和次生、衍生灾害发生；

5）根据需要请求邻近的应急救援队伍参加救援，并向参加救援的应急救援队伍提供相关技术资料、信息和处置方法；

6）维护事故现场秩序，保护事故现场和相关证据；

7）法律、法规规定的其他应急救援措施。

3.13.4 事故报告

单位负责人接到事故报告后，应当迅速采取有效措施，组织抢救，防止事故扩大，减少人员伤亡和财产损失，并按照国家有关规定立即如实报告当地负有安全生产监督管理职责的部门，不得隐瞒不报、谎报或者迟报，不得故意破坏事故现场、毁灭有关证据。

报告事故应当包括下列内容：

1）事故发生单位概况；

2）事故发生的时间、地点以及事故现场情况；

3）事故的简要经过；

4）事故已经造成或者可能造成的伤亡人数（包括下落不明的人数）和初步估计的直接经济损失；

5）已经采取的措施；

6）其他应当报告的情况。

3.13.5 事故应急处置

1. 应急救援

以人的生命优先为原则，即首先抢救生命。

2. 应建立预警机制

根据政府有关部门发布的预警信息，做好影响性评估和预测工作，预警信息应逐级、及时传递到各生产单位。

3. 事故应急救援步骤

现场指挥部实行总指挥负责制，按照本级人民政府的授权组织制定并实施生产安全事故现场应急救援方案，协调、指挥有关单位和个人参加现场应急救援。参加生产安全事故现场应急救援的单位和个人应当服从现场指挥部的统一指挥。

事故应急救援步骤：接警与通知、指挥与控制警报和紧急公告、通信、事态监测与评估、保护事故现场、人群疏散与安置、医疗救护及善后处理、消防和抢险、等待事故调查处理等。

3.13.6 事故调查和处理

1. 事故调查

发生生产安全事故后，企业应成立生产安全事故调查组。调查组至少包括管理组和技术组。管理组重点调查分析事故发生的管理原因，技术组重点调查分析技术标准、技术方案、操作规程等方面存在的缺陷。

事故原因应分析直接原因、管理原因和根本原因，重点是管理原因和根本原因。事故调查组应对事故原因分析和责任认定负责。

一般事故调查处置结果应上报公司备案，较大事故调查处置意见应上报公司审批，重大及以上事故由调查处置。

2. 问责

依据事故等级，对应安全生产岗位职责，按照“四不放过”原则，逐级追究全员安全生产责任。

事故发生单位应当接受负有安全生产监督管理职责的部门按照《中华人民共和国安全生产法》和《生产安全事故报告和调查处理条例》等相关法律作出的行政处罚，并对事故受害人及其家属承担相应的民事赔偿责任。

3. 整改和教训汲取

事故发生单位应根据事故调查结果，从设计、技术、设备设施、管理制度、操作规程、应急预案、人员培训等方面分析，及时全面落实整改措施。整改措施不仅包括针对本次事故的整改，还包括举一反三的整改。企业应该跟踪和验证事故整改措施的落实情况。

事故发生单位应制作事故警示教育视频，编写事故案例，并将事故警示教育视频和案例内容上报上级单位。

3.14 建筑安全 PDCA 闭环管理

3.14.1 建筑安全 PDCA 闭环管理

建筑安全管理的策划（Plan）包括由项目可行性研究开始到设计、施工直至竣工验收的全过程计划，在建筑工程中按照安全计划具体实施（Do），并根据“安全管理计划”和“安全技术措施策划”的安全规定要求，对建筑工程全过程进行监督检查并确认（Check），对总结检查的结果进行处理（Action），为进一步提高建筑工程安全采取改善措施。这一系列的“策划（Plan)”—“实施（Do)”—“检查（Check)”—“改善处置（Action)”循环过程称为建筑安全 PDCA 闭环管理，如图 3-4 所示。PDCA 动态管理原理是管理活动的一般规律，项目管理应用 PDCA 动态原理是保证项目管理规范实施的基本途径。

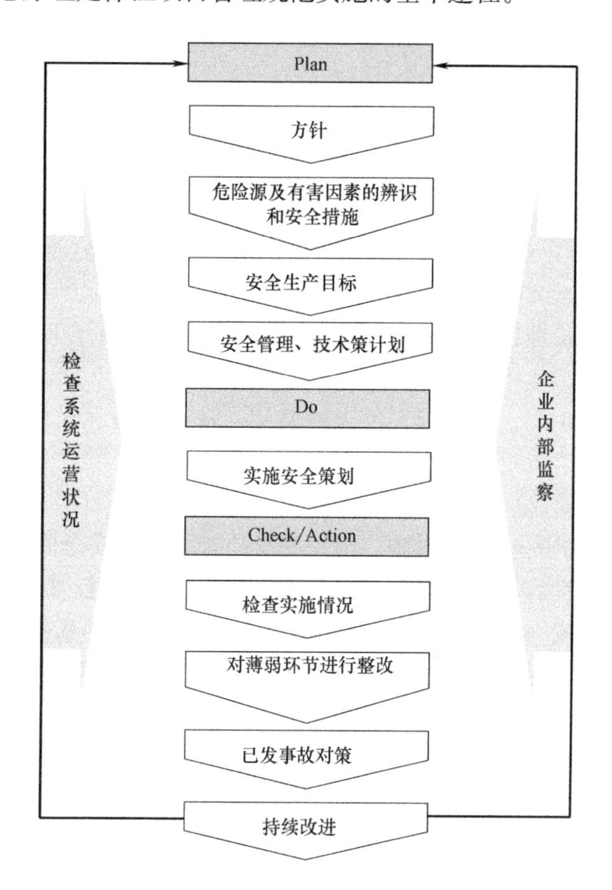

图 3-4 PDCA 建筑安全管理系统示意图

1. 安全策划（Plan）

建设方作为建设项目的投资方，在项目建设中处于核心地位，故建设方在项目策划阶段要制定“安全管理策划书”，全过程、全方位进行安全管理工作。施工单位针对建筑工程的规模、结构、技术和环境等特点，制定详尽的“安全施工计划”，对于项目施工现场安全的保证项目，以文本形式告知各参建单位。

2. 实施（Do）

施工单位按照安全计划所制定的“安全管理策划书”和“安全施工计划”，将安全计划内容逐层落实，并按照既定的进度计划进行安全管理。

3. 检查（Check）

建设方和监理单位，综合参照“安全管理策划书”和“安全施工计划”，进行实施情况的检查，对安全管理薄弱环节进行指导。施工单位的各个部门、单位也进行自身安全管理薄弱环节的整改，并定期检查和确认。其检查结果以文本形式报告给相关单位。

4. 改善处置（Action）

施工项目在完成实施情况的检查后，相关负责人进行全面和系统的分析讨论、汇总和总结，针对第一次循环结果发现的问题，制定详细的解决方案，制定相应的对策表，在第二次PDCA循环中进行解决。

3.14.2 日常安全管理流程图

施工企业应加强工程项目施工过程的日常安全管理，工程项目部应接受企业个管理层职能部门和岗位的安全生产管理。

工程项目部应根据企业安全生产管理制度，实施施工现场安全生产管理，应包括下列内容：

1）制定项目安全管理目标，建立安全生产组织与责任体系，明确安全生产管理职责，实施责任考核；

2）配置满足安全生产、文明施工要求的费用、从业人员、设施、设备、劳动防护用品及相关的检测器具；

3）编制安全技术措施、方案、应急预案；

4）落实施工过程的安全生产措施，组织安全检查，整改安全隐患；

5）组织施工现场场容场貌、作业环境和生活设施安全文明达标；

6）必须确定消防安全责任人，制订用火、用电、使用易燃易爆材料等各项消防安全管理制度和操作规程，必须设置消防通道、消防水源，配备消防设施和灭火器材，并在施工现场入口处设置明显标志；

7）组织事故应急救援抢险；

8）对施工安全生产管理活动进行必要的记录，保存应有的资料。

工程项目施工现场具有工种的多样化、立体作业、人员密集等特点，存在着诸多危险源。通过监督管理人员和施工人员共同配合进行的安全管理，可以减少或消除生产环境中的不安全因素，达到项目施工达到预期的生产目标。日常安全管理流程图如图3-5所示。

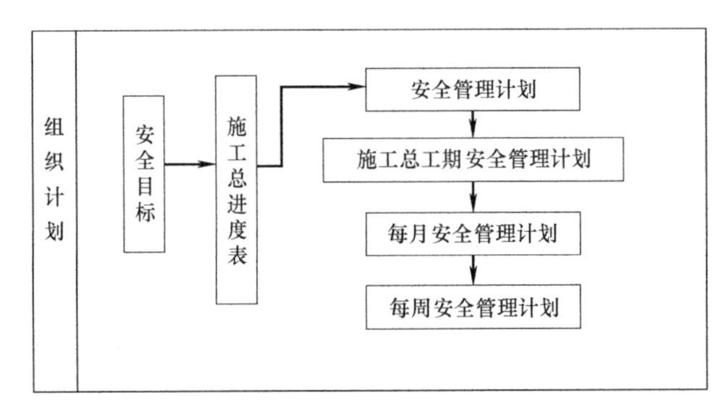

图3-5 日常安全管理流程图（一）

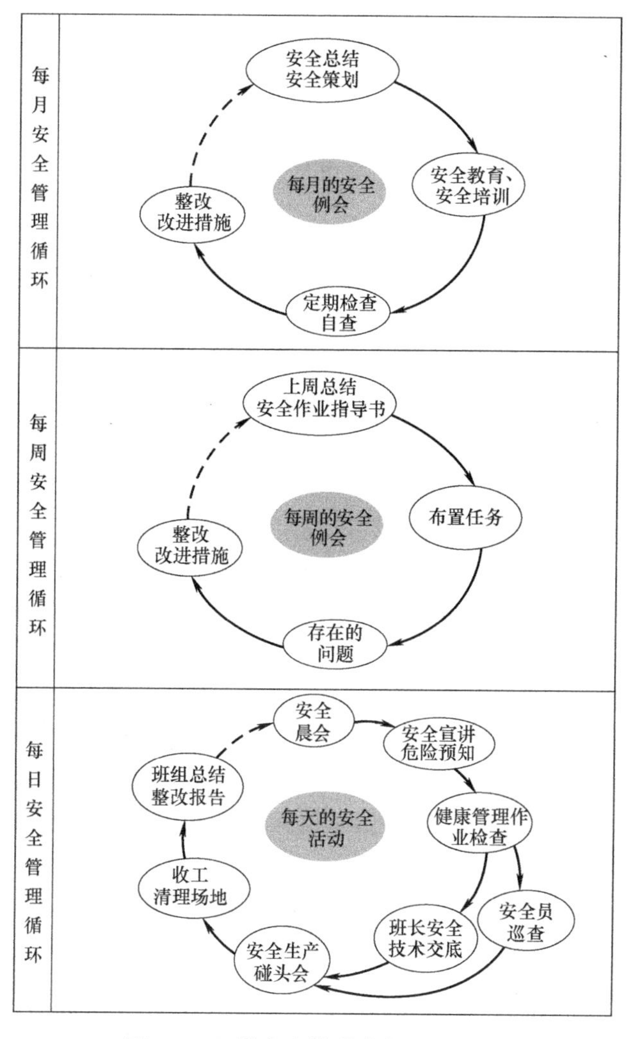

图 3-5 日常安全管理流程图（二）

思考题

1. 建筑工程安全管理的基本原则包括哪几个方面?
2. 建筑安全生产主要任务有哪些?
3. 施工企业安全生产管理制度应包括哪些内容?
4. 建设单位应当按照国家有关规定如何办理申请批准手续?
5. 安全策划书要点包括哪些内容?
6. 重大危险源的控制措施的选定要从几个方面考虑，具体内容是什么?
7. 危大工程安全管理实施的内容有哪些?
8. 安全技术交底的顺序和主要内容分别是什么?
9. 安全知识教育的主要内容有哪些?
10. 安全检查的内容和形式分别是什么?

第4章 建筑施工信息化

“十三五”期间，我国明确了建筑业向“绿色化、工业化、信息化”三化融合的方向发展，推动建筑业以现代工业化为核心，以信息化为手段，向精细化、工业化方向发展。

建筑业信息化是建筑业发展战略重要组成部分，是可以改造和提升建筑业技术手段和生产组织方式，提高建筑企业经营管理水平和核心竞争能力，提高建筑业主管部门的管理、决策和服务水平。建筑业信息化可以分为建筑业政务信息化、建筑企业管理信息化、项目施工信息化和建材交易信息化。

我国建筑信息化发展战略提出全面提高建筑业信息化水平，着力增强BIM、大数据、智能化、移动通信、云计算、物联网等信息技术集成应用能力，实现一体化行业监管和信息服务平台，全面提升数据资源利用率，完成从粗放式管理向精细化管理的过度。具体来看，根据住建部印发的《2016～2020年建筑业信息化发展纲要》，建筑行业中企业信息化主要包括勘察设计企业信息化、施工企业信息化和工程总承包类企业信息化。

勘察设计类企业信息化要求是：(1) 推进信息技术与企业管理深度融合；(2) 加快BIM普及应用，实现勘察设计技术升级；(3) 强化企业知识管理，支撑智慧企业建设。

施工企业信息化要求是：(1) 加强信息化基础设施建设；(2) 推进管理信息系统升级换代；(3) 拓展管理信息系统新功能。

工程总承包类企业信息化要求是：(1) 优化工程总承包项目信息化管理，提升集成应用水平；(2) 推进“互联网+”协同工作模式，实现全过程信息化。

2012年5月1日实施的我国《建筑施工企业信息化评价标准》(JGJ/T 272—2012) 是综合评价建筑施工企业信息化水平的规范，对参评企业的业务、技术、保障、应用、成效5个方面的指标进行评价。此标准对企业信息化的定义如下：企业利用现代信息技术，通过深入开发和广泛利用信息资源，不断提高企业的生产、经营、协同管理、决策的效率和水平，提高企业工作效率和管理效益，提升企业竞争力的过程，也是企业利用信息技术改进企业经营管理方式的过程。

4.1 概述

4.1.1 建筑业信息化国内外现状

1. 国外发展状况

国外工程信息化的建设比我国较早，欧美发达国家十分重视信息技术在建筑业中的应用研究，在数据标准、行业标准和基础设施建设等方面已经很成熟。

信息化概念的提出是受到1959年美国社会学家丹尼尔·贝尔 (Daniel Bell) 的“后工业社会”的影响而兴起的。20世纪60年代初“后工业社会”思想传入日本，推动了日本信息化社会的探索和研究。美国斯坦福大学在1989年就成立了跨土木工程学科和计算机学科的专门研究机构CIFE（Center for Integrated Facility Engineering），并于2003年开发了基于IFC标准的4D产品模型（PM4D，Product Model and Dimension）系统，可进行项目管理和施工过程模拟，为建设项目各参与方能够实时地展开协同工作、为生命周期管理奠定了基础。

自20世纪80年代后期起，欧盟投巨资组织了ESPRIT（欧洲信息技术研究与开发战略规划），完成了COMMIT，COMBINE，ATLAS等多项研究项目，为建筑业信息化的各方面发展和研究奠定基础。

美国等发达国家鼓励企业加强自身的信息化建设。美国主要软件开发商如Autodesk和Bentley Systems公司在基于BIM技术的工程应用方面走在世界前列。在发达国家信息化技术在建筑业的应用已经很普遍，ERP、CRM、CIMS、工程管理系统、IC卡技术、GPS等技术在建筑企业的管理、工程项目施工和建材采购等应用较普遍。基本上实现建筑业项目策划咨询、地质勘测、设计、施工及运维等全过程的各个阶段。

在日本，从2004年开始，规定参与日本国家重点工程项目的设计、施工总承包或分包，必须符合CALS/EC（Continuous Acquisition and Life-cycel Support/Electronic Commerce）的规程，并于2008年7月制定了《情报化施工推进战略》，大力推进施工各个方面的信息化建设。

2. 我国发展现状

与国外发达国家相比，我国建筑业的信息化起步相对较晚，存在着不少差距。我国关于建筑企业管理信息化最早的实践开始于国家建设部的“金建”工程，2001年首次提出建筑业信息化。2003年住建部颁布的《2003～2008年全国建筑业信息化发展规划纲要》开始推行建筑业信息化建设，2004年7月科技部确立建筑业信息化关键技术研究为国家“十五”科技攻关项目，建筑业信息化关键技术研究与应用为国家“十一五”科技支撑重点项目，并且组织了一批相关领域的专家对关键技术、管理方法和核心技术进行了研究。

2011年5月颁布的《2011～2015年建筑业信息化发展纲要》，用于推进和规范建筑企业的信息化建设，推动信息化标准建设，促进具有自主知识产权软件的产业化，形成一批信息技术应用达到国际先进水平的建筑企业。2014年的《政府工作报告》指出：“要促进工业化和信息化的深度融合，增强我国传统产业的核心竞争力。”建筑业作为工业化和城镇化的核心产业，其信息化建设一直是国家高度重视的建设领域。《2016～2020年建筑业信息化发展纲要》，更加细化和拓展了BIM的应用要求，特别强调了BIM与大数据、智能化、移动通讯、云计算、物联网等信息技术的集成应用能力。

当前，我国经济发展正从传统粗放式的高速增长阶段，进入高效率、高质量、低成本可持续的中高速增长阶段，在以“互联网+”等信息化技术蓬勃发展的形势下，所有的技术都在快速迭代，传统建造模式已不再符合可持续发展的要求，导致建筑企业将面临管理体系的重构，需要利用以信息技术为代表的科技创造为支撑以智慧建造为技术手段，助力企业生产经营管理，切实提高管理效率，实现中国建筑产业转型升级与跨越式发展。

我国建筑业信息系统已经初步普及，企业具有量身定制的“岗位级”信息化管理平台，CAD等设计类软件、造价算量软件、招投标电子平台已经在国内得到广泛推广和应用。在建筑行业，一些优秀的集团级企业，其建设行业信息化水平已升级到“企业级信息化3.0”甚至“社会级信息化4.0”，但是总体来讲，建设行业信息化水平落后于整个社会的信息化水平，大部分施工企业仅在项目部或施工企业内部以项目为核心进行信息化管理，存在企业管理与项目现场信息滞后、数据失真、数据标准化和完整性和关联性较低，信息技术的应用缺乏广度和深度等诸多问题。2018年国内建筑行业信息化投入占建筑行业总产值的比例约0.08%，而发达国家则为1%，中国仅约为发达国家的1/10。可见，我国建筑行业信息化投入远低于发达国家，在互联网极速发展的今天，我国建筑企业推行信息化建设就显得尤为重要。

4.1.2 建筑业信息化建设中的问题

1. 信息化认识不足

建筑企业领导提高对信息技术和先进管理模式的重要性和作用的认识，是保证建筑工程信息化管理工作正常展开的基础。受传统工作方式的影响，企业对信息技术和先进管理模式的重要性和作用缺乏足够的认识，缺乏顶层设计，企业管理观念没有转变。因此要加强对企业及各部门领导人对信息化认识的培训，使他们充分认识到信息化建设的独特优势、信息化建设目的以及信息化建设对企业管理带来的经济效益等。

2. 缺乏统一建设规划、统一标准

我国对建筑工程信息化的应用模式还处于相对初级的摸索阶段，缺乏统一规划、统一标准。信息化是一项跨部门、跨行业的应用，但目前有关法律制度和信息化技术标准规范的制定滞后于信息化发展的需要，导致系统设计和集成方式无法沟通，数据资源无法流通，互不兼容，造成大量的资源浪费。为共享资源、提高工程的质量、推动信息化建设可持续发展，国家应通过强制的法律法规保证跨行业间的深度融合，同时加快通用公共信息标准代码的建设工作，组织开展信息化标准的制定，逐步打通软件之间数据流通的瓶颈，解决行业信息化的信息及数据的流动问题。而企业首先应尽量采用国标及行业标准，同时根据自己的特殊性编制相关的专业标准。

3. 信息化技术复合型人才缺乏

信息化管理是系统性工程，随着行业信息化实践的推进，既熟悉建筑行业业务和管理又熟练掌握计算机软件技术的复合型人才的缺乏，严重制约了建筑行业信息化的开发建设。另外，建筑工程项目一般周期较长，在此期间人员流动较大，人才缺失严重。因此必须加强职工队伍教育，重视专业信息技术人才的培养和引进，积极开展计算机软件系统的培训，学习国外先进的信息化管理技术和理念。同时，随时储备企业应用信息技术以及日常经营活动中的经验，将其转化为企业的知识。

4. 软硬件配套技术不成熟

现阶段建筑企业大部分还处于工具软件、部门级管理子系统应用水平，系统间信息集成还存在较多问题，核心业务信息化应用水平不高，配套软硬件不够成熟。由于信息化是一个系统工程，数字建造和智慧工地等大量的数据和信息需要交换、共享和集成应用，需要在一个整体的框架下，提出系统的解决方案。同时网络基础设施的参差不齐也成为建筑信息化管理的瓶颈。

4.1.3 建筑业信息化建设的意义

1. 产业升级

建筑行业具有流动性大、面广、分散及劳动密集型等特点。传统的建筑工程管理，往往需要消耗大量的人力物力去整理数据信息，不具备时效性，极大浪费资源。而利用信息网络作为项目信息交流的载体，可以提高各参与方之间的信息共享水平，实时共享、实时给予监控，实现项目全过程管理的标准化、数字化和信息化、实时化、规模化，增强企业的管控能力、抗风险能力，有利于提高经营管理水平、精细化程度，加强协同化运营。

2. 提升建造自动化应用程度

将 BIM 技术、物联网和 GIS 定位技术、高清晰度测量、在线监测平台等信息技术，积极应用于工程项目设计、制造、运输、存储、建造等各个环节，逐步提高生产建造过程的自动化、智能化配送和追踪水平，进而实现全生命周期内的数字化、工业化、自动化、智能化、专业化，确保建造过程的安全可靠和高效率。

3. 提升行业管理

建筑业是最大的大数据行业，基于纸介质资料报备的行业管理模式，总会出现诸多问题，审批效率极低。数字化协同和移动技术实现从办公室人员到现场人员无纸化办公，可弥补项目管理传统模式中的不足，实现资源共享提高资源利用效率，实现企业管理数字化和精细化，提高企业运营管理效率，从而提升社会生产力。建筑行业信息化实行层级管理扁平化、企业监管过程化，使得行业行政、成本控制、风险控制、安全管理智能化，这符合现代化施工管理的需求。

4. 可以降低项目成本和管理成本

物联网和高级分析技术协助进行智能的资产管理和决策，有助于提高行业透明度，通过更多、更全面的“互联网+财税管理、互联网+BIM 技术、互联网+智慧建造”等建筑信息化管理的深度融合发展，进行企业成本管理，实时掌控资金动向，且可避免行业不正当竞争，降低直接成本。建筑工程管理信息化，对设备、劳务、物资进行集约化管理，并可简化企业交易方式和流程，减少有关人员，工作效率也会提高，企业管理成本大大降低。

5. 项目信息采集和存储

建筑工程施工操作项目多，涉及面广，通过“互联网+集中采购、互联网+智慧建造”等项目管理信息化手段，能够适应信息增长的需要，可以远程监管预警形式，加强人员管控、绿色施工、智慧物业、工期管控、流程管理、质量安全管理等。通过对既往项目信息分析，实现企业积累数据化、资源整合网络化，可以为项目管理的科学决策提供定量的分析数据，合理管控风险，实现工程项目智慧建造、企业远程监管、建设单位数字化建造模式。

4.2 建筑施工企业信息化建设

4.2.1 施工企业信息化建设规划

企业信息化的目的就是作为企业管理的辅助手段，来辅助企业实现战略目标。所以，信息化服务于企业战略，信息化的规划要服务于企业的战略规划。

企业信息化规划必须统筹考虑企业技术发展方向、发展思路以及管理制度的制定，明确各个层级的发展目标、发展战略和核心业务，从而达到全面系统的指导企业信息化进程和协调进行信息技术应用的目标，充分有效的利用企业的信息资源，实现投资效果最大化，提高企业的竞争力。

在制定总体规划时，需要充分了解企业的现状和发展阶段，根据企业本身所处的阶段，梳理和优化项目管理流程，建立架构灵活、扩展性强、支持多元化业务拓展的信息化体系。企业信息化是一项系统工程，是一个包含了多个子系统的复杂项目工程，会受到整个行业水平、信息技术的制约。因此规划要按照“统筹规划、分步实施、统一标准、需求驱动、先易后难”的原则实施，遵循“协调、开放、共享、实用、高效”的工作方针。企业信息化建设做到“量身定制、融合协同、管理创新”，企业战略、信息化战略和信息体系框架一致匹配是企业信息化管理的最终目标。图4-1为企业战略、信息化战略和应用系统框架。

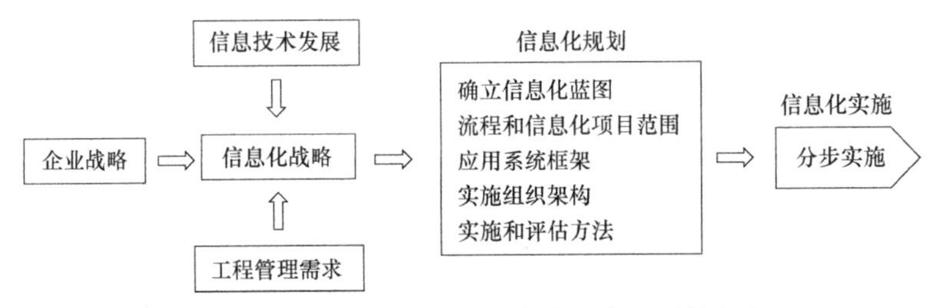

图4-1　企业战略、信息化战略和应用系统框架

4.2.2　施工企业管理信息化应用现状

施工企业的信息化应用必须围绕市场、围绕项目以及围绕协同展开。我国施工企业信息化应用水平可划分为四个阶段：

一是基于“岗位级”的专业工具软件信息化阶段，即“信息化1.0”，这一阶段是工具性应用阶段。主要是为岗位服务的通用信息技术、计算机辅助办公、专业工具软件产品的应用。目前，行业已实现了计算机辅助设计，文字、图表处理电子化（OA系统软件）和计算机辅助结构计算、工程预算、钢筋下料、工程算量、模拟施工、3D建模、测量定位、图像处理等。

二是基于“部门级”的业务模块信息化阶段，即“信息化2.0”，这一阶段是系统性应用阶段。信息技术与管理模块融合，局部的、专业部门业务管理子系统的产品较为成熟，应用比较广泛，显著提高了管理水平。这个阶段，已经在零散的软硬件应用基础上实现了特定模块的集成。企业应用的主要业务系统有：办公自动化系统、财务管理系统、企业门户系统、人力资源管理系统、视频会议系统、档案管理系统、项目管理系统、决策支持系统等。

三是基于“企业级”的管理信息集成阶段，即“信息化3.0”，这一阶段是集成性应用阶段。信息技术与企业管理体系融合，是整体性企业数据贯通的集成管理系统。系统集成应当坚持平等、开放、合作、共建、共享的互联网思维。

四是“社会级”的大数据应用阶段，即“信息化4.0”，这一阶段是互联性应用阶段。是信息化发展的方向，也是“互联网+”真正内涵所在。目前，部分优秀的大企业集团借助“互联网+”的集约化采集平台和成熟的项目管理软件之间的数据深度融合，打造多业务、多系统的综合管理，实现企业高质量的发展。

总体而言，目前建筑行业的信息化应用水平还处在“部门级”的信息化 2.0 阶段，真正达到信息化 3.0 应用水平的企业是有少数优秀的大企业集团，而大部分企业还处在建筑业信息化 1.0 的水平上。企业的信息化过程是个循序渐进、逐步完善的过程，通过企业自身的不断努力，来实现建筑业标准化、信息化、精细化“三化融合”，达到“互联互通”的目标，提升建筑工程企业的核心竞争力。

4.2.3 施工企业信息化建设保障体系

信息化建设是一项涉及面广、流程复杂的系统工程，涵盖了生产经营管理的方方面面。企业必须明确指导思想、建设原则，对建筑工程信息化发展战略、管理目标、管理方法进行确定，组织战略实施和检查控制，研究企业风险和机遇，然后制定出企业管理标准和信息化管理体系。信息化建设必须具有针对性、开放性、前瞻性和扩展性，以便适应企业信息化管理系统的升级、集成和变革。

1. 信息化标准建设

在国家层面上，强化建筑行业信息化标准顶层设计，继续完善建筑业行业与企业信息化标准体系，结合 BIM 等新技术应用，重点完善建筑工程勘察设计、施工、运维全生命期的信息化标准体系，为信息资源共享和深度挖掘奠定基础。

加快相关信息化标准的编制，重点编制和完善建筑行业及企业信息化相关的编码、数据交换、文档及图档交付等基础数据和通用标准。继续推进 BIM 技术应用标准的编制工作，结合物联网、云计算、大数据等新技术在建筑行业的应用，研究制定相关标准。现在国家已经出台了《建筑施工企业信息化评价标准》(JGJ/T 272—2012)，是综合评价建筑施工企业信息化水平的规范。

2. 建立信息化管理体系

建筑企业信息化管理系统需要全覆盖企业决策层、经营管理层、业务运营层三层管理层面。建筑企业在进行信息化管理时，要以项目管理为核心，针对项目型企业的战略要求和自身的业务特点，构建三层架构 G-E-P 信息化管理体系，即 GRP-总部管控信息化 (Group Resource Planning)、ERP-企业管理信息化 (Enterprise Resource Planning)、PRP-项目管理信息化 (Project Resource Planning)。

GRP 系统建设必须顶层设计、统一规划、统一管理、前瞻设计、创新应用等原则进行，实现各企业标准化、流程化、信息化管理，构建集团一体化协同体系和一体化管控体系。集团的管控模式与战略方向是集团信息化建设的根本出发点和核心需求。此系统是以大数据综合分析为核心，完善绩效管理体系，提高决策支持能力。

ERP 系统可实现企业管理的精细化、信息的共享，促进财务与业务数据的深度融合，简化内部组织管理机构，通过优化企业资源（人、物、财、情报等）达到资源效益最大化，最终提高企业的经济效益。ERP 系统在建筑工程项目管理中可有效控制管理成本、可提升资金管理效果。ERP 系统是以财务与业务一体化为核心，达到日常业务经营活动的精细化管理与控制的目的。

PRP 系统是一个项目全过程、多项目管控的协同工作平台，辅助一线项目管理人员、业务操作人员和管理者进行日常操作，主要实现从项目投标、合同签订、采购、施工到工程竣工的全生命周期项目管控过程，以实现项目成本核算的精细化管理。

信息化是一个系统工程，也是一个发展的过程，难以跨越式发展。必须从实际出发，稳步推进信息化建设，并持续改进业务系统。企业的信息化建设要适应企业的管理和企业文化特征，要适应企业的管理环境。

3. 企业外部搭建多层化信息交流平台

在建筑工程的实施过程中，为了实现工程生命期数据共享和交换，建立起一个包含远程监控、现场施工管理、单位情报和知识管理、工程多方协调等跨地区、跨单位的工程项目管理的工作平台，结合工程特点，对工程合同、工程概算、工程投资、设备采购、工程施工、工程质量等信息和流程进行全面管理。通过建设工作各参与方之间的协同工作，达到对工程投资成本、进度、质量的有效控制，以提高工程建设的管理水平和经济效益。

采用内外合作模式进行信息化建设，融合外部多种优势资源，优势互补，实现数据共享、减少实施风险。

4. 提高企业信息化建设水平

建筑工程项目建立信息化管理平台的主要目的是服务于工程实施，实现保证质量安全、节约造价、缩短施工工期三大目标。建立工程项目管理信息系统可坚持总体规划、系统设计、分步实施的原则。分阶段逐步实现工程项目管理信息的高度共享，提高工程项目管理的现代化和信息化水平。对项目前期、投标阶段、施工阶段、工程后期管理等这几个阶段的工作需要进行高度信息化管理，可以达到对企业生产要素的合理配置，减少管理层次，实现企业扁平化组织，优化劳动力资源配置，动态管理，实现资源共享。

5. 加强培养信息化管理人才和团队建设

培养建筑工程管理信息化人才是建筑工程管理信息化的重要环节。现在施工企业在深入应用数字信息化技术时，其瓶颈是缺乏精通信息技术和业务的复合型人才及信息化技术管理团队。为保证企业生产效率和更大的经济效益，企业应该拥有自己的信息化管理专业人才，包括专业管理人才、系统配置人才、系统维修人员、网络安全人员等。所以严格实施建筑工程信息管理人员信息技术应用的培训，提高建筑工程信息化建设人员的专业技能和信息化应用能力，推动企业进一步发展，并提高经济效益。

6. 妥善处理技术手段和管理理念的关系

系统化信息建设不仅仅是一套软件、一系列的操作流程，它是一个具备管理与协调功能的信息化平台，必须构建企业综合信息化的平台，形成核心的信息化管理模式。在工程管理中进度控制、成本控制和质量控制是工程管理的三大重要控制目标。所以信息技术要针对不同的功能和服务需求，通过计算机的分析与协调，来优化工作内容、细化职责分工，使企业内部原本独立的各部门、各专业团队得到最优的资源配置和最畅通的协调合作，减少信息传递过程中的损失，从而促进企业管理的标准化、信息化发展。

7. 强化信息化安全建设

建筑企业要提高信息安全意识，建立健全信息安全保障体系，重视数据资产管理，充分利用大数据价值，私有云或公有云或混合云的选择需要根据企业的具体情况而定。规范大数据采集、传输、存储、应用等各环节安全保障措施，积极开展信息系统安全等级保护工作，提高信息安全水平。

4.2.4 施工企业信息化主要任务

建筑行业企业的信息化应用应充分利用云计算、移动互联、大数据、物联网和社交网络等先进技术，需要向信息化技术应用集成化、移动化、数据化、智能化的纵深发展。住房和城乡建设部印发的《2016～2020年建筑业信息化发展纲要》中，明确指出了施工企业信息化的主要任务如下：

（1）在施工现场建设互联网基础设施，广泛使用无线网络及移动终端，实现项目现场与企业管理的互联互通强化信息安全，完善信息化运维管理体系，保障设施及系统稳定可靠运行。

（2）普及项目管理信息系统，开展施工阶段的BIM基础应用。有条件的企业应研究BIM应用条件下的施工管理模式和协同工作机制，建立基于BIM的项目管理信息系统。

（3）推进企业管理信息系统建设。完善并集成项目管理、人力资源管理、财务资金管理、劳务管理、物资材料管理等信息系统，实现企业管理与主营业务的信息化。

（4）推动基于移动通信、互联网的施工阶段多参与方协同工作系统的应用，实现企业与项目其他参与方的信息沟通和数据共享。

（5）研究建立风险管理信息系统，提高企业风险管控能力。建立并完善电子商务系统，或利用第三方电子商务系统，开展物资设备采购和劳务分包，降低成本。

（6）开展BIM与物联网、云计算、3S等技术在施工过程中的集成应用研究，建立施工现场管理信息系统，创新施工管理模式。

4.3 建筑工程项目管理信息化

建筑工程项目从立项开始，历经规划、设计、施工、竣工验收到交付使用，是一个漫长的过程。项目管理的每个过程都有不同的参与主体，涉及不同的管理要素，是一个动态的管理过程。项目管理过程不仅包含成本管理、工期管理和质量管理，还包含合同管理、风险管理、安全管理和信息管理等多个目标的管理。

工程项目管理信息化是以工程项目为对象，在工程项目规划、招标、概预算、计划、合同、进度、竣工、结算整个项目的实施过程中，广泛应用信息技术，大力开发信息资源，不断提升工程项目集约化经营管理水平的过程。在此过程中，信息技术的应用将影响工程项目的所有参与方，包括项目的前期决策阶段、中期实施阶段和后期维修使用阶段的信息化等。

将信息技术运用到工程项目全过程，充分共享和无损传递，全面提升投资效益、工程建设质量和运营效率，为各参与方的协同管理有着多方面的实践意义。

4.3.1 项目管理标准框架

美国项目管理协会（Project Management Institute，PMI）提出《项目管理知识体系指南》（第六版）（Project management bode of knowledge，PMBOK），将项目的管理活动概括为五大过程组和十大项目管理知识领域。项目管理知识体系框架三个维度如图4-2

所示。PMBOK 把49个过程归纳为启动、规划、执行、监控、收尾五个过程组，这五大过程组分别为：

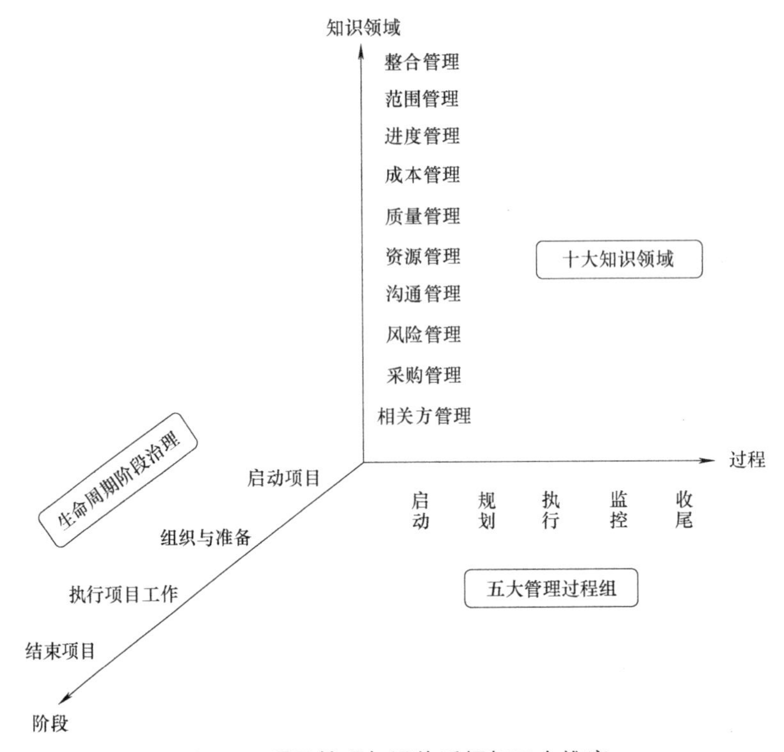

图4-2 项目管理知识体系框架三个维度

1）启动过程组：定义一个新项目或现有项目的一个新阶段，授权开始该项目或阶段的一组过程；

2）规划过程组：明确项目范围，优化目标，为实现目标制定行动方案的一组过程；

3）执行过程组：完成项目管理计划中确定的工作，以满足项目要求的一组过程；

4）监控过程组：跟踪、审查和调整项目进展与绩效，识别必要的计划变更并启动相应变更的一组过程。

5）收尾过程组：正式完成或结束项目、阶段或合同所执行的过程。

除了过程组，十大知识领域包括整合管理、范围管理、进度管理、成本管理、质量管理、资源管理、沟通管理、风险管理、采购管理、相关方管理，如表4-1所示。

PMBOK 五大过程组/十大知识领域/49个过程组 **表4-1**

序号	十大知识领域	五大过程组/49个过程组				
		启动过程组	规划过程组	执行过程组	监控过程组	收尾过程组
一	项目整合管理	4.1 制定项目章程	4.2 制定项目管理计划	4.3 指导与管理项目工作 4.4 管理项目知识	4.5 监控项目工作 4.6 实施整体变更控制	4.7 结束项目或阶段

续表

序号	十大知识领域	五大过程组/49个过程组				
		启动过程组	规划过程组	执行过程组	监控过程组	收尾过程组
二	项目范围管理		5.1 规划范围管理 5.2 收集需求 5.3 定义范围 5.4 创建 WBS		5.5 确认范围 5.6 控制范围	
三	项目进度管理		6.1 规划进度管理 6.2 定义活动 6.3 排列活动顺序 6.4 估算活动持续时间 6.5 制定进度计划			
四	项目成本管理		7.1 规划成本管理 7.2 估算成本 7.3 制定预算			
五	项目质量管理		8.1 规划质量管理	8.2 控制质量		
六	项目资源管理		9.1 规划资源管理 9.2 估算活动资源	9.6 控制资源		
七	项目沟通管理		10.1 规划沟通管理	10.3 监督沟通		
八	项目风险管理		11.1 规划风险管理 11.2 识别风险 11.3 实施定性风险分析 11.4 实施定量风险分析 11.5 规划风险应对	11.7 监督风险		
九	项目采购管理		12.1 规划采购管理	12.3 控制采购		
十	项目相关方管理	13.1 识别相关方	13.2 规划相关方参与	13.4 监督相关方参与		

4.3.2 建筑工程项目信息化管理的必要性

建筑工程项目涉及繁杂的施工内容和诸多潜在的风险，具有涉及面广、工作量大、制约性强、信息流量大等特点。随着现代工程项目管理规模的不断扩大，导致建筑工程管理具有较大的难度和较强的复杂性，传统的项目管理模式在速度、可靠性、信息交流以及经济可行性等方面已明显地限制了施工企业在市场经济激烈竞争环境中的生存和可持续发展。

信息技术能实现对建筑工程管理资源的优化整合，能加强建筑工程管理各部门的信息交流和沟通协作，能及时有效地对相关信息进行处理，具有显著的应用优势。以信息科技为手段，加强信息化在建筑工程管理中的运用，能有效实现对建筑工程的动态管控，能再造建筑工程管理流程，进而有效增强建筑工程管理效率，能有效降低建筑工程管理成本。通过将计划进度、资金会计、定额成本、质量安全、人员管理、物资设备、分包管理、变更设计等项目各管理的各项内容的有机结合，实现各业务部门的联合监控，增强各项目部的协调性，对于大幅度提高建筑工程管理水平，增强建筑工程管理的综合效益具有至关重要的意义。

4.3.3 工程项目管理信息化建设

1. 工程项目管理信息化内涵

建筑企业在进行信息化管理时，要以项目管理为核心，针对项目型企业的战略要求和自身的业务特点，构建项目管理系统。工程项目管理系统是一个多项目管控平台，主要实现从项目投标、合同签订、采购、施工到工程竣工的全生命周期项目管控工程。施工企业的信息化工作必须以项目管理为基点开展，而项目管理则应以“成本管理为核心，以项目过程管控为主线”开展。工程项目管理信息化可实现多项目之间的信息交流、共享，通过对不同项目之间的安全、技术、质量等工程管理信息一体化平台，进行项目全生命周期的过程管理，可提升企业的整体管理水平。在项目管理信息化建设过程中，需要提高项目上各职能部门录入数据的完整性、及时性和准确性。

2. 建筑工程项目管理信息化实施要点

建筑企业工程项目管理信息化建设应定位于企业的整体，从企业的整体发展角度出发，充分体现企业整体观念和系统规划。是否有一个完善的管理体系来统筹规划、统一标准、集中管理、协同实施建设，是确保建筑工程信息化建设规范运行的保障。建筑工程项目管理信息化的实施，需要充分利用云计算、移动互联、大数据、物联网和社交网络等先进技术，需要融入PMBOK管理思想，需要向信息化技术应用集成化、移动化、数据化、智能化的纵深发展。企业要结合多行业成功案例，结合企业具体情况，制定企业级（多项目）、项目级标准化工程项目管理解决方案和“一体化”、全周期工程项目管控信息系统平台。

信息化建设核心要点是数据平台的建设和数据的深度挖掘以及共享信息和资源。

（1）数据平台建设目标要明确

企业项目管理大数据平台建设的主要目标是实现企业效率，建立规范化共建共享项目管理体系，推进企业数据共享和业务协同，实现简便、可扩展变通的管理信息系统。为此，1）首先要制定统一信息资源管理规范和标准，拓宽数据获取渠道，整合业务信息系统数据、企业单位数据和互联网抓取数据，构建社会级集团级别的汇聚式一体化数据库，为平台打下坚实稳固的数据基础。2）梳理各相关系统数据资源的关联性，编制数据资源目录，建立信息资源交换管理标准体系，在业务可行性的基础上，实现数据信息共享，有效加强信息沟通的及时性和安全性，并有效减少企业管理风险，保证建筑工程管理更加规范化。

（2）建立信息化建设保障制度

信息化建设保障需要做到组织保障、人员保障、制度保障、资金保障。

1）组织保障。企业信息化建设组织可以建立三级的信息化保障体系，即由一把手主持的信息化指导委员会、信息事业部、矩阵信息化项目实施小组等。由顶层设计的信息化建设，战略明确、落实到位、可确保工程施工质量目标的实现。

2）人员保障。信息化管理是系统性工程，在信息化建设中，企业需要配大量人员，尤其是懂技术、熟悉建筑行业业务的复合型人才。并且加强职工队伍教育，重视专业信息技术人才的培养和引进，提升其对于专业技能的熟练程度，以保证信息化建设的顺利进行。

3）制度保障。企业信息化管理需要以完善的标准规范体系和安全保障体系作为支撑，协调企业有效管理信息化工作。制度建设一般包括信息系统安全管理制度、运行维护管理制度、机房及设备管理制度、信息化组织管理制度、信息化采购管理制度、信息化建设管理制度、信息化培训管理制度、信息化相关技术资料管理制度、数据采集管理制度等。

4）资金保障。信息化建设是企业可持续发展和提高竞争力的重要保障。但也需要人员和资金上的投入。随着信息化建设的不同阶段，资金投入相应也要进行调整。

（3）数据的深度挖掘

随着物联网、云计算、大数据等技术的日益完善，以数据驱动的数字建造、智慧工地、数字决策、风险预警等逐渐变为现实。任何企业的大数据必须经过数据标准化建设，形成建筑工程项目管理的数据资产。通过信息管理系统把施工企业的招投标、合同、设计、采购、质量、安全、进度、成本预结、施工验收、施工技术资料汇总、供应商管理等各个环节集成起来，共享信息和资源，同时把这些大数据整合迭代优化，进行数据的深度挖掘，为企业解决行业痛点，有效地支撑企业的决策系统，提高企业的市场竞争力。

思考题

1. 建筑业信息化建设的意义是什么？
2. 企业信息化建设原则是什么？
3. 建筑工程项目管理信息化实施要点是什么？
4. 项目管理十大知识领域有哪些？

第 5 章　BIM 技术应用

5.1　BIM 概况

5.1.1　BIM 在我国的发展状况

自 2002 年以来，随着 IFC（Industry Foundation Classes）标准的不断发展和完善，国际建筑行业兴起了围绕 BIM 为核心的建筑信息化研究。2004 年 BIM 技术进入国内，随着我国“十五”科技攻关计划及“十一五”科技支撑计划的开展，BIM 技术开始应用于部分示范工程，BIM 开始引起国内设计行业的重视。

2011 年 5 月，住建部发布的《2011～2015 年建筑业信息化发展纲要》中，明确指出：在施工阶段开展 BIM 技术的研究与应用，推进 BIM 技术从设计阶段向施工阶段的应用延伸，降低信息传递过程中的衰减；研究基于 BIM 技术的 4D 项目管理信息系统在大型复杂施工过程中的应用，实现对建筑工程可视化管理等。

2015 年 6 月 16 日发布的《关于推进建筑信息模型应用的指导意见》文件明确提出了发展目标：到 2020 年末，我国建筑行业甲级勘察、设计单位以及特级、一级房屋建筑工程施工企业应掌握并实现 BIM 与企业管理系统和其他信息技术的一体化集成应用；到 2020 年末，以国有资金投资为主的大中型建筑以及申报绿色建筑的公共建筑和绿色生态示范小区新立项项目勘察设计、施工、运营维护中，集成应用 BIM 的项目比率达到 90%。

2016 年 9 月，住建部发布的《2016～2020 年建筑业信息化发展纲要》中，明确指出：1）施工类企业：普及项目管理信息系统，开展施工阶段的 BIM 基础应用；有条件的企业应研究 BIM 应用条件下的施工管理模式和协同工作机制，建立基于 BIM 的项目管理信息系统。2）工程总承包类企业：研究制定工程总承包项目基于 BIM 的多参与方成果交付标准，实现从设计、施工到运行维护阶段的数字化交付和全生命期信息共享。

2017 年 7 月 1 日实施的《建筑信息模型应用统一标准》（GB/T 51212—2016）是我国第一部建筑信息模型应用的工程建设标准，填补了我国 BIM 技术应用标准的空白。《建筑信息模型应用统一标准》提出了建筑信息模型应用的基本要求，是建筑信息模型应用的基础标准，可作为我国建筑信息模型应用及相关标准研究和编制的依据。

2018 年 1 月 1 日起实施的《建筑信息模型施工应用标准》（GB/T 51235—2017）规定在设计、施工、运维等各阶段 BIM 具体的应用内容。此标准从深化设计、施工模拟、预制加工、进度管理、预算与成本管理、质量与安全管理、施工监理、竣工验收等方面提出了建筑信息模型的创建、使用和管理要求。

2018 年 6 月 1 日起实施的《建筑信息模型设计交付标准》（GB/T 51301—2018），作为国家BIM标准的重要组成部分，梳理了设计业务的特点，同时面向BIM信息的交付准备、交付过程、交付成果均作出了规定。

2018年12月6日住建部批准《建筑工程设计信息模型制图标准》（JGJ/T 448—2018）为行业标准，自2019年6月1日起实施。

2019年9月26日深圳市人民政府办公厅印发的《深圳市进一步深化工程建设项目审批制度改革工作实施方案》的通知文件中，明确了建立基于BIM的工程建设项目智慧审批平台，取消施工图审查，强化了建设项目主体责任，推进BIM的正向应用。

虽然北京、上海、广州、深圳等一线城市的地方政府大力推广BIM技术，但还存在BIM的政策法规和标准不完善，本土化、专业化的BIM软件不足，技术人才不足等几大问题，阻碍BIM的普遍落地应用。目前国内主流的施工BIM应用仍局限于项目层级，部分起步早、具有实力的企业率先开展企业级、集团级BIM应用。

BIM技术在建筑领域应用的重要意义如下：

（1）BIM能够应用于工程项目规划、勘察、设计、施工、运营、维护等各阶段，实现建筑全生命期各参与方在同一多维建筑信息模型基础上的数据共享，为产业链贯通、工业化建造和繁荣建筑创作提供技术保障；

（2）支持对工程环境、能耗、经济、质量、安全等方面的分析、检查和模拟，为项目全过程的方案优化和科学决策提供依据；

（3）支持各专业协同工作、项目的虚拟建造和精细化管理，实现基于互联网的项目级、企业级的协同管理，为建筑业的提质增效、节能环保创造条件；

（4）BIM技术对于改善数据信息集成方法、加快决策速度、降低项目成本和提高产品质量等方面起到重要的作用。

BIM技术应用已经呈现出以下趋势：多阶段应用，从聚焦设计阶段向施工阶段深化应用延伸；多角度应用，从单纯技术向全过程项目管理集成应用转化；集成化应用，从单业务应用向多业务集成应用转变；协同化应用，从单机使用到多参与方协同应用转变（表5-1）。

BIM应用趋势 表5-1

一点带面	全生命期一体化管理	项目与企业融合	BIM3.0
做实应用试点、企业试点、区域试点； 智慧应用	以建设单位为导向； 以运维为导向	项目与企业管理融合	从施工技术管理应用向施工全面管理应用拓展； 从项目现场管理向施工企业经营管理延伸； 从施工阶段应用向建筑全生命期辐射

5.1.2 BIM的基本概念

BIM的相关理念，早在1975年“BIM之父”查克·伊斯特曼（Chuck Eastman）博士提出，目前相对较完整的美国国家BIM标准“National Building Information Modeling Standard，NBIMS”对BIM的定义为：“BIM是设施物理和功能特性的数字表达；BIM

是一个共享的知识资源，是一个分享有关设施的信息，为该设施从概念到拆除的全寿命期中的可靠依据的过程；BIM是一个协同资源，在建筑项目不同阶段，不同利益相关方通过在BIM中插入、提取、更新和修改信息，以支持和反应各自职责的协同工作”。

我国2017年7月实施的《建筑信息模型应用统一标准》（GB/T 51212—2016）对BIM的定义包括两层含义：在建设工程（如建筑、桥梁、道路）及其设施物理和功能特性的数字化表达，在全生命周期内提供共享的信息资源，并为各种决策提供基础信息，简称“模型”（表5-2）；建筑信息模型的创建、使用和管理统称为“建筑信息模型应用”，简称“模型应用”。

BIM可以理解为涵盖工程生命周期阶段的数字模型以及针对这些模型的信息集成和协同处理的过程。BIM是一种技术手段，也是一种工作方式。

模型信息的内容 **表5-2**

信息分类	几何信息	非几何信息			
		专业信息	产品信息	建造信息	维保信息
信息内容	模型实体尺寸、形态、位置、颜色、二维表达、详图、安装流程、采购、渲染展示、产品管理等	材料和材质信息，技术参数等	供应商、产品合格证、生产厂家、生产日期、价格、编号等	生产日期、安装日期、操作单位等	使用年限、保修年限、维保频率、维保单位等

从以下四个角度来解释：

（1）BIM应用于建设项目全寿命周期

BIM覆盖工程全生命周期过程，使用开放的数据信息模型标准（如IFC）实现不同阶段不同协同工作。比如，项目前期的场地分析、造价成本分析、项目决策、能耗分析；项目实施中的碰撞检查、施工模拟、项目管理；项目后期设施管理、运营维护、空间管理等，BIM集成技术可以使相关专业按需共享各阶段的数据、提高协同效率，优化建设项目，解决重复工作的问题。

（2）BIM的信息模型是多维的

BIM通过创建并整合工程生命期所有数字信息对项目进行管理。实现了从传统的用线条表现一个工程的二维建造技术转变到数据库表达的多维度建造技术，真正做到建筑业的革命。BIM核心价值是多维度结构化数据库工程模型，BIM的n个维度说明如表5-3所示。

BIM的n个维度 **表5-3**

BIM维度	相应特性	价值体现
3D	3D可视化	立体直观设计模型、进行碰撞检查
4D	3D+进度计划	动态模拟施工过程，方便进度管理
5D	4D+造价信息	统计工程量，提供资源量信息，实施监控造价管理、提高利润
6D	5D+建设项目性能分析	关联数据库，全寿命周期，全方位信息集成，实现可持续建筑的精细化管理
nD	各种维度的分析和优化	建筑产业链共享，更广泛的自动化和智能化应用等

（3）BIM轻量化管理

BIM模型在项目建造的不同阶段，基于不同目的、不同的参与者等因素，BIM模型要包含和表达的信息以及模型细度要求也是不同的，有必要根据具体运用情况对BIM模型进行细化或概括，根据使用情况还可能需要对BIM模型进行轻量化处理，以便达到去粗取精、更易使用的目的。对BIM进行轻量化管理，不仅体现在产品体系上，它还体现在服务体系、价格体系和实施方法等各个方面。产品多样、精准、极简、性价比高，使用户能快速决策，轻松上手；服务立体化，线上线下多渠道连接客户；培训、咨询、实施，用户可按需选取。

（4）BIM可进行虚拟仿真建造

这是BIM最直观的优势，能够把抽象的、可清晰分析设计和施工过程中可能产生的问题，实现水暖电系统图表达精准化、各专业冲突带来的设计和施工变更，实现三维校审，减少“错、碰、漏、缺”现象，进而提前预防，减少施工中遇到的问题。目前BIM与VR、AR等技术直接对接，实现了设计方案的交互式体验，可以在BIM中实现互动性极强的沉浸式虚拟漫游。

5.1.3 BIM应用实施组织方式

BIM应用实施组织方式按照实施的主体不同分为建设单位BIM和参建单位BIM两种类型。建设单位BIM是指由建设单位为主导，自行或委托第三方机构（有能力的设计、施工或咨询单位）选择适当的BIM技术应用模式，实施项目全过程管理，完成项目的建设目标。参建单位BIM是指由规划、勘察、设计、施工、监理和运营维护单位为完成自身承接的项目，自行或委托第三方机构应用BIM技术，完成项目设计、施工与管理。《湖南省建筑工程信息模型施工应用指南》（2017年）对BIM实施体系划分如下：

1. 建设方主导型

建设方主导的全要素BIM实施体系，是以建设方为核心，通过在项目的建造阶段，统筹协调设计、施工等各参建方，实现项目信息一体化管理，其总体流程见表5-4。主要涵盖以下工作内容：

（1）建设方应从项目集成化角度出发，设置项目各阶段的BIM应用总体目标，合理规划BIM实施的整体方案，成立以建设方为主的信息模型管理中心，负责BIM实施过程中对各单位之间的指令发布、信息存档及协调管理。

（2）设计方应用BIM技术实现各专业设计的高度集成，各专业工程师通过中心模型文件进行沟通和协同设计，减少设计变更和返工。

（3）施工方宜利用建设方提供的设计阶段BIM成果，进行施工深化设计，施工场地规划、施工方案模拟、设备材料管理、质量与安全管理协同等工作，实施施工流程与关键工序的优化及改进，加强施工阶段的管控能力。

2. 设计施工总承包主导型

设计施工总承包主导的BIM实施体系，通过BIM模型有效地衔接设计和施工双方，使各项指标符合设计施工总承包约定。设计过程中综合考虑施工工艺流程及工程量清单计价规范，使设计与施工过程紧密结合，提高施工的便捷性与经济性。同时，设计施工各阶段完整的简述信息模型可以全部保留，从根本上改变传统信息管理

建设方主导的全要素 BIM 实施体系总体流程　　表 5-4

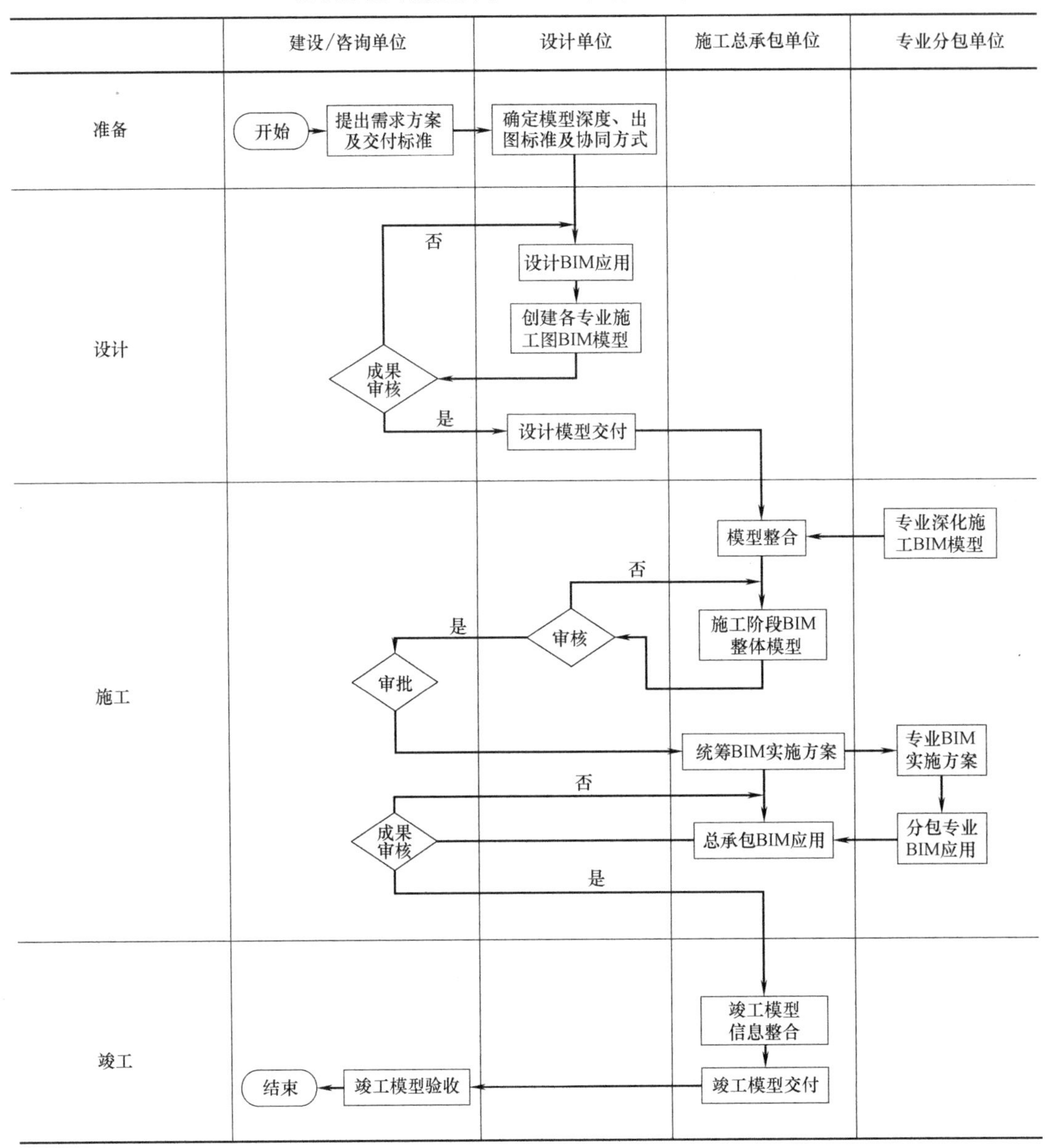

注：《湖南省建筑工程信息模型施工应用指南》（2017 年）。

所带来的信息丢失的状况。设计施工总承包主导的 BIM 实施总体流程见表 5-5。

3. 施工总承包主导型

在施工总承包主导的 BIM 体系中，项目部按职责分工，共建施工整体模型，依据施工模型，展开 BIM 应用，其总体流程见表 5-6。主要涵盖以下工作内容：

（1）施工准备阶段，制定项目 BIM 管理目标，编制项目 BIM 实施方案。

（2）施工阶段，工程、技术部门与商务部门分别建立技术与商务施工深化模型，整合组成施工整体模型，各部门按照岗位职责，基于模型，进行 BIM 应用。

（3）竣工阶段，项目各部门数据归集关联竣工模型，实现项目的信息化交付。

设计施工总承包主导的 BIM 实施体系总体流程　　表 5-5

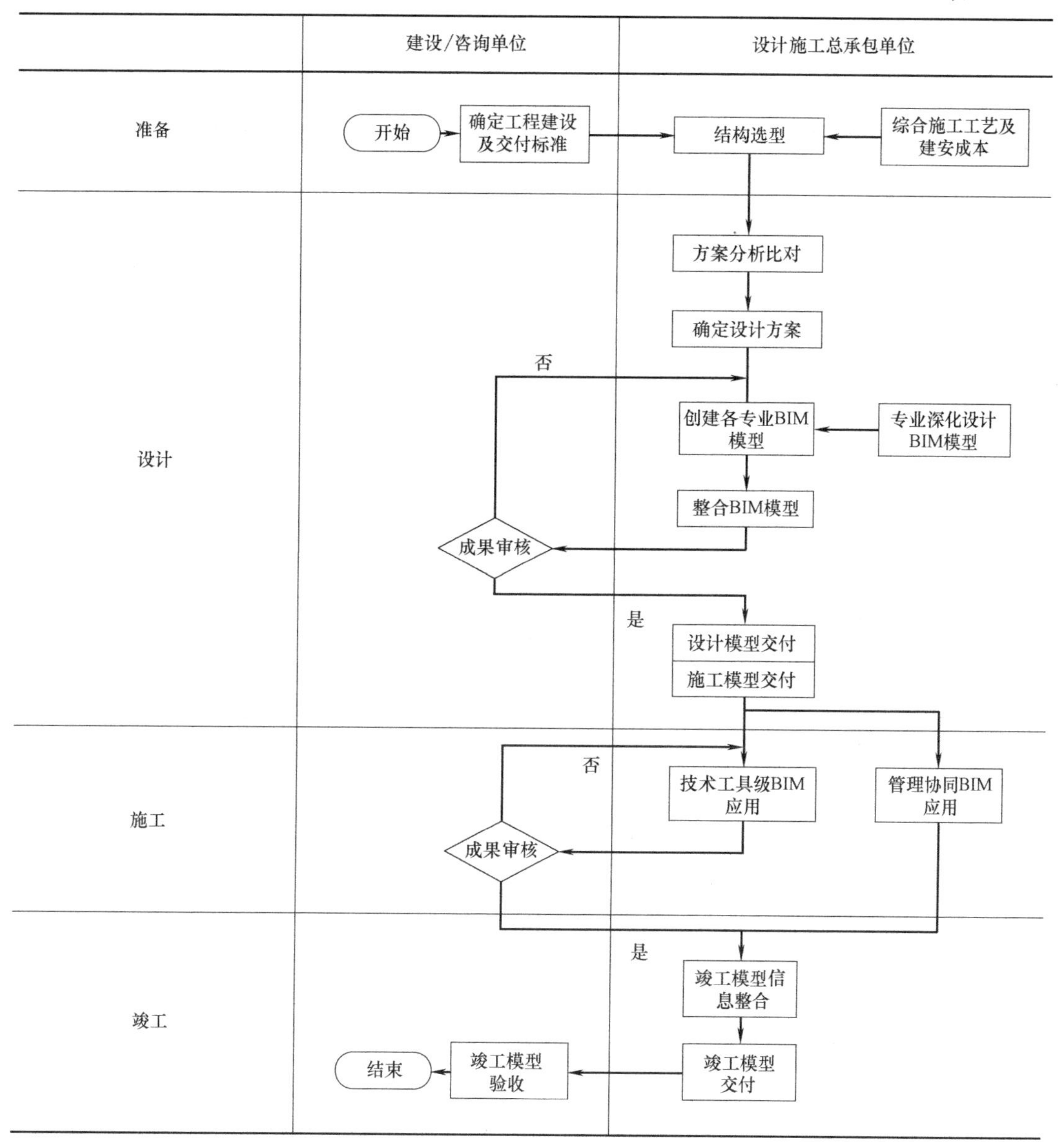

注：《湖南省建筑工程信息模型施工应用指南》(2017 年)。

不同实施组织方式应用 BIM 技术的内容和需求不同，通过对 BIM 技术应用价值分析，最佳方式是建设单位 BIM，由建设单位主导、各参与方在项目全生命期协同应用 BIM 技术，可以充分发挥 BIM 技术的最大效益和价值。

5.1.4 BIM 实施策划

BIM 实施策划是指为各参与方制定项目 BIM 应用实施规划，明确应用目标和实施的标准框架体系与流程，策划项目 BIM 应用的部署和实施方案，明确各参与方的各方职责，统一各阶段的 BIM 应用成果，实现基于 BIM 的项目管理。对于更大或更复杂的项目，可能需要更多说明，并对该计划进行相对应的延伸。

施工总承包主导的 BIM 实施体系总体流程　　表 5-6

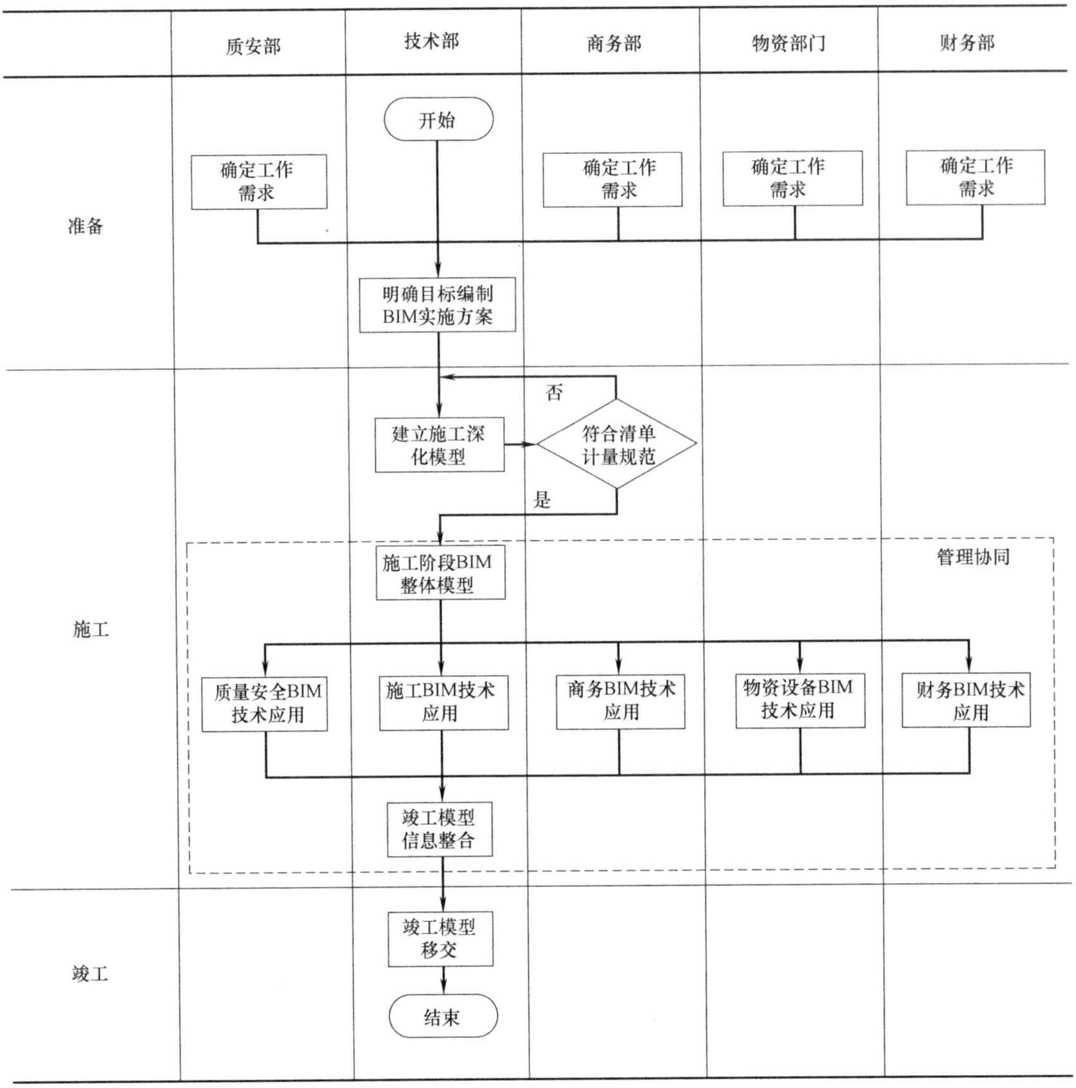

	质安部	技术部	商务部	物资部门	财务部
准备	确定工作需求	开始 明确目标编制BIM实施方案	确定工作需求	确定工作需求	确定工作需求
施工	质量安全BIM技术应用	建立施工深化模型 施工阶段BIM整体模型 施工BIM技术应用 竣工模型信息整合	符合清单计量规范（否/是） 商务BIM技术应用	物资设备BIM技术应用	管理协同 财务BIM技术应用
竣工		竣工模型移交 结束			

注：《湖南省建筑工程信息模型施工应用指南》（2017 年）。

BIM 实施框架体系不仅具备良好的实用性，同时要兼顾开放性和前瞻性。项目立项时应安排 BIM 应用专项资金，明确各阶段费用分配比例。

施工 BIM 应用应事先制定施工 BIM 应用策划，并遵照策划进行 BIM 应用的过程管理。BIM 应用策划的编写对项目顺利实施起到关键性的作用。BIM 实施策划的制定必须有针对性，策划内容要详细、全面，且要与实际业务紧密结合。在项目全生命周期的各个阶段都可以应用 BIM 技术，但必须考虑 BIM 应用的范围和深度。

全面的 BIM 应用策划宜明确下列内容：

（1）明确项目 BIM 总体需求和各阶段的应用目标；

（2）BIM 应用范围和基本应用点；

（3）BIM 应用主体和总协调方、人员组织架构和相应职责；

（4）BIM 应用的详细流程；

（5）BIM 模型创建、使用和管理要求；

（6）确定各参与方之间的信息交互方式；

（7）模型质量控制和信息安全要求；

（8）BIM 应用的进度计划和模型交付要求；

（9）软硬件基础条件等。

图 5-1 为 BIM 应用总体流程图，图 5-2 为土建深化设计流程图。

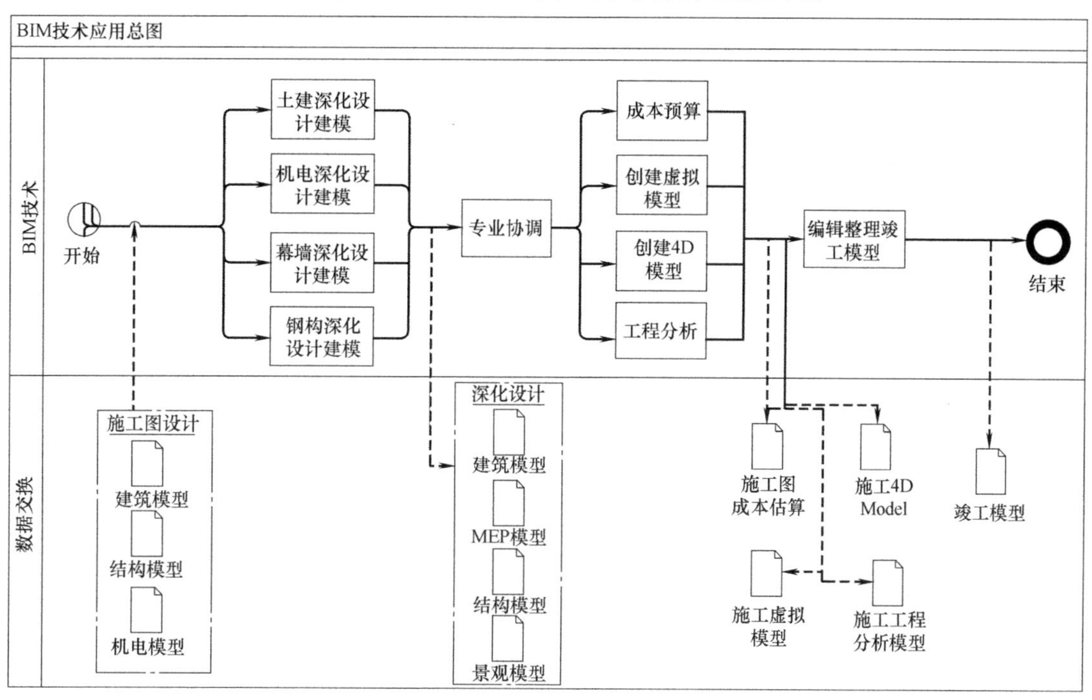

图 5-1　BIM 应用总体流程图

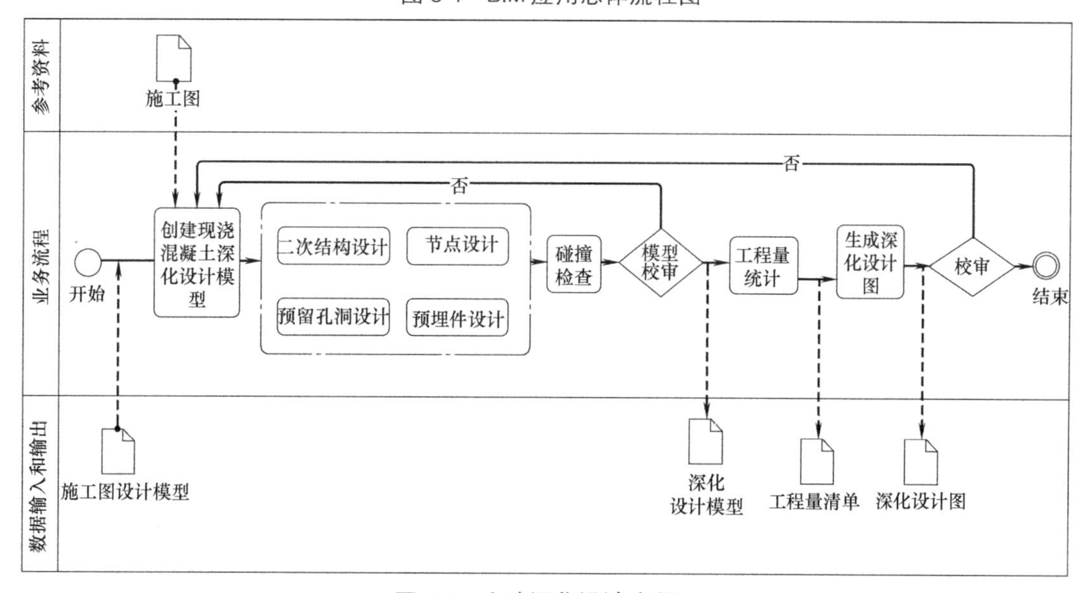

图 5-2　土建深化设计流程图

制定施工BIM应用策划一般按下列步骤进行：

（1）确定BIM应用的范围和内容；

（2）以BIM应用流程图等形式明确BIM应用过程；

（3）规定BIM应用过程中的信息交换要求和BIM技术标准；

（4）确定BIM应用的基础条件，包括沟通途径以及技术和质量保障措施等。

Building SMART联盟编写的“BIM Project Execution Planning Guide Version 2.0”（2010）提出的BIM实施策划内容包括9个部分，如表5-7所示。

BIM实施策划内容 **表5-7**

序号	基本内容
1	项目目标、BIM目标（Project Goals、BIM Objective）
2	BIM流程设计（BIM Process Design）
3	BIM范围定义（BIM Scope Definitions）
4	组织人员及安排（Organzational Roles and Staffing）
5	实施战略、合同（Delivery Strategy，Contract）
6	沟通程序（Communication Procedures）
7	技术基础设施要求（Technology Infrastructure Needs）
8	模型质量控制程序（Model Quality Control Procedures）
9	项目参考信息（Project Reference Information）

5.1.5 BIM技术应用点

企业进行BIM技术实施时，首先确定BIM应用价值目标。深圳市建筑工务署《BIM实施管理标准》（2015版）明确规定了如下BIM应用价值目标：

（1）模数化价值，体现在所有项目设计成果、施工过程、竣工交付及建筑运维全部通过三维模型表达，全面实现基于模型的可视化信息交互。

（2）参数化价值，体现在通过模型的数据关联实现精确的统计和技术，实现工程投资的精细化管理。

（3）模拟化价值，体现在利用BIM的模拟技术实现工程的核心功能模拟、建筑结构前置，以及施工过程、运维过程的相关模拟工作，提升建筑工程品质。

（4）价值链延伸，BIM模型和相关数据信息成为智慧城市建设的基础数据，作为公共信息资源，为全社会的信息共享提供数据支持。

如上所述，BIM技术具有可视化、参数化、标准化、模拟性、协同性、优化性等基本特性，具有信息共享、协同工作的核心价值。BIM的实际运用需要依托于数字模型，涵盖众多建筑项目信息的综合数据库，来实现建筑信息集成，构建工程信息交换与共享平台，无损传递，有效提高工作效率、节省资源、降低成本。BIM技术应用点可按如表5-8所示。

BIM技术应用点 **表5-8**

序号	阶段	阶段描述	基本应用
01	策划和规划设计	策划和规划是项目的起始阶段。主要工作包括场地选址、项目建议书、可行性研究、立项等。主要目的是根据建设单位的投资与需求，研究分析项目建设的必要性，明确项目建设的规模、内容、使用功能等，提出项目投资和投资效益	项目场址比选
02			概念模型构建和比选
03			技术经济指标比选
04			项目可研及立项比选
05	方案设计	主要目的是为初步设计阶段的BIM应用及项目审批提供数据及指导性文件。主要工作内容包括：验证项目可行性研究报告提出的各项指标，优化设计方案，搭建建筑单体方案设计阶段建筑信息模型	场地和规划条件分析
06			方案模型构建
07			建筑性能模拟分析
08			设计方案比选
09			项目各项指标分析
10	初步设计	通过深化方案设计，推敲完善初步设计阶段的各专业建筑信息模型，并利用各专业建筑信息模型进行设计优化，协调各专业设计的技术矛盾，并合理地确定技术经济指标，为项目的批复、核对、分析提供准确的工程项目设计信息，并为施工图设计阶段提供数据基础	各专业模型构建
11			各专业模型检查优化
12			项目各项指标细化分析
13			性能化分析
14			设计概算
15	施工图设计	本阶段是设计向施工交付设计成果阶段，主要目的是为施工安装、工程预算、设备及构件的安放、制作提供完整的模型和图纸依据。主要工作内容包括：完善初步设计阶段的各专业建筑信息模型，达到施工图阶段的各专业模型深度要求，解决施工中的技术措施、工艺做法、用料等问题	各专业模型构建
16			建筑与结构专业模型的对应检测
17			机电管线综合检测及优化
18			空间净高检测优化
19			虚拟仿真漫游
20			性能化分析
21			施工图预算
22	施工准备	施工准备工作是项目施工顺利进行的保障。主要工作内容是为项目施工建立必需的策划和组织条件，统筹安排施工力量和施工现场，使工程具备开工和施工的基本条件。其具体工作通常包括技术准备、材料准备、劳动组织准备、施工现场准备以及施工的场外准备	施工场地布置
23			可建造性分析
24			施工深化设计
25			施工方案模拟
26			预制加工
27	施工实施阶段	是指工程开始至竣工的实施过程。其中，项目的成本、进度和质量安全等管理是施工过程的主要任务，其目标是完成合同规定的全部施工安装任务，已达到验收、交付等要求	虚拟进度和实际进度比对
28			设备和材料管理
29			虚拟仿真漫游
30			质量与安全管理
31			施工监理
32			竣工模型构建

续表

序号	阶段	阶段描述	基本应用
33	运维	本阶段是建筑产品的应用阶段，承担运维与维护的所有管理任务，其目的是管理建筑设施设备，保证建筑项目的工能、性能满足正常使用的要求。主要工作内容包括设施设备维护与管理、物业管理以及相关的公共服务等	运维管理方案规划
34			运维系统搭建
35			运维模型构建
36			设备设施运维管理
37			空间管理
38			资产管理
39			应急管理
40			能源管理
41			绿色运维评价 运维管理系统维护
42	工程量计算	本项工作是在BIM环境下根据不同阶段的应用要求进行工程量计算，体现了BIM在数据的可视化展示、数据的结构化管理的重要特征，为设计、招投标、施工实施、竣工估算等阶段提供BIM工程量计算的工作内容方法	设计概算工程量计算
43			施工图预算和招投标清单工程量计算
44			施工过程造价管理工程量计算
45			竣工估算工程量计算
46	改造和拆除阶段	本阶段涉及拆除、加固、局部改造、二次装修等内容。BIM技术在本阶段的应用，涵盖设计、施工、运营维护等阶段的BIM应用范围，也具有本阶段特有的BIM应用特征	改造阶段施工模拟
47			拆除阶段施工模拟
48			工程量统计
49	预制装配式建筑	本阶段是预制装配式建筑项目在设计、生产和施工等方面不同于传统现场浇筑的工作内容，主要描述从构件深化设计、预拼装、工厂加工、到施工模拟和竣工管理等的施工工作内容	预制构件深化设计
50			预制构件碰撞检查
51			预制构件生产加工
52			施工模拟
53			施工进度管理
54	协同管理平台	协同管理平台是工程项目管理信息化整体阶段方案的支撑平台之一，可以涵盖建设方、设计、施工、咨询等单位的管理业务	建设方协同管理平台
55			设计协同管理平台
56			施工协同管理平台
57			咨询顾问协同管理平台

5.2 BIM实施组织管理

5.2.1 BIM实施原则

1. 参与方职责范围一致性原则

项目BIM技术实施过程中，各参与方在BIM应用中所承担的工作职责、工作范围及工作成果，应与各参与方项目承包范围和承包任务一致。BIM 总协调方有责任监督、协调及管理各参与方的 BIM 实施质量及进度。

2. 数据接口一致性原则

在项目启动前，由 BIM 总协调方指定 BIM 协同平台的权限及模型交付标准，应保证不同参与方之间的数据信息无损传递，确保最终 BIM 数据的正确性和完整性。

3. 建筑信息模型维护和施工过程的同步原则

项目实施过程中应与项目的实施进度保持同步，且过程中的建筑信息模型和相关成果应及时按规定节点进行更新，以确保建筑信息模型和相关成果的一致性。

5.2.2 BIM 技术实施流程

建设工程项目 BIM 技术应用步骤可按照图 5-3 执行。

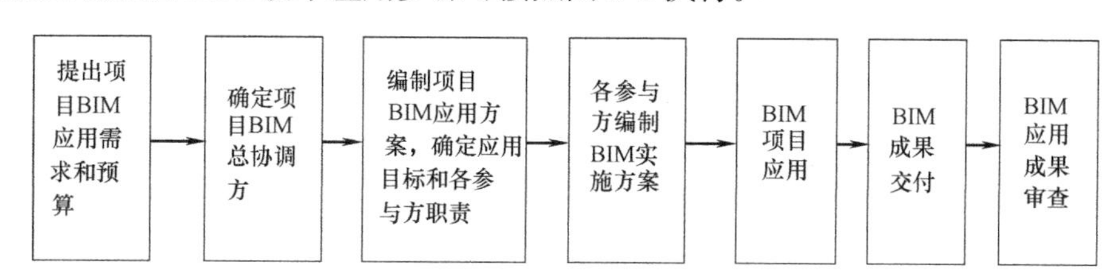

图 5-3 BIM 技术实施流程

5.2.3 BIM 应用管理平台建设

BIM 应用以信息集成和信息使用为基本特征。建立以 BIM 技术应用为目标的信息交流、工作协同的管理平台，并制定相关的制度，保证 BIM 协同机制的形成和 BIM 技术的有效实施，实现 BIM 价值的最大化。

深圳市建筑工务署《BIM 实施管理标准》（2015 版）对 BIM 管理平台建设实现目标的规定如下：

（1）满足发数据的集成和处理需要；

（2）保证多源 BIM 模型的有效提交；

（3）保证工程建设与管理信息的无损传递；

（4）保证工程建设相关方的协同工作；

（5）时间模型与信息的有效管理；

（6）实现政府管理制度及建设标准对工程项目建设与管理的自动审核；

（7）保证与政府审批平台的有效对接；

（8）保证信息资源库的高校管理和使用；

（9）保证 BIM 应用价值的实现；

（10）满足信息安全的基本要求。

5.2.4 BIM 协同实施

基于 BIM 的协同管理是以建筑信息模型互联网的数字化远程同步功能为基础，按照项目建设各方管理流程和职责，以项目建设过程中采集的工程进度、质量、成本、安全等动态数据为驱动的项目协同管理的过程。建设单位应主导工程建设项目BIM应用，引导参建各方在同一平台协同BIM应用，实现建设各阶段BIM应用的标准化信息传递和共享，同时明确各方的BIM应用要求、交付标准和费用。

协同管理应符合下列规定：

（1）明确范围：可涵盖建设方、设计、施工、咨询等参与方的管理业务，项目所有建筑信息模型文件及资料宜通过协同平台进行传递；宜做到建设方协同、设计协同管理，施工协同管理三者统一。

（2）权限管理：在项目设计及施工准备阶段，由BIM总协调方根据项目实施进度及应用要点，制定BIM实施权限分级，各参与方应确定权限和明确工作范围。

（3）模型信息全面提取：项目参与方应根据项目实施进度，及时更新项目进展情况，获取最新的项目信息，包括修改记录、专项模型信息、分析报告、变更信息、模型信息可视化、模型信息可分类统计、模型信息可批量输出等。

（4）模型管理：项目参与方应按照统一的模型命名和创建规则进行建筑信息模型管理，BIM总协调方将各参与方的建筑信息模型合成或拆分。

（5）平台安全：各参与方应安排专职人员负责检查本单位工作完成情况；BIM总协调方应定期检查审核各参与方建模是否符合要求。

（6）文档管理：项目全过程的信息（往来文件、信函、会议纪要等）应通过BIM总协调方审核归档。

1．建设方协同实施

建设方主导的全要素BIM协同实施，应从项目集成化管理角度出发，成立以建设方为主的信息模型协同平台，通过在项目的建造阶段，统筹协调设计、施工等单位，协同管理，改善建设方项目管理工作界面复杂、与项目参与方信息不对称、建设进度管控困难等一系列问题，从而提高建设管理水平。

（1）建设方协同管理宜围绕建设方管理目标确定协同管理内容：

1）资料管理：实现项目建设全过程的往来文件、图纸、合同、各阶段BIM应用成果等资料的收集、存储、提取及审阅等功能，以便于建设方及时掌握项目投资成本、工程进展、建设质量等；

2）进度与质量管理：及时采集工程项目实际进度信息，并与项目计划进度对比，动态跟踪与分析项目进展情况，同时，检查与监督各参与方提交的阶段性或重要节点成果文件，严格管控项目设计质量、施工进度、质量等；

3）安全管理：应结合施工现场监控系统，及时掌握项目实际施工动态，应及时发布安全公告信息，对现场施工行为进行有效监督和管理；

4）成本管理：结合项目的建筑信息模型与工程造价信息，方便建设方能够进行动态化的成本核算，及时控制工程的实际投资成本，提成建设方对该项目的成本控制能力和管理水平。

（2）宜通过协同管理平台的搭建，固化建设方的技术标准和管理流程，实现建设方既定的管理目标。

（3）基于BIM的建设方协同管理平台宜具备相应的可拓展功能，实现与其他信息平台或新技术的融合与对接，更好的发挥平台的作用。平台可拓展功能宜包括：

1）与既有的企业OA管理平台、项目建设管理平台等进行对接；

2）基于云技术的数据存储、提取及分析等；

3）与AR、VR体感设备等终端互联；

4）与GIS、物联网、智能化控制系统、智慧城市管理系统等多源异构系统集成。

2. 设计协同实施

设计协同管理是面向设计单位的设计过程管理和工程设计数据管理，基于项目的资源共享、设计文件全过程管理和协同工作。

（1）设计协同管理宜围绕设计管理目标确定管理内容：

1）工程设计数据管理：结合行业和企业BIM设计相关标准，制定使用与项目特点的文件存储目录和权限授权，并设置合理的备份机制，满足企业工程数据管理要求；

2）协同设计管理：以设计阶段BIM应用内容为主线，建立并内嵌标准化的BIM应用流程，使得各专业设计能够进行规范化的BIM设计工作，提高协同工作效率；

3）设计成果审核管理：通过创建设计协同审核流程，对重要节点提交的设计成果进行审核，结合审阅和批注，实现对设计成果的有效审核以及成果质量管控；

4）设计成果归档管理：建立项目级设计成果归档文件目录，结合企业归档文件编码，对项目工程数据进行有序的归档。

（2）设计协同管理宜通过协同管理平台的搭建，为设计内部各专业、外部接口提供协同工作环境，固化技术标准和管理流程，实现既定的管理目标。

BIM应用全过程实施宜在协同平台中进行，根据项目需要独立搭建平台，也可以利用各参与方已有的平台。

（3）设计过程综合考虑施工工流程及工程量清单计价规范，实现设计、施工建设一体化。

3. 施工协同管理

施工协同管理是通过标准化项目管理流程，结合移动信息化手段，实现工程信息在各职能角色高效传递和实时共享，为决策层提供及时的审批及控制方式，提高项目规范化管理水平和质量。

（1）施工协同管理宜围绕施工管理目标确定具体管理内容：

1）设计成果管理：基于施工深化设计模型，进行多专业碰撞检测和设计优化，减少设计变更，提高技术交底效率，对存在问题进行修改、跟踪和记录；同时，进行设计文件的版本、发布、存档等管理；

2）进度管理：模拟和评估进度计划的可行性，识别关键控制点；以建筑信息模型为载体集成和跟踪各类进度信息，便于全面了解现场信息，客观评价进度执行情况，为进度计划的实时优化和调整提供支持；

3）合同管理：将合同主体信息、合同清单与建筑信息模型进行集成，便于集中查阅、管理，便于履约过程的对比和跟踪，及时发现履约的异常状态；

4）成本管理：将成本信息录入并与施工信息模型关联，实现快速准确计算工程量，并进行多维度的成本计算分析、比较和控制；

5）质量安全管理：可通过三维可视化动态漫游、施工方案模拟、进度计划模拟等预先识别工程质量和安全关键控制点；将质量、安全管理要求集成在模型中，进行质量、安全方面的模拟仿真以及方案优化；关联可移动设备对现场质量安全检查，管理平台与信息对接，实现对检查验收、跟踪记录和统计分析结果进行管理；

（2）施工协同管理宜通过搭建施工协同管理平台，为施工总包、各专业分包、外包接口提供一体化协同工作环境，固化技术要求和管理流程，实现施工既定的管理目标。

（3）施工协同管理平台宜具备良好的数据兼容能力；可实现各种相关数据与模型的实时关联，实现工程数据互联互通，具备各部门和各业务数据间数据交互能力；项目管理各参与方数据信息的集成应用，具备一定的计算分析、模拟仿真以及成果表达能力，为科学决策提供支持。

4. 咨询顾问协同管理

咨询顾问协同管理是结合相应的协同管理平台，为相关方提供项目全过程的BIM咨询服务，提高项目咨询服务协同工作效率。

咨询顾问协同管理平台可具备如下内容：

1）项目协同：存储项目各方数据文档，并对数据文档进行权限设置，同时协同项目建设单位、设计单位、施工单位在相同的三维模型中工作，确保模型中反馈的相关设计或施工问题能够得到及时解决；

2）问题跟踪：将建筑信息模型中存在的相关问题反馈给责任方，并跟踪问题解决情况；

3）施工质量检查：定期对现场进行巡查，核查模型与现场的一致性，监管现场施工，确保现场按图纸施工；

4）成本和进度管控：配合责任方根据建筑信息模型对成本和进度进行有效管控。

5.3　施工准备阶段BIM应用

5.3.1　基本内容

施工准备阶段一般是指从项目招投标到工程开工为止，施工准备工作是项目施工顺利进行的重要保证。在实际项目中，每个分部分项工程并非同时进行，因此施工准备阶段贯穿整个项目施工阶段。主要工作内容是为工程的施工建立必需的技术和物资条件，统筹安排施工力量和施工现场，使工程具备开工和施工的基本条件。施工准备阶段的BIM应用价值主要体现在施工场地布置、施工深化设计、施工方案模拟、构件预制加工等方面。该阶段的BIM应用对施工深化设计准确性、施工方案的虚拟展示以及预制构件的加工能力等方面起到关键作用。

在工程项目实施前，BIM实施组织主体应牵头制定BIM应用策划方案，方案包括以下内容：

（1）工程概况：包括工程名称、工程地址、项目简述、项目工期、项目重要时间节点表等；

（2）BIM应用计划：明确BIM应用目标、应用流程设计、确定工程建设不同阶段的BIM应用技术要求、协同方法、总协调和各参与方团队配置及工作内容；

(3) 制定工程信息管理方案：详细定义信息交换格式标准，并确定项目各参与方的任务、职责及权限分配等；

(4) 明确项目管理平台：项目各参与方应根据各自预设权限及标准在平台下进行项目数据提交、更新、下载和管理等；

(5) 成果交付：明确不同阶段应交付成果的技术要求及模型深度要求；

(6) 审核与确认：明确建筑信息模型及相关数据的审核与确认流程。

施工建筑信息模型应用策划宜包含以下内容：

(1) 结合项目的管理目标和重点难点分析，将 BIM 应用的职责覆盖到项目管理人员和劳务班组；

(2) 建筑信息模型应用的工作内容宜细化到分部分项工程；

(3) 宜结合工程实际情况进行施工 BIM 应用策划。

项目 BIM 应用流程以 BIM 模型为主要载体，在工程各阶段开展应用，集成各阶段项目信息，最终实现数据化竣工交付。所以创建的 BIM 模型应充分考虑到 BIM 模型在工程全生命周期各阶段、各专业的应用。在施工过程管理中，主要的 BIM 模型分为施工图设计模型、施工图深化设计模型、施工管理应用模型。

施工建筑信息模型应符合下列要求：

(1) 施工建筑信息模型创建宜按照统一的规则和要求创建。当按专业或任务分别创建时，各模型应协调一致，并能够集成应用。

(2) 模型创建宜采用统一的坐标系、原点和度量单位。当采用自定义坐标系时，应通过坐标转换实现模型集。

(3) 施工建筑信息模型应在施工过程随着现场实际情况的变化不断动态调整。

(4) 深化设计模型宜在施工图设计模型基础上，通过增加或细化模型元素等方式进行创建。

(5) 模型元素信息宜包括下列内容：

1) 尺寸、定位、空间拓扑关系等几何信息；

2) 名称、规格型号、材料和材质、生产厂商、功能与性能技术参数，以及系统类型、施工段、施工方式、工程逻辑关系等非几何信息。

5.3.2 施工场地布置

施工场地布置和优化是项目施工的基础和前提，合理有效的场地布置方案可以提高场地利用率、减少二次搬运、加快施工进度、减少成本，保证工程建设进度等方面有着重要意义。

施工场地布置应考虑施工组织流程的要求，应根据进度计划安排进行动态调整，并利用 BIM 技术进行施工组织模拟分析、技术核算和优化设计。施工场地布置数据准备包括以下内容：

(1) 施工图设计模型或施工深化设计模型；

(2) 测绘场地基本情况，如规划文件、地勘报告、GIS 数据、电子地图等；

(3) 办公与生活临时设施、生产加工区、机械设备选型初步方案、场地的布局要求；

(4) 进度计划。

在进行施工现场布置时根据上述数据建立场地布置建筑信息模型，并附加相关信息进行经济技术模拟分析，并依据模拟分析结果，进行对比优化调整，最终编制施工现场布置方案并进行技术交底。

提交的场地布置建筑信息模型应符合相应规范和现场实际情况。

5.3.3　施工深化设计

1. 深化设计类型

施工深化设计包括各专业的深化设计以及专业之间的综合性深化设计。专业性深化设计内容一般包括：现浇混凝土结构、预制装配式混凝土结构、钢结构、机电安装、幕墙、装饰装修等。综合性深化设计是指对各专业深化设计初步成果进行集成、协调、修订和校核，并形成综合平面图、综合管线图。这种类型的深化设计应该在建设单位提供的总体BIM模型上进行，确保各专业图纸的协调一致。

2. 深化设计对BIM的要求

施工深化设计的目的是提升深化后建筑信息模型的准确性、可校核性、可施工性。采用BIM技术进行深化设计应满足下列基本功能：

（1）能够满足各专业深化设计的要求，保证深化设计的精度和质量；

（2）能够对施工工艺、进度、现场以及施工重点、难点进行模拟，清晰表达关键节点施工方法；

（3）施工模型具有可施工性和完整性，确保各专业模型与合并模型一致；

（4）能够由BIM模型自动计算工程量；

（5）信息深度应满足不同设计阶段和不同专业的使用要求，实现深化设计各阶段、各专业的信息有效传递；

（6）实现深化设计各个层次的全过程可视化交流；

（7）形成竣工模型，集成建筑设施、设备信息，为后期运维提供服务。

施工深化设计主要是将施工过程中的动态因素纳入到施工模型随时随地动态调整，确保施工建筑信息模型的准确性、可校核性、可施工性。利用BIM技术具有的特点，可以提高复杂节点、管线交叉、异型曲面等深化设计的精度和质量。

深化设计服务于施工现场，可根据工程施工现场条件、材料设备采购信息、工厂加工条件等，结合工程的具体难点、要点补充相关参数，保证现场施工安装顺利实施。

根据工作分解结构或施工工艺进行构件拆分或合并，结合自身施工特点及现场实际情况，完善建立深化模型。施工模型应根据施工经验、施工规范标准、商务管理、现场实际情况等因素进行调整和优化。同时，对优化后的模型实施多专业碰撞检测。

施工图深化设计模型应在集成各专业的施工图设计模型基础上创建，根据不同专业和任务的需要，在不改变原设计技术性能及使用功能的前提下，进行空间布局、优化协调、设计校核，并添加材料和设备技术参数、制作安装要求、施工方式、生产厂家等必要的专业信息和产品信息。

形成的施工图深化设计模型及图纸等成果文件应具备施工可行性及合理性，符合相关设计规范和施工规范，并满足相关的应用需求。

3. 现浇混凝土结构深化设计

现浇混凝土结构深化设计中的二次结构设计、预留洞口设计、节点设计、预埋件设计等宜应用 BIM。

在现浇混凝土结构深化设计 BIM 应用中，可基于施工设计模型或施工图创建深化设计模型，输出深化设计图、工程量清单等。

现浇混凝土结构深化设计模型除应包括施工图设计模型元素外，还用包括二次结构、预埋件和预留洞口、节点等类型的模型元素，其内容宜符合表 5-9 的规定。

现浇混凝土结构深化设计模型元素及信息　　表 5-9

模型元素类型	模型元素及信息
上游模型	施工图设计模型元素及信息
二次结构	构造柱、过梁、止水板、女儿墙、压顶、填充墙、隔墙等； 几何信息包括：位置和几何尺寸；非几何信息包括：类型、材料信息等
预埋件及预留孔洞	预埋件、预埋管、预埋螺栓等以及预留孔洞； 几何信息包括：位置和几何尺寸； 非几何信息包括：类型、材料信息等
节点	节点的钢筋、混凝土，以及型钢、预埋件等； 节点的几何信息包括：位置、几何尺寸及排布； 非几何信息包括：节点编号、节点区材料信息、钢筋信息（等级、规格等）、型钢信息、节点区预埋信息等

现浇混凝土结构深化设计 BIM 应用交付成果宜包括深化设计模型、深化设计图、碰撞检查分析报告、工程量清单等。其中，碰撞检查分析报告应包括碰撞点的位置、类型、修改建议等内容。

4. 钢结构深化设计

钢结构深化设计中的节点设计、预留孔洞、预埋件设计、专业协调等宜应用 BIM。

在钢结构深化设计 BIM 应用中，可基于施工图设计模型或施工图和相关设计文件、施工工艺文件创建钢结构深化设计模型，输出平面布置图、节点深化设计图、工程量清单等。

钢结构节点设计 BIM 应用应完成结构施工图中所有钢结构节点的深化设计图、焊缝和螺栓等连接验算，以及与其他专业协调等内容。

钢结构深化设计模型除应包括施工图设计模型元素外，还应包括节点、预埋件、预留孔洞等模型元素，其内容宜符合表 5-10 的规定。

钢结构深化设计 BIM 应用交付成果宜包括钢结构深化设计模型、平面布置图、节点深化设计图、计算书及专业协调分析报告等。

5. 机电深化设计

机电深化设计中的设备选型、设备布置及管理、专业协调、管线综合、净空控制、参数复核、支吊架设计及荷载验算、机电末端和预留预埋定位等应用 BIM。

在机电深化设计 BIM 应用中，可基于施工图设计模型或建筑、结构、机电和装饰专业设计文件创建机电深化设计模型，完成相关专业管线综合，校核系统合理性，输出机电管线综合图、机电专业施工深化图、相关专业配合条件图和工程量清档等。

钢结构深化设计模型元素及信息　　表5-10

模型元素类型	模型元素及信息
上游模型	钢结构施工图设计模型元素及信息
节点	几何信息包括： 1)钢结构连接节点位置，连接板及加劲板的位置和尺寸； 2)现场分段连接节点位置，连接板及加劲板的位置和尺寸； 3)螺栓和焊缝位置
	非几何信息包括： 1)钢结构及零件的材料属性； 2)钢结构表面处理方法； 3)钢结构的编号信息； 4)螺栓规格
预埋件和预留孔洞	几何信息包括：位置和尺寸

机电深化设计模型应包括给水排水、暖通空调、建筑电气等各系统的模型元素，以及支吊架、减震设施、管道套管等用于支撑和保护的相关模型元素。

机电深化设计BIM应用交付成果宜包括机电深化设计模型、机电深化设计图、碰撞检查分析报告、工程量清单等。

5.3.4　施工方案模拟

1. 目的和意义

针对施工难度大、复杂及采用新技术、新工艺、新设备、新材料的施工方案，应采用BIM技术进行施工过程的可视化模拟，对施工方案进行优化和调整，验证施工方案的可行性和准确性，实现施工方案的可视化交底，从而制定出最佳施工方案。

工程项目施工中的BIM应用分为施工组织模拟和施工工艺模拟。施工模拟前，应确定BIM应用内容、BIM应用成果分阶段或分期交付计划，并应分析和确定工程项目中需基于BIM进行施工模拟的重点和难点。

2. 施工组织模拟

施工组织中的工序安排、资源配置、平面布置、进度计划等宜应用BIM。在施工组织模拟BIM应用中，可基于施工图设计模型或深化设计模型和施工图、施工组织设计文档等创建施工组织模型，并应将工序安排、资源配置和平面布置等信息与模型关联，输出施工进度、资源配置等计划，指导和支持模型、视频、说明文档等成果的制作与方案交底，图5-4为施工组织模拟BIM应用典型流程图。

在施工组织模拟过程中，宜根据模拟需要将施工项目的工序安排、资源配置和平面布置等信息附加或关联到模型中，并按施工组织流程进行模拟。

3. 施工工艺模拟

施工工艺模拟内容可根据项目施工实际需求确定，主要包含工程项目施工中的土方工程、大型设备及构件安装、垂直运输、脚手架工程、模板工程等施工工艺。在施工工艺模拟前应完成相关施工方案的编制，确认工艺流程及相关技术要求。

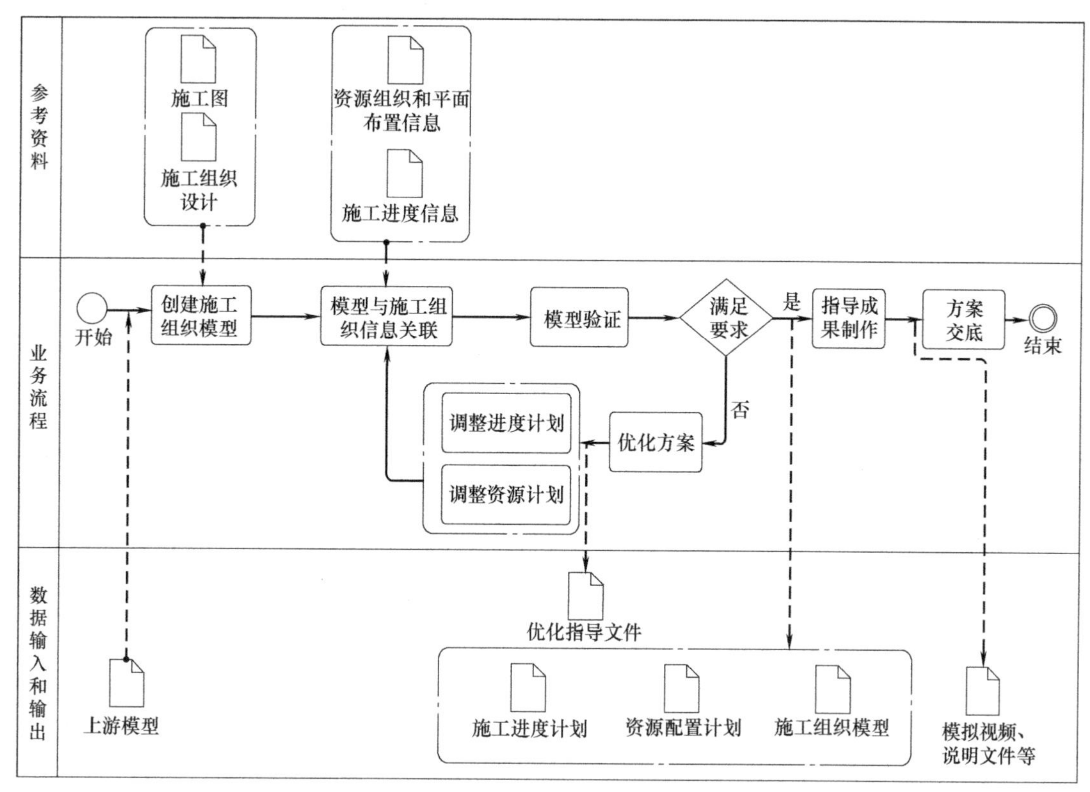

图 5-4 施工组织模拟 BIM 应用典型流程

土方工程方案模拟应综合分析土方开挖量、开挖顺序、开挖机械量、土方运输车辆运输能力、基坑支护类型及换撑顺序、拆撑顺序。大型设备及构件安装工艺模拟应综合分析柱梁板墙、障碍物等因素，优化大型设备及构件进场时间、吊装运输路径和预留孔洞等。复杂节点施工工艺模拟应优化节点各构件尺寸、各构件之间的连接方式和空间要求，以及节点施工顺序。垂直运输施工工艺模拟应综合分析运输需求、垂直运输机械的运输能力等因素，结合施工进度优化垂直运输组织计划。预制构件拼装施工工艺模拟应综合分析连接件定位、拼装部件之间的连接方式、拼装工作空间要求以及拼装顺序等因素，检验预制构件加工精度。

在施工工艺模拟过程中，宜根据施工工艺模拟成果进行协调优化，并将相关信息同步更新或关联到模型中。施工工艺模拟模型可从已完成的施工组织模型中提取，并根据需要进行补充完善，也可在施工图、设计模型或深化设计模型基础上创建。

施工工艺模拟 BIM 应用交付成果宜包括施工工艺模型、施工模拟分析报告、可视化资料、必要的力学分析计算书或分析报告等。宜基于 BIM 应用交付成果，进行可视化展示或施工交底。

5.3.5 构件预制加工

基于 BIM 技术的构件预制加工是实现建筑工业化的关键技术。建筑施工中的混凝土预制构件生产、幕墙预制加工、装饰装修预制加工、钢结构构件加工和机电产品加工等均可采用 BIM 技术，实现精确、高效的设计、制作和施工安装。

预制加工模型宜从深化设计模型中获取加工依据。预制加工成果信息应附加或关联到模型中。预制加工 BIM 应用宜建立编码体系和工作流程。预制加工模型创建时施工单位、深化设计方、加工工厂应进行会审，检查模型深度和深化设计中的错漏，根据项目实际情况互提要求和条件，确定加工范围和深度，重点核查特殊部位和复杂部位，并制定复杂部位的加工方案，选择加工方式、加工工艺和加工设备，施工方提出现场施工和安装可行性要求。

构件预制加工模型应进行虚拟预拼装和可靠性优化，可提高预制构件生产设计的水平。预制加工产品的物流运输和安装等信息宜附加或关联到模型中。

1. 混凝土预制构件生产

混凝土预制构件工艺设计、构件生产、成品管理等宜应用 BIM 技术。在混凝土预制构件生产 BIM 应用中，可基于深化设计模型和生产确认函、变更确认函、设计文件等创建混凝土预制构件生产模型，通过提取生产料单、编制排产计划形成资源配置计划和加工图，并在构件生产和质量验收阶段形成构件生产的进度、成本和质量追溯等信息。混凝土预制构件生产 BIM 应用典型流程如图 5-5 所示。

混凝土预制构件生产模型从深化设计模型中提取，并增加模具、生产工艺、养护及成品堆放等信息。宜建立混凝土预制构件编码体系和生产管理编码体系。混凝土预制构件生产模型宜在深化设计模型基础上，附加或关联生产信息、构件属性、构件加工图、工序工艺、质检、运输控制、生产责任主体等信息，其内容宜符合表 5-11 的规定。

混凝土预制构件生产 BIM 应用交付成果宜包括混凝土预制构件生产模型、加工图，以及构件生产相关文件。

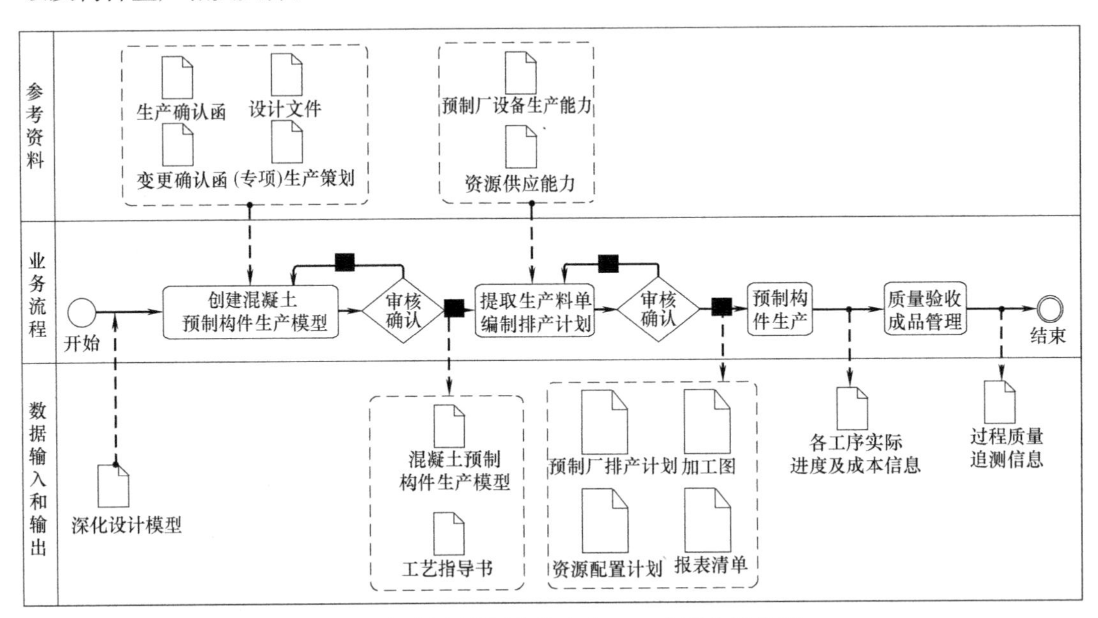

图 5-5 混凝土预制构件生产 BIM 应用典型流程

2. 钢结构构件加工

钢结构构件加工中技术工艺管理、材料管理、生产管理、质量管理、文档管理、成本管理、成品管理等宜应用 BIM 技术。

混凝土预制构架模型元素及信息 **表 5-11**

模型元素类别	模型元素及信息
上游模型	深化设计模型元素及信息
混凝土预制构件生产模型	增加的非几何信息包括： 1)生产信息：工程量、构件数量、工期、任务划分等； 2)构件属性：构件编码、材料、图纸编号等； 3)加工图：说明性通图、布置图、构件详图、大样图等； 4)工序工艺：支模、钢筋、预埋件、混凝土浇筑、养护、拆模、外观处理等工序信息、数控文件、工序参数等工艺信息； 5)构件生产质检信息、运输控制信息：二维码、芯片等物联网应用相关信息； 6)生产责任主体信息：生产责任人与责任单位信息，具体生产班组人员信息等

可基于深化设计模型和加工、变更、确认函创建钢结构构件加工模型，并完成模型细部处理。钢结构构件加工过程相关信息宜附加或关联到加工模型，实现加工过程的追溯管理。

钢结构构件加工 BIM 应用交付成果宜包括钢结构构件加工模型、加工图以及钢结构构件相关技术参数和安装要求等信息。

3. 机电产品加工

机电产品加工的产品模块准备、产品加工、成品管理等宜应用 BIM 技术。

在机电产品加工 BIM 应用中，可基于深化设计模型和加工确认函、设计变更单、施工核定单、设计文件创建机电产品加工模型，并完成模型细部处理。

机电产品宜按其功能差异划分为不同层次的模块，并建立模块数据库。宜基于模型采用拼装工艺模拟方式检验机电产品模块的加工精度。

机电产品加工 BIM 应用交付成果宜包括机电产品加工模型、加工图，以及产品模块相关技术参数和安装要求等信息。

5.4 施工实施阶段 BIM 应用

施工实施阶段是指自工程开始至竣工的实施过程。在施工准备阶段的 BIM 工作基础上，将 BIM 技术贯穿到施工实施全过程，不断动态优化调整完善施工过程模型，有利于提前发现并解决工程项目中潜在问题，减少施工过程中的不确定性和风险。同时，可以精确地计算、规划和控制工期，以达到提质增效的作用。

5.4.1 项目进度管理应用

基于 BIM 的项目进度管理是在 BIM 模型的基础上，附加时间信息，以模型动态的形成过程表现项目的施工过程，实现对项目进度的可视化管理。

工程项目施工的进度计划编制和进度控制等宜应用 BIM 技术。进度计划编制 BIM 应用应根据项目特点和进度控制需求进行。进度控制 BIM 应用过程中，应对实际进度的原始数据进行收集、整理、统计和分析，并将实际进度信息附加或关联到进度管理模型。

1. 进度计划编制

进度计划编制中的工作分解结构创建、计划编辑、与进度相对应的工程量计算、资源配置、进度计划优化、进度计划审查、形象进度可视化等宜应用 BIM。在进度计划编制 BIM 应用中，可基于项目特点创建工作分解结构，并编制进度计划，可基于深化设计模型创建进度管理模型，基于定额完成工程量估算和资源配置、进度计划优化，并通过进度计划审查。

根据不同深度、不同周期的进度计划要求，项目的工作分解结构可按整体工程、单位工程、分部工程、分项工程、施工段、工序依次分解，并应满足下列要求：

（1）工作分解结构中的施工段应与模型、模型元素或信息相关联；

（2）工作分解结构宜达到支持制定进度计划的详细程度，并包括任务间关联关系；

（3）在工作分解结构基础上创建的施工模型应与工程施工的区域划分、施工流程对应。

在进度计划编制 BIM 应用中，进度管理模型宜在深化设计模型或预制加工模型基础上，附加或关联工作分解结构、进度计划、资源和进度管理流程等信息。

进度计划编制 BIM 应用交付成果宜包括进度管理模型、进度审批文件，以及进度优化与模拟成果等。

2. 进度控制

工程项目施工中的实际进度和计划进度跟踪对比分析、进度预警、进度偏差分析、进度计划调整等宜应用 BIM。在进度控制 BIM 应用中，通过虚拟进度和实际进度信息完成进度对比分析，分析偏差原因、及时更新进度管理模型并采取应对措施，对施工进度进行有效管理。

项目后续进度计划应根据项目进度对比分析结果和预警信息进行调整，进度管理模型应作相应更新。在进度控制 BIM 应用中，进度管理模型应在进度计划编制中进度管理模型基础上，增加实际进度和进度控制等信息。

进度控制 BIM 应用交付成果宜包括进度管理模型、进度预警报告、进度计划变更文档等。

5.4.2　项目质量管理应用

基于 BIM 技术的质量管理，主要是依据施工流程、工序验收、工序流转、质量缺陷、证明文档等质量管理要求，通过现场施工情况与模型的比对，提前发现施工质量的问题或隐患，避免现场质量缺陷和返工，提高质量检查的效率和准确性，进而实现项目质量管理目标。

质量管理 BIM 应用过程中，应根据施工现场的实际情况和工作计划，对质量控制点进行动态管理。基于 BIM 的项目质量管理包括质量验收计划确定、质量验收、质量问题处理、质量问题分析等环节。

基于 BIM 的项目质量管理是依据质量方案创建质量管理 BIM 模型和专业深化设计 BIM 模型，进行质量策划和质量交底。将 BIM 模型上传至协同管理平台，依据流水段和施工段对 BIM 模型进行划分，进行质量检查和质量资料管理。

项目质量管理 BIM 应用应融合“计划、执行、检查、处理”循环工作方法，不断落实深化质量管理。质量管理模型应达到指导现场施工的精细度，样板做法的施工工艺、工序应均有表达，模型应细化至最小材料单元。宜根据工程需要，将质量管理模型汇总、定期更新、形成标准化质量管理族库，进行技术积累，以供其他同类型项目调用。

在技术和管理方式上不断创新，如采用 BIM＋物联网进行大体积混凝土测温，利用点云扫描技术进行质量管理等。质量问题处理时，宜将质量问题处理信息附加或关联到相关模型元素上。

质量管理 BIM 应用交付成果包括质量管理模型、质量验收报告、质量问题处理记录、质量问题分析报告等。

5.4.3 项目成本管理应用

基于 BIM 的项目成本管理包括投标报价、成本计划、进度信息集成、合同预算成本计算、三算对比、成本核算、成本分析与考核等环节。

在成本管理 BIM 应用中，宜基于深化设计模型或预制加工模型，以及清单规范和消耗量定额创建成本管理模型，通过计算合同预算成本和集成进度信息，定期进行三算对比、纠偏、成本核算、成本分析工作。依据施工进度管理和成本管理要求，在协同管理平台中赋予 BIM 模型时间、成本等信息。在协同管理平台中可进行各阶段生产要素计划、资金计划的管理。

在成本管理 BIM 应用中，成本管理模型宜在施工图预算模型基础上增加成本管理信息。成本管理 BIM 应用交付成果宜包括成本管理模型、成本分析报告等。

成本管理 BIM 软件宜具有下列专业功能：

（1）导入施工图预算；

（2）编制施工预算成本；

（3）编制并附加合同预算成本；

（4）附加或关联施工进度信息；

（5）附加或关联实际进度及实际成本信息；

（6）进行三算对比；

（7）按进度、部位、分项、分包方等分别生成材料清单及施工预算报表；

（8）按进度、部位、分项、分包方等分别进行成本核算和成本分析。

5.4.4 项目安全管理应用

建筑项目安全施工是项目管理的一大难点，为了保证项目施工安全，可以借用 BIM 技术等信息化手段，辅助项目安全管理，为安全施工提供新的思路和技术途径。

利用 BIM 技术，对施工现场的人、物、环境进行施工生产体系动态管理，可以建立现场质量缺陷、安全风险等数据资料。通过现场施工信息与模型信息比对，进行施工现场安全模拟，通过模拟结果的可视化进行现场安全指导，显著减少深基坑、高大支模、临边防护等危及安全的现象，提高安全检查的效率与准确性，有效辨识危险源和施工难度区域，进而实现项目安全可控的目标。此外，方便管理者信息共享，随时掌握施工现场的安全风险因素，有效地协同共享，提高各方的沟通效率。项目安全管理 BIM 应用主要包括施工安全设施配置模型、危险源识别、安全交底、安全监测、施工安全分析报告及解决方案。

在安全管理 BIM 应用中，基于深化设计或预制加工等模型创建安全管理模型，基于安全管理标准确定安全技术措施计划，采取安全技术措施，处理安全隐患和事故，分析安全问题。

确定安全技术措施计划时，使用安全管理模型辅助相关人员识别风险源。实施安全技术措施计划时，使用安全管理模型向有关人员进行安全技术交底，并将安全交底记录附加或关联到相关模型元素中。

运用BIM技术，依据施工现场实际情况，实时更新施工安全设施配置模型，对危险源进行动态辨识和动态评价。通过实际施工方案、实施过程等进行模拟和交底，直观展示各施工步骤、施工工序之间的逻辑关系，帮助现场技术人员、施工人员理解、熟悉，提高施工项目安全管理效率。

安全管理BIM应用交付成果宜包括安全管理模型及相关报告。

安全管理BIM软件宜具有下列专业功能：

（1）根据安全技术措施计划，识别安全风险源；

（2）支持相应地方的施工安全资料规定；

（3）基于模型进行施工安全交底；

（4）附加或关联安全隐患、事故信息及安全检查信息；

（5）支持基于模型的查询、浏览和显示风险源、安全隐患及事故信息；

（6）输出安全管理模型需要的信息。

5.5 预制装配式建筑BIM应用

基于BIM技术的装配式建筑的设计、生产、运输和安装的全过程信息化管理，可有效提高预制构件设计的合理性和精确性。通过信息数据平台管理系统将设计、生产、施工、物流和运营等各环节联系为一体化管理，实现项目设计构件化、构件信息化，对提高工程建设各阶段及各专业之间协同配合的效率，以及一体化管理水平具有重要作用。

5.5.1 BIM项目准备

项目BIM实施前宜进行相关准备工作，保证后续工作的规范和顺利，一般项目在实施前应进行项目实施标准的建立和构件库的收集和整理。

确定BIM在项目计划、设计、施工、运营各阶段的应用价值。通过各专业协同提高设计质量，在设计阶段进行碰撞检查和在深化设计阶段进行施工模拟，提高施工效率。

项目前期应充分利用BIM技术进行全周期构件应用和实施规划。在工程项目中的协同工作，按照设计、施工规范应制定明确的指导原则，以保证项目顺利进行。

BIM项目协调人应明确设计、施工人员在整个项目执行期间各自的BIM应用，并明确规定所有模型图元的负责人。

构件选型、设计制作和现场安装应事先确定标准化流程，围绕BIM模型展开工作，根据项目BIM应用目标确定构件需要包含的信息，模型信息需要轻量化，避免过度建模。

利用BIM模型的参数化设计优势，制作前应按照统一模数进行部品构件的拆分、精简构件类型，提高装配水平。

5.5.2 项目 BIM 实施策划

1. 策划内容

项目 BIM 实施应编制项目实施总体策划，通过策划完善 BIM 项目管理体系，规范 BIM 执行流程以及建立相关 BIM 应用的特殊要求等。完整的实施策划书能够确立项目实施的框架，完善组织架构，对项目实施隐患进行规避。实施策划书经建设方批准后转化为"工程项目 BIM 实施计划"，并附有补充性的"工程项目 BIM 执行计划指导说明"，用来确保不同项目之间均能符合一致性原则。

项目实施策划书应至少包含以下内容：

（1）项目 BIM 实施计划：即制定实施计划的原因及目标。应根据合同所约定的 BIM 内容，制定 BIM 实施计划作为项目参与方 BIM 实施工作的指导性文件和依据。

（2）项目 BIM 应用目标：应考虑项目特点、团队能力、技术风险等因素确保项目 BIM 应用的有效实施；明确各阶段的工作主体对项目 BIM 的需求；BIM 应用价值、项目组制定的项目对 BIM 应用的特殊要求等。

（3）项目 BIM 管理组织架构：为确保项目 BIM 应用顺利实现，建立 BIM 工作小组，确定各项目组的作用和职责，项目执行各阶段计划。

（4）BIM 设计程序：要详细说明 BIM 计划路线图的执行程序。

（5）BIM 信息交换：详细制定模型质量要求、应统一数据格式和应用平台，保证数据信息的无缝对接与使用，满足各专业或各阶段的信息交流要求。在此基础上，形成各分项、分部的专用模型，如制造模型、施工模型、造价模型等。

（6）BIM 数据要求：必须明确建设方的要求，制定模型质量控制规程。

（7）技术基础条件要求：执行项目所需的硬件、软件、网络环境等。

（8）BIM 应用计划：根据工程项目实际情况，制定 BIM 应用计划并分解计划，确定 BIM 管理工作内容。

（9）制定 BIM 运行保障体系，交付方式。

2. 项目 BIM 应用目标

项目 BIM 应用目标设定应包含：

（1）质量管理：质量策划及实施，质量问题动态管理。

（2）进度管理：进度优化及模拟，进度调整与检查。

（3）成本管理：成本控制、分析、考核、合同、采购红线管理。

（4）安全管理：安全技术措施设计，检查安全问题动态管理。

（5）绿色施工管理：施工场地布置，绿色施工管理。

（6）建筑部品 BIM 应用：部品选型与整体配置，部品设计与制作。

（7）竣工交付：工程档案资料录入，竣工模型交付。

5.5.3 预制构件深化设计

深化设计时根据合同的技术规程、施工规范、施工图集，结合施工现场实际情况及材料、设备的实际尺寸对原设计进行方案优化、系统复核、综合协调，使设计图纸更详细更完善，具备可实施性，满足现场施工，以控制工程进度。

深化设计阶段是装配式建筑实现过程中的重要一环，起到承上启下的作用。预制装配式混凝土结构深化设计中的预制构件平面布置、拆分、设计，以及节点设计等宜应用BIM。

在深化设计BIM应用中，可基于施工图设计模型或施工图，以及预制方案、施工工艺方案等创建深化设计模型，输出平面布置图、构件深化图、节点深化图、工程量清单等。

预制构件拆分时，宜根据施工吊装工况、吊装设备、运输设备和道路条件、预制厂家生产条件以及标准模数等因素确定其位置和尺寸信息。宜应用深化设计模型进行安装节点、专业管线与预留预埋、施工工艺等的碰撞检查以及安装可行性验证。

预制装配式混凝土结构深化设计模型除施工图设计模型元素外，还应包括预埋件和预留孔洞、节点和临时安装措施等类型的模型元素，其内容宜符合表5-12的规定。

预制装配式混凝土结构深化设计模型元素及信息　　表5-12

模型元素类型	模型元素及信息
上游模型	施工图设计模型元素及信息
预埋件和预留孔洞	预埋件、预埋管、预埋螺栓等，以及预留孔洞； 几何信息包括：位置和几何尺寸； 非几何信息包括：类型、材料等信息
节点连接	节点连接的材料、连接方式、施工工艺等； 几何信息包括：位置、几何尺寸及排布； 非几何信息包括：节点编号、节点区材料信息、钢筋信息（等级、规格等）、型钢信息、节点区预埋信息
临时安装措施	预制混凝土构件安装设备及相关辅助设施； 非几何信息包括：设备设施的性能参数等信息

设计单位应向预制构件生产厂家及施工单位提供构件安装步骤、节点处理方法、构件与三维模型的关联索引信息。BIM应用交付成果宜包括深化设计模型、碰撞检查分析报告、设计说明、平立面布置图以及节点、预制构件深化设计图和计算书、工程量清单等。

5.5.4　预制构件和部品生产

信息传递的准确性和时效性是BIM在预制构件生产阶段的最大优势。预制加工产品的全生命期包括加工中技术工艺管理、材料管理、生产管理、质量管理、文档管理、成本管理、成品管理等宜应用BIM技术，可大幅提高生产效率。

本阶段应根据设计阶段模型进行深化，根据设计划分的构件单元，结合工厂生产设备及现场施工情况进行构配件部品的生产拆分，形成生产阶段专用构件加工模型。

部品部件生产基地、加工的产品，在产品模块准备、产品加工、成品管理等过程中应以建筑信息模型为基础进行流水线、信息化生产。其产品应满足工业化生产的需求，满足制造精度、运输质量控制、安装精度的要求。

根据预制构件深化设计单位提供的包含完整设计信息的预制构件信息模型，添加运输所需的信息，完成模具设计与制作、材料采购准备、模具安装、钢筋下料、埋件定位、构件生产、编码及装车运输等工作。并在构件生产和质量验收阶段形成构件生产的进度信息、成本信息和质量追溯信息。

预制配件、部品部件生产、制作的阶段信息及时反馈到构件加工模型中，保证模型信息的准确性和及时性。所有预制加工产品的物流运输和安装等信息宜附加或关联到模型中。

所有构配件、部品在交付运输与安装前应附加关联条形码、电子标签等成品管理物联网标识信息。信息编码包含以下信息：

（1）设计信息：构配件的几何特征及非几何信息（包含定位尺寸和坐标），安装部位、构件基本构成、装配图、构造做法、制造、运输、施工注意事项；

（2）生产信息：模具图、生产信息、加工图、工序工艺、构件生产质检信息、生产责任主体信息；

（3）运输信息：物流清单、运输注意事项、交流信息；

（4）施工信息：交接信息、测量及安装信息、竣工信息、质检信息；

（5）监理信息：是否满足设计及规范要求及质检信息。

装配式建筑制造阶段 BIM 应用交付成果宜包括：部品部件加工模型、加工图、装配图，以及相关的技术参数、安装要求等。

5.5.5 运输与吊装

构配件、部品在运输前应基于制造阶段交付的预制构件装配图，结合工程实体和现场施工进度、堆放场地、运输线路、施工方法和顺序、堆放支垫及成品保护措施等，根据项目的专项施工方案进行动态施工仿真模拟，以确定构配件、部品的运输顺序、放置位置。

预制构件的吊装是装配式结构工程施工中最重要的环节之一。构配件、部品在吊装前，应结合施工现场、构件的类型、机械设备的起吊能力、构件的安放位置等，进行施工吊装模拟，以具体确定吊点位置、吊具设计、吊运方法及顺序、临时支架等。

宜基于制造阶段交付的预制构件模型添加运输信息（物料清单、运输时间、运输路线、运输的注意事项、交接信息、装卸要求），结合 GIS 和物联网等技术，形成相应的物流阶段建筑信息模型。

5.5.6 施工实施

施工单位应根据设计、制造阶段的建筑信息模型进行深化，结合施工组织形成施工模拟。

将施工图结构模型、预制构件模型以及场地模型进行整合，根据项目的施工组织计划进行预装配施工模拟，复核构件的吊装、装配顺序，对吊装的每一个步骤进行精细化的仿真模拟，查找施工中可能存在的动态干涉，优化施工方案，形成构件安装的风险防控文档，并形成施工指导视频。

施工过程中，将施工进度数据和模型对象相关联，产生具有时间属性的施工进度管理模型，与计划进度对比分析，对进度偏差进行调整，更新目标计划，实现三维可视化施工进度管理。

施工过程中应逐步完善建筑信息模型的安装信息，最终整合建筑物空间信息、设备信息、施工信息和质检信息形成竣工模型。竣工模型集成了项目施工阶段的管理过程信息，为电子化竣工交付和运维阶段BIM应用提供数据基础。

5.5.7 运营维护管理

传统施工过程的信息管理基本上都以纸质材料方式进行流转和管理，且信息存储较分散，传递缓慢、效率低下。运维阶段BIM技术能够提供信息分类管理平台，并实现信息向运维阶段的有效传递。运维阶段是建筑全生命期中时间最长、管理成本最高的重要阶段。BIM技术在运维阶段应用的目的是提高管理效率、提升服务品质及降低管理成本，为设施的保值增值提供可持续的解决方案。

本阶段以竣工模型为基础，整合设计信息、制作信息、运输信息及施工阶段的信息等，集成了运维所需的信息数据。

竣工BIM模型数据信息应与运营管理平台进行关联，为运营管理提供信息查询、隐蔽工程改造、设备快速定位、图纸管理、系统维护、实时监控预警、互动场景模拟等功能。

思考题

1. 简述BIIM应用实施组织方式。
2. BIM实施策划包括哪些内容?
3. 4个BIM应用价值目标内容有哪些?
4. 简述BIM实施流程。
5. 施工准备阶段的BIM基本应用点有哪些?
6. 基于BIM的项目进度管理应用有哪些?
7. 基于BIM的项目质量管理应用有哪些?
8. 基于BIM的项目成本管理应用有哪些?
9. 基于BIM的项目安全管理应用有哪些?
10. BIM技术在装配式项目全过程的应用点有哪些?
11. 预制构件和部品生产中如何应用BIM技术?

第6章 临时工程

6.1 概要

6.1.1 临时工程的内容

临时工程是指在建设工程实施期间所必需的生产、办公、生活、仓库等临时用房和其他临时设施，它的特点是工程建成后，应全部拆除并进行整理保管。临时工程根据建设工程所处的地理位置、工程规模、施工工期等不同，其工程内容及方法也不同，一般按照施工总平面图的布置建造。

临时工程是建筑施工工序的重要阶段。从事施工和管理的工程技术人员首先制定临时工程施工计划及施工方案，审查、熟悉施工图，充分了解和掌握设计意图、构造特点和技术要求。在图纸会审的基础上，按施工技术程序，逐级进行技术交底。

临时工程主要包括以下几个内容：

1）工地围墙及出入口；

2）临时建筑物或构筑物；

3）临时道路；

4）临时用电器设备及给水排水设备；

5）脚手架设置；

6）危险防护设施。

6.1.2 安全文明施工

我国推行的建筑施工安全文明标准化包括安全施工、文明施工两方面的内容。文明施工是指保持施工场地整洁、卫生，施工组织科学，施工程序合理的一种施工活动。文明施工检查评定保证项目应包括：现场围挡、封闭管理、施工场地、材料管理、现场办公与住宿、现场防火。一般项目应包括：综合治理、公示标牌、生活设施、社区服务。

1. 文明施工保证项目的检查评定应符合的规定

（1）现场围挡

1）市区主要路段的工地应设置高度不小于2.5m的封闭围挡；

2）一般路段的工地应设置高度不小于1.8m的封闭围挡；

3）围挡应坚固、稳定、整洁、美观。

（2）封闭管理

1）施工现场进出口应设置大门，并应设置门卫值班室；

2）应建立门卫值守管理制度，并应配备门卫值守人员；
3）施工人员进入施工现场应佩戴工作卡；
4）施工现场出入口应标有企业名称或标识，并应设置车辆冲洗设施。
（3）施工场地
1）施工现场的主要道路及材料加工区地面应进行硬化处理；
2）施工现场道路应畅通，路面应平整坚实；
3）施工现场应有防止扬尘措施；
4）施工现场应设置排水设施，且排水通畅无积水；
5）施工现场应有防止泥浆、污水、废水污染环境的措施；
6）施工现场应设置专门的吸烟处，严禁随意吸烟；
7）温暖季节应有绿化布置。
（4）材料管理
1）建筑材料、构件、料具应按总平面布局进行码放；
2）材料应码放整齐，并应标明名称、规格等；
3）施工现场材料码放应采取防火、防锈蚀、防雨等措施；
4）建筑物内施工垃圾的清运，应采用器具或管道运输，严禁随意抛掷；
5）易燃易爆物品应分类储藏在专用库房内，并应制定防火措施。
（5）现场办公与住宿
1）施工作业、材料存放区与办公、生活区应划分清晰，并应采取相应的隔离措施；
2）在建工程内伙房、库房不得兼作宿舍；
3）宿舍、办公用房的防火等级应符合规范要求；
4）宿舍应设置可开启式窗户，床铺不得超过2层，通道宽度不应小于0.9m；
5）宿舍内住宿人员人均面积不应小于2.5m^2，且不得超过16人；
6）冬季宿舍内应有采暖和防一氧化碳中毒措施；
7）夏季宿舍内应有防暑降温和防蚊蝇措施；
8）生活用品应摆放整齐，环境卫生应良好。
（6）现场防火
1）施工现场应建立消防安全管理制度，制定消防措施；
2）施工现场临时用房和作业场所的防火设计应符合规范要求；
3）施工现场应设置消防通道、消防水源，并应符合规范要求；
4）施工现场灭火器材应保证可靠有效，布局配置应符合规范要求；
5）明火作业应履行动火审批手续，配备动火监护人员。

2. 文明施工一般项目的检查评定应符合下列规定

（1）综合治理
1）生活区内应设置供作业人员学习和娱乐的场所；
2）施工现场应建立治安保卫制度，责任分解落实到人；
3）施工现场应制定治安防范措施。
（2）公示标牌
1）大门口处应设置公示标牌，主要内容应包括：工程概况牌、消防保卫牌、安全生产牌、文明施工牌、管理人员名单及监督电话牌、施工现场总平面图；

2）标牌应规范、整齐、统一；

3）施工现场应有安全标语；

4）应有宣传栏、读报栏、黑板报。

（3）生活设施

1）应建立卫生责任制度并落实到人；

2）食堂与厕所、垃圾站、有毒有害场所等污染源的距离应符合规范要求；

3）食堂必须有卫生许可证，炊事人员必须持身体健康证上岗；

4）食堂使用的燃气罐应单独设置存放间，存放间应通风良好，并严禁存放其他物品；

5）食堂的卫生环境应良好，且应配备必要的排风、冷藏、消毒、防鼠、防蚊蝇等设施；

6）厕所内的设施数量和布局应符合规范要求；

7）厕所必须符合卫生要求；

8）必须保证现场人员卫生饮水；

9）应设置淋浴室，且能满足现场人员需求；

10）生活垃圾应装入密闭式容器内，并应及时清理。

（4）社区服务

1）夜间施工前，必须经批准后方可进行施工；

2）施工现场严禁焚烧各类废弃物；

3）施工现场应制定防粉尘、防噪声、防光污染等措施；

4）应制定施工不扰民措施。

6.1.3 现场围挡及出入口

为常态化现场文明施工，提高现场管理水平，维护好场容场貌，确保工程顺利施工及周边环境正常工作，项目开工前应对施工现场实行围护墙封闭管理。建设工地四周应采用牢固、稳固、整洁的硬质围挡，围墙材料有砌体、彩钢板等。围墙内设置醒目企业标牌与八牌两图，并亮化。生产区严格按总平面布置要求进行，并按照国家级地方政府的相关规定执行。

根据《建筑施工安全检查标准》规定，在市区主要路段的工地应设置高度不得低于2.5m的封闭围挡，其他一般路段的工地应设置高度不得低于1.8 m的封闭围挡。同一项目若分标段同时施工，各标段施工前应在周边采用临时围挡分隔封闭管理。临时围挡高度为1.8m。市政工程项目工地，可按工程进度分段设置围栏，或按规定使用统一的连续性护栏设施。临街或在人口稠密区，可以结合小区正式围墙进行围挡，但必须连续、密闭。围挡应有相应的防火措施，临时性的围挡便于移动或拆除。

施工现场的进出口处应设置不超过2个以上（包括两个）大门，以便管理进出人员、材料的进出。门头按规定设置企业标志，门口要设置车辆冲洗设施、门卫值班室，配备门卫值守人员，应建立门卫值守管理制度，并张挂门卫管理制度和岗位责任制。门卫房处需设立整洁的安全帽存放区，安全帽必须为合格、整洁产品，门卫人员必须确保每个进入现场的人员（包括访客）都戴上安全帽。

2019年3月1日起正式实施的《建筑工人实名制管理办法（试行）》（以下简称《办法》）规定全面实行建筑业农民工实名制管理制度。《办法》规定：建筑企业应配备实现建筑工人实名制管理所必需的硬件设施设备，施工现场原则上实施封闭式管理，设立进出场门禁系统，采用人脸、指纹、虹膜等生物识别技术进行电子打卡；不具备封闭式管理条件的工程项目，应采用移动定位、电子围栏等技术实施考勤管理。

6.1.4　临时建筑物

为便于建设工程实施期间生产、办公、储存，要进行临时建筑物的搭设作业。临时建筑物应有专业技术人员编制施工组织设计，并应经企业技术负责人批准后实施。临时建筑的施工安装、拆卸或拆除应编制施工方案，并由专业人员施工、专业技术人员现场监督。临时建筑应根据当地气候条件，采取抵抗风、雪、雨、雷电等自然灾害的措施。临时建筑屋面应为不上人屋面。

施工现场的办公、生活区必须与施工作业区、材料堆放区严格分开设置，保持安全距离，并应采取相应的隔离措施。办公、生活区的选址应当符合安全性要求，宜位于建筑物的坠落半径和塔吊等机械作业半径之外。当不能满足要求时，应增设双层安全防护棚。现场办公区、生活区应设置导向、警示、定位、宣传等标识。由生活区进入施工作业区的出入口须悬挂安全警示标志。

1. 生产区

（1）施工现场的主要地段按标准化的要求设置铭牌，作业区按标准悬挂相关的操作规程（图6-1、图6-2）。

（2）现场临时排水措施要切实可行，不得乱排水，雨季汛期要考虑到对周围环境的影响，必须采取有力的排水措施。

（3）机具设备、各类建筑材料堆放有序。施工阶段派专人打扫，经常喷水，防止垃圾和灰尘飞扬，不得污染路面和周边环境，保持道路清洁和场容场貌及周边绿化。

（4）现场需设置醒目的环保宣传标语，悬挂安全、质量等方面的宣传警示牌。

图6-1　材料堆场设置铭牌

图6-2　作业区悬挂操作规程

（5）加强施工现场的安全用电管理，各种设施需符合标准，并设置明显的防火布置和足够的消防器材，定期检查（图6-3、图6-4）。

（6）现场需加强材料管理，切实做到工完料净。

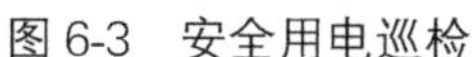

图6-3 安全用电巡检

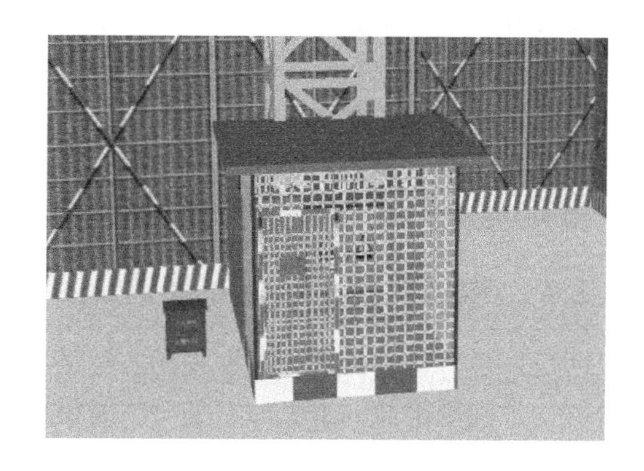

图6-4 设置足够消防器材

2. 生活区

（1）职工生活区（场外布置）采用搭设二层活动板房，每间统一布置。现场办公区采用二层塑钢夹心岩棉板活动板房。

（2）生活区“五小设施”齐全，规范、合格，并定期检查清扫。

（3）生活区环境整洁，充分利用空地，并落实专人负责清扫管理和绿化养护工作。

（4）搞好生活区的宣传工作，宣传标语需整洁、规范，宣传旗帜要清洁、鲜艳，宣传窗要常换常新。

（5）职工的膳食、饮水、休息场所等应当符合卫生管理的有关规定。职工宿舍要干净、整洁。寝具按要求叠放整齐，宿舍内不得乱拉电线、私接插座。

（6）施工单位不得在尚未竣工的建筑物内设置员工集体宿舍。在建工程内，伙房、库房不得兼作宿舍。

（7）加强消防管理，消防器材、设备、人员到位，符合标准，并落实除四害措施。

3. 办公区

（1）办公室、会议室（场内布置）的各类上墙图表要整齐、统一。

（2）办公室门上张贴明显的标识，标识牌由项目部统一定制。

（3）内部管理资料齐全、完备、符合标准。

（4）办公区设置停车位，所有进出的办公车辆一律停放在停车位内。

6.1.5 场内临时道路布置

（1）现场道路按照永久道路和临时道路相结合的原则布置。

（2）根据各加工场区布置、加工厂位置及各施工对象的相对位置，研究货物转运图，区分主要道路和次要道路，进行道路的规划。

（3）合理规划临时道路与地下管网的施工程序。在规划临时道路时，应充分利用拟建的永久性道路，提前修建永久性道路或者先修路基和简易路面，作为施工所需的道路，以达到节约投资的目的。若地下管网的图纸尚未出全，必须采取先施工道路，后施工管网的顺序时，临时道路就不能完全建造在永久性道路的位置，而应尽量布置在无管网地区或扩建工程范围地段上，以免开挖管道沟时破坏路面。

（4）保证运输通畅，道路应有两个以上进出口，道路末端应设置回车场地，且尽量避免临时道路与其他道路交叉。施工现场厂内道路干线应采用环形布置，主要道路宜采用双车道，宽度不小于6m，次要道路宜采用单车道，宽度不小于3.5m。

（5）现场设置主要出入口，由临时施工道路与外围市政道路连接，材料堆场和加工场均与临时道路用混凝土路面连通，场区施工临时道路主道采用C25混凝土硬化覆盖，路宽6m，路面中间应比两侧略高，两侧设置排水沟。

6.1.6 现场临时生产设施的布置

（1）垂直运输机械：根据现场实际情况，布置塔吊和配合塔吊作业的施工升降机。

（2）现场钢筋、木工加工场等临时设施布置在建筑物周边，并在塔吊上安装照明用的投光大灯。

（3）钢筋加工场（图6-5）：分别安置钢筋弯曲机、钢筋切断机和对焊机。

（4）木工加工场（图6-6）：分别安置电锯和电刨，木工加工场必须设消防器材。

（5）现场临时仓库：放置小型电动机械及其他材料，设置消防器材。

（6）场地材料堆放按总平布置图要求进行，钢筋、模板、脚手架构件堆放场地均安排在塔吊的回转半径内，且布置整齐。

图6-5 钢筋加工车间实景图

图6-6 木工操作棚实景图

6.2 施工现场临时用电

6.2.1 施工现场临时用电管理

近些年，因临时用电管理和使用不当造成的触电和电气火灾事故频频发生，造成较多的人员伤亡和较大的经济损失。新建、改建和扩建的工业与民用建筑和市政基础设施施工现场的临时用电工程电力系统的设计、安装、使用、围护和拆除应遵守《施工现场临时用电安全技术规范》（JGJ 46—2005）、《建设工程施工现场供用电安全规范》（GB 50194—2014）、《剩余电流动作保护装置安装和运行》（GB/T 13955—2017）等的有关规定。

为了确保施工现场供用电过程中的人身安全和设备安全，必须贯彻执行“安全第一、预防为主、综合治理”的方针，并使施工现场供用电设施的设计、施工、运行、维护及拆除做到安全可靠。施工现场必须建立临时用电安全技术档案。

1. 临时用电组织设计

临时用电设备在5台及以上，或设备总容量50kW及以上者，应编制用电组织设计。临时用电组织设计及变更时，应由电气工程技术人员组织编制，且必须履行“编制、审核、批准”程序，经相关部门审核及具有法人资格企业的技术负责人批准后实施。变更用电组织设计时应补充有关图纸资料。

临时用电工程必须经编制、审核、批准部门使用单位共同验收，合格后方可投入使用。临时用电设备在5台以下和设备总容量50kW以下者，应制定安全用电和电气防火措施。

施工现场临时用电组织设计应包括下列内容：

(1) 现场勘测。

(2) 确定电源进线、变电所或配电室、配电装置、用电设备位置及线路走向。

(3) 进行负荷计算。

(4) 选择变压器。

(5) 设计配电系统。

1) 设计配电线路，选择导线或电缆；

2) 设计配电装置，选择电器；

3) 设计接地装置；

4) 绘制临时用电工程图纸，主要包括用电工程总平面图、配电装置布置图、配电系统接线图、接地装置设计图。

(6) 设计防雷装置。

(7) 确定防护措施。

(8) 制定安全用电措施和电器防火措施。

2. 施工现场临时用电原则

建筑施工现场临时用电工程专用的电源中性点直接接地的220/380V三相四线制低压电力系统，必须符合下列规定：

(1) 必须采用TN-S接地、接零保护系统；

(2) 必须采用三级配电系统；

(3) 必须采用二级漏电保护和两道防线。

3. 外电线路及电气设备防护

在建工程不得在外电架空线路正下方施工、搭设作业棚、建造生活设施或堆放构件、架具、材料及其他杂物等。

在建工程（含脚手架）的外侧边缘与外电架空线路的边线之间的最小安全操作距离不得小于表6-1的规定。

外电防护操作最小安全距离 **表6-1**

外电线路(kV)	<1	1～10	35～110	220	330～500
最小安全距离(m)	4.0	6.0	8.0	10.0	15.0

注：上、下脚手架的斜道严禁搭设在有外电线路的一侧。

塔身高于30m的塔式起重机，应在塔顶和臂架端部设红色信号灯。起重机通过架空电线路时，应将起重臂落下，起重机任何部分与电力线的最小距离不得小于2m，起重机的任何部位或被吊物边缘在最大偏斜时与架空路边线的最小安全距离应符合表6-2的规定。

起重机与架空线路边线的最小安全距离 **表6-2**

输电线路电压(kV)	<1	10	35	110	220	330	500
垂直方向安全距离(m)	1.5	3.0	4.0	5.0	6.0	7.0	8.5
水平方向安全距离(m)	1.5	2.0	3.5	4.0	6.0	7.0	8.5

当边线距离小于安全操作距离时，在建工程要应采取增设绝缘屏障，遮拦设置等防护措施，并悬挂醒目的警告标志。

施工现场临时施工电线应优先架空，并挂限高牌，不架空时应埋入地下并采取相应保护措施，尽量避免横过通道或泡在水中。当电线需安装在金属材料上时，应装设PVC管或其他绝缘设施加以保护，以防漏电（图6-7）。对于现场内的变压器等设施应用木、竹板及杆件等进行遮挡，并悬挂警示牌等，保证防护设施坚固、稳定。

施工用电线路应严格按照施工现场临时用电施工组织设计进行架设。施工现场外电防护的技术措施主要应做到绝缘、屏护、安全距离（图6-8）。

电缆电路必须采用五芯电缆。电缆干线应采用埋地敷设，严禁沿地面明设，并应避免机械损伤和介质腐蚀。电缆在室外直接埋地敷设的深度应不小于0.7m，并在电缆上下各均匀铺设不小于50mm后的细砂，然后覆盖硬质保护层。沿电缆线敷设方向，设置“地下有电缆”警示标志牌。

电气设备是指发电、变电、输电、配电或电的任何设施或产品，诸如电机、变压器、电气、电气测量仪表、保护电气、布线系统和电气用具的等，也泛指上述设备及其机械连载体或机械结构体，如各种电动机械、电动工具、灯具、电焊机等。

电气设备现场周围不得存放易燃易爆、污源和腐蚀介质，否则应予清除或做防护处置，其防护必须与环境相适应；凡是露天使用的电气设备，应有良好的防雨性能，凡被雨淋过的电气设备应经过严格测试和干燥处理后，方可使用。

4. 接地与接零保护系统

（1）建筑施工现场接地主要有工作接地、保护接地、重复接地、防雷接地四种。

图6-7 用PVC管架空施工电线

图6-8 绝缘操作平台

1）工作接地

将变压器中性点直接接地叫工作接地，接地电阻值应小于4Ω。在工作接地的情况下，大地被用作为一根导线，而且能够稳定设备导电部分的对地电压。

2）保护接地

将电气设备的不带电金属外壳与大地连接叫保护接地，接地电阻值应小于4Ω，以防外壳带电危及人身安全。

3）重复接地

在保护零线上再做的接地叫重复接地，其电阻值应不大于10Ω。在一个施工现场中，重复接地不能少于三处（始端、中端、末端）。在设备比较集中的地方（如搅拌机棚、钢筋作业区等）应做一组重复接地，在高大设备处（如塔吊、外用电梯、物料提升机）也要做重复接地。

4）防雷接地

防雷接地是针对防雷保护的需要而设置的接地。例如，避雷针、避雷器的接地，目的是使雷电流顺利导入大地，以利于降低雷过电压，故又称过电压保护接地。

施工现场内的起重机、井字架、龙门架、外用电梯等机械设备，以及钢脚手架和正在施工的在建工程等的金属结构，当在相邻建筑物、构筑物等设施的防雷装置接闪器的保护范围以外时，应按表6-3规定安装防雷装置。

施工现场内机械设备及高架设施需安装防雷装置的规定　　表6-3

地区年平均雷暴日(d)	机械设备高度(m)
≤15	≥50
>15，<40	≥32
≥40，<90	≥20
≥90及雷害特别严重地区	≥12

（2）一般规定

1）施工现场必须采用TN-S三相五线接零保护系统。

2）在施工现场专用变压器的供电的TN-S接零保护系统中，电气设备的金属外壳必须与保护零线连接。保护零线应由工作接地线、配电室（总配电箱）电源侧零线或总漏电保护器电源侧零线处引出（图6-9）。

3）当施工现场与外电线路共用同一供电系统时，电气设备的接地、接零保护应与原系统保持一致。不得一部分设备做保护接零，另一部分设备做保护接地。

4）采用TN系统做保护接零时，工作零线（N线）必须通过总漏电保护器，保护零线（PE线）必须由电源进线零线重复接地处或总漏电保护器电源侧零线处，引出形成局部TN-S接零保护系统（图6-10）。

5）TN系统中的保护零线除必须在配电室或总配电箱处做重复接地外，还必须在配电系统的中间处和末端处做重复接地。

6）PE线上严禁装设开关或熔断器，严禁通过工作电流且严禁断线。

7）做防雷接地机械上的电气设备，所连接的PE线必须同时做重复接地，同一台机械电气设备的重复接地和机械的防雷接地可共用同一接地体，但接地电阻应符合重复接地电阻值的要求。

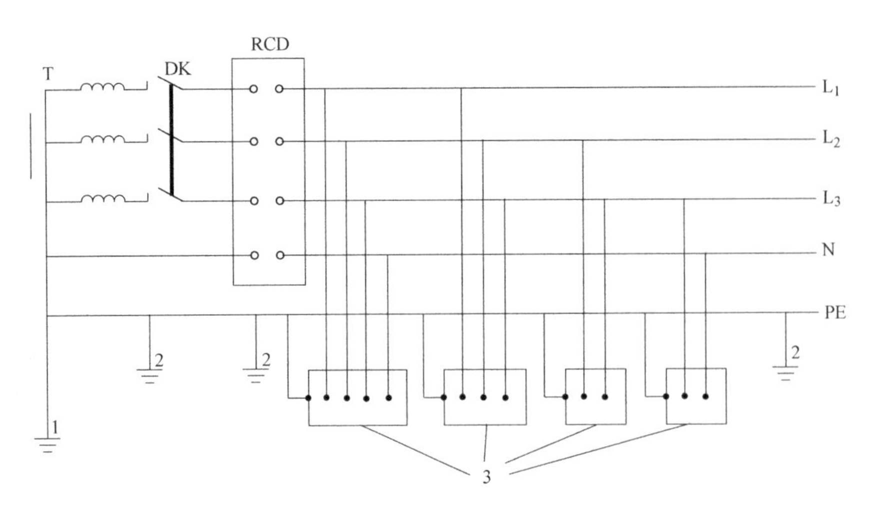

图 6-9　专用变压器供电时 TN-S 接零保护系统示意图

1—工作接地；2—PE 线重复接地；3—电气设备金属外壳（正常不带电的外露可导电部分）；L_1、L_2、L_3—相线；N—工作零线；PE—保护零线；DK—总电源隔离开关；RCD—总漏电保护器（兼有短路、过载、漏电保护功能的漏电断路器）；T—变压器

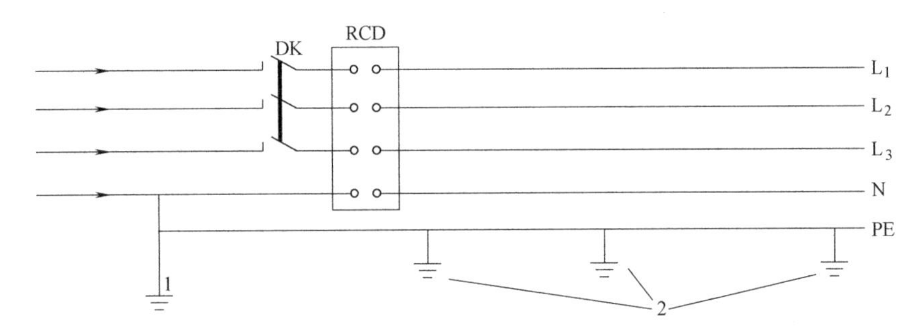

图 6-10　三相四线供电时局部 TN-S 接零保护系统示意图

1—NPE 线重复接地；2—PE 线重复接地；L_1、L_2、L_3—相线；N—工作零线；PE—保护零线；DK—总电源隔离开关；RCD—总漏电保护器（兼有短路、过载、漏电保护功能的漏电断路器）

（3）保护接零

在电源中性点直接接地的低压电力系统中，将用电设备的金属外壳与供电系统中的零线或专用零线直接做电气连接，称为保护接零。根据保护零线（PE 线）是否与工作零线（N 线）分开，保护接零供电系统又划分为 TN-C、TN-S 和 TN-C-S 三种供电系统。

在 TN 系统中，下列电器设备不带电的外露可导电部分应做保护接零：所有电气设备的金属外壳、配电箱柜的金属框架、门，人体可能接触到的金属支撑、底座、架体，电气保护管及其配件等。

城防、人防、隧道等潮湿或条件特别恶劣施工现场的电气设备必须采用保护接零。

5. 配电箱与开关箱

配电系统应设置配电柜或总配电箱、分配电箱、开关箱，实行三级配电两级保护。“三级配电”是指配电箱应分级设置，即总配电箱（间）下，设分配电箱，分配电箱以下设开关箱，开关箱用来接设备，形成三级配电。“两级保护”主要针对漏电保护器而言，除在末级开关箱内设置漏电保护器外，还要在上一级分配电箱或总配电箱内再设置一级漏电保护器，形成两级保护。配电系统宜使三相负荷平衡。220V 或 380V 单项用电设备宜接入 220V/380V 三相四线系统。供电线路选用五芯电缆，供电系统做到“三级配电，两级保护”。

配电箱外应标明负责人（电工）姓名和联络电话。一、二级配电箱应封闭管理（图 6-11），固定式分配电箱必须搭设防护棚。箱内布线整齐、电器元件无损，设置固定支架底座，箱门不得破损，需常闭，并具备防雨措施。符合“一机、一闸、一漏、一箱”要求（图 6-12）。所谓“一机一闸一箱一漏”就是指每台电气设备必须单独使用各自专用的一个开关电器、一个漏电保护器，严禁一个开关直接控制 2 台及以上用电设备。所有临时线路不得裸露，包括进入配电箱的终端。所有中、小型电动工具均必须配置末端配电箱，严禁采用接线板接电。

每台用电设备必须有各自专用的开关箱，严禁用同一个开关箱直接控制 2 台及 2 台以上用电设备（含插座）。开关箱内漏电保护器的额定漏电动作电流应不大于 30mA，额定漏电动作时间不应大于 0.1S，潮湿、腐蚀环境下漏电保护器应采用防溅型产品，其额定漏电动作电流不应大于 15mA。总配电箱内漏电保护器的额定漏电动作电流应大于 30mA，额定漏电动作时间应大于 0.1S，但其乘积不得大于 30mA・S（36V 及 36V 以下的用电设备如工作环境干燥可免装漏电保护器）。

配电箱、开关箱周围应有足够 2 人同时工作的空间和通道，不得堆放任何妨碍操作、维修的物品。配电箱要做到“四防一通”，即防火、防雨雪、防雷、防小动物，通风良好。

图 6-11 配电箱封闭管理

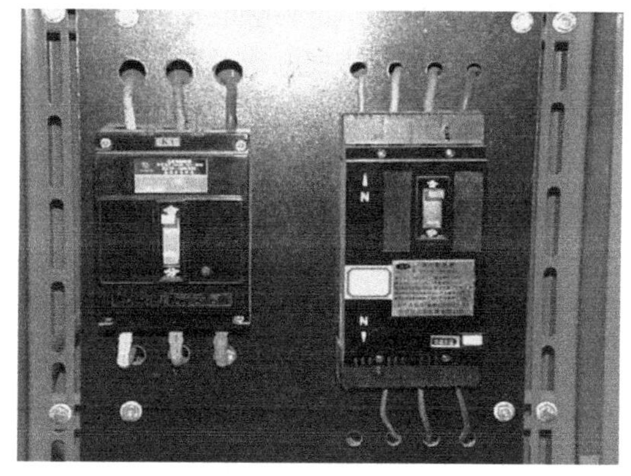

图 6-12 一机、一闸、一漏、一箱

6. 现场照明

手持照明灯应使用 36V 级以下安全电压。潮湿作业场所照明应使用 24V 安全电压，金属容器内照明应使用 12V 安全电压，导线接头处用绝缘胶带包好。金属外壳的灯具外壳必须作保护接零，所用配件均应使用镀锌件。

在潮湿或特别潮湿的场所，选用密闭型防水、防尘照明器或配有防水灯头的开启式照明器。对有爆炸和火灾危险的场所，必须按危险场所等级选择相应的照明器。特殊场合的照明器应使用安全电压。

对夜间影响飞机或车辆通行的在建工程及机械设备，必须设置醒目的红色信号灯，其电源应设在施工现场总电源开关的前侧，并应设置外电线路停止供电时的应急自备电源。

7. 日常维护与检查

对现场的用电设备、供电设施、线路等进行经常性巡视、检查，发现问题立即整改。

1）持证上岗，用电设备、闸箱等的接线、日常维护检查均须由取得相应资格的专职电工进行操作，并作好巡视、维修记录，严禁无证上岗。

2）定期对用电设备、供电线路、设施等的绝缘进行检测，不能满足安全使用要求的立即停止使用进行维修或更换。

3）定期对供电系统接地电阻进行检测，并做好记录。

4）大风、雨雪，前后对整个施工现场的供电系统及用电设备进行检查，确保无安全隐患后再投入使用。

8. 临电系统的验收与档案管理

1）专项临时用电施工组织设计要由电气专业技术人员进行编制，并经单位技术负责人审核、审批后方可施工。

2）临时用电系统在施工完成后要经过编制人、项目经理、审批人及专职电工共同验收合格后方可投入使用。验收要履行签字手续。

3）建立完善的用电档案，并设专人管理，主要包括：专项临时用电施工组织设计、接地电阻绝缘电阻遥测记录、电工巡视维修记录、临时用电验收记录等。

6.2.2　施工现场常见触电事故

（1）吊车及施工机械过于接近或压、碰高压线路；

（2）施工机具、材料触电及带电体；

（3）小型及手持式电动工具漏电；

（4）焊接施工、电动工具施工时漏电、触电；

（5）火线施工、停电施工保护措施不当或违章操作造成触电；

（6）安全距离不足造成触电；

（7）管理制度不严或违章作业造成触电。

6.2.3　触电事故原因分析

（1）大部分作业在触电危险极高的室外潮湿环境中进行；

（2）因施工现场流动性较大，施工临时用电配线在没有充分安全技术措施下设置。如违反安全操作规程在电箱内乱拉挂接电线，不使用“TN-S”接零保护系统；不按“一机、一闸、一漏、一箱”设置，从而造成工地用电混乱，极易造成操作失误；

（3）因挖掘、拆除作业使现场的电器设备容易受损；

（4）起重机等移动施工时容易压、碰撞高压线；

（5）因缺乏电气安全知识，自我保护意识淡薄，造成意外的触电事故；

（6）施工现场外电线路及电器设备防护不到位；

（7）临时用电组织设计不符合要求或编制内容针对性不强；

（8）电工无证上岗或证件过期，或者不履行职责；

（9）电气设备安装不合格、电器设备缺乏正常检修和维护。如电线高度不符合安全要求，电线保护套管破损。

6.2.4 建筑施工用电安全措施

（1）施工用电投入运行前，经过有关部门验收合格后方可使用，管理人员对现场施工用电进行技术交底。

（2）对现有的电气事故的种类及危险程度建立安全检查和评估制度。

（3）施工现场临时用电的技术安全资料，要求有临时用电的施工组织设计、工程检查验收表、接地电阻测试记录、定期检（复）查表、电工维修工作记录。

（4）建立技术交底制度，若发现安全隐患时，改变设计、作业方法、设备或作业环境，避免可能发生的危险。

（5）临时用电线路采用架空敷设，潮湿和易触及带电体场所的临时照明采用不大于24V的安全电压。

（6）把危险降低到可接受的程度。优先使用危险源、安全隐患排查制度。

（7）定期对各类用电人员进行安全教育和培训，培养应对安全事故的能力。

（8）对电气设备进行安全设置，且必须符合电气设备的安全要求和防护要求。

（9）施工现场供电线路、电气设备的安装、维修保养及拆除工作，必须由持有效证件的电工进行。

（10）现场一级配电箱设置在配电房室内，安全工具及防护措施、灭火器材配置齐全有效。

（11）必须严格做到“三级配电、二级保护”。施工现场必须设置总配电箱或柜，不得直接在供电局或建设单位提供的电源系统上向各分配电箱供电。

（12）各类配电箱中的RC熔断器内严禁使用铜丝作保护，必须使用专用的铜熔片，并做到与实际使用相匹配。

（13）临建设施配线必须采用耐火绝缘导线或耐火电缆，严禁私接乱拉电气线路，严禁在电气线路上悬挂和晾晒物品，用电要统一专人管理，统一规划、统一设置、统一时间供电、断电。

（14）值班人员按要求定期对配电室低压柜进行检查清扫，发现问题及时汇报。

（15）用电设备在安装使用前，必须先摇测绝缘电阻，合格后才能投入使用。

（16）现场所有用电设备必须另接三级配电箱，否则不准使用。箱内必须配有开关及漏电保护器，三级箱与二级箱距离不得大于30m，三级箱至用电设备距离不得大于5m。

（17）在雨季施工每月必须对漏电开关进行末端试验，发现不动作立即更换，如实记录。

（18）凡是移动电器设备及手持电动工具，必须装设漏电保护装置。

（19）施工现场应使用的电气设备，必须制定有专人负责管理和使用。

6.3 给水排水系统

给水排水系统是施工现场生活的最基本条件，系统的设置应根据临时建筑的用途、文明工地的要求以及给水排水条件等综合考虑。给水排水系统设计应符合《室外给水设计规范》（GB 50013—2018）、《建筑给水排水设计规范》（GB 50015—2003（2009年版））中的有关规定。生活用水的给水系统供水水质必须符合现行国家标准《生活饮用水卫生标准》(GB 5749—2006)的有关规定，专用的工业用水给水系统水质应根据用户的要求确定。除此之外，还应符合《施工现场临时建筑物技术规范》(JGJ/T 188—2009)的相关规定。

任何一个建筑工程都需要大量的水，拟建工程开工前首先制定用水量及给水方法的临时用水施工方案。临时给水系统由取水设施、净水设施、贮水构筑物、输水管线和配水管综合而成。

1) 建筑工地的临时用水主要由三部分组成：生活用水、施工用水、消防用水。施工用水主要用于混凝土的养护。给水系统的管线必须按照施工总平面图的要求布置，使其尽可能与永久性的给水系统结合起来。当利用地面水和地下水时，取水设施一般由取水口、进水管及水泵泵站组合而成。所有的水泵必须具有足够的抽水能力和扬程，必须满足施工高峰用水量。

2) 施工现场的用水供给除临时建筑的生活用水外，尚需提供建筑工地的施工用水。由于施工现场的特殊性，工地的各用水点相对比较简单和不规范，极易受到污、废水和污染物的污染(输水软管直接与施工机械连接或直接放置在地面)，一旦系统管网出现负压回流时，将污染生活供水管网和生活饮用水，产生卫生安全事故。因此将临时建筑的生活饮用水管网与施工用水管网分开独立设置，在施工供水管起端采取防回流污染措施(设置倒流防止器等)，保证生活饮用水不被污染和卫生安全。

3) 现场用水主要考虑为模板浇水、搅拌用水、砌筑抹灰用水、保养用水、混凝土泵车用水以及生活用水。同时考虑到城市用水高峰时的水压下降或停水或用水负荷太大，现场设置一座蓄水池，以满足现场连续施工的需要。

4) 现场生产用水，为满足各层施工用水，保证施工安全，在施工层应设置施工用水龙头和消防设施，设置多台多级水泵，同时每层设置灭火器材。

5) 根据文明施工要求，保持施工现场文明、卫生、有序；杜绝现场施工废水和雨水到处随意流淌现象，对场内排水系统进行统一规划，确保施工现场及生活区废水有序排放，雨水实行回收利用。

6) 临时建筑的水源应根据建设地点、供水条件确定，当无法采用市政供水时，可采用经处理后符合卫生标准的自备水源作为生活饮用水，或将自备水源作为生活杂用水使用。

7) 应从防止和减少火灾危害，保护人身和财产安全出发，根据临时建筑可燃物多少、火灾危险性、火灾蔓延速度等情况，配置消防给水设施。消防用水量、水压及延续时间应符合现行国家标准《建筑设计防火规范》(GB 50016—2014)(2018年版)、《消防给水及消火栓系统技术规范》(GB 50974—2014)的有关规定。

8) 施工现场的施工等其他用水，由于防护条件有限，易受回流污染，因此宜将生活饮用水池(箱)单独设置。为了便于识别防止误用，宜设置明显的标识。此外，施工现场场地条件、环境相对较差，埋地水池的卫生防护及溢排水条件受限，极易受污染，影响生活饮用水水质，因此不宜埋地。

9) 在严寒地区和寒冷地区由于气温较低，给水排水管道和设施的水体易产生结冰现象和损坏，而影响使用。因此应采取防冻技术措施，以达到保护目的。

10）为了保护工程建设过程的周边环境和水体，进行有组织排放。排水系统应按污水和雨水分流的原则是保护水体不受污染的必要措施。

11）排水系统应按污水和雨水分流的原则设计。在水资源紧缺地区，宜根据施工现场和区域降雨情况，采取雨水收集回用的措施。排入城市下水道、明沟（或明渠）和自然水体的污、废水应根据排放要求进行处理，并应达到规定的排放标准。

12）临时通信：进场后办公室内申请安装市内电话两台，有关人员配备手机、对讲机，以增强相互间信息联络；塔吊指挥采用哨、旗及对讲机；混凝土泵采用对讲机或红色指示灯进行开泵、停泵调度。

13）现场摄像监控：现场按照相关规定安装远程视频监控系统，在工地出入口、塔吊顶部安装摄像头满足对施工现场全覆盖的要求。出入口的摄像头应在运输建筑渣土前安装，塔机顶部的摄像头应在搭建塔机的同时安装到位。远程视频监控系统能 24 小时监控并记录任何一辆出入工地的渣土车是否密闭化改装，是否为准入运输车，是否经过了冲洗。

6.4 安全防护设施

6.4.1 脚手架安全管理

脚手架是为了保证高处作业安全、顺利进行施工而搭设的临时设施。用作操作平台、施工作业和运输通道，并能临时堆放施工用材料和机具。因此，脚手架在砌筑工程、混凝土工程、装修工程中有着广泛的应用。

在脚手架搭设和拆除作业前，应根据工程特点编制专项施工方案，并应经审批后组织实施。脚手架应构造合理、连接牢固、搭设与拆除方便、使用安全可靠。

施工现场应建立脚手架工程施工安全管理体系和安全检查、安全考核制度。

脚手架工程应按下列规定实施安全管理：

1）脚手架要进行安全验算，如立杆的基础承载力计算、纵向、横向水平杆的计算、立杆计算、连墙杆件稳定验算等；

2）严格控制施工荷载，确保有较大的安全储备；

3）搭设和拆除作业前，应审核专项施工方案；

4）应查验搭设脚手架的材料、构配件、设备检验和施工质量检查验收结果；

5）使用过程中，应检查脚手架安全使用制度的落实情况。

脚手架在使用过程中，应定期进行检查，检查项目应符合下列规定：

1）主要受力构件、剪力墙等加固杆件、连墙件应无缺失、无松动，架体应无明显变形；

2）场地内无积水，立杆低端应无松动、无悬空；

3）安全防护设施应齐全、有效、应无损坏缺失；

4）附着式升降脚手架支座应牢固，防倾、防坠装置应处于良好工作状态，架体升降应正常平稳；

5）悬挑脚手架的悬挑支撑结构应固定牢固。

当脚手架遇有下列情况之一时，应进行检查，确认安全后方可继续使用：

1）加强对架设工具的管理和维修保养，尤其是遇有六级大风和大雨等恶劣天气以后必须进行安全检查；

2）有强风预报时要及时加强防护，遇有强风时应停止使用；

3）脚手架上霜、雪等要及时清扫，若不得已使用时需撒砂子或木屑防止滑倒。

6.4.2　坠落防护装备

在施工高处作业中，必须将危险因素和有害因素控制在安全范围内，并配备减少、预防和消除危害的设施或装备。在建筑施工过程中，存在不少施工事故是与没有正确佩戴和使用建筑“三宝”有关的，施工操作时不戴安全帽、高空作业时不戴安全带、脚手架外围防护不及时挂设安全网，最终导致人、物坠落事故或物体打击事故发生。

图6-13　垂直安全网

所谓“三宝”是指正确佩戴安全帽、设置安全网、正确系挂安全带。安全网是高处作业时用来防止人、物坠落或用来避免、减轻坠落物及物体打击伤害的防护装备。安全网悬挂方式有安全立网（垂直设置）和安全平网（水平设置）。安全立网多用于高层建筑施工的外脚手架，外侧满挂安全网维护。作业层外侧要有1.2m高的防护栏杆，并用密目网封闭，网与外脚手架靠牢（图6-13）。

无外脚手架或采用单排脚手架高4m以上的建筑物，首层四周必须支搭固定3m宽的安全水平网（高层建筑6m宽双层网），此外网底距下方物体不得小于3m（高层不得小于5m），高层建筑每隔四层应固定一道6m宽的水平安全网。每块支好的安全网应能承受不小于1600N的冲击荷载。层面网的支搭可在结构墙上预留孔洞，固定大横杆。施工中搭设的脚手架必须坚固、可靠。

在施工的楼梯口、电梯井、采光井、预留洞口，除必须设置围栏和盖板、架网外，还应在井口内首层，并每隔四层固定一道安全网。

正在施工的建筑物所有通道，必须搭设板棚或网席棚，棚宽应大于出入口，棚长应大于出入口。在施工过程中尚未安装栏杆的阳台周边、无架防护的屋面周边，卸料台的外侧边等，必须设置1.2m高的防护栏杆或搭设安全平网。

6.4.3　防火及消防措施

建筑工程施工现场在施工前须设置临时消防设施。临时消防设施是指设置在建设工程施工现场，用于扑救施工现场火灾、引导施工人员安全疏散等的各类消防设施，包括灭火器、临时消防给水系统、消防应急照明、疏散指示标识、临时疏散通道等。临时用房、临时设施的布置应满足现场防火、灭火及人员安全疏散的要求。施工现场入口处必须设置消防设施。表面装饰用红色油漆，并书写消防安全标语（图6-14）。施工现场出入口的设置应满足消防车通行的要求，并宜布置在不同方向，其数量不宜少于 2 个，当确有困难只能设置一个出入口时，应在施工现场内设置满足消防车通行的环形道路。施工现场明确划分出禁火区（易燃、可燃材料的堆放场地）、仓库区（易燃废料的堆放区）和现场的生活区。各区域之间一定要有可靠的防火间距且须配备粉剂或二氧化碳灭火器。

图 6-14 消防安全展示

严禁在有可燃蒸汽、气体、粉尘或禁止明火的危险性场所进行焊、割作业。施工现场需动用明火作业的，如电焊、气割等，必须严格执行三级动火审批手续，并落实动火作业和防火措施。施工现场应划定固定和临时动火作业区，实行全封闭管理，固定动火区与易燃易爆库房应保持 30m 以上的距离，临时动火区需维护并配置灭火器和设置警戒标志。动火区不得置于高压线下，动用明火时，必须履行专职安全员审批制度并采取防火措施。动火点需在施工现场入口设置的安全生产提示牌中予以明确。

建筑工地的木工作业场所要严禁动用明火，工人吸烟时要到休息室。在高空焊割时，要用非燃材料做成接火盘和风挡，以接住和控制火花的溅落。

施工现场应设置灭火器、临时消防给水系统和应急照明等临时消防设施。消火栓泵应采用专用消防配电线路。专用消防配电线路应自施工现场总配电箱的总断路器上端接入，且应保持不间断供电。

在建工程及临时用房的下列场所应配置灭火器：

1）易燃易爆危险品存放及使用场所。

2）动火作业场所。

3）可燃材料存放、加工及使用场所。

4）厨房操作间、锅炉房、发电机房、变配电房、设备用房、办公用房、宿舍等临时用房。

5）其他具有火灾危险的场所。

楼层内每层的疏散通道（楼梯）附近须放置至少一套灭火器，如该层面积超过 $200m^2$ 至少设置两个安全出口或疏散楼梯，并放置两套灭火器。灭火器应放在地面红色箱体内或悬挂于合适高度处，并在显眼处张贴“灭火器摆放点”标志及定期检查记录表，消防器材应定期检查，过期失效的灭火器材应及时更换。

油漆作业场所严禁烟火。漆料应设专门仓库存放，漆料仓库宜远离临时宿舍和有明火的场所并保持通风，用电时符合防火规定。不得在施工现场及库房内调配油漆、稀料。油漆作业时，须有具体的防火要求，必要时派专人看护。

超过 24m 高的建筑，须在拆模一个月内配备加压水泵，随层做消防水源管道，每层留有消防水源接口及消防卷带（图 6-15、图 6-16）。

建筑施工企业是防火安全管理的重点单位，必须制定防火安全措施及管理制度。高层建筑应按规定高度设置消防水源并能满足消防要求。

图 6-15　加压水泵

图 6-16　消防卷带

思考题

1. 施工现场常见的触电事故有哪些？导致原因是什么？
2. 施工现场的平面布置包括哪些内容？
3. 什么是三级配电和二级漏电保护？
4. 简述施工临时用电安全管理要点。
4. 施工现场防火及消防措施有哪些？
6. 安全网分为哪几类？进行冲击性能试验时各有哪些要求？

第7章　土石方工程

土石方工程是建筑工程施工中主要的分部分项工程之一，土石方工程包括土（或石）的挖掘、运输、回填、压实等主要施工过程，以及场地清理、测量放线、排水降水、土壁支护等准备和辅助工作。

土石方工程的特点是：工程量大，劳动强度高，施工条件复杂，往往受场地限制。因为是露天施工，施工时受气候、水文地质、临近建（构）筑物、地下障碍物等因素的影响较大，特别是城市内施工，场地狭窄，土方的开挖与留置、存放都受到场地限制，易出现土壁坍塌、高处坠落、触电等安全事故。大型土石方工程施工设备多、施工交叉多、相互影响大，同时常涉及大量的爆破作业。因此，在土石方工程施工前，应进行充分的施工现场条件调查（如地下管线、电缆、地下障碍物、邻近建筑物等），掌握地基土的分类和工程性质，明确土石方施工质量要求、工程性质、施工工期等施工条件，正确利用气象预报资料，根据基坑设计和场地条件，制定出安全有效的土方工程施工方案。

7.1　建筑地基土的分类及工程性质

7.1.1　建筑地基土的分类

建筑地基土的分类方法很多，地基土的工程性质会直接影响土石方工程的施工方法、劳动力消耗、工程费用和保证安全的措施。《建筑地基基础设计规范》（GB 50007—2011）和《岩土工程勘察规范》（GB 50021—2001（2009年版）），在对建筑地基土的分类有地质分类和工程分类，地质分类主要根据其地质成因、矿物成分、结构构造和风化程度划分；工程分类主要根据岩体的工程性状划分，便于明确土的工程特性和工程评价。

1. 按地质分类

1）按地质成因可划分为残积土、坡积土、洪积土、冲积土、淤积土、冰积土、风积土。

2）按颗粒级配和塑性指数分类

土按颗粒级配和塑性指数可分为碎石土、砂土、粉土和黏性土。

碎石土为粒径大于2mm的颗粒含量超过全重50%的土，分类见表7-1。

砂土为粒径大于2mm的颗粒含量不超过全重50%、粒径大于0.075mm的颗粒超过全重50%的土，分类见表7-2。

粉土为介于砂土和黏性土之间，粒径大于0.075mm的颗粒质量不超过总质量的50%，且塑性指数I_p等于或小于10的土。

黏性土为塑性指数I_p大于10的土，分类见表7-3。

碎石土分类 表7-1

土的名称	颗粒形状	颗粒级配
漂石	圆形及亚圆形为主	粒径大于200mm的颗粒质量超过总质量50%
块石	棱角形为主	
卵石	圆形及亚圆形为主	粒径大于20mm的颗粒质量超过总质量50%
碎石	棱角形为主	
圆砾	圆形及亚圆形为主	粒径大于2mm的颗粒质量超过总质量50%
角砾	棱角形为主	

砂土分类 表7-2

土的名称	颗粒级配
砾砂	粒径大于2mm的颗粒质量占总质量25%～50%
粗砂	粒径大于0.5mm的颗粒质量超过总质量50%
中砂	粒径大于0.25mm的颗粒质量超过总质量50%
细砂	粒径大于0.075mm的颗粒质量超过总质量85%
粉砂	粒径大于0.075mm的颗粒质量超过总质量50%

黏性土分类 表7-3

土的名称	塑性指数
粉质黏土	$10<I_p\leqslant17$
黏土	$I_p>17$

2. 按工程分类

1）工程特性分

具有一定分布区域或工程意义上具有特殊成分、状态和结构特征的土称特殊性土，根据工程特性分为湿陷性土、红黏土、软土（包括淤泥和淤泥质土）、冻土、膨胀土、盐渍土、混合土、填土和污染土。

2）按土的开挖难易程度分类

根据土的开挖难易程度从一类到八类依次为松软土、普通土、坚土、砂砾坚土、软石、次坚石、坚石、特坚石。

7.1.2 建筑地基土的工程性质

与土方工程密切联系的土的主要工程性质有土的可松性和渗透性、含水量、土的休止角等。

1. 土的可松性、渗透性

土的可松性是指自然状态下的土，经过开挖以后，结构联结遭受破坏，其体积因松散而增大，以后虽经回填压实，仍不能恢复到原来体积的性质。它是挖填方时，计算土方机械效率、回填土方量、运输机具数量、进行场地平面竖向规划设计、土方平衡调配的重要参数。

最初可松性系数　k_s＝土经挖后的松散体积 V_2/土在天然状态下的体积 V_1

最终可松性系数　k_s'＝土经回填压实后体积 V_3/土在天然状态下的体积 V_1

土的渗透系数是选择人工降水方法的依据，也是分层填土时，确定相邻两层结合面形式的依据。

2. 土的含水量

土的含水量（w）是指土中所含水的质量与固体颗粒质量之比，以百分率表示。它是随气候条件、雨雪和地下水的影响而变化，对土方边坡的稳定、填方密实度、土方施工方法的选择等有重要的影响。当含水量增大时，容易导致滑坡。

$$w = 土中水的质量\ m_w / 土中固体颗粒的质量\ m_s$$

3. 土的休止角

土的休止角是指天然状态下的土体可以稳定的坡度。在基坑工程的土方开挖工程中，应该考虑土体的稳定坡角，根据现场施工情况制定合理的开挖方案，在满足施工安全及其他技术经济要求的前提下，减少不必要的支撑，节约资金。一般土的休止角如表 7-4 所示。

土的休止角　　　　**表 7-4**

土的名称	干土		湿润土		潮湿土	
	角度(°)	高度与底宽比	角度(°)	高度与底宽比	角度(°)	高度与底宽比
砾石	40	1∶1.25	40	1∶1.25	35	1∶1.50
卵石	35	1∶1.50	45	1∶1.00	25	1∶2.75
粗砂	30	1∶1.75	35	1∶1.50	27	1∶2.00
中砂	28	1∶2.00	35	1∶1.50	25	1∶2.25
细砂	25	1∶2.25	30	1∶1.75	20	1∶2.75
重黏土	45	1∶1.00	35	1∶1.50	15	1∶3.75
粉质黏土、轻黏土	50	1∶1.75	40	1∶1.25	30	1∶1.75
粉土	40	1∶1.25	30	1∶1.75	20	1∶2.75
腐殖土	40	1∶1.25	35	1∶1.50	25	1∶2.25
填方土	35	1∶1.50	45	1∶1.00	27	1∶2.00

7.1.3 土的物理力学性质指标的应用

土的物理和力学性质指标较多，在土体工程的各类计算中广泛应用。为便于对这些指标的理解和把握，将其主要应用列于表 7-5。

土的物理力学性质指标的应用 表7-5

指标		符号	实际应用	土的分类	
				黏性土	砂土
密度 重度 水下浮重		ρ γ ρ'	1. 计算干密度、孔隙比等物理性质指标	+	+
			2. 计算土的自重压力	+	+
			3. 计算地基稳定性和地基土承载力	+	+
			4. 计算斜坡的稳定性	+	+
			5. 计算挡土墙的压力	+	+
土粒相对密度		G_5	计算孔隙比等其他物理力学性质指标	+	+
含水量		w	1. 计算孔隙比等物理力学性质指标	+	+
			2. 评价土的承载力	+	+
			3. 评价土的冻胀性	+	+
干密度		ρ_d	1. 计算孔隙比等物理力学性质指标	+	+
			2. 评价土的密度	—	+
			3. 控制填土地基质量	+	—
孔隙比 孔隙率		e n	1. 评价土的密度	—	+
			2. 计算土的水下浮重	+	+
			3. 计算压缩系数和压缩模量	+	—
			4. 评价土的承载力	+	+
饱和度		S_r	1. 划分砂土的湿度	—	+
			2. 评价土的承载力	—	+
可塑性	液限 塑限 塑性指数 液限指数	w_L w_p I_p I_L	1. 黏性土的分类	+	—
			2. 划分黏性土的状态	+	—
			3. 评价土的承载力	+	—
			4. 估计土的最优含水量	+	—
			5. 估计土的力学性质	+	—
	含水比	a_w	评价老黏性土和红黏土的承载力	+	—
	活动度	A	评价含水量变化时土的体积变化	+	—
颗粒组成	有效粒径 平均粒径 不均匀系数 曲率系数	D_{10} D_{50} C_u C_c	1. 砂土的分类和级配情况	—	+
			2. 大致估计土的渗透性	—	+
			3. 计算过滤器孔径或计算反滤层	—	+
			4. 评价砂土和粉土液化可能性	+	+
最大孔隙比 最小孔隙比 相对密度		e_{max} e_{min} D_r	1. 评价砂土密度	—	+
			2. 评价砂土体积的变化	—	+
			3. 评价砂土液化的可能性	—	+
渗透系数		K	1. 计算基坑的涌水量	+	+
			2. 设计排水构筑物	+	+
			3. 计算沉降所需时间	+	—
			4. 人工降低水位的计算	+	+

续表

指标		符号	实际应用	土的分类	
				黏性土	砂土
抗剪强度	内摩擦角 黏聚力	φ C	1. 评价地基的稳定性、计算承载力 2. 计算斜坡的稳定性 3. 计算挡土墙的压力	+ + +	+ + +
压缩性	压缩系数 压缩模量 压缩指数 体积压缩系数	a_{1-2} E_s C_c m_v	1. 计算地基变形 2. 评价土的承载力	+ +	− −
	固结系数	C_v	计算沉降时间及固结度	+	−
	前期固结压力 超固结比	P_c OC	判断土的应力状态和压缩状态	+	+
测压力系数 泊松比		K_0 μ	1. 研究土中应力与应变的关系 2. 计算变形模量	+ +	+ +
空隙水压力系数		A、B	研究土中应力与孔隙水压力的关系	+	+
无侧阻抗压强度		q_u	1. 评价土的承载力 2. 估计土的抗剪强度	+ +	− −
灵敏度		S_t	评价土的结构性	+	−

7.2 土石方工程基本规定

7.2.1 适用的法律法规、规范、标准清单

土石方工程适应的法律法规及规范性文件清单如下：

1）《中华人民共和国安全生产法》（2014 版）；

2）《中华人民共和国建筑法》（2011 年）；

3）《建筑工程安全生产管理条例》；

4）《建筑施工安全检查标准》（JGJ 59—2011）；

5）《建筑施工土石方工程安全技术规范》（JGJ 180—2009）；

6）《建筑工程绿色施工规范》（GB/T 50905—2014）；

7）《岩土工程勘察安全规范》（GB 50585—2010）；

8）《危险性较大的分部分项工程安全管理规定》（建办质［2018］31 号，2019 年修订版）；

9）《建筑深基坑工程施工安全技术规范 》（JGJ 311—2013）；

10）《建筑地基基础工程施工质量验收规范》（GB 50202—2018）。

7.2.2 土石方工程基本规定

综合《建筑施工土石方工程安全技术规范》(JGJ 180—2009)、《建筑深基坑工程施工安全技术规范》(JGJ 311—2013)、《建筑地基基础工程施工质量验收规范》(GB 50202—2018)的要求，土石方工程基本规定如下：

(1) 土石方工程的设计、施工应由具有相应资质及安全作业许可证的企业承担。

(2) 土石方施工前应做好设计方案及施工组织设计，并严格按照施工组织设计中的安全保证措施进行施工作业。

(3) 土石方工程施工应编制专项施工安全方案，并应严格按施工方案实施。土石方开挖的顺序、方法必须与设计工况和施工方案相一致，并应遵循“开槽支撑，先撑后挖，分层开挖，严禁超挖”的原则。

(4) 在土石方工程开挖施工前，应完成支护结构、地面排水、地下水控制、基坑及周边环境监测、施工条件验收和应急预案准备等工作的验收，合格后方可进行土石方开挖，进行深基坑土方开挖中，应对临时开挖侧壁的稳定性进行验算。

(5) 施工前应针对安全风险进行安全教育及安全技术交底。特种作业人员必须持证上岗，机械操作工应经过专业技术培训。

(6) 施工现场发现危及人身安全和公共安全的隐患时，必须立即停止作业，排除隐患后方可恢复施工。

(7) 在土石方施工过程中，当发现古墓、古建筑遗址等地下文物或其他不能辨认的液体、气体或异物时，应马上停止施工，立即保护好现场，并报有关部门处理后方可继续施工。

7.3 土方工程机械设备

土方工程主要机械设备有挖掘机、铲运机、装载机、压路机、夯实机和小翻斗车等。

7.3.1 一般规定

(1) 土石方施工机械应有出厂合格证书。必须按照使用说明书规定的技术性能、承载能力和使用条件等要求，正确操作，严禁超载作业或任意扩大使用范围。

(2) 新购、经过大修或技术改造的机械设备，应按有关规定进行测试和试运转。

(3) 作业前应检查施工现场，查明危险源。机械作业不宜在地下电缆或燃气管道等2m半径范围内进行。

(4) 作业时操作人员不得擅自离开岗位或将机械设备交给其他无证人员操作，严禁疲劳和酒后作业。严禁无关人员进入作业区和操作室。机械设备连续作业时，应遵守交接班制度。

(5) 配合机械设备作业的人员，应在机械设备的回转半径以外工作；当在回转半径内作业时，必须有专人协调指挥。

(6) 遇到下列情况之一时应立即停止作业：

1) 填挖区土体不稳定、有坍塌可能；

2) 地面涌水冒浆，出现陷车或因雨水发生坡道打滑；

3）发生大雨、雷电、浓雾、水位暴涨及山洪暴发等情况；

4）施工标志及防护设施被损坏；

5）工作面净空不足以保证安全作业；

6）出现其他不能保证作业和运行安全的情况。

（7）机械设备运行时，严禁接触转动部位和进行检修。

（8）冬期、雨期施工时，应及时清除场地和道路上的冰雪、积水，并采取有效的防滑措施。

（9）爆破工程每次爆破后，现场安全员应向设备操作人员讲明有无盲炮等危险情况。

（10）作业结束后，应将机械设备停到安全地带。操作人员非作业时间不得停留在机械设备内。

7.3.2 土方工程开挖设备

1. 挖掘机

1）装车作业应在运输车停稳后进行，铲斗不得撞击运输车任何部位；回转时严禁铲斗从运输车驾驶室顶上越过。

2）拉铲或反铲作业时，挖掘机履带到工作面边缘的安全距离不应小于 1.0m。

3）挖掘机行驶或作业中，不得用铲斗吊运物料，驾驶室外严禁站人。

4）作业结束后应停放在坚实、平坦、安全的地带，并将铲斗收回平放在地面上。

2. 推土机

1）推土机工作时严禁有人站在履带或刀片的支架上。

2）推土机向沟槽回填土时应设专人指挥，严禁推铲越出边缘。

3）两台以上推土机在同一区域作业时，两机前后距离不得小于 8m，平行时左右距离不得小于 1.5m。

3. 铲运机

1）自行式铲运机沿沟边或填方边坡作业时，轮胎离路肩不得小于 0.7m，并应放低铲斗，低速缓行。

2）两台以上铲运机在同一区域作业时，自行式铲运机前后距离不得小于 20m（铲土时不得小于 10m），拖式铲运机前后距离不得小于 10m（铲土时不得小于 5m）；平行时左右距离均不得小于 2m。

4. 装载机

1）装载机作业时应使用低速挡，严禁铲斗载人。

2）向汽车装料时，铲斗不得在汽车驾驶室上方越过。不得偏载、超载。

3）在边坡、壕沟、凹坑卸料时，应有专人指挥，轮胎距沟、坑边缘的距离应大于 1.5m，并应放置挡木阻滑。

5. 土方平整和运输设备

（1）压路机

1）压路机碾压的工作面，应经过适当平整。压路机工作地段的纵坡坡度不应超过其最大爬坡能力，横坡坡度不应大于 20°。

2）修筑坑边道路时，必须由里侧向外侧碾压。距路基边缘不得小于 1m。

3）两台以上压路机在同一区域作业，前后距离不得小于3m。

（2）载重汽车

1）载重汽车向坑洼区域卸料时，应和边坡保持安全距离，防止塌方翻车。严禁在斜坡侧向倾卸。

2）载重汽车卸料后，应使车厢落下复位后方可起步，不得在未落车厢的情况下行驶。车厢内严禁载人。

（3）蛙式夯机

1）夯实机的电缆线不宜大于50m，不得扭结、缠绕或张拉过紧，应保持有至少3～4m的余量。

2）操作人员须戴绝缘手套、穿绝缘鞋。须采取一人操作、一人拉线作业。

3）多台夯机同时作业，其并列间距不宜小于5m，纵列间距不宜小于10m。

（4）小翻斗车

1）运输构件宽度不得超过车宽，高度不得超过1.5m（从地面算起）。

2）下坡时严禁空挡滑行；严禁在大于25°的陡坡上向下行驶。

3）在坑槽边缘倒料时，必须在距离坑槽0.8～1.0m处设置安全挡块。严禁骑沟倒料。

4）翻斗车行驶中，车架上和料斗内严禁站人。

7.4　边坡工程

7.4.1　边坡工程安全等级

边坡工程应根据其损坏后可能造成的破坏后果（危及人的生命、造成经济损失、产生不良社会影响）的严重性、边坡类型和边坡高度等因素，按表7-6确定边坡工程安全等级。

边坡工程安全等级　　表7-6

<table>
<tr><th colspan="2">边坡类型</th><th>边坡高度 H(m)</th><th>破坏后果</th><th>安全等级</th></tr>
<tr><td rowspan="8">岩质边坡</td><td rowspan="3">岩体类型为
Ⅰ或Ⅱ类</td><td rowspan="3">$H\leqslant 30$</td><td>很严重</td><td>一级</td></tr>
<tr><td>严重</td><td>二级</td></tr>
<tr><td>不严重</td><td>三级</td></tr>
<tr><td rowspan="5">岩体类型为
Ⅲ或Ⅳ类</td><td rowspan="2">$15 < H\leqslant 30$</td><td>很严重</td><td>一级</td></tr>
<tr><td>严重</td><td>二级</td></tr>
<tr><td rowspan="3">$H\leqslant 15$</td><td>很严重</td><td>一级</td></tr>
<tr><td>严重</td><td>二级</td></tr>
<tr><td>不严重</td><td>三级</td></tr>
<tr><td colspan="2" rowspan="5">土质边坡</td><td rowspan="2">$10 < H\leqslant 15$</td><td>很严重</td><td>一级</td></tr>
<tr><td>严重</td><td>二级</td></tr>
<tr><td rowspan="3">$H\leqslant 10$</td><td>很严重</td><td>一级</td></tr>
<tr><td>严重</td><td>二级</td></tr>
<tr><td>不严重</td><td>三级</td></tr>
</table>

注：1. 一个边坡工程的各段，可以根据实情况采用不同的安全等级；
2. 对危害性极严重、环境和地质条件复杂的边坡工程，其安全等级应根据工程情况适当提高；
3. 很严重：造成重大人员伤亡或财产损失；严重：可能造成人员伤亡或财产损失；不严重：可能造成财产损失。

7.4.2 土方边坡稳定

土方开挖应考虑边坡稳定。土方边坡的稳定主要是土体内土颗粒之间存在的摩擦力和黏结力，使土体具有一定的抗剪强度。黏性土既有摩擦力，又有黏结力，抗剪强度较高，土体不易失稳，土体若失稳是沿着滑动面整体滑动（滑坡）；砂性土只有摩擦力，无黏结力，抗剪强度较差。所以黏性土的放坡可以陡一些，砂性土的放坡应缓些。

对基坑的土方边坡，有时则需要通过边坡稳定验算确定。否则处理不当，就会发生安全事故。

（1）基坑（槽）与管沟开挖应严格按要求放坡，在地质条件良好，土质均匀，且地下水位低于基坑（槽）或管沟底面标高时，挖方边坡可做成直立壁不加支撑，但挖方深度限制如表7-7所示。

基坑（槽）和管沟不加支撑时的容许深度　　表7-7

项次	土的种类	容许深度(m)
1	密实、中密的砂土和碎石类土(充填物为砂土)	1.00
2	硬塑、可塑的粉质黏土及粉土	1.25
3	硬塑、可塑的黏土和碎石类土(充填物为黏性土)	1.50
4	坚硬的黏土	2.00

（2）在地质条件良好，土质均匀，且地下水位低于基坑（槽）或管沟底面标高时，挖方深度在5m以内不加支撑的边坡的最陡坡度不得超过表7-8规定。

深度在5m内的基坑（槽）、管沟边坡的最陡坡度（不加支撑）　　表7-8

土的类别	边坡坡度(高：宽)		
	坡顶无荷载	坡顶有静载	坡顶有动载
中密的土	1：1.00	1：1.25	1：1.50
中密的碎石类土	1：0.75	1：1.00	1：1.25
硬塑的粉土	1：0.67	1：0.75	1：1.00
中密的碎石类土(充填物为黏性土)	1：0.50	1：0.67	1：0.75
硬塑的粉质黏土、黏土	1：0.33	1：0.50	1：0.67
老黄土	1：0.10	.1：0.25	1：0.33
软土(经井点降水后)	1：1.00	—	—

7.4.3 基本要求

1. 一般规定

（1）边坡工程应按现行国家标准《建筑边坡工程技术规范》(GB 50330—2013）进行设计；应遵循先设计后施工，边施工、边治理、边监测的原则。

（2）边坡开挖施工区域应有临时排水及防雨措施。

（3）边坡开挖前，应清除边坡上方已松动的石块及可能崩塌的土体。

2. 作业要求

（1）土石方开挖应按设计要求自上而下分层实施，严禁随意开挖坡脚。

（2）在山区挖填方时，应遵守下列规定：

1）土石方开挖宜自上而下分层分段依次进行，并应确保施工作业面不积水；

2）在挖方的上侧和回填土尚未压实或临时边坡不稳定的地段不得停放、检修施工机械和搭建临时建筑；

3）在挖方的边坡上如发现岩（土）内有倾向挖方的软弱夹层或裂隙面时，应立即停止施工，并应采取防止岩（土）下滑措施。

（3）山区挖填方工程不宜在雨期施工。当需在雨期施工时，应编制雨期施工方案，并应遵守下列规定：

1）随时掌握天气变化情况，暴雨前应采取防止边坡坍塌的措施；

2）雨期施工前，应对施工现场原有排水系统进行检查、疏浚或加固，并采取必要的防洪措施；

3）雨期施工中，应随时检查施工场地和道路的边坡被雨水冲刷情况，做好防止滑坡、坍塌工作，保证施工安全。道路路面应根据需要加铺炉渣、砂砾或其他防滑材料，确保施工机械作业安全。

（4）在有滑坡地段进行挖方时，应遵守下列规定：

1）遵循先整治后开挖的施工程序；

2）不得破坏开挖上方坡体的自然植被和排水系统；

3）应先做好地面和地下排水设施；

4）严禁在滑坡体上部堆土、堆放材料、停放施工机械或搭设临时设施；

5）应遵循由上至下的开挖顺序，严禁在滑坡的抗滑段通长大断面开挖；

6）爆破施工时，应采取减振和监测措施防止爆破震动对边坡和滑坡体的影响。

（5）人工开挖时应遵守下列规定：

1）作业人员相互之间应保持安全作业距离；

2）打锤与扶钎者不得对面工作，打锤者应戴防滑手套；

3）作业人员严禁站在石块滑落的方向撬挖或上下层同时开挖；

4）作业人员在陡坡上作业应系安全绳。

7.4.4　险情预防

（1）边坡开挖前应设置变形监测点，定期监测边坡的变形。

（2）边坡开挖过程中出现沉降、裂缝等险情时，应立即向有关方面报告，并根据险情采取如下措施：

1）暂停施工，转移危险区内人员和设备；

2）对危险区域采取临时隔离措施，并设置警示标志；

3）坡脚被动区压重或坡顶主动区卸载；

4）做好临时排水、封面处理；

5）采取应急支护措施。

7.5 土方开挖安全技术

7.5.1 施工前准备工作

为防止事故的发生，在土方施工前，应进行充分的施工现场条件调查、详细分析和核对各项技术资料，根据现有的施工条件，制定安全有效的专项施工方案。

(1) 土方开挖前勘察

勘察范围应根据开挖深度及场地条件确定，勘探点一般要求大于开挖边界外，其范围不宜小于基坑深度的1倍；当需要采用锚杆时，基坑外勘探点的范围不宜小于基坑深度的2倍。勘察报告中应提出各含水层的渗透系数。

(2) 基坑周边环境条件调查

开挖前应查明作业范围内建筑结构类型、层数、基础埋深、使用年限；各种地下管线、地下构筑物的分布及现状；道路的类型、宽度及最大车辆荷载等；雨季时的场地周围地表水汇流和排泄条件，地表水的渗入对土层的影响等。

(3) 施工开挖前设计

土石方作业和基坑支护的设计与施工应根据现场的环境、地质和水文情况、基坑开挖深度、渗水量、开挖范围大小，综合考虑支护方案、开挖工艺、降排水方法以及对周边环境采取的措施。

(4) 制定正确安全的施工方案

根据上述资料及拟建工程的建筑结构施工图（深基坑还包括基坑围护设计施工图），制定既确保安全，又能保证工程质量和工期的施工方案及应急救援体系。主要包括：

1) 绘制施工总平面布置图；

2) 按照先深后浅的施工顺序，确定开挖路线、顺序、范围、底板标高、边坡坡度、排水沟、集水井位置及挖出的土方堆放地点；

3) 选择合适的施工方法，根据工程实际情况选择人工开挖或机械开挖，提出需用的施工机具、劳力、推广新技术计划；

4) 做好降（排）水，防止地面水流入坑、沟内，以免边坡塌方；

5) 正确选择放坡或支撑方案；

6) 对于开挖深度超过5m的土方施工方案，必要时通过专家论证且报上级主管部门备案。

(5) 土方开挖前期作业

土方开挖前应做好平整施工场地，清除施工现场障碍物，做好降排水设施，设置测量控制网，修建临时设施及道路，准备施工机具、物资及人员等。

7.5.2 土方开挖的一般安全技术措施

(1) 运土车辆出大门时，应有专人指挥，避免发生事故。

(2) 作业时待臂杆停稳后再铲土，当铲斗未离开工作面时不得进行回驶、行走等动作。

(3) 土方挖掘方法、挖掘顺序应根据支护方案和降排水要求进行，当采用局部或全部放坡开挖时，放坡坡度应满足其稳定性要求。

（4）土方开挖施工中如发现不明或危险性的物品时，应停止施工，保护现场，并立即报告所在地有关部门。严禁随意敲击或玩弄。

（5）土方开挖应自上而下分层实施，严禁随意开挖坡脚。一次开挖高度不宜过高，软土边坡不宜超过1m。土方每次开挖深度和挖掘顺序必须严格按照设计要求。

（6）基坑土方开挖应按设计和施工方案要求分层、分段、均衡开挖，每层厚度控制在2m左右，并贯彻先锚固（支撑）后开挖、边开挖边监测、边开挖边防护的原则。

（7）基坑土方开挖应严格按设计要求进行，施工技术员、安全员在现场指挥，确保不超挖，并保证安全。土方开挖完成后应立即施工垫层，对基坑进行封闭，防止水浸和暴露，并应及时进行地下结构施工。

（8）为预防边坡塌方，一般禁止在边坡上侧堆土，当在边坡上侧堆置材料及移动施工机械时，应距离边坡上边缘1m以外，材料堆置高度不得超过1.5m。

（9）土方开挖前支护边的土方挖除，进行应力释放，在未发现支护有异常情况下方可开挖。若发现支护有异常变形和位移，应立即将土填回原处，待有关专家进行解决。

（10）当深度超过2m的基坑周边须设置防护栏杆，防护栏杆必须符合要求。

（11）当基坑开挖深度大于相邻建筑的基础时，应保持一定距离或采取相应的边坡支撑加固措施，并进行沉降和位移监测。

（12）为防止地表水、地下水等大量渗入基坑，造成基坑浸水，破坏边坡稳定，必须采取地面截水、坑内排水相结合的措施。雨季施工时多备防雨布覆盖，必要时采取边坡喷混凝土保护。

（13）在基坑开挖期间应加强监测，发现裂纹或部分塌方时，应立即停止施工。必要时，所有作业人员和施工机械撤至安全地带，同时采取相应措施。

（14）雨期施工中遇到气候突变，发生暴雨、水位暴涨或因雨发生坡道打滑等情况时，应当停止土石方作业施工，坡顶处及时修筑截水沟，防止地面水大量冲刷坡面。

（15）基坑深度超过5m时属于超大工程，必须编制专项施工方案，经专家审核修改完整、单位技术负责人与总监理工程师批准后实施。

（16）人工开挖时，两个人的操作间距应保持2～3m，应自上而下逐层挖掘，严禁采用掏洞的挖掘作业方法。用挖土机械施工时，挖土机的作业范围内不得进行其他作业，且至少保留0.3m厚不挖，最后用人工修挖至设计标高。

（17）土方开挖后，应尽量减少地基土的扰动，及时浇筑基础混凝土，尽量缩短基坑暴露时间，以防止出现橡“橡皮土”现象。若基础不能及时施工，可预留100～300mm的土层，待基础施工之前挖除。

（18）遇到下列情况之一时应立即停止机械挖掘作业：填挖区土体不稳定、有坍塌可能；地面涌水冒浆，出现陷车或因雨发生坡道打滑；发生大雨、雷电、浓雾、水位暴涨及山洪暴发等情况；施工标志及防护设施被损坏；工作面净空不足以保证安全作业；出现其他不能保证作业和运行安全的情况。

（19）作业前应检查施工现场，查明危险源；机械作业不宜在地下电缆或燃气管道等2m半径范围内进行。

（20）土方开挖完毕后，应立即在基坑四周布置排水明沟和集水井，防止地面水流入坑（沟），以防冲刷边坡，造成塌方或破坏地基土，当在地下水以下或在雨期施工，应先挖好排水沟和集水井，或采取降低地下水位的措施，并将地下水位降低至基坑（槽）底以下 0.5～1m，方可开挖，降水工作应持续至基础施工完成，回填土完毕。

（21）排水沟应沿承台基底四周设置，排水沟边缘应离开坡脚不小于 300mm，排水沟底宽不小于 300mm，坡度为 0.1%～0.3%，排水沟底应比挖土面低 300～500mm。集水井的直径（或边长）700～800mm，宜每隔 30～40m 设置一个集水井，集水井底比排水沟底低 500～1000mm。

（22）提前准备好编织袋、草袋、木桩等物，若边坡局部塌方，则可将坡脚塌方清除，用草袋或编织袋装土堆砌挡土墙，用木桩打桩加固。

（23）基坑开挖完毕并验收合格后，应立即进行基础施工，防止基坑暴晒和雨水浸泡，造成基土破坏。

（24）土方开挖完毕后，建设单位、施工单位、设计单位、勘察人员及现场监理工程师及时共同进行地基验槽。

7.5.3 土石方事故类型及主要原因

根据土石方工程的施工特点，可能存在的风险有边坡滑坡和坍塌、坠落事故、物体打击、机械设备伤害等，其中土方坍塌事故最多，给施工安全带来严重的危害。

1. 边坡滑坡、坍塌

最常发生且危害较大的事故是边坡滑坡、坍塌事故。边坡滑坡、坍塌事故易造成设备损坏和人员伤亡，并造成重大经济损失。因此，必须给予足够重视。

（1）未按土层特性放坡或设置支撑。施工前没有准确地了解岩土层特征与走向、地形地貌及有无滑坡等，施工时未及时调整放坡坡度或者采取有效的安全技术措施，就可能造成事故发生。

（2）未按照施工方案施工。工程土方施工，必须单独编制专项施工方案，要考虑地质构造影响（节理、裂隙、断层、破碎带等）；土方开挖应从上而下逐层开挖，应遵循“开槽支撑、先撑后挖、分层开挖、严禁超（掏）挖”的原则，严格按照施工组织设计和土方开挖施工方案进行。

（3）基坑边沿超载。若沿基坑边沿堆放土方或物料，或车辆不按照规定要求靠边行驶，基坑开挖或支护设计又未考虑这些不利因素，就可能造成土方坍塌。另外，当基槽深度超过附近建筑物或构筑物的基础深度，并且两者之间的净距又小于它们底面高差的 1～2 倍，就有可能造成建筑物基础的塌陷或引起土方坍塌。

（4）基坑内积水。基坑内积水，使土的含水量增加，土颗粒之间摩擦力和黏聚力降低（水起润滑作用），使土坡稳定性变差。若从基坑内向外排水时，应注意渗透水流对土坡稳定性的影响。当地下水渗流中的动水压力大于粉砂颗粒在水中的重力时，就会使粉砂颗粒悬浮随渗透水流出，发生流砂现象。流砂会使边坡失稳坍塌，支撑结构失去作用。

为防止地表水、地下水等大量渗入基坑，造成基坑浸水，破坏边坡稳定，必须采取地面截水、坑内排水相结合的措施。雨季施工时多备防雨布覆盖，必要时采取边坡喷混凝土保护。

（5）施工环境与地质条件较差。如施工场地较小，防护设施不齐全，防护措施不力，设防不及时，以及地质情况异常等。

2. 坠落事故

(1) 作业高度2m以上时，未搭设脚手架，未使用安全带。

(2) 基坑垂直作业上下没有设置隔离防护措施。

(3) 未设置供作业人员上下用的踏步梯或设置专用爬梯。

3. 物体打击事故

(1) 基坑支护结构物上及边坡顶面等处有坠落可能的物件、废料等，未及时拆除或加以固定，导致其坠落伤人。

(2) 基坑边清扫的垃圾、废料等随意抛掷到基坑内，造成人员伤害。

(3) 违章指挥、违章操作，上下搬运物件时没有沟通确认。

(4) 挖土机的工作范围内中，进行其他工作；多台机械开挖，挖土间距小于10m。

(5) 未对危险性较大的悬空作业、起重机械安装和拆除等危险作业，实施重点监控。

(6) 沿挖土边缘移动的运输工具和机械，离槽边过近。

4. 建设机械设备伤害

(1) 特种作业人员无证上岗，违章冒险作业。

(2) 在土方车进出场及进出坡道处，未配专职人员指挥交通安全。

(3) 未划分机械与人工清土作业范围，导致机械伤人。

(4) 机械设备施工不符合基坑边距离安全要求。

(5) 夜间施工未配备足够的照明。

(6) 在作业视野盲区或高坡、陡坡土石方开挖作业时，未配置专职人员指挥。

(7) 施工中的沟通、协作不充分，未建立手势语施工机制。

5. 其他危险因素

(1) 土方开挖之前以及开挖过程中，没有做好地面排水和地下降水，导致地表水流入基坑使地基浸泡后地基承载力下降。

(2) 深基坑内光线不足，未设置足够的电器照明。

(3) 在噪声、振动、废弃等作业环境，没有配备防护用品，影响施工人员的情绪和身体健康。

7.5.4 土方开挖应急预案

为确保基坑生产安全，保障人民群众的人身安全，降低安全事故的发生，在进行危险性较大的土方工程时，应形成建设单位、总包单位、设计单位、监理单位联合应急救援小组，联合应急救援小组成员职责要明确，应急通信保持畅通。

1. 应急救援管理小组及职责

当突发事故及紧急情况发生时，应急救援管理小组全面负责指挥抢险救援工作，协调各小组之间的抢险救援工作，组织分析现场坍塌事故初步情况，随时掌握事故的最新动态，第一时间拨打110、119、120等救援电话，当地政府安监部门、公安局等部门求救或报告灾情。明确可为生产经营单位提供应急保障的相关单位及人员通信联系方式和方法，并提供备用方案。同时，建立信息通信系统及维护方案，确保应急期间信息通畅。

各单位职责如下：

(1) 建设单位：整个项目的总协调出现紧急情况时，共同商定对策后判定施工措施。

（2）设计单位：出现紧急情况及预兆时，综合各方意见，制定有效措施。

（3）监理单位：对工程进行全工程的跟踪、监督，出现紧急情况时，共同商定对策。

（4）监测单位：除进行日常的监测外，出现紧急情况及预兆时，加强监测，并及时、准确地将监测数据提供给各方。

（5）组长：负责施工现场总指挥、总协调。

（6）副组长：负责立即组织人员抢救伤员，负责现场的指挥、协调。

（7）外部协调组：负责立即同医院、劳动等部门的联系，说明详细事故地点、事故情况，并派人到路口接应。

（8）现场值班组：负责土方开挖阶段，进行24小时轮换值班，跟踪监查工作；出现紧急事件时，负责在危险区域人员的疏散工作，然后组织、协调人员、物资，进行现场应急事件处理。

（9）技术保障组：对倒塌事故原因进行分析，会同各方意见制定相应的应急措施、纠正措施。

（10）安全巡查组：认真填写伤亡事故报告表、事故调查等有关处理报告，并上报上级应急抢险小组相关领导。

（11）物资保障组：负责现场物资、车辆储备、采购、调度。

2. 物资储备

根据施工进度、基坑检测情况提前做好应急措施的机械设备、材料（水泥、土袋、木桩、型钢等）储备工作，根据施工现场的实际情况提交物资计划给物资部门，物资部门提前进行预约、租赁和采购。在施工过程中，做好作业人员、机具、器材等方面的应急准备，如发生险情预兆，立即实施补强加固措施。

3. 预防与预警

（1）危险源监控

1）深基坑开挖施工中对危险源要严密监控，重点防范。如土方坍塌、透水、中毒或窒息、触电、高处坠落、物体打击等危险源。

2）开挖深基坑时，必须在周边设置牢固的安全防护栏，并设置夜间警示灯。如遇边坡不稳，有坍塌危险征兆时，应立即撤离现场，对事故进行监控作业。

3）挖土方前，应对施工现场地下管线、人防及附近的地面裂缝等情况进行监测，并做好标记，随时观测。

4）对坡顶沉降，支护桩顶倾斜，基坑底面隆起进行不间断监护。

5）采用机械挖土时，对支护、井点管、围护墙和工程桩进行监控。

（2）预警行动

应急救援机构根据预测结果，一旦发现有紧急突发事件的可能性时，要立即进行以下预警：

1）符合应急启动条件的应立即启动本预案。

2）通知应急救援组进入预警状态，采取有效的预防措施。

3）应急领导组随时跟踪事态发展，对可能或发生的重特大事件进行风险评估，得出事件发展趋势及应急措施。

4）预警结束后，预警指挥中心宣布预警解除。

4. 信息报告程序

（1）应急报警机制

重大事故的应急救援是由多个救援机构进行的，准确了解事故的性质和规模等初始信息，是启动应急报警系统的关键。应急报警机制由应急上报机制、内部应急报警机制、外部应急报警机制和汇报程序等组成，其形式为由下而上，由内到外，形成有序的网络应急报警机制。

1）应急上报机制：通过危险辨识体系获取危险源突显特征后，第一时间报告项目部施工现场负责人，施工现场负责人立即向公司主要负责人决定是否启动应急预案。

2）内部应急报警机制：应急预案启动后，公司、项目部应急反应组织启动，并拉响应急反应警报，通知公司相关人员以及事故现场的全体人员进入应急反应状态，公司、项目两级应急反应组织进入应急预案及应急计划实施状态。

3）外部应急报警机制：内部报警机制启动的同时，按应急总指挥的部署，立即启动外部应急报警机制，向已经确定的施工区外部邻近单位应急反应体系、周边已经建立外部应急反应协作体系、社会公共救援机构报警。

4）汇报程序：按地方政府的事故上报规定和行业事故上报制度，依照程序向上级相关主管部门汇报。

（2）通信体系

应急预案中必须确定有效的可能使用的通信系统，以保证应急救援系统的各个机构之间的有效联系。

7.5.5　应急响应

（1）应急响应应根据应急预案采取抢险准备、信息报告、应急启动和应急终止四个程序统一执行。

（2）应急响应前的抢险准备，应包括下列内容：

1）应急响应需要的人员、设备、物资准备。

2）增加基坑变形监测手段与频次的措施。

3）储备截水堵漏的必要器材。

4）清理应急通道。

（3）当基坑工程发生险情时，应立即启动应急响应，并向上级和有关部门报告以下信息：

1）险情发生的时间、地点。

2）险情的基本情况及抢救措施。

3）险情的伤亡及抢救情况。

（4）基坑工程施工与使用中，应针对下列情况启动安全应急响应：

1）基坑支护结构水平位移或周围建（构）筑物、周边道路（地面）出现裂缝、沉降、地下管线不均匀沉降或支护结构构件内力等指标超过限值时。

2）建筑物裂缝超过限值或土体分层竖向位移或地表裂缝宽度突然超过报警值时。

3）施工过程出现大量涌水、涌砂时。

4）基坑底部隆起变形超过报警值时。

5）基坑施工过程遭遇大雨或暴雨天气，出现大量积水时。

6）基坑降水设备发生突发性停电或设备损坏造成地下水位升高时。

7）基坑施工过程因各种原因导致人身伤亡事故出现时。

8）其他有特殊情况可能影响安全的基坑。

（5）应急终止应满足下列要求：

1）引起事故的危险源已经消除或险情得到有效控制。

2）应急救援行动已完全转化为社会公共救援。

3）局面已无法控制和挽救，场内相关人员已全部撤离。

4）应急总指挥根据事故的发展状态认为终止的。

5）事故已经在上级主管部门结案。

（6）应急终止后，应针对事故发生及抢险救援经过、事故原因分析、事故造成的后果、应急预案效果及评估情况提出书面报告，并应按有关程序上报。

7.5.6 土方开挖应急响应处理措施

1. 监测数值突变响应措施

基坑环境监测数值（围护）水平位移、变形，当日内有一项或多项发生突变时：

1）当突变数值尚在受控时，迅速、及时将监测数值传真至围护结构设计人员，经进行沟通后，制定解决措施和预备方案；

2）在条件许可的情况下，请设计人员到施工现场共同分析原因，制订解决措施，增调施工机械设备和施工人员，调整施工部署；

3）指派专职质量、安全人员对周边马路管线观察并进行定时巡查，发现地面以及地面管线裂缝、下陷、渗漏等异常情况迅速向项目技术负责人汇报，以便及时迅速采取措施。

2. 周围建筑物及周边地表不均匀沉降及塌陷处理措施

按监测数据反映的信息对沉降报警点进行分层注浆。注浆时应控制注浆压力和速度。为保证浆液不离析，水泥浆液必须经配合后制作，为防止灰浆离析，放浆时必须搅拌后再倒入存浆桶。

喷浆过程中应确保浆液连续输送，不允许出现断浆现象，如发生堵管，应立即停泵处理，待处理结束后立即把搅拌钻具上提或下沉 1m 后重新喷浆，防止断桩。

3. 土体滑移防治措施

当开挖区域的土为流塑淤泥质黏土时，开挖过程中可能产生滑移，故在开挖工程中必须按设计要求挖土，挖土期间临时坡度宜采用 1∶3 或更缓。

为避免在开挖工程中产生土体滑移现象，土方开挖必须遵循分层开挖，开挖厚度不得超过要求的开挖厚度，挖土高差不得大于 1m。

往往雨天时土体的流塑性增大，易产生土体的滑移现象，故雨天必须修整土体的坡度，使雨水顺利集中排出，必要时土体覆盖彩条布。

土体滑移的治理，若产生土体滑移，应立即回填砂包，将坑内填平，以阻止土体继续滑移。监测单位加强监测力度，并将数据提供给相关各单位，以便各方商议后判定有无出现其他事故的可能，并制定有效措施。

4. 土体隆起防治措施

基坑土体开挖后引起基底土体隆起变化速率急剧加大，回弹变形过大，基坑有失稳趋势。

基坑土体开挖后，地基卸载，土体中压力减少，基坑底面产生一定的回弹变形（隆起）。回弹变形量的大小与土的种类、是否浸水、基坑深度、基坑面积、基坑暴露时间及挖土顺序等因素有关。

当发生基坑回弹变形时，应设法减少土体中有效应力的变化，减少暴露时间，并在基坑开挖前和开挖中，均应保证基底排水的正常、有序进行。当基坑开挖至设计标高后，尽快浇筑垫层和底板。

当回弹变形过大时，应对基坑进行局部回填以得到临时稳定，赢得时间进行地基或支撑加固，回填可采用砂袋加固。

5. 基坑整体或局部滑塌失稳防治措施

首先必须按设计工况执行土方开挖，特别注意必须满足设计工况的开挖条件。

开挖时，必须分段、分层开挖，分层厚度不得超限，临时土体坡度必须符合设计值。

基坑周边荷载必须满足设计要求，不得超载。

挖土作业时，必须有专门的指挥人员，并有现场巡查人员随时观察边坡的稳定情况，当发现边坡出现裂缝、有走动等出现土体坍塌危险征兆时，首先应立即暂停该区域的挖土工作，将人员撤至安全地区，随后采取以下安全和消除措施：

1）将基坑边的物体搬走，卸除坡边压载。

2）检查坑内是否积水，加大抽、排水力度，避免土体浸泡在水中。原本采用小型挖机或人工挖的土块，改用超长臂挖机取土等，避免一旦有塌方人员受伤、设备损坏等情况出现。

3）一旦出现塌方，区域内人员应尽快撤离危险区域，并即刻进行现场急救。派遣专业设备和应急小组明确被埋人员的分布情况，同时请求安全督管部门协助急救。与此同时，还需做好现场录像、拍照工作，保护好事故现场，并上报企业和当地安全监督管理部门等待处理。对塌方后出现的土体应力松弛过快、实际开挖面积过大等情况，加强监测，根据监测结果采取必要的补撑措施。

4）有塌方预兆时，监测单位应加大监测力度，并及时提交数据给相关单位，相关单位尽快协商对策，尽早采取措施，尽力避免坍塌事故的发生及尽量减少工程损失。

5）基坑周围建筑物和管线出现不均匀沉降处理措施。

由于基坑的开挖，坑内大量土方挖去，土体平衡发生很大变化，对坑外建筑和地下管线引起较大的沉降或位移，引起房屋裂缝，管线断裂、泄漏。对重要保护的管线（上水、煤气管等），除在开挖前采取有效加固外，还应备好注浆材料，根据监测数据采用双液跟踪控制注浆。

当位移或沉降达到报警值后，应立即采取措施。具体做法为：

1）采用跟踪注浆时，应严密观察建筑物的沉降状况，防止由注浆引起土体搅动而加剧建筑物的沉降或建筑物的沉降状况，防止由注浆引起搅动而加剧了建筑物的沉降或建筑物的隆起。

2）当沉降很大，而压密注浆又不能控制的建筑物，则可采用注浆和止水帷幕同时使用的方法。

3）对基坑周围管线的保护应急措施，则采用打设屏蔽桩。当打设封闭桩不方便施工时，也可采用管线架空。管线架空后与土体基本分离，使土体的位移与沉降对管线基本不产生影响。

4）管线架空前先将管线周围的土挖空，在其上设置支承架，支承架的搁置点应可靠牢固，能防止过大位移与沉降，并应便于调整搁置位置。然后将管线悬挂于支承架上。如管线发生较大位移或沉降，可对支承架进行调整、复位，以保证管线的安全。

思考题

1. 土的主要工程性质有哪些？
2. 土的抗剪强度指标有几个？主要用来计算土体哪些性能？
3. 土方开挖施工前准备工作有哪些？
4. 土方开挖事故主要有哪几种？简述引起事故的主要原因。
5. 边坡工程安全等级如何分类？影响因数有哪些？
6. 简述边坡工程稳定基本要求。
7. 简述土方开挖应急预案的主要内容。
8. 如何预防土方开挖事故的发生？

第8章 基坑工程

基坑工程是集岩土工程、结构工程等专业为一体的综合性较强的工程，将挡土、支护、防水、降水、挖土、监测和信息化施工等作为一个整体的系统工程。主要用于确保基坑边坡稳定、基坑周围建筑物、道路及地下设施的安全。基坑工程具有施工风险大、难控制、地质条件和周围环境独特等特点，其施工过程极易发生坍塌伤亡事故。建设部《建筑工程预防坍塌事故若干规定》中明确指出，基坑支护是多发事故专项治理的主要内容之一，应制定预防坍塌事故的安全技术措施，做好施工组织，确保安全。《建筑施工安全检查标准》（JGJ 59—2011）也明确规定，基坑支护工程必须编制施工组织设计，否则该项为“零分项”。因此加强基坑支护工程技术安全措施至关重要。

8.1 基坑支护概述

基坑支护工程是建筑施工中不可或缺的一种施工方法，它包括地下连续墙、排桩支护、重力式挡土结构、喷锚支护结构和组合式支护结构等形式，其施工过程极易发生坍塌伤亡事故。基坑工程必须编制施工组织设计，制定预防坍塌事故的安全技术措施，做好施工组织，确保安全。

8.1.1 基坑工程中的等级规定

（1）根据《建筑基坑工程监测技术规范》（GB 50497—2009）规定，按开挖深度等因素将基坑等级分为三级，见表8-1。基坑变形观测是建筑变形测量的重要工作。基坑工程等级不同，基坑工程监测项目也不一样。

基坑等级 **表8-1**

类别	分类标准
一级	重要工程或支护结构做主体结构的一部分； 开挖深度大于10m，与邻近建筑物、重要设施的距离在开挖深度以内的基坑；基坑范围内有历史文物、近代优秀建筑、重要管线等需要严加保护的基坑
二级	除一级和三级以外的基坑
三级	开挖深度小于7m，且周围环境无特殊要求的基坑

（2）根据基坑开挖深度、周边环境条件和支护结构破坏后果的严重程度，将基坑侧壁安全等级划分为三级。

1）一级：周边环境条件很复杂；破坏后果很严重；基坑深度 $H>12m$；工程地质条件复杂；地下水位很高、条件复杂、对施工影响严重。

2）二级：周边环境条件较复杂；破坏后果很严重；基坑深度 $6m<H\leqslant 12m$；工程地

质条件较复杂；地下水位较高、条件较复杂、对施工影响较严重。

3）三级：周边环境条件简单；破坏后果不严重；基坑 $H \leqslant 6m$；地下水位低、条件简单，对施工影响轻微。

影响基坑稳定的主要因素包括：开挖岩土体和地下水特征、基坑深度及放坡坡度、基坑周边环境条件、施工因素、气象因素等。

8.1.2 基坑工程危险源

1. 危险性较大的基坑工程

《危险性较大的分部分项工程安全管理规定》（2019 年修订版，以下简称“危大工程”）规定的危险性较大的分部分项工程范围如下：

（1）开挖深度超过 3m（含 3m）的基坑（槽）的土方开挖、支护、降水工程。

（2）开挖深度虽未超过 3m，但地质条件、周围环境和地下管线复杂，或影响毗邻建、构筑物安全的基坑（槽）的土方开挖、支护、降水工程。

2. 超大工程的土方工程

开挖深度超过 5m（含 5m）的基坑（槽）的土方开挖、支护、降水工程。

3. 专项施工方案内容

危大工程的专项施工方案应当由施工单位技术负责人审核签字、加盖单位公章，并由总监理工程师审查签字、加盖执业印章后方可实施。危大工程实行分包并由分包单位编制专项施工方案的，专项施工方案应当由总承包单位技术负责人及分包单位技术负责人共同审核签字并加盖单位公章。

危大工程专项施工方案的主要内容应当包括：

（1）工程概况：危大工程概况和特点、施工平面布置、施工要求和技术保证条件；

（2）编制依据：相关法律、法规、规范性文件、标准、规范及施工图设计文件、施工组织设计等；

（3）施工计划：包括施工进度计划、材料与设备计划；

（4）施工工艺技术：技术参数、工艺流程、施工方法、操作要求、检查要求等；

（5）施工安全保证措施：组织保障措施、技术措施、监测监控措施等；

（6）施工管理及作业人员配备和分工：施工管理人员、专职安全生产管理人员、特种作业人员、其他作业人员等；

（7）验收要求：验收标准、验收程序、验收内容、验收人员等；

（8）应急处置措施；

（9）计算书及相关施工图纸。

4. 超过一定规模的危大工程

超过一定规模的危大工程专项施工方案专家论证会的参会人员应当包括：

（1）专家；

（2）建设单位项目负责人；

（3）有关勘察、设计单位项目技术负责人及相关人员；

（4）总承包单位和分包单位技术负责人或授权委派的专业技术人员、项目负责人、项目技术负责人、专项施工方案编制人员、项目专职安全生产管理人员及相关人员；

（5）监理单位项目总监理工程师及专业监理工程师。

对于超过一定规模的危大工程专项施工方案，专家论证的主要内容应当包括：

（1）专项施工方案内容是否完整、可行；

（2）专项施工方案计算书和验算依据、施工图是否符合有关标准规范；

（3）专项施工方案是否满足现场实际情况，并能够确保施工安全。

超过一定规模的危大工程专项施工方案经专家论证后结论为“通过”的，施工单位可参考专家意见自行修改完善；结论为“修改后通过”的，专家意见要明确具体修改内容，施工单位应当按照专家意见进行修改，并履行有关审核和审查手续后方可实施，修改情况应及时告知专家。

进行第三方监测的危大工程监测方案的主要内容应当包括工程概况、监测依据、监测内容、监测方法、人员及设备、测点布置与保护、监测频次、预警标准及监测成果报送等。

危大工程验收人员应当包括：

（1）总承包单位和分包单位技术负责人或授权委派的专业技术人员、项目负责人、项目技术负责人、专项施工方案编制人员、项目专职安全生产管理人员及相关人员；

（2）监理单位项目总监理工程师及专业监理工程师；

（3）有关勘察、设计和监测单位项目技术负责人。

8.1.3 基坑（槽）与管沟开挖容许深度

（1）基坑（槽）与管沟开挖应严格按要求放坡，在地质条件良好，土质均匀，且地下水位低于基坑（槽）或管沟底面标高时，挖方边坡可做成直立壁不加支撑，但挖方深度限制如表8-2所示。

基坑（槽）和管沟不加支撑时的容许深度　　表8-2

项次	土的种类	容许深度(m)
1	密实、中密的砂土和碎石类土(充填物为砂土)	1.00
2	硬塑、可塑的粉质黏土及粉土	1.25
3	硬塑、可塑的黏土和碎石类土(充填物为黏性土)	1.50
4	坚硬的黏土	2.00

（2）在地质条件良好，土质均匀，且地下水位低于基坑（槽）或管沟底面标高时，挖方深度在5m以内不加支撑的边坡的最陡坡度不得超过表8-3规定。

深度在5m内的基坑（槽）、管沟边坡的最陡坡度（不加支撑）　　表8-3

土的类别	边坡坡度(高：宽)		
	坡顶无荷载	坡顶有静载	坡顶有动载
中密的土	1：1.00	1：1.25	1：1.50
中密的碎石类土	1：0.75	1：1.00	1：1.25
硬塑的粉土	1：0.67	1：0.75	1：1.00
中密的碎石类土(充填物为黏性土)	1：0.50	1：0.67	1：0.75
硬塑的粉质黏土、黏土	1：0.33	1：0.50	1：0.67
老黄土	1：0.10	1：0.25	1：0.33
软土(经井点降水后)	1：1.00	—	—

8.2 基坑支护结构

8.2.1 基坑支护结构型式及选型原则

基坑支护，是为保证地下结构施工及基坑周边环境的安全，对基坑侧壁及周边环境采用的支挡、加固与保护措施。常用的基坑支护形式如图 8-1 所示。

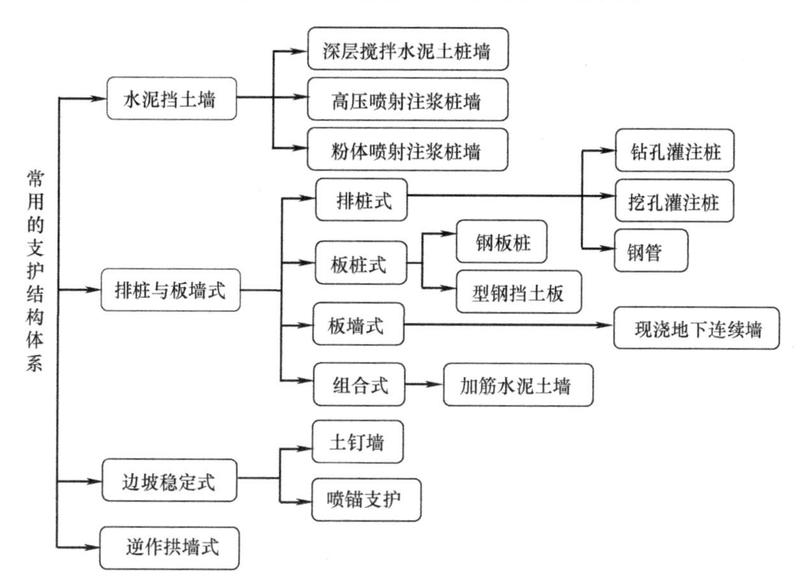

图 8-1 基坑维护结构形式分类

在选择挡土支护结构的类型时，应综合考虑以下因素：

1）基坑深度；

2）土的性状及地下水条件；

3）基坑周边环境对基坑变形的承受能力及支护结构失效的后果；

4）主体地下结构和基础形式及其施工方法，基坑平面尺寸及形状；

5）支护结构施工工艺的可行性；

6）施工场地条件及施工季节；

7）经济指标、环保性能和施工工期。

《建筑基坑支护技术规程》(JGJ 120—2012) 规定，各类支护结构应按表 8-4 选型。

8.2.2 放坡开挖

图 8-2、图 8-3 是采用放坡开挖的工程实例，放坡开挖是根据土质按一定坡率放坡（缓坡），土工膜覆盖坡面，抹浆或喷混凝土（砂浆）保护坡面，或用织物袋装砂包反压坡角坡面。

放坡开挖适用条件：基坑周边开阔，施工场地满足放坡条件；相邻建（构）筑物距离较远，无地下管线或地下管线不重要，可以迁移改道，基坑侧壁安全等级为三级；当地下水位高于坡脚时，要采取降水措施。

各类支护结构的适用条件 表8-4

<table>
<tr><th colspan="2" rowspan="2">结构类型</th><th colspan="3">适用条件</th></tr>
<tr><th>安全等级</th><th colspan="2">基坑深度、环境条件、土类和地下水条件</th></tr>
<tr><td rowspan="5">支挡式结构</td><td>锚拉式结构</td><td rowspan="5">一级
二级
三级</td><td>适用于较深的基坑</td><td rowspan="5">1. 排桩适用于可采用降水或截水帷幕的基坑；
2. 地下连续墙宜同时用作主体地下结构外墙，可同时用于截水；
3. 锚杆不宜用于软土层和高水位的碎石土、砂土层中；
4. 当邻近基坑有建筑物地下室、地下构筑物等，锚杆的有效锚固长度不足时，不应采用锚杆；
5. 当锚杆施工会造成基坑周边建(构)筑物的损害或违反城市地下空间规划等规定时，不应采用锚杆</td></tr>
<tr><td>支撑式结构</td><td>适用于较深的基坑</td></tr>
<tr><td>悬臂式结构</td><td>适用于较浅的基坑</td></tr>
<tr><td>双排桩</td><td>当锚拉式、支撑式和悬臂式结构不适用时，考虑采用双排桩</td></tr>
<tr><td>支护结构与主体结构结合的逆作法</td><td>适用于基坑周边环境条件很复杂的深基坑</td></tr>
<tr><td rowspan="4">土钉墙</td><td>单一土钉墙</td><td rowspan="4">二级
三级</td><td>适用于地下水位以上或降水的非软土基坑，且基坑深度不宜大于12m</td><td rowspan="4">当基坑潜在滑动面内有建筑物、重要地下管线时，不宜采用土钉墙</td></tr>
<tr><td>预应力锚杆复合土钉墙</td><td>适用于地下水位以上或降水的非软土基坑，且基坑深度不宜大于15m</td></tr>
<tr><td>水泥土桩复合土钉墙</td><td>用于非软土基坑时，基坑深度不宜大于12m；用于淤泥质土基坑时，基坑深度不宜大于6m，不宜用在高水位的碎石土、砂土层中</td></tr>
<tr><td>微型桩复合土钉墙</td><td>适用于地下水位以上或降水的基坑，用于非软土基坑时，基坑深度不宜大于12m；用于淤泥质土基坑时，基坑深度不宜大于6m</td></tr>
<tr><td colspan="2">重力式水泥土墙</td><td>二级
三级</td><td colspan="2">适用于淤泥质土、淤泥基坑，且基坑深度不宜大于7m</td></tr>
<tr><td colspan="2">放坡</td><td>三级</td><td colspan="2">1. 施工场地满足放坡条件；
2. 放坡与上述支护结构形式结合</td></tr>
</table>

图8-2 基坑放坡开挖实例一

图8-3 基坑放坡开挖实例二

8.2.3 直立式挡土墙

直立式挡土墙是一种重力式挡土墙，不需要支撑或锚固，依靠墙体的自重，能够独立抵抗基坑周围的土压力。分为水泥土墙和土钉墙两大类型。

1. 水泥土墙组成和特点

水泥土墙通常由水泥搅拌桩组成，或采用高压喷射注浆法形成。水泥土搅拌桩是重力式围护墙，利用水泥作为固化剂，通过特制的搅拌机械，在地基深处将软土和固化剂强制搅拌，利用固化剂和软土之间所产生的一系列物理化学反应，使软土硬结成具有整体性、水稳定性和一定强度的优质水泥加固土。重力式挡土墙不需要支撑或锚固，依靠墙体的自重，能够独立抵抗基坑周围的土压力。图 8-4 为水泥土墙工程实例。

图 8-4 水泥土搅拌桩重力式挡墙

水泥土墙适用条件为：基坑较浅、周边场地较宽裕、基坑深度不宜大于 6m；对变形控制要求不高，基坑侧壁安全等级宜为二级、三级；软黏土地区水泥土桩施工范围内地基土承载力不宜大于 150kPa 的基坑工程。

水泥土墙由于坑内无支撑，便于机械化快速挖土；挡土又防渗，比较经济。但不宜用于深基坑；位移相对较大；墙体厚度大，有时受周围环境限制。

2. 水泥土墙支护的控制措施

水泥土墙关键点的控制具体内容如表 8-5 所示。

特殊工艺或关键控制点的控制　　表 8-5

序号	关键控制点	控制措施
1	桩径、搅拌的均匀性	成桩 7d 后，采用浅部开挖桩头，检查
2	桩径、搅拌的均匀性	成桩 3d 内，用轻型动力触探（N10）检查每米桩身的均匀性
3	承载力	进行复合地基载荷试验，单桩载荷试验； 载荷试验必须在桩身强度满足试验载荷条件时，并宜在成桩 28d 后进行。检查数量为总桩数的 0.5%～1%，且每项单体工程不应少于 3 点

3. 土钉墙支护

土钉墙支护是在基坑开挖过程中将较密的细长杆件钉置于原位土体中，并在坡面上喷射钢筋网混凝土面层。通过土钉、土体和喷射混凝土面层的共同工作，形成复合土体。利用复合土体的自稳达到支护目的（图 8-5）。土钉墙的适用条件见表 8-4。

8.2.4 板式支护体系

板式支护体系通常由基坑周边围护结构或基坑周边围护结构与支撑体系组合形成。基

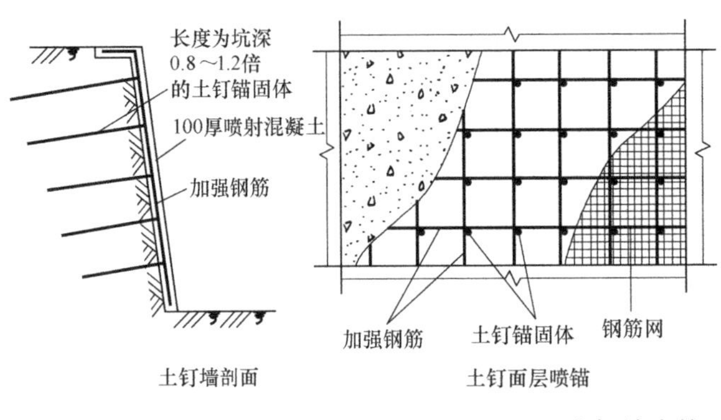

图 8-5　土钉墙支护

坑周边围护结构常采用钢板桩、型钢水泥土搅拌墙、钻孔灌注桩、地下连续墙等。支撑体系可采用钢筋混凝土、型钢形成的坑内支撑，也可采用锚杆体系。

1. 悬臂桩排式围护结构

支护体系仅有由钢板桩、钻孔灌注桩等形成的悬臂桩排式围护结构。它是依靠足够的入土深度和结构的抗弯刚度来挡土和控制墙后土体及结构的变形。由于对土的性质和荷载大小较敏感，适用于坑顶土质较好、开挖深度不宜超过 6m 的基坑工程。图 8-6 为悬臂灌注桩围护结构工程实例，图 8-7 为 SMW 工法（型钢水泥土搅拌墙）工程实例。

图 8-6　悬臂灌注桩

图 8-7　SMW 工法

2. 基坑周边围护体＋坑内支撑围护结构

基坑周边围护体＋坑内支撑围护结构由两部分组成：挡土结构和支撑结构。挡土结构常采用钢板桩、型钢水泥土搅拌墙、钻孔灌注排桩、地下连续墙等。支撑结构采用钢筋混凝土或钢支撑的形式。由于支撑结构刚度大、变形小，此种围护结构可用于不同深度的基坑和不同土质条件、变形控制要求严格或基坑面积较小或形状狭长的基坑工程。图 8-8～图 8-11 为围护桩＋坑内支撑工程实例。

3. 基坑周边围护体＋锚杆体系围护结构

基坑周边围护体＋锚杆体系围护结构由两部分组成：挡土结构和锚固结构。挡土结构常采用钢板桩、型钢水泥土搅拌墙、钻孔灌注排桩、地下连续墙等。锚固结构可采用锚杆＋围檩或地面拉锚＋围檩的形式。此种围护结构可用于不同深度的基坑。但由于采用锚杆结构需要地基土提供较大的锚固力，因而多用于砂土地基或黏土地基。图 8-12 为混凝土桩+锚杆体系工程实例，图 8-13 为 SMW 工法+锚杆体系工程实例。

图 8-8 钢板桩+水平钢支撑

图 8-9 SMW 工法+钢板桩+水平钢支撑

图 8-10 水泥搅拌桩+混凝土支撑

图 8-11 钢板桩+水平钢支撑

图 8-12 混凝土桩+锚杆体系

图 8-13 SMW 工法+锚杆体系

8.2.5 软土地区常用的支护结构类型

软土在我国大多分布在沿海地区，它是指天然孔隙比大于或等于 1.0，且天然含水量大于液限的细粒土，包括淤泥、淤泥质土、泥炭、泥炭质土等。

1. 软土的特性

（1）触变性：当原状软土受到振动后，土结构的连接被破坏，强度降低或很快地使软土变成稀释状态，易产生侧向滑动、沉降及基底面侧向挤出现象。

（2）流变性：在剪应力作用下，土体会发生缓慢而长期的剪切变形。

（3）高压缩性：压缩系数大，大部分压缩变形发生在竖向应力为100kPa左右时。

（4）低强度：不排水抗剪强度一般在20kPa以下。

（5）低透水性：透水性能弱，一般竖向渗透系数在 $i\times(10^{-8}\sim10^{-6}\text{cm/s})$ 之间，对地基排水固结不利，在加载初期，地基中常出现较高的孔隙水压力，影响地基沉降，使建筑物沉降的延续时间很长。

（6）不均匀性：由于沉积环境的变化，黏性土层中常局部夹有厚薄不等的粉土使水平向和竖向分布上有所差异。

2. 软土地区支护结构选型

由于软土具有强度低、压缩性大、透水性小、受荷载后变形大，加之蠕变及应力松弛等特性，以及容易出现坑底隆起、管涌等现象，在确定支护结构类型时，必须从总体上考虑，从基坑各部位的具体情况出发，结合场地条件、开挖深度与范围、土层地质条件及基坑所在地区进行综合选型。软土地区一般采用的支护结构形式如表8-6所示。

软土地区支护结构类型 **表8-6**

支护型式	结构类型	基坑深度(m)							
		＜6		6～10		10～15		＞15	
		场地开阔	场地受限制	场地开阔	场地受限制	场地开阔	场地受限制	场地开阔	场地受限制
悬臂式支护	钢板桩或钢筋混凝土预制桩	√	√	√	○				
	单排灌注桩＋柱间注浆	√	√	○	○				
	单排灌注桩＋水泥土挡墙	√	√	√	○				
	水泥土重力式挡墙	√	○	√		○			
	钢筋混凝土地下连续墙	√	√	○	○				
支撑式支护	钢板桩或钢筋混凝土预制桩	√	√	√	○				
	单排灌注桩＋柱间注浆	√	√	√	√	√	√	√	√
	单排灌注桩＋水泥土挡墙	√	√	√	√	√	√	√	√
	钢筋混凝土地下连续墙	○	√	√	√	√	√	√	√

续表

支护型式	结构类型	基坑深度(m)							
		＜6		6～10		10～15		＞15	
		场地开阔	场地受限制	场地开阔	场地受限制	场地开阔	场地受限制	场地开阔	场地受限制
锚杆式支护	H形钢桩＋水泥土挡墙			√	√	√	○		
	单排灌注桩＋水泥土挡墙	√	√	√	√	√	√	√	√
	钢筋混凝土地下连续墙	○	○	√	√	√	√	√	√

注：√表示“适用”，○表示“可以使用”。

8.2.6 一般黏性土地区常用支护结构类型

一般黏性土地区是指我国东北、华北地区及西北的大部分地区，这些地区土层一般包括黏性土、粉土及砂土，而且多数地区的地下水位较深。

1. 一般黏性土的特性

一般黏性土地区的土层颗粒细，矿物成分和颗粒结构复杂，具有一定的黏聚强度，且强度随含水量及应力历史等一系列因素而变化。土质较均匀，压缩性较低，强度较高，层次分布较有规律。

2. 一般黏性土地区支护结构选型

确定一般黏性土地区的支护结构类型，需要从总体上考虑，从基坑各部位的具体情况出发，根据周边的场地条件和地质条件，结合基坑开挖深度和范围、场地地下水位等，选择安全可靠，又能节省造价的支护体系。

一般黏性土地区挡土支护结构可以选择的类型见表8-7所示。

一般黏性土地区挡土支护结构类型选择表　　表8-7

支护型式	结构类型	基坑深度(m)			
		＜6	6～10	10～15	＞15
悬臂式支护	钢板桩或钢筋混凝土预制桩	√			
	H型钢桩或工字钢桩	√	○		
	单排灌注桩	√	√		
	双排灌注桩	√	√	○	
	水泥土重力式挡墙	√	√		
	钢筋混凝土地下连续墙	√	√		
内撑式支护	钢板桩		√	○	
	H型钢桩或工字钢桩		√	√	
	单排灌注桩		√	√	○
	双排灌注桩		√	√	√

续表

支护型式	结构类型	基坑深度(m)			
		<6	6~10	10~15	>15
内撑式支护	水泥土重力式挡墙		√	√	
	钢筋混凝土地下连续墙		√	√	√
锚杆式支护	钢板桩	√	√		
	H型钢桩或工字钢桩	√			
	单排灌注桩		√	√	√
	双排灌注桩			√	√
	钢筋混凝土地下连续墙			√	√

注：√表示“适用”，○表示“可以使用”。

8.3　基坑的降排水及常见事故

在地下水位以下进行工程施工时，常常会因为地下水而造成涌水、流砂以及基坑边坡失稳等，造成周围地下管线和建筑物不同程度的损坏；如果基坑底部遇到承压含水层，若不减压，容易导致基底破坏，同时伴随隆胀流砂和坑底土的流失现象。采用降水或排水，可以防范这类工程事故的发生。

地下水的控制方法可以分为集水明排、降水、截水和回灌等形式，结合工程实际情况，可以单独或组合使用。因降水而危及基坑及周边环境安全时，宜采用截水或回灌方法。截水后，基坑中的水量或水压较大时，宜采用基坑内降水。当基坑底为隔水层且隔水层底部作用有承压水时，应进行坑底突涌验算，必要时可采取水平封底隔渗或钻孔减压措施保证坑底土层的稳定。

8.3.1　基坑降水工程

基坑降水工程应满足基坑工程施工要求，不危害基坑周边建（构）筑物、道路及地下设施等的安全和正常使用。

1. 基坑降水工程等级

确定基坑降水工程等级时，应综合考虑基坑深度、基坑周边环境、水文地质条件的复杂程度等因素。基坑降水工程等级见表8-8。对于一级基坑降水工程，必须进行专门降水工程勘察及专项基坑降水设计。

基坑降水工程等级　　**表8-8**

等级	内　容
一级	满足下列条件之一的工程为一级工程：开挖深度不小于14m的基坑工程； 降水影响范围内存在保护性建(构)筑物、重要地下管线的基坑工程； 存在承压水突涌风险的基坑工程
二级	除一级、三级以外的其他基坑工程
三级	开挖深度小于5m，且基坑周边无保护性建(构)筑物、重要地下管线的基坑工程

2. 基坑降水工程主要内容

基坑降水工程应分为降水工程勘察、降水工程设计、降水工程施工及运行、排水运行、降水井封井等。

降水工程深井施工及运行应按降水设计文件的要求进行，包括各类井的井管、滤水管及规格，滤料规格，钻井施工要求及质量验收内容。降水工程运行应按降水设计要求及施工进度启动疏干井及降压井，进行管网布设、降水深度、降水流量及水位变化观测。开挖深度不小于 5m 的基坑降水工程，应对基坑总出水量进行观测。

3. 降水技术方法选择

基坑降水工程设计采用的技术方法分为明沟排水、轻型井点降水、管井降水等。根据降水深度、场地含水层岩性和渗水性，按照表 8-9 的规定选择确定。

降水技术方法适用范围　　表 8-9

降水技术方法	适用地层		渗水系数(cm/s)	适用降水深度(m)
	含水层	土层岩性		
集水明排	潜水含水层	粉砂、粉土、粉质黏土、黏土、淤泥质土	$1\times10^{-7}\sim2\times10^{-4}$	<5
轻型真空井点		粉土、粉质黏土、黏土、淤泥质土	$1\times10^{-7}\sim2\times10^{-4}$	单级<6 多级 6～12
管井降水	潜水或承压含水层	砾砂、砂土、粉土、粉质黏土	$>1\times10^{-6}$	>5

8.3.2 集水明排

集水明排是一种渗渠或明沟加集水井（坑）的排水方式，往往在基坑内实施（图 8-14）。沟、渠、井（坑）设置在基础轮廓线外，排水沟边缘离开基坑边坡坡角 0.3m 之外，沟底宽大于 0.3m，排水沟沟底坡度 1/1000～1/5000，沟底比基坑底低 0.3～0.5m，集水井（坑）比排水沟低 0.5～1m 以上。集水井（坑）直径 0.8m 左右，设置在基坑四角或每 30～40m 设置 1 个，内设水泥滤水管。沟、渠底往往铺设砾卵石。

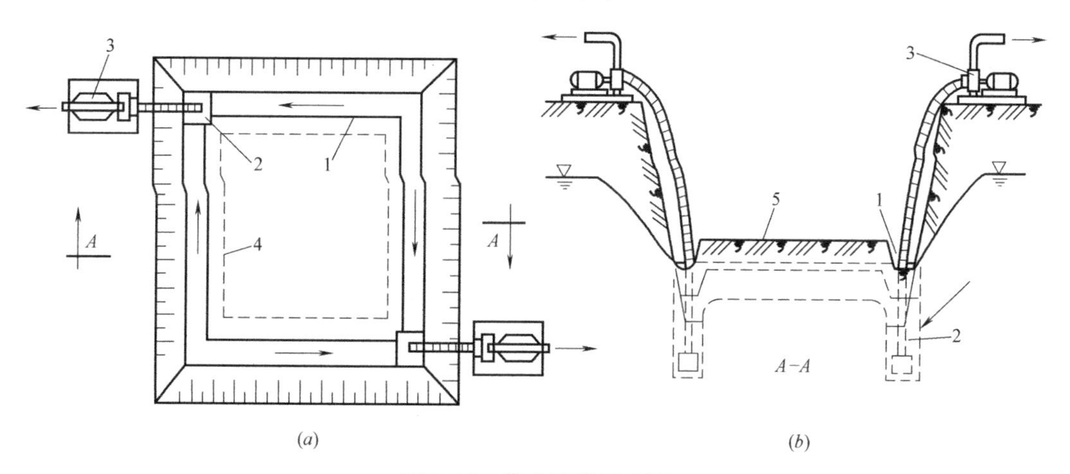

图 8-14　集水明排示意图

1—排水沟；2—集水坑；3—水泵；4—基础外缘线；5—地下水位线

抽水设备可根据排水量大小及基坑深度确定。当基坑侧壁出现分层渗水时，可按不同高程设置导水管、导水沟等构成明排系统。

集水明排适用于密砂、粗砂、级配砂、硬的裂隙岩石和表面径流来自黏土时较好，但若在松散砂、软黏质土、软岩石时，则将遇到边坡稳定问题。

集水明排设备的设置费用和保养费用均较井点降水为低，同时也能适合于各种土层。然而，这种方法由于集水井通常设置在基坑内部以吸取流向基坑的各种水流（如边坡和坑底渗出的水、雨水等）最后将导致细粒土边坡面被冲刷而塌方。但尽管如此，如果能仔细地施工及采用支撑系统，所抽水量能及时排除基坑内的表面水，集水明排是一种比较经济的方法。

8.3.3 井点降水

井点降水法是在基坑开挖之前，在基坑的内部或其周围埋设深于坑底标高的滤水管（井），以总管连接所有井点或管井进行集中抽水（或每个井管单独抽水），达到降低地下水位的目的。

井点降水法采用的井点有：轻型井点、喷射井点、管井井点、电渗井点和深井井点等。工程实践中，电渗井点耗电量大，已很少使用。

1. 轻型井点

轻型井点系统由井点管、连接管、集水总管及抽水设备等组成。轻型井点是沿基坑或一侧以一定间距埋入直径较小的井点管至地下蓄水层内经典管上端通过弯联管与集水总管相连，利用抽水设备将地下水通过与井点管不断抽出，以使原有的地下水位降至基底以下。

轻型井点适用于渗透系数为0.10～80.00m/d的土层，而对土层中含有大量的细砂和粉砂的情况特别有效，可以防止流砂现象和增加土坡稳定，且便于施工，如果土壁采用临时支撑还可以减少作用在其上的侧向土压力。

轻型井点的降水深度不宜超过6m，大于6m时可采用多级轻型井点。

使用轻型井点（图8-15）进行降水施工时，应注意以下问题：

（1）轻型井点管网全部安装完毕后进行试抽，在试抽时，应检查整个管网的真空度，达到要求，方可正式投入抽水。如真空不够，先关闭机组和总管阀门，检查机组真空度。

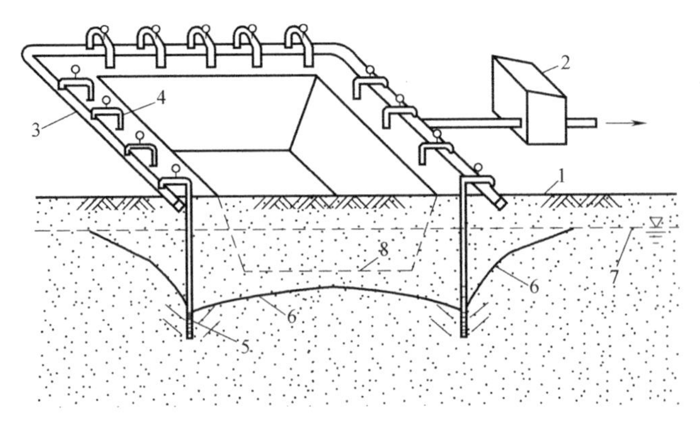

图8-15 轻型井点示意图

1—地面；2—水泵；3—总管；4—井点管；5—滤管；
6—降落后的水位；7—原地下水位；8—基坑底

(2) 井点使用时，应保持持续不断的抽水。正常出水规律是“先大后小、先浑后清”。如不上水或一直浑浊，或出现清后又浑浊，应立即检查纠正。当抽水设备运转一切正常后，整个抽水管路无漏气现象，可以投入正常抽水作业。开机一个星期后将形成地下降水漏斗，并趋向稳定，土方工程可在降水 5d 后开挖。

(3) 井点埋设应无严重漏气、淤塞、出水不畅或死井等情况。应注意检查井点管淤塞情况。具体检查时可通过听管内水流声、手扶管壁感觉振动、夏、冬季用手摸管子的冷热、湿干等简便方法进行检查。当井点管淤塞太多，严重影响降水效果时，应逐个用高压水反复冲洗或拔出重新埋设。

(4) 真空度是轻型井点降水能否顺利进行降水的主要技术指数，现场设专人经常观测，若抽水过程中发现真空度不足，应立即检查整个抽水系统有无漏气环节，并应及时排除。

(5) 基坑周围上部应挖好水沟，防止雨水流入基坑。

(6) 如在冬季施工，应做好主干管保温，防止受冻。

(7) 井点位置应距坑边 2～2.5m，以防止井点设置影响边坑土坡的稳定性。水泵抽出的水应按施工方案设置的明沟排出，离基坑越远越好，以防止地表水渗下回流，影响降水效果。

(8) 采用轻型井点降水时，应对附近原有建筑物进行沉降观测。必要时应采取防护措施。

(9) 地下工程施工完成并完成土方回填后，才可拆除井点系统。井点管拔出后所留下的孔洞应用砂或土填实，对地基有防渗要求时，应用黏土进行填实。

2. 喷射井点

当基坑开挖较深，降水深度大于 6m 时，采用一般轻型井点不能满足要求时，宜采用喷射井点降水，降水深度可达 8～20m。喷射井点主要用于深层降水，适合于场地狭窄、土层渗透系数为 0.10～200.00m/d 的粉土、极细砂和粉砂。但是在较粗的砂粒中，由于出水量较大，循环水流就显得不经济，这时宜采用深井泵。

喷射井点分为喷水井点和喷气井点两种，其设备主要由喷射井点、高压水泵（或高气水泵）和管路系统组成，如图 8-16 所示。前者以压力水为工作源，后者以压缩空气为工作源。

喷射井管由内管和外管组成，在内管的下端装有喷射扬水器与滤管相连。当喷射井点工作时，高压水经过内外管之间的环行空间直达底端，并经扬水器侧孔流向喷嘴。在喷嘴处由于断面突然收缩变小，使工作流体具有极高的流速（30～60m/s），在喷口附近造成负压（形成真空），将地下水经过滤管吸入，吸入的地下水在混合室与工作水混合，流经扩散室。由于截面扩大，水流速度相应减小，使水

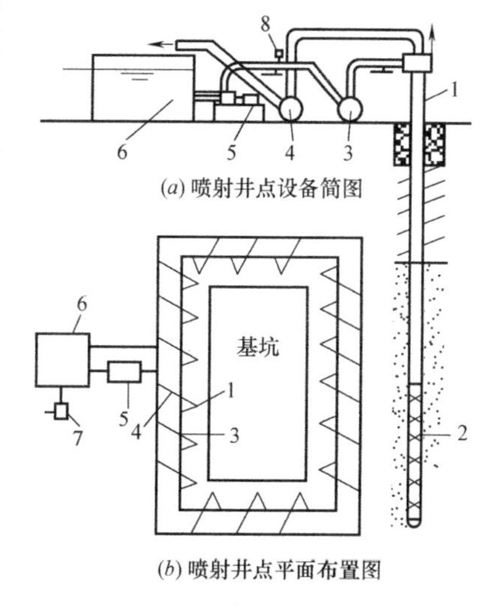

图 8-16 喷射井点布置图

1—喷射井管；2—滤管；3—供水总管；4—排水总管；5—高压离心水泵；6—水池；7—排水泵；8—压力表

的压力逐渐升高，水沿内管上升经排水总管排出。

使用喷射井点进行降水施工时，应注意以下问题：

(1) 井管间距一般为 2～3m，冲孔直径为 400～600mm，深度应比滤管底深 1m 以上。井点孔口地面以下 0.5～1m 深度范围内应采用黏土封口。

(2) 下井管时，水泵应先运转，每下好一根井管，立即与总管接通（不接回水管）并及时进行单根试抽排泥，并测定其真空度，待井管出水变清后停止。

(3) 全部井管下沉完毕，再接通回水总管，经试抽使工作水循环进行后再正式工作。

(4) 各套进水总管应用阀门隔开，各套回水管也应分开，为防止产生工作水反灌，在滤管下端应设逆止球阀。

(5) 工作水应保持清洁，防止磨损喷嘴和水泵叶轮。

3. 管井井点

管井井点是由滤水井管、吸水管和抽水机械等组成，如图 8-17（*a*）所示。管井井点的工作原理为：沿基坑每隔一定距离（20～50m）设置一个管井，或在坑内降水时，每隔一定距离设置一个管井，每个管井单独用一台水泵不断抽取管井内的水来降低地下水位。

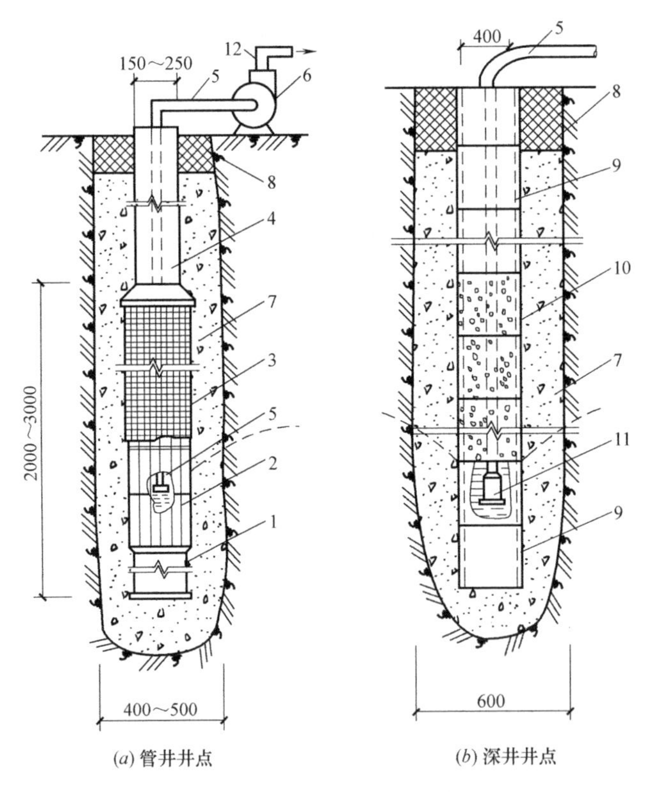

图 8-17　管井和深井井点构造

1—沉砂管；2—钢筋焊接骨架；3—滤网；4—管身；5—吸水管；6—水泵；
7—填充砂砾；8—黏土；9—沉砂管；10—混凝土过滤管；11—潜水电泵；12—出水管

管井井点适用于含水层颗粒较粗的粗砂一卵石地层，渗透系数较大、水量较大，且降水深度较深（一般为 8～20m）的潜水或承压水地区。对于渗透系数为 20～200m/d 且地下水丰富的土层、砂层，用明排水造成土颗粒大量流失，引起边坡塌方，用轻型井点降水难以满足要求，这时候可采用管井井点。管井井点具有排水量大、排水效果好、设备简单、易于维护等特点，降水深度为 3～5m 时可代替多组轻型井点的作用。

使用管井井点进行降水施工时，应注意以下问题：

(1) 管井成孔时，为保证井的出水量，且防止粉细砂涌入井内，在井管的周围应回填粒料，其厚度不得小于 100mm。回填粒料的粒径以含水层颗粒 d_{50}～d_{60}（系筛分后留在筛上的重量为 50%～60%时筛孔直径）的 8～10 倍最为适宜。地面下 0.5m 以内用黏土填充夯实。

(2) 抽水过程中应经常对抽水机械的电动机、传动轴、电流、电压等进行检查，并对水位下降和流量进行观测和记录。

(3) 井管使用完后，将井管拔出，滤水管洗净后再用，所留孔洞用砂砾填充夯实。

4. 深井井点

深井井点由深井井管和水泵组成，深井井管是由滤水管、吸水管和沉砂管组成，如图 8-17（*b*）所示。

深井井点的工作原理为：在深基坑的周围埋置深于基坑的井管，使地下水通过设置在井管内的潜水电泵将地下水抽出，使地下水位底于坑底。

深井井点适用于渗透系数大（50～250m/d）、涌水量大、降水深度较深、降水时间较长的砂类土，粉土或用其他井点降水方式不易解决的深层大面积降水，降水深度可达 50m。

当降水超过 15m，管井井点采用一般的潜水泵和离心泵满足不了降水要求时，可加大管井深度，改采用深井泵即深井井点来解决。因此，深井井点可代替多组管井井点的作用，且布置的井距大、数量少，对平面布置干扰小，不受吸程限制，不受土层限制，排水效果好；同时，成井和排水设备简单，操作、维护、管理容易，如果井点管采用钢管、塑料管，可以整根拔出重复使用。但深井井点一次性投资大，成孔的质量要求严格，技术要求较高，目前在高层建筑深基坑中应用最为普遍。

使用深井井点进行降水施工时，应注意以下问题：

(1) 沿基坑周围离边坡上缘 0.5～1.5m 布置，间距 10～30m，井深比基坑底部深 6～8m。

(2) 井管安放应垂直，过滤部分应放在含水层范围内。

(3) 井管与土壁间填充的砂砾粒径要大于滤网的孔径。

(4) 降水系统运行后，要求连续工作，保证正常抽水，不得随意停泵。为达到连续抽水的要求，应留出备用抽水设备，现场必须配备发电机，发电机的功率要能满足所有深井抽水设备的用电要求。

(5) 所有降水深井的井管口设置醒目标志，做好标识工作，与挖机施工人员做好井管保护工作。挖土时在靠近井管部位时尽可能使用人工扦土，避免对井的损坏。

(6) 井管使用完后，将井管拔出，滤水管拔出洗净后再用，所留孔洞用砂砾填充、捣实。

8.3.4 截水与回灌

井点降水时，由于地下水流失，造成地下水位降低，地基自重应力增加，土层被压缩，土颗粒随水流失，将引起周围地面沉降。又由于土层的不均匀性和降水后地下水位呈漏斗曲线，四周土层的自重应力变化不一致导致不均匀沉降，使周围建筑物基础下沉、房屋开裂。因此，井点降水时，必须采取相应措施，阻止建筑物下的地下水流失。可采用截水、回灌井点等措施。

1. 截水

在存在地下水的情况下，如果基坑开挖不允许造成基坑外地下水位下降时，应采用基坑截水方法。基坑截水方法是在基坑周边设置隔水帷幕，以阻断基坑内外的水层交流。

截水帷幕一般采用连续的水泥土搅拌桩（桩与桩之间没有空隙），或者采用压密注浆等形式，使其形成一堵致密的止水墙。地下连续墙也可以起到截水帷幕的作用。

截水帷幕的厚度应满足基坑防渗要求，隔水帷幕的渗透系数宜小于 1.0×10^{-6}cm/s。落底式竖向隔水帷幕应插入下卧不透水层，如图8-18所示。

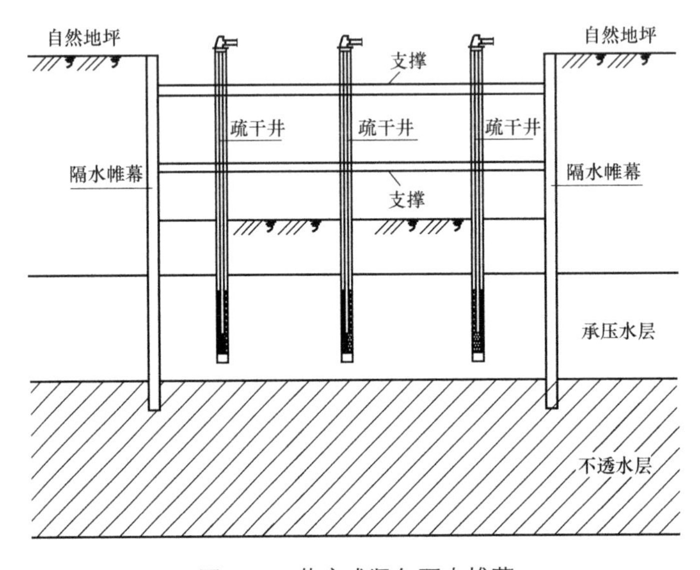

图8-18　落底式竖向隔水帷幕

当地下含水层渗透性较强，厚度较大时，可采用悬挂式竖向截水与坑内井点降水相结合或采用悬挂式竖向隔水与水平封底相结合的方案。

2. 回灌井点

当基坑开挖降水使基坑周边土层的地下水位下降时，黏性土含水量减少，并产生压缩、固结，使浮力消减，从而使黏性土的孔隙水压力降低，土的有效应力增大，土体产生不均匀沉降，从而影响邻近建筑物、地下管线等的安全。为了尽量减少土层的沉降量，一般采用降水与回灌相结合的办法。

回灌井点的工作原理为：在降水区与邻近建筑物之间的土层中埋置一道回灌井点，采用补充地下水的方法，使降水井点的影响半径不超过回灌井点的范围，形成一道隔水屏幕，阻止回灌井点外侧建筑物下的地下水的流失，使地下水位保持不变。

使用回灌井点时，应注意以下问题：

（1）回灌水宜采用清水，回灌水量和压力大小，均需通过水井理论进行计算，并通过观测井的观测资料来调整。

（2）降水井点和回灌井点应同步启动或停止。

（3）回灌井点的滤管部分，应从地下水位以上0.5m处开始直到井管底部，也可采用与降水井点管相同的构造，但必须保证成孔和灌砂的质量。

（4）回灌与降水井点之间应保持一定的距离，回灌井点管的埋设深度应根据透水层的深度来决定，以确保基坑施工安全和回灌效果。

（5）应在降水区域附近设置一定数量的沉降观测点及水位观测井，定时进行观测和记录，以便及时调整降灌水量的平衡。

3. 降压井

当坑底的不透水层或弱透水层下为承压水层时，尽管在边坡有井点降水，开挖后上覆压力减小，下伏的承压水压力仍可能使基坑底隆起或产生流砂现象。对坑底部不透水层，当静水压力大于其自身有效土重，则基坑底薄弱处或薄层处发生局部隆起或涌砂。这种情况可事先考虑在基坑内或基坑周边布设深井来减除承压水的压力，如图 8-19 所示。

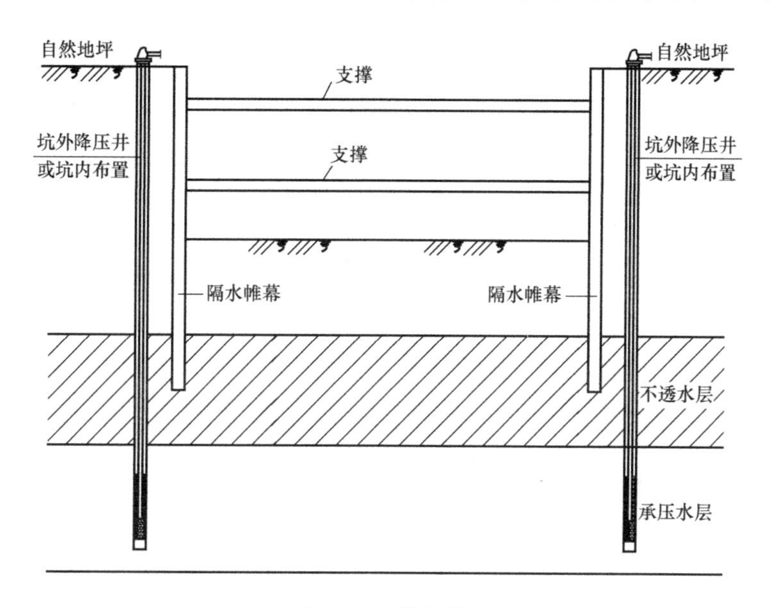

图 8-19 降压井

8.3.5 降排水常见事故原因及对策

（1）井点降水不当。基坑降水时常会带出很多土粒，同时使软弱土层产生固结下沉，加上基坑挖土，将引起基坑周围一定范围和不同程度的工程环境恶化。若处理不当，易引起地面沉降，邻近建筑物的沉降变形、水平位移和倾斜，道路及各种管线的开裂和错位，以及边坡失稳等。为减少井点降水的影响，主要采取以下几项措施：

1）采取封闭形式的挡土结构或采取其他封闭措施。如地下连续墙、灌注桩、水泥土搅拌桩、旋喷桩及压密注浆形成一定厚度的防水墙。

2）适当调整井点管的位置或埋置深度。如将井点管设置在基坑内降水，适当调整井点管的埋置深度，减少对临近的建筑物、管线的影响。

3）采用井点降水与回灌相结合的技术，以减小降水曲面向外扩张，保持邻近建筑物、管线等基础下地基土中的原地下水位，防止地下水位降低引起的地面沉降。

4）采用注浆加固防止水土流失。

（2）为抢工期，挤土式工程桩与挡土结构及止水帷幕同时施工，结果在挤土桩的侧向挤压力影响下，止水帷幕的施工质量难以保证。基坑开挖后坑壁出现漏水，引起地面下沉，道路开裂，危及邻近建筑物的安全。为减小因施工不当造成的事故，应该科学地进行施工组织并加强施工管理。

8.4　基坑工程风险分析和安全管理要点

8.4.1　基坑工程事故分析

基坑事故是建筑施工中极易引发群体伤亡的主要事故类型之一，尤其随着城市建设的快速发展，基坑开挖深度和规模不断扩大，基坑工程的施工难度大大增加。从近年来发生的较大及以上事故统计情况来看（图8-20），基坑工程坍塌事故占比较大，是目前建筑施工安全生产重点整治的事故类型。

表8-10为基坑事故原因统计，表8-11为事故基坑支护结构类型统计。从这些数据分析中，可以看到基坑事故主要是由于违反基坑工程的设计、违反技术规范要求而引起的。

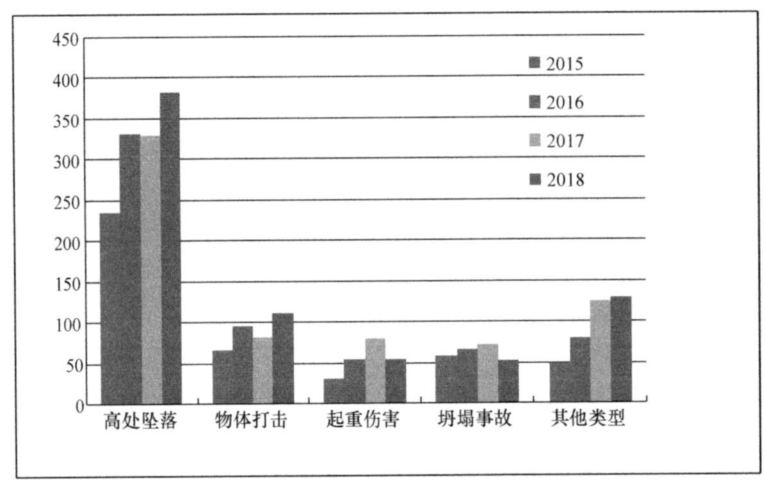

图8-20　2015～2018年度事故类型对比

资料来源：住房和城乡建设部网站

基坑事故原因统计　　**表8-10**

事故原因	勘察	设计	施工	监理	建设	规范
出现频率	12	124	146	7	20	2
比例(%)	3.9	39.9	46.9	2.3	6.4	0.6

事故基坑支护结构类型设计　　**表8-11**

支护类型	桩	墙	板	桩锚	板锚	桩撑	板撑	墙撑	喷锚网	深层搅拌桩	放坡
出现频率	63	2	2	9	1	8	4	2	15	17	15
比例(%)	42.6	8.1	1.4	6.1	0.7	5.4	2.7	1.4	10.1	11.5	10.1

8.4.2 基坑支护工程事故原因分析

1. 工程勘察

勘察不准、不详、疏漏、失误。

（1）勘测报告提供的土体的土性指标与实际不符；

（2）对周围环境调查不够，如邻近建筑物的基础调查、地下设施等；

（3）基坑的布孔点较少，缺乏基坑范围内及周边土体的物理性能的全面了解；

（4）提供的勘测资料不详细，土的分层过粗；

（5）地下水的勘测不准。

2. 工程设计

对支护参数进行设计时，需进行稳定性计算分析及与之紧密相关的边壁破坏模式的选定。

（1）基坑的支护结构设计方案不合理，支护墙体插入土体的深度不够；

（2）支撑和地下连续墙设计存在严重的问题，未设置围檩支撑、连系杆节点设计不当；

（3）忽视基坑土体稳定性验算；

（4）基坑设计时没有考虑基坑周围场地的变化；

（5）没有选择合理的止水方案。

3. 工程施工

施工质量、施工工艺、材料质量、施工机械化程度、施工速度和时机、管理水平均可能成为工程事故的直接原因或间接原因。

（1）支护桩强度不满足设计要求或施工工艺不恰当；

（2）不按专项施工方案进行施工，土方开挖支护不及时；

（3）对基坑开挖中的降排水技术措施重视不够；

（4）未对基坑及周边建筑物及环境进行监测、对意外情况处理不当；

（5）忽视周边环境、建筑物等对基坑的影响。

4. 工程监理

重要部位和重要施工环节的检查审核制度不健全，监管不到位、基坑施工中出现的事故措施不当，监测人员没有分析监测数据、并及时将监测结果报告有关各方，失去了排险的最佳时机。

5. 工程建设方

工程建设方未严格和优选勘察、设计、施工单位，盲目压价、层层分包，不办理报建审批手续，不恰当地参与选择或强行拍板某种支护方案或降水措施等。

8.4.3 深基坑重大危险源分析

一般深基坑是指开挖深度超过 5m（含 5m）或地下室三层以上（含三层），或深度虽未超过 5m，但地质条件和周围环境及地下管线特别复杂的工程。建筑深基坑工程的施工、安全使用与维护，应符合《建筑深基坑工程施工安全技术规范》（JGJ 311—2013）以及国家现行有关标准的规定。

要根据本工程的施工特点和施工难点，识别重大危险源，并进行严格管控。基坑工程重大危险源分析按表8-12进行。

重大危险源分析 表8-12

序号	危险源名称	风险产生的原因	风险管控措施
1	基坑坍塌	(1)基坑土方开挖未分段、分层开挖，未能及时支护； (2)支撑设置或拆除不正确； (3)基坑边坡顶部超载，土被扰动	(1)土方开挖的监控，制定安全有效的开挖方案； (2)分层不超过1m，及时进行支护； (3)同时在开挖前必须及时抽排明水； (4)对机械操作人员进行交底，技术人员在场旁站防止超挖
2	基底隆起	(1)深基坑开挖后，基底要回弹，土体的松弛与蠕变的影响引起； (2)地下连续墙在侧水土压力作用下，墙角与内外侧土体发生塑性变形而上涌； (3)基坑面积大、浸水或暴露时间太长； (4)基坑底部承压水加大	(1)基坑周边防止超载，采用有效抽排明水及降水方案； (2)基坑采用机械挖土，坑底应保留300mm厚基土，用人工清理整平，防止坑底土扰动； (3)混凝土垫层要在24h内施工完成，随即抓紧浇注底板，底板混凝土在垫层浇筑完后的最短时间内完成； (4)开挖前对围护结构可能渗漏的部位作必要的技术处理，基坑开挖过程中加强基底隆起监测； (5)如在挖基底300mm土时遇下雨，要挖一小段，浇一小段垫层，不能停； (6)如造成垫层标高不符合要求，则待雨停后，再凿去重浇垫层，以保证坑底土不被软化，避免因此而引起基底隆起
3	流砂、管涌	(1)土质为细砂土或粉砂土； (2)地下水在土中渗流所产生的动水压力(渗流力)的大	(1)基坑采用管井降水，同时坑内设集水井明排疏干方案，各种抽水井必须设置滤网防止抽水将砂带走； (2)确保分段分层开挖，在出水量大的地段必要时采用轻型井点进行降水，确保排水通畅，防止将粉细砂带走； (3)冻结法将出现流砂区域的土进行冻结，阻止地下水的渗流，以防止流砂发生； (4)设止水帷幕，即将连续的止水支护结构打入基坑地面以下一定深度，形成封闭的止水帷幕； (5)枯水期地下水位较低，基坑内外水位差小，动水压力不大，枯水期施工，就不容易产生流砂
4	止水帷幕发生渗漏	(1)基坑底部有较大水压力的滞水层； (2)非地下潜水水源(如降水过多)对止水帷幕的破坏； (3)部分桩咬合不足	先在渗漏处预埋导流水管，将渗漏出来的水疏导出去，然后在缝隙间使用瞬凝混凝土封堵，待混凝土达到一定强度后，最后封堵导流管

8.4.4 深基坑工程应急预案

在基坑工程施工时，应严格按照设计要求及土方开挖施工方案要求进行施工，不得擅自篡改方案内容。结合当地经验及本工程地质条件，在基坑施工中，当环境监测数值（围护）周围水平位移、变形，当日内有一项或多项突变发生时，可能会遇到险情，应事先预防，出现险情及时进行处理。施工现场一旦发生基坑坍塌事故，极易造成人员伤亡和经济损失。为第一时间抢救伤员，有效防止事故扩大，最大限度地降低安全风险和经济损失，应制定应急预案，且应通过组织演练检验和评价应急预案的适用性和可操作性。

（1）基坑工程发生险情时，应采取下列应急措施：

1）基坑变形超过报警值时，应调整分层、分段土方开挖等施工方案，并宜采取坑内回填反压后增加临时支撑、锚杆等。

2）周围地表或建筑物变形速率急剧加大，基坑有失稳趋势时，宜采取卸载、局部或全部回填反压，待稳定后再进行加固处理。

3）坑底隆起变形过大时，应采取坑内加载反压、调整分区、分步开挖、及时浇筑快硬混凝土垫层等措施。

4）坑外地下水位下降速率过快引起周边建筑物与地下管线沉降速率超过警戒值，应调整抽水速度减缓地下水位下降速度或采用回灌措施。

5）围护结构渗水、流土，可采用坑内引流、封堵或坑外快速注浆的方式进行堵漏；情况严重时应立即回填，再进行处理。

6）开挖底面出现流砂、管涌时，应立即停止挖土施工，根据情况采取回填、降水法降低水头差、设置反滤层封堵流土点等方式进行处理。

（2）基坑工程施工引起邻近建筑物开裂及倾斜事故时，应根据具体情况采取下列处置措施：

1）立即停止基坑开挖，回填反压。

2）增设锚杆或支撑。

3）采取回灌、降水等措施调整降深。

4）在建筑物基础周围采用注浆加固土体。

5）制订建筑物的纠偏方案并组织实施。

6）情况紧急时应及时疏散人员。

（3）基坑工程引起邻近地下管线破裂，应采取下列应急措施：

1）立即关闭危险管道阀门，采取措施防止产生火灾、爆炸、冲刷、渗流破坏等安全事故。

2）停止基坑开挖，回填反压、基坑侧壁卸载。

3）及时加固、修复或更换破裂管线。

（4）基坑工程变形监测数据超过报警值，或出现基坑、周边建（构）筑、管线失稳破坏征兆时，应立即停止施工作业，撤离人员，待险情排除后方可恢复施工。

8.4.5 基坑工程安全管理要点

1. 基坑防护

（1）基坑临边防护。基坑上口设置黄黑相间的水平警示护栏一道，基坑四周栏杆柱应采用预埋或打入地面方式，深度为500mm～700mm，钢管搭设高度为1.5m。栏杆柱离基坑边口的距离，不应小于500mm，横杆两道，设置200mm挡水墙，防止雨水进入基坑，同时防止落物伤人。并用密目网进行封闭封挡，待土方回填完毕后，方可全部拆除。当基坑周边采用板桩时，钢管可打在板桩外侧。

(2) 设置人员上下专用通道。下坑通道设置利用钢筋混凝土支撑和上下相邻两道支撑间的斜梯（用钢管搭设）构成人员上下基坑的通道，人员上下基坑必须走通道(图 8-21)。

(3) 基坑设置排水。坑外降水有防止临近建、构筑物危险沉降的措施，基坑外四周设置排水沟，并在四角设置三级沉淀池，抽排水经过沉淀后排入市政管网（图 8-22)。

(4) 坑边荷载基坑边沿堆置土、料具等荷载应在基坑支护设计允许范围内，施工机械与基坑边沿应保持安全距离，防止基坑支护结构超载。基坑周边 1.5m 范围内不宜堆载。

(5) 由专人负责对基坑支护变形或透水先兆进行监测。当深基坑周边地面沉降超控制值且出现变形开裂时，建设单位应当委托有资质的单位进行地下孔洞探测，并依据探测结果采取预防地面塌陷措施。

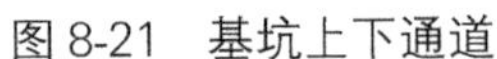

图 8-21　基坑上下通道

图 8-22　基坑排水沟及沉淀池

2. 土方开挖

(1) 明确现场指挥即安全责任人，明确参加施工的各类人员的安全职责。

(2) 挖土前，坑壁上和支撑上杂物清理干净，防止后续施工过程中坠落伤人。

(3) 挖土必须严格按照方案设计的程序进行，按照时空效应原理，分层、分区、分块，尽量减少每步开挖面积，每步开挖后支撑及时跟进，减少围护墙无支撑暴露时间。

(4) 严格按照开挖方案进行开挖，土方开挖按踏步式逐行进行，严禁一次突发性开挖到底，避免土体大量挖除后，造成土坡侧向应力增大过快而产生险情。

(5) 使用栈桥时，栈桥两边设置防护栏杆，栏杆构造符合临边作业的安全要求；栈桥结构施工完毕，结构达到设计强度后方允许车辆上栈桥工作，上桥车辆严格限制车速，严禁荷载集中。

3. 栈桥及内支撑

(1) 根据设计允许荷载，对上栈桥车辆、机械进行限载，防止栈桥超载。

(2) 栈桥道路及平台上严禁堆放钢筋、水泥、砂石及其他建筑材料和杂物，严禁停放空压机。

(3) 挖掘机、车辆等机械在栈桥上工作时安排 2 名交通安全指挥负责车辆行驶安全监督，保证车辆在栈桥上的安全行驶。

(4) 坑内应有足够照明。在栈桥上设置夜间警示灯。

(5) 加强对人机作业区域的确定以及对参与施工人员安全教育、劳动纪律的要求。

(6) 做好基坑内安全防护，在地连墙上做高度为 1.2m 的安全防护栏杆，张挂密目安全网。

（7）内支撑系统的施工与拆除，应按先撑后挖、先托后拆的顺序，拆除顺序应与支护结构的设计工况相一致，并应结合现场支护结构内力与变形的监测结果进行。

（8）支撑体系上不应堆放材料或运行施工机械；当需利用支撑结构兼做施工平台或栈桥时，应进行专门设计。

（9）基坑开挖过程中应对基坑开挖形成的立柱进行监测，并应根据监测数据调整施工方案。

（10）钢支撑预应力施加应符合下列规定：

1）支撑安装完毕后，应及时检查各节点的连接状况，经确认符合要求后方可均匀、对称、分级施加预压力。

2）预应力施加过程中应检查支撑连接节点，必要时应对支撑节点进行加固；预应力施加完毕、额定压力稳定后应锁定。

3）钢支撑使用过程应定期进行预应力监测，必要时应对预应力损失进行补偿；在周边环境保护要求较高时，宜采用钢支撑预应力自动补偿系统。

（11）立柱及立柱桩施工应符合下列规定：

1）立柱桩施工前应对其单桩承载力进行验算，竖向荷载应按最不利工况取值，立柱在基坑开挖阶段应计入支撑与立柱的自重、支撑构件上的施工荷载等。

2）立柱与支撑可采用铰接连接。在节点处应根据承受的荷载大小，通过计算设置抗剪钢筋或钢牛腿等抗剪措施。立柱穿过主体结构底板以及支撑结构穿越主体结构地下室外墙的部位应采取止水构造措施。

3）钢立柱周边的桩孔应采用砂石均匀回填密实。

（12）支撑拆除施工应符合下列规定：

1）拆除支撑施工前，必须对施工作业人员进行安全技术交底，施工中应加强安全检查。

2）拆撑作业施工范围严禁非操作人员入内，切割焊和吊运过程中工作区严禁入内，拆除的零部件严禁随意抛落。当钢筋混凝土支撑采用爆破拆除施工时，现场应划定危险区域，并应设置警戒线和相关的安全标志，警戒范围内不得有人员逗留，并应派专人监管。

3）支撑拆除时应设置安全可靠的防护措施和作业空间，当需利用永久结构底板或楼板作为支撑拆除平台时，应采取有效的加固及保护措施，并应征得主体结构设计单位同意。

4）换撑工况应满足设计工况要求，支撑应在梁板柱结构及换撑结构达到设计要求的强度后对称拆除。

5）支撑拆除施工过程中应加强对支撑轴力和支护结构位移的监测，变化较大时，应加密监测，并应及时统计、分析上报，必要时应停止施工加强支撑。

6）栈桥拆除施工过程中，栈桥上严禁堆载，并应限制施工机械超载，合理制定拆除的顺序，应根据支护结构变形情况调整拆除长度，确保栈桥剩余部分结构的稳定性。

7）钢支撑可采用人工拆除和机械拆除。钢支撑拆除时应避免瞬间预加应力释放过大而导致支护结构局部变形、开裂，并应采用分步卸载钢支撑预应力的方法对其进行拆除。

（13）当采用人工拆除作业时，作业人员应站在稳定的结构或脚手架上操作，支撑构件应采取有效的防下坠控制措施，对切断两端的支撑拆除的构件应有安全的放置场所。

(14) 机械拆除施工应符合下列规定：

1) 应按施工组织设计选定的机械设备及吊装方案进行施工，严禁超载作业或任意扩大拆除范围。

2) 作业中机械不得同时回转、行走。

3) 对尺寸或自重较大的构件或材料，必须采用起重机具及时下放。

4) 拆卸下来的各种材料应及时清理，分类堆放在指定场所。

5) 供机械设备使用和堆放拆卸下来的各种材料的场地地基承载力应满足要求。

4. 施工用电

(1) 施工用电必须符合现行行业标准《施工现场临时用电安全技术规范》(JGJ 46—2005) 要求，达到“一机一箱，一漏一保”要求。

(2) 电工必须持证上岗，非本项目在册电工不准接线、挂线、修理配电箱内用电器。

(3) 工程开工前，技术人员或电工应根据规范并结合工程的实际情况，编制临时用电施工组织设计，并报工程部备案。

(4) 临时用电工程施工程序应遵循：施工组织设计→安全技术交底→安装→调试→验收→交付使用→检查整改→维修保养→竣工拆除。

(5) 电缆应采用架空或埋地敷设并应符合规范要求，严禁沿地面明设或沿脚手架、树木等敷设。电缆过路及穿过建筑物时，必须穿保护管。保护管内径不小于电缆外径的1.5倍，过路保护管两端与电缆间应作绝缘固定，在转弯处和直线段每隔20米处应设电缆走向标识桩。

(6) 电缆不宜沿钢管，脚手架等金属构筑物敷设，必要时需用绝缘子作隔离固定或穿管敷设。严禁用金属裸线绑扎加固电缆。

(7) 生活区、办公室等室内配线必须用绝缘子固定，过墙要穿保护管。

(8) 地下工程所用电源线必须使用橡套电缆，且沿墙壁等架空敷设，其架设高度不应低于2m，固定时也应用绝缘子。

(9) 配电系统宜设三级配电，即总配电箱（室）→分配电箱→开关箱。

(10) 分配电箱：总空气开关→分路漏电开关→瓷插（额定容量100A以上的漏电开关可不加瓷插）。

(11) 开关箱应背向基坑，关闭箱门，摆放在地面以上0.15m的水泥抹面砖基础上，并在箱门内侧贴有控制降水井编号，水泵电源插头与插座编号应一致。

(12) 电焊机、钢筋埋弧对焊机使用时，焊把线，地线应同时拉到施焊点，二次线与焊机连接应用线鼻子、二次线及焊钳绝缘应完好无损。电焊机均应装设“安全节电器”，焊机室外使用时，应有防雨水措施。

(13) 降水工程中每台水泵应设带漏电开关的开关箱。施工现场所有电源电均应有插头，不得电源线头直接插在插座上。

8.5　基坑开挖的监测与控制

在基坑开挖的施工过程中，基坑内外的土体将由原来的静止土压力状态向被动和主动土压力状态转变，应力状态的改变（土层应力释放与调整）引起土体的变形，即使采取了挡土支护措施，挡土支护结构的变形也是不可避免的。这些变形包括：挡土支护结构以及周围土体的侧向位移与沉降、坑内土体的沉降等。上述位移的量值如果超出容许的范围，都将会对挡土支护结构本身造成危害，进而危及基坑周围的建筑物及地下管线。因此，在基坑施工过程中必须强调信息化施工，而基坑工程监测正是实现基坑工程信息化施工的手段。在基坑施工过程中，工作人员根据监测结果，可以适时地调整施工参数进行优化设计，或采取相应措施，以确保施工安全、顺利进行。基坑工程监测的主要内容主要包括三个方面：支护结构、土体与周边环境的变形监测、支护结构的应力监测和地下水动态监测。

8.5.1 基坑工程监测对象与内容

对于下列基坑工程应实施监测：开挖深度大于或等于5m的基坑工程；开挖深度小于5m，但现场地质情况和周围环境较复杂的基坑工程；其他需要监测的基坑工程。

基坑工程监测可根据具体情况，采用下述的部分或全部内容。

(1) 基坑平面和高程监控点的测量

(2) 监测岩土体所受到的施工作用、各类荷载的大小以及在这些荷载作用下岩土和挡土支护结构的变形性状，包括：

1) 挡土支护结构和边坡土体的竖向和侧向位移的测量；

2) 基坑周围地表的沉降和裂缝测量；

3) 基坑底部回弹和隆起的测量；

4) 挡土支护结构的裂缝测量。

(3) 挡土支护结构和边坡土体的应力测量，包括：

1) 挡土支护结构与边坡土体之间的接触土压力的测量；

2) 挡土支护结构自身的内力或应力测量，如锚杆或支撑的应力和内力测量、挡土桩或地下连续墙等内力测量等。

(4) 监测基坑开挖后对周围环境的影响，包括：

1) 邻近建筑物与地下管线等需要保护对象的变形（沉降、水平位移、倾斜与裂缝）的测量；

2) 基坑开挖造成的振动、噪声及污染等因素对环境的影响。

(5) 地下水动态测量，包括：

1) 地下水位变化的测量；

2) 挡土支护结构内、外孔隙水压力的测量；

3) 抽（排）水量的测量；

4) 基坑渗水、漏水状况的观测。

表8-13列举了基坑工程可以采用的监测类型、监测内容、所用仪器及测量精度。

基坑工程测量内容和测量仪器　　表8-13

监测类型	监测内容	仪器与精度
变形	地下管线、地下设施、地面道路和建筑物的沉降、位移	经纬仪和水准仪 精度不低于1mm
	基坑外土体测斜	测斜仪，精度不低于1mm

续表

监测类型	监测内容	仪器与精度
变形	围护桩(墙)体测斜	测斜仪(埋设测斜管)精度不低于1mm、滑动测微计
	立柱桩顶沉降	水准仪,精度不低于1mm
	坑外地下土层的分层沉降	沉降仪(埋设分层沉降管),精度不低于1mm
	基坑内坑底回弹	沉降仪(埋设分层沉降管),精度不低于1mm
内力	围护桩(墙)体内力	钢筋应力计、滑动测微计
	支撑轴力	轴力传感器、钢筋应力计、混凝土应变计、应变片(钢支撑)
	锚杆拉力	钢筋应力计
	立柱轴力	应变片
土压力	围护桩(墙)两侧土压力	土压力盒,分辨率不低于5kPa
孔隙水压力	围护桩(墙)两侧水压力	孔隙水压力计
水位	基坑内、外的地下水位	量尺(适于浅水位)、水位计

8.5.2 基坑工程监测项目

基坑工程监测项目的选择既关系到基坑工程的安全，也关系到费用的多少。任意增加监测项目会造成工程费用的浪费，但盲目减少监测项目则很可能因小失大，造成严重后果。因此，在选择监测项目时应考虑以下因素：

(1) 基坑侧壁安全等级或地基基础设计等级；

(2) 临近建（构）筑物及地下管线的重要程度及距离基坑的距离；

(3) 工程费用。

基坑工程监测项目可根据《建筑基坑支护技术规程》(JGJ 120—2012) 要求的基坑监测项目按表8-14选用。

基坑监测项目选择 **表8-14**

监测项目 \ 基坑侧壁安全等级	一级	二级	三级
支护结构顶部水平位移	应测	应测	应测
基坑周围建(构)筑物、地下管线、道路沉降	应测	应测	应测
坑边地面沉降	应测	应测	宜测
支护结构深部水平位移	应测	应测	选测
锚杆拉力	应测	应测	选测
支撑轴力	应测	应测	选测
挡土构件内力	应测	宜测	选测
支撑立柱沉降	应测	宜测	选测

续表

基坑侧壁安全等级 / 监测项目	一级	二级	三级
挡土构件、水泥土墙沉降	应测	宜测	选测
地下水位	应测	应测	选测
土压力	宜测	选测	选测
孔隙水压力	宜测	选测	选测

8.5.3 基坑工程监测的基本要求

(1) 安全等级为一级、二级的支护结构，在基坑开挖过程与支护结构使用期内，必须进行支护结构的水平位移监测和基坑开挖影响范围内建（构）筑物、地面的沉降监测。

(2) 监测工作应严格按照监测任务书执行，该任务书应包括监测目的、监测方法、使用仪器、监测精度、测点布置、监测周期、监控时间、报警标准、工序管理、记录制度及信息反馈系统等内容。

(3) 监测数据必须可靠。

(4) 监测必须及时，因监控开挖是一个动态的施工过程，只有做到及时观测才能有利于发现隐患，及时采取补救措施。

(5) 对于监测项目，应按照工程具体情况预先设定报警标准，报警值应包括变形值、内力值及其变化速率；当观测发现超过报警标准的异常情况时，应立即考虑采取应急补救措施。

(6) 应有完整的观测记录、图表、曲线和监测报告。

8.5.4 基坑变形控制与报警

1. 基坑变形控制

根据基坑工程设计对正常使用极限状态的要求，基坑变形控制应从基坑正常施工需要对变形控制的要求和基坑周边环境对变形控制的要求两个方面考虑。

(1) 围护体系向坑内位移不得影响地下室底板的平面尺寸和形状；

(2) 围护体系向坑内位移不得影响工程桩的使用条件；

(3) 基坑周边地面沉降不得影响相邻建筑物、构筑物的正常使用或差异沉降不大于允许值；

(4) 基坑周边土体变位不得影响相邻各类管线的正常使用或变形曲率不大于允许值；

(5) 当有共同沟、合流污水管道、地铁等重要设施存在时，土体位移不得造成结构开裂，发生渗漏或影响地铁正常运行。

2. 监测项目的报警值

确定监测项目的报警值（即监控值）非常重要，一般应根据支护结构计算时的设计

（容许）值和周围环境情况，事先确定相应监测项目的报警值。如果监测项目的监测值在报警值的允许范围以内，可以认为施工是安全的，否则应调整施工组织设计，采取施工措施和相应的加固措施以确保基坑工程施工的安全。报警值的确定需要在安全和经济之间找到一个平衡，如报警控制值控制太严会给施工带来不便，施工技术措施要加强，经济投入要增加；反之如果报警控制值控制太宽，会对施工的安全带来威胁。一般情况下，每个报警值应由两个部分控制，即总的允许变化量和单位时间内允许变化量。

上海地区基坑变形的报警值与设计值如表8-15所示，表中列出了一级、二级基坑的报警值和设计值。三级基坑可按二级基坑的标准控制，当环境条件许可时可适当放宽。

一级、二级基坑变形的设计和监测的控制　　表8-15

工程等级	墙顶位移(mm)		墙体最大位移(mm)		地面最大沉降(mm)		变化速率(mm/d)
	监控值	设计值	监控值	设计值	监控值	设计值	监控值
一级	30	50	50	80	30	50	≤2
二级	60	100	80	120	60	100	≤3

对于围护结构与地下管线等报警值有如下的经验数值供参考。

（1）围护结构变形：如果只是为了确保基坑自身的安全，围护结构最大水平位移可达80mm，位移速率可达10mm/d。当周围有需要保护的建筑与地下管线时，应根据保护对象的要求确定。

（2）煤气管道变形：沉降或水平位移不得超过10mm，位移速率不超过2mm/d。

（3）自来水管道变形：沉降或水平位移不得超过30mm，位移速率不超过5mm/d。

（4）基坑外水位：坑内降水或基坑开挖引起的坑外地下水位下降不得超过1000mm，下降速率不得超过500mm/d。

（5）立柱桩差异沉降：基坑开挖所引起的立柱桩隆起或沉降不得超过10mm，变化速率不得超过2mm/d。

（6）弯矩及轴力：根据设计确定，一般将报警值控制在80%的设计容许最大值内。

（7）另外，对于测斜、围护结构纵深弯矩等光滑的变化曲线，若曲线上出现明显的折点变化，也应做出报警处理。

3. 基坑变形控制的技术措施

（1）支护体系的平面形状设置要合理，在阳角部位应采取加固措施；

（2）对变形控制严格的支护结构应采取预应力锚（撑）措施；

（3）位于深厚软弱土层中的基坑边坡，当变形控制无法满足设计要求时应采取坡顶卸荷和支护结构被动区土体加固的处理措施；

（4）对造成边坡变形增大的张开型岩石裂隙和软弱层面可采取注浆加固；

（5）基坑工程对相邻建（构）筑物可能引发较大变形或危害时，应加强监测，采取设计和施工措施，并应对建（构）筑物及其地基基础进行预加固处理；

（6）基坑边坡设计应按最不利工况进行边坡稳定和变形验算；

（7）基坑工程施工必须以缩短基坑暴露时间为原则，减小基坑的后期变形；

（8）基坑开挖施工及运行期间，严格控制基坑周边的超载，控制坡顶堆放物或其他荷载，在载重车辆频繁通过的地段应铺设走道板或进行地基加固；

(9) 基坑周边防止地表水渗入，当地面有裂隙出现时，必须及时用黏土或水泥砂浆封堵；

(10) 采取分层有序开挖基础，每层开挖厚度应遵循设计要求，不得超挖。

4. 应急措施

(1) 当基坑变形过大，或环境条件不允许等危险情况出现时，可采取底板分块施工或增设斜支撑；

(2) 基坑周边环境允许时，可采用墙后卸土；

(3) 基坑周边环境不允许时，可在坑底脚被动区用草袋土、填砂或填土压重；

(4) 当流砂严重、情况紧急时，可采用坑内充水。

8.6 基坑工程事故案例分析

8.6.1 基坑工程特大事故案例

案例：4·10 某市工地基坑坍塌事故

2019 年 4 月 10 日，某市某拆迁安置小区四期 B2 地块一停工工地，擅自进行基坑作业时发生局部坍塌（图 8-23），造成 5 人死亡、1 人受伤。事故造成直接经济损失约 610 万元。

(1) 事故经过

该项目于 2018 年 10 月 16 日开工，事发时该项目处于住宅地基开挖阶段。其中，B104 号住宅楼基坑设计开挖深度 7.2m，实际开挖深度 6.5m。施工单位未按照设计坡比要求进行放坡，在未通过验收的情况下又对 B104 号住宅楼边坡进行了挂网喷浆作业，且未按照施工质量要求浇筑挂网喷浆混凝土。

2019 年 4 月 9 日，施工单位组织工人进行基坑“坑中坑”开挖，电梯井集水坑北侧垂直挖至 3m 处发现坑底出现地下水反渗，工人停止施工并对该电梯井集水坑复填土 1m 左右，随后进行了降水作业。4 月 10 日 7 时 30 分左右，施工技术员在查看了该电梯井集水坑，未发现地下水反渗，组织工人、挖掘机再次进行集水坑深挖作业，同时安排瓦工工人对该电梯井集水坑进行挡土墙砌筑作业。9 时 30 分左右，该电梯井集水坑北侧发生局部坍塌，坡面上的挂网喷浆混凝土层随着边坡土体坠入集水坑，在集水坑里从事挡土墙砌筑作业的 5 人被埋，1 人在逃生途中腿部受伤。

(2) 事故原因

直接原因：施工单位未按施工设计方案，未采取防坍塌安全措施的情况下，在紧邻 B104 号住宅楼基坑边坡脚垂直超深开挖电梯井集水坑，降低了基坑坡体的稳定性，且坍塌区域坡面挂网喷浆混凝土未采用钢筋固定，是导致事故发生的直接原因。

间接原因：

1) 项目管理混乱。施工单位在工程项目存在安全隐患未整改到位的情况下，擅自复工；基坑作业未安排安全员现场监护；未按规定与相关人员签订劳动合同；未对瓦工进行安全教育培训、未进行安全技术交底。停工期间建设、项目管理、监理单位对施工现场零星作业现象均未采取有效措施予以制止；施工、监理人员履职不到位，均存在冒充签字。施工总承包单位将项目委托给不具备资质的分包单位进行管理，且未按《项目管理合同》

履行各自管理职责。

2）违章指挥和违章作业。施工单位未按设计方案施工，在 B104 号住宅楼基坑边坡、挂网喷浆混凝土未经验收的情况下，违章指挥人员垂直开挖电梯井集水坑；在电梯井集水坑存在安全隐患的情况下指挥瓦工从事砌筑挡水墙作业。

3）监理不到位。监理单位发现 B104 号住宅楼基坑未按坡比放坡等安全隐患的情况下，未采取有效措施予以制止；默认施工单位相关管理人员不在岗且冒充签字；对施工单位坡面挂网喷浆混凝土未按方案采用钢筋固定，且混凝土质量不符合标准，未采取措施；监理合同上明确的专业监理工程师未到岗履职，公司安排其他监理人员代为履职并签字，其中 1 人存在挂证的现象。

4）基坑支护设计和专项施工方案存在缺陷。设计院对该电梯井集水坑未编制支护的结构平面图和剖面图，也未在施工前向施工单位和监理单位进行有效说明或解释。施工单位编制的《基坑专项施工方案》中，也未编制该电梯井集水坑支护安全要求。施工单位和监理单位未依法向设计院报告设计方案存在的缺陷。同时，雨水对基坑坡面的冲刷和入渗增加了边坡土体的含水量，降低了边坡土体的抗剪强度。

5）危大工程监控不力。项目管辖区质安站在该项目开工后未进行深基坑专项抽查，在常规抽查时未发现工地零星施工现象，未发现建筑施工安全隐患，未按要求填写书面记录表。该项目街道办事处未按照区安全生产工作专题会议要求落实属地责任，未对深基坑等项目加强管理。

（3）事故性质

鉴于上述原因分析，事故调查组认定，该起事故为未按施工设计方案盲目施工、项目管理混乱、违章指挥和违章作业、监理不到位、方案设计存在缺陷、危大工程监控不力引起的坍塌事故，事故等级为“较大事故”，事故性质为“生产安全责任事故”。

图 8-23　某市基坑坍塌事故现场

8.6.2　基坑工程常见事故及对策

在基坑开挖过程中常见的事故主要有：坑内土体塌方滑坡、坑底土体管涌和失稳、围护结构位移破坏、支撑失稳等，可概略地分为三类：支护结构的变形或破坏、地基土的变形或破坏、施工过程中的环境破坏。

1. 与挡土结构施工有关的事故

基坑工程的挡土结构包括地下连续墙、深层搅拌桩、钢板桩等形式。在开挖过程中挡土结构必须满足挡土挡水、防止坑底土体管涌和隆起、保护周围环境等功能。

在基坑工程施工过程中，由于施工不当、挡土结构的强度不足、入土深度不足及挡土结构的渗漏，可能导致挡土结构的破坏或变形过大、基坑整体滑动、基底土体的管涌和隆起破坏、墙后水土的流失，并导致周围建筑物、道路、地下管线的破坏。

(1) 挡土结构的破坏或变形过大

1) 挡土结构的施工质量问题导致挡土结构的侧向承载力或刚度不足。地下连续墙或灌注桩出现严重的蜂窝状孔洞，钢筋笼插入深度不够，灌注桩缩颈断裂，搅拌桩搭接不良、入土深度不够。

2) 挡土结构施工的扰动引起被动土压力减小。钢板桩或H型钢桩采用先钻孔后植桩法施工，在回填不实的情况下开挖以至雨水进入孔内；在挡土结构附近进行灌注桩施工时，桩顶上空隙未回填或填土。

3) 深基坑施工不良引起的侧压力增加。将设计中未考虑的荷载不适当地加在挡土结构顶部引起侧压力增大：挖土机在坑顶进行挖土作业、在坑顶堆放残余土或设计中未考虑的材料等；施工时基底超挖引起的土压力增大；支护结构解体时支撑力不足：地下室建成后，在挡土结构与地下室之间的空隙因填土不实，又未设临时支撑，致使支撑力、临时支撑断面或强度不够，发生临时支撑压曲现象。

(2) 挡土结构入土深度不足造成的基坑整体滑动、基底土体的管涌和隆起破坏

施工时挡土结构偷工减料，挡土结构入土深度达不到设计要求的深度。

(3) 挡土结构的渗漏造成的墙后水土的流失

由于挡土结构施工时的质量问题（如地下连续墙出现严重的蜂窝状孔洞、钢板桩咬合不良，搅拌桩搭接不良等），挡土墙存在透水通道，导致深基坑施工过程墙后水土的流失。

综上所述，在施工阶段挡土结构发生事故的主要原因有：土方开挖时不适当地增加外荷载，如基坑周边乱堆施工材料或土方；开挖时不遵循“分层开挖、先撑后挖”的原则，基底超挖过多；回填土不实；临时替换支撑的断面不足；对地表水和地下水处理不当，导致水土流失或土体强度降低。

2. 与支撑体系施工有关的事故

支撑体系是支持挡土结构的围檩、支撑、立柱及其他附属部件之和。围檩是将挡土结构所承受的侧向压力传递到支撑的受弯构件；支撑属于受压构件；立柱是承受围檩、支撑的自重及上部荷载的压弯构件，同时具有防止支撑弯曲的作用。平面上通常将支撑布置成网格状，支撑相交处布置立柱。在设计与施工时都必须保证支撑在竖向平面和水平平面的压曲变形和强度有足够的安全度。

由于施工不良，造成的事故主要有：

(1) 围檩背部回填不实：支撑系统施工最主要的措施是围檩必须与挡土墙（桩）完全紧密相接，若施工精度不良，须小心地在围檩背后填实，否则会加大挡土结构的变形。

(2) 在支撑端部与围檩连接处未用混凝土、树脂砂浆等填实，或在连接处的H型钢围檩未按设计要求焊接肋板，致使围檩压坏、扭曲或翼缘局部破坏。

(3) 支撑结构的安装未遵循“先撑后挖”的原则，先开挖后加支撑，加大挡土结构的

变形，甚至局部塌方或整体稳定的破坏。

（4）钢支撑施工时，钢管支撑及节点不符合设计要求，如采用多年的钢管或再生钢管。

3. 与土锚施工有关的事故

土层锚杆是由锚头、锚筋和锚固体组成，其外端通过后台（腰梁及围檩等）和锚头与挡土结构连接，一端锚固在稳定土体中，形成以围护基坑边坡稳定的受拉构件。土层锚杆的传力过程如下。

（1）挡土结构将作用其上的、由土压力等侧压力所形成的推力传递给后台（腰梁等）；

（2）经台座将此推力传递给锚头；

（3）再经锚头的锚具此推力传递给锚杆自由段中的锚筋，使锚筋受拉；

（4）锚筋拉力借助于锚筋与锚固体（水泥石）之间的握裹力传递给锚固体；

（5）最后经锚固体的摩阻力将锚杆拉力传递给锚杆土层。

由于施工不良，造成的事故主要有：

（1）成孔时孔壁土体受钻具过分扰动，未用清水将孔壁泥土洗净，会导致锚杆抗拔力降低；成孔后孔壁塌落致使锚筋插入困难；过分洗孔则可能导致地下水夹带挡土墙（桩）背后粉土、砂土从孔口流失，致使墙后地基沉降、邻近建筑物倾斜。

（2）注浆时对浆液加压不充分或浆液异常地溢出，降低锚杆的抗拔力。

针对以上基坑施工过程中出现的事故，可以采取以下防治对策：

（1）从防止挡土结构、支撑或锚杆的变形着手

1）第一次开挖的深度应尽量浅，第一道支撑或锚杆设计在墙顶部，第二道以下支撑或锚杆的竖向间隔要小，设置支撑时的超挖量尽量要小，需要时应掏槽开挖；

2）为防止因地层蠕变使变位增加，应在开挖后迅速架设支撑或锚杆；

3）在软弱地层中施工时，支撑应预加轴力，降低地下水位，地层加固等；

4）为改善基坑支撑受力状况，应加强角撑，必要时可用钢筋混凝土支撑；

5）采用灌浆锚杆时，需进行抗拔试验以确定其抗拔力。

（2）从防止地层变形破坏着手

1）加长挡土结构的入土深度，降低墙背的地下水位，对基底下土体加固，防止管涌；

2）提高挡土结构的刚度且加长入土深度，加强基底下土体的强度或减少墙背荷载，防止隆起；

3）挡土结构入土至不透水层，降低承压水的压力，提高基底下挡土墙间土体的强度。

（3）从防止周边地层或邻近建筑物及设施的变位、损失着手

1）支护结构的凹凸转角、挡土结构与支撑的连接部位等，应注意设计的严谨；

2）发现挡墙的接缝问题和漏水漏泥的空洞，应及时堵塞；

3）实地调查，并预测基坑开挖对邻近建筑物及设施的影响，根据需要进行加固保护；

4）加强施工管理，严格按照设计及施工的规程进行施工，确保施工质量；

5）加强现场监测，及时整理和分析施工信息，确保施工的安全和各保护对象的变形在预控的安全值范围内。

8.6.3 基坑工程安全检查标准

基坑工程安全检查评定应符合现行国家标准《建筑基坑工程监测技术规范》GB

50497—2009、现行行业标准《建筑基坑支护技术规程》JGJ 120—2012、《建筑施工土石方工程安全技术规范》JGJ 180—2009 的规定。

检查评定保证项目包括：施工方案、安全防护、基坑支护、基坑开挖、基坑降排水、坑边荷载。一般项目包括：支撑拆除、基坑工程监测、作业环境应急预案。详见表 8-16。

1. 保证项目的检查评定应符合下列规定：

（1）施工方案

1）深基坑施工必须有针对性、能指导施工的施工方案，并按有关程序进行审批；

2）危险性较大的基坑工程应编制安全专项施工方案，应由施工单位技术、安全、质量等专业部门进行审核，施工单位技术负责人签字，超过一定规模的危险性较大的基坑工程由施工单位组织进行专家论证；

3）当基坑周边环境或施工条件发生变化时，专项施工方案应重新进行审核、审批。

（2）安全防护

1）基坑施工深度超过 2m 的必须有符合防护要求的临边防护措施。

2）基坑内应设置供施工人员上下的专用梯道；梯道宽度不应小于 1m，梯道应设置扶手栏杆；

3）降水井口应设置防护盖板或围栏，并应设置明显的警示标志。

（3）基坑支护及支撑拆除

1）坑槽开挖应设置符合安全要求的安全边坡；

2）基坑支护的施工应符合支护设计方案的要求；

3）应有针对性支护设施产生变形的防治预案，并及时采取措施；

4）应严格按支护设计及方案要求进行土方开挖及支撑的拆除；

5）采用专业方法拆除支撑的施工队伍必须具备专业施工资质。

（4）基坑降排水

1）高水位地区深基坑内必须设置有效的降水措施；

2）深基坑边界周围地面必须设置排水沟；

3）基坑施工必须设置有效的排水措施；

4）深基坑降水施工必须有防止临近建筑及管线沉降的措施。

（5）坑边荷载

基坑边缘堆置建筑材料等，距槽边最小距离必须满足设计规定，禁止基坑边堆置弃土，施工机械施工行走路线必须按方案执行。

2. 一般项目的检查评定应符合下列规定（表 8-16）

（1）上下通道

基坑施工必须设置符合要求的人员上下专用通道。

（2）土方开挖

1）施工机械必须进行进场验收制度，操作人员持证上岗；

2）严禁施工人员进入施工机械作业半径内；

3）基坑开挖应严格按方案执行，宜采用分层开挖的方法，严格控制开挖面坡度和分层厚度，防止边坡和挖土机下的土体滑动，严禁超挖；

4）基坑支护结构必须在达到设计要求的强度后，方可开挖下层土方。

基坑工程检查评分表 **表 8-16**

序号	检查项目		扣分标准	应得分数	扣减分数	实得分数
1	保证项目	施工方案	基坑工程未编制专项施工方案,扣10分; 专项施工方案未按规定审核、审批,扣10分; 超过一定规模条件的基坑工程专项施工方案未按规定组织专家论证,扣10分; 基坑周边环境或施工条件发生变化,专项施工方案未重新进行审核、审批,扣10分;	10		
2		基坑支护	人工开挖的狭窄基槽,开挖深度较大或存在边坡塌方危险未采取支护措施,扣10分; 自然放坡的坡率不符合专项施工方案和规范要求,扣10分; 基坑支护结构不符合设计要求,扣10分; 支护结构水平位移达到设计报警值未采取有效控制措施,扣10分;	10		
3		降排水	基坑开挖深度范围内有地下水未采取有效的降排水措施,扣10分; 基坑边沿周围地面未设排水沟或排水沟设置不符合规范要求,扣10分; 放坡开挖对坡顶、坡面、坡脚未采取降排水措施,扣5~10分; 基坑底四周未设排水沟和集水井或排除积水不及时,扣5~10分	10		
4		基坑开挖	支护结构未达到设计要求的强度提前开挖下层土方,扣10分; 未按设计和施工方案的要求分层、分段开挖或开挖不均衡,扣10分; 基坑开挖过程中未采取防止碰撞支护结构或工程桩的有效措施,扣10分; 机械在软土场地作业,未采取铺设渣土、砂石等硬化措施,扣10分;	10		
5		坑边荷载	基坑边堆置土、料具等荷载超过基坑支护设计允许要求,扣10分; 施工机械与基坑边沿的安全距离不符合设计要求,支护结构未达到设计要求的强度提前开挖下层土方,扣10分	10		
6		安全防护	开挖深度2m及以上的基坑周边未按规范要求设置防护栏杆或栏杆设置不符合规范要求,扣5~10分; 基坑内未设置供施工人员上下的专用梯道或梯道设置不符合规范要求,扣5~10分; 降水井口未设置防护盖板或围栏,扣10分	10		
		小计		60		

续表

序号	检查项目		扣分标准	应得分数	扣减分数	实得分数
7	一般项目	基坑监测	未按要求进行基坑工程监测，扣10分； 基坑监测项目不符合设计和规范要求，扣5～10分； 监测的时间间隔不符合监测方案要求或监测结果变化速率较大未加密观测次数，扣5～8分； 未按设计要求提交监测报告或监测报告内容不完整，扣5～8分	10		
		支撑拆除	基坑支撑结构的拆除方式、拆除顺序不符合专项施工方案要求，扣5～10分； 机械拆除作业时，施工荷载大于支撑结构承载能力，扣10分； 人工拆除作业时，未按规定设置防护设施，扣8分； 采用非常规拆除方式不符合国家现行相关规范要求，扣10分	10		
8		作业环境	基坑内土方机械、施工人员的安全距离不符合规范要求，扣10分； 上下垂直作业未采取防护措施，扣5分； 在各种管线范围内挖土作业未设专人监护，扣5分； 作业区光线不良，扣5分	10		
9		应急救援	未按要求编制基坑工程应急预案或应急预案内容不完整，扣5～10分； 应急组织机构不健全或应急物资、材料、工具机具储备不符合应急预案要求，扣2～6分	10		
		小计		40		
检查项目合计				100		

(3) 基坑工程监测

1) 基坑工程均应进行基坑工程监测，开挖深度大于5m应由建设单位委托具备相应资质的第三方实施监测；

2) 总包单位应自行安排基坑监测工作，并与第三方监测资料定期对比分析，指导施工作业；

3) 基坑工程监测必须有基坑设计方确定监测报警值，施工单位应及时通报变形情况。

(4) 作业环境

1) 基坑内作业人员必须有足够的安全作业面；

2) 垂直作业必须有隔离防护措施；

3) 夜间施工必须有足够的照明设施。

思考题

1. 建筑地基土按照颗粒级配和塑性指数是如何分类的?

2. 土的主要工程性质有哪些?
3. 试述土的空隙比与土的孔隙率的区别。
4. 土的抗剪强度指标有几个? 分别是什么? 主要用来计算土体的哪些性能?
5. 土方开挖事故主要有哪几种? 试述引起事故的主要原因。
6. 基坑（槽）与管沟开挖时，挖方边坡何时可以采用直立壁不加支撑?
7. 如何预防土方开挖事故的发生?
8. 常用的基坑围护结构形式有哪些?
9. 试述基坑放坡开挖的适用条件。
10. 试述直立式挡土墙的特点及适用条件。
11. 土方开挖事故主要有几种，引起各事故的主要原因是什么?
12. 简述在基坑围护中，地下连续墙、钢筋混凝土支撑、立柱的作用。
13. 在基坑围护中，水泥土搅拌桩可以起哪些作用?
14. 基坑工程中降排水常见事故有哪些?
15. 软土有何特性，在确定支护结构类型时要考虑哪些因素?
16. 基坑降水主要有哪几种形式? 施工过程中有哪些注意事项?
17. 基坑过程监测的内容有哪些? 对监测有什么要求?
18. 基坑开挖过程中常见事故有哪些? 应如何避免?

第 9 章　混凝土结构工程

9.1　概要

混凝土结构工程在建筑施工中容易占主导地位，无论是工程量、人力物力消耗量，还是工程造价占建筑工程的比例较大，故容易引发较多的安全事故。钢筋混凝土结构工程如图 9-1 所示，由钢筋、模板、混凝土等多个工程组成。具体有模板及模板支架的制作、组装、安装、拆除等工种；钢筋加工、钢筋骨架组装工种；混凝土的运输、浇筑、养护等工种。其中模板工程不仅包括诸多危险因素，还直接影响建筑结构的质量及安全，为保证结构的安全性制定较完整的符合设计计算要求的施工方案尤为重要。

混凝土结构工程主要工程事故有高处坠落事故、物体打击事故、触电事故、坍塌翻倒事故等。

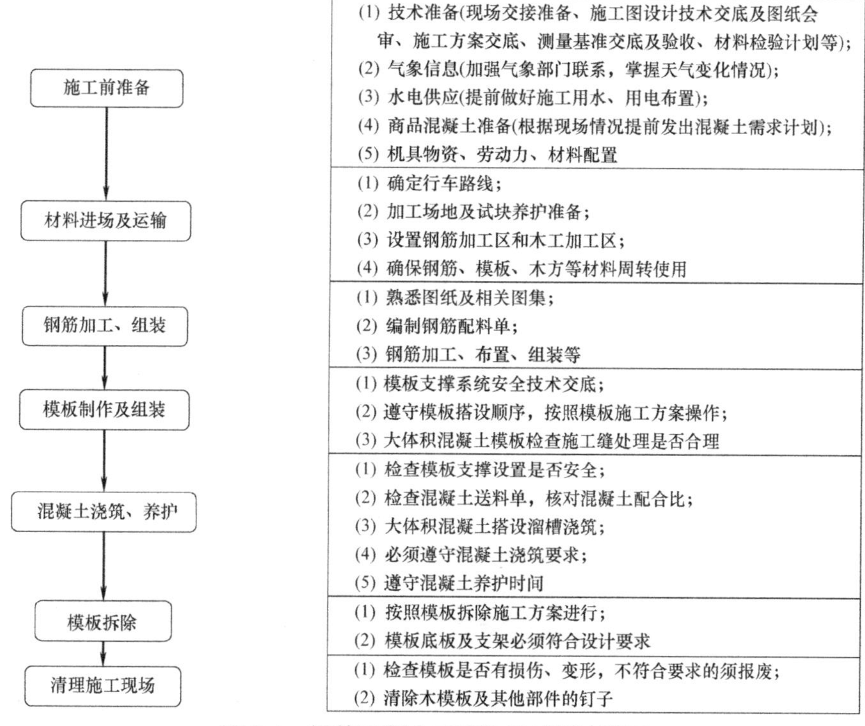

图 9-1　钢筋混凝土工程施工过程流程图

9.2　钢筋工程

钢筋工程是重要的隐蔽工程，钢筋工程质量对结构的安全性能的影响至关重要。钢筋工程包括下料、加工、绑扎、安装等实施过程。在钢筋工程中易出现配置钢筋时坠落洞口事故、钢筋骨架倾覆事故、吊物下落事故等。

9.2.1 材料的进场及运输

1. 运输与堆放安全要求

钢筋进场时，应有钢筋出厂质量证明书，并按品种、规格及批号分批验收、钢筋验收内容包括钢筋标牌和外观检查，应按《钢筋混凝土用钢》GB/T 1499等的规定抽取试件作力学性能检验，其质量必须符合有关标准的规定。

当发现钢筋脆断，焊接性能不良或力学性能显著不正常等现象时，应对该批钢筋进行化学成分检验或其他专项检验。

钢筋外观应平直、无损伤，表面不得有裂纹、油污、颗粒状或片状老锈。

钢筋、预应力筋等原材料按不同的钢种、直径大小，使用顺序分别堆放（图9-2）。钢筋沾染油污、泥土及浮锈时，必须进行除锈、清理等工作。待用钢筋可露天堆置，钢筋下要用枕木垫起，离地面不小于200mm，长期存放时应堆置在仓库或能避风雨的工棚内，应注意防水和通风，钢筋不应和酸、盐、油等一类物品一起存放，以防腐蚀钢筋。

钢筋运输作业前应检查运输道路和工具，确认安全。一人搬运钢筋时重量不得超过规定的重量。较长的钢筋必须要两人以上搬运，且步伐一致。钢筋两端头须捆扎牢固。注意钢筋头尾摆动，防止碰撞物体或打击人身，特别防止碰挂周围和上下的电线。

用叉车等装卸钢筋时，应安排引导人员，且驾驶员必须有驾驶执照。

机械搬运钢筋时，超载或被吊物重量不清不吊，且捆绑、吊挂牢固。吊运长钢筋，所吊物件应在物件上选择两个均匀、平衡的吊点，绑扎牢固，指挥信号要明确。

塔式起重机吊运作业区域内严禁无关人员入内，起吊物下方禁止站人。搬运钢筋要注意附近有无障碍物、架空电线和其他电气设备，防止钢筋在回转时碰撞电线或发生触电事故。

图9-2 钢筋原材及加工成品照片

2. 事故发生原因

钢筋搬运过程中若操作不当，会发生挤压、设备倒塌、碰撞、坠落、触电等事故。具体事故原因如下：

（1）接近高架电线触电防止措施不当。使用移动式起重机卸钢筋时，吊杆或钢丝绳过于靠近高压输送电线而触电。

（2）用起重机垂直运输钢筋时捆扎不牢固。机械垂直吊运钢筋时，因捆绑、吊挂不牢固，钢筋撒落，击中在下面准备卸载的工人。

（3）吊挂钢线的强度不够，或已有损伤。

（4）没有配置引导人员、施工中缺乏沟通，被倒退行驶的搬运车撞倒。

（5）吊件超重，使吊件坠落。

9.2.2 钢筋加工

1. 准备工作

钢筋加工制备前，首先熟悉施工图，详细阅读设计变更通知单，复核施工图纸工程数量。按图纸要求的钢筋的规格、形状、数量编制钢筋材料表。比较复杂的工程应由有丰富经验的技术人员编制。钢筋加工下料之前，检修保养设备确保正常运行，钢筋加工棚安全防护及半成品堆放场地准备就绪。

2. 钢筋加工

钢筋加工要符合《混凝土结构工程施工规范》（GB 50666—2011）、《混凝土结构工程施工质量验收规范》GB 50204—2002（2011年版）的相关要求。

（1）钢筋除锈

当钢筋锈蚀较严重，为了保证钢筋与混凝土之间的握裹力，在钢筋使用前，应将其表面的油渍、漆污、铁锈等清除干净。对于颗粒状和片状的老锈，使用前应鉴定是否降级使用或另作其他处置。钢筋的除锈方法有：

1）在钢筋冷拉或调直过程中除锈，这对大量钢筋除锈较为经济；

2）采用电动除锈机除锈，对钢筋局部除锈较为方便；

3）采用人工除锈（用钢丝刷、砂盘）、酸洗除锈、喷砂。

（2）钢筋调直

对于圆盘状态供货的各种钢筋（通常为直径12mm及以下的钢筋），加工前应进行调直。钢筋宜采用机械设备进行调直，也可采用冷拉方法调直。机械调直效率高，基本不损伤钢筋，可以完全避免冷拉调直带来钢筋力学性能变化的影响，且起除锈作用。

当采用机械设备调直时，调直设备不应具有延伸功能。当采用冷拉方法调直时，HPB300光圆钢筋的冷拉率不宜大于4%；HRB335、HRB400、HRB500、HRBF335、HRBF400、HRBF500及RRB400带肋钢筋的冷拉率，不宜大于1%。钢筋调直过程中不应损伤带肋钢筋的横肋。调直后的钢筋应平直，不应有局部弯折。

（3）钢筋切断

钢筋下料时需按下料长度切断。钢筋切断有剪切、切割等方法。钢筋剪切可采用钢筋切断和手动切断器。后者一般只用于切断直径小于12mm的钢筋；前者可切断40mm的钢筋。大于40mm的钢筋用氧乙炔焰或电弧切割或锯断。施工中不提倡采取此种方法，因为热切容易引起钢筋局部力学性能改变，且造成钢筋断面不平整的问题。钢筋的下料长度应力求准确，其允许偏差为±10mm。

（4）钢筋弯曲

钢筋弯曲的主要作用是强化钢筋在混凝土中的锚固。因钢筋加工的形状不同，将钢筋加工分成“主筋加工”和“箍筋加工”两类。钢筋加工前，须根据工艺要求准备钢筋加工机械和工具。通常包括钢筋切断机、砂轮锯、钢筋弯曲机等。为保证工艺质量，钢筋加工前应作钢筋加工大样图。钢筋下料后，应按弯曲设备特点及钢筋直径和弯曲角度进行画线，以便弯曲成设计所要求的尺寸。钢筋弯曲成型后，形状、尺寸必须符合设计要求。钢筋的加工弯曲须在常温下进行，以防影响钢筋的强度。

钢筋加工的形状、尺寸应符合设计要求，其偏差应符合表9-1的规定。

钢筋加工的允许偏差　　表9-1

序号	项　　目	允许偏差(mm)
1	受力钢筋顺长度方向全长的净尺寸	±10
2	弯起钢筋的弯折位置	±20
3	箍筋内净尺寸	±5

3. 安全技术要求

施工人员必须熟悉钢筋的机械性能、构造性能和用途。钢筋加工作业前必须检查机械设备，作业环境、照明设施等，并且试运行符合安全要求。钢筋依设计图就钢筋种类、尺寸、搭接长度等绘制加工大样图。钢筋的表面应洁净、无损伤及无油污，铁锈及油污应清除干净，以保证钢筋强度及钢筋与混凝土的粘结性。

钢筋的加工弯曲均需在常温下进行，以防影响钢筋强度。钢筋在加工过程中应避免弯折过度或反复弯曲，否则会产生裂纹、甚至断裂，以免影响到钢筋的力学性能，存在质量隐患。钢筋若因加工产生裂纹，不得使用。

使用调直机应加一根长度为1m左右的钢管，被调直的钢筋应先穿过钢管，再穿入导向管和调直筒，防止钢筋尾头弹出伤人。使用除锈机时，检查除锈机各组成部分运转是否正常、是否设置防护罩，操作人员要扎紧袖口，戴好口罩、手套以及防护眼睛等防护用品。钢筋断料、配料、弯料等工作应在地面上进行，不准在高空操作。

钢筋切断机使用前应检查切断机刀片安装是否正确、牢固，润滑油是否充足。操作钢筋机械应专人管理。使用前必须检查电气、机身接零地、漏电保护器必须灵敏可靠，安全防护装置必须完好。启动后，应先空运转，检查各传动部分及轴承运转正常后，方可作业。当发现机械运转不正常，有异响或切刀歪斜时，应立即停机检修。机械运行中停电时，应立即切断电源。电路故障必须由专业电工排除，严禁非电工接、拆、修电器设备。

钢筋加工作业场地周边需清理整顿，严禁非工作人员的出入。工作时操作人员必须戴好安全帽及其他防护用具。脚手架上不得码放钢筋，应随用随运送。

4. 钢筋加工安全隐患的防治措施

钢筋加工安全隐患的防治措施见表9-2。

钢筋加工安全隐患的防治措施　　表9-2

事故类型	主要原因	安全防治措施
机械工具伤害	(1)钢筋拉直时，钢筋突然松脱或断裂回弹伤人； (2)不遵守钢筋切断机安全操作规程； (3)不遵守钢筋弯曲机安全操作规程	(1)各种机械设备的操作人员都必须经过专业与安全技术培训，经考核合格，方可持证上岗操作； (2)现场使用的机械设备，必须性能好，防护装置齐全； (3)机械操作时设置警戒区，并应安装防护栏杆及警告标志； (4)工作时必须穿戴好防护用品； (5)机械运转中严禁进行机械检修、加油、更换部件，维修或停机时，必须切断电源，锁好箱门

9.2.3 钢筋连接

钢筋除圆盘钢筋以外，大多以一定长度的直条方式供货。在现浇混凝土结构中，为了保证结构的整体刚度，钢筋必须连接起来传递内力。钢筋连接的基本问题是保证连接区域的承载力、刚度、塑性能力等。

钢筋的连接形式有三种：绑扎搭接连接、焊接连接和机械连接。采用焊接可节约钢材、改善结构的受力性能、提高效率。钢筋焊接接头有：闪光对焊、电弧焊、电渣压力焊和电阻点焊等。钢筋机械接头有：锥螺纹接头、直螺纹接头、套筒冷压接头等。工程中根据工程对象、各种焊接形式的适用性进行选择。钢筋绑扎连接是最传统的做法，施工技术简单，对工人的技术熟练程度要求底。

1. 闪光对焊

在钢筋制作中，钢筋接头多采用闪光对焊工艺焊接，它具有工序少、速度快、质量好、成本低的特点。钢筋的闪光焊接工艺方法主要与焊机的容量、钢筋牌号和直径大小有密切关系，一定容量的焊机只能焊接与相适应规格的钢筋。

(1) 施工要点

1) 对焊钢筋端头如有弯曲，须调直或切除。

2) 对焊前应清除端头约 150mm 内的铁锈、油污等。

3) 夹紧钢筋时，应该使两钢筋端面的凸出部分相接触，以利均匀加热和保证焊缝与钢轴线相互垂直。

4) 钢筋焊接完毕后，应平稳地取出钢筋，以免引起接头弯曲。但焊接后张预应力钢筋时，应在焊后趁热将焊缝周围毛刺打掉，以便钢筋穿入预留孔道。

5) 焊接场地应有防风、防雨措施，以免接头区骤然冷却发生脆裂。当气候比较低的时候，接头部位可适当用保温材料予以保温。

(2) 安全防治措施

闪光对焊安全隐患的防治见表 9-3。

闪光对焊安全隐患的防治　　表 9-3

事故类型	主要原因	安全防治措施
触电	无安全防护，线路破损	(1)检查漏电开关、外壳接地等保护系统； (2)检查电线保护套管是否有老化、损伤； (3)不在潮湿环境下进行焊接施工； (4)施工中使用眼罩、皮手套等防护用具； (5)严禁借用金属脚手架、金属管道、轨道及结构钢筋作回路地线
火灾	电火花点燃附近的易燃物品	(1)周围 6m 范围内，严禁存放易燃易爆物品； (2)无法清理的应采取隔离措施； (3)作业现场必须备有消防器材
爆炸	电焊时附近有易燃易爆物	(1)检查附近是否有易燃易爆物品； (2)严格控制火源
中毒	在封闭的环境中，无通风措施	(1)在地下室尤其是狭小的密闭空间中施焊，应加强通风措施； (2)应由专人监护
电弧焊伤、烫伤、灼伤	未按规定戴好防护用品	(1)施工时做好个人防护，使用防护眼罩，防护手套和绝缘鞋； (2)施工人员持证上岗操作

2. 电弧焊

钢筋电焊时利用电弧热，将焊条与焊件连成一体的一种焊熔方法。电弧焊应用较广，如整体式钢筋混凝土结构中钢筋搭接接长、焊接钢筋骨架、钢筋与钢板的连接以及装配式结构接头焊接等处。

电弧焊的主要设备是弧焊机，工地上常用的主要是交流弧焊机。钢筋电弧焊包括帮条焊、搭接焊、坡口焊、钢筋与预埋件接头形式。

（1）施工要点：

1）帮条尺寸、坡口角度、钢筋端头间隙以及钢筋轴线等均应符合有关规定；

2）焊接接地线应与钢筋接触良好，防止因起弧而烧伤钢筋；

3）带有垫板或帮条的接头，引弧应在钢板或帮条上进行；无钢板或无帮条的接头，引弧应在形成焊缝部位，防止烧伤主筋；

4）根据钢筋牌号、直径、接头形式和焊接位置选择适宜的焊条直径和焊接电流，保证焊缝与钢筋熔合良好；

5）焊接过程中及时清渣，保证焊缝表面光滑平整，加强焊缝时应平缓过渡，弧坑应填满。

（2）安全防治措施

电弧焊安全隐患的防治与钢筋闪光对焊基本相同。

3. 电渣压力焊

电渣压力焊是利用电流通过渣池的电阻热将钢筋端部熔化后施加压力使钢筋焊接的。电渣压力焊设备包括焊接电源、焊接夹具和焊剂盒等。

电渣压力焊适用于柱、墙、构筑物等现浇钢筋混凝土结构中竖向或斜向（倾斜度在4：1的范围内）钢筋连接。不得在竖向焊接后横置于梁板等构件作水平钢筋用。电渣压力焊有自动和手工电渣压力焊两类。与电弧焊比较，它功效高、成本低、可进行竖向连接，故在工程中应用较广泛。

（1）施工准备

要求设置专用电源，网路电压不能低于380V；操作工人必须持证上岗；将焊接头端部120mm范围内的油污和铁锈，用钢丝刷清除干净；搭设简易操作架；焊药提前烘烤，保证使用；检查网路电压波动情况。

（2）焊接参数

根据不同直径钢筋，选择好焊接电流和焊接时间。

（3）施焊要点

用夹具夹紧钢筋，轴线偏差不大于2mm；安放铁丝作为引弧材料；将已烘烤合格的焊药装满焊剂盒内，装填前，应用缠绕的石棉绳塞封焊剂盒下口，防止泄漏；

施焊时应按照可行的“引弧过程”，充分的“电弧过程”、短稳的“电渣过程”和适当的“挤压过程”进行，即借助铁丝圈引弧，使电弧顺利引燃，形成“电弧过程”。随着电弧的稳定燃烧，电弧周围的焊剂逐渐熔化，上部钢筋加速溶化，上钢筋端部逐渐潜入渣池，电弧熄灭，转入电渣过程，当钢筋熔化到一定程度，在断电源的同时，迅速顶压钢筋，并持续一定时间，使钢筋接头稳固接合。

（4）质量要求

1）接头焊包均匀，不得有裂纹，钢筋表面无明显烧伤缺陷；

2）接头处的钢筋轴线偏移不得超过 0.1d（d 为钢筋直径），同时不大于 2mm；

3）接头处的钢筋轴线弯折应小于 4°；

4）每一层同规格钢筋以 300 个接头为一批，抽检进行试验，必须符合该级别钢筋强度标准值。

（5）安全要求

严格按照安全操作规程和施工程序，注意防火、防触电和防烫伤，其防治措施同上。

（6）施工中防止假焊措施

在电渣压力焊造渣过程中，容易在渣池中产生气体，气体对焊头的质量有害，增大了接头的脆性，因此在施焊过程中必须充分重视。焊接时，上部钢筋压力要缓慢而均匀，以排出造渣过程产生的气体，防止接头假焊，保证工程质量。

4. 电阻点焊

电阻点焊是将接触点只有一点的交叉钢筋，利用电阻热使金属受热而熔化，同时在电极加压下使焊点金属得到焊合的压焊方法。电阻点焊主要适用于小直径钢筋的交叉连接，如用来焊接近年来推广应用的钢筋网片、钢筋骨架等。它的生产效率高、节约材料，应用广泛。当焊接不同直径的钢筋，其较小钢筋的直径小于 10mm 时，大小钢筋直径之比不宜大于 3；若较小钢筋的直径为 12～14mm 时，大小钢筋直径之比不宜大于 2。焊接网较小钢筋直径不得小于较大钢筋直径的 60％。

在点焊生产中，应经常保持电极与钢筋之间接触面的清洁平整；当电极使用变形时，应及时修整。钢筋点焊生产过程中，应随时检查制品的外观质量；当发现焊接缺陷时，应查找原因并采取措施，及时消除。

5. 机械连接

钢筋机械连接是通过机械手段将两根钢筋进行对接。我国推广的机械连接主要有套筒挤压连接、锥螺纹连接和直螺纹连接。钢筋套筒连接适用与竖向、横向及其他方向的较大直径的变形钢筋的连接（图 9-3）。它施工快，不受气候影响，质量稳定。锥形螺纹连接是利用锥形螺纹套头将两根钢筋端头对接在一起的钢筋接头。它能连接 ϕ12～ϕ50 的同径或异径的水平或任何倾角的钢筋。

进行钢筋机械连接时，防止触电、机械损伤事故的发生。

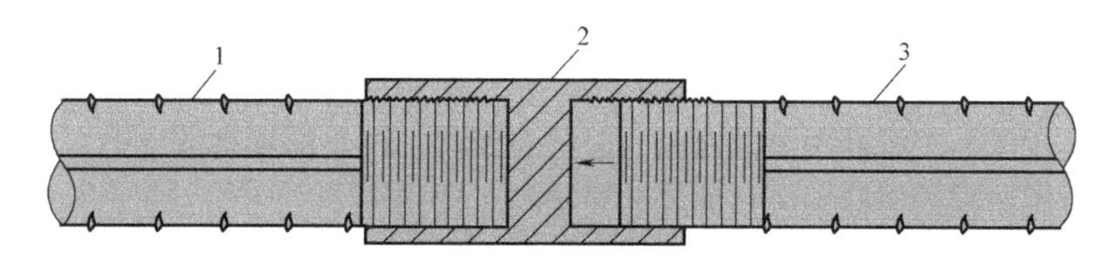

图 9-3 机械直螺纹连接示意图

1—已连接的钢筋；2—直螺纹套筒；3—未连接的钢筋

6. 焊接安全

《钢筋焊接及验收规程》（JGJ 18—2012），对于焊接安全有以下规定：

（1）安全培训与人员管理应符合下列规定：

1）承担钢筋焊接工程的企业应建立健全钢筋焊接安全生产管理制度，并应对实施焊接操作和安全管理人员进行安全培训，经考核合格后方可上岗；

2）操作人员必须按焊接设备的操作说明书或有关规程，正确使用设备和实施焊接操作。

（2）焊接操作及配合人员应按下列规定并结合实际情况穿戴劳动防护用品：

1）焊接人员操作前，应戴好安全帽，佩戴电焊手套、围裙、护腿，穿阻燃工作服；穿焊工皮鞋或电焊工劳保鞋，应戴防护眼镜（滤光或遮光镜）、头罩或手持面罩；

2）焊接人员进行仰焊时，应穿戴皮制或耐火材质的套袖、披肩罩或斗篷，以防头部灼伤。

（3）焊接工作区域的防护应符合下列规定：

1）焊接设备应安放在通风、干燥、无碰撞、无剧烈振动、无高温、无易燃品存在的地方；特殊环境条件下还应对设备采取特殊的防护措施；

2）焊接电弧的辐射及飞溅范围，应设不可燃或耐火板、罩、屏，防止人员受到伤害；

3）焊机不得受潮或雨淋；露天使用的焊接设备应予以保护，受潮的焊接设备在使用前必须彻底干燥并经适当试验或检测；

4）焊接作业应在足够的通风条件下（自然通风或机械通风）进行，避免操作人员吸入焊接操作产生的烟气流；

5）在焊接作业场所应当设置警告标志。

（4）焊接作业区防火安全应符合下列规定：

1）焊接作业区和焊机周围6m以内，严禁堆放装饰材料、油料、木材、氧气瓶、溶解乙炔气瓶、液化石油气瓶等易燃、易爆物品；

2）除必须在施工工作面焊接外，钢筋应在专门搭设的防雨、防潮、防晒的工房内焊接；工房的屋顶应有安全防护和排水设施，地面应干燥，应有防止飞溅的金属火花伤人的设施；

3）高空作业的下方和焊接火星所及范围内，必须彻底清除易燃、易爆物品；

4）焊接作业区应配置足够的灭火设备，如水池、沙箱、水龙带、消火栓、手提灭火器。

（5）各种焊机的配电开关箱内，应安装熔断器和漏电保护开关；焊接电源的外壳应有可靠的接地或接零；焊机的保护接地线应直接从接地极处引接。其接地电阻值不应大于4Ω。

（6）冷却水管、输气管、控制电缆、焊接电缆均应完好无损；接头处应连接牢固，无渗漏，绝缘良好；发现损坏应及时修理；各种管线和电缆不得挪作拖拉设备的工具。

（7）在封闭空间内进行焊接操作时，应设专人监护。

（8）氧气瓶、溶解乙炔气瓶或液化石油气瓶、干式回火防止器、减压器及胶管等，应防止损坏。发现压力表指针失灵，瓶阀、胶管有泄漏，应立即修理或更换；气瓶必须进行定期检查，使用期满或送检不合格的气瓶禁止继续使用。

（9）气瓶使用应符合下列规定：

1）各种气瓶应摆放稳固；钢瓶在装车、卸车及运输时，应避免互相碰撞；氧气瓶不能与燃气瓶、油类材料以及其他易燃物品同车运输；

2）吊运钢瓶时应使用吊架或合适的台架，不得使用吊钩、钢索和电磁吸盘；钢瓶使用完时，要留有一定的余压力；

3）钢瓶在夏季使用时要防止暴晒，冬季使用时如发生冻结、结霜或出气量不足时，应用温水解冻。

（10）储存、使用、运输氧气瓶、溶解乙炔气瓶、液化石油气瓶、二氧化碳气瓶时，应分别按照原国家质量技术监督局颁发的现行《气瓶安全监察规定》和原劳动部颁发的现行《溶解乙炔气瓶安全监察规程》中有关规定执行。

9.2.4 钢筋绑扎与安装

1. 安全要求

绑扎目前仍为钢筋连接的主要手段之一。钢筋绑扎前，应先熟悉图纸，核对钢筋配料单，确定施工方法。不得随意使用其他强度、牌号或直径的钢筋代替设计中所规定的钢筋，重要结构中的主钢筋应经设计变更后才可代用。

梁柱连接处钢筋量较多，应确认配置可行后方可加工，若组装有困难，应经设计者允许后方可配置。钢筋弯起点位置应符合设计要求。Ⅱ级及以上钢筋弯起的方向应与钢筋肋垂直，弯曲点处不得出现裂缝，且不得进行二次弯曲。

钢筋绑扎时，钢筋的接头和交叉点用铁丝扎牢，柱、梁的箍筋绑扎，除设计有特殊要求外，应保证与梁和柱受力主筋垂直，弯钩叠合处应沿受力钢筋方向错开设置。绑扎立柱和墙体钢筋时，不得站在钢筋骨架上或攀登骨架上下。

在安装大型钢筋骨架、墙的钢筋网等时，应采取防倒塌措施，如设置牢固的临时支撑、钢筋搭接长度符合要求。现浇混凝土柱、梁的钢筋，应尽量采用先预制绑扎后安装的方法，以减少高空作业。预制钢筋骨架必须具有足够的刚度和稳定性，钢筋弯起点位置、箍筋间距及位置应符合设计要求。

在高处楼层上拉钢筋或钢筋调向时，必须事先观察运行上方或周围附近是否有高压线，严防碰触。在高处（2m 或 2m 以上）、深坑绑扎钢筋和安装钢筋骨架，必须搭设脚手架和操作平台，临边应搭设防护栏杆，且应戴安全帽及安全带。

绑扎基础钢筋，应设钢筋支架或马凳，深基础或夜间施工应使用低压照明灯具。

桩钢筋笼的底部及吊点位置应设置加强箍筋，以防止钢筋笼变形。

2. 事故发生原因

（1）钢筋骨架未设支撑点进行施工

骨架网片或钢筋骨架高度超过 8m 以上时，需要设置支撑点，但为施工方便采用 10m 长的钢筋进行安装时，因稳定性差引起倾倒或倒塌。

（2）对钢筋的搭接位置的安全技术交底不彻底

（3）须对钢筋连接点进行校核

在还未浇筑混凝土情况下，设置的纵向骨架较高，易引起骨架倒塌。

（4）所设置的钢筋骨架支撑不牢固

钢筋骨架较高时，所架设的临时支撑稳定性较差或拆除一部分侧向支撑后在施工过程中因施工人员的体重导致骨架倒塌。

9.2.5 钢筋代换及钢筋保护层

1. 钢筋代换技术要求

在工地现场要用强度较高的钢筋代换强度较低的钢筋时，要征得设计院的确认，钢筋代换原则如下：

（1）两种钢筋的延伸率相同，可焊性相近。

（2）梁、板中的受力钢筋按等强度代换，且代换后的最小配筋率 ρ_{min} 不小于0.2%，按构造设置的钢筋及抗震设计时，墙、柱中钢筋均按等面积代换。

（3）当用强度较高的钢筋代换强度较低的钢筋后，对应的锚固长度，搭接长度，混凝土的强度等级作相应的调整。

2. 钢筋保护层控制方法

（1）承台、楼板、梁底的保护层采用与结构混凝土强度同等级的水泥砂浆制作，用于构件侧面的带有铁丝以便扎在钢筋外侧。

（2）柱、剪力墙及梁侧边的保护层采用塑料卡环，其旋转360°保护层厚度均一致，以保证封模时受力钢筋保护层位置的准确性（图9-4）。

（3）双层钢筋（如楼板负弯矩处等）网用钢筋撑脚、钢筋拉钩及点焊以确保钢筋不变形和在构件中位置准确。

图9-4 剪力墙钢筋绑扎照片

9.2.6 钢筋工程质量检验

（1）钢筋的品种和质量必须符合设计要求和有关标准规定。

（2）钢筋绑扎允许偏差值符合下表，合格率控制在90%以上（表9-4）。

钢筋质量检验表　　表9-4

<table>
<tr><th>序号</th><th colspan="3">项　目</th><th>允许偏差（mm）</th><th>检验方法</th></tr>
<tr><td rowspan="2">1</td><td rowspan="2">绑扎钢筋网</td><td colspan="2">长、宽</td><td>±10</td><td>钢尺检查</td></tr>
<tr><td colspan="2">网眼尺寸</td><td>±20</td><td>钢尺量连续三档，取最大值</td></tr>
<tr><td rowspan="2">2</td><td rowspan="2">绑扎钢筋骨架</td><td colspan="2">长</td><td>±10</td><td>钢尺检查</td></tr>
<tr><td colspan="2">宽、高</td><td>±5</td><td>钢尺检查</td></tr>
<tr><td rowspan="5">3</td><td rowspan="5">受力钢筋</td><td colspan="2">间距</td><td>±10</td><td rowspan="2">钢尺量两端、中间各一点，取最大值</td></tr>
<tr><td colspan="2">排距</td><td>±5</td></tr>
<tr><td rowspan="3">保护层厚度</td><td>基础</td><td>±10</td><td>钢尺检查</td></tr>
<tr><td>柱、梁</td><td>±5</td><td>钢尺检查</td></tr>
<tr><td>板、墙、壳</td><td>±3</td><td>钢尺检查</td></tr>
</table>

续表

序号	项目		允许偏差（mm）	检验方法
4	绑扎箍筋、横向钢筋间距		±20	钢尺量连续三档，取最大值
5	钢筋弯起点位置		20	钢尺检查
6	预埋件	中心线位置	5	钢尺检查
		水平高差	+3，0	钢尺和塞尺检查

9.2.7 钢筋工程安全施工技术及质量保证措施

1）钢筋须按施工进度计划进场。对锈蚀严重或机械性能（外观）不符合要求的钢筋要拒绝验收，进场钢筋须附有质保单，所有钢筋使用前必须进行复试，合格后方可使用。

2）绑扎基础钢筋前，在垫层上弹出轴线和钢筋排列尺寸线，特别要复核暗柱及柱子位置线，并加强暗柱、柱子及剪力墙插筋的固定措施。

3）设计中所注明的避雷接地，由专人负责施工，并交监理验收。

4）在高处、深基坑绑扎钢筋和安装钢筋骨架，必须搭设脚手架或操作平台，临边应搭设防护栏杆。

5）在相同情况下安装钢筋，应先安装较长或较大直径的钢筋。

6）所有柱、墙板插筋均应用箍筋或水平钢筋焊接固定在底板纵横向钢筋上。

7）安装墙、柱、楼梯等插筋后，对插筋要有临时固定措施，不得动摇。墙体立筋，水平筋安装后，随即安装拉结筋（即“S”筋）。

8）绑扎立柱和墙体钢筋时，不得站在钢筋骨架上或攀登骨架上下。

9）框架梁柱的纵向钢筋不应与箍筋、拉筋及预埋件等焊接，竖向构件（框架柱、剪力墙边缘柱）纵筋定位不得采用纵筋与水平筋点焊的方式。

10）绑扎圈梁、挑梁、挑檐、外墙和边柱等钢筋时，应站在脚手架或操作平台上作业。无脚手架时必须搭设水平安全网。

11）钢筋的锚固，搭接长度严格按照设计及有关规范施工。

12）钢筋的接头翻样时设置在受力较小处，同一纵向受力钢筋不设置两个或两个以上接头，接头末端至钢筋弯起点的距离不应小于钢筋直径的10倍。

13）钢筋接头位置：板底钢筋在跨中三分之一范围内，板顶钢筋在支座三分之一范围内，其接头面积在同一截面处不得超过钢筋总面积的50%，接头应错开1000mm以上。

14）采用焊接接头时，在受拉区不宜大于50%。

15）位于同一连接区段内的受拉钢筋搭接接头面积百分率：对梁类、板类及墙类构件不宜大于25%，对柱类构件不宜大于50%。

16）浇筑混凝土时，钢筋绑扎班应及时派人看护剪力墙及柱子钢筋，以免混凝土的流动带动钢筋移位。

17）绑扎和安装钢筋，不得将工具、箍筋或短钢筋随意放在脚手架或模板上。

9.2.8　基础钢筋工程施工

1. 基础钢筋工程施工工艺流程

基础钢筋工程施工工艺流程如图9-5所示。

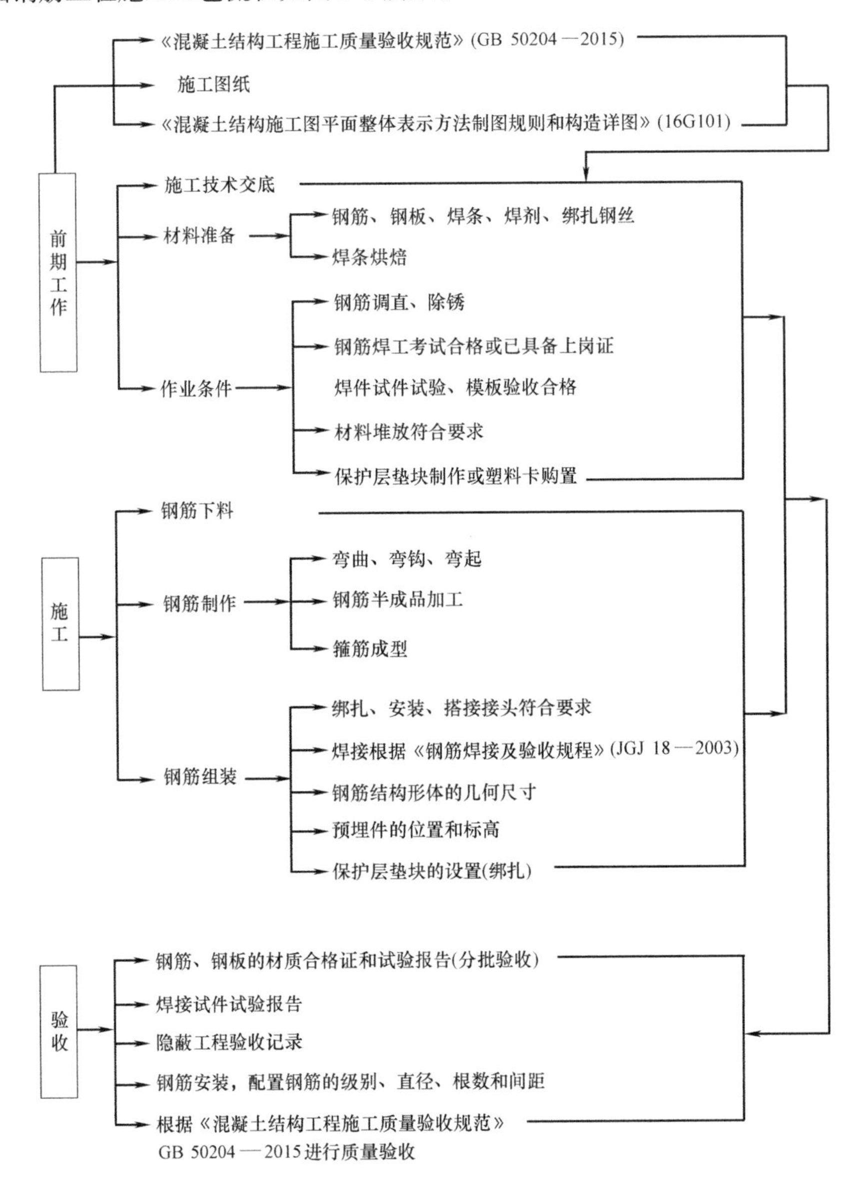

图9-5　基础钢筋工程施工工艺流程图

2. 承台基础钢筋安装顺序

1）熟悉图纸，确定好钢筋绑扎、穿插或安装的顺序和钢筋接头位置的排列。

2）核对成型钢筋，按图纸核对配筋单，按配筋单核对料牌，核对成型钢筋牌号、直径、形状、尺寸和数量，清点实物，如有错漏，应纠正增补。

3）准备好保护层垫块和塑料卡环，20～22号绑扎铅丝、钢筋支架、马凳、操作架搭设用料、临时支撑、电焊机具及焊条和必要的操作工作，如铅丝钩、小扳子、撬棒等。

4）清扫基层，划（弹）线，划（弹）线主要划（弹）轴线、中线、墙柱、孔洞、门窗洞口及楼梯的边线。

5）承台钢筋及楼板钢筋绑扎，先进行下层钢筋的绑扎，双向受力钢筋的相交点均应绑扎，单向受力钢筋靠四周外围两行相交点全部绑扎，中间部分的相交点可相隔交错绑扎。绑扎方法宜采用一面顺扣，适当加一些十字花扣。十字梅花扣1m左右加一个为宜，以避免松扣和位移。

6）绑扎保护层垫块宜不大于$1m^2$一块，绑在纵横筋交点下面。

7）摆放钢筋支架的间距根据上层钢筋直径和密度计算，一般用钢筋或型钢制作，间距不宜大于2m，摆上层两个方向的定位钢筋，在定位钢筋上用红色笔划出分档标志，然后穿放纵向（下面）钢筋，再放横向（上面）钢筋，绑扎方法同下层。

8）承台及双层双向楼板的上、下层钢筋之间设置马凳撑脚，以保证上下层钢筋间距和位置的正确。

9）框架柱钢筋外侧绑扎塑料卡环，以确保封模时保护层的位置不受其影响，保护层垫块每平方米一块为宜，交错排列。

10）各种伸出钢筋，应按设计要求位置伸出，并应作临时加筋固定，以确保其位置准确。

11）配合其他工种安装预埋铁管件、预留洞口，其位置、标高均应符合设计要求。

3. 墙柱钢筋绑扎安装

1）清扫、划（弹）线。凡要划（弹）线的地方都必须清扫干净以后才能进行划（弹）线。在底板上或浇出的墙上划（弹）出墙的中（轴）线或边线。

2）立定位钢筋和绑扎钢筋。先立2～4根竖筋，在下部和齐胸处各绑一根横筋定位，竖筋固定时应吊线，竖筋下部接头应搭接绑扎牢或焊牢。然后在竖筋上划好横筋分档标志，在定位横筋上划好竖筋分档标志，按分档标志摆放、绑扎其余竖筋，最后绑扎其余横筋。双排钢筋的墙体，先绑扎靠已立模板一侧的钢筋。墙体钢筋应逐点绑扎，绑扎方法宜用一面顺扣，相邻点进丝方向要变换90°，即相邻点绑扎扣成八字形。每隔1m左右应加一个缠扣。

3）竖筋与伸出筋（插铁）接头应错开，其位置和搭接长度应符合设计或施工验收规范要求。

4）双排钢筋之间应绑扎拉筋或支撑，其间距宜保持1m左右，相互错开排列。

5）在双排钢筋外侧绑扎保护层垫块或卡塑料卡环，以保证保护层的厚度。保护层块每平方米一块为宜，交错排列。

6）设计要求加筋的洞口，竖筋要用线锤吊线，横筋要水平，斜筋应先找中点和角度，均应按设计要求位置绑扎。

7）转角处的斜筋，穿插绑扎，位置要准确。

8）各种伸出钢筋，应按设计要求位置，为保证其位置准确，应临时加筋固定。

9）配合其他工种安装预埋铁管件，预留洞口，其位置、标高均应符合设计要求。

10）各节点的抗震构造钢筋及其锚固长度和弯钩应按设计要求进行绑扎。

9.2.9　钢筋工程安全隐患及整改

为避免重大事故的发生，在钢筋工程施工中应及时发现问题并认真做好安全隐患的整改工作（表9-5）。

施工安全隐患及整改工作　　表9-5

工种类别	隐患类别	安全确保工作
材料进场及运输	夹击 设备倾覆 坠落、物件下落 撞击	确保材料堆放场地，避免物件堆放不稳定
		车辆进场时需要配置操作指挥人员
		正确安装防止超载装置、严格遵守额定荷载
		遵守正确的物件堆放方法、堆放高度
		机械操作者必须是有资格或持有执照
		在吊件的下方设置严禁入内等标志
		不使用断裂损伤的吊绳
		确保材料运输的搬运通道
		严禁单线吊挂，采用两点起吊等方法防止物件坠落
		严禁进入吊装下面等危险地点
钢筋加工、安装	坠落 夹击倒塌 触电	熟悉钢筋配筋图，核对钢筋配料等
		使用钢筋切割机、弯曲机时防止夹击或触电事故发生
		设置较高剪力墙钢筋骨架时钢筋连接必须牢靠且须设置临时支撑
		确保安装钢筋用操作平台
		在高处安装钢筋时必须佩戴安全保护用具

9.3　模板工程

9.3.1　概述

1. 模板工程现状

随着现代化建设和现代工程技术的蓬勃发展，我国通过对外引进和自行开发，推广和应用了许多新型模板以及其支撑的技术，比如组合钢模板、大模板、全铝模板、塑料模壳等工具式模板和扣件式钢管脚手架。不仅模板与支架材料的品种和性能有了很大的拓展，其结构和构造更趋合理和可靠，杆、构、配件更加系列、齐全和定型化，配合更加紧密和装拆更加便捷，而且模板工程的方案设计、承载验算、试验监测和施工管理也都有了巨大的进步和发展。

2. 大模板安全管理现状

大模板工程是一项自成体系的成套技术，由于适应了建筑工业化、机械化混凝土结构施工的要求而得以快速发展和应用。随着应用的增多，随之而来的大模板支撑体系坍塌事故也频繁出现，据不完全统计，2014～2018年近五年期间，我国高大模板支架发生坍塌事故 46 起，死亡人数 191 人，与大模板及模板支撑体系有关的安全事故正日渐增多。

3. 脚手架支撑体系与模板安全事故主要原因分析

模板工程与脚手架工程一样，存在诸多危险因素，除施工安全管理方面的主要因素以外，造成事故的技术安全原因却相当明显和突出。模板工程大多为高处作业，施工过程中需要脚手架、起重作业相互配合，多工种联合作业容易引起模板支撑体系坍塌、物体打击、机械伤害、起重伤害、高处坠落、触电等安全事故。模板工程中引发的事故占混凝土整个工程安全事故的 70%以上。

脚手架支撑体系与模板安全事故原因分析如图 9-6 所示。

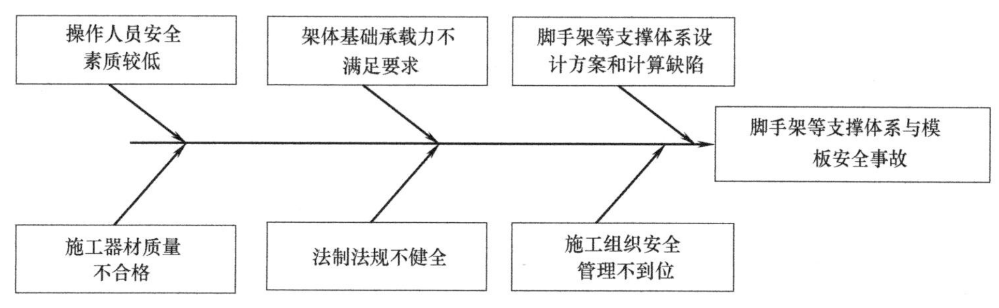

图 9-6 脚手架支撑体系与模板安全事故原因分析

4. 法律法规清单

1)《建筑工程大模板技术标准》JGJ/T 74—2017；

2)《建筑施工模板安全技术规范》JGJ 162—2008；

3)《建筑施工扣件式钢管脚手架安全技术规范》JGJ 130—2011；

4)《钢管脚手架扣件》GB 15831—2006；

5)《组合钢模板技术规范》GB/T 50214—2013；

6)《组合铝合金模板工程技术规程》JGJ 386—2016；

7)《建筑结构荷载规范》GB 50009—2012；

8)《建筑施工门式钢管脚手架安全技术规范》JGJ 128—2010；

9)《建筑施工高处作业安全技术规范》JGJ 80—2016；

10)《建设工程高大模板支撑系统施工安全监督管理导则》(建质 [2009] 254 号)；

11)《危险性较大的分部分项工程安全管理规定》(住房和城乡建设部令第 37 号) 2019 年修订版；

12)《混凝土结构工程施工质量验收规范》GB 50204—2015。

9.3.2 模板设计基本要求

模板及支架应根据安装、使用和拆除工况进行设计，并应满足承载力、刚度和整体稳固性要求。

1. 模板设计的依据

模板的结构设计，模板支架必须承受作用于模板结构上的混凝土的重量、混凝土施工荷载和冲击荷载，模板板块必须承受混凝土重量、混凝土的侧压力、振捣和倾倒混凝土时产生的侧压力、风力等。

（1）模板及支架自重标准值

模板及其支架自重标准值应根据模板设计图纸确定。对于肋形或无梁楼板自重可参考表9-6中的经验数据计算。

模板及支架自重标准值（kN/m²） **表9-6**

模板构件的名称	木模板	组合钢模板	钢框胶合板模板（钢管+胶合板模板）
无梁楼板的模板及小楞	0.30	0.50	0.4
有梁楼板模板(其中包括梁的模板)	0.50	0.75	0.6
楼板模板及其支架(楼层高度4m以下)	0.75	1.10	0.95

（2）施工时浇筑混凝土自重标准值

对于普通混凝土可采用24kN/m³，对于其他混凝土可按照实际容重确定。

（3）钢筋自重标准值

钢筋自重标准值应根据结构设计图纸确定。对于一般钢筋混凝土梁板结构，钢筋自重标准值可采用下列数值：楼板：1.1kN/m³；梁：1.5 kN/m³。

（4）振捣混凝土时产生的荷载标准值

水平面模板为2.0 kN/m²，垂直面模板为4.0 kN/m²（作用范围在新浇筑混凝土侧压力的有效压头高度之内）。

（5）倾倒混凝土时冲击荷载标准值

倾倒混凝土时对垂直面产生的水平荷载标准值按表9-7采用。

倾倒混凝土时产生的水平荷载标准值 **表9-7**

项次	向模板内供料方法	水平荷载(kN/m²)
1	溜槽、串筒或导管	2.0
2	容量小于0.2m³的运输器具	2.0
3	容量为0.2～0.8m³的运输器具	4.0
4	容量大于0.8m³的运输器具	6.0

（6）混凝土的侧压计算标准值

可根据混凝土的重力密度、混凝土的浇筑速度、新浇筑混凝土的初凝时间及新浇筑混凝土顶面总高度等计算。混凝土的浇筑速度是一个重要影响因素，随速度的增加最大侧压力增大，但当其达到一定程度后，侧压的影响就不明显。混凝土的温度越低，混凝土的硬化速度慢，侧压就大。

（7）施工人员及施工设备标准值

当计算模板及直接支撑模板的小楞时，均布活荷载取2.5kN/m²，再用集中荷载2.5kN进行验算。比较两者所得的弯矩值取其大值；当计算其直接支撑小楞结构构件时，均布活荷载取1.5kN/m²；当计算支架立柱及其他支撑结构构件时，均布活荷载取1.0kN/m²。

2. 模板设计的一般规定

（1）模板及其支架的设计应根据工程结构形式、荷载大小、地基土类别、施工设备和材料等条件进行。

（2）模板及其支架的设计应符合下列规定：

1）应具有足够的承载能力、刚度和稳定性，应能可靠地承受新浇混凝土的自重、侧压力和施工过程中所产生的荷载及风荷载。

2）构造应简单，装拆方便，便于钢筋的绑扎、安装和混凝土的浇筑、养护。

3）混凝土梁的施工应采用从跨中向两端对称进行分层浇筑，每层厚度不得大于400mm。

4）当验算模板及其支架在自重和风荷载作用下的抗倾覆稳定性时，应符合相应材质结构设计规范的规定。

（3）模板及支架设计应包括下列内容：

1）模板及支架的选型及构造；根据混凝土的施工工艺和季节性施工措施，确定其构造和所承受的荷载；

2）模板及支架上的荷载及其组合效应计算；并按模板承受荷载的最不利组合对模板进行验算；

3）模板及支架的承载力、刚度、抗倾覆验算；

4）绘制模板设计图、支撑设计布置图、细部构造和异形模板大样图；

5）制定模板安装及拆除的程序和方法；

6）编制模板及配件的规格、数量汇总表和周转使用计划；

7）编制模板施工安全、防火技术措施及设计、施工说明书。

（4）模板结构构件的长细比应符合下列规定：

1）受压构件长细比：支架立柱及桁架，不应大于150；拉条、缀条、斜撑等连系构件，不应大于200；

2）受拉构件长细比：钢杆件，不应大于350；木杆件，不应大于250。

9.3.3 模板工程和支撑体系危险源辨识

根据《危险性较大的分部分项工程安全管理规定》（住建部令［2018］第37号令，2019修订版），模板工程危险源分别如下：

1. 危险性较大的分部分项工程范围

（1）各类工具式模板工程：包括大模板、滑模、爬模、飞模等工程。

（2）混凝土模板支撑工程：搭设高度5m及以上；搭设跨度10m及以上；施工总荷载（荷载效应基本组合的设计值，以下简称设计值）$10kN/m^2$及以上；集中线荷载（设计值）15kN/m及以上；高度大于支撑水平投影宽度且相对独立无联系构件的混凝土模板支撑工程。

（3）承重支撑体系：用于钢结构安装等满堂支撑体系。

2. 超过一定规模的危险性较大的分部分项工程范围

（1）各类工具式模板工程：包括滑模、爬模、飞模工程。

（2）混凝土模板支撑工程：搭设高度8m及以上；搭设跨度18m及以上，施工总荷载（设计值）$15kN/m^2$及以上；集中线荷载（设计值）20kN/m及以上。

（3）承重支撑体系：用于钢结构安装等满堂支撑体系，承受单点集中荷载7kN及以上。

3. 危险源辨识

（1）模板支撑体系所在持力层结构未采取加固措施或措施不到位；

(2) 模板支撑体系立杆、水平杆等杆件排布与实际结构不匹配;

(3) 方案编制时对超大、超重等结构构件的支撑体系未能充分考虑，对于复杂结构构造节点与实际不符;

(4) 支撑体系方案部分内容与实际脱节，造成现场搭设困难或无法操作;

(5) 模板支撑体系的剪刀撑构造缺乏针对性或者未设置竖向、水平剪刀撑;

(6) 现场搭设的支撑体系与方案不符;

(7) 多种支撑体系（钢管扣件、门架等）并用时，各种架体间没有进行构造协调，造成整体刚度不高;

(8) 支撑体系搭设所用材料不合格;

(9) 支撑体系扣件拧紧力矩达不到40～60N·m的要求;

(10) 墙、柱垂直模板水平拉结件设置不合理或墙、柱未设置拉结固定或固定点少;

(11) 高宽比较大的支模架体系或倾斜结构未采取侧向固定措施;

(12) 后浇带支撑体系无专项设计或未考虑独立设置后浇带模板及支架;

(13) 钢结构支撑体系中对埋件、焊缝等构造结点设计不到位;

(14) 钢结构制作加工不符合规范要求;

(15) 忽视钢结构支撑拆除措施;

(16) 作业人员无操作资质;

(17) 模板工程管理体系及规章制度不健全，有关验收处于无序状态；验收程序、内容、方法不符合方案要求;

(18) 混凝土浇筑顺序不合理，易导致模板支架偏心受荷;

(19) 模板支撑体系超过4m，柱与梁板混凝土未分两次浇筑;

(20) 模板支撑体系超载使用，集中堆放材料严重；模板支撑体系上附加混凝土泵管等产生推力设备;

(21) 高支模体系无监测方案或方案不合理。

9.3.4 模板构造安装技术一般要求

1. 模板安装前必须做好下列安全技术准备工作:

(1) 应审查模板结构设计与施工说明书中的荷载、计算方法、节点构造和安全措施，设计审批手续应齐全。

(2) 应进行全面的安全技术交底，操作班组应熟悉设计与施工说明书，并应做好模板安装作业的分工准备。采用爬模、飞模、隧道模等特殊模板施工时，所有参加作业人员必须经过专门技术培训，考核合格后方可上岗。

(3) 应对模板和配件进行挑选、检测，不合格者应剔除，并应运至工地指定地点堆放。

(4) 备齐操作所需的一切安全防护设施和器具。大模板的三角挂架、平台、护身栏以及工具箱必须齐全。

(5) 采用组合式大模板必须对自稳角进行调试，检查地脚螺栓是否灵便。对于铰链式筒形大模板事先将大模板组装好，检查支撑杆和铰链是否灵活，调试运转自如后方可使用。

(6) 安装模板前必须做好抄平放线工作，并在大模板下部抹好找平层砂浆，依据放线位置进行大模板的安装就位。

2. 模板构造与安装应符合下列规定:

(1) 模板安装应按设计与施工说明书顺序拼装。木杆、钢管、门架等支架立柱不得混用。

（2）竖向模板和支架立柱支承部分安装在基土上时，应加设垫板，垫板应有足够强度和支承面积，且应中心承载。基土应坚实，并应有排水措施。对湿陷性黄土应有防水措施；对特别重要的结构工程可采用混凝土、打桩等措施防止支架柱下沉。对冻胀性土应有防冻融措施。

（3）当满堂或共享空间模板支架立柱高度超过8m时，若地基土达不到承载要求，无法防止立柱下沉，则应先施工地面下的工程，再分层回填夯实基土，浇筑地面混凝土垫层，达到强度后方可支模。

（4）模板及其支架在安装过程中，必须设置有效防倾覆的临时固定设施。

（5）现浇钢筋混凝土梁、板，当跨度大于4m时，模板应起拱；当设计无具体要求时，起拱高度宜为全跨长度的1/1000～3/1000。

（6）现浇多层或高层房屋和构筑物，安装上层模板及其支架应符合下列规定：

1）下层楼板应具有承受上层施工荷载的承载能力，否则应加设支撑支架；

2）上层支架立柱应对准下层支架立柱，并应在立柱底铺设垫板；

3）当采用悬臂吊模板、桁架支模方法时，其支撑结构的承载能力和刚度必须符合设计构造要求。

（7）当层间高度大于5m时，应选用桁架支模或钢管立柱支模。当层间高度小于或等于5m时，可采用木立柱支模。

3. 其他规定

（1）安装模板应保证工程结构和构件各部分形状、尺寸和相互位置的正确，防止漏浆，构造应符合模板设计要求。模板应具有足够的承载能力、刚度和稳定性，应能可靠承受新浇混凝土自重和侧压力以及施工过程中所产生的荷载。

（2）拼装高度为2m以上的竖向模板，不得站在下层模板上拼装上层模板。安装过程中应设置临时固定设施。

（3）当承重焊接钢筋骨架和模板一起安装时，应符合下列规定：

1）梁的侧模、底模必须固定在承重焊接钢筋骨架的节点上。

2）安装钢筋模板组合体时，吊索应按模板设计的吊点位置绑扎。

（4）当支架立柱成一定角度倾斜，或其支架立柱的顶表面倾斜时，应采取可靠措施确保支点稳定，支撑底脚必须有防滑移的可靠措施。

（5）支撑梁、板的支架立柱构造与安装应符合下列规定：

1）梁和板的立柱，纵横向间距应相等或成倍数。

2）木立柱底部应设垫木，顶部应设支撑头。钢管立柱底部应设垫木和底座，顶部应设可调支托，U形支托与楞梁两侧间如有间隙，必须楔紧，其螺杆伸出钢管顶部不得大于200mm，螺杆外径与立柱钢管内径的间隙不得大于3mm，安装时应保证上下同心。

3）在立柱底距地面200mm高处，沿纵横水平方向应按纵下横上的程序设扫地杆。可调支托底部的立柱顶端应沿纵横向设置一道水平拉杆。扫地杆与顶部水平拉杆之间的间距，在满足模板设计所确定的水平拉杆步距要求条件下，进行平均分配确定步距后，在每一步距处纵横向应各设一道水平拉杆。当层高在8～20m时，在最顶步距两水平拉杆中间应加设一道水平拉杆；当层高大于20m时，在最顶两步距水平拉杆中间应分别增加一道水平拉杆。所有水平拉杆的端部均应与四周建筑物顶紧顶牢。无处可顶时，应于水平拉杆端部和中部沿竖向设置连续式剪刀撑。

4）木立柱的扫地杆、水平拉杆、剪刀撑应采用40mm×50mm木条或25mm×80mm的木板条与木立柱钉牢。钢管立柱的扫地杆、水平拉杆、剪刀撑应采用ϕ48mm×3.5mm钢管，用扣件与钢管立柱扣牢。木扫地杆、水平拉杆、剪刀撑应采用搭接，并应用铁钉钉牢。钢管扫地杆、水平拉杆应采用对接，剪刀撑应采用搭接，搭接长度不得小于500mm，用两个旋转扣件分别在离杆端不小于100mm处进行固定。

（6）施工时，在已安装好的模板上的实际荷载不得超过设计值。已承受荷载的支架和附件，不得随意拆除或移动。

（7）安装模板时，安装所需各种配件应置于工具箱或工具袋内，严禁散放在模板或脚手板上；安装所用工具应系挂在作业人员身上或置于所佩戴的工具袋中，不得掉落。

（8）当模板安装高度超过3m及3m以上时，必须搭设脚手架，并应遵守高空作业的有关规定，除操作人员外，脚手架下不得站其他人。

（9）吊运模板时，必须符合下列规定：

1）作业前应检查绳索、卡具、模板上的吊环，必须完整有效，在升降过程中应设专人指挥，统一信号，密切配合。

2）吊运大块或整体模板时，竖向吊运不应少于两个吊点，水平吊运不应少于四个吊点。吊运必须使用卡环连接，并应稳起稳落，待模板就位连接牢固后，方可摘除卡环。

3）吊运散装模板时，必须码放整齐，待捆绑牢固后方可起吊。

4）严禁起重机在架空输电线路下面工作。

5）5级风及其以上应停止一切吊运作业。

（10）当采用扣件式钢管作立柱支撑时，其安装构造应符合下列规定：

1）钢管规格、间距、扣件应符合设计要求。每根立柱底部应设置底座及垫板，垫板厚度不得小于50mm。

2）钢管支架立柱间距、扫地杆、水平拉杆、剪刀撑的设置应符合规范的规定。当立柱底部不在同一高度时，高处的纵向扫地杆应向低处延长不少于两跨，高低差不得大于1m，立柱距边坡上方边缘不得小于0.5m。

3）立柱接长严禁搭接，必须采用对接扣件连接，相邻两立柱的对接接头不得在同步内，且对接接头沿竖向错开的距离不宜小于500mm，各接头中心距主节点不宜大于步距的1/3。

4）严禁将上段的钢管立柱与下段钢管立柱错开固定于水平拉杆上。

5）满堂模板和共享空间模板支架立柱，在外侧周圈应设由下至上的竖向连续式剪刀撑；中间在纵横向应每隔10m左右设由下至上的竖向连续式的剪刀撑，其宽度宜为4～6m，并在剪刀撑部位的顶部、扫地杆处设置水平剪刀撑。剪刀撑杆件的底端应与地面顶紧，夹角宜为45°～60°。当建筑层高在8～20m时，除应满足上述规定外，还应在纵横向相邻的两竖向连续式剪刀撑之间增加之字斜撑，在有水平剪刀撑的部位，应在每个剪刀撑中间处增加一道水平剪刀撑。当建筑层高超过20m时，在满足以上规定的基础上，应将所有之字斜撑全部改为连续式剪刀撑。

6）当支架立柱高度超过5m时，应在立柱周圈外侧和中间有结构柱的部位，按水平间距6～9m，竖向间距2～3m与建筑结构设置一个固结点。

（11）模板支架立柱、普通模板、爬升模板、飞模及隧道模的构造与安装均应符合《建筑施工模板安全技术规范》（JGJ 162—2008）的规定。

（12）在组合钢模板上架设的电线和使用的电动工具，应采用36V的低压电源或采取其他有效的安全措施。在操作平台上进行电、气焊作业时，应有防火措施和专人看护。

（13）高耸建筑施工时，遇到雷电、6级及以上大风、大雪和浓雾等天气时，应停止施工，应对设备、工具、零散材料等进行整理、固定，并应做好防护，全部人员撤离后应立即切断电源。

9.3.5 模板、支架拆除要求

（1）模板的拆除措施应经技术主管部门或负责人批准，拆除模板的时间可按现行国家标准《混凝土结构工程施工及验收规范》（GB 50010—2015）的有关规定执行。冬期施工的拆模，应遵守专门规定。

（2）当混凝土未达到规定强度或已达到设计规定强度时，如需提前拆模或承受部分超设计荷载时，必须经过计算和技术主管确认其强度能足够承受此荷载后，方可拆除。

（3）在承重焊接钢筋骨架作配筋的结构中，承受混凝土重量的模板，应在混凝土达到设计强度的25%后方可拆除承重模板。如在已拆除模板的结构上加置荷载时，应另行核算。

（4）大体积混凝土的拆模时间除应满足混凝土强度要求外，还应使混凝土内外温差降低到25℃以下时方可拆模。否则应采取有效措施防止产生温度裂缝。拆模前应检查所使用的工具应有效和可靠，扳手等工具必须装入工具袋或系挂在身上，并应检查拆模场所范围内的安全措施。

（5）脱模后起吊大模板前，要认真检查穿墙螺栓是否全部拆完，无障碍后方可吊出。吊运大模板时不得碰撞墙体，以防造成墙体裂缝。大模板要尽量做到不落地，直接在楼层上进行转移吊运，以减少占用塔式起重机时间。

（6）大模板及其配套模板拆除后，及时将板面的水泥浆清理干净，刷好脱模剂，以备下次应用。在楼层上涂刷脱模剂。要防止将脱模剂溅到钢筋上。

（7）后张预应力混凝土结构的侧模宜在施加预应力前拆除，底模应在施加预应力后拆除。当设计有规定时，应按规定执行。

（8）模板的拆除工作应设专人指挥。作业区应设围栏，其内不得有其他工种作业，并应设专人负责监护。拆下的模板、零配件严禁抛掷。

（9）拆模的顺序和方法应按模板的设计规定进行。当设计无规定时，可采取先支的后拆、后支的先拆、先拆非承重模板、后拆承重模板，并应从上而下进行拆除。拆下的模板不得抛扔，应按指定地点堆放。

（10）多人同时操作时，应明确分工、统一信号或行动，应具有足够的操作面，人员应站于安全处。

（11）高处拆除模板时，应遵守有关高处作业的规定。严禁使用大锤和撬棍，操作层上临时拆下的模板堆放不能超过3层。

（12）在提前拆除互相搭连并涉及其他后拆模板的支撑时，应补设临时支撑。拆模时，应逐块拆卸，不得成片撬落或拉倒。

（13）拆模如遇中途停歇，应将已拆松动、悬空、浮吊的模板或支架进行临时支撑牢固或相互连接稳固。对活动部件必须一次拆除。

(14) 遇6级或6级以上大风时，应暂停室外的高处作业。雨、雪、霜后应先清扫施工现场，方可进行工作。

(15) 拆除有洞口模板时，应采取防止操作人员坠落的措施。洞口模板拆除后，应按现行行业标准《建筑施工高处作业安全技术规范》(JGJ 80—2016) 的有关规定及时进行防护。

(16) 当拆除钢楞、木楞、钢桁架时，应在其下面临时搭设防护支架，使所拆楞梁及桁架先落在临时防护支架上。

(17) 当立柱的水平拉杆超出2层时，应首先拆除2层以上的拉杆。当拆除最后一道水平拉杆时，应和拆除立柱同时进行。

(18) 当拆除4～8m跨度的梁下立柱时，应先从跨中开始，对称地分别向两端拆除。拆除时，严禁采用连梁底板向旁侧一片拉倒的拆除方法。

(19) 对于多层楼板模板的立柱，当上层及以上楼板正在浇筑混凝土时，下层楼板立柱的拆除，应根据下层楼板结构混凝土强度的实际情况，经过计算确定。

(20) 拆除平台、楼板下的立柱时，作业人员应站在安全处。

9.3.6 模板工程安全管理

(1) 从事模板作业的人员，应经常组织安全技术培训。从事高处作业人员应定期体检，不符合要求的不得从事高处作业。

(2) 安装和拆除模板时，操作人员应佩戴安全帽、系安全带、穿防滑鞋。安全帽和安全带应定期检查，不合格者严禁使用。

(3) 模板及配件进场应有出厂合格证或当年的检验报告，安装前应对所用部件(立柱、楞梁、吊环、扣件等)进行认真检查，不符合要求者不得使用。

(4) 模板工程应编制施工设计和安全技术措施，并应严格按施工设计与安全技术措施规定施工。满堂模板、建筑层高8m及以上和梁跨大于或等于15m的模板，在安装、拆除作业前，工程技术人员应以书面形式向作业班组进行施工操作的安全技术交底，作业班组应对照书面交底进行上下班的自检和互检。

(5) 施工过程中应经常对下列项目进行检查：

1) 立柱底部基土回填夯实的状况；

2) 垫木应满足设计要求；

3) 底座位置应正确，顶托螺杆伸出长度应符合规定；

4) 立杆的规格尺寸和垂直度应符合要求，不得出现偏心荷载；

5) 扫地杆、水平拉杆、剪刀撑等的设置应符合规定，固定应可靠；

6) 安全网和各种安全设施应符合要求。

(6) 在高处安装和拆除模板时，周围应设安全网或搭脚手架，并应加设防护栏杆。在临街面及交通要道地区，尚应设警示牌，派专人看管。

(7) 作业时，模板和配件不得随意堆放，模板应放平放稳，严防滑落。脚手架或操作平台上临时堆放的模板不宜超过3层，连接件应放在箱盒或工具袋中，不得散放在脚手板上。脚手架或操作平台上的施工总荷载不得超过其设计值。

(8) 多人共同操作或扛抬组合钢模板时，必须密切配合、协调一致、互相呼应。

(9) 对负荷面积大和高 4m 以上的支架立柱采用扣件式钢管、门式和碗扣式钢管脚手架时，除应有合格证外，对所用扣件应用扭矩扳手进行抽检，达到合格后方可承力使用。

(10) 施工用的临时照明和行灯的电压不得超过 36V；若为满堂模板、钢支架及特别潮湿的环境时，不得超过 12V。照明行灯及机电设备的移动线路应采用绝缘橡胶套电缆线。

(11) 安装高度在 2m 及其以上时，必须设置安全防护设施。

(12) 模板安装时，上下应有人接应，随装随运，严禁抛掷。且不得将模板支搭在门窗框上，也不得将脚手板支搭在模板上，并严禁将模板与上料井架及有车辆运行的脚手架或操作平台支成一体。

(13) 操作人员登高必须走人行梯道，严禁利用模板支撑攀登上下，不得在墙顶、独立梁及其他高处狭窄而无防护的模板上行走。

(14) 支模过程中如遇中途停歇，应将已就位模板或支架连接稳固，不得浮搁或悬空。拆模中途停歇时，应将已松扣或已拆松的模板、支架等拆下运走，防止构件坠落或作业人员扶空坠落伤人。

(15) 模板安装过程中，不得间歇，柱头、搭头、立柱顶撑、拉杆等必须安装牢固成整体后，作业人员才允许离开。

(16) 组装立柱模板时，四周必须设牢固支撑。支设独立梁模应搭设临时操作平台，不得站在柱模上操作和在梁底模上行走和立侧模。

(17) 模板施工中应设专人负责安全检查，发现问题应报告有关人员处理。当遇险情时，应立即停工和采取应急措施；待修复或排除险情后，方可继续施工。

(18) 在大风地区或大风季节施工时，模板应有抗风的临时加固措施。

(19) 当钢模板高度超过 15m 时，应安设避雷设施，避雷设施的接地电阻不得大于 4Ω。

(20) 若遇恶劣天气，如大雨、大雾、沙尘、大雪及六级以上大风时，应停止露天高处作业。5 级及以上风力时，应停止高空吊运作业。雨雪停止后，应及时清除模板和地面上的冰雪及积水。

(21) 拆模作业时，必须设警戒区，严禁下方有人进入。拆模人员必须站在平稳牢固可靠的地方，保持自身平衡，不得猛撬，以防失稳坠落。

(22) 严禁用吊车直接吊除没有撬松动的模板。拆除的模板支撑等材料，必须边拆、边清、边运、边码垛。

(23) 层高处拆下的材料，严禁向下抛掷。

模板支撑及支撑架搭设实例见图 9-7、图 9-8、图 9-9。

9.3.7 基础模板工程施工

1. 基础模板工程施工工艺流程

基础一般铺设素混凝土垫层，不需要设置底模，所以基础模板主要是支基础侧模板。其施工工艺流程如图 9-10 所示。

图 9-7　支撑架剪刀撑设置

图 9-8　模板支撑加固措施

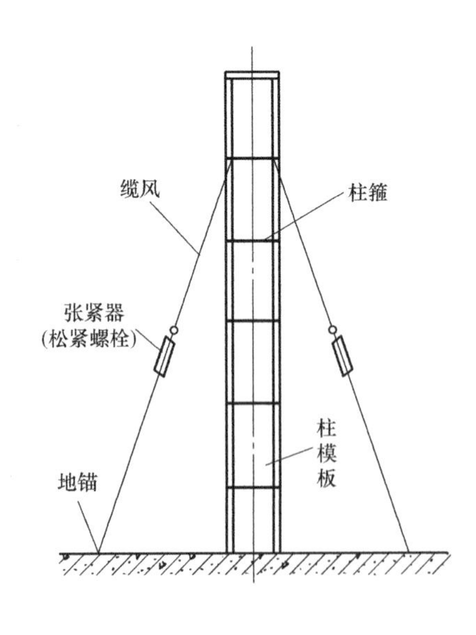

图 9-9　柱子加固支撑体系稳定

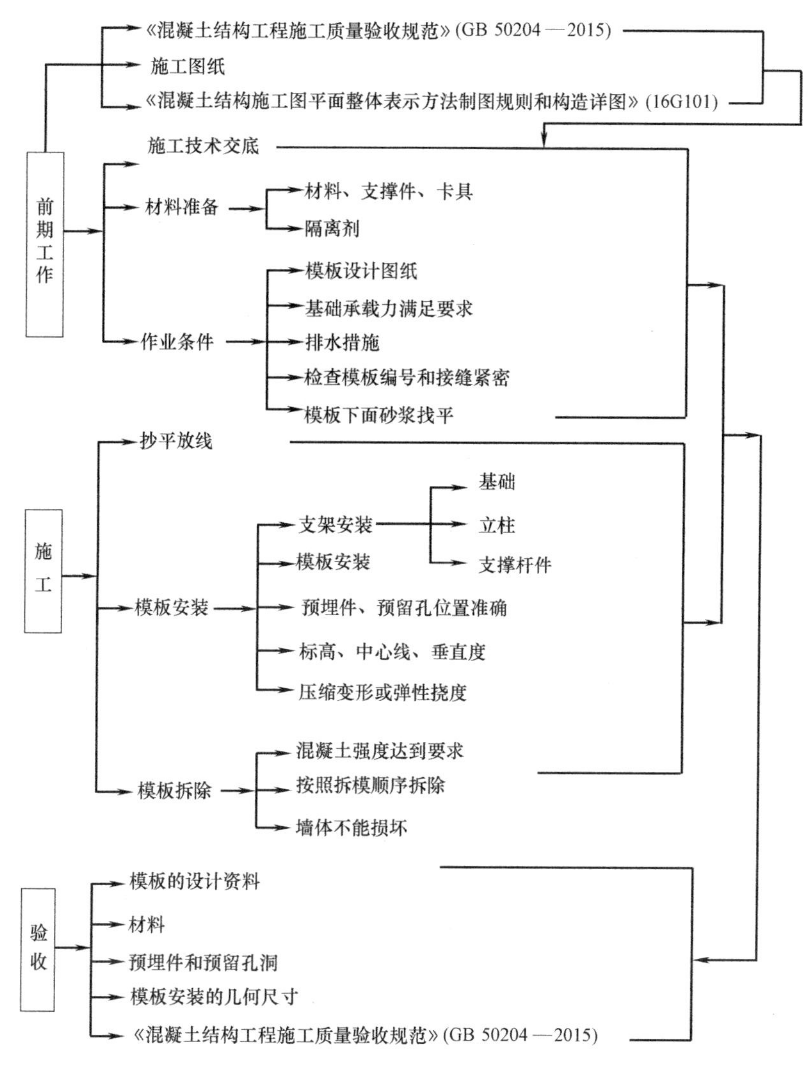

图 9-10 基础模板工程施工工艺流程图

2. 基础及地下工程模板应符合下列规定：

1）地面以下支模应先检查土壁的稳定情况，当有裂纹及塌方危险迹象时，应采取安全防范措施后，方可下人作业。当深度超过 2m 时，操作人员应设梯上下。

2）距基槽（坑）上口边缘 1m 内不得堆放模板。向基槽（坑）内运料应使用起重机、溜槽或绳索，严禁抛掷。使用起重机械运送时，下方操作人员必须远离危险区域。运下的模板严禁立放在基槽（坑）土壁上。

3）斜支撑与侧模的夹角不应小于 45°，支在土壁的斜支撑应加设垫板，底部的对角楔木应与斜支撑连牢。高大长脖基础若采用分层支模时，其下层模板应经就位校正并支撑稳固后，方可进行上一层模板的安装。

4）在有斜支撑的位置，应在两侧模间采用水平撑连成整体。

9.3.8　大模板工程施工安全管理

1. 大模板组成

大模板应包含面板系统、支撑系统、操作平台系统和对拉螺栓等，如图9-11所示。

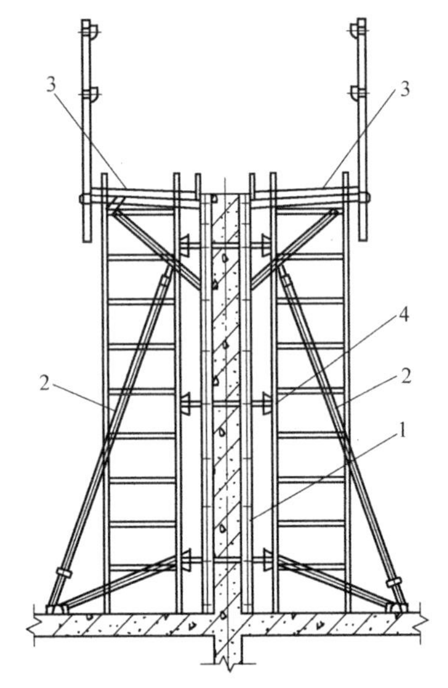

图9-11　大模板组成示意

1—面板系统；2—支撑系统；3—操作平台系统；4—对拉螺栓

（1）面板系统应符合下列规定：

1）面板材料应符合现行行业标准《建筑施工模板安全技术规范》（JGJ 162—2008）的规定，并与周转次数要求相适应；

2）面板拼接不应有漏浆缺陷，接缝处理应满足混凝土外观质量要求；

3）当面板采用焊接拼接时，面板材料应具有良好的可焊性；

4）当面板采用铺接拼接时，面板应有插接企口；

5）肋与面板应贴合紧密；

6）肋的间距应满足混凝土浇筑时面板局部变形不超出设计限定范围的要求；

7）主肋与背楞连接后应无相对运动。

（2）支撑系统应符合下列规定：

1）支模及混凝土浇筑时，模板支撑应安全可靠；

2）应设置可调整面板垂直度及前后位置的调节装置，面板垂直度调节范围应满足安装垂直度和调整自稳角的要求，前后位置调节范围不应小于50mm；

3）支撑杆应支在主肋或背楞上；

4）承力座应支撑在刚性结构上，且应与支撑结构可靠固定；

5）支撑的数量应与背楞刚度相适应，混凝土浇筑成型质量应符合设计要求。

（3）模板顶部应设操作平台，操作平台应符合下列规定：

1）平台宽度不宜大于900mm；

2）平台外围应设置高出平台板上表面不小于180mm的踢脚板；

3）平台外围应设栏杆，栏杆上顶面高度不应小于1200mm且中间应有横杆，栏杆任意点上作用1kN任意方向力时不应有塑性变形；

4）平台脚手板应符合现行行业标准《建筑施工扣件式钢管脚手架安全技术规范》（JGJ 130—2011）的规定；

5）模板上宜设置上下平台的爬梯；

6）操作平台系统与面板系统间的连接应可靠，且应便于检查与维护。

（4）当对拉螺栓中心离地高度大于2m时，螺栓紧固操作部位宜设操作平台。平台上表面与对拉螺栓中心的垂直距离宜为1.2～1.6m，操作平台应符合相关规范规定。

（5）大模板对拉螺栓应符合下列规定：

1）应采用性能不低于Q235B的钢材制作，规格尺寸应由计算确定，且不应小于M28；

2）位置应设置在背楞上；

3）清水混凝土施工用大模板对拉螺栓孔的位置布置应符合装饰设计要求。

（6）大模板钢吊环应符合下列规定：

1）钢吊环应设置在肋上，当正常吊装时，吊环及肋不应产生塑性变形；

2）吊环数量及布置应满足吊环、模板承载能力及模板起吊平衡要求；

3）应采用性能不低于 Q235B 且直径不小于 20mm 的圆钢制作；

4）当采用焊接式钢吊环时，应合理选择焊条型号，焊缝长度和焊缝高度应符合设计要求；

5）当吊环与大模板采用螺栓连接时，应采用双螺母。

2. 大模板准备工作

（1）大模板工程施工前，施工单位必须编制技术、安全专项施工方案，并由施工企业技术部门的专业技术人员及监理单位专业监理工程师进行审核，审核合格后，由施工企业技术负责人、监理单位总监理工程师签字批准后方可实施。

（2）编制大模板工程专项施工技术交底，并在施工前向各施工班组进行现场安全技术交底。安全交底签字齐全，作业班组全体人员在交底上有签字等内容。

（3）大模板运到现场后，要清点数量，核对型号，并用醒目字体喷字注明模板编号，以便安装时对号入座。大模板的三角挂架、平台、护身栏以及工具箱必须齐全。

（4）安装模板前必须做好抄平放线工作，并在墙体根部模板安装部位楼板面应清理干净抹好找平层砂浆，依据放线位置进行大模板的安装就位。

（5）当拼装式大模板现场组拼时，应符合下列规定：

1）应选择在平整坚实、排水流畅的场地上进行；

2）拼装精度应符合相关规范的要求；

3）拼装完成后，应采用醒目字体按模位对模板重新编号。

（6）宜进行样板间的试安装，验证模板几何尺寸、接缝处理、零部件等的准确性后，方可正式安装。

（7）面板与混凝土接触面应清理干净，涂刷隔离剂。刷过隔离剂的模板遇雨淋或其他因素失效后应补刷。使用的隔离剂不应影响结构工程及装修工程质量。

（8）模板安装前应放出模板内侧线及外侧控制线作为安装基准。

（9）大模板起吊前应进行试吊，当确认模板起吊平衡、吊环及吊索安全可靠后，方可正式起吊。

3. 大模板的吊运应符合以下要求：

（1）大模板吊环设计时均应按吊环受力情况进行强度设计，吊环的材质、位置、数量、安装方法或焊接长度等均须满足设计要求；

（2）吊运大模板必须采用卡环，大模板在每次吊运前必须逐一检查吊索具及每块模板上的吊环是否完整有效；

（3）吊运墙体大模板时应一板一吊，严禁同时吊运两块以上的大模板；大模板单位重量不得大于起重机的荷载；

（4）大模板吊装时应加导引绳（就是在吊环或模板上加两条大绳，通过拉大绳调节模板位置），严禁施工人员直接推拉大模板；

（5）吊运大模板时应设有专人指挥，模板起吊应平稳，不得偏斜和大幅度摆动。操作人员必须站在安全可靠处，严禁人员和物料随同大模板一同起吊；被吊模板上不得有未固定的零散件；

（6）穿墙螺栓等其他零星部件的垂直运输应采用有边框的吊盘进行，禁止用编织袋直接吊运；

（7）当风力超过6级（v_f 达到或超过15m/s）或大雨、大雪、大雾时不得进行吊装作业；

（8）冬施电加热大模板施工要有可靠的防止触电的安全措施；

（9）应确认大模板固定或放置稳固后方可摘钩。

4. 大模板的安装应符合以下要求：

（1）大模板安装前应按配模设计平面图规定位置将斜撑、挑架、跳板、护栏及爬梯等安装齐全并连接牢固。

（2）大模板安装时应按模板编号顺序吊装就位。采用组合式平模时，遵循先内侧、后外侧，先横墙、后纵墙的原则安装就位。

（3）大模板安装时根部和顶部要有固定措施。

（4）大模板支撑必须牢固、稳定，支撑点应设在坚固可靠处，不得与脚手架拉结。

（5）大模板就位后紧固好穿墙螺栓方可解除吊车吊环，对空间狭窄，无法安装支腿的模板和就位后的模板不能及时安装穿墙螺栓时，应用索具将同一墙体正反两块模板相互拉结，严禁使用铅丝临时固定。

（6）组装平模时，应及时用卡具或花篮螺丝将相邻模板连接好，防止倾倒。

（7）对结构施工高度超过20m的大模板，就位后应及时与建筑物的接地线连接。

（8）当大钢模板宽度大于（不含）1.5m时，必需设置两个及以上的支腿，确保模板放置时稳定可靠。支腿的上支点高度应不低于模板高度的2/3。

（9）大模板安装入位后（或拆卸时），还未安装（或拆除）穿墙螺栓时，必须使用钢丝绳索具固定大模板，应将绳卡固定在横向大直径钢筋上或墙柱纵横向钢筋交叉点处，确保固定牢固。大模板的临时固定，严禁使用铁丝或火烧丝。

5. 大模板的拆除应符合以下要求：

（1）大模板拆除时必须满足所需混凝土强度，需技术负责人同意方可拆模，不得因拆模影响工程质量；

（2）大模板的拆除顺序应遵循先支后拆、后支先拆、先非承重部位、后承重部位以及自上而下顺序的原则；

（3）拆除有支撑架的大模板时，应先拆除模板与混凝土结构之间的穿墙螺栓及其他连接件，松动地脚螺栓，使模板后倾与墙体脱离开；

（4）拆除无固定支撑架的大模板时，应用索具与墙体主筋拉接牢固，严禁使用铅丝临时固定；

（5）任何情况下，严禁操作人员站在模板上口采用晃动、撬动或用大锤砸模板的方法拆除模板；

（6）拆除的穿墙螺栓、连接件及拆模用工具必须妥善保管和放置，不得随意散放在操作平台上，以免吊装时坠落伤人；

（7）起吊大模板前应先检查模板与混凝土结构之间所有穿墙螺栓、连接件是否全部拆除，必须在确认模板和混凝土结构之间无任何连接后方可起吊大模板，移动模板时不得碰撞墙体。吊运时应垂直起吊，严禁使用吊车私撤模板或斜吊。

（8）在电梯间进行模板施工作业，必须逐层搭好安全防护平台，并检查平台支腿伸入墙内的尺寸是否符合安全规定。拆除平台时，先吊好吊钩，操作人员退到安全地带后方可起吊。

6. 大模板存放应符合以下要求：

（1）施工现场应确定模板存放区域，大模板现场堆放区应在起重机的有效工作范围之内，严禁将模板放置在存放区以外。存放区应设有围栏，地面必须平整夯实，有排水措施，不得堆放在松土、冻土或凹凸不平的场地上。

（2）大模板堆放时，有支撑架的大模板必须满足自稳角 70°～80°要求；没有支撑架的大模板应存放在专用的插放支架内，不得倚靠在其他物体上，防止模板下脚滑移倾倒。大模板插放架应搭设牢固，各立面均应设斜支撑。上方作业面应按照脚手架防护标准铺设脚手架防护栏，并设爬梯或马道。

（3）大模板在存放时，应采取两块大模板板面对板面相对放置的方法，且中间应留出600mm 的人行通道，以便清理和涂刷脱模剂；存放时间超过 48 小时的大模板必须有用拉杆连接绑牢等可靠的防倾倒措施。

（4）当施工间隙超过 24h、气象预报次日风力超过 5 级以上及节假日期间，应将流水段拆除的模板吊运至地面存放，当大模板必须存放在施工楼层上，必须有可靠的防倾倒措施，不得沿外墙周边放置，应垂直外墙存放。

（5）遇有大风等恶劣天气，应对存放的模板采取临时连接的固定措施，同时暂停清理模板和涂刷脱模剂等作业。

（6）模板堆放场地要在周围设防护架，防止闲杂人员进入堆放区内；大模板放在楼层上时，必须采取可靠的防倾覆措施，防止碰撞造成坠落。

（7）大模板安装就位后，要采取防止触电保护措施，将大模板加以串联，并同避雷网接通，防止漏电伤人。

（8）对现场存放大模板的插放架的安全使用要求：

1）无支腿大模板必须放入专门设计的模板插放架内。

2）插放架应使用钢管搭设，檩子杆高度不得低于大模板高度的 80%。

3）对插放架必须定期进行检查，发现弯曲变形的杆件必须及时进行更换，确保插放架保持完好状态。

7. 对木质大模板的安全使用要求：

（1）现场制作木质大模板时，应进行相应的设计和计算，并经项目技术负责人审批。

（2）木质大模板吊环宜采用可重复周转使用的配件，连接应牢固可靠。当木质大模板吊环采用钢丝绳时，应保证吊环有足够强度，受力钢丝绳绳卡数量不少于 3 个，钢丝绳直径不小于 9.3mm。严禁使用铁丝或钢筋现场焊接制作的吊环。

（3）单块木质大模板的面积不宜超过 $16m^2$。

9.3.9 模板工程安全隐患的防治

在模板工程中常见的事故包括：搬运模板材料时的坠落和物体打击事故、配制模板时的触电和机械伤害事故、模板安装和拆除过程中的高处坠落和物体打击事故、混凝土浇筑施工过程中的模板坍塌事故，在模板工程伤亡事故中模板支撑系统坍塌、倒塌事故比例较多，如表9-8、表9-9、表9-10所示。模板支架检查评分表见表9-11。

1. 模板材料运输作业（表9-8）

模板材料运输时安全隐患的防治　　表9-8

事故类型	主要原因分析	防治措施
坠落 触电 撞击	(1)在临近高压线的现场进行模板塔吊作业时，碰上高压电线 (2)吊挂钢丝绳的强度不够或已有损伤，在吊运摩擦力较小的木胶合板模板时吊挂方法不当 (3)吊件的挂钩及起重机的钢丝绳不良 (4)铲车或搬运车后进时没有设置引导员	(1)对临近现场的高压电线进行防触电措施 (2)吊运材料时采取安全栓等防止起重机坠落的防护措施 (3)吊运材料之前严格检查吊钩、滑轮、卡环、钢丝绳是否符合要求 (4)选用具有足够吊挂能力的设备，并严格遵守额定荷载 (5)应遵守卸货运输机械的安全操作规程，采取严禁进入运送区域，设置引导员进行作业 (6)模板的堆放须采取抗倾覆措施

2. 模板安装拆除作业（见表9-9）

模板安装拆除作业安全隐患的防治　　表9-9

事故类型	主要原因分析	防治措施
坠落 撞击	安全防护设施有缺陷 (1)脚手板设置不当 (2)移动操作平台设置不符合要求 (3)洞口处防护措施有缺陷 (4)未架设安全防护网 (5)未佩戴安全防护用品（安全带、安全帽）	(1)须检查模板材料及所用配件 (2)应遵守模板安装、拆除施工安全操作规程有关规定，确保安全通道及作业平台 (3)安装拱状等曲面模板时，须注意模板支撑，一般从低处开始浇筑混凝土 (4)遇恶劣天气应停止施工作业 (5)拆模应按一定的顺序进行 (6)必须佩戴安全保护用具 (7)拆下的模板及配件严禁抛扔 (8)拆下的模板做到及时清理、维修 (9)模板结构有足够的强度、刚度及稳定性
坠落 翻倒	模板吊装方法不当 (1)模板吊装用机械、机具设置不当 (2)模板吊装挂钩设置不良 (3)吊钩的安装拆卸方法有误 (4)起重机没有被完全固定	(1)吊钩除要承受吊物的重量外，具有较高的强度和冲击韧性 (2)吊角控制在60°以内，严禁单线吊挂 (3)吊装时，必须服从信号工的统一指挥 (4)遇六级或六级以上的大风时，应停止室外的高空作业 (5)单片柱模板吊装时，应采用卡环和柱模板连接，严禁用钢筋代替 (6)起重机的基础具有足够的强度，并应满足起重机稳定性的要求

续表

事故类型	主要原因分析	防治措施
坠落 打击 倾倒	模板安装时未按技术要求操作 (1)高空作业时,未设置安全防护设施 (2)利用支撑、拉杆攀登上下 (3)乱扔模板及运输工具 (4)未设置临时固定设施 (5)大模板安装时,未就位和未固定前摘钩	(1)严格按操作顺序进行操作 (2)安装高度2m以上的模板,应搭设脚手架,并设防护栏杆 (3)操作人员必须走人行梯道 (4)在现场安全模板时,所用工具应装入工具袋内 (5)模板安装时,上下应有人接应,随装随运 (6)大模板安装就位,必须确认各支撑均稳固后方可摘钩 (7)模板支撑不得使用腐朽、扭裂、劈裂的材料 (8)支模场地必须平整夯实
打击 跌落 坠落	模板拆除作业未按规定操作 (1)模板拆除作业时野蛮施工,被掉落的配件击中 (2)没有设置警戒区 (3)拆下的模板随意向下抛掷 (4)预留洞口及建筑物周围未设置防护设施 (5)模板拆除未按顺序施工	(1)拆除模板必须经施工负责人同意,方可拆除,当作业高度在2m以上时,应遵守高处作业有关规定 (2)必须站在平稳牢固可靠的操作台,不强行操作,以防失稳坠落 (3)拆模前,必须设置围栏或警戒标志,禁止入内 (4)拆除的模板边拆、边清、严禁向下抛掷 (5)模板的预留洞口、电梯井口等处,应加盖或设防护栏杆 (6)遇六级或六级以上的大风时,应停止拆除作业 (7)拆除平台、楼层结构的底模,应设置临时支撑 (8)拆除施工严禁立体交叉作业,应按自上而下的顺序进行

3. 模板支撑作业(表9-10)

模板支撑作业安全隐患的防治　　表9-10

事故类型	主要原因分析	防治措施
坍塌 倒塌	未进行支撑结构分析 (1)支撑系统承受力不足,引起坍塌 (2)稳定性不够满足要求	(1)专项施工方案须符合实际,有可操作性的构造图和保证安全的实施措施 (2)施工前应具备模板支撑施工简图(平面布置、几何尺寸、支撑设置要求),立杆基础、地基处理要求等 (3)作业层上的施工荷载应符合设计要求,不准超载
	支撑系统材料不良 (1)模板支撑构件本身存在缺陷 (2)构件截面不足 (3)构件的连接不良(焊接、切割等)	(1)模板支撑构件不得使用有裂缝、腐蚀、枯节、截面不足等缺陷的材料 (2)扣件使用前应进行质量检查,有裂纹、变形的扣件严禁使用 (3)模板支架的材料宜优先选用钢材

续表

事故类型	主要原因分析	防治措施
坍塌 倒塌	支撑系统设置不当 (1)使用未被检验合格的模板支撑 (2)水平连系杆件设置不良 (3)未设置剪刀撑 (4)未实施模板支撑结构验证 (5)模板支撑基础出现不均匀沉降 (6)未按规范设置纵向支撑	(1)要认真执行施工方案，模板支撑作业完成后，要进行认真检查验收，确保支撑体系稳固可靠 (2)模板的支柱必须支撑在牢靠处 (3)必须使用质量检验合格的构件及配件 (4)分阶段定期检查模板支撑是否变形，基础沉降情况如何等 (5)楼梯、斜屋顶等倾斜结构处设置的支撑上下端部要用木楔塞牢以防滑 (6)高于4m的模板支架，其两端与中间每隔4排立杆，每隔2步从顶向下设置水平剪刀撑 (7)不使用3根以上连接而成的钢管支架 (8)模板支架在安装过程中，必须采取有效的防倾覆临时固定设施
坠落 坍塌	(1)作业面孔洞及临边无防护措施 (2)2m以上高处作业无可靠立足 (3)模板上堆物过多，使模板超过允许荷载	(1)作业面空洞及临边须用盖板盖住或设置防护栏杆 (2)2m以上高处作业需搭设操作平台，有可靠的防护栏杆 (3)指定模板支架施工技术主管 (4)在梁板上不堆放超过允许荷载的物件

模板支架检查评分表　　**表9-11**

序号	检查项目		扣分标准	应得分数	扣减分数	实得分数
1	保证项目	施工方案	未编制专项施工方案或结构设计未经计算，扣10分； 专项施工方案未经审核、审批，扣10分； 超规模的模板支架专项施工方案未按规定组织专家论证，扣10分	10		
2		支架基础	基础不坚实平整，承载力不符合专项施工方案要求，扣5～10分； 支架底部未设置垫板或垫板的规格不符合规范要求，扣5～10分； 支架底部未按规范要求设置底座，每处扣2分； 未按规范要求设置扫地杆，扣5分； 未采取排水设施，扣5分； 支架设在露面结构上时，未对楼面结构的承载力进行验算或楼面结构下方未采取加固措施，扣10分	10		
3		支架构造	立杆纵、横间距大于设计和规范要求，每处扣2分； 水平杆步距大于设计和规范要求，每处扣2分； 水平杆未连续设置，扣5分； 未按规范要求设置竖向剪刀撑或专用斜杆，扣10分； 未按规范要求设置水平剪刀撑或专用水平斜杆，扣10分； 剪刀撑或斜杆设置不符合规范要求，扣5分	10		
4		支架稳定	支架高宽比超过规范要求未采取与建筑结构刚性连接或增加架体宽度等措施，扣10分； 立杆伸出顶层水平杆的长度超过规范要求，每处扣2分； 浇筑混凝土未对支架的基础沉降、架体变形采取监测措施，扣8分	10		

续表

序号	检查项目		扣分标准	应得分数	扣减分数	实得分数
5	保证项目	施工荷载	荷载堆放不均匀，每处扣5分； 施工荷载超过设计规定，扣10分； 浇筑混凝土未对混凝土堆积高度进行控制，扣8分	10		
6		交底与验收	支架搭设、拆除前未进行交底或无文字记录，扣5～10分； 架体搭设完毕未办理验收手续，扣10分； 验收内容未进行量化，或未经责任人确认，扣5分			
		小计		60		
7	一般项目	杆件连接	立杆连接不符合规范要求，扣3分； 水平杆连接不符合规范要求，扣3分； 剪刀撑斜杆接长不符合规范要求，每处扣3分； 杆件各连接点的紧固不符合要求，每处扣2分	10		
8		底座与托撑	螺杆直径与立杆内径不匹配，每处扣3分； 螺杆旋入螺母内的长度或外伸长度不符合规范要求，每处扣3分	10		
9		构配件材质	钢管、构配件的规格、型号、材质不符合规范要求，扣5～10分； 杆件弯曲、变形、锈蚀严重，扣10分	10		
10		支架拆除	支架拆除前未确认混凝土强度达到设计要求，扣10分； 未按规定设置警戒区或未设置专人监护，扣5～10分	10		
		小计		40		
检查项目合计				100		

9.4 混凝土工程

混凝土工程包括配料、搅拌、运输、浇筑和养护等过程。各个施工过程紧密联系又相互影响，任一施工过程处理不当都会影响混凝土工程的最终质量。图9-12为混凝土工程的施工工艺流程图。

9.4.1 混凝土工程施工概要

1. 施工组织设计的编制

根据工程的要求和施工图编制，其内容包括项目管理、混凝土质量和安全技术交底、概预算管理、劳务管理、机械管理等。

1）施工方法及施工机械的选择；

2）分部分项工程施工进度计划（包括其他工种之间的关系）；

3）混凝土的水平及垂直运输（泵送方法及机械类型）；

4）混凝土浇筑计划（浇筑顺序、浇筑方案）；

5）混凝土施工平面布置图；

6）混凝土养护计划（包括天气变化）、劳务分配。

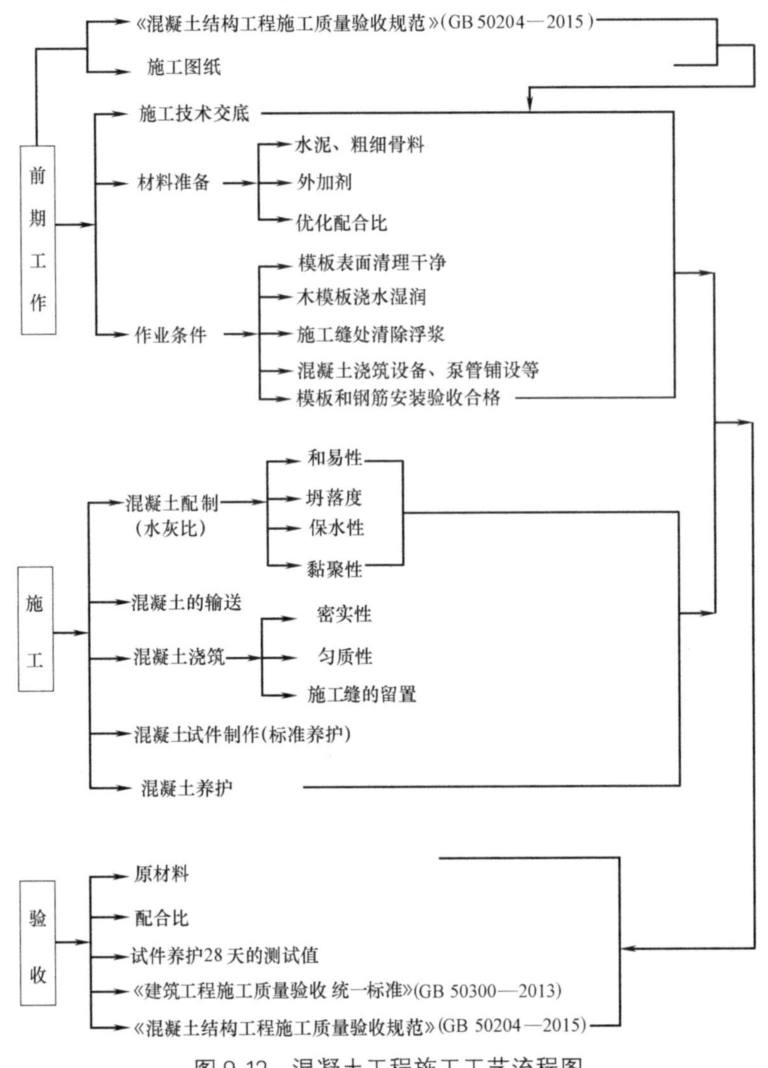

图 9-12　混凝土工程施工工艺流程图

2. 混凝土原材料的质量控制

(1) 水泥进场时，应对其品种、代号、强度等级、包装或散装仓号、出厂日期等进行检查，并应对水泥的强度、安定性、凝结时间及其他必要的性能指标进行复检。其质量必须符合现行国家标准《硅酸盐水泥、普通硅酸盐水泥》(GB 175—2007) 的规定。

(2) 混凝土外加剂进场时，应对其品种、性能、出厂日期等进行检查，并应对外加剂的相关性能指标进行检验，检验结果应符合现行国家标准《混凝土外加剂》(GB 8076—2008) 和《混凝土外加剂应用技术规范》(GB 50119—2013) 等的规定。

(3) 混凝土用矿物掺合料进场时，应对其品种、技术指标、出厂日期等进行检查，并应对矿物掺合料的相关技术指标进行检验，检验结果应符合国家现行有关标准的规定。

(4) 混凝土拌制及养护用水应符合现行行业标准《混凝土用水标准》(JGJ 63—2006) 的规定。采用饮用水时，可不检验；采用中水、搅拌站清洗水、施工现场循环水等其他水源时，应对其成分进行检验。

3. 混凝土浇筑时准备工作及注意事项

（1）准备工作

1）编制混凝土浇筑作业方案及浇筑程序；

2）商品混凝土的供应；

3）检查模板及模板支撑有足够的强度、刚度，检查钢筋布置、预埋件等；

4）准备混凝土浇筑所需的机械、机具；

5）准备供水、排水、供电；

6）确保施工人员的配备；

7）混凝土养护准备；

8）混凝土安全技术交底的实施；

9）天气变化应急措施；

10）模板和钢筋的清理；

11）保证混凝土搅拌车的道路畅通。

（2）注意事项

1）混凝土已初凝，现场不得加水；

2）浇筑混凝土出料口的软管应系牢防脱安全绳；

3）控制投料高度和选择正确的投料方法；

4）浇筑混凝土时保证钢筋的位置和混凝土保护层厚度正确；

5）混凝土浇筑保证混凝土的均匀性，避免离析现象；

6）混凝土浇筑应连续进行；

7）混凝土浇筑前应确定施工缝的位置；

8）遇大雨或5级大风及其以上时，必须停止泵送作业。

9.4.2 混凝土结构工程基本规定

1. 施工管理

（1）承担混凝土结构工程施工的施工单位应具备相应的资质，并应建立相应的质量管理体系、施工质量控制和检验制度。

（2）施工项目部的机构设置和人员组成，应满足混凝土结构工程施工管理的需要。施工操作人员应经过培训，应具备各自岗位需要的基础知识和技能水平。

（3）施工前，应由建设单位组织设计、施工、监理等单位对设计文件进行交底和会审。由施工单位完成的深化设计文件应经原设计单位确认。

（4）施工单位应保证施工资料真实、有效、完整和齐全。施工项目技术负责人应组织施工全过程的资料编制、收集、整理和审核，并应及时存档、备案。

（5）施工单位应根据设计文件和施工组织设计的要求制定具体的施工方案，并应经监理单位审核批准后组织实施。

（6）混凝土结构工程施工前，施工单位应对施工现场可能发生的危害、灾害与突发事件制定应急预案。应急预案应进行交底和培训，必要时应进行演练。

2. 施工技术

（1）混凝土结构工程施工前，应根据结构类型、特点和施工条件，确定施工工艺，并应做好各项准备工作。

（2）对体形复杂、高度或跨度较大、地基情况复杂及施工环境条件特殊的混凝土结构工程，宜进行施工过程监测，并应及时调整施工控制措施。

（3）混凝土结构工程施工中采用的新技术、新工艺、新材料、新设备，应按有关规定进行评审、备案。施工前应对新的或首次采用的施工工艺进行评价，制定专门的施工方案，并经监理单位核准。

（4）混凝土结构工程施工中采用的专利技术，不应违反本规范的有关规定。

（5）混凝土结构工程施工应采取有效的环境保护措施。

3. 施工质量与安全

（1）混凝土结构工程各工序的施工，应在前一道工序质量检查合格后进行。

（2）在混凝土结构工程施工过程中，应及时进行自检、互检和交接检，其质量不应低于现行国家标准《混凝土结构工程施工质量验收规范》（GB 50204—2015）的有关规定。对检查中发现的质量问题，应按规定程序及时处理。

（3）在混凝土结构工程施工过程中，对隐蔽工程应进行验收，对重要工序和关键部位应加强质量检查或进行测试，并应作出详细记录，同时宜留存图像资料。

（4）混凝土结构工程施工使用的材料、产品和设备，应符合国家现行有关标准、设计文件和施工方案的规定。

（5）材料、半成品和成品进场时，应对其规格、型号、外观和质量证明文件进行检查，并应按现行国家标准《混凝土结构工程施工质量验收规范》等的有关规定进行检验。

（6）材料进场后，应按种类、规格、批次分开储存与堆放，并应标识明晰。储存与堆放条件不应影响材料品质。

（7）混凝土结构工程施工前，施工单位应制订检测和试验计划，并应经监理（建设）单位批准后实施。监理（建设）单位应根据检测和试验计划制定见证计划。

（8）施工中为各种检验目的所制作的试件应具有真实性和代表性，并应符合下列规定：

1）试件均应及时进行唯一性标识；

2）混凝土试件的抽样方法、抽样地点、抽样数量、养护条件、试验龄期以及混凝土试件的制作要求、试验方法应符合现行国家标准的有关规定；

3）钢筋、预应力筋等试件的抽样方法、抽样数量、制作要求和试验方法应符合国家现行有关标准的规定。

（9）施工现场应设置满足需要的平面和高程控制点作为确定结构位置的依据，其精度应符合规划、设计要求和施工需要，并应防止扰动。

（10）混凝土结构工程施工中的安全措施、劳动保护、防火要求等，应符合国家现行有关标准的规定。

9.4.3 大体积混凝土施工

1. 一般规定

（1）大体积混凝土施工组织设计，应包括下列主要内容：

1）大体积混凝土浇筑体温度应力和收缩应力计算结果；

2）施工阶段主要抗裂构造措施和温控指标的确定；

3）原材料优选、配合比设计、制备与运输计划；

4）主要施工设备和现场总平面布置；

5）温控监测设备和测试布置图；

6）浇筑顺序和施工进度计划；

7）保温和保湿养护方法；

8）应急预案和应急保障措施；

9）特殊部位和特殊气候条件下的施工措施。

（2）大体积混凝土施工宜采用整体分层或推移式连续浇筑施工。

（3）当大体积混凝土施工设置水平施工缝时，位置及间歇时间应根据设计规定、温度裂缝控制规定、混凝土供应能力、钢筋工程施工、预埋管件安装等因素确定。

（4）超长大体积混凝土施工，结构有害裂缝控制应符合下列规定：

1）当采用跳仓法时，跳仓的最大分块单向尺寸不宜大于40m，跳仓间隔施工的时间不宜小于7d，跳仓接缝处应按施工缝的要求设置和处理；

2）当采用变形缝或后浇带时，变形缝或后浇带设置和施工应符合国家现行有关标准的规定。

（5）混凝土入模温度宜控制在5～30℃。

2. 混凝土泵送

（1）泵车进场按方案就位后，施工、监理、预拌混凝土企业应按照各自职责组织验收，确认符合要求后形成验收记录并签字。施工前，施工单位和预拌混凝土企业应对相关作业人员进行安全技术交底，并形成记录。

（2）施工、监理单位应查验混凝土泵送人员特种作业人员操作证，无证人员一律严禁操作。预拌混凝土企业应确保进场设备的完好。

（3）在混凝土泵送前，先用适量的水湿润泵车的料斗、泵车等与混凝土接触部分，经检查管路无异常后，再用与浇筑混凝土同标号的去石子砂浆进行润滑压送。

（4）泵车就位后，应支起支腿并保持机身的水平和稳定，设备支撑脚下应垫放型钢或枕木或随车配置的专用支撑块，输送管、接头和软管应确保各接头联结牢固。

（5）开始泵送时，泵机宜处于低速运转状态，要注意观察泵的压力和各部分工作情况，输送压力一般不大于泵主油缸最大工作压力的1/3，能顺利压送后，方可提高到正常运转速度。

（6）泵送混凝土工作应连续进行，当混凝土供应不足或运转不正常时，可放慢压送速度，以保持连续泵送。

（7）为了保证搅拌的混凝土质量，防止泵管出现堵塞、爆管等现象，喂料斗处必须设专人将大石块及杂物及时检出。

（8）施工单位应当加强相关车辆进出管理，泵车停放的场地应设警戒区域，禁止无关人员进入。

（9）禁止在端部软管出料口部位加装输送管或软管，严禁利用塔吊吊运软管进行混凝土浇筑。

3. 混凝土浇筑

（1）大体积混凝土浇筑应符合下列规定：

1）混凝土浇筑层厚度应根据所用振捣器作用深度及混凝土的和易性确定，整体连续浇筑时宜为300～500mm，振捣时应避免过振和漏振。

2）整体分层连续浇筑或推移式连续浇筑，应缩短间歇时间，并应在前层混凝土初凝之前将次层混凝土浇筑完毕，避免出现“冷缝”现象。层间间歇时间不应大于混凝土初凝时间。混凝土初凝时间应通过试验确定。当层间间歇时间超过混凝土初凝时间时，层面应按施工缝处理。

3）混凝土的浇灌应连续、有序，宜减少施工缝。

4）混凝土宜采用泵送方式和二次振捣工艺。

（2）当采取分层间歇浇筑混凝土时，水平施工缝的处理应符合下列规定：

1）在已硬化的混凝土表面，应清除表面的浮浆、松动的石子及软弱混凝土层；

2）在上层混凝土浇筑前，应采用清水冲洗混凝土表面的污物，并应充分润湿，但不得有积水；

3）新浇筑混凝土应振捣密实，并应与先期浇筑的混凝土紧密结合。

（3）大体积混凝土底板与侧墙相连接的施工缝，当有防水要求时，宜采取钢板止水带等处理措施。

（4）在大体积混凝土浇筑过程中，应采取措施防止受力钢筋、定位筋、预埋件等移位和变形，并应及时清除混凝土表面泌水。

（5）基础底板混凝土浇筑采用“斜面分层，薄层浇筑、循序推进，一次到位”的方法，混凝土斜面分层浇筑如图9-13所示，振捣棒应在坡尖、坡中和坡顶分别布置，保证混凝土振捣密实，且不漏振。

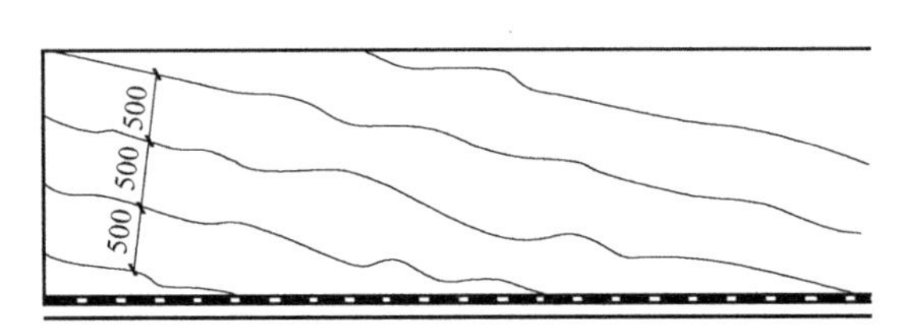

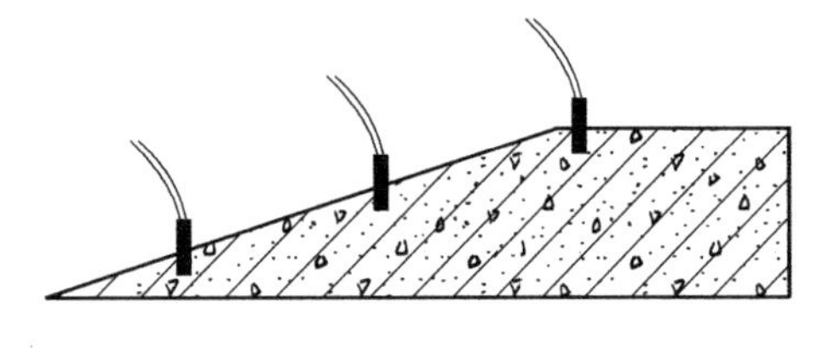

图9-13　混凝土分层浇筑示意图

（6）浇筑同一施工段混凝土时，要采取先低后高，分层浇筑的方法。即先浇注基础底面标高较低的底板，后浇筑底面较高的底板；

（7）由于集水坑、电梯井底面远低于筏板顶面，在浇筑此处筏板混凝土时，混凝土会对集水坑、电梯井模板产生较大的浮力，导致模板发生位移，所以此处混凝土不便一次性浇筑。施工时，先浇筑集水井、电梯井底部往上300mm处，待该部位混凝土接近初凝时再浇筑剩余混凝土并振捣密实。

（8）混凝土振捣采用振动棒振捣，要做到“快插慢拔，上下抽动，均匀振捣”，振动器插点要均匀排列，可采用“行列式”或“交错式”的顺序移动（图9-14），不能混用。

（9）浇筑混凝土时须经常观察模板、钢筋、预埋孔洞、预埋件和插筋等有无移动、变形或堵塞情况，发现问题立即处理并在已浇筑的混凝土凝结前处理完毕。

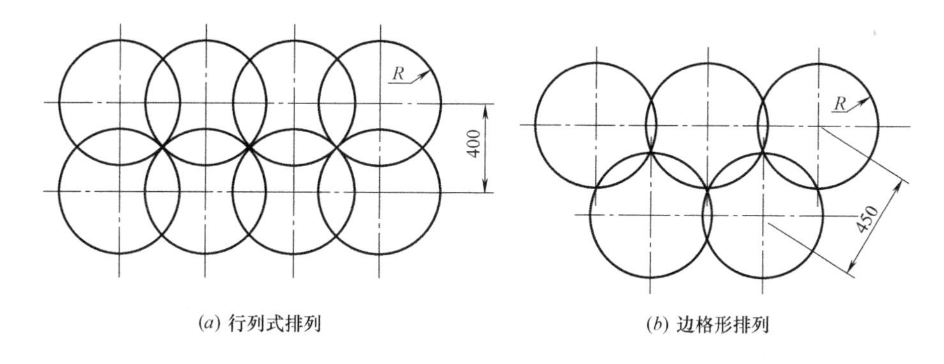

图 9-14 振捣棒插点排列图

(10) 大体积板施工时，为使混凝土振捣密实，每台混凝土泵出料口、溜槽出料口配备 4～5 台振捣棒（3 台工作，1～2 台备用）分三道布置。

(11) 底板大体积混凝土的表面水泥浆较厚，当混凝土浇到板顶标高应及时对大体积混凝土浇筑面进行多次抹压处理。

4. 大体积混凝土养护

(1) 大体积混凝土应采取保温保湿养护。在每次混凝土浇筑完毕后，除应按普通混凝土进行常规养护外，保温养护应符合下列规定：

1) 应专人负责保温养护工作，并应进行测试记录；

2) 保湿养护持续时间不宜少于 14d，为了保证新浇混凝土有适宜的硬化条件，防止在早期由于干缩而产生裂缝，大体积混凝土在最后一遍抹压完毕后，应经常检查塑料薄膜或养护剂涂层的完整情况，并应保持混凝土表面湿润；

3) 保温覆盖层拆除应分层逐步进行，须满足混凝土表面温差与大气温差不大于 20℃，内部温差与表面温差小于 25℃。

(2) 混凝土浇筑完毕后，在初凝前宜立即进行覆盖或喷雾养护工作。

(3) 混凝土保温材料可采用塑料薄膜、土工布、麻袋、阻燃保温被等，必要时，可搭设挡风保温棚或遮阳降温棚。在保温养护中，应现场监测混凝土浇筑体的里表温差和降温速率，当内外温差接近 25℃或混凝土表面温度与大气温差接近 20℃时，根据热工计算及时采取增加覆盖草帘被等保温措施，具体养护方法如图 9-15 所示。

(4) 高层建筑转换层的大体积混凝土施工，应加强养护，侧模和底模的保温构造应在支模设计时综合确定。

(5) 大体积混凝土拆模后，地下结构应及时回填土；地上结构不宜长期暴露在自然环境中。

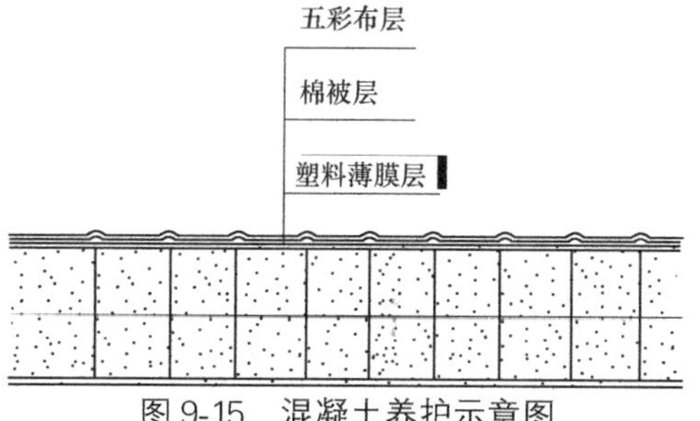

图 9-15 混凝土养护示意图

5. 大体积混凝土施工质量保证措施

大体积混凝土施工时必须按照《大体积混凝土施工标准》(GB 50496—2018)、《大体积混凝土温度测控技术规范》(GB/T 51028—2015) 等国家现行规范进行施工。大体积混凝土施工质量保证措施见表 9-12。

施工质量保证措施　　表9-12

序号	措　施	内　容
1	原材料的控制	大体积混凝土使用的水泥应检查水泥品种、代号、强度等级、包装或散装编号、出厂日期等，并应对水泥的强度、安定性、凝结时间、水化热进行检验，检验结果应符合现行国家标准；大体积混凝土使用的各种原材、掺合料、外加剂均应具有产品合格证书和性能检验报告；其品种、规格、性能必须符合现行国家产品标准，同时应符合施工配合比对材料的相关特殊要求
2	优化混凝土配合比	优化混凝土的配合比，选用水化热较低的和安定性较好的水泥。采用60d龄期的混凝土，降低水泥用量，降低水化热。在拌合物中掺加减水剂、粉煤灰和掺合料，以减少水泥用量，改善混凝土和易性，做好混凝土浇筑记录
3	分层浇筑	大体积混凝土浇筑应分层进行，每层厚度控制在500mm以内，每层间隔时间保证下层混凝土初凝前完成上一层混凝土的浇筑。在浇筑前，作出分层浇筑平面走向示意图，保证大体积混凝土分层浇筑有条不紊，同时要加强振捣和二次振捣，提高混凝土的密实度
4	控制入模温度	浇筑完毕的混凝土初凝后，立即在表面覆盖保温层进行保温保湿养护，养护不得少于14d，并设专人负责混凝土的养护工作
5	混凝土温度监测	大体积混凝土浇筑后，立即进行温度监测，由专人负责监测记录与分析。测温时间不小于14d，测温过程中若发现内外混凝土温差≥25℃时，要及时采取有效措施，如增加覆盖保温层确保混凝土的内外温差控制在允许范围内等

9.4.4　混凝土的缺陷处理

现浇混凝土所产生的外观质量缺陷，应按照现行国家标准《混凝土结构工程施工质量验收规范》（GB 50204—2015）的相关规定进行处理。混凝土的缺陷处理见表9-13。

混凝土的缺陷处理　　表9-13

缺陷	主要原因分析	预防措施	处理方法
蜂窝	（1）混凝土配合比不当 （2）下料不当或下料过高 （3）混凝土搅拌时计量不准 （4）混凝土的运输时间过长 （5）混凝土振捣不密实或振捣时间不够	（1）严格控制混凝土配合比，经常检查 （2）控制混凝土的自由下料高度在2m以内，当超过时应使用串筒 （3）浇筑应分层下料，分层捣固，防止漏振 （4）模板缝应堵塞严格、防止漏浆	小蜂窝用水冲洗干净，用1∶2水泥砂浆抹平压实。较大蜂窝先将剔除薄弱松散颗粒，用清水清洗干净，支模用高一级细石膨胀混凝土捣实，养护
麻面	（1）模板表面粗糙或粘有杂物 （2）模板润湿不足，漏浆 （3）模板隔离剂涂刷不均匀或局部漏刷 （4）混凝土振捣不密实，气泡未全部排除	（1）模板表面清理干净，不得粘有干硬砂浆等杂物 （2）浇筑混凝土前，模板应浇水充分湿润 （3）脱模剂应均匀涂刷，不得局部漏刷 （4）混凝土应分层浇筑，并严格控制混凝土下料厚度	表面作粉刷的可不予处理，外墙及防水混凝土应将麻面部位清洗干净，待充分湿润后用素水泥砂浆或1∶2水泥砂浆抹平压光

续表

缺陷	主要原因分析	预防措施	处理方法
露筋	(1)浇筑混凝土时，垫块移位或垫块太少，致使钢筋紧贴模板 (2)结构截面小，钢筋过密，水泥砂浆包不住钢筋 (3)混凝土配合比不当，产生离析 (4)混凝土振捣时，撞击钢筋，造成钢筋移位 (5)模板浇水不充分，吸水粘结或脱水过早	(1)浇筑混凝土，应保证钢筋位置和保护层厚度正确 (2)钢筋密集时适当应调整石子粒径大小 (3)混凝土振捣严禁撞击钢筋，钢筋密集处可采用振捣棒 (4)控制混凝土浇筑的自由落差，当自由倾落度高度超过2m时，应使用串筒进行下料 (5)正确掌握脱模时间，防止过早拆模，破坏棱角	将露筋表面清理干净，用1：2或1：2.5水泥砂浆抹压平整，若露筋较深，凿去薄弱混凝土，冲刷干净湿润，用比原来高一级的细石混凝土捣实
孔洞	(1)在钢筋密集处或预留孔洞和预埋件处，混凝土浇筑不畅通 (2)混凝土离析、振捣不实 (3)未按顺序振捣混凝土，漏振 (4)混凝土中有泥块和杂物或木料等	(1)在钢筋密集处使用30mm的插入式振捣器进行振捣 (2)采用正确的振捣方法，认真分层振捣密实或配人工捣固 (3)控制混凝土的运输和下料，保证混凝土浇筑时不离析 (4)沙石中混有黏土块，工具等杂物掉入混凝土中，应及时清除干净	将空洞不密实的混凝土和突出的石子颗粒剔除，用清水冲洗干净，湿润充分，浇筑比原来高一级的膨胀混凝土捣实、养护
缝隙及夹层	(1)施工缝或变形缝没有认真处理 (2)施工缝处有锯屑、泥土等杂物 (3)底层交接处未灌接缝砂浆层，接缝处混凝土未充分振捣 (4)混凝土不能连续供应	(1)混凝土施工缝处锯屑、泥土砖块等杂物应清理干净 (2)接缝处应先浇5～10cm厚原配合比无石子砂浆，并将接缝处混凝土的振捣密实 (3)保证混凝土供应及时连续，供应速度应大于现场实际浇筑速度	表面缝隙较细时，可将松散处混凝土凿去，充分湿润后用1：2或1：2.5的水泥砂浆填嵌密实。缝隙夹层较深时，应清除杂物后，用压力水冲洗干净后支模浇筑
裂缝	塑性裂缝 沉降收缩裂缝 凝缩裂缝 碳化收缩裂缝 干缩裂缝 温度裂缝 沉陷裂缝 张拉裂缝 化学反应裂缝 冻胀裂缝和其他施工裂缝	(1)严格控制水灰比和水泥用量，确保混凝土原材料的均匀性 (2)严格控制混凝土的坍落度，振捣密实，确保混凝土强度的匀质性 (3)混凝土表面刮抹应限制到最小程度，避免在混凝土表面撒干水泥面刮抹 (4)避免过度振捣混凝土，不使表面形成砂浆层 (5)设专人负责养护，防止混凝土早期水化反映缺水影响强度及产生干缩裂缝 (6)浇筑混凝土后，应及时用草帘或草袋覆盖，并洒水养护 (7)严格控制冬季施工混凝土中掺加氧化物用量 (8)预应力筋张拉和放松时，混凝土必须达到规定的强度	对宽度0.06mm以下的裂缝不作处理，宽度大于0.06mm的裂缝应灌注环氧树脂

续表

缺陷	主要原因分析	预防措施	处理方法
外形缺陷	(1)混凝土浇筑前未充分润湿,造成脱水 (2)拆模过早,拆模方法不当 (3)冬期施工保温工作未到位,造成缺棱掉角	(1)木模板应充分湿润,认真浇水养护 (2)拆模时不能用力过猛、保护棱角,模板拆除后采取保护措施 (3)冬期施工做好保温工作 (4)墙体阴阳角采取定型角模,并采取可靠支撑,注意振捣棒碰撞角模	缺棱掉角,可将该处松散颗粒凿除,冲洗、润湿后支模,用高一等级细石混凝土补好。棱角不直,可在墙边弹好棱角控制线,进行凿除,然后用1∶2水泥砂浆修补齐整
强度不足	(1)原材料达不到规定的要求 (2)混凝土配合比不准,剂量不准,混凝土加料顺序颠倒,搅拌不均匀 (3)混凝土试块制作振捣不实及养护不良 (4)冬期施工,拆模过早或早期受冻	(1)水泥应有出厂合格证,各原材料应符合要求 (2)严格控制混凝土配合比,保证计量准确,混凝土应按顺序拌制,保证搅拌均匀 (3)按施工规范认真制作混凝土试块,并加强对试块的管理和养护 (4)防止混凝土早期受冻,强度达到规定要求	若混凝土强度偏低,可按实际强度校核结构的安全度,并提出处理方案。对混凝土强度严重不足的承重构件应拆除返工

9.4.5 混凝土工程事故发生原因及防治措施

1. 混凝土浇筑作业

(1) 混凝土浇筑方法不当

1) 混凝土浇筑时未遵守所制定的浇筑顺序;

2) 没有考虑混凝土集中浇筑引起的偏心荷载作用;

3) 施工作业准备不充分, 没有根据混凝土浇筑量、工期、泵送能力等确定施工机械和运输车辆;

4) 混凝土浇筑时高处作业和交叉作业的防护措施不够完善。

(2) 混凝土浇筑现场周围防高压电线措施不当

施工前没有针对距高压线的安全距离, 进行防护措施, 混凝土泵车过于接近高压线而触电。

2. 其他事故发生原因

1) 混凝土泵车施工程序及操作方法错误;

2) 混凝土泵车压力超过设定值, 致使输送管损坏;

3) 混凝土浇筑完成后, 为取出混凝土泵车漏斗内的混凝土, 把手伸进导管时被夹;

4) 清洗漏斗时, 踏在转轴上的脚被割伤;

5) 混凝土浇筑完成后对输送管道进行清洗时被喷出的高压水击中;

6) 为抢工期, 未进行车道的清理, 组织不当;

7) 未按操作规程用电, 引起触电事故;

8) 现场的指挥及管理制度缺陷, 技术管理薄弱;

9）轻视安全或没有设置用于施工的基地或临时道路；

10）施工机械机具有缺陷或损伤。

3. 事故防治措施

（1）混凝土浇筑作业

1）混凝土浇筑顺序是框架柱或剪力墙→梁→板。

2）少量分散浇筑混凝土，避免混凝土的偏心荷载。

3）施工前作好人员安排、要对浇筑的混凝土做出浇筑方案。

4）混凝土振捣器使用前必须经电工检验确认合格后方可使用。开关箱内必须装设漏电保护器，插座插头应完好无损，电源线不得破皮漏电；操作者必须穿绝缘鞋，戴绝缘手套。

5）混凝土泵车作业时，须对周边的高压、架空电线进行安全防护措施，认真做好现场管理人员、工人的技术交底与实施。架空线必须采用绝缘铜线或绝缘铝线。浇筑作业时，在架空线附近配置检查人员进行监控。

6）须对泵车采取防止车辆滑动的措施，停车时采取挂挡刹车等停车措施。保证支撑泵车的地基有足够的强度，若遇软弱地面将挖除一定厚度的软弱层，然后铺混凝土路面。也可以铺有足够强度的厚钢板后，固定泵车。

7）准备连接好各节输送管，并将输送管进行固定，以防导管的脱落。

8）浇筑混凝土使用的溜槽节间必须连接牢靠，操作部位应设护身栏杆，不得直接站在溜放槽上操作。

9）浇筑2m以上的框架梁、柱时应搭设操作台，不得站在模板或支撑上操作。

10）使用输送泵输送混凝土时，应由2人以上人员牵引布料杆。

（2）其他作业

1）搅拌机作业中，当料斗升起时，严禁任何人在料斗下停留或通过。当需要在料斗下检修或清理料坑时，应将料斗提升后用铁链或插入销锁住。

2）采用人工运料时，前后应保持一定距离，不准抢道，装车不应过满。卸车时应有挡车措施，不得用力过猛或车把离手，以防车把伤人。

思考题

1. 试述钢筋工程安全隐患及防护措施。
2. 试述钢筋加工工艺及安全施工要求。
3. 焊接施工时安全检查要点有哪些？
4. 对模板有何要求？设计模板应考虑哪些原则？
5. 模板上的施工荷载有哪些规定？
6. 模板工程施工中如何才能保证作业的安全？
7. 试述混凝土工程材料运输的安全要求。
8. 试述混凝土外形缺陷及强度不足的原因及处理方法？
9. 试述大模板工程施工安全管理内容。
10. 试述模板工程和支撑体系危险源辨识内容。

11. 模板支架安全检查要点有哪些?
12. 试述大体积混凝土浇筑安全要求。
13. 试分析水灰比、含砂率对混凝土质量的影响。
14. 现浇结构拆模时应注意哪些问题?

第 10 章　装配式混凝土结构工程

10.1　概述

步入新时代，发展装配式建筑是建造方式的重大变革，是区别于传统粗放的新型建造方式，有利于节约资源能源、减少施工污染、提升劳动生产率和质量安全水平，有利于促进建筑业与信息化、工业化深度融合、培育新产业新动能，实现建筑产业转型提质。标准化设计、工程化生产、装配化施工、一体化装修、信息化管理、智能化应用是新型装配式建筑大发展方向。装配式混凝土结构工程分预制构件制作、吊装及运输与堆放、现场施工安装、质量验收等工序构成。在装配式混凝土建筑施工中，容易发生倒塌事故、物体打击、坠落事故等。

10.2　基本规定

装配式混凝土建筑应符合《装配式混凝土建筑技术标准》（GB/T 51231—2016）和《装配式混凝土技术规程》（JGJ 1—2014）的规定。装配式混凝土建筑的设计、生产运输、施工安装、质量验收尚应符合国家及地方的现行标准有关规定。

（1）装配式混凝土建筑应采用系统集成的方法统筹设计、生产运输、施工安装，实现全过程的协同。

（2）装配式混凝土建筑应综合协调建筑、结构、设备和内装等专业，制定相互协同的施工组织设计。

（3）装配式混凝土建筑施工宜采用建筑信息模型技术对施工全过程及关键工艺进行信息化模拟。

（4）承担装配式混凝土结构施工单位应具备相应的资质，施工单位应建立相应的安全与环境管理体系、制定相应的培训教育、监督检查、应急救援预案等管理规定。

（5）装配式混凝土建筑施工前，应组织设计、生产、施工、监理等单位对设计文件进行图纸会审，确定施工工艺措施。

（6）装配式混凝土建筑施工中采用的新技术、新工艺、新材料、新设备，应按有关规定进行评审、备案。施工前，应对新的或首次采用的施工工艺进行评价，并应制定专门的施工方案。施工方案经监理单位审核批准后实施。

（7）施工单位应准确理解设计图纸的要求，完成预制构件的深化设计，并经设计单位审核通过，编制装配式混凝土结构专项施工方案，做到安全防护和环境保护措施“同步设计、同步施工、同步投入使用”。专项施工方案应包含下列内容：

1）确定构件相关竖向构件和水平构件的吊装顺序、安装施工工艺、吊点的设置、吊具选择、受力分析和安全防护措施。

2）卸车和垂直运输设备的选型及相应的位置。

3）预制构件场内运输道路和堆放场地的平面布置。

4）施工各过程中的施工安全防护措施、构件临时支撑和固定措施，及相应的预留预埋的深化设计。

（8）对于采取新材料、新设备、新工艺的装配式建筑专用的施工操作平台、高处临边作业的防护设施等，相关单位的设计文件中应提出保障施工作业人员安全和预防生产安全事故的安全技术措施，且其专项方案应按规定通过专家论证。

（9）施工单位应根据装配式建筑工程的管理和施工技术特点，按计划定期对管理人员及作业人员进行专项培训及技术交底。对于塔吊司机、塔吊信号工、塔吊司索工等特种作业人员、装配工、灌浆工应进行专项培训，具备岗位需要的基础知识和技能，经考试合格后方可上岗作业。

（10）施工单位应根据装配式结构工程施工要求，合理选择和配备吊装设备，施工作业使用的专用吊具、吊索、定型工具式支撑、支架等，应进行安全验算，使用中进行定期、不定期检查，确保其安全状态。

（11）施工所采用的原材料及构配件应符合国家现行相关规范要求，应有明确的进场计划，并应按规定进行施工进场验收。

（12）装配式混凝土建筑施工应采取相应的成品保护措施。

（13）施工现场公示的总平面布置图中，需明确大型起重吊装设备、构件堆场、运输通道的布置情况。

10.3　预制构件生产制作

装配式混凝土构件的生产，按照生产场地的分类，可分为施工现场生产和工厂化生产两大类。对于预制构件数量少、工艺简单、施工现场条件允许的项目，可采用在施工现场生产的方式。但是由于装配混凝土建筑构件种类多、生产工艺复杂、严格进行质量管理，故多采用在预制构件厂生产的方式。本章节主要针对在预制构件厂生产的预制构件制作。

10.3.1　一般规定

（1）生产单位应具备保证产品质量要求的生产工艺设施、试验检测条件，建立完善的质量管理体系和制度，并宜建立质量可追溯的信息化管理系统。

质量管理有关的文件包括：

1）法律法规和规范性文件；

2）技术标准；

3）企业制定的质量手册、程序文件和规章制度等质量体系文件；

4）与预制构件产品有关的设计文件和资料；

5）与预制构件产品有关的技术指导书和质量管理控制文件；

6）其他相关文件。

（2）预制构件生产前，应由建设单位组织设计、生产、施工单位进行设计文件交底和会审。必要时，应根据批准的设计文件、拟定的生产工艺、运输方案、吊装方案等编制加工详图。

加工详图包括：

1）预制构件模具图、配筋图；

2）满足建筑、结构和机电设备等专业要求和构件制作、运输、安装等环节要求的预埋件布置图；

3）采用饰面装饰效果的构件应绘制面砖或石材的排版图；

4）预制混凝土夹心保温外墙板内外叶墙板拉结件布置图及保温板排版图等。

（3）预制构件生产前应编制生产加工方案，生产加工方案具体内容包括：生产工艺、生产计划、模具方案、模具计划、技术质量控制措施、成品保护、存放及运输方案等内容，必要时，应对预制构件脱模、吊运、码放、翻转及运输等工况进行强度验算。

（4）生产单位的检测、试验、张拉、计量等设备及仪器仪表均应检定合格，并应在有效期内使用。预制构件企业应配备开展日常试验检测工作的实验室。不具备试验能力的检验项目，应委托第三方检测机构进行试验。

（5）预制构件制作应编制生产计划、加工方案、质量控制、成品保护、运输方案等，由技术负责人审批后方可实施。

（6）由建设单位组织设计单位、施工单位、监理单位及预制构件生产单位进行同类型的预制混凝土构件生产首件验收，验收内容包括构件生产全过程质量控制资料、构件成品质量合格证明文件、预埋件、预留孔洞、外观质量（包括标识）、结构性能检验等，合格后进行批量生产。

（7）预制构件的各项性能指标应符合现行国家标准、设计文件及合同的有关规定。对合格产品应有出厂质量合格证明、进场验收记录；对不合格产品应标识、记录、评价、隔离并按规定处置。

（8）预制件在出厂前应在表面标注墙身线及500控制线，用水准仪控制每件预制件的水平。

（9）预制构件和部品生产中采用新技术、新工艺、新材料、新设备时，生产单位应制定专门的生产方案；必要时进行样品试制，经检验合格后方可实施。

（10）监理工程师应在预制构件隐蔽部位验收、混凝土浇筑等关键工序进行监理旁站。

（11）预制构件生产企业应根据预制构件生产工艺要求，对相关员工进行专业操作技能的岗位培训。

（12）预制构件制作的通用工艺流程简图如图10-1所示。

10.3.2 构件加工前期准备

1. 构件图纸深化

在构件加工前，须对构件图纸进行深化，提供可行的工厂化制作和现场可施工的深化图纸。生产单位设计研发部门收到设计院全套蓝图后，按以下工作流程依次进行一个完整的图纸深化设计项目工作。

1）对设计院全套蓝图进行会审；

2）塔吊及起重机技术参数、数量、平面位置会审；

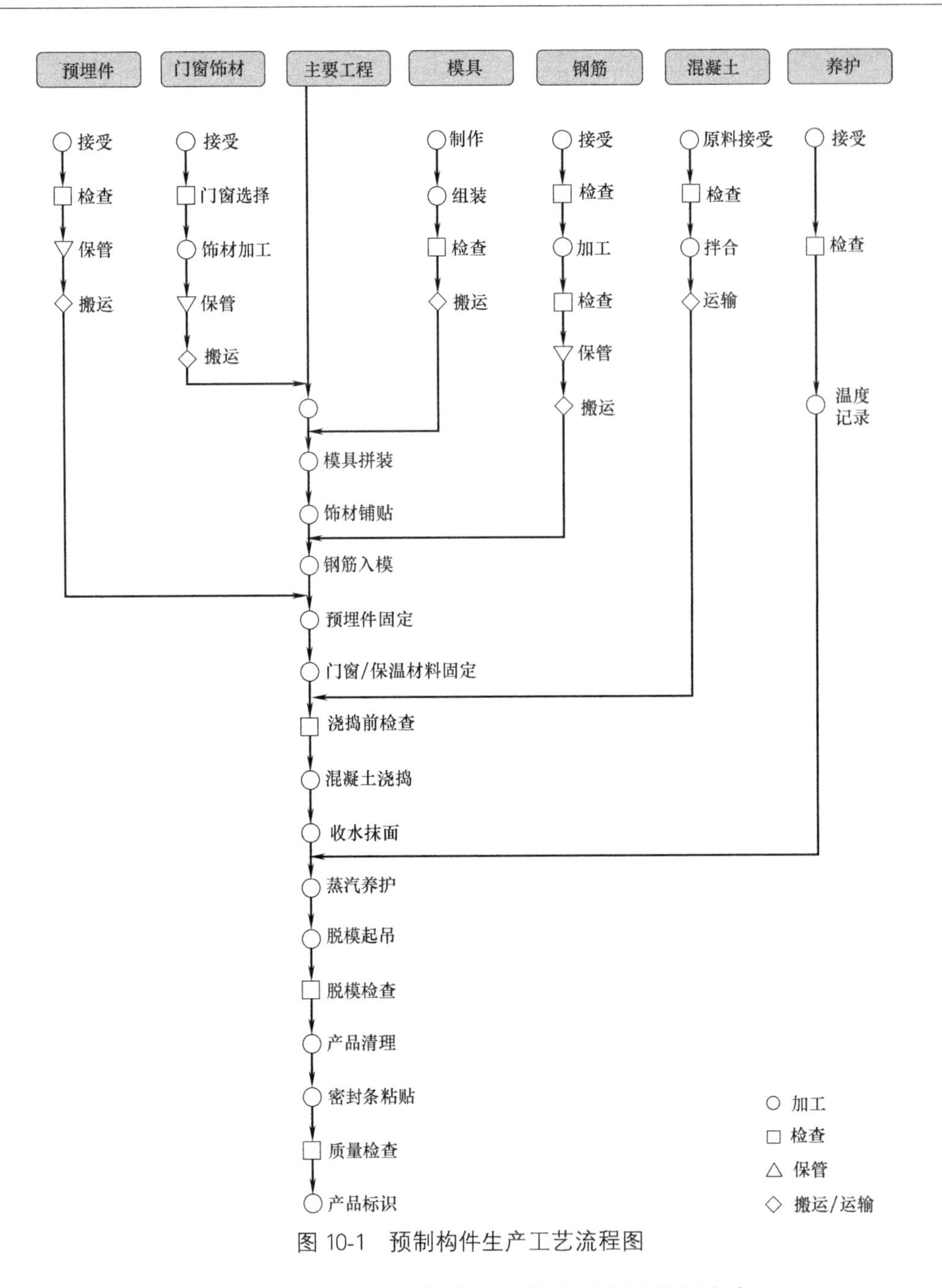

图 10-1　预制构件生产工艺流程图

3）对构件分割平面布置、分割节点构造、插筋平面位置进行会审；

4）构件出图会审；

5）针对加工场图纸进行交底；

6）针对项目部图纸进行交底。

深化图设计应包括预制构件的平、立面布置图、配筋图、连接构造节点及预留预埋配件详图等，应标明构件重心、构件吊装自重、吊点布置和可调钢支柱的安装支撑点，以及对拉螺栓位置尺寸、吊点位置尺寸、斜撑位置尺寸等施工配套接驳器。

2. 施工准备

预制构件生产单位应结合工程实际，编制具有可操作性的装配式混凝土结构施工组织设计，优化方案。

预制构件制作前应编制生产加工方案，预制构件生产前，应进行技术、质量、安全交底。

生产单位按照总包单位提出的构件需求计划，结合自身能力制定构件排产计划，并针对项目施工进度及构件类型、数量进行模具配置及模具深化设计，收到开模指令后进行模具制作、加工。模具运输到厂并进行模具验收、整改，模具验收整改完成具备预制构件加工条件。

落实施工前期工作，包括材料、预制件制造、养护、模板、表面装饰，保护起吊、运输、储存、临时支撑，安装防水接缝安装等。

10.3.3 预制构件模板体系

模具应装拆方便，并应满足预制构件质量、生产工艺和周转次数等要求。结构造型复杂、外形有特殊要求的模具应制作样板，并检验合格后方可批量制作。

预制构件生产前所有模台面必须清理整平、原有螺丝孔洞修补整平到位，不生锈。

模具各部件之间应连接牢固，接缝应紧密，附带的埋件或工装应定位准确，安装牢固。台座应具有足够的承载力、刚度和稳定性，台座的形式可根据生产工艺要求确定，台面应光滑平整。

在模板底面应根据要求进行弹线定位固定，并确认扭曲、翘曲、接缝均在允许范围内。根据图纸要求配制模板，组模后，对模具进行验收，浇筑混凝土时，应对模具看模监护。

除设计有特殊要求外，预制构件模具尺寸偏差和检验方法应符合表 10-1 的规定。

预制构件模具尺寸允许偏差和检验方法　　表 10-1

检验项目、内容项目		允许偏差（mm）	检验方法
长度	≤6m	−1，−2	用尺测量平行构件高度方向，取其中偏差绝对值较大处
	＞6m 且≤12m	2，−4	
	＞12m	3，5	
宽度、高（厚）度	墙板	−1，−2	用尺测量两端或中部，取其中偏差绝对值较大处
	其他构件	2，−4	
底模表面平整度		＜2	用 2m 靠尺和塞尺测量
对角线差		＜3	用尺测量纵、横方向的顶面和底面对角线
侧向弯曲		H/1500 且≤5	拉线，用尺量测侧向弯曲最大处
翘曲		L/1500	对角拉线，量测交点间距离值的两倍
组装缝隙		＜1	用塞片或塞尺测量
端模和侧模高差		＜1	用尺测量

在板块加工期间，派专人对构件加工过程尺寸、预埋件进行复核，构件养护完成后对预制构件进行出厂验收，确保板材出厂的质量。

10.3.4　构件生产制作

1. 钢筋及钢筋骨架

应从质检合格批次中取用钢筋进行加工，应按经审核的钢筋料表进行切断或弯曲，切断或弯曲后钢筋应防止发生局部弯折和平面翘曲，成型后表面不得有裂纹、鳞落或断裂等现象，并应验证成型尺寸。埋入灌浆套筒的预制构件生产前，应对不同生产企业生产的进场钢筋进行接头工艺检验。

钢筋半成品、钢筋网片、钢筋骨架和钢筋桁架应检查合格后方可进行安装，并应满足下列要求：

1）钢筋骨架尺寸应准确，骨架吊装时应采用多吊点的专用吊架，防止骨架产生变形。

2）保护层垫块应与钢筋骨架或网片绑扎牢固；垫块按梅花状布置，间距满足钢筋限位及控制变形要求。

3）钢筋骨架入模时应平直无损伤，表面不得有油污或者锈蚀。

4）钢筋骨架应轻放入模，按构件图安装好钢筋连接套管、连接件 、预埋件。

5）混凝土预制构件用钢筋网或钢筋骨架允许偏差应符合表 10-2 的规定，并宜采用专用钢筋定位件控制混凝土的保护层厚度满足设计或标准要求。

钢筋成品的允许偏差和检验方法　　**表 10-2**

项目	检验项目及内容		允许偏差(mm)	检验方法
钢筋网片	网的长度及宽度		±5	钢尺检查
	网眼尺寸		±10	钢尺量连续三挡,取最大值
	对角线		5	钢尺检查
	端头不齐		5	钢尺检查
钢筋骨架	长度		0,−5	钢尺检查
	宽度		±5	钢尺检查
	高(厚)度		±5	钢尺检查
	主筋间距		±10	钢尺量两端、中间各一点,取最大值
	主筋排距		±5	钢尺量两端、中间各一点,取最大值
	箍筋间距		±10	钢尺量连续三挡,取最大值
	弯起点位置		15	钢尺检查
	端头不齐		5	钢尺检查
	保护层	柱、梁	±5	钢尺检查
		板、墙	±3	钢尺检查

钢筋桁架焊接生产时要求三个操作人员现场操作，一人操作设备，一人看管料盘，一人整理成品。

桁架高度应符合设计要求，焊点饱满无脱焊漏焊现象，支架平直无翘曲。钢筋桁架的允许偏差应符合表10-3的规定。

钢筋桁架尺寸允许偏差 **表10-3**

项次	检验项目	允许偏差(mm)
1	长度	总长度的±0.3%，且不超过±10
2	高度	+1，−3
3	宽度	±5
4	扭翘	≤5

操作人员对生产桁架按类，编号堆放整齐。所有成品应采取防雨措施进行堆放，放置桁架表面因雨水侵蚀生锈。

桁架生产完成后及时将所有电源切断，清理生产区域。桁架焊接及必须定人定岗，严禁未经过培训人员操作设备。

工序结束后由工长对施工质量进行检查，完成后签字认可，最后由质量员检查合格签字。

2. 预埋件安装

钢筋锚固板及锚筋材料应符合现行国家标准《混凝土结构设计规范》GB 50010和现行行业标准《钢筋锚固板应用技术规程》JGJ 256的有关规定。

钢筋套筒灌浆连接接头采用的钢筋套筒应符合现行行业标准《钢筋连接用灌浆套筒》JG/T 398的规定。

金属波纹管浆锚搭接连接采用的金属波纹管应符合现行行业标准《预应力混凝土用金属波纹管》JG 225的有关规定。

质量员对金属波纹管安装进行检查，要求金属波纹管定位准确，位移误差要符合要求。表面无破损，螺纹咬合紧密。底部木塞牢固密实，注浆口胶带封堵完全。

金属波纹管应按规格、品种、直径分类码放，妥善保管，并挂标识牌注明规格、品种等。金属波纹管表面应无裂缝，孔洞，螺纹咬合紧密。

3. 隐蔽工程验收

预制构件生产单位应在混凝土浇筑成型前进行预制构件的隐蔽工程验收，形成验收资料并保存，检查项目应包括下列内容：

1）钢筋的牌号、规格、数量、位置和间距；

2）纵向受力钢筋的连接方式、接头位置、接头质量、接头面积百分率、搭接长度、锚固方式及锚固长度；

3）箍筋弯钩的弯折角度及平直段长度；

4）钢筋的混凝土保护层厚度；

5）预埋件盒和管线的规格、数量、位置及固定措施等；

6）夹心外墙板的保温层位置和厚度，拉结件的规格、数量和位置；

7）预埋件、灌浆套筒、吊环、插筋及预留孔洞、金属波纹的规格、数量、位置及固定措施等；

8）预应力筋及其锚具、连接器和锚垫板的品种、规格、数量、位置；

9）预留孔道的规格、数量、位置、灌浆孔、排气孔、锚固区局部加强构造。

4. 混凝土浇筑

混凝土应采用构件厂自拌混凝土或商品混凝土。混凝土应在第一时间运输至施工车间，严禁在罐车内停车滞留。

混凝土料斗吊运混凝土前，必须将内壁清理干净，关紧闸门。吊运过程中行车司机注意安全，严禁料斗底下站人。下料中发现混凝土有异样现场技术人员及时与搅拌站联系解决。

混凝土浇筑前，应清理干净模板内的垃圾和杂物，且封堵金属模板中的缝隙和孔洞、钢筋连接套筒以及预埋螺栓孔。

模具和混凝土接触面应刷（喷）涂隔离剂，涂刷隔离剂要均匀，不得漏刷或积存，且不得沾污钢筋，不得影响预制构件外观效果。

混凝土浇筑时应控制混凝土从搅拌机卸料到浇筑完毕的时间，不得超过规定时间。

预制构件的振捣与现浇结构不同之处就是可采用振动台的方式，振动台多用于中小预制构件和专用模具生产的先张法预应力预制构件。选择振捣机械时还应注意对模具稳定性的影响。

混凝土振捣时可采用垂直振捣和斜向振捣两种振捣方式，斜向振捣时振动棒与混凝土面成约45°角。振动棒操作时要做到“快插慢拔”。

吊模高度大于500mm的竖向构件要求分层浇捣，每层混凝土厚度控制在250～300mm，振捣上层时应插入下层混凝土中20～50mm一起振捣。

振动棒插点要均匀排布，采用“行列式”或“交错式”的次序移动，但不可混用。每次移动距离不得超出振动棒的作用半径，即每次移动距离不超过300mm，如图10-2所示。

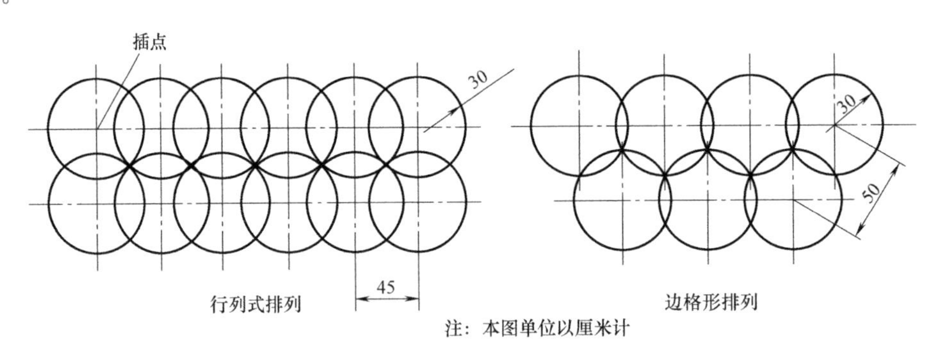

图10-2 振捣棒插点排布图

混凝土浇筑过程应连续进行，同时观察模板、钢筋、预埋件和预留孔洞的情况，当发现有变形、位移时，应立即停止浇筑，并在已浇筑混凝土初凝前对发生变形或位移的部位进行调整，完成后方可进行后续浇筑工作。

5. 构件脱模、起吊

构件脱模宜先从侧模开始，先拆除固定预埋件的夹具，再打开其他模板。拆侧模时，不应损伤预制构件，不得使用振动方式拆模。

起吊前应确认构件与模具间的连接部分完全拆除后方可起吊。在预制构件脱模起吊前，其强度必须达到15MPa以上，否则不予起吊。

预制构件起吊的吊点设置，除强度应符合设计要求外，还应满足平稳起吊的要求，平吊吊运宜不少于4个且不多于6个吊点，侧吊吊运宜不少于2个不多于4个吊点，且宜对称布置。

复杂预制构件应设置临时固定工具，且吊点和吊具应进行专门设计。

根据构件的不同，选择相应的吊具。吊装大型构件、薄壁构件或形状复杂的构件时，应使用分配梁或分配桁架类吊具，并应采取避免构件变形和损伤的临时加固措施。起吊时保证所有吊点的铁链都能均匀受力。

吊索、横吊梁（桁架）等吊具应有明显的标识：编号、限重等。

构件起吊入库过程中，保证构件离地不超过1m，操作人员手扶构件，保证其平稳向前，严禁在人员上空吊运构件。

构件必须放到指定的库区，上架固定完毕，以便发货。

6. 预制构件修正

在预制构件堆放区域应设置专门的整修场地，在整修场地内可对刚脱模的构件进行清理、质量检查和修补。

构件在起模、倒运、装车过程中，如果发现构件有损伤的，应及时上报。由质量员，技术员确定构件损伤程度，可修补则将构件运至构件修补区，不可再用则将构件运至构件废品堆放区，并及时补做。

由质量员、技术员确定构件修补方案，由木工、泥工、钢筋工等配合，及时将损伤构件修补完成。预制构件应在修补合格后将构件装车出厂或驳运至成品构件堆放区内放置。

7. 构件标识

建立构件成品质量出厂检验和编码标识制度，对检查合格的预制构件进行标识，标识内容包括：工程名称、构件型号、生产日期、生产单位、合格标识，出厂的构件应当提供产品合格证明书、混凝土强度检验报告及其他重要检验报告等出厂质量合格证明文件，有效期内的型式检验报告。

标识应采用统一的编制形式，宜采用喷涂法或印章方式制作标识。基于预制构件生产信息化的要求，宜采用RFID芯片制作标识，用于记录构件生产过程中的各项信息。

8. 构件质检

预制构件在出厂前应进行质量验收，其检查项目包括预制构件的外观质量、预制构件外形尺寸、预埋件标识、预埋件、插筋和预留孔洞、连接套筒、预制构件的外装饰和门窗框。

质检检查结果和方法应符合现行国家标准的规定。预制构件生产企业应按照相关标准和合同要求，交付构件时需提供对应的产品质保书。

9. 构件堆放和运输

（1）一般规定

1）构件的存放场地应平整、坚实，并应有排水措施；

2）存放区宜实行分区管理和信息化台账管理；

3）构件吊装、运输、存放工况的工具、吊架、吊具、辅材等均满足规范要求；

4）构件运输至现场存放前应进行表观质量检查。

（2）构件存放

1）构件应按发货顺序存放；

2）构件应按吊装、存放的受力特征选择卡具、索具、托架等吊装和固定措施；

3）构件存放场地应满足地基承载力要求；

4）构件堆放时，最下层构件应垫实、平整；

5）叠合板、楼梯、框架梁、框架柱等采用水平放置，平放时搁置点应选择在起吊点位置或经验算确定弯矩最小部位，每层构件间的垫木或垫块应在同一垂直线上，叠合板叠放不得超过6层，楼梯叠放不得超过3层。

6）墙板、凸窗等构件采用竖向存放架立放，构件与地面倾斜角应大于80°，堆放架应有足够的承载力和稳定性，相邻堆积应连成整体。

（3）构件运输

1）凡需现场拼装的构件应尽量将构件成套装车或按安装顺序装车运至安装现场。

2）构件装车前首先检查吊具、链条是否完好，若发现裂纹或者存在安全隐患的部分应及时上报进行更换。

3）预制构件在运输过程中应做好安全和成品防护，应根据预制构件的种类采取可靠的固定措施，防止构件移动或倾倒。对于大型预制构件的运输应制定专门的质量安全保证措施。

4）预制叠合板、楼梯、阳台板框架梁、框架柱宜采用平放运输；内、外墙板、凸窗宜采用竖直立放运输，如图10-3所示。运输竖向薄壁构件时应根据需要设置临时支架。

5）对于复合保温或形状特殊的墙板宜采用插放架、靠放架直立堆放，靠放架应有足够的强度和刚度，并需支垫稳固，并宜采取直立运输方式。

6）构件运输到现场后，应按照型号、构件所在部位、施工吊装顺序分别设置存放场地，存放场地应在吊车工作范围内。

7）有吊环构件叠放平运时，垫木的厚度应高于吊环的高度，且支点垫木上下对齐，并应与车身绑扎牢固。

8）使用拖车装运方法运输，若需在公路行驶时，须经交通管理部门批准后方可实施。

图10-3　预制构件运输

10.4 预制构件施工前期准备

10.4.1 技术准备

1. 施工图纸准备

施工前提前做好相关图纸发放工作，组织图纸交底、图纸预审、图纸会审等相关工作。管理人员及各岗位人员要必须熟悉合同、图纸及规范，结合施工现场特点完善施工图纸深化设计。

2. 施工方案及技术交底准备

装配式混凝土结构施工应制定专项施工方案。专项施工方案宜包括工程概况、编制依据、进度计划、施工场地布置、预制构件运输与存放、吊装机械选型及平面布置、安装与连接施工、辅助设施设计、绿色施工、安全管理、质量管理、信息化管理、应急预案等内容。

预制构件的运输方案包括：运输时间、次序、存放场地、运输路线、固定要求码放支垫及成品保护措施等内容。对于超高、超宽、形状特殊的大型构件运输和码放应采取质量安全专项保证措施。

开始施工前，根据施工方案对项目相关管理人员及施工队伍管理人员进行分部分项方案编制和技术交底工作，技术交底应实行逐级交底制度。要求内容全面、针对性强，特别是对不同技术工种的针对性交底，应留有书面记录。

10.4.2 预制构件进场验收

预制构件现场组装时需要较高的精度，因此必须对预制构件进行严格的进场质量检查。预制构件进场前，应检查构件出厂质量合格证明文件或质量检查记录，所有检查记录和检验合格单必须签字齐全、日期准确。

预制构件产品进场由监理单位组织施工单位、预制构件生产单位进行全数验收，验收内容包括：

1）构件是否在明显部位标明生产单位、构件型号、生产日期和质量验收标识；

2）构件上的预埋件、吊点、插筋和预留孔洞的规格、位置和数量是否符合设计要求；

3）构件外观及尺寸偏差是否有影响结构性能和安装、使用功能的严重缺陷等；

4）生产全过程质量控制资料、构件成品质量合格证明文件等；

5）影响吊装安全的缺陷检查。

对外观质量已出现严重缺陷的构件应退回构件加工厂进行处理，处理完毕后再次进入现场后重新检查验收。

预制构件与后浇混凝土、浆料的粗糙结合面、叠合面、键槽应满足设计要求。在进行验收时特别要注意的是与水电安装单位注意复核钢筋桁架与水电管线是否有冲突。预制构件外装饰、保温、门窗、水电预埋等，还应符合国家、行业及地方现行有关标准的规定。

预制构件一般尺寸偏差应符合表 10-4 的规定。

预制构件成品尺寸允许偏差及检验方法　　表 10-4

检查项目			允许偏差(mm)	检验方法
长度	板、梁、柱	<12m	±5	钢尺检查
		≥12m 且<18m	±10	钢尺检查
		≥18m	±20	钢尺检查
	墙板		±4	钢尺检查
宽度 高(厚)度	板、梁、柱		±5	钢尺量一端及中部，取其中最大值
	墙板高度、厚度		±3	
肋宽、厚度			−2，+4	
表面平整度	板、梁、墙板内表面		5	2m 靠尺和塞尺检查
	墙板外表面		3	
侧向弯曲	板、梁		$L/750$ 且≤20	钢尺检查
	墙板		$L/1000$ 且≤20	拉线、钢尺量最大侧向弯曲处
翘曲	板		$L/750$	水平尺、钢尺在两端量测
	墙板		$L/1000$	
对角线差	板		10	钢尺量两个对角线
	墙板、门窗口		5	
挠度变形	梁、板设计起拱		±10	拉线、钢尺量最大弯曲处
	梁、板下垂		0	
预埋件	预埋板、吊环、吊顶中心线位置		5	钢尺检查
	预埋套筒、螺栓、螺母中心线位置		2	
	预埋套筒、螺栓、螺母与混凝土面平面高差		−5，0	
	螺栓外露长度		−5，+10	
预留孔、预埋管中心位置			5	钢尺检查
预留插筋	中心线位置		3	钢尺检查
	外露长度		±5	
格构钢筋	高度		0，5	钢尺检查
键槽	中心线位置		5	钢尺检查
	长、宽、深		±5	
预留洞	中心线位置		5	钢尺检查
	洞口尺寸、深度		±5	
与现浇部位模板接茬范围表面平整度			2	2m 靠尺和塞尺检查

10.4.3 预制构件进场后管理

生产加工单位对进场的每一批预制构件提供质量保证资料并建立台账，台账包括：施工所用各种材料、连接件及预制混凝土构件的产品合格证书、性能检测报告、进场验收记录和复试报告等。并按专项施工方案要求在场内一次性运输堆放于指定位置，做好逐一检查龄期、使用位置、构件编号等标识信息。现场须指定专职管理人员负责场内运输及堆放管理，并在场地内四周设立警示标识，严禁闲杂人员进入堆放现场或擅自松开固定装置，预制构件在储存及使用过程中损坏导致无法达到质量要求的一律作为不合格品，不得用于施工。

10.4.4　现场堆放

预制构件运送到施工现场后，若能满足直接吊装条件，应避免在现场存放。存放的原则和要点如下：

（1）施工现场应根据施工平面规划设置运输通道和存放场地。

（2）现场运输道路和存放场地应坚实平整，应满足地基承载力、构件承载力等要求，并应有排水措施。

（3）施工现场内道路应按照构件运输车辆的要求合理设置转弯半径及道路坡度。

（4）根据现场吊装平面规划位置，按照规格、编号、吊装安装顺序、方向等确定运输、堆放计划，分类存放，堆场应设置围护，并悬挂标牌、警示牌。

（5）预制构件堆场地基承载力需根据构件重量进行承载力验算，满足要求后方能堆放。在软弱地基、地下室顶板等部位设置的堆场，必须有经过设计单位复核的支撑措施。

（6）存放场地应设置在吊装设备的有效起重范围内，避免二次倒运，且应在堆垛之间设置足够的通道，构件之间应有充足的作业空间。

（7）构件应按设计支撑位置堆放平稳，底部设置垫木；对重心较高的竖向构件应设置专门的支承架，采用背靠法或插放法堆放两侧设置不少于 2 道支撑使其稳定；对于超高、超宽、形状特殊的大型构件的堆码设计针对性的支撑和加垫措施。

（8）重叠堆放构件时，每层构件的枕木或垫块应在同一垂直线上。

（9）预制楼板叠放层数不宜大于 6 层，构件钢筋桁架面朝上，不得翻转放置，如图 10-4、图 10-5 所示，梁柱叠放层数不宜大于 2 层。

（10）除吊运期间的司索工、信号工外，堆场内禁止其他人员停留。

构件吊装区域封闭有围栏封闭，并设置醒目的提示标语。

图 10-4　预制构件堆放示意图

图 10-5　叠合楼板堆放示意图

10.4.5 起吊准备

1. 起重机械设备

应根据预制构件的形状、尺寸、重量和作业半径等要求选择吊具和起重设备，所采用的吊具和起重设备及其操作，应符合国家现行有关标准及产品应用技术手册的规定。

装配式建筑施工中，常用的起重吊装机械是塔式起重机，塔式起重机选择主要考虑工作幅度、起重高度和起重量。主体施工阶段吊装预制构件是塔吊的主要工作，所以主体施工阶段对塔吊起重能力要求高。

塔式起重机具体布置时应考虑尽可能多覆盖楼层平面，同时能覆盖钢筋、模板、架管加工及堆场，且须有利于今后塔吊臂的拆卸。

塔式起重机、施工升降机等垂直运输设备应办理相应的备案登记、检验检测、验收和使用登记等手续；安装前应编制安全专项方案。

塔式起重机、施工升降机等垂直运输设备附着支座应根据结构特点单独设计，并经设计单位认可。

附着支座预埋件宜设置在现浇部位，若设计在预制构件内，则需在预制构件生产时预埋，不得在施工现场加装。在结构达到设计承载力并形成整体前，不得附着。

2. 塔式起重机防撞措施

塔式起重机在水平面方向存在交叉区域时，所有塔式起重机均满足现行国家标准《塔式起重机安全规程》GB 5144 中的相关规定，避免群塔作业时发生碰撞事故。塔式起重机布置应满足塔式起重机和架空线边线的最小安全距离要求。

在施工现场，为防止低位塔式起重机的起重臂与高位塔吊起重钢丝绳相互碰撞，必须对每一台塔式起重机的工作区进行合理划分，保证每台塔式起重机的工作区域不重合相交。同时，必须配备有合格操作证的、经验丰富的信号指挥工，确保指挥塔式起重机回转作业时，低塔的起重臂不会碰撞高塔的起升钢丝绳。

遇有风速在 12m/s 及以上的大风或大雨、大雪、大雾等恶劣天气时，应停止作业。雨雪过后，应先经过试吊，确认制动器灵敏可靠后方可进行作业。

3. 检查吊装设备

安装施工前，应复核吊装设备的吊装能力。应按现行行业标准《建筑机械使用安全技术规程》JGJ 33 的有关规定，检查复核吊装设备及吊具处于安全操作状态，并核实现场环境、天气、道路状况等满足吊装施工要求。

吊具检查包括钢丝绳、吊环、钢梁。如钢丝绳是否有磨损，吊环安全装置是否有锁死等。防护系统应按照施工方案进行搭设、验收，并应符合下列规定：

（1）工具式外防护架应试组装并全面检查，附着在构件上的防护系统应复核其与吊装系统的协调；

（2）防护架应经计算确定；

（3）高处作业人员应正确使用安全防护用品，宜采用工具式操作架进行安装作业。

4. 吊装施工作业人员准备

预制构件吊装前应根据吊装专项施工方案配备好相应吊装作业指挥人员，现场每栋楼或流水段需至少配备 5 个吊装作业人员（地面预制构件挂钩起吊 1 人，作业层预制构件安放4人)；配备2个信号指挥人员，地面指挥1人，作业层指挥1人；塔吊司机1人，总指挥协调人员1人。

10.5 预制构件吊装安装

构件的吊装安装应编制专项施工方案经施工单位技术负责人审批、项目总监理工程师审核合格后实施。

吊装时要遵守“慢起、快升、缓降”原则，吊运过程应平稳，吊装重、大预制构件和采用新的吊装工艺时，应先进行低位试吊，试吊合格后，方可正式起吊。

预制构件起吊时的吊点合力宜与构件重心重合，可采用可调式横吊梁均衡起吊就位。预制构件吊装宜采用标准吊具，吊具可采用预埋吊环或内置式连接钢套筒的形式。

预制构件吊装使用非标吊架、吊索、卡具和撑杆等，应按国家现行标准进行验算和试验检验，验收合格后，方可投入使用。

构件应采用垂直吊运，严禁斜拉、斜吊和摇摆，起吊的构件应及时安装就位，严禁吊装构件长时间悬挂在空中。吊运和安装过程中，都必须配备信号司索工，对构件进行移动、吊绳、停止、安装时的全过程应用远程通信设备进行指挥，信号不明不得吊运和安装。

预制构件应按施工方案的要求吊装，起吊时绳索与构件水平面的夹角不宜小于60°，且不应小于45°。预制构件吊装时，构件上应设置缆风绳控制构件转动，保证构件就位平稳。

吊车吊装时应观测吊装安全距离、吊车支腿处地基变化情况及吊具的受力情况。

应选择有代表性的单元进行试安装，安装经验收后再进行正式施工。吊装工每次应有安全的站立位置。结构吊装前，对预埋筋、临时支撑、临时防护等进行再次检查，配齐装配工人、操作工具及辅助材料。

预制构件吊装应及时设置临时固定措施，临时固定措施应按施工方案设置，并在安放稳固后松开吊具。

吊装作业时，吊装区域设置警戒区，非作业人员严禁入内，起重臂和重物下方严禁有人停留、工作或通过，应待吊物降落至作业面1m以内方可靠近。

根据构件特征、重量、形状等选择合适的吊装方式和配套的吊具；竖向构件起吊点不少于2个，预制楼板起吊点不少于4个。

构件卸车时充分考虑构件卸车的顺序，保证车体的平衡。构件卸车挂吊钩应设置防护措施，不允许沿支撑架或构件等攀爬。

10.5.1 标准层施工安装主要顺序

1）竖向预制构件吊装固定、墙柱钢筋绑扎、竖向构件模板支设；

2）水平构件模板支撑体系搭设、梁吊装；

3）叠合板吊装、梁板钢筋绑扎、管线预埋、混凝土浇筑、墙脚注浆；

4）安装预制楼梯。

10.5.2　吊装安装工艺流程

1. 预制墙板（柱）施工工艺流程

外墙板施工工艺流程一般为：选择吊装工具→挂钩、检查构件水平→预制外墙吊运→引导筋就位→水平调整、校正→斜撑调整固定→摘钩→连接件安装。

预制构件安装就位前，墙板（柱）先进行测量定位、放线，用钢筋定位框复核连接钢筋，校正偏位钢筋，垫钢垫片找平。

预制墙体安装时，预制墙体按吊装顺序用专用吊梁挂钩起吊运行吊至操作面，在起吊过程中，吊索与构件的平面夹角不宜大于 60°，不应小于 45°。

吊运构件时，下方严禁站人，必须待吊物降落离地 1m 以内，方准靠近，在距离楼面约 1m 高时停止降落，操作人员手扶引导降落，用镜子观察连接钢筋是否对孔，同时用撬棍、撑顶等形式调整预制墙体外皮与墙体控制线对齐，信号工指挥缓慢降落到垫片，停止降落。

安装斜向支撑，卸钩，调节斜支撑，并对预制墙板（柱）的安装位置、安装标高、垂直度进行校核与调整。预制构件底部与下层楼板上表面间不能直接相连，采用坐浆材料铺设时，墙体下口与楼板之间的坐浆厚度不宜大于 20mm。

灌浆、塞缝完成 6 小时后进行套筒灌浆，搅拌浆料并测试其流动性合格后，将浆料倒入注浆泵，封堵下排注浆孔，插入注浆管嘴启动注浆泵，待浆料成柱状流出浆孔时，封堵出浆孔，逐个完成出浆孔封堵后封堵注浆孔，抽出注浆管嘴后封堵注浆孔。

节点区钢筋绑扎，将暗柱箍筋按照方案要求绑扎固定在预制墙板钢筋悬挑处的钢筋上，从暗柱顶端插入竖向钢筋，再将箍筋与竖向钢筋绑扎固定。

节点区模板支设，现浇节点区内侧模采用定型钢模板或木模板，模板采用穿墙螺栓固定其他现浇墙体模板采用大钢模或木模板，墙体混凝土依次浇筑。

柱子在吊装到楼层时预先根据已经弹好的线进行定位，一般吊装完两跨柱子后，专职放线员使用经纬仪控制柱的垂直度，并且进行跟踪核查，垂直度复核要求后，用斜拉杆进行固定。吊装点为两个 M24 螺栓，钢板为 10mm 厚。

预制柱吊装施工流程图如图 10-6 所示。

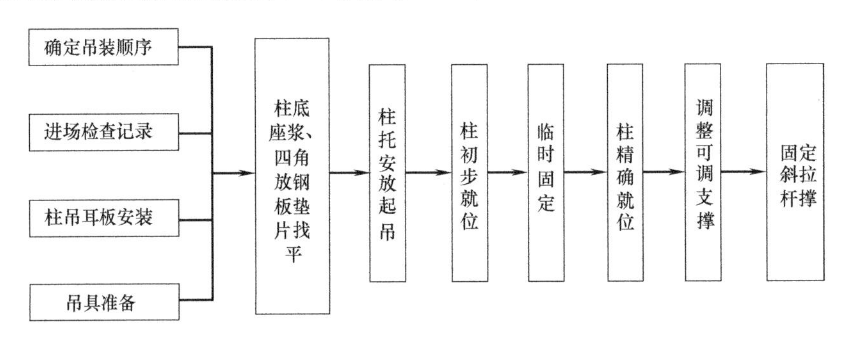

图 10-6　预制柱吊装施工流程图

2. 预制阳台板、梁吊装工艺流程

预制墙体安装完成后，进行阳台板、楼面板、空调板安装。作业层放线安装盘扣钢管

支撑架，安装木方调节龙骨标高，弹竖向垂直定位线。

预制板起吊，用专用吊链挂钩起吊运行吊至操作面，在起吊过程中，吊链与构件的平面夹角不宜小于 60°，不应小于 45°。

构件吊装至施工操作层时，操作人员应站在楼层内，佩戴穿芯自锁保险带，用专用钩子将构件上系扣的缆风绳勾至楼层内。

吊运构件时，下方严禁站人，必须待吊物降落离地 1m 以内，方准靠近，在距离楼面约 0.5m 高时停止降落，操作人员稳住阳台板，参照墙顶垂直控制线，引导阳台板缓慢降落至龙骨上，摘钩，校正，阳台板与预制墙体间 20mm 缝隙塞缝。

叠合构件、预制梁等水平构件安装后应对安装位置、安装标高进行校核与调整。水平构件安装后，应对相邻预制构件平整度、高低差、拼缝尺寸进行校核与调整，符合检验要求后，继续本段其他阳台板吊装。

10.6 预制构件调节及就位

装配式结构施工中预制构件在安装就位后，应采取措施进行临时固定、垂直度校正，所采用的固定、校正的工具为斜支撑。

10.6.1 斜支撑的作用

1. 斜支撑的组成

临时斜撑一般安放在其背面，且一般不宜少于 2 道。当墙板底没有水平约束时，墙板的每道临时支撑包括上部斜撑和下部支撑，下部支撑可做成水平支撑或斜向支撑。斜支撑主要由撑杆、垂直度调整装置、锁定装置和预埋固定装置等组成，图 10-7 为斜支撑图片。

斜支撑实际照片

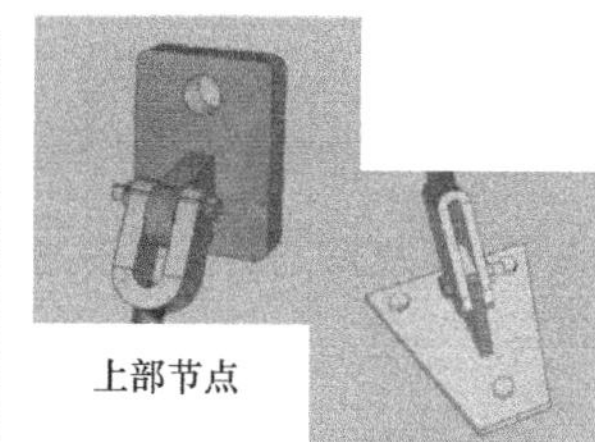

上部节点

下部节点

斜支撑三维示意图

图 10-7 斜支撑图片

2. 斜支撑作用

预制墙板（柱）等竖向构件吊装就位后，斜支撑不但可以临时固定预制构件，而且可以调整预制构件的垂直度，对施工质量、安全和效率产生重要影响。

10.6.2　斜支撑安装要求

1. 技术要求

（1）考虑到临时斜撑主要承受的是水平荷载，为充分发挥其作用，对上部的斜撑，其支撑点距离板底的距离不宜小于板高的 2/3，且不应小于板高的 1/2，水平投影应与墙板垂直，图 10-8 为斜支撑安装示意图；

（2）斜支撑与楼面的水平夹角应控制在 45°～60°，严禁出现斜支撑安装时角度过大或者过小，使得预制墙板受力不均匀；

（3）旋转斜支撑根据垂直度靠尺调整墙板垂直度，调整时应将固定在该墙板上的所有斜支撑同时同向旋转，严禁一根往外旋转一根往内旋；

（4）如遇需要调整但支撑旋转不动时，严禁用蛮力旋转；

（5）旋转时应时刻观察撑杆的丝杆外漏长度，丝杆长度为 500mm，旋出长度不得超过 300mm，以防丝杆与旋转杆脱离；

（6）斜支撑与墙板连接面为方形焊接件，连接方式分为两种，一种是预制墙板上预埋套筒，则利用 M16×30 的固定螺丝与墙板相连，另一种为采用 M10×75 的自攻螺钉与墙板相连；

（7）斜支撑与地面或楼面连接应可靠，不得出现连接松动引起竖向预制构件倾覆等；

（8）临时固定措施应具有足够的强度、刚度和整体稳固性，应按现行国家标准《混凝土结构工程施工规范》GB 50666 的有关规定进行验算。

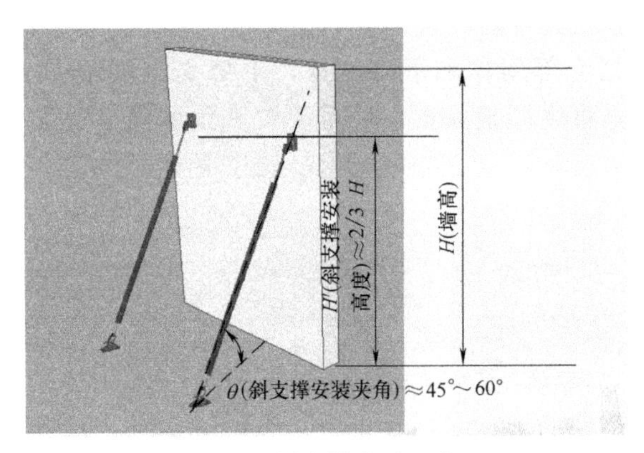

图 10-8　斜支撑安装示意图

2. 个数要求

根据墙板的尺寸大小从而确定所需要布置斜支撑的个数，当墙板长度大于 4m 小于 6m 时需要使用 3 个斜支撑。一般小于 4m 的墙板固定时只需要 2 个斜支撑。

3. 空间要求

为了保证楼栋中各个工种的合理穿插，施工通道畅通，需要对斜支撑的设置位置进行调整，以保证现场各个工种施工时有足够的作业面。

10.6.3　斜支撑拆除要求

为了保证施工通道的畅通，施工材料进出方便，在必要的时候可以适当拆除某些位置的斜支撑，但是必须满足以下要求：

1）预制剪力墙斜支撑墙板必须待灌浆完成24小时后，且连接部位混凝土或灌浆料强度达到楼层设计混凝土强度等级要求；

2）当设计无具体要求时，后浇混凝土或灌浆料应达到设计强度的75%以上方可拆除；

3）所有需要拆除的斜支撑只能由吊装班组拆除，其他任何人员不得私自拆除；

4）预制柱斜支撑应在预制柱与连接节点部位后浇混凝土或灌浆料强度达到设计要求，且上部构件吊装完成后进行拆除；

5）拆除的模板和支撑应分散堆放并及时清运，应采取措施避免施工集中堆载。

10.6.4 构件安装验收标准

（1）预制构件安装临时固定及支撑措施应有效、可靠，符合相关技术标准及施工技术方案要求。

（2）预制构件采用预留钢筋锚固连接时，钢筋的品种、级别、规格数量、间距、锚固长度及后浇筑混凝土强度、性能应符合设计要求。

（3）预制构件采用焊接连接应符合设计要求。采用埋件焊接连接时应符合《钢筋焊接及验收规程》JGJ 18—2012的要求。

（4）预制构件间采用螺栓连接时，螺栓的材质、规格、拧紧力矩应符合设计要求及《钢结构设计标准》GB 50017—2017、《钢结构工程施工质量验收规范》GB 50205—2001的要求。

（5）预制构件采用套筒灌浆连接时，连接接头应有有效的型式检验报告、灌浆料强度、性能应符合现行国家标准、设计和灌浆工艺要求，灌浆应密实、饱满。

（6）套筒灌浆连接应符合设计及《钢筋机械连接技术规程》GB 107—2016中Ⅰ级接头的性能要求及国家现行有关标准的规定。

（7）预制墙板底部接缝灌浆、坐浆强度应满足设计要求。

（8）吊装调节完毕后，须进行验收。预制构件安装过程中发现预留套筒与钢筋位置偏差较大等问题导致安装无法进行时，应立刻停止安装作业，并将构件妥善放回原位，并及时报告监理设计单位拿出书面处理方案。严禁现场擅自对预制构件进行改动。

（9）作业完成后必须经过质检员检验，符合国家及地方的相关规定。

1）预制墙板安装允许偏差应符合表10-5的规定。

预制墙板安装允许偏差和检验方法　　表10-5

项目	允许偏差(mm)	检验方法
单块墙板轴线位置	5	基准线和钢尺检查
单块墙板顶标高偏差	±3	水准仪或拉线、钢尺检查
单块墙板垂直度偏差	3	2m靠尺
相邻墙板高低差	2	钢尺检查
相邻墙板拼缝空腔构造偏差	±3	钢尺检查
相邻墙板平整度偏差	4	2m靠尺和塞尺检查
建筑物全高垂直度	$H/1000\leqslant30$	经纬仪、钢尺检查

2）预制梁、柱安装的允许偏差应符合表10-6的规定。

预制梁柱安装允许偏差和检验方法　　表10-6

项目	允许偏差(mm)	检验方法
梁、柱轴线位置	5	基准线和钢尺检查
梁、柱标高偏差	3	水准仪或拉线、钢尺检查
梁搁置长度	±10	钢尺检查
柱垂直度	3	2m靠尺或吊线检查
柱全高垂直度	$H/1000\leqslant30$	经纬仪、钢尺检查

3）阳台板、空调板、楼梯安装的允许偏差应符合表10-7的规定。

阳台板、空调板、安装的允许偏差和检验方法　　表10-7

项目	允许偏差(mm)	检验方法
轴线位置	5	基准线和钢尺检查
标高偏差	±3	水准仪或拉线、钢尺检查
相邻构件平整度	4	2m靠尺和塞尺检查
搁置长度	±10	钢尺检查

10.7 预制墙板（柱）安装

预制墙板（柱）安装整个施工作业包括定位放线、钢筋校正、垫片找平、预制墙（柱）吊装固定、斜支撑设置与调整、摘钩、校正、墙（柱）脚灌浆连接、预制墙板（柱）斜向支撑拆除等作业内容。

10.7.1 测量放线

预制装配式结构定位测量与标高控制是一项重要施工内容，关系到装配式建筑物定位、安装、标高的控制。针对工程特点，采取先控制提供的坐标系统，引测、逐渐控制。

1. 测量定位控制

（1）根据工程项目特点进行测量仪器准备，包括全站仪、水准仪、经纬仪等测量器具设备。

（2）工程定位依据建筑总体定位图，定出施工场地的“十”字控制线，并设控制桩。再由“十”字控制线定出轴线，经建设单位、设计、监理和有关部门复核无误后，并将引测到不受施工干扰的远处。

（3）利用激光经纬仪，采用天顶法或天底法进行垂直投测（图10-9），将控制点投测到各楼层，并逐次进行校正。

（4）对现场的轴线控制点做好明显标记，并采取相应的保护措施。做好建筑物测量定位复核单，并由建设方、监理及设计单位复核及签章。

（5）在各角利用线锤引测出轴线，用墨线弹出轴线，与主控制线进行校核。

（6）预制装配式构件定位测量控制，平面控制采用网状控制法，施工方格控制网，垂直控制每楼层设置四个引测点。

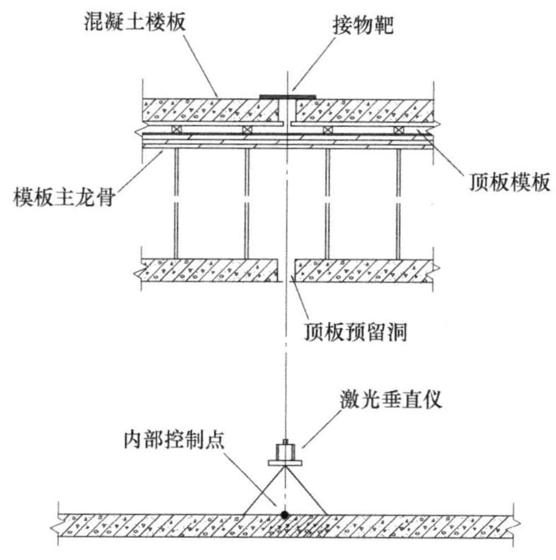

图 10-9 控制点竖向传递示意图

2. 测量定位注意事项

（1）施工测量前，应收集有关测量资料，熟悉施工设计图纸，明确施工要求，制定施工测量方案。

（2）认真审核测量原始依据的正确性，做到测量作业步步有校核。

（3）吊装前，应在构件和相应的支承结构上设置中心线和标高，按设计要求校核预埋件及连接钢筋等的数量、位置、尺寸和标高，并作出标志。

（4）每层楼面轴线垂直控制点不宜少于 4 个，楼层上的控制线应由底层向上传递引测。

（5）每个楼层应设置 1 个高程引测控制点。

（6）预制构件安装位置线应由控制线引出，每件预制构件应设置纵、横控制线各 2 条。

（7）预制墙板出厂前，应在墙板上的内侧弹出竖向与水平安装线，竖向与水平安装线应与楼层安装位置线相符合。采用饰面砖装饰时，相邻板与板之间的饰面砖缝应对齐。

（8）在水平和竖向构件上安装预制墙板时，标高控制宜采用放置垫块的方法或在构件上设置标高调节件，现场可根据需要采用不同厚度的硬塑垫块或钢板，垫块间距不宜小于 1.5m。

（9）预制墙板垂直度测量，宜在构件上设置用于垂直度测量的控制点。

（10）施工测量除应符合相关规范规定外，还应符合《工程测量规范》GB 50026—2007 的相关规定。

3. 测量放线

施工层放线时，应先在结构平面上校核投测轴线，闭合后再进行细部放线。

（1）建筑物宜采用“内控法”放线，在建筑物的基础层根据设置的轴线控制桩，用水准仪和经纬仪进行以上各层的建筑物的控制轴线投测。单个单元楼栋放线孔的数量为四个。

（2）根据控制轴线依次放出建筑物的纵横轴线，依据各层控制轴线放出本层构件的细部位置线和构件控制线，在构件的细部位置线内标出编号。

（3）轴线放线偏差不得超过 2mm，放线遇有连续偏差时，应考虑从建筑物中间一条轴线向两侧调整。

（4）每栋建筑物设标准水准点 1～2 个，在首层墙、柱上确定控制水平线。

（5）每层引测必须从本建筑物上的永久高程基准点用钢卷尺进行引测，并做好标记，且做好层高复核。

（6）预制件在出厂前应在表面标注墙身线及 500 控制线，用水准仪控制每件预制件的水平。

（7）预制柱的就位以轴线和外轮廓线为控制线，对于边柱和角柱，应以外轮廓线控制为准。

（8）墙板以轴线和轮廓线为控制线，外墙应以轴线和外轮廓线双控制。

（9）在混凝土楼面浇筑时，应将墙身预制件位置现浇面的水平误差控制在 ±3mm 之内。

10.7.2　预制墙板（柱）安装固定

1. 预留插筋定位复核

在全预制装配整体式剪力墙结构的建筑过程中，在叠合板混凝土浇筑之前，必须进行预留插筋校正（图 10-10）。根据预制墙板（柱）定位线，使用钢筋定位框检查预留钢筋位置是否准确。钢筋位置偏差不得大于 ±3mm，根据图纸将预留钢筋的多余部分割除，钢筋有偏移需借助钢管套住掰正，采用钢筋限位框对预留插筋限制位置，从而保证钢筋位置的准确性。在混凝土浇筑之后，对其进行位置复核，确保竖向构件浆锚连接质量。

钢筋表面干净，无严重锈蚀，无粘贴物，构件水平接缝（灌浆缝）基础表面干净、无油污等杂物。

图 10-10　预留插筋定位复核

2. 垫片找平

预制墙板（柱）底部与现浇结构表面不能直接连接，楼板间设计有 20mm 的坐浆层，以保证混凝土能够可靠协同工作。吊装预制件前，在所有预制墙板（柱）底部应设置可调接缝厚度和底部标高的垫块（图 10-11）。

预制墙板（柱）与现浇结构表面应清理干净，不得有浮灰、木屑等杂物。安装结构面应进行拉毛处理（图 10-12）。

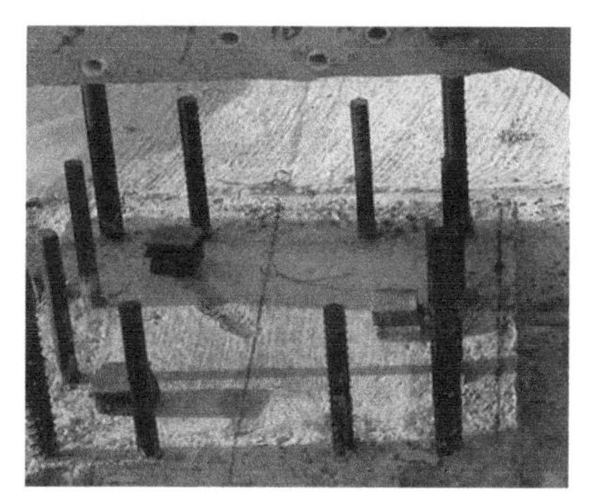

图 10-11 垫片找平

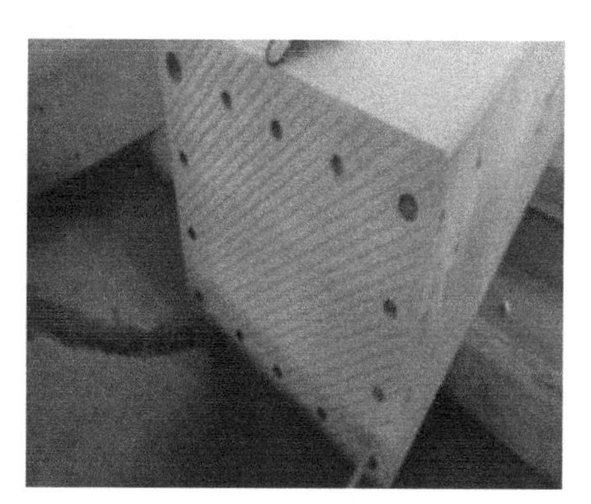

图 10-12 柱底拉毛

3. 构件吊装

预制柱吊装宜按照角柱、边柱、中柱顺序进行安装，与现浇部分连接的柱宜先行吊装。预制墙体吊装时应以先外后内的顺序，相邻剪力墙体连续安装。吊装作业应连续进行。

预制柱初步就位时，应将预制柱钢筋与上层预制构件的引导筋初步试对，无问题后将钢筋插入引导筋套管内 200～300mm，以确保柱悬空时的稳定性，准备进行固定。底部套筒孔可用镜子观察。

预制墙板吊至预留插筋上部 100mm 时，将需要人工扶正预埋竖向外露钢筋与预制剪力墙预留孔洞一一对应后，再下放就位（图 10-13）。

图 10-13 吊装定位

4. 安装斜支撑

为防止发生预制剪力墙板（柱）倾斜等现象，预制构件就位后，应及时用预埋螺栓和水泥沉头自攻钉将可调节斜支撑固定在构件及现浇完成的楼板面上。预制墙板（柱）斜支撑应不少于 2 根。

5. 定位校正和临时固定

校准构件安装位置后，通过斜支撑上的调节螺丝的转动产生的推拉校正垂直方向，并进行垂直度、累计垂直度等检测与校正，直到达到设计要求范围，然后固定（图 10-14）。

待预制件的水平、垂直等调节完成后方可摘钩，进行下一件预制件的吊装。

图 10-14　斜支撑安装

6. 预制墙板（柱）安装注意事项

（1）预制墙板安装应符合下列规定：

1）安装前，应清洁结合面；

2）构件底部应设置可调整接缝间隙和底部标高的垫块；

3）钢筋套筒灌浆连接灌浆前应对接缝周围进行封堵；

4）墙板（柱）底部采用坐浆时，其厚度不宜大于 20mm。

（2）预制混凝土叠合墙板构件安装过程中，不得割除或削弱叠合板内侧设置的叠合筋。

（3）预制墙板（柱）校核与调整应符合下列规定：

1）预制构件安装垂直度应以满足外墙板面垂直为主；

2）预制墙板拼缝校核与调整应以竖缝为主，横缝为辅；

3）预制墙板阳角位置相邻板的平整度校核与调整，应以阳角垂直度为基准进行调整。

（4）预制墙板采用螺栓连接方式时，构件吊装就位过程应先进行螺栓连接，并应在螺栓可靠连接后卸去吊具。

（5）预制墙体斜向支撑需在墙体连接处混凝土浇筑完并达到一定强度，其现浇墙体侧模拆除后方可拆除。

（6）叠合板上预制墙板斜支撑的预埋件安装、定位应准确，预埋件的连接部位应做好防污染措施。

（7）叠合墙板安装就位后进行叠合墙板拼缝处附加钢筋安装，附加钢筋应与现浇段钢筋网交叉点全部绑扎牢固。

10.7.3　预制墙板分仓与封堵

分仓和接缝封堵是装配式建筑灌浆作业的重要环节，若分仓不合理、接缝封堵不密实，就会导致灌浆不饱满，形成非常严重的质量隐患。

钢筋套筒灌浆连接接头、钢筋浆锚搭接连接接头灌浆前，应对接缝周围进行封堵，封堵措施应符合结合面承载力设计要求。

当预制构件长度过长时，不利于控制灌浆层的施工质量，根据施工图要求，可将预制剪力墙灌浆层分成若干段。采用电动灌浆泵灌浆时，一般单仓长度宜在1.0～1.5m，采用手动灌浆枪灌浆时，单仓长度不宜超过0.3m。分仓隔墙宽度不小于2cm，为防止遮挡套筒口，距离连接钢筋外缘应不小于4cm（图10-15）。

分仓时两侧需内衬模板（通常为便于抽出的PVC管），将拌好的封堵料填塞充满模板，保证与上下构件表面结合密实，然后抽出内衬。

对构件接缝的外沿应进行封堵。根据构件特性可选择专用封缝料封堵、密封条或两者结合封堵。封堵一定保证严密、牢固可靠，否则压力灌浆时一旦漏浆很难处理。

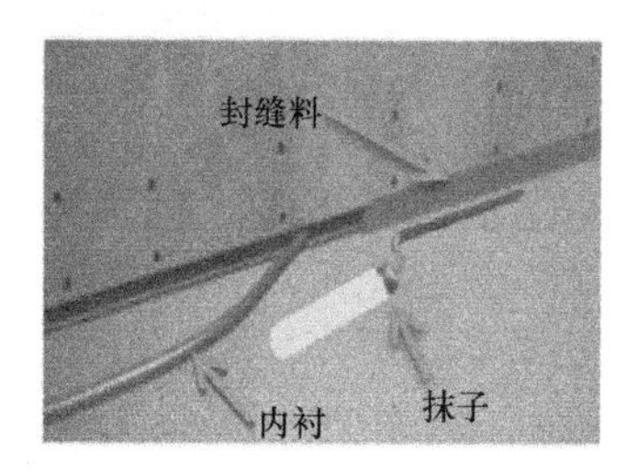

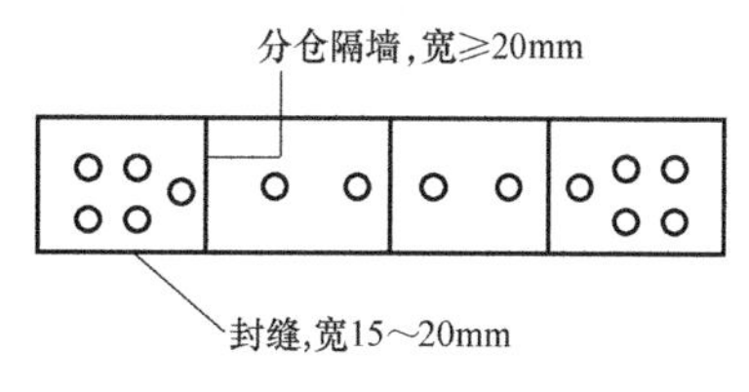

图10-15 分仓接缝封堵

10.7.4 灌浆连接及保护

钢筋套筒灌浆是整个预制装配式结构工程中最为关键环节之一。注浆的效果直接影响整体结构的安全性，应对注浆的质量进行严格控制。灌浆操作全过程应有专职检验人员负责旁站监督，并对每一个预制构件进行注浆的质量控制并给出相关签收资料。

1. 拌制灌浆料

灌浆应使用灌浆专用设备（图10-16），并严格按设计规定配比方法配比灌浆料。将配比好的水泥浆料搅拌均匀后倒入灌浆专用设备中，保证灌浆料的坍塌度。灌浆料拌合物应在制备后0.5h内用完。

严格按本批产品出厂检验报告要求的水料比用电子秤分别称量灌浆料和水，在搅拌桶中加水采用手持式搅拌机搅拌3～5min至彻底均匀。搅拌均匀后，静置2～3min，使浆内气泡自然排出后再使用。

图10-16 拌制灌浆料

2. 灌浆封堵及保护

1）灌浆前应全面检查各接头的灌浆孔和出浆孔内有无影响浆料流动的杂物，确保孔路畅通。

2）用灌浆泵（枪）从接头下方的灌浆孔处向套筒内压力灌浆。搅拌好的灌浆料应在30min内灌完，宜尽量保留一定的应急时间（图10-17、图10-18）。

3）灌浆应连续、缓慢、均匀地进行，同一仓只能在一个灌浆孔灌浆，不能同时选择两个以上孔灌浆。应连续灌浆，直至排气管排出的浆液稠度与灌浆口处相同，且没有气泡排除后，将灌浆孔封闭。

4）灌浆结束后应及时用专用橡胶塞封堵，灌浆泵口撤离灌浆孔时也应立即封堵。在灌浆完成，浆料凝固前，应巡视检查已灌浆的接头，如有漏浆及时处理。

5）灌浆施工后，灌浆料同条件养护试件抗压强度达到35MPa后，方可进入对接头有扰动的施工。

图10-17 柱套筒灌浆

图10-18 墙体套筒灌浆

10.8 预制梁、板安装

10.8.1 支撑体系设置

竖向受力构件安装完成后，应根据设计要求或施工方案设置支撑体系（图10-19）。装配式结构支撑体系需编制专项施工方案，经审批合格后方可施工。

预制叠合梁和板的竖向支撑宜选用工具式支撑体系和可调托座。底部支撑标高使用水准仪测量，调整支撑顶部木方水平标高至准确位置。

竖向支撑架宜与周边其他支撑架形成一体。支撑架体应具有足够的承载力和稳定性，支撑杆件间距应符合施工技术方案要求，支撑上部横梁排列方向宜垂直于桁架钢筋。

预制混凝土梁的两端与板的边缘必须设置支撑，且每个构件的支撑不应少于两道。在满足计算确定的条件下，支撑立杆的间距应不大于2m。

预制阳台板、空调板等悬挑构件的支撑应设置斜撑等构造措施，并与结构墙体有可靠的刚性拉结。预制构件支撑拆除时，除满足混凝土结构设计强度外，还应保证该结构上部构件通过支撑传递下来的荷载。

对于梁柱节点后浇区域及现浇剪力墙区域使用的模板宜采用定型模板，竖向连续支撑层数不应少于两层且上下层支撑应在同一直线上。

水平构件支撑宜采用工具式钢管立柱，也可采用满堂脚手架等支撑形式。支撑设计、施工需符合相关规范规定。

图10-19 预制梁、板支撑设置

10.8.2 预制梁、板吊装

1. 梁板安装施工流程

预制混凝土叠合梁板施工流程如下：定位放线→钢筋校正→底板支撑并调整→构件支模、灌浆→水电安装→钢筋绑扎→铺设管线、预埋件→吊模施工→检查验收→混凝土浇筑。

现场施工时，应将相邻的叠合梁与叠合楼板协同安装，两者的叠合层混凝土同时浇筑，以保证整体性能。

2. 施工要点控制

为减小预制梁在吊装过程中受外力产生破坏，且减小吊索水平夹角，当吊装长度较长且截面相对较小时，可采用铁扁担吊装（图 10-19）。

（1）根据构件平面布置图及吊装顺序图安装预制梁、板等构件。安装顺序宜遵循先主梁、后次梁、先低后高的原则。

（2）吊装构件前应根据抄测的楼层标高 1m 控制线，对竖向构件底部搁置位置进行量测，确保梁底标高及支撑标高。

（3）起吊时下方需配备 3 人，其中 1 人为信号工负责调度，用对讲机跟塔式起重机司机联系，其他 2 人负责确保构件不发生碰撞。

（4）由于预制梁长度较长，塔式起重机起升速度要求稳定，覆盖半径要大，下降速度要慢。

（5）梁起吊时，用吊索钩住扁担梁的吊环，吊索应有足够的长度以保证吊索和扁担梁之间的角度不小于 60°。

（6）预制构件吊装至施工操作层时，操作人员应站在楼层内，佩戴保险带。安装时设专人扶正预制构件，缓缓下降。

（7）缓缓下落时控制预制板边与墙体上预先弹的竖向位置控制墨线位置一致，平板构件应根据定位轴线调整构件位置，若下方墙板有预留插筋，应落至墙板预留插筋下方，再平移落至墙板凹槽内，完成预制板的初步安装就位。

（8）当梁初步就位后，借助柱头上的梁定位线和撬棍将梁精确校正，在调平同时将下部可调支撑上紧，这时方可松去吊钩。

（9）预制板安装初步就位后，转动调节支撑架上的可调节螺丝对楼面板进行三向微调，确保预制部品调整后标高一致、板缝间隙一致。根据剪力墙上 500mm 控制线校核板顶标高。

（10）叠合梁安装时采用井字架进行架体搭设，采用专用的梁底支撑夹具进行固定。

（11）梁支撑在吊装前必须调到设计标高，在图上画出支撑的平面布置图。主梁、次梁及叠合板，梁用立杆支撑，叠合板用线支撑即在顶撑上加木梁。

（12）主梁吊装结束后，要检查主梁上的次梁缺口位置是否正确，如不正确，需做相应处理后方可吊装次梁，梁在吊装过程中要按柱对称吊装。

（13）调整板位置时，要以小木块，不要直接使用撬棍以避免损坏板边角，要保证搁置长度，其允许偏差值不大于 5mm。图 10-20 为叠合板吊装现场照片。

图 10-20　叠合板吊装

10.8.3　预制楼梯吊装

1. 预制楼梯的现场安装工艺流程

定位放线→楼梯上下口铺20mm砂浆找平层→控制线复核→预制楼梯板起吊→楼梯板就位→校正→灌浆→验收。

2. 施工要点的控制

(1) 起吊前检查吊索具，确保其保持正常工作性能。吊具螺栓出现裂纹、部分螺纹损坏时，应立即进行更换，同时保证施工三层更换一次吊具螺栓，确保吊装安全。

(2) 滑动式楼梯上部和主体结构连接多采用固定式连接，下部与主体结构连接多采用滑动式连接。施工时应先固定上部固定端，后固定下部滑动端。

(3) 弹出楼梯安装控制线：对控制线及标高进行复核，控制安装标高。楼梯侧面距结构墙体预留30mm空隙，为聚苯填充、安装PE棒、注胶50mm×30mm预留空间。

(4) 起吊：预制楼梯梯段采用水平吊装。构件吊装前必须进行试吊，先吊起距地500mm停止，检查钢丝绳、吊钩的受力情况，使楼梯保持水平，然后吊至作业层上空。吊装时，使踏步平面呈水平状态，便于就位（图10-21）。

(5) 楼梯就位：就位时楼梯板要从上垂直向下安装，在作业层上空600mm左右处略做停顿，施工人员手扶楼梯板调整方向，将楼梯板的边线与梯梁上的安放位置线对准，放下时要停稳慢放，严禁快速猛放，以避免冲击力过大造成板面震折裂缝。

(6) 楼梯段与平台板连接部位施工。楼梯段校正完毕后，将梯段上口预埋件与平台预埋件用连接角钢进行焊接，焊接完毕接缝部位采用灌浆料进行灌浆。

(7) 预制楼梯饰面应采用铺设木板或其他覆盖形式的成品保护措施。楼梯安装后，踏步口宜铺设木条或其他覆盖形式保护（图10-22）。

10.8.4　梁板钢筋绑扎及管线预埋

1. 梁板钢筋

梁板模板及支模架验收通过后，开始梁钢筋绑扎，优先施工预制构件上部的梁筋，竖向预制构件上部设置开口箍筋的，在顶部纵筋绑扎完成后，箍筋封头应调平，不得露出楼层上表面。

叠合梁可采用对接连接，连接应符合下列规定：

1) 连接处下部纵向钢筋在后浇段内宜采用机械连接、套筒灌浆连接或焊接连接；

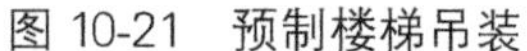
图 10-21 预制楼梯吊装

图 10-22 预制楼梯保护

2）后浇段内的箍筋应加密，箍筋间距不应大于 $5d$（d 为纵向钢筋直径），且不应大于 100mm；

主梁与次梁采用后浇段连接，应满足以下规定：

1）在端部节点处，次梁下部纵向受力钢筋伸入主梁后浇段内的长度不应小于 $12d$（d 为纵向钢筋直径）。次梁上部纵向钢筋应在主梁后浇段内锚固。

2）在中间节点处，两侧次梁的下部纵向钢筋伸入主梁后浇段内长度不应小于 $12d$（d 为纵向钢筋直径），次梁上部纵向钢筋应在现浇层内贯通。

叠浇层钢筋混凝土的施工流程：预制梁板吊装→水电管线的铺设→板面筋绑扎→现浇层混凝土的浇筑。

2. 预制叠合板预埋水电管线

设备与管线要与结构构件连接时，宜采用预埋件的连接方式。

设备和管线施工前，应按设计文件核对设备及管线参数，并应对结构构件预埋套管及预留孔洞的尺寸、位置进行复核，合格后方可施工。

室内架空地板内排水管支架及管座的安装应按排水坡度要求排列。

水电管线预埋务必保证不能超过叠合层的厚度。最多只能两根线管叠合在一起。

各种预埋功能管线必须接口封密，符合国家验收标准。现浇层管线安装应在绑扎楼面钢筋前完成。

10.9 装配式建筑施工安全控制要点

装配式建筑施工过程中存在多个安全管理难点，包括构件运输、堆放风险管理；预制构件吊装、临时支撑风险管理；高空作业及临时用电管理等。

（1）严格执行国家、行业和企业的安全生产法规和规章制度。认真落实各级各类人员的安全生产责任制。

（2）建设、设计、施工、监理单位等责任主体应建立健全安全保证体系，并依法承担安全生产责任。

（3）装配式混凝土建筑工程可实施预制构件深化设计制度，施工单位应对涉及工程结构施工安全的构件堆场、堆放架体、构件吊装、起重设备附墙装置等编制专项施工方案，按要求审核、专家论证后方可实施。

（4）定期组织召开安全施工会议。做好各级安全技术交底和日常的安全检查，巡视施工现场，发现隐患及时解决。对进入施工现场人员进行安全培训和教育。

（5）定期检查配电箱、电线的使用情况，发现破损、漏电等问题，必须立即停用送修。所有用电必须采用三级安全保护，所有配电箱均实行一机一闸，并设置触电保护器，严禁一闸多机。夜间施工必须有足够照明设施，室内照明用电压不大于 36V。

（6）参加起重吊装作业人员，包括司机、起重工、信号指挥（对讲机须使用独立对讲频道）、电焊工等均应接受过专业培训和安全生产知识考核教育培训，取得相关部门的操作证和安全上岗证，并经体检确认方可进行高处作业。作业人员在现场必须戴安全帽，系安全带，穿防滑鞋。

（7）构件运输车辆司机运输前应熟悉现场道路情况，驾驶运输车辆应按照现场规划的行车路线行驶，避免由于司机对场地内道路情况不熟悉，导致车辆中途无法掉头等问题，而造成可能的安全隐患。

（8）预制构件卸车时，应首先确保车辆平衡，并按照一定的装卸顺序进行卸车，避免由于卸车顺序不合理导致车辆倾覆等安全隐患。

（9）预制构件卸车后，应按照现场规定，将构件按编号或按使用顺序，依次存放于构件堆放场地，严禁乱摆乱放，构件堆放场地应设置合理的临时固定措施，以免造成构件倾覆倒塌事故发生。

（10）吊装前必须检查吊具、钢梁、钢丝绳等起重用品的性能是否完好，如有出现变形或损害，必须及时更换。

（11）安装作业开始前，应对安装作业区进行围护并树立明显的标识，拉警戒线，并派专人看管，严禁与安装作业无关的人员进入以防坠物伤人。

（12）针对工程的施工特点，对从事预制构件吊装的作业人员及相关施工人员进行有针对性的培训与交底，明确预制构件进场、卸车、存放、吊装、就位等环节可能存放的作业风险，及如何避免危险出现的措施。

（13）预制构件在安装吊具过程中，严禁拆除预制构件与存放架的安全固定装置，待起吊时方可将其拆除，避免构件由于自身重力或振动引起的构件倾斜和翻转。

（14）预制构件在安装和调校期间，严禁拆除钢丝绳，当预制构件临时固定安装后，方可脱钩。

（15）吊装作业开始后，应定期、不定期地对预制构件吊装作业所用的工器具、吊具、锁具进行检查，一经发现有可能存在的使用风险，应立即停止使用。

（16）遇有恶劣天气或当风力在六级以上时，不得进行预制构件吊装施工。每次起重吊装前，质检员及安全员必须严格进行吊点连接检查。

（17）梁板吊装前，在梁、板上提前将安全立杆和安全维护绳安装到位，为吊装工人佩戴安全带提供连接点。

（18）施工现场使用吊车作业时严格执行“十不吊”的规定。吊装过程中必须有统一的信号指挥，防止现场出现混乱。

（19）吊车吊装时应观测吊装安全距离、吊车支腿处地基变化情况及吊具的受力情况。

（20）吊运预制构件时，构件下方严禁站人，操作人员需待吊物降落至离地 1m 以内时再靠近吊物，预制构件在就位固定后再进行脱钩。

（21）所有参与吊装的人员进入现场应正确使用安全防护用品，戴好安全帽。在 2m 以上（含 2m）没有可靠安全防护设施的高处施工时，必须戴好安全带和穿防滑鞋。

（22）吊物就位时，不得将吊物放置在安全通道、基坑边沿 3m 内区域、未浇筑达到强度的梁以及其他未经特殊加固操作平台、操作架、外架等部位，吊物下方应用木方垫好放稳。落物应码放整齐，高度不应超过 1.5m，应有防倒塌措施。

（23）在吊装回转、俯仰吊臂、起落吊钩等动作前，应鸣声示意，吊装时要遵循“慢起、快升、缓降”的原则，吊运过程中应平稳，不应有大幅度摆动，不应突然制动。

（24）采用汽车吊吊运预制构件时，汽车吊停放位置必须满足要求，汽车吊支撑脚下基础承载力必须满足要求，严禁支撑脚设置在承载力不足的基础上。

（25）操作人员不得以预制构件的预埋连接筋作为攀登工具，应使用合格的标准梯。在预制构件与结构连接处的混凝土或灌浆料强度达到设计要求前，不得拆除临时固定的斜拉杆、脚码。施工过程中，斜拉杆上应设置警示标志，并派专人监控巡视。

（26）施工层吊装前，外围操作平台（脚手架）需提前搭设完成，超出施工楼层高度满足规范要求。

（27）装配式结构在绑扎柱、墙钢筋时，应采用专用登高设施作业，超过安全操作高度，作业人员应佩戴穿芯自锁保险带。

思考题

1. 试述预制构件加工前前期准备工作。
2. 常用的起重吊装机械有哪些？它们的各有什么特点和适用范围？
3. 对临时斜撑系统的支设和拆除有哪些规定和要求？
4. 对模板有何要求？设计模板应考虑哪些原则？
5. 预制构件进场验收内容有哪些？
6. 简述预制混凝土墙、柱等竖向构件的安装施工工艺顺序。
7. 钢筋套筒灌浆连接的灌浆施工工艺有哪些要求？
8. 预制构件所用的模具应满足哪些要求？
9. 试述起重吊装安全管理。
10. 试述预制装配整体式混凝土剪力墙结构施工的安全措施。
11. 装配式建筑施工过程中存在哪些安全管理难点？

第 11 章　钢结构工程

11.1　钢结构安全施工概述

钢结构（图 11-1）是由钢板、型钢、钢管、钢绳、钢束等钢材，用焊缝、螺栓等连接而成的结构。钢结构工程分工厂制作和工地现场拼接、安装两个过程。钢结构零、部件一般在工厂制作，构件运输到现场拼装及吊装。钢结构施工流程见图 11-2。在钢结构施

图 11-1　钢结构住宅

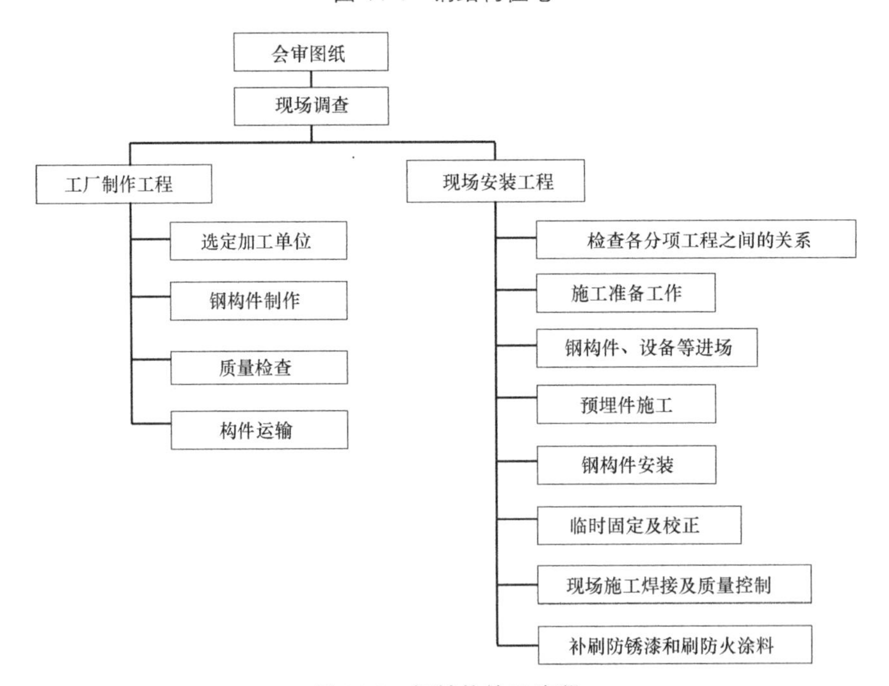

图 11-2　钢结构施工流程

工中，要熟悉并充分体现设计意图，确保建筑物的安全，认真制定切实可行的施工方案，且根据各工程阶段的标准进行质量检查。钢结构常见事故有人员坠落、跌落事故，建筑机械、起重机倒塌事故，构件倒塌、坍塌事故等。

11.2 钢结构施工前准备工作

建筑物的工期和施工误差会对建筑物质量产生很大影响，故在构件制作和现场施工时各分项工程的准备工作和质量管理尤其重要。比如在基础工程中决定钢柱位置的地脚螺栓和标高的偏差会严重影响建筑物的整体施工。施工准备工作的基本任务是为拟建工程的施工建立必要的技术和物质条件，统筹安排施工力量和施工现场。对于钢结构、网架和索膜结构安装工程等危险性较大的工程，在编制专项施工方案时，需分析施工安全控制重点，做好安全保障措施。钢结构施工前准备工作具体内容如下。

11.2.1 设计交底及施工图纸会审

钢结构设计交底及图纸会审的原则是与业主、设计、监理充分沟通，确定钢结构节点及工厂制作图，分节加工的构件满足运输和吊装要求。为避免施工图中出现“错、漏、碰、缺”等问题，应明确以下内容：

（1）熟悉图纸和会审图纸。项目技术部对每一批施工图纸进行认真的检查、熟悉图纸，对图纸中可能存在的问题进行预审，通过会审力求使所有参与施工的技术人员都能了解设计意图，以便正确无误地施工，确保施工质量达到验收标准。图纸会审，由设计方进行交底，理解设计意图及施工质量标准，准确掌握设计图纸中的细节。在原设计的基础上进行钢结构图纸深化，尽可能优化施工方案。

（2）核对构件的尺寸、形状。应确认构件的长度、形状、拼接位置、核对基础与柱坐标是否一致，标高是否满足柱子的安装要求，还要根据建筑物的高度认真检查吊装方案、发现影响构件安装的问题以及脚手架的搭设工艺等。

（3）选用施工机具，确认施工技术措施。根据构件的最大荷载及设计技术交底和图样会审情况，制定构件拼接、吊装方法并选定主要施工机具种类和数量，确定施工技术措施和施工工期。

（4）检查构件吊装的稳定性。钢结构在搭建施工中，因恶劣天气（风力 6 级、风速 10.8m/s 以上、大雨）或构件重心的偏移等引起倒塌，也会在临时固定，校正时因强风或临时搭建物的荷载有倒塌的危险（表 11-1）。故在施工图纸上必须标注清楚。

钢架倒塌的危险因素 表 11-1

	施工阶段		
	临时固定，校正	正式固定	搭建施工阶段
事故原因	（1）承受 6 级以上风力 （2）临时搭建物的荷载超载 （3）临时固定螺栓强度不充分 （4）撑杆或缆风绳强度不够	（1）承受 6 级以上风力 （2）稳定性不够 （3）对临时搭建物的加固不充分	（1）承受 6 级以上风力 （2）自重及临时搭建物的荷载超重 （3）吊装施工顺序不合理 （4）临时固定螺栓强度不充分

（5）检查螺栓孔，拼接位置，连接方法等。检查有没有现场焊接，确认拼接部位的难易程度，制定施工方案。

（6）检查柱身的安装爬梯。柱身无爬梯时，柱起吊前必须安装爬梯，以便于摘钩及安装钢梁时上下人员。

（7）检查吊装机具、材料准备。检查吊装用的起重设备、配套机具、工具等是否齐全、完好，检查吊索、卡环、绳卡、千斤顶、滑车等吊具的强度，准备吊装用工具，即高空吊挂脚手架、操作台、爬梯、缆风绳等。检查材料的主要品种规格及相应标准，测算出主要耗材的用量，作好订货安排，确定进场时间。

对超长、超重、超宽的构件，应规定好吊耳的设置，并标注出重心位置。

（8）建设用机械及安装顺序。考虑施工现场条件、邻近建筑物、障碍物，吊装工程量的大小、工程进度等选用建设用机械，起重机的拆装方案必须根据施工现场的环境和条件、设备状况以及辅助起重设备条件，制定拆装方案和安全技术措施。

（9）临时用电及坠落防护设施。准备好架设吊装用供电、供气，认真准备扶手、安全防护网、主绳，设置好高空脚手架平台。

（10）在钢结构工程施工中有高空、攀登、悬空等作业，应在构件施工图中作出相关规定。

1）吊装用节点板；

2）上下用爬梯及其他登高用的拉攀件；

3）安全绳及安全网的设置要求；

4）屋面、临边围护；

5）安全生命线立杆的材料及连接；

6）吊笼及安全带的可靠位置。

11.2.2　施工准备阶段

1. 施工人员的准备

作为特殊施工工种的上岗人员，如安装工、焊工、架子工、电工（临时用电）、吊车司机、测量工、安全员等必须持有特殊工种作业证明。

2. 管理人员的任务

（1）施工技术人员必须熟悉合同、图纸及规范，编制详细的施工组织设计、各分项工程技术交底、专项工艺评定等。充分了解各专项施工工艺方案，做好各项施工技术准备。

（2）在作业开始前，对当天的作业面、作业顺序以及各作业人员分工安排，并进行作业安全技术交底，同时要有交底内容和交底记录。

（3）认真检查各自使用的机具和防护用品，机械设备选用按大容量、大功率考虑，综合考虑各种因素，决定选用塔吊、起吊，必须由专人确认。

（4）对恶劣天气［强风（风速10m/s以上）、大雨］的判断及作业中止的请示，风力判断可以以天气预报为依据，雷雨的判断与撤离方案在施工方案中体现。

（5）安装区域的围护确认，围护区域如表11-2所示。

（6）对作业完成后的现场整理和确认。

（7）灾害事故发生时急救处理及相关联络和报告。

安装区域的围护确认、围护区域　　表 11-2

作业类别	对应部位	防治措施
有坠落危险作业	有坠落危险区域	保证有安全绳安全网设置
有物体落下作业	有物体落下区域	警示标志、围护、专人看管
钢构吊装	吊装及拼装作业区域	警示标志、围护、专人看管
起重机	吊臂、吊件的下方	禁止所有人员进入、专人看管
	拼装作业区域	禁止无关人员进入、警示标志、围护
履带式起重机	吊臂、吊件的下方	禁止所有人员进入
	回转范围、尾部区域	禁止所有人员进入

3. 吊装方案确定

（1）工地现场环境。进行细致的技术交流，包括施工条件措施、起重机站位的地面承载能力，现场环境（如原有建筑物、障碍物、高压架空电缆、地下重要管线、道路等）情况等并确定保护对策。

（2）建筑机械噪声污染。主要是移动式吊车对周围环境的噪声较大。特别是周围有学校、医院、住宅等建筑物时需要进行施工期噪声环境影响预测及评价。

（3）了解已选定的起重、运输及其他辅助机械设备的性能及使用要求。

（4）了解结构构件受力状态。对本身稳定性弱的细长构件的起吊刚度、大跨度梁吊点带来的平面内外刚度、交接节点的构件有严重偏心的构件（端、角柱）的平衡，应进行验算。

（5）需进行钢柱、钢梁、桁架等主要受力构件的吊装、安装工艺和安装流程的分析。

（6）进行安全控制重点分析和解决措施。内容包括交叉作业控制、施工安全计算、高空作业安全防护措施、钢结构连接质量保证措施等。

（7）检查构件吊装稳定性。根据起吊点位置，验算柱、屋架的稳定性，按吊装方法要求确认吊装范围，水平距离和垂直距离。

4. 主要机械设备的选定

（1）在选定施工吊装路线后，根据现场路况，作业构件形状、质量以及构件数量，从安全、经济的角度来综合考虑确定施工机械。

（2）吊装机械一般从吊装构件所需的起重量、起重高度、回转半径以及工期要求等综合选用设备吨位，为安全起见，大约再增加 25%的起重能力。

（3）注意起吊高度。为减少吊索对构件产生的轴向压力，吊索夹角不易过大（宜采用 45°～60°），且不得小于 30°。

（4）当钢结构安装的焊接量大时，根据钢结构工程的现场焊接工作量，配置半自动焊机、直流焊机等。

（5）根据工程需要准备全站仪、经纬仪、水准仪以及钢尺等测量仪器，所有测量仪器在使用前，均需计量标定，并在计量有效期内使用，超过有效期的要重新计量。

5. 构件进场验收检查

（1）进场验收的检验批原则上应与各分项工程检验批一致，也可以根据工程规模及进料情况划分检验批。

（2）钢构件进场后，按货运单检查所到构件的数量及编号是否相符，发现问题及时在回单上说明，反馈给工厂，以便更换补齐构件。按设计图纸、规范及工厂质检报告单，对构件的质量进行验收检查，做好检查记录。

（3）为使不合格构件能在厂内及时修改，确保施工进度，也可直接进厂检查。主要检查构件外形尺寸、螺栓孔大小和间距等。检查用计量器具和标准应事先统一。

（4）制作超过规范误差和运输中变形的构件必须在安装前在地面修复完毕，减少高空作业。

6. 构件堆场安排、清理

（1）按照安装流水顺序将配套好运入现场的钢构件，利用现场的装卸机械尽量将其就位到塔吊的回转半径内。

（2）钢构件堆放应安全、整齐、防止构件受压变形损坏。钢构件要垫高 200mm 以上。

（3）构件吊装前必须清理干净，高强度螺栓应注意做好接头摩擦面清理，不允许有漆膜覆盖、铁锈、焊接飞溅物、油污等，安装前必须用钢丝刷沿受力垂直方向除去浮锈。

7. 现场钢柱脚基础检查

（1）定位轴线的检查。根据控制定位轴线引到钢柱位置的基础上，定位轴线必须重合封闭，预检每根定位轴线的总尺寸误差是否超过控制数，定位轴线必须垂直或平行；定位轴线的检查应由建设方、监理、土建、安装联合进行检查，对检验的数据要统一认可后才能进行钢结构的柱脚预埋；要把检验合格的建筑物定位轴线引到柱顶上。

（2）柱间距检查。柱间距检查是在定位轴线被认可的前提下进行的，用标准钢卷尺实测柱间距，柱间距的偏差值应严格控制在±2mm 以内。

（3）柱中心线的检查。检查柱中心线与定位轴线的偏差。钢结构的安装质量和工效与柱基的定位轴线、基础标高直接有关，必须对定位轴线的间距、柱基面标高和预埋件螺栓位置进行检查、测量，并经监理及相关部门复测合格后才可进行下一节柱安装。

11.3 工厂加工制作

钢结构工程的特点是大部分工序在工厂制作阶段进行。钢结构零、部件制作过程，也就是钢结构产品质量形成的过程。

对于钢结构制作质量的控制，应重点确保以下施工环节：①编制工艺流程；②放样与下料；③切割；④弯曲及卷边加工；⑤矫正；⑥制孔；⑦组装。钢结构加工制造工艺流程如图 11-3 所示。

加工后的产品根据材料进行分类，储存和保管并按规定发放，注意存放时产品变形或损坏。

1. 施工图、放样和下料

钢结构制作前，首先对设计图纸进行深化设计，这是对设计图纸的细化，特别是相关连接节点，能够提高生产效率及控制产品质量。

放样是制作过程中的第一道工序，只有放样尺寸精确，才能避免以后各道加工工序的累积误差，是至关重要的一道工序。主要工作内容有：

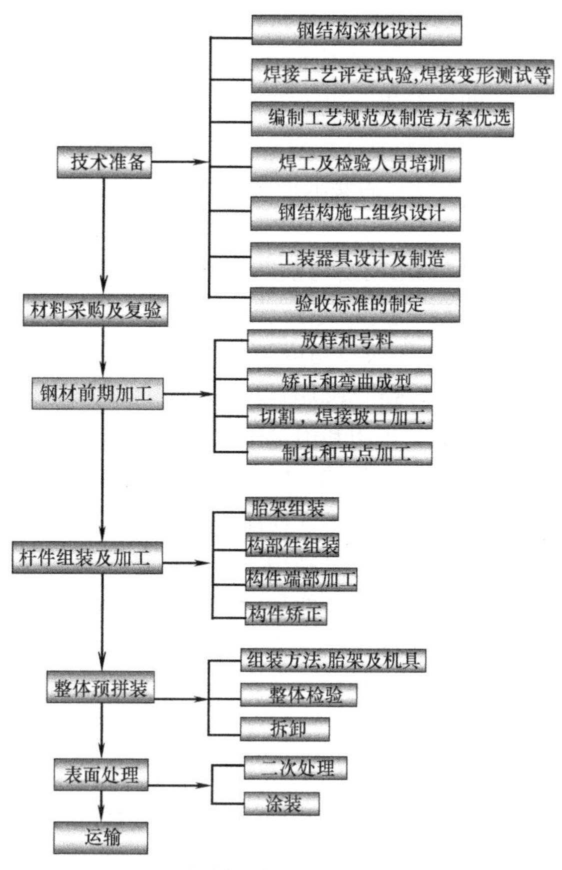

图 11-3 钢结构加工制造工艺流程图

(1) 核对构件各部分尺寸及安装尺寸和孔距，以 1∶1 的大样放出节点，制作样板、样杆作为下料、制孔等加工的依据。样板用 0.50～0.75mm 的铁皮或塑料板制作，样杆用圆钢或扁钢制作。

(2) 放样在专门设置的钢平台上进行，钢平台不平整度为 2.0mm。量线应准确、清晰。放样时，铣、刨的工作应考虑预放加工余量，对焊接构件要按工艺要求放出焊接收缩量。

放样和号料应根据施工详图和工艺文件进行，并应按要求预留余量。主要零件应根据构件的受力特点和加工状况，按工艺规定的方向进行号料。

下料是根据施工图样，直接在板料或型钢表面上，画出切割、铣、刨、弯曲、钻孔等加工位置，打冲孔，标出零件编号等。在焊接结构上号孔，应在焊接完毕经整形以后进行，孔眼应距焊缝边缘 50mm 以上。

2. 切割、成型加工、矫正

目前常用的切割方法有机械切割、气割、等离子切割三种。机械切割采用的设备有适用于切割薄钢板、压型钢板的剪板机、型钢冲剪机，适用于切割各类型钢及梁、柱等型钢构件的锯床。气割多用于带曲线的零件及厚板的切割。等离子切割主要用于熔点较高的不锈钢材料及有色金属等材料的切割。选用的切割方法应满足工艺文件的要求。切割后的飞边、毛刺应清理干净。

切割前，应清除钢材表面切割区内的铁锈、油污等，切割后，断口上不得有裂纹和大于±1.0mm缺棱，并应清除边缘上的熔瘤和飞溅物等。

被切割的钢材需进行弯曲、卷边、边缘加工等成型加工。需要弯曲加工的钢材一般在常温或高温下（800～1100℃）进行加工。在冷矫正和冷弯曲时，根据《钢结构工程施工质量验收规范》(GB 50205—2001) 的要求进行。

边缘加工应符合下列规定：

1）需边缘加工的零件，宜采用精密切割来代替机械加工；

2）焊接坡口加工宜采用自动切割、半自动切割、坡口机、刨边等方法进行；

3）坡口加工时，应用样板控制坡口角度和各部分尺寸；

4）边缘加工的精度，应符合现行规范的规定。

成型加工主要是卷边、弯曲、折边和模具压制等几种加工方法。弯制成型的加工分为热加工和冷加工。热加工是把钢材加热到一定温度后进行的加工方法。由于钢材与温度之间具有一定的关系，钢材温度改变，其力学性能也随之改变。冷加工是钢材在常温下进行加工制作的方法。冷加工工序大多数都是利用机械设备和专用工具进行。

矫正就是通过外力或加热作用制造新的变形，去抵消已经发生的变形，从而保证钢结构制作及安装质量。矫正可分为机械矫正、手工矫正、火焰矫正、半自动机械矫正及混合矫正。矫正不得采用损伤材料组织结构的方法，进行加热矫正时，应确保最高加热温度及冷却方法不损坏钢材材质。

3. 制孔

钢结构的许多构件上有各种形状和尺寸的孔洞以便螺栓连接或穿各种管线。制孔可采用钻孔、冲孔、铣孔、铰孔、镗孔和锪孔等方法，对直径较大或长形孔也可采用气割制孔。冲孔一般在冲孔机或冲床上进行，一般只能冲较薄的钢板。钻孔在钻床上进行，可以钻任何厚度的钢材。

为保证钢构件制孔质量，高强度螺栓孔宜采用数控钻床制孔和套模制孔，严禁烧孔或现场气割扩孔。制孔过程中孔壁保持与构件表面垂直，制孔结束后孔周围的毛刺、飞边用砂轮打磨平整。当环境温度低于－20℃时，禁止冲孔。制孔的质量按现行规范进行验收。

4. 组装

组装是将制备完成的半成品和零件，按要求运输单元，装成构件或其部件，经过焊接或螺栓连接等工序成为整体。根据钢构件的特性以及组装程序，可分为部件组装、拼装、预总装。

构件组装前，组装人员应熟悉施工详图、组装工艺及有关技术文件的要求，检查组装用的零部件的材质、规格、外观、尺寸、数量等均应符合设计要求。板材、型材的拼接应在构件组装前进行；构件的组装应在部件组装、焊接、校正并经检验合格后进行。

钢构件的组装方法的选择，必须根据设计要求、构件的结构特性、连接方式、焊接方法和焊接顺序等技术要求，结合加工能力、机械设备等情况选择，组装方法有地样法、仿形复制装配法、立装法、胎模装配法等，但较常采用地样法和胎模装配法。组装采用专用组装胎具，胎具置于装配平台，平台必须牢固、不变形且便于夹具固定和施工。对重要受力构件或直接承受动力荷载的高强度螺栓必须使用气压动力扳手，防止螺母松动。

构件应在组装完成并经检验合格后再进行焊接。组装焊接处的连接接触面及沿边缘

30～50mm 范围内的铁锈、毛刺和污垢等，应在组装前清除干净。图 11-4、图 11-5 为梁柱的焊缝连接以及高强度螺栓连接施工。

图 11-4 焊缝连接

图 11-5 高强度螺栓连接施工

11.4 钢结构的连接

钢结构是由钢板、型钢通过必要的连接组成构件，如梁、柱、桁架等，运到工地后通过安装连接而组成的整体结构，如厂房、多高层钢结构、桥梁等。设计时所采用的连接方法是否合理，施工时所完成的连接质量的好坏，直接影响结构的造价、安全和寿命。由此可见，连接在钢结构工程中占有很重要的地位。

11.4.1 焊缝连接

焊接连接是目前钢结构最主要的连接方法。根据连接情况可以全部用焊缝连接也可以采用部分焊接、部分螺栓连接。

焊接的实质就是将通过焊接材料把两个构件连接成整体的方法，其优点是构造简单、施工方便、不削弱构件截面、节约钢材、连接的密封性好，刚度大。缺点是构件内产生的焊接残余应力和残余变形对结构产生不利影响，其中低温冷脆问题较突出。

对于焊接位置较差，安装焊缝多，焊接质量控制难度大的钢结构的焊接工人必须是有丰富经验的、掌握一定的安全知识的持证上岗者。

焊接前需要了解气候条件，安全防护要做到位，确认二氧化碳气体和防火措施情况。

1. 焊接时注意事项

（1）焊材应清除油污、铁锈后方可施焊，对有烘干要求的焊材，必须按说明书要求进行烘干，经烘干的焊材放入保温筒内，随用随取。

（2）对接接头、T 形接头、角接头焊缝两端设引弧板，确认其材质与坡口形式是否与焊件相同，焊后应切割掉引弧板，并修整磨平。

（3）坡口内和两侧的锈斑、油漆、油污、氧化皮等均应清除干净。

（4）预热：焊前对坡口及其两侧各 100mm 范围内的母材进行加热去污处理。

（5）第一层的焊道应封住坡口内母材与垫板之连接处，然后逐道逐层累焊至填满坡口，每道焊缝焊完后都必须清除焊渣及飞溅物，出现焊接缺陷应及时磨去并修补。

（6）遇雨天时应停焊，板厚大于36mm时应按规定预热和后热，当风力大于3m/s时，构件焊口周围及上方应加遮挡，风速大于6m/s时则应停焊。

（7）正式焊接过程中，如发现定位焊有裂纹则应将其铲除以免造成隐患。

（8）不合格焊缝应进行返修，返修次数超过两次的焊缝须制定专项返修方案。

（9）为提高安全程度，最大限度地防止触电事故，电焊机采取必要的措施预防漏电引起的电气火灾事故。

（10）在局限空间或密闭的空间里焊接时，要使用防电击装置，且必须采取强制通风措施，以降低作业空间有害气体及烟尘的浓度。

2. 焊接处的检查及缺陷防治方法

（1）焊接处的检查

1）焊接前：工程质量证明文件、接头坡口角度、钝边、间隙及错口量，焊件表面的清洁状态；

2）焊接施工中：焊接工艺、焊接电流、焊条直径、焊接速度、焊接电弧长度等；

3）焊接结束后：表面是否平滑、有无气孔、夹渣、焊瘤、弧坑、未焊透、裂纹、烧穿等缺陷存在、测量坡口角度及焊缝高度。

（2）焊接缺陷防治方法：

1）当切割面有深缺口时必须用砂轮机整修平整后再进行焊接；

2）当焊缝出现裂纹时，要查清原因，清除焊缝重新焊接；

3）用X射线、超声波探伤等检查方法检测出裂缝时，清除裂纹及其两端各50mm长的焊缝或母材。

4）因焊缝连接母材出现裂纹时，要更换母材。

5）焊接残余变形采用机械法或加热法（加热温度控制在650℃以下）不损伤母材的原则下进行修补。

3. 焊接作业存在的不安全因素

在焊接作业中，存在污染和不安全因素。焊工要与各种易燃易爆气体、压力容器和电机电器接触，同时，在焊接与切割过程中，又会产生有毒气体、有害粉尘、弧光辐射、高频电磁场噪声和射线等。所有这些不安全因素都会引发爆炸、火灾、触电、烫伤、高空坠落等事故以及焊工尘肺、中毒等职业病的发生，不仅危害作业人员的安全与健康，而且还会使企业财产遭受严重损失，影响生产的顺利进行。所以，必须强调焊接作业中的安全技术，防止不安全因素所造成的危害。

4. 焊缝质量检验

焊缝的质量检验方法，有破坏性检验和非破坏性检验两种。焊缝的质量等级不同，其检验方法和数量也不相同。现行国家标准《钢结构工程施工质量验收规范》GB 50205规定，焊缝质量检查标准分为三级，其中三级焊缝只要通过外观检查；二级焊缝在外观检查的基础上，要求用超声波检验每条焊缝的20%长度，且不小于200mm；一级焊缝要求通过外观检查、超声波检验每条焊缝的全部长度外，还要求用X射线抽查焊缝长度的2%，至少应有一张底片。

11.4.2　螺栓连接

钢结构制作和安装单位，应按现行国家标准《钢结构工程施工质量验收规范》

GB 50205 的有关规定分别进行高强度螺栓连接摩擦面的抗滑移系数试验，其结果应符合设计要求。当高强度螺栓连接节点按承压型连接或张拉型连接进行强度设计时，可不进行摩擦面抗滑移系数的试验。

构件的紧固件连接节点和拼接接头，应在检验合格后进行紧固施工。经验收合格的紧固件连接节点与拼接接头，应按设计文件的规定及时进行防腐和防火涂装。接触腐蚀性介质的接头应用防腐腻子等材料封闭。

螺栓连接分普通螺栓连接和高强度螺栓连接。普通螺栓连接的优点是装卸便利、不需特殊设备。适用于安装连接和需要经常装拆的结构。普通螺栓分 C 级粗制螺栓和 A、B 级精制螺栓两种。钢结构用连接螺栓，除特殊注明外，一般为普通 C 级螺栓。高强度螺栓是用强度较高的钢材制作，安装时通过特制的扳手，给螺栓杆施加很大的预拉力，使被连接构件的接触面之间产生预应力。高强度螺栓连接分为摩擦型连接和承压型连接。前者通过板件之间的摩擦力传递外力，后者依靠螺杆和螺孔之间的承压来承受外力。高强度螺栓不能重复使用。

1. 普通螺栓施工

（1）连接材料

1）六角头螺栓：可分为 A、B、C 三个等级，A、B 级螺栓的栓杆与栓孔的加工都有严格要求需要机械加工，螺栓杆和螺栓孔之间空隙较小。适用于拆装式结构、连接部位需传递较大剪力的重要结构的安装中。C 级螺栓直径和孔径之差通常为 1.0～2.0mm。由于螺栓杆和螺孔之间存在较大空隙，传递剪力的性能较差，但传递拉力的性能仍较好，所以 C 级螺栓广泛用于承受拉力的安装连接，在不重要的连接或在钢结构安装中做临时固定之用。对于重要的连接中，采用粗制螺栓连接时须另加牛腿或剪力板来承受剪力。

2）双头螺柱：双头螺柱一般称为螺柱，多用于被连接零件太厚或由于不宜用六角头螺栓连接的场合，如混凝土屋架、屋面梁悬挂单轨梁吊挂件等。

3）地脚螺栓：地脚螺栓分一般地脚螺栓、直角地脚螺栓、锤头地脚螺栓、锚固地脚螺栓四种。一般地脚螺栓、直角地脚螺栓是在浇筑混凝土基础时预埋在基础之中用于固定钢柱的。锤头螺栓是基础螺栓的一种特殊形式，一般在混凝土基础浇筑时将特制模箱（锚固板）预埋在基础内，用以固定钢柱。锚固地脚螺栓是在已成形的混凝土基础上经钻机制孔后，再浇筑固定的一种地脚螺栓。

（2）检验

1）普通螺栓作为永久性连接螺栓的，当设计有要求或对其质量有疑义时，应对每一个规格螺栓抽查 8 个，进行实物最小拉力荷载复验。其结果应符合现行国家标准的相关规定。

2）连接薄钢板采用的自攻钉、拉铆钉、射钉等，其规格尺寸应与连接钢板相匹配、其间距、边距等应符合设计要求。

3）永久性螺栓紧固应牢固、可靠，外漏丝扣不应少于 2 扣，并应防止螺母松动。

2. 高强度螺栓的施工

（1）供货和保管

1）供货：高强度螺栓连接副，应由制造商按批配套供货，并必须有出厂质量保证书。

2）保管：按规格、批号分类保管，室内存放，防止生锈和沾染脏物。使用前，严禁任意开箱。当天领用。

（2）检验

1）螺栓连接副检查：大六角头应及时检验螺栓楔负载、螺母保证载荷、螺母及垫圈硬度、连接副的扭矩系数平均值和标准差。扭剪型螺栓检验螺栓楔负载、螺母保证载荷、螺母及垫圈硬度、连接副的紧固轴力平均值和变异系数。

2）摩擦面的抗滑移系数检验：以钢结构制造批为单位，由制造商和安装单位分别进行，每批三组。以单项工程每 2000t 为一制造批，不足 2000t 者视作一批，单项工程的构件摩擦面选用两种及以上表面处理工艺时，则每种表面处理工艺均需检验。

（3）高强度螺栓连接副的安装及操作要点

1）高强度螺栓长度应按下式计算：

$$l = l' + \Delta l \tag{11-1}$$

式中 l'——连接板层总厚度；

Δl——附加长度，可按下式计算：

$$\Delta l = m + nS + 3P \tag{11-2}$$

式中 m——高强度螺母公称厚度；

n——垫圈个数，扭剪型高强度螺栓为 1，大六角头高强度螺栓为 2；

S——高强度垫圈公称厚度；

P——螺纹螺距

当高强度螺栓公称直径确定后，Δl 可由表 11-3 查得。

高强度螺栓附加长度（mm） **表 11-3**

螺栓直径	12	16	20	22	24	27	30
大六角头高强度螺栓	25	30	35	40	45	50	55
扭剪型高强度螺栓		25	30	35	40		

2）摩擦面的现场处理：如采用生锈处理方法时，安装前应以细钢丝刷除去摩擦面上的浮锈；安装高强度螺栓时，构件摩擦面应保持干燥，不得在雨中作业。严禁在摩擦面上做任何标记。

3）接触面间隙的处理：

① $t<1.0$mm 时，对受力的滑移影响不大，可不做处理。

② $t>1.0\sim3.0$mm 时，对受力后的滑移影响较大，为消除影响，将厚板一侧磨成 1∶10 的缓坡，使间隙小于 1.0mm。

③ $t>3.0$mm 时，加垫板调平，垫板厚度不小于 3mm，最多不超过三层，垫板材质和摩擦面处理方法应与构件相同。

4）孔位偏差的处理：经施工图编制单位同意后，方可扩钻或补钻后重新钻孔。扩孔后的孔径不得大于原设计孔径 2.0mm；补焊时，应用与母材性能相当的焊条补焊，严禁用钢块填塞。每组孔中经补焊重新钻孔的数量不得超过 20%。处理后的孔应做记录。

5）临时螺栓和冲钉的数量：由安装时可能承担的荷载计算确定，同时不得少于安装总数的 1/3；不得少于 2 个临时螺栓，冲钉穿入数量不宜多于临时螺栓的 30%。不得用高强度螺栓兼做临时螺栓。

6）高强度螺栓的穿入：安装时，严禁强行穿入。该孔应用铰刀修整，修整后的最大直径应小于1.2倍螺栓直径。为防止铁屑落入板叠缝中，铰孔前应将四周螺栓全部拧紧，使钢板密贴后再进行。严禁气割扩孔。

7）螺栓拧紧的顺序：一般从接头中心顺序向两端进行紧固；箱形接头一般为上、左、下、右的顺序；工字梁接头栓群的紧固顺序应按柱侧上下翼缘→柱侧腹板→梁侧上下翼缘→梁侧腹板的次序；工字形柱螺栓的紧固顺序为先翼缘后腹板；两个或多个接头栓群的拧紧顺序为先主要构件接头，后次要构件接头；初拧、终拧应按同一顺序进行。

8）螺栓扭矩检验：高强度螺栓连接副扭矩检验含有初拧、复拧、终拧扭矩的现场无损检验。检验所用扭矩扳手的扭矩精度误差应不大于3%。

3. 螺栓连接的安全施工要点

（1）作业人员进入施工现场必须戴安全帽，高空作业必须系安全带，穿防滑鞋。

（2）高空操作人员使用的工具及安装用的零、部件，应放入随身携带的工具袋内，不可随便向下丢抛。手动工具如刺轮扳手、梅花扳手等应用小绳拴在施工人员的手腕上，拧下来的扭剪型梅花头应随手放入专用的收集袋内。

（3）做好高空施工的安全防护工作。设计和制作标准化的高强度螺栓施工用安全吊篮，要求吊篮安全牢固轻便，便于工人施工转场。

（4）地面操作人员应尽量避免在高空作业的下方停留或通过，防止高空坠物伤人。

（5）使用活动扳手时，扳口尺寸应与螺帽尺寸相匹配，不应在手柄上加套管。高空作业应使用死扳手，如用活扳手时，要用绳子拴牢，作业人员要系好安全带。

（6）高强度螺栓施工机具的接电口应有防雨、防漏电的保护措施。

11.5 钢结构施工安装

11.5.1 基础的验收

（1）地脚螺栓安装前，必须取得基础验收的合格资料。钢柱脚支承面、支座和地脚螺栓的位置和标高等的偏差应符合相关规定。

（2）钢柱脚底板面与基础之间的空隙，应用细石混凝土浇筑密实。

（3）为保证基础面标高符合设计要求，可采用两种浇筑方法。

1）一次浇筑法是将柱脚基础面先浇到设计标高以下20～30mm处，然后在设计标高处设角钢或钢制导架，测准其标高，再以导架为依据用水泥砂浆找平到设计标高。一次浇筑法要求钢柱的制作尺寸十分准确。

2）二次浇筑法是将柱脚支撑面混凝土分两次浇筑到设计标高。首先将混凝土浇筑到比设计标高低40～60mm处，柱子吊装时，在基础面上放置钢垫板（不得多于5块）以精确校准标高，待柱子吊装就位后，再在钢柱脚底下浇筑细石混凝土。二次浇筑法因容易矫正，故重型钢柱安装多采用此方法。

11.5.2　钢构件的运输及进场

1. 吊装准备及构件运输

（1）在施工现场进行吊装准备及机械、机具的布置应选定无坠落危险的平整道路，有坡道的地方应设置操作平台或临时平台以确保施工安全。

（2）临近建筑物或高压电线时应进行防护及安全措施。

（3）运输道路应平整坚实，保证使用汽车式起重机作业或移动中不发生地基沉降或颠倒危险。

（4）根据构件的重量、外形尺寸、工地运输起重机具、道路条件以及经济效益，确定合适的运输车辆和起重设备，检查吊装机具是否完好、运输是否灵活并进行试运转。

（5）清点构件的型号和数量，并检查钢结构连接情况、外观（包括裂缝、麻面、焊缝尺寸等）。

2. 构件进场

（1）为减少现场的堆放场地和二次运输，在出货前由现场按吊装计划提出进货明细表，按吊装顺序和流向来组织装运，以减少多次运输作业带来的安全隐患。

（2）运输、装车时要有足够枕木将构件叠放整齐，并保证挂钩方便安全，堆垛高度一般不大于2m，以保证安全。

（3）装、卸车起吊构件应轻起轻放，构件堆放应满足安装顺序要求，先吊装的构件在上，后吊装的构件在下。

（4）卸货，首先确认运输过程中有无构件失去平衡，再拆除绑扎用钢牵，挂钩完成后，作业人员迅速离开作业区方可起吊，待构件到达放置点降落至距地面1m以内，人员方可接近放置堆放。特别要注意的是，当构件竖向排放时，构件间要有枕木垫放压紧，再由两端撑紧，以防止多米诺倒塌事故。

（5）钢结构提升施工前，应划分安全区，以避免重物坠落，造成人员伤亡。

（6）提升过程中，未经许可不得擅自进入施工现场。

11.5.3　钢结构安装

钢结构安装校正时应分析温度、日照和焊接变形等因素对结构变形的影响。施工单位和监理单位宜在相同的天气条件和时间段进行测量验收。钢结构吊装宜在构件上设置专门的吊装耳板或吊装孔。设计文件无特殊要求时，吊装耳板和吊装孔可保留在构件上，需去除耳板时，可采用气割或碳弧气刨方式在离母材3～5mm位置切除，严禁采用锤击方式去除。

1. 钢柱安装

（1）钢柱吊装

钢柱应根据现场塔吊吊装工况进行分段，确保所有分段钢柱现场塔吊能满足吊装要求。为提高综合施工效率，构件分段应尽量减少。

准备好并检查吊索、钢丝绳、卡环、绳卡、千斤顶、滑车、桅杆、卷扬机等吊具起重机具。吊装前，确认爬梯、垂直安全绳安装到位，绑紧扎牢，调整用风绳安装完成。登高用梯子吊篮，临时操作台应绑扎牢靠。

捆绑吊装时，注意柱边缘对钢丝绳的损伤保护（胶皮、麻布等)。起吊时钢柱必须垂直，尽量做到回转扶直，根部不拖。对于细长钢柱，为了防止钢柱在吊装过程中变形，可以考虑采用两点或三点起吊。钢柱的吊装应选择绑扎点在重心以上，并对吊索和钢柱绑扎处采取防护措施。

起吊钢柱时，提升或下降速度要平稳，避免紧急制动或冲击。设置吊装禁区，并设置检查人员，禁止施工作业无关人员入内，尽量避免在高空作业的正下方停留或通过。

为保证钢柱的稳定，防止倾倒，在每段钢柱吊装到位，用临时耳板连接固定后立即拉设缆风绳。缆风绳需等钢柱焊接完成后方可撤除，风绳采用直径16的钢丝绳。

(2) 钢柱校正及固定

钢柱降到1m以下方可人员接近，进行安装作业。钢柱对位时，一定要使柱子重心线对准基础顶面安装中心线，并使地脚螺栓对孔，注意钢柱垂直度，在基本达到要求后，在起重机不脱钩的情况下，缓慢降落就位。经过初校，待垂直偏差在20mm以内，拧紧地脚螺栓或打紧木楔临时固定，以及风绳（保证要三根以上成立体固定）绑紧后方可脱钩。校正钢柱垂直度时，应考虑风力、温度对钢柱垂直度的影响。

对分节钢柱上、下接触面之间的间隙一般不得大于1.5mm，如间隙在1.6～6.0mm之间，可用低碳钢的垫片垫实间隙。柱间间距偏差可用液压千斤顶与钢楔，或倒链与钢丝绳或缆风绳进行校正。在第一节框架安装、校正、螺栓紧固后，即应进行底层钢柱柱底灌浆。

当垂直度和水平位移均出现偏差时，如垂直度偏差较大，应先校正垂直度偏差，再校正水平位移，以防柱子失稳的可能性。

2. 钢梁的安装

(1) 钢梁的吊装

钢梁吊装宜采用专用吊具，两点等长绑扎吊装，对称起吊。在梁一端需拴好拉绳，以防就位时左右摆动，碰撞钢柱。一机同时起吊多根钢梁时绑扎要牢固可靠，且利于逐一安装。吊装时指挥人员应位于操作人员视力能及的地点，并能清楚地看到吊装的全过程。

(2) 钢梁的设置

当设置钢梁时必须佩戴安全帽，设置挂安全带的主绳，并系好安全带。升降时须使用垂直方向的主绳和安全带。在梁安装之前，确认梁连接用的螺栓，工具按数放入布袋挂于梁端。

吊装用钢绳的长度和直径按照要求选用，捆扎吊装时注意对钢索进行保护。吊点的选择，需要考虑构件平面内的刚度和强度。然后根据吊重产生的压力再对构件平面外刚度进行验算。在两点吊装构件刚度不足时，可以考虑采用三点吊装；中间要用手拉葫芦调节长度保持构件平直。

梁起吊离地300mm时稍作停留来确认吊具吊索的正常，然后提升到2000mm以上方可旋转移动。钢梁的吊升宜缓慢进行。在构件到达安装位附近，安装人员方可接近引导和安装。两端各至少设置一根导绳，引导梁就位。构件安装到位后首先将梁上的安全绳与柱连接后方可上人卸钩。

安装钢梁时可在梁的两端挂脚手架，或搭设落地脚手架。当需要在梁上行走时，应设置临边防护或沿梁一侧设置钢丝绳并拴挂在钢柱上做扶手绳，人员行走时应将安全带扣挂在钢丝绳上。

起重机梁须在柱子最后固定且柱间支撑安装后进行。当梁高度与宽度之比大于4时，或遇5级以上大风时，脱钩前，应用8号钢丝将梁捆绑在柱上临时固定，以防倾倒。

3. 压型钢板的安装

（1）压型钢板的吊装及堆放

压型钢板堆放的地坪应平整、不积水，压型钢板堆叠不宜过高，以每堆不超过40张为宜。不得有损坏和污染压型钢板，特别是油污。

在吊装前先核对压型钢板的编号及吊装位置是否准确。压型钢板采用专用吊具进行吊装，起吊时每捆应有两条钢索绳，分别捆于两端1/4处。钢索绳捆扎处应该用木板衬垫以免损坏压型钢板。

（2）压型钢板的铺设

在铺设压型钢板时，禁止无关人员进入施工部位，压型钢板施工楼层下方禁止人员穿行。为防止人员、物料和工具坠落，须挂设安全网，在施工区域地面设围栏或警示标志，专人负责监视。

禁止在高空抛掷任何物品，传递物品用绳拴牢进行传递，风力大于5级及雨天停止压型钢板安装作业。

施工中工人不可聚集，以免集中荷载过大，造成板面损坏。进行屋面施工时须设置宽度300mm以上的施工操作平面。

铺设组合楼板中的压型钢板时，应根据施工图设置临时支撑，待混凝土浇筑完毕并达到设计强度后，方可拆除临时支撑。组合楼板钢柱之间的主梁上必须有防护绳围护，次梁间必须铺设安全网。

压型钢板檐口及楼板洞口处须事先设置防护栏杆，盖板设置困难的较大洞口四周须设防护栏杆并在洞口下张设安全平网。

11.5.4 高空作业技术措施

1. 垂直登高设施

常用的登高设施主要有三种：施工电梯、永久楼梯、临时爬梯。多层及高层钢结构施工登高借助施工电梯，构件安装时的登高需要设置临时爬梯。每榀钢柱吊装前，先在地面上焊接好爬梯，爬梯宜采用耐候钢制作；也可以采用工具式爬梯，工具式爬梯挂在柱顶连接板上，每隔一段距离将爬梯与钢柱捆绑牢靠。

钢柱吊装就位后，工作人员通过爬梯上下，拆除吊具和实施焊接，工人上下爬梯时一定要系好安全绳。

2. 对接操作平台

钢柱吊装前装配钢爬梯和安装钢梁用的临时装配式操作平台，临时装配式平台可拆卸换位，用于钢柱对接。雨天需焊接时在操作平台上部设置防雨篷。

3. 水平通道设置

钢框架安装过程中，一般借助楼层梁作为施工的水平通道。通过设置扶手绳来解决行走过程的安装问题。扶手绳采用钢丝绳，通过可靠固定在钢柱翼缘边的立杆上。施工人员在梁上行进时，必须将安全带挂钩于扶手绳上。水平通道最好相互连通，以便于通行。水平通道沿外围钢柱设置环形一圈。

4. 高空作业安全防护网设置

为防止人员、物料和工具坠落或飞出造成安全事故，铺设安全网。安全网设置在梁面以上 2m 处。

11.5.5 安全施工要点

1. 材料进场

材料进场时的安全施工要点见表 11-4。

材料进场时安全施工要点　　表 11-4

事故类型	安全施工要点
倒塌 机械设备倾翻 坠落、跌落 撞击	(1)指派引导人员,引导材料进场车辆 (2)运输道路准备,确保堆放场地 (3)遵守堆放高度,一般不大于 2m (4)按材料种类、规格尺寸分类堆放 (5)划分安全区 (6)检查钢丝吊绳是否有损伤 (7)选用具有足够吊挂能力的设备 (8)确认机械操作者是否持有资格或执照 (9)吊件的下方严禁施工无关人员入内 (10)指定指挥人员

2. 钢结构设置

钢结构设置安全施工要点见表 11-5。

钢结构设置安全施工要点　　表 11-5

事故类型	安全施工要点
坠落 跌落 被夹击 撞击	(1)设置挂安全带的主绳 (2)临边、洞口必须设置防护栏杆或安全防护网 (3)升降时须使用垂直方向的主绳和安全绳 (4)对站板的承重量进行充分考虑 (5)遵守吊装重量的限制 (6)设置吊装禁区,不得在正在吊装的构件下通过 (7)吊装前检查机械锁具、夹具、吊环等 (8)指定指挥人员 (9)恶劣天气停止施工

3. 钢结构焊接及螺栓连接

钢结构焊接及螺栓连接安全施工要点见表 11-6。

钢结构焊接及螺栓连接安全施工要点　表11-6

事故类型	安全施工要点
坠落 被夹击 撞击	(1)设置登高用梯子及垂直方向的主绳和安全带 (1)搭设高空脚手平台、防护栏杆、挂梯或搭设脚手架 (2)施工时戴好安全带、穿防滑鞋 (3)防焊接火花飞溅措施 (4)检查漏电保护器运行是否正常 (5)高空作业时工具及零部件应放入佩戴的工具袋内

4. 起重吊装安全检查

起重吊装安全检查见表11-7。

起重吊装安全检查表　表11-7

序号	检查项目	检查内容	检查结果	检查人签字
1	绳卡、钢丝绳	(1)绳卡按规定设置，使用合理、紧固合适 (2)使用合理、选择合适的绳径倍数，钢丝绳磨损、断丝、变形、锈蚀不得超过标准 (3)钢丝绳规格应符合起重机产品说明书要求 (4)缆风绳安全系数不小于3.5倍，设置符合规定		
2	吊点	(1)应符合专项施工方案规定位置 (2)焊接质量合格		
3	起重机械	(1)起重机是否按规定安装荷载限制器及行程限位装置 (2)起重机按规定取得准用证 (3)吊钩设计保险装置 (4)起重机安装完毕后经过验收		
4	司机、指挥	(1)司机、指挥是否持证上岗，操作证应与操作机型相符 (2)起重机作业应设专职信号指挥和司索人员 (3)高处作业是否有信号传递		
5	起重作业	(1)被吊物体重量是否明确 (2)是否有超载作业情况 (3)作业前是否经试吊检验 (4)起重机不应采用吊具载运人员 (5)当吊运易散落物件时，应使用专用吊笼		
6	警戒	起重吊装作业设警戒区域，无关人员不得入内，并设专人警戒，安全员在现场监控		
7	高处作业	(1)钢柱上设置专用爬梯和专用安全绳 (2)登高作业准备自锁器、安全带 (3)登高作业人员按规定系双钩安全带并挂牢靠		
8	操作工	(1)有起重指挥在现场指挥 (2)特种设备操作人员按规定持证上岗		
9	安全交底	钢柱吊装前，须对现场有关人员交底，并有交底人和被交底人的签字		

11.6 危险源辨识及控制措施

钢结构工程因吊装作业和高空作业比较多，容易发生高处坠落、物体打击、架体失稳等事故。因此在进行钢结构工程施工时，应采取有效措施保证施工安全。表 11-8 为危险源辨识及控制措施。

危险源辨识及控制措施　　　　表 11-8

序号	作业活动	危险源	危险源级别	可能导致的事故	控制措施	应急预案
1	构件吊装	作业人员未经培训合格上岗作业	重大	各类事故	（1）起重指挥等特殊工种严格审核持证上岗 （2）教育职工尤其是特殊工种遵守操作规程和施工方案	（1）组织抢救（包括抢救伤员）； （2）保护现场防止事故扩大； （3）立即报告上级有关部门
		吊装前机械设备未经仔细检查就起吊	重大	设备损坏、构件坠落、人员伤亡等事故	（1）项目施工方案里有开吊前各设备检查记录表格 （2）起吊前，卷扬机、钢丝绳、滑轮组、卸扣、各个吊点等都要专人检查，检查人员在检查表格上签字认可合格后方能起吊	
		无试吊过程就直接起吊	重大	设备损坏、构件坠落、人员伤亡等事故	（1）吊前必须先进行试吊，当各项检查合格可以起吊后，先将构件吊起离地 300～500mm 高，停留 20min 左右 （2）然后再仔细检查，确认无隐患后才能正式起吊	
		恶劣天气或指挥信号不清就起吊	一般	各类事故	（1）六级风以上不得进行钢柱、吊装梁、屋面主桁架等大型构件吊装作业 （2）吊装时用对讲机或口哨指挥，但信号必须统一、明确、畅通	
		吊装区域无警戒区域，无警示牌	一般	发生人员伤亡事故	吊装区域必须用“红白旗”设置警戒区，悬挂警示牌，并有专职安全人员监控	
		无专职安全监护人员	一般	各类事故	（1）吊装区域配备专职安全监护人员 （2）起吊时，吊装区域、滑轮组吊点、受力钢丝绳等处设置专门监控人员	

续表

序号	作业活动	危险源	危险源级别	可能导致的事故	控制措施	应急预案
2	高空电焊（气割）作业	无证操作	一般	高处坠落、火灾等事故	电焊工必须持“双证”上岗：操作证和动火证	（1）组织抢救（包括抢救伤员）； （2）保护现场防止事故扩大； （3）立即报告上级有关部门
		不按规范或违章操作	一般	触电或火灾等事故	（1）要移开周围易燃物品或采取其他措施，防止火星飞溅伤人和引起火灾 （2）更换场地移动把线时，应切断电源，并不得手持把线爬梯登高	
3	施工用电	不按规范或违章用电	一般	设备损坏，人员触电	（1）持证上岗，施工现场配置专职电工 （2）发现有人触电时，必须立即切断电源，进行急救 （3）严格遵守JGJ 46—2012临时用电规范	
		安全距离达不到要求且无防护措施	一般	触电、系统停电	开关箱与用电设备的安全距离不应超过3m	
4	夜间施工	光线不足，人员不足，管理人员监控不到位	一般	各类事故	（1）夜间施工，必须配置足够的照明，并经公司安全部门验收合格，方可施工 （2）夜间施工，项目经理（或项目经理指定人员）必须亲自在场，并配备安全监控人员，否则发生事故由项目经理承担直接责任	
5	安装工程	上下抛扔	一般	各类事故	（1）严禁上下抛扔工具及构件，施工中必须扣好安全带，工具要放在工具袋内 （2）立体交叉作业，要上下沟通 （3）进入施工现场必须戴好安全帽，系好帽带	

11.7 钢结构工程事故案例分析

案例：河南省新乡市“5.1”厂房钢结构坍塌事故

2014年5月1日18时左右，河南省新乡市河南中部医药物流产业园2号分拣中心工程施工现场，钢构厂房屋架钢梁在安装过程中，钢结构框架整体失稳坍塌，造成3名施工人员死亡，1名作业人员重伤，直接经济损失452.5万元。

1. 事故简介

2014 年 5 月 1 日上午，钢结构施工队长带着 8 名工人和 2 名吊车司机在钢结构厂房施工现场实施吊装作业。钢结构厂房自北向南分 S、N、K 三条东西走向的立柱分布线，每条立柱线设 10 根钢构立柱。当日上午在吊装了 S 主线的 4 根立柱后收工，13 时 30 分继续施工，在吊装了 3 根屋架梁后开始吊装第 4 根屋架梁。当时 2 人在 S 主线从东向西第 3 根立柱和屋架梁上配合 25 吨吊车吊装第 2 根与第 3 根立柱之间上方的工字钢，1 人在 N 主线从东向西第 4 根立柱和屋架梁上配合 50 吨吊车吊装连接 S 主线和 N 主线之间的屋架梁，50 吨吊车将屋架梁和另外 2 人一起吊起，还有 3 人在地面作业。18 时许，施工现场刮起了西南风，施工队长听到 K 主线最西边立柱上防风绳葫芦（防风绳紧固器具）打到立柱上，同时看到钢结构框架已开始倾斜，整个钢构框架在 5、6 秒间整体坍塌，在钢结构框架上方施工的 3 人同时坠至地面，并被坍塌钢构砸压，其东侧的临时职工宿舍亦被部分砸垮，致使在宿舍门口的 1 人被砸压。

2. 事故原因

（1）直接原因

经调查认定，这是一起因违法违规施工导致的生产安全责任事故。事故直接原因为在建钢结构框架未形成稳定的空间体系，在阵风作用下导致柱间竖向支承受力过大，连接螺纹处发生破坏，丧失纵向刚度，造成钢结构框架整体坍塌。

（2）间接原因

1）施工单位未按设计要求施工

施工单位在钢结构搭设专项施工方案未经批准的情况下实施吊装，未按设计要求在钢柱安装完毕后混凝土包柱脚。设计要求如工期要求需在钢构主体完工后混凝土包柱脚，施工单位应按不包柱脚（铰接柱脚）进行施工阶段验算并写出具体施工方案，报监理和设计单位批准。但实际施工中，既未实施混凝土包柱脚，也未按不包柱脚规范操作，同时钢结构柱间支撑螺纹处缩颈较大导致抗拉承载力降低，防风绳设置不合理，未按现场施工实际情况在薄弱点设置。

2）工程层层转包，安全质量管理基本缺失。名义施工单位以收取管理费的形式将工程包给个人，而具体实施钢结构搭建施工的则是无合同关系的施工队。组织吊装危险作业施工过程中未设置现场安全管理人员，吊装司索、指挥等特种作业人员无证上岗，严重违反规定安排施工人员位于正在吊装的钢梁上作业。

3）监理公司未严格履行监理职责

对建设项目未办理相关手续违规开工建设、施工设计图纸未经图审机构审核、施工单位未按要求报批专项施工方案、施工方项目部设置违规、未按设计施工等问题未采取有效措施予以纠正。

4）违规施工建设

未办理好相关施工许可、备案手续，主要包括建设工程规划许可证、建设工程施工许可证、安全监督备案、消防监督备案、质量监督备案，施工设计图纸未经专门机构审核的情况下，违法违规开工建设；对施工单位和监理单位实际派驻施工项目部管理人员和工程监理人员与合同约定人员严重不符的问题未予以纠正；对项目建设过程中存在的安全隐患未采取有效措施并督促相关单位予以整改消除；作为建设方，对施工单位、监理单位在钢结构厂房施工过程中，存在的违规施工、安全措施缺失、安全监管松懈等问题，未尽到统一管理协调职责。

建设单位未及时补进监理公司，致使施工过程中监理单位缺失；在未有旁站监理的情况下，违规组织吊装危险作业。建设单位在 4 月 30 日通知监理公司终止监理合同后，未按规定签署新的监理单位，也未通知施工方停止施工。

3. 事故处理

(1) 司法机关立案查处 9 人的处理建议

建设单位项目负责人、施工单位项目负责人对工程违法违规开工建设负有直接管理责任，涉嫌重大责任事故犯罪。

城乡建设检查中队 3 人在工程执法中对违法行为没有及时制止，涉嫌玩忽职守犯罪。

项目安全员、施工队负责人、项目技术员、临时监理总监在危险作业实施前后安全技术措施缺失、安全监管不到位，由公安机关追究刑事责任。

(2) 相关单位处理建议

建设单位、施工单位、监理单位存在违法违规上，安全职责履行不到位，由主管部门进行行政处罚，并将其列入建筑市场信用信息不良记录。

思考题

1. 试述钢结构安装施工的安全检查要点。
2. 试分析钢架构搭建、临边施工时常发生的事故及事故原因。
3. 试述钢结构连接形式和种类。
4. 试述高强度螺栓连接检验方法。
5. 在钢结构施工中预防坠落事故的措施有哪些?
6. 防止钢架倒塌的措施有哪些?
7. 试述钢结构连接安全施工要点。

第12章　脚手架工程

12.1　脚手架概述

脚手架作为建设施工中不可缺少的临时设施，贯穿于施工全过程，其设计和搭设的质量直接影响操作人员的人身安全、建筑施工进度及工程质量。目前脚手架的发展趋势是采用金属制作的、具有多种功能的组合式脚手架，可以适用不同情况作业的要求。

脚手架工程常见的事故有：

1）脚手架安装、拆除时坠落；

2）操作平台设置不牢靠引起坠落；

3）因超载引起脚手架倒塌或坍塌；

4）脚手架稳定支撑不足引起倒塌；

5）不小心从外脚手架和结构物之间的空隙中坠落；

6）站在移动操作平台移动时坠落或翻倒；

7）搭设脚手架时被未清理的物件打击事故等。

为避免这类事故的发生，须按照脚手架安全技术要求及管理要求严格进行施工。

12.1.1　脚手架的作用及分类

1. 脚手架的作用

脚手架是为了保证高处作业安全、顺利进行施工而搭设的，用作操作平台、施工作业和运输通道，并能临时堆放施工用材料和机具。在砌筑工程、混凝土工程、结构构件的组装和设备管道的安装工程、装修工程中有着广泛的应用。

脚手架的主要作用：

（1）堆放及运输一定数量的建筑材料；

（2）顺利进行施工的工作平台和作业通道；

（3）保证施工作业人员在高空操作时的安全。

2. 脚手架的分类

脚手架可根据与施工对象的位置关系、支承特点、结构形式以及使用的材料等划分为多种类型。

（1）按用途和使用功能不同：主体结构作业脚手架、高处作业吊篮、承重支架等；

（2）按搭设材料分类：金属脚手架、木脚手架、竹脚手架；

（3）按搭设方法分类：落地脚手架、附着式升降脚手架、悬挂脚手架、防护架；

（4）按节点连接方式分类：扣件式钢管脚手架、门式钢管脚手架、承插式盘扣钢管脚手架；

（5）按承重支架分类：结构安装承重支架、混凝土浇筑施工模板支架、满堂脚手架。

12.1.2 脚手架搭设与拆除

1. 搭设要求

（1）脚手架的构造设计应能保证脚手架结构体系的稳定。

（2）脚手架的设计、搭设、使用和维护应满足下列要求：

1）应能承受设计荷载；

2）结构应稳固，不得发生影响正常使用的变形；

3）应满足使用要求，具有安全防护功能；

4）在使用中，脚手架结构性能不得发生明显改变；

5）当遇意外作用或偶然超载时，不得发生整体破坏；

6）脚手架所依附、承受的工程结构不应受到损害。

（3）不管搭设哪种类型的脚手架，脚手架所用的材料和加工质量必须符合规定要求，绝对禁止使用不合格材料搭设脚手架，以防发生意外事故。

（4）脚手架搭设作业前，应向作业人员进行安全技术交底。脚手架搭设作业应按专项施工方案施工。

（5）脚手架的搭设场地应平整、坚实，场地排水应顺畅，不应有积水。搭设时认真处理好地基，确保地基具有足够的承载能力，避免脚手架发生整体或局部沉降。脚手架附着于建筑结构处的混凝土强度应满足安全承载要求。

（6）脚手架应按顺序搭设，并应符合下列规定：

1）落地作业脚手架、悬挑脚手架的搭设应与工程施工同步，一次搭设高度不应超过最上层连墙件两步，且自由高度不应大于4m；

2）支撑脚手架应逐排、逐层进行搭设；

3）剪刀撑、斜撑杆等加固杆件应随架体同步搭设，不得滞后安装；

4）构件组装类脚手架的搭设应自一端向另一端延伸，自下而上按步架设，并应逐层改变搭设方向；

5）每搭设完一步架体后，应按规定校正立杆间距、步距、垂直度及水平杆的水平度。

（7）搭设时，脚手架必须有供操作人员上下的阶梯、斜道。严禁施工人员攀爬脚手架。

（8）作业脚手架连墙件的安装必须符合下列规定：

1）连墙件的安装必须随作业脚手架搭设同步进行，严禁滞后安装；

2）当作业脚手架操作层高出相邻连墙件2个步距及以上时，在上层连墙件安装完毕前，必须采取临时拉结措施。

（9）悬挑脚手架、附着式升降脚手架在搭设时，其悬挑支承结构、附着支座的锚固和固定应牢固可靠。

（10）附着式升降脚手架组装就位后，应按规定进行检验和升降调试，符合要求后方可投入使用。

（11）卸料平台应进行设计计算并编制专项施工方案。支撑系统不得与脚手架连在一起，平台的搭设要符合设计要求，要有限定荷载标牌。卸料平台的施工荷载一般可按砌筑

脚手架荷载 $3kN/m^2$ 计算。

（12）严禁使用竹木脚手架、扣件式钢管悬挑卸料平台、钢管悬挑式脚手架。脚手架严禁钢木、钢竹混搭，严禁不同受力性质的架体连接在一起。

（13）当在多层楼板上连续搭设支撑脚手架时，应分析多层楼板间荷载传递对支撑脚手架、建筑结构的影响，上下层支撑脚手架的立杆宜对位设置。

（14）脚手架在使用过程中应分阶段进行检查、监护、维护、保养。

2. 脚手架的拆除

（1）脚手架拆除作业前，应对操作人员进行技术安全交底，脚手架的拆除工作应按专项施工方案及安全操作规程的有关要求进行。防止脚手架大面积倒塌和物体坠落砸伤他人。

（2）脚手架的拆除作业必须符合下列规定：

1）架体的拆除应从上而下逐层进行，严禁上下同时作业。

2）同层杆件和构配件必须按先外后内的顺序拆除；剪刀撑、斜撑杆等加固杆件必须在拆卸至该杆件所在部位时再拆除。

3）作业脚手架连墙件必须随架体逐层拆除，严禁先将连墙件整层或数层拆除后再拆架体。拆除作业过程中，当架体的自由端高度超过 2 个步距时，必须采取临时拉结措施。

（3）模板支撑脚手架的安装与拆除作业应符合现行国家标准《混凝土结构工程施工规范》（GB 50666—2011）的规定。

（4）脚手架拆除时应划分作业区，周围应设置围栏或竖立警戒标志，并应设专人看管，严禁非作业人员入内。

（5）脚手架的拆除作业不得重锤击打、撬别。拆除的杆件、构配件应采用机械或人工运至地面，严禁抛掷。

12.1.3 脚手架安全管理

1. 一般规定

（1）施工现场应建立脚手架工程施工安全管理体系和安全检查、安全考核制度。

（2）脚手架施工前必须编制安全专项施工方案（以下简称专项方案），专项方案应由施工单位项目技术负责人组织编制，并应按规定程序报施工单位技术负责人及监理单位项目总监审批。

（3）搭设高度 50m 及以上落地式钢管脚手架、架体高度 20m 及以上的悬挑式脚手架和提升高度 150m 及以上的附着式整体和分片提升脚手架，其专项方案应按规定程序组织专家论证，未经专家论证通过不得擅自组织施工。

（4）脚手架工程应按下列规定实施安全管理：

1）搭设和拆除作业前，应审核专项施工方案；

2）应查验搭设脚手架的材料、构配件、设备检验和施工质量检查验收结果；

3）使用过程中，应检查脚手架安全使用制度的落实情况。

（5）脚手架的搭设和拆除作业应由专业架子工担任；并应持证上岗。

(6) 搭设和拆除脚手架作业应有相应的安全设施，操作人员应佩戴个人防护用品，穿防滑鞋。

(7) 脚手架在使用过程中，应定期进行检查，检查项目应符合下列规定：

1) 主要受力杆件、剪刀撑等加固杆件、连墙件应无缺失、无松动，架体应无明显变形；

2) 场地应无积水，立杆底端应无松动、无悬空；

3) 安全防护设施应齐全、有效，应无损坏缺失；

4) 附着式升降脚手架支座应牢固，防倾、防坠装置应处于良好工作状态，架体升降应正常平稳；

5) 悬挑脚手架的悬挑支承结构应固定牢固。

(8) 当脚手架遇有下列情况之一时，应进行检查，确认安全后方可继续使用：

1) 遇有6级及以上强风或大雨过后；

2) 冻结的地基土解冻后；

3) 停用超过1个月；

4) 架体部分拆除；

5) 其他特殊情况。

(9) 附着式整体爬升脚手架应经鉴定，并有产品合格证、使用证和准用证。

(10) 采用自动提升、顶升脚手架或工作平台施工时，应严格执行操作规程，并经验收后实施。

2. 安全要求

(1) 脚手架作业层上的荷载不得超过设计允许荷载。

(2) 严禁将支撑脚手架、缆风绳、混凝土输送泵管、卸料平台及大型设备的支承件等固定在作业脚手架上。严禁在作业脚手架上悬挂起重设备。

(3) 雷雨天气、6级及以上强风天气应停止架上作业；雨、雪、雾天气应停止脚手架的搭设和拆除作业；雨、雪、霜后上架作业应采取有效的防滑措施，并应清除积雪。

(4) 作业脚手架外侧和支撑脚手架作业层栏杆应采用密目式安全网或其他措施全封闭防护。密目式安全网应为阻燃产品。

(5) 作业脚手架临街的外侧立面、转角处应采取硬防护措施，硬防护的高度不应小于1.2m，转角处硬防护的宽度应为作业脚手架宽度。

(6) 作业脚手架同时满载作业的层数不应超过2层。

(7) 在脚手架作业层上进行电焊、气焊和其他动火作业时，应采取防火措施，并应设专人监护。

(8) 在脚手架使用期间，立杆基础下及附近不宜进行挖掘作业。当因施工需要需进行挖掘作业时，应对架体采取加固措施。

(9) 在搭设和拆除脚手架作业时，应设置安全警戒线、警戒标志，并应派专人监护，严禁非作业人员入内。

(10) 金属脚手架应设置避雷装置。遇有高压线必须保持大于5m或相应的水平距离，搭设隔离防护架。

(11) 支撑脚手架在施加荷载的过程中，架体下严禁有人。当脚手架在使用过程中出现安全隐患时，应及时排除；当出现可能危及人身安全的重大隐患时，应停止架上作业，撤离作业人员，并应由工程技术人员组织检查、处置。

12.1.4 脚手架工程危险源辨识

根据《危险性较大的分部分项工程安全管理规定》(住建部第37号令，2019修订版)，脚手架工程危险性较大工程如下：

1) 搭设高度24m及以上的落地式钢管脚手架工程(包括采光井、电梯井脚手架)；

2) 附着式升降脚手架工程；

3) 悬挑式脚手架工程；

4) 高处作业吊篮；

5) 卸料平台、操作平台工程；

6) 异型脚手架工程。

超过一定规模的危险性较大的分部分项工程如下：

1) 搭设高度50m及以上的落地式钢管脚手架工程；

2) 提升高度在150m及以上的附着式升降脚手架工程或附着式升降操作平台工程；

3) 分段架体搭设高度20m及以上的悬挑式脚手架工程。

12.2 木、竹脚手架搭设

12.2.1 材料要求

1. 木脚手架

木杆一般采用剥皮杉木、落叶松或其他坚韧的硬杂木，不得采用杨木、柳木、椴木、油松等易腐蚀、易折裂的材质。绑扎立杆必须选择8号镀锌钢丝或回火钢丝，纵横向水平接头可选择10号镀锌钢丝或回火钢丝。

纵横向水平杆及连墙件应选用薄皮杉木或落叶松。脚手板应选用杉木、落叶松板材、竹材、钢木混合材和冲压薄壁型钢等，其材质应分别符合国家现行相关标准的规定。

各种杆件具体尺寸要求见表12-1，搭设参数见表12-2。

2. 竹脚手架

竹脚手架应采用3～4年生的毛竹或楠竹，严禁使用弯曲不直、青嫩、枯脆、腐烂、虫蛀及裂纹连通两节以上的竹竿。横向水平杆(小横杆)，顶杆等没有连通两节以上的纵向裂纹；立杆、纵向水平杆(大横杆)等没有连通四节以上的纵向裂纹。竹脚手架绑扎材料有竹篾(广篾或小青篾，使用有效期各有不同)、18号以上的镀锌钢丝、塑篾等。

各种杆件具体尺寸要求见表12-3，搭设参数见表12-4。

各种木杆杆件尺寸要求 **表 12-1**

杆件名称	梢径 D(mm)	长度 L(m)
立杆	180≥D≥70	L≥6
纵向水平杆	杉木:D≥80 落叶松:D≥70	L≥6
小横杆	杉木:D≥80 落叶松:D≥70	2.3>L≥2.1

木脚手架搭设参数 **表 12-2**

用途	构造形式	内立杆轴线至墙面距离(m)	立杆间距(m)		作业层横向水平立杆间距(m)	纵向水平杆竖向步距(m)	横向水平杆悬挑长度(m)
			横向	纵向			
砌筑	单排	—	≤1.2	≤1.5	≤0.75	1.2~1.5	—
	双排	0.5	≤1.5				0.35~0.45
装修	单排	—	≤1.2	≤1.8	≤1.0	≤1.8	—
	双排	0.5	≤1.5				0.35~0.45

各种杆件具体尺寸要求 **表 12-3**

杆件名称	小头有效直径 D
立杆、大横杆、斜杆	脚手架总高度 H:H<20m,D=60mm H≥20m,D≥75mm
小横杆	脚手架总高度 H:H<20m,D=70mm H≥20m,D≥90mm
搁栅、栏杆	D≥60mm

竹制脚手架搭设参数 **表 12-4**

用途	构造形式	离立杆高墙面的距离(m)	立杆间距(m)		操作层小横杆间距(m)	大横杆步距(m)	小横杆悬挑长度(m)
			横向	纵向			
砌筑	双排	0.5	1.0~1.3	1.0~1.3	≤0.75	1.2	0.40~0.45
装修	双排	0.5	1.0~1.3	≤1.8	≤1.0	1.6~1.8	0.35~0.40

12.2.2 搭设要求

(1) 当选材、材质和构造符合相关现行规范时,木脚手架搭设高度应符合下列规定:

1) 单排架不得超过 20m;

2) 双排架不得超过 25m,当需要超过 25m 时,应按规范要求进行设计计算确定,但增高后的总高度不得超过 30m。

(2) 单排木脚手架的搭设不得用于墙厚在 180mm 及以下的砌体土坯和轻质空心砖墙以及砌筑砂浆强度在 M1.0 以下的墙体。

(3) 空斗墙上留置脚手眼时,横向水平杆下必须实砌两皮砖。

(4) 砖砌体的下列部位不得留置脚手眼：

1) 砖过梁上与梁成60°角的三角形范围内；

2) 砖柱或宽度小于740mm的窗间墙；

3) 梁和梁垫下及其左右各370mm的范围内；

4) 门窗洞口两侧240mm和转角处420mm范围内；

5) 设计图纸上规定不允许留洞眼的部位。

(5) 对三步以上的木脚手架，应每隔7根立杆设置一根抛撑，抛撑应进行可靠固定，底端埋深应为0.2～0.3m。

(6) 若脚手架的搭设不高，或地基为岩石等坚硬土层时，可不挖立杆坑，地面为岩石层或混凝土挖坑困难，或土质松软立杆埋深不够时，则应沿立杆底部距地面高400mm处加绑扫地杆。

(7) 当木脚手架加高超过7m时，必须在搭架的同时设置与建筑物牢固连接的连墙件。连墙件的设置应符合下列规定：

1) 连墙件应既能抗拉又能承压，除应在第一步架高处设置外，双排架应两步三跨设置一个；单排架应两步两跨设置一个；连墙件应沿整个墙面采用梅花形布置。

2) 开口形脚手架，应在两端端部沿竖向每步架设置一个。

3) 连墙件应采用预埋件和工具化、定型化的连接构造。

(8) 木脚手架立杆的接头应符合下列规定：

1) 相邻两立杆的搭接接头应错开一步架。

2) 接头的搭接长度应跨相邻两根纵向水平杆，且不得小于1.5m。

3) 接头范围内必须绑扎三道钢丝，绑扎钢丝的间距应为0.60～0.75m。

4) 立杆接长应大头朝下、小头朝上，同一根立杆上的相邻接头，大头应左右错开，并应保持垂直。

5) 最顶部的立杆，必须将大头朝上，多余部分应往下放，立杆的顶部高度应一致。

(9) 遇窗洞时，单排脚手架靠墙面处应增设一根纵向水平杆，并吊绑于相邻两侧的横向水平杆上。当窗洞宽大于1.5m时，应于室内另加设立杆和纵向水平杆来搁置横向水平杆。

(10) 当立杆底端无法埋地时，立杆在地表面处必须架设扫地杆。横向扫地杆距地表面应为100mm，其上绑扎纵向扫地杆。

(11) 清理场地、放线挖坑，并将坑底夯实，垫砖石块。

(12) 严禁搭设单排竹脚手架，双排竹脚手架的搭设高度不得超过24m，满堂架搭设高度不得超过15m。

(13) 严禁受力杆件钢竹、木竹混用；竹脚手架不得作为模板支撑架，不得作为结构受力架体使用。

(14) 搭设砌筑外脚手架，立杆根部必须埋入土中300mm以上，脚手架底部应有排水措施。

(15) 当双排脚手架搭设高度达到三步架高时，应随搭设连墙件、剪刀撑等杆件，且不得随意拆除。当脚手架下部暂不能设连墙件时应设置抛撑。

(16) 竹脚手架应用竹、木脚手板，不宜用钢脚手板。

（17）竹脚手架应只用于作业脚手架和落地满堂支撑脚手架，木脚手架可用于作业脚手架和支撑脚手架。竹、木脚手架的构造及节点连接技术要求应符合国家现行标准的有关规定。

（18）遇有6级以上的大风、大雨、大雾天气下应暂停脚手架的搭设及在脚手架上的作业。斜边板要钉防滑条，如有雨水、冰雪，要采取措施。

（19）竹脚手架搭设完毕后应由建设、施工等单位进行检查验收，验收合格才能使用。

（20）临街搭设脚手架时，外侧应有防止坠物伤人的安全防护措施；结构工程竹脚手架只允许一层作业；装饰工程竹脚手架可两层同时作业。

（21）在竹脚手架使用期间，不得在脚手架基础及其邻近处进行挖掘作业。

（22）竹脚手架作业层上严禁超载。

12.2.3 拆除要求

脚手架拆除时，作业区及进出口处必须设置警戒标志，派专人指挥，严禁非作业人员进入。脚手架拆除必须自上而下按顺序进行，连墙杆、斜拉杆、登高设施的拆除，应随脚手架整体拆除同步进行，不得先行拆除。拆除的杆件应由自上而下传递或利用滑轮或两点捆扎吊运，不得从架子上向下抛落。

木脚手架拆除立杆时，应先抱住立杆再拆除最后两个扣；当拆除纵向水平杆、剪刀撑、斜撑时，应先拆除中间扣，然后托住中间，再拆除两头扣。

大片架体拆除后所预留的斜道、上料平台和作业通道等，应在拆除前采取加固措施，确保拆除后的完整、完全和稳定。

在高处进行拆除作业的人员必须佩戴安全带，其挂钩必须挂于牢固的构件上，并应站立于稳固的杆件上。

脚手架拆除时，严禁碰撞附近的各类电线。连墙件的拆除应随拆除进度同步进行，严禁提前拆除，并在拆除最下一道连墙件前先加设一道抛撑。

在竹脚手架使用期间，严禁拆除下列杆件：

1）主节点处的纵、横向水平杆，纵、横向扫地杆；

2）顶撑；

3）剪刀撑；

4）连墙件。

拆除竹脚手架时，应符合下列规定：

1）拆除作业必须由上而下逐层进行，严禁上下同时作业，严禁斩断或剪短整层绑扎材料后整层滑塌、整层推到或拉倒；

2）连墙件必须随竹脚手架逐层拆除，严禁先将整层连墙件拆除后再拆除架体；分段拆除时高差不应大于2步。

拆除竹脚手架的纵向水平杆、剪刀撑时，应先拆中间的绑扎点，后拆两头的绑扎点，并应由中间的拆除人员往下传递杆件。

拆下的竹脚手架各种杆件、脚手板等材料，应向下传递或用索具吊运至地面，严禁抛掷至地面。

12.3　扣件式钢管脚手架

12.3.1　扣件式脚手架组成和构配件

扣件式钢管脚手架有双排和单排两种。单排脚手架仅在脚手架外侧设一排立杆，其横向水平杆一端与纵向水平杆连接，另一端搁置在墙上。双排脚手架由里外侧均设有立杆，稳定性好，但较单排脚手架费工费料。其特点是承载力大、装拆方便，搭设灵活、构配件品种较少，利于施工操作。扣件式钢管脚手架主要有钢管和扣件组成（图 12-1）。

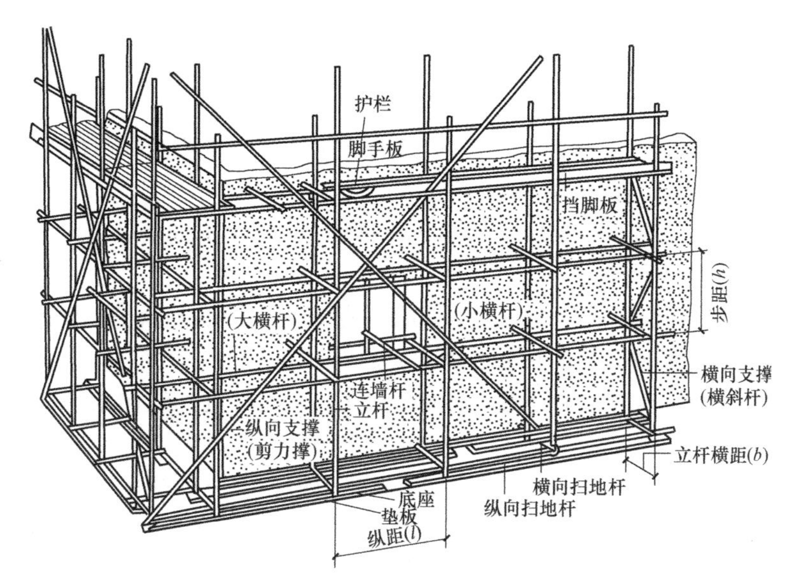

图 12-1　扣件式钢管脚手架

1. 主要组成

（1）立杆：平行于建筑物并垂直于地面的杆件，即是组成脚手架的主要杆件，又是传递脚手架结构自重、施工荷载与风荷载的主要受力构件。

（2）纵向水平杆（又叫大横杆、大横担、牵杠、顺水杆）：平行于建筑物，在纵向连接各立杆的通长水平杆件，既是组成脚手架结构的主要杆件，又是传递施工荷载给立杆的主要受力构件。

（3）横向水平杆（又叫小横杆、六尺杆、横楞、搁栅）：垂直于建筑物，横向连接脚手架内、外排立杆，或一端连接脚手架立杆，另一端制成与建筑物的水平杆，是组成脚手架结构并传递施工荷载给立杆的主要受力杆件。

（4）扣件

扣件是采用螺栓紧固的扣接连接件（图 12-2），其基本形式有 3 种：

1）直角扣件：用于垂直交叉杆件间连接的直角扣件；

2）旋转扣件：用于平行或斜交杆件间连接的扣件；

3）对接扣件：钢管对接用的扣件，也是传递荷载的受力连接件；

（5）脚手板：提供施工操作条件，承受、传递施工荷载给纵、横向水平杆的杆件，可

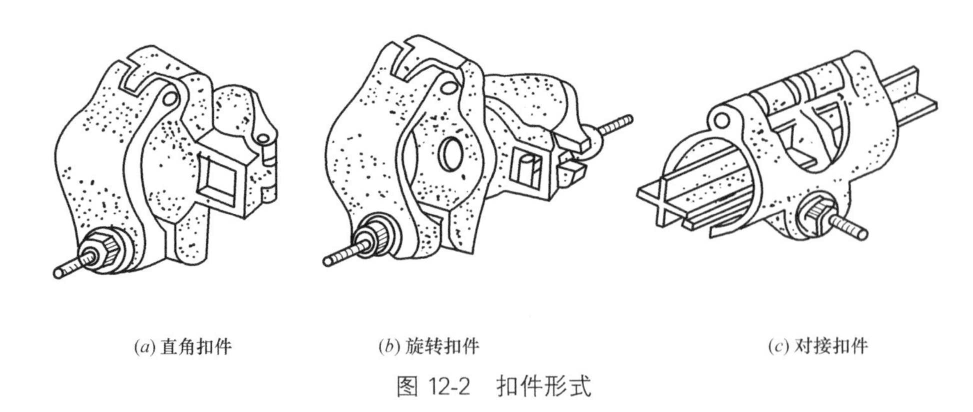

(a) 直角扣件　(b) 旋转扣件　(c) 对接扣件

图 12-2 扣件形式

用钢、木、竹等材料制作，每块重量均不宜大于 30kg，脚手板厚度不应小于 50mm，两端宜各设置直径不小于 4mm 的镀锌钢丝箍两道。

（6）剪刀撑（十字撑、十字盖）：设在脚手架外侧面、与墙面平行的十字交叉杆，可增强脚手架的纵向刚度，提高脚手架的承载能力。

（7）横向斜撑：连接脚手架内、外排立杆的呈“之”字形的斜杆，可增强脚手架的横向刚度，提高脚手架的承载能力。

（8）连墙件：连接脚手架与建筑物的部件，是脚手架中既要承受、传递风荷载，又要防止脚手架在横向失稳或倾覆的重要受力部件。

（9）纵向扫地杆：连接立杆下端，距底座下皮 200mm 处的纵向水平杆，可约束立杆底端在纵向发生位移。

（10）横向扫地杆：连接立杆下端，位于纵向扫地杆下方的横向水平杆，可约束立杆底端与横向发生位移。

（11）底座：设在立杆下端，承受并传递立杆荷载的配件。

2. 构配件

（1）钢管

脚手架钢管应采用现行国家标准《直缝电焊钢管》（GB/T 13793）或《低压流体输送用焊接钢管》（GB/T 3091）规定的 Q235、Q345 普通钢管，其质量应符合有关规定要求。脚手架钢管尺寸宜采用 ϕ48.3×3.6 钢管。每根钢管的最大质量不应大于 25.8kg，以确保施工安全，运输方便。凡钢管表面有凹凸状、疵点裂纹、变形和扭曲等现象一律不准使用。每根钢管的两端切口须平直，严禁有斜口、毛口、卷口等现象，钢管上严禁打孔。

（2）扣件

扣件应采用可锻铸铁或铸钢制作，其材质应符合《钢管脚手架扣件》（GB 15831—2006）的规定，铸件不得有裂纹、气孔，不易有缩松、砂眼或其他影响使用的铸造缺陷，脚手架采用的扣件，在螺栓拧紧扭力矩达到 65N·m 时，不得发生破坏。

（3）脚手板

脚手板根据工程所在地区就地取材使用。为便于工人操作，单块脚手板的质量不宜大于 30kg。冲压钢板脚手板的钢板厚度不宜小于 1.5mm，板面冲孔内切圆直径应小于 25mm，表面应有防滑措施，不得使用有裂纹、凹陷变形或锈蚀严重的钢脚手板。木脚手板可采用厚度不应小于 50mm 的杉木板或松木制作，宽 200～250mm，长度 3～4m，距板的两端 80mm 处，必须各设置直径不小于 4mm 的镀锌钢丝箍两道，以防止木脚手板端部破裂损坏。竹脚手板宜采用由毛竹或楠竹制作的竹串片板、竹笆板。

（4）连墙件

连墙件与墙体的固定可分为刚性和柔性连接两种。用钢管、扣件或预埋件组成刚性连连接，用钢筋作拉接筋组成柔性连接。连墙件布置间距根据脚手架高度和立杆排数不同而不同。

12.3.2 脚手架基本构造要求

脚手架搭设前，应按《建筑施工扣件式钢管脚手架安全技术规范》(JGJ 130—2011）的规定和脚手架专项施工方案要求对钢管、扣件、脚手板、可调托撑等进行检查验收，不合格产品不得使用。脚手架搭设前应清除障碍物、地基应平整夯实、设置底座和垫板，做好排水，防止积水浸泡地基。

单排脚手架搭设高度不应超过 24m；双排脚手架搭设高度不宜超过 50m，高度超过 50m 的双排脚手架，应采用分段搭设措施。

1. 立杆

（1）宜设置底座或垫板。立杆是脚手架的主要受力构件，施工荷载是通过脚手架的立杆和垫板传递到地基上。每根立杆底部宜设置底座或垫板，以防局部应力过大，造成脚手架基础破坏。

（2）脚手架必须设置纵、横向扫地杆。纵向扫地杆应采用直角扣件固定在距钢管底端不大于 200mm 处的立杆上。横向扫地杆应采用直角扣件固定在紧靠纵向扫地杆下方的立杆上。

（3）当立杆基础不在同一高度上时，必须将高处的纵向扫地杆向低处延长两跨与立杆固定，高低差不应该大于 1m。靠边坡上放的立杆轴线到边坡的距离不应小于 500mm，如图 12-3 所示。

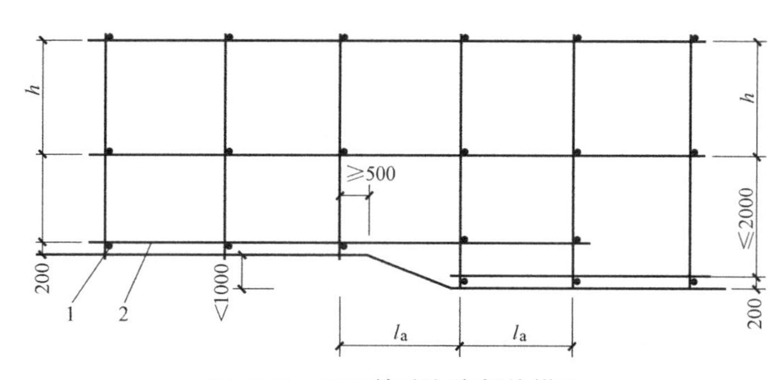

图 12-3 不同基础高度架体搭设

1—横向扫地杆；2—纵向扫地杆

（4）单、双排脚手架底层步距均不应大于 2m。

（5）单、双排脚手架立杆接长除顶层顶步外，其余各层各步接头必须采用对接扣件拉结。

（6）脚手架立杆的对接、搭接应符合下列规定：

1）两个相邻立杆的接头不应设置在同步内，同步内隔一个立杆的两个相隔接头在高度方向错开的距离不应小于500mm；各接头中心至最近主节点的距离不宜大于步距的1/3；

2）当立杆采用搭接结接长时，搭接长度不应小于1m，并应采用不少于2个旋转扣件固定，端部扣件盖板边缘至杆端距离不应小于100mm。

（7）立杆必须用连墙件与建筑物可靠连接。

（8）立杆接长除顶层的顶步外，其余各层各步接头必须采用对接扣件连接。

（9）立杆顶端宜高出女儿墙上皮1m，宜高出檐口上端1.5m。

2. 纵向水平杆

（1）纵向水平杆应设置在立杆内侧，单根杆长度不应小于3跨；

（2）纵向水平杆接长应采用对接扣件连接或搭接，并应符合下列规定：

1）两根相邻纵向水平杆的接头不应设置在同步或同跨内；不同步或不同跨两个相邻接头在水平方向错开的距离不应小于500mm；各接头中心至最近主节点距离不应大于纵距的1/3（图12-4）。

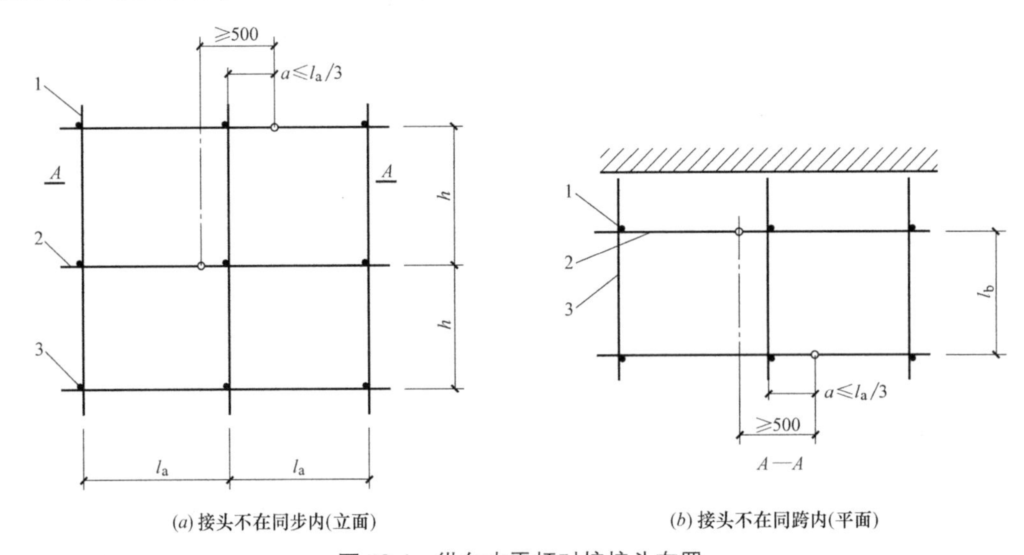

图12-4 纵向水平杆对接接头布置

1—立杆；2—纵向水平杆；3—横向水平杆

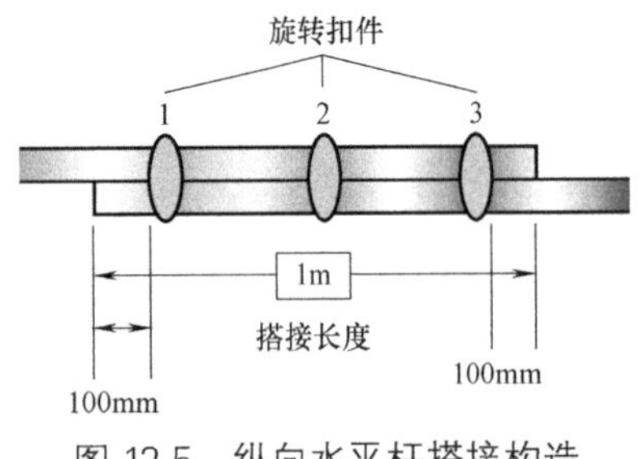

图12-5 纵向水平杆搭接构造

2）搭接长度不应小于1m，应等间距设置3个旋转扣件固定；端部扣件盖板边缘至搭接纵向水平杆杆端的距离不应小于100mm（图12-5）。

3）当使用冲压钢脚手板、木脚手板、竹串片脚手板时，纵向水平杆应作为横向水平杆的支座，用直角扣件固定在立杆上；当使用竹笆脚手板时，纵向水平杆应采用直角扣件固定在横向水平杆上，并应等间距设置，间距不应大于400mm（图12-6）。

3. 横向水平杆

（1）主节点（即立杆、纵向水平杆、横向水平杆三杆紧靠的扣接点）处必须设置一根横向水平杆，用直角扣件扣接且严禁拆除（图12-7）。

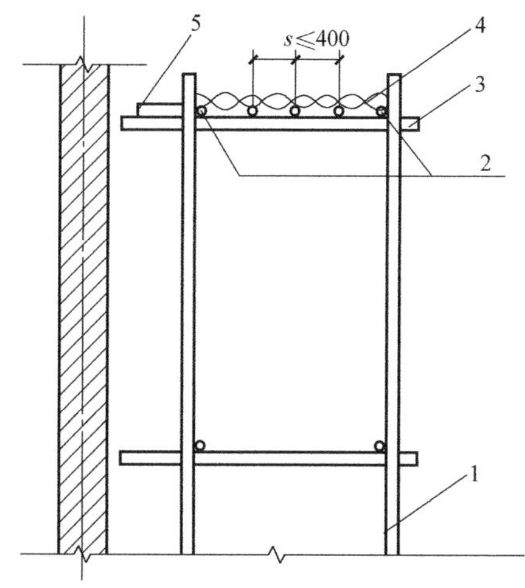

图 12-6 铺竹篱笆脚手板时纵向水平杆的布置

1—立杆；2—纵向水平杆；3—横向水平杆；4—竹笆脚手板；5—其他脚手板

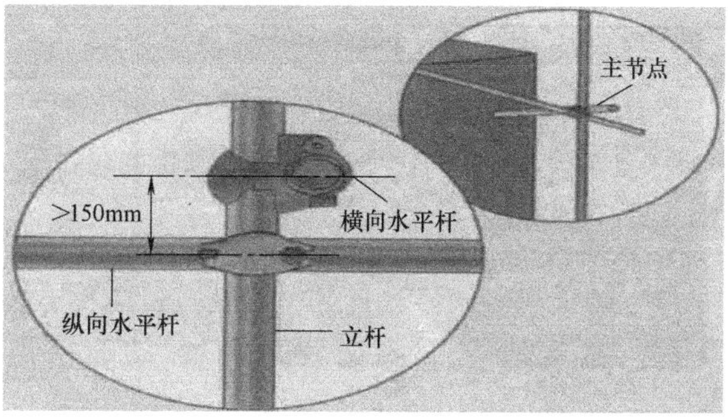

图 12-7 横向水平杆在主节点处设置

（2）作业层上非主节点处的横向水平杆，宜根据支承脚手板的需要等间距设置，最大间距不应大于纵距的 1/2。

（3）当使用冲压钢脚手板、木脚手板、竹串片脚手板时，双排脚手架的横向水平杆两端均应采用直角扣件固定在纵向水平杆上；单排脚手架的横向水平杆的一端应用直角扣件固定在纵向水平杆上，另一端应插入墙内，插入长度不应小于 180mm。

（4）当使用竹笆脚手板时，双排脚手架的横向水平杆的两端，应用直角扣件固定在立杆上；单排脚手架的横向水平杆的一端，应用直角扣件固定在立杆上，另一端插入墙内，插入长度不应小于 180mm（且应有防止横向水平移动和防滑脱稳固措施）。

（5）主节点处两个直角扣件的中心距不应大于 150mm。在双排架脚手架中，靠墙一端的外伸长度不应大于 $0.4l_b$，且不应大于 500mm。

4. 脚手板

（1）作业层脚手板应铺满、铺稳、铺实。

（2）冲压钢脚手板、木脚手板、竹串片脚手板等，应设置在三根横向水平杆上。当脚手板长度小于 2m 时，可采用两根横向水平杆支承，但应将脚手板两端与横向水平杆可靠固定，严防倾翻。

（3）脚手板的铺设应采用对接平铺或搭接铺设。脚手板对接平铺时，接头处应设两根横向水平杆，脚手板外伸长度应取 130～150mm，两块脚手板外伸长度的和不应大于 300mm，如图 12-8（*a*）所示。脚手板搭接铺设时，接头应支在横向水平杆上，搭接长度不应小于 200mm，其伸出横向水平杆的长度不应小于 100mm，如图 12-8（*b*）所示。

（4）竹笆脚手板应按其主竹筋垂直于纵向水平杆方向铺设，且应对接平铺，四个角应用直径不小于 1.2mm 的镀锌钢丝（直径宜 4mm）固定在纵向水平杆上。

（5）作业层端部脚手板探头长度应取 150mm，其板的两端均应固定于支承杆件上。

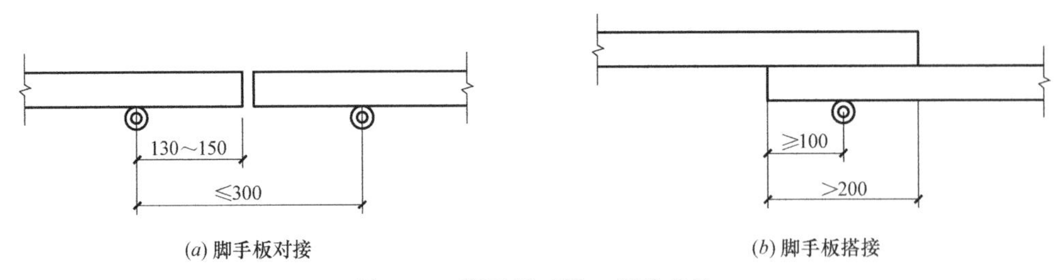

图 12-8 脚手板对接、搭接构造

5. 连墙件

(1) 脚手架连墙件设置的位置、数量应按专项施工方案确定。

(2) 脚手架连墙件数量的设置除应满足本规范的计算要求外，还应符合表 12-5 的规定。

脚手架连墙件布置最大间距 表 12-5

脚手架离地高度(m)		竖向间距 h(m)	水平间距 l_a(m)	每根连墙件覆盖面积(m^2)
双排落地	≤50	$3h$	$3l_a$	≤40
双排悬挑	>50	$2h$	$3l_a$	≤27
单排	≤24	$3h$	$3l_a$	≤40

注：表中 h 为脚手架步距，l_a 为脚手架立杆纵向间距。

(3) 连墙件的布置应符合下列规定：

1) 应靠近主节点设置，偏离主节点的距离不应大于 300mm；

2) 应从底层第一步纵向水平杆处开始设置，当该处设置有困难时，应采用其他可靠措施固定；

3) 应优先采用菱形布置，或采用方形、矩形布置。

(4) 开口型脚手架的两端必须设置连墙件，连墙件的垂直间距不应大于建筑物的层高，并且不应大于 4m（两步）。

(5) 连墙件中的连墙杆应呈水平设置，当不能水平设置时，应向脚手架一端下斜连接。

(6) 连墙件必须采用可承受拉力和压力的构造。对高度 24m 以上的双排脚手架，应采用刚性连墙件与建筑物连接。

(7) 当脚手架下部不能设连墙件时应采取防倾覆措施。当搭设抛撑时，抛撑应采用通长杆件，并用旋转扣件固定在脚手架上，与地面的倾角应在 45°～60°之间，连接点中心至主节点的距离不应大于 300mm。抛撑应在连墙件搭设后方可拆除。

(8) 架高超过 40m 且有风涡流作用时，应采取抗上升翻流作用的连墙措施。

6. 剪刀撑

(1) 双排脚手架应设置剪刀撑与横向斜撑，单排脚手架应设置剪刀撑。

(2) 单、双排脚手架剪刀撑的设置应符合下列规定：

1) 每道剪刀撑宽度不应小于 4 跨，且不应小于 6m，斜杆与地面的倾角应在 45°～60°之间，剪刀撑跨越立杆的根数应符合表 12-6 的规定。

剪刀撑跨越立杆的最多根数　　表 12-6

剪刀撑斜杆与地面的倾角 α	45°	50°	60°
剪刀撑跨越立杆的最多根数	7	6	5

2）剪刀撑斜杆的接长应采用搭接或对接，搭接长度不应小于 1m，并应采用不少于 2 个旋转扣件固定，与立杆相同。

3）剪刀撑斜杆应用旋转扣件固定在与之相交的横向水平杆的伸出端或立杆上，旋转扣件中心线至主节点的距离不应大于 150mm。

（3）高度在 24m 及以上的双排脚手架应在外侧全立面连续设置剪刀撑；高度在 24m 以下的单、双排脚手架，均必须在外侧两端、转角及中间间隔不超过 15m 的立面上，各设置一道剪刀撑，并应由底至顶连续设置（图 12-9）。

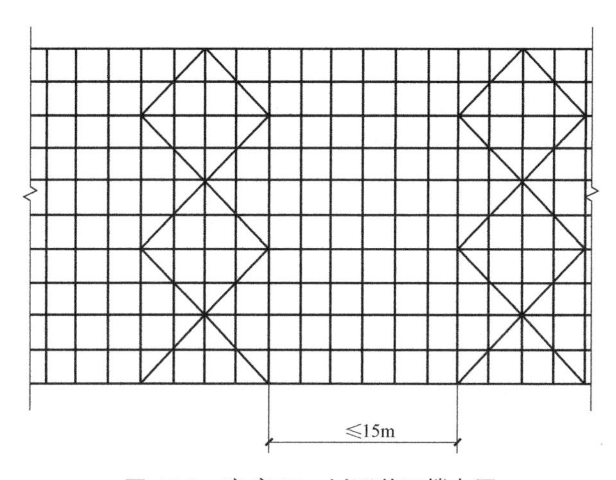

图 12-9　高度 24m 以下剪刀撑布置

7. 横向斜撑

（1）横向斜撑应在同一节间，由底至顶层呈之字形连续布置。

（2）高度在 24m 以下的封闭型双排脚手架可不设横向斜撑，高度在 24m 以上的封闭型脚手架，除拐角应设置横向斜撑外，中间应每隔 6 跨距设置一道。

（3）开口型双排脚手架的两端均必须设置横向斜撑。

12.3.3　脚手架搭设要求

1. 施工准备

（1）技术准备。脚手架搭设之前，应根据工程的特点和施工工艺确定施工方案。项目技术负责人应按专项施工方案在施工前向各施工班组进行现场安全技术交底。

（2）构配件质量检查。应按规范要求对钢管、扣件、脚手板、可调托撑等进行检查验收，不合格的产品一律不得使用。经检验合格的构配件应按品种、规格分类，堆放整齐、平稳，堆放场地不得积水。

（3）现场清理和基础加固。应清理、平整脚手架的搭设场地，并使排水畅通。

（4）立杆垫板或底座底面标高宜高于自然地坪 50～100mm。

2. 搭设要求

（1）单、双排脚手架必须配合施工进度搭设，一次搭设高度不应超过相邻连墙件以上两步；如果超过相邻连墙件以上两步，无法设置连墙件时，应采取撑拉固定等措施与建筑结构拉结。

（2）每搭完一步脚手架后，应按规范规定校正步距、纵距、横距及立杆的垂直度。

（3）底座、垫板均应准确地放在定位线上，垫板应采用长度不少于2跨、厚度不小于50mm、宽度不小200mm的木垫板。

（4）立杆搭设应符合下列规定：

1）相邻立杆的对接扣件不得在同一个高度内，错开距离应符合构造要求。

2）脚手架开始搭设立杆时，应每隔6跨设置一根抛撑，直至连墙件安装稳定后，方可根据情况拆除。

3）当架体搭设至有连墙件的主节点时，在搭设完该处的立杆、纵向水平杆、横向水平杆后，应立即设置连墙件。

（5）脚手架纵向水平杆的搭设应符合下列规定：

1）脚手架纵向水平杆应随立杆按步搭设，并应采用直角扣件与立杆固定。

2）纵向水平杆的搭设应符合其构造要求。

3）在封闭型脚手架的同一步中，纵向水平杆应四周交圈设置，并应用直角扣件与内外角部立杆固定。

（6）脚手架横向水平杆搭设应符合下列规定：

1）搭设横向水平杆应符合其构造要求。

2）双排脚手架横向水平杆的靠墙一端至墙装饰面的距离不应大于100mm。

（7）脚手架连墙件安装应符合下列规定：

1）连墙件的安装应随脚手架搭设同步进行，不得滞后安装。

2）当单、双排脚手架施工操作层高出相邻连墙件以上两步时，应采取确保脚手架稳定的临时拉结措施，直到上一层连墙件安装完毕后再根据情况拆除。

（8）脚手架剪刀撑与单、双排脚手架横向斜撑应随立杆、纵向和横向水平杆等同步搭设，不得滞后安装。

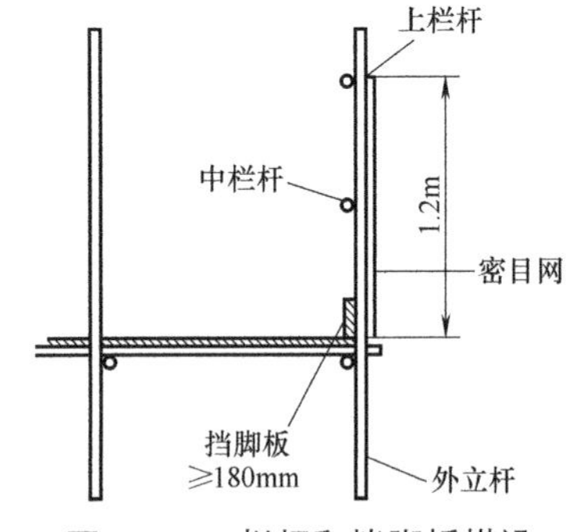

图12-10 栏杆和挡脚板搭设

（9）作业层、斜道的栏杆和挡脚板的搭设应符合下列规定（图12-10）：

1）栏杆和挡脚板均应搭设在外立杆的内侧；

2）上栏杆上皮高度应为1.2m；

3）挡脚板高度不应小于180mm；

4）中栏杆应居中设置。

（10）脚手板的铺设应符合下列规定：

1）脚手板应铺满、铺稳，离墙面的距离不应大于150mm；

2）采用对接或搭接时均应符合其构造要求的规定；脚手板探头应用直径3.2mm的镀锌钢丝固定在支承杆件上；

3）在拐角、斜道平台口处的脚手板，应用镀锌钢丝固定在横向水平杆上，防止滑动。

4）脚手板下用安全网双层兜底。施工层以下每隔10米用安全网封闭。

12.3.4 脚手架拆除要求

（1）脚手架拆除应按专项方案施工，拆除前应做好下列准备工作：

1）应全面检查脚手架的扣件连接、连墙件、支撑体系等是否符合构造要求；

2）应根据检查结果补充完善脚手架专项方案中的拆除顺序和措施，经审批后方可实施；

3）拆除前应对施工人员进行交底，应清除脚手架上杂物及地面障碍物。

（2）单、双排脚手架拆除作业必须由上而下逐层进行，严禁上下同时作业。连墙件必须随脚手架逐层拆除，严禁先将连墙件整层或数层拆除后再拆脚手架。分段拆除高差大于两步时，应增设连墙件加固。

（3）当脚手架拆至下部最后一根长立杆的高度（约6.5m）时，应先在适当位置搭设临时抛撑加固后，再拆除连墙件。当单、双排脚手架采取分段、分立面拆除时，对不拆除的脚手架两端，应设置连墙件和横向斜撑加固。

（4）架体拆除作业应设专人指挥，当有多人同时操作时，应明确分工、统一行动，且应具有足够的操作面。

（5）卸料时各构配件严禁抛掷至地面。

12.3.5 检查与验收

（1）脚手架及其地基基础应在下列阶段进行检查与验收：

1）基础完工后及脚手架搭设前；

2）作业层上施加荷载前；

3）每搭设完6～8m高度后；

4）达到设计高度后；

5）遇有六级强风及以上风或大雨后，冻结地区解冻后；

6）停用超过一个月。

（2）现场生产经理组织验收，方案编制人、项目技术负责人、项目安全负责人、分包负责人及搭设班组参加验收。

（3）脚手架使用中，应定期检查下列要求内容：

1）杆件的设置和连接，连墙件、支撑等的构造应符合本规范和专项施工方案的要求；

2）地基应无积水，底座应无松动，立杆应无悬空；

3）扣件螺栓应无松动；

4）高度在24m以上的双排、满堂脚手架，其立杆的沉降与垂直度的偏差，高度在20m以上的满堂支撑架，其立杆的沉降与垂直度的偏差；

5）安全防护措施应符合相关规范要求；

6）是否超载等。

（4）扣件式钢管脚手架搭设的技术要求，允许偏差与检验方法，应符合规定。

12.3.6　安全管理和安全使用

1. 安全管理

（1）施工现场应建立脚手架工程施工安全管理体系和安全检查、安全考核制度。

（2）落地脚手架搭设高度超过50m的架体，悬挑架搭设高度超过20m，必须采取加强措施，专项施工方案必须经专家论证。

（3）架体搭设前应进行安全技术交底，有文字记录、签名。

（4）搭设完毕应办理验收手续，验收应有量化内容并经责任人签字确认。

（5）脚手架工程应按下列规定实施安全管理：

1）搭设和拆除作业前，应审核专项施工方案；

2）应查验搭设脚手架的材料、构配件、设备检验和施工质量检查验收结果；

3）使用过程中，应检查脚手架安全使用制度的落实情况。

（6）脚手架的搭设和拆除作业应由专业架子工担任，并应持证上岗。

（7）搭设和拆除脚手架作业应有相应的安全设施，操作人员应佩戴个人防护用品，穿防滑鞋。

2. 安全使用

（1）扣件式钢管脚手架安装与拆除人员必须是经考核合格的专业架子工。架子工应持证上岗。

（2）搭拆脚手架人员必须戴安全帽、系安全带、穿防滑鞋。

（3）钢管上严禁打孔。

（4）作业层上的施工荷载应符合设计要求，不得超载。不得将模板支架、缆风绳、泵送混凝土和砂浆的输送管等固定在架体上，严禁悬挂起重设备，严禁拆除或移动架体上安全防护设施。

（5）当有6级及以上大风、浓雾、雨或雪天气时应停止脚手架搭设与拆除作业。雨、雪后上架作业应有防滑措施，并应扫除积雪。

（6）夜间不宜进行脚手架搭设与拆除作业。

（7）脚手架的安全检查与维护，应按规定进行，安全网应按有关规定要求搭设和拆除。

（8）脚手板应铺设牢靠、严实，并应用安全网双层兜底。施工层以下每隔10m应用安全网封闭。

（9）单、双排脚手架、悬挑式脚手架沿架体外围应用密目式安全网全封闭，密目式安全网宜设置在脚手架外立杆的内侧，并应与架体绑扎牢固。

（10）在脚手架使用期间，严禁拆除主节点处的纵、横向水平杆，纵、横向扫地杆以及连墙件。

（11）当在脚手架使用过程中开挖脚手架基础下的设备基础或管沟时，必须对脚手架采取加固措施。

（12）临街搭设脚手架时，外侧应有防止坠物伤人的防护措施。

（13）在脚手架上进行电、气焊作业时，应有防火措施和专人看守。

（14）搭拆脚手架时，地面应设围栏和警戒标志，并应派专人看守，严禁非操作人员入内。

扣件式钢管脚手架检查评分表见表 12-7。

扣件式钢管脚手架检查评分表　　表 12-7

序号	检查项目		扣分标准	应得分数	扣减分数	实得分数
1	保证项目	施工方案	架体搭设未编制施工方案或搭设高度超过 24m 未编制专项施工方案，扣 10 分； 架体搭设高度超过 24m，未进行设计计算或未按规定审核、审批，扣 10 分； 架体搭设高度超过 50m，专项施工方案未按规定组织专家论证或未按专家论证意见组织实施，扣 10 分； 施工方案不完整或不能指导施工作业，扣 5～8 分	10		
2		立杆基础	立杆基础不平、不实、不符合方案设计要求，扣 10 分； 立杆底部底座、垫板或垫板的规格不符合规范要求，每一处扣 2 分； 未按规范要求设置纵、横向扫地杆，扣 5～10 分； 扫地杆的设置和固定不符合规范要求，扣 5 分； 未设置排水措施，扣 8 分	10		
3		架体与建筑结构拉结	架体与建筑结构拉结不符合规范要求，每处扣 2 分； 连墙件距主节点距离不符合规范要求，每处扣 4 分； 架体底层第一步纵向水平杆处未按规定设置连墙件或未采用其他可靠措施固定，每处扣 2 分； 搭设高度超过 24m 的双排脚手架，未采用刚性连墙件与建筑结构可靠连接，扣 10 分	10		
4		杆件间距与剪刀撑	立杆、纵向水平杆、横向水平杆间距超过规范要求，每处扣 2 分； 未按规定设置纵向剪刀撑或横向斜撑，每处扣 5 分； 剪刀撑未沿脚手架高度连续设置或角度不符合要求，扣 5 分； 剪刀撑斜杆的接长或剪刀撑斜杆与架体杆件固定不符合要求，每处扣 2 分	10		

续表

序号	检查项目		扣分标准	应得分数	扣减分数	实得分数
5	保证项目	脚手板与防护栏杆	脚手板未满铺或铺设不牢、不稳，扣5～10分； 脚手板规格或材质不符合要求，扣5～10分； 每有一处探头板，扣2分； 架体外侧未设置密目式安全网封闭或网间不严，扣5～10分； 作业层未在高度1.2m和0.6m处设置上、中两道防护栏杆，扣5分； 作业层未设置高度不小于180mm的挡脚板，扣3分	10		
6		交底与验收	架体搭设前未进行交底或交底未留有记录，扣5～10分； 架体分段搭设分段使用未办理分段验收，扣5分； 架体搭设完毕未办理验收手续，扣10分； 未记录量化的验收内容，扣5分	10		
		小计		60		
7		横向水平杆设置	未在立杆与纵向水平杆交点处设置横向水平杆，每处扣2分； 未按脚手板铺设的需要增加设置横向水平杆，每处扣2分； 横向水平杆只固定端，每处扣2分； 单排脚手架横向水平杆插入墙内小于180mm，每处扣2分	10		
8		杆件搭接	纵向水平杆搭接长度小于1m或固定不符合要求，每处扣2分； 立杆除顶层顶步外采用搭接，每处扣4分； 扣件紧固力矩小于40N·m或大于65N·m，每处扣2分	10		
9		架体防护	作业层未用安全平网双层兜底，且以下每隔10m未用安全平网封闭，扣5分； 作业层与建筑物之间未进行封闭，扣5分	10		
10		脚手架材质	钢管直径、壁厚、材质不符合要求，扣5分； 钢管弯曲、变形、锈蚀严重，扣5分； 扣件未进行复试或技术性能不符合标准，扣5分	5		
11		通道	未设置人员上下专用通道，扣5分； 通道设置不符合要求，扣2分	5		
		小计		40		
检查项目合计				100		

12.3.7 落地式外脚手架事故分析

落地式外脚手架事故分析见表 12-8。

落地式外脚手架事故分析 表 12-8

类别	危险因素	安全措施
人为因素	(1)操作人员不熟悉安全作业守则,在操作过程中坠落 (2)站在脚手架站板的挑出部位上作业,不慎坠落 (3)未佩戴安全帽、安全带等安全防护用具进行作业中,发生碰撞或坠落。	(1)开始施工作业前进行安全规章制度教育 (2)安装并拆除脚手架时,必须佩戴安全帽、安全带等个人防护用具
物质因素	因脚手架基础不稳定或沉降引起脚手架倒塌事故	脚手架的地基必须平整、夯实,有排水措施
作业方法	(1)因作业层过多堆放材料,引起脚手架倒塌 (2)搭设脚手架时接触高压电线 (3)违规在脚手架作业区内操作时物体坠落 (4)未设置连墙件,施工中发生倒塌 (5)脚手板未经捆扎或搭设不牢固 (6)不使用升降设备而攀爬中坠落 (7)没有选定施工负责人,施工人员单独作业时坠落	(1)必须有脚手架限定荷载标牌,设置时注意不要超载 (2)不得已在高压线附近搭设脚手架时,必须采取隔离防护措施,还要配置专人指挥 (3)严禁进入危险区内 (4)连墙件搭设应符合相关要求 (5)脚手板要铺满、铺稳、严防倾覆 (6)除 1～2 步架的上下外,作业人员不得攀爬脚手架,必须走楼梯或安全梯子 (7)在施工技术人员的指挥下进行脚手架施工

12.4 悬挑式钢管扣件式脚手架

悬挑式脚手架是指架体荷载通过悬挑支撑结构传递到主体结构上的外脚手架。悬挑式脚手架由型钢支撑架、扣件式钢管脚手架及连墙件等组成。悬挑支撑结构作为悬挑脚手架的关键部分，必须具有一定的强度、刚度和稳定性。

本节适用于建筑施工用的悬挑式钢管脚手架，不适用于模板支撑等特殊用途的悬挑结构。悬挑式钢管脚手架在施工前应编制专项施工方案，并应由施工单位技术负责人和项目总监理工程师签字批准后方可组织实施。每一悬挑段钢管脚手架架体高度不宜大于 20m。对于架体高度达到 20m 及以上或施工荷载大于 6kN/m^2 的悬挑式钢管脚手架，施工单位应组织专家对专项施工方案进行论证。

12.4.1 材料要求

型钢悬挑梁宜采用双轴对称截面的型钢。悬挑钢梁型号及锚固件应按设计确定，钢梁截面高度不应小于 160mm。悬挑梁尾端应在两处及以上固定于钢筋混凝土梁板结构上。锚固型钢悬挑梁的 U 形钢筋拉环或锚固螺栓直径不宜小于 16mm。用于锚固的 U 形钢筋拉环或螺栓应采用冷弯成型。U 形钢筋拉环、锚固螺栓与型钢间隙应用钢楔或硬木楔楔紧。

每个型钢悬挑梁外端宜设置钢丝绳或钢拉杆与上一层建筑结构斜拉结。钢丝绳、钢拉杆不参与悬挑钢梁受力计算。钢丝绳与建筑结构拉结的吊环应使用 HPB235 级钢筋，其直径不宜小于 20mm，吊环预埋锚固长度应符合现行国家标准《混凝土结构设计规范》GB 50010 中钢筋锚固的规定。

12.4.2　常用悬挑式脚手架构造形式及要求

悬挑式钢管脚手架在国内高层建筑施工中广泛应用。在悬挑结构形式的采用上，要考虑施工条件及悬挑方案的可行性，经济合理性等因素。

1. 脚手架形式

（1）固定于结构层悬臂式脚手架

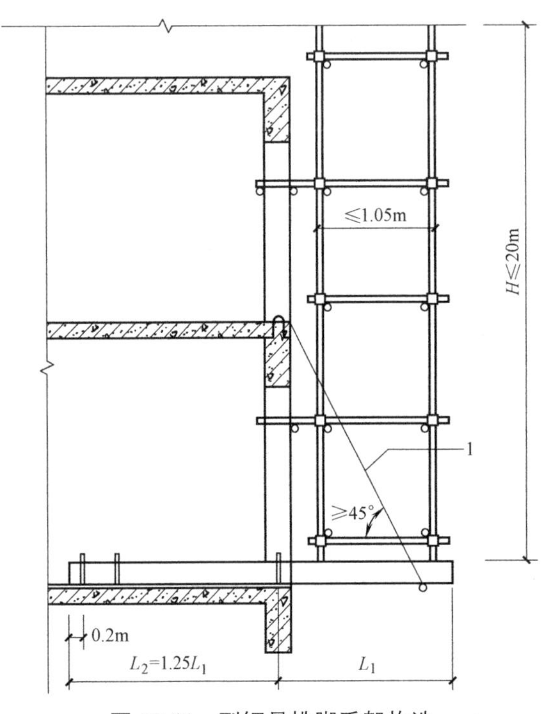

图 12-11　型钢悬挑脚手架构造

一般为双排脚手架，支座固定于结构的悬挑梁上，悬挑梁仅用型钢制作，其悬挑长度与搁置长度之比不得小于 1∶1.25。锚固于楼面结构的悬挑钢梁尾端应设置 2 个（对）及以上 U 形钢筋拉环或锚固螺栓，其直径应不小于 16mm。（图 12-11）。

（2）立杆定位件

型钢悬挑梁悬挑端应设置能使脚手架立杆与钢梁可靠固定的定位点，定位点离悬挑梁端部不应小于 100mm。定位点可采用竖直焊接长 0.2m、直径 25～30mm 的钢筋或短管等方式。

（3）斜支撑悬挑钢梁

搭设斜支撑杆，其下端与下一层边梁或墙柱上连接，上端与悬挑杆的拉接牢固。其斜撑为压杆。

（4）悬挂式悬挑梁

悬挂式挑梁通常一端固定在结构上（图 12-12），另一端用钢丝绳或钢筋与上一层边梁或墙柱上拉接。悬挑钢梁悬挑长度小于及等于 1.8m 时，宜设置一根钢筋拉杆；悬挑长度大于 1.8m 小于 3m 时，宜设置内外二根钢筋拉杆。钢筋拉杆的水平夹角应不小于 45°。

2. 悬挑脚手架的要求

悬挑式钢管脚手架在施工前应编制专项施工方案，并应由施工单位技术负责人和项目总监理工程师签字批准后方可组织实施。每一悬挑段钢管脚手架架体高度不宜大于 20m。对于架体高度达到 20m 及以上或施工荷载大于 6kN/m^2 的悬挑式钢管脚手架，施工单位应组织专家对专项施工方案进行论证。悬挑式脚手架的特殊部位（如阳台、转角、采光井、架体开口等）必须按专项施工方案和安全技术措施的要求进行施工。

设计施工荷载按三层作业时，每层 2.0kN/m^2，按二层作业，每层 3.0kN/m^2。

悬挑式钢管脚手架的设计、制作、安装、验收、使用、维护和拆除管理，应符合国家现行有关标准的规定。在使用过程中，架体上的施工荷载必须符合设计要求，结构施工阶段不得超过两层同时作业，装修施工阶段不得超过三层同时作业。

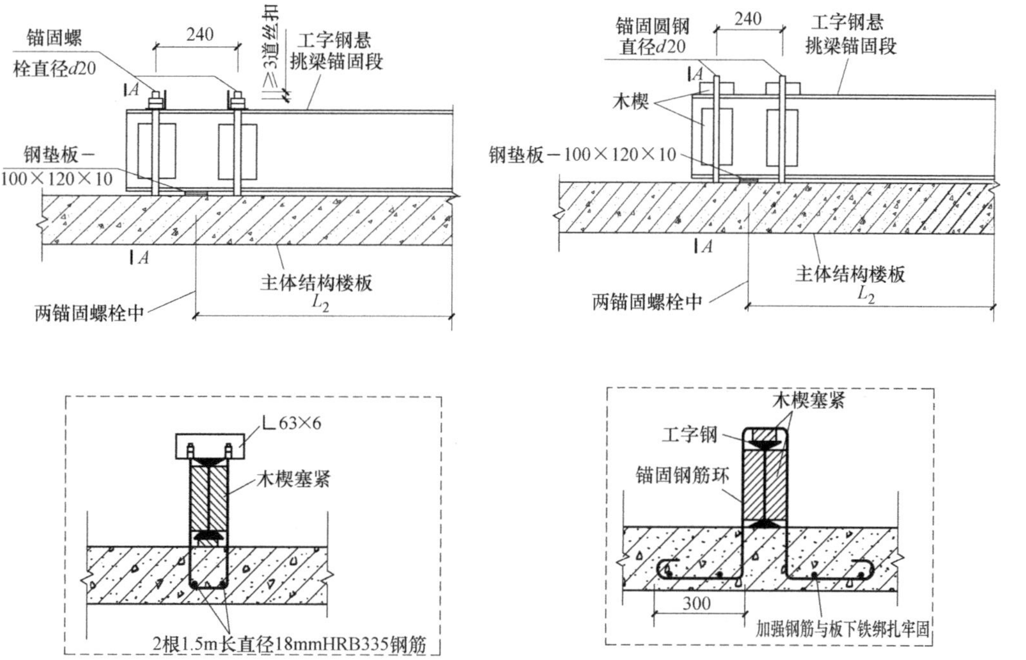

图 12-12 型钢悬挑梁末端固定

悬挑式脚手架在使用过程中，应按定期（一个月不少于 1 次）进行安全检察，不合格部位应立即整改。

12.4.3 悬挑式脚手架使用注意事项

1. 编制专项施工方案和计算书

悬挑式脚手架必须编制施工方案，方案中包括悬挑支撑部分的受力和架体整体稳定性都要进行设计计算。方案应有针对性较强的、较具体的搭设、拆除方案和安全技术措施，并画出平面、立面图和不同节点详图。

如架体用扣件式钢管脚手架，必须按照相关规定进行设计计算和编制施工方案，并履行审批手续，由具有法人资格企业的总工程师审批签字。

2. 悬挑梁及架体稳定

外挑梁或悬挑架采用型钢或定型桁架，外挑杆件与建筑结构要连接牢固，防止滑移。悬挑梁要按设计要求进行安装，架体的立杆必须支撑在悬挑梁上。架体与建筑结构进行刚性拉结，按水平方向小于 7m，垂直方向等于层高设一拉结点，架体边缘及转角处 1m 范围内必须设拉结点。

3. 脚手板和荷载

脚手板的材质要符合质量要求，安装时需用不细于 18 号的铅丝双股并联绑扎不少于 4 点，要求铺设严密牢固。不得有探头板，无空隙，脚手板破损时及时更换。

作业层上的荷载应符合设计要求：承重架 $3kN/m^2$，装修架 $2kN/m^2$，材料堆放要均匀，不得集中。挑架步距不得大于 1.8m，横向立杆间距不大于 1m，纵向间距不大于 1.5m。

4. 交底与验收

搭设前要有书面交底，交底双方要签字。挑架必须按照专项施工方案和设计要求搭设。实际搭设与方案不同的，必须经原方案审批部门同意并及时做好方案的变更工作。每搭完一步架后要按规范规定校正立杆的垂直、跨度、步距和架宽，并进行验收，验收人员须在验收单上签字，资料存档。

5. 杆件间距和架体防护

立杆的纵距和横距、大横杆的间距、小横杆的搭设，都要符合施工方案的设计要求。

脚手架外侧要用密目式安全网全封闭，安全网用不小于18号的铅丝张挂严密，且应将安全网挂在挑架立杆里侧，不得将网围在各杆件外侧。作业层外侧要有1.2m高的防护栏杆和180mm的挡脚板。

6. 层间防护和脚手架材质

架体作业层脚手板下应采用安全平网兜底，施工层以下每隔10m应采用安全平网封闭，作业层里排架体与建筑物之间应采用脚手板或安全平网封闭。架体底层沿建筑结构边缘在悬挑钢梁与悬挑钢梁之间应采取措施封闭，架体底层应进行封闭。

外挑型钢和钢管均要符合《碳素结构钢》中的Q-235-A级钢的规范规定。

12.4.4 施工安全管理

(1) 悬挑脚手架安装拆卸人员必须经过建设行政主管部门培训考试合格，持证上岗，在合格证有效期内从事安装架设和拆除作业。

(2) 安装拆卸作业必须戴好安全帽、系好安全带、穿防滑鞋，正确使用安全防护用品。

(3) 当遇到六级及六级以上大风和雾、雨、雪天气时应停止作业。雨、雪后上架作业前应有防滑措施。禁止夜间从事脚手架安装、拆除作业。

(4) 架体上的施工荷载必须符合设计要求，严禁超载使用。架体上的建筑垃圾及杂物应及时清理。

(5) 严禁扩大脚手架的使用范围，不得将模板支架、缆风绳、混凝土和砂浆输送管道、卸料平台等固定在脚手架上，严禁借助脚手架起吊重物。

(6) 悬挑脚手架在使用期间，严禁进行任何可能影响悬挑脚手架安全的违章作业。严禁任意拆除型钢悬挑构件，松动型钢悬挑结构锚环、螺栓及其锁定装置，改变其受力状态，降低承载能力。严禁任意拆除主节点处的纵、横向水平杆，纵、横向扫地杆和连墙件。

(7) 悬挑脚手架沿架体外围必须用密目式安全网全封闭，密目式安全网宜设置在脚手架外立杆的内侧，并顺环扣逐个与架体绑扎牢固。

(8) 悬挑脚手架底部与墙体之间的间隙应封堵牢固、严密，预防人员、物体从中坠落。

(9) 悬挑式脚手架检查评定保证项目应包括：施工方案、悬挑钢梁、架体稳定、脚手板、荷载、交底与验收。一般项目应包括：杆件间距、架体防护、层间防护、构配件材质。

12.5 附着式升降脚手架

附着式升降脚手架设备是21世纪初快速发展起来的新型脚手架技术，对我国施工技术进步具有重要影响。它将高处作业变为低处作业，将悬空作业变为架体内部作业，具有显著的低碳性，高科技含量和更经济、更安全、更便捷等特点。

附着升降脚手架是指搭设一定高度并附着于工程结构上，依靠自身的升降设备和装置，可随工程结构逐层爬升或下降，具有防倾覆、防坠落装置的外脚手架；附着升降脚手架主要由附着升降脚手架架体结构、附着支座、防倾装置、防坠落装置、升降机构及控制装置等构成。附着升降脚手架安全施工应符合《建筑施工工具式脚手架安全技术规范》(JGJ 202—2010）的要求。

12.5.1 构配件性能

（1）附着式升降脚手架架体用的钢管应满足下列规定：

1）钢管应采用$\Phi48\times3.6$的规格；

2）钢管应具有产品质量合格证和符合现行国家标准有关规定的检验报告；

3）钢管应平直，其弯曲度不得大于管长的1/500，两端端面应平整，不得有斜口，有裂缝、表面分层硬伤、压扁、硬弯、深划痕、毛刺和结疤等不得使用；

4）钢管表面的锈蚀深度不得超过0.25mm；

5）钢管在使用前应涂刷防锈漆。

（2）附着式升降脚手架主要的构配件应包括：水平支承桁架、竖向主框架、附墙支座、悬臂梁、钢拉杆、竖向桁架、三角臂等。当使用型钢、钢板和圆钢制作时，其材质应符合现行国家标准的有关规定。

（3）钢管脚手架的连接扣件应符合现行国家标准《钢管脚手架扣件》（GB 15831—2006）的规定。在螺栓拧紧的扭力矩达到65N·m时，不得发生破坏。

（4）架体结构的连接材料应符合下列要求：

1）普通螺栓可采用国家现行标准《六角头螺栓C级》和《六角头螺栓》规定。

2）锚栓可采用现行国家标准《碳素结构钢》中规定或《低合金高强度结构钢》中规定的Q345钢制成。

（5）脚手板可采用钢、木、竹材料制作，应符合下列规定：

1）冲压钢板和钢板网脚手板，板面挠曲不得大于12mm和任一角翘起不得大于5mm；不得有裂纹、开焊和硬弯。使用前应涂刷防锈漆。钢板网脚手板的网孔内切圆直径应小于25mm。

2）竹脚手板包括竹胶合板、竹笆板和竹串片脚手板。竹胶合板、竹笆板宽度不得小于600mm，竹胶合板厚度不得小于8mm，竹笆板厚度不得小于6mm，竹串片脚手板厚度不得小于50mm；不得使用腐朽、发霉的竹脚手板。

3）木脚手板应采用杉木或松木制作，板宽度不得小于200mm，厚度不得小于50mm；两端应用直径为4mm镀锌钢丝各绑扎两道。

4）胶合板脚手板，应选普通耐水胶合板，厚度应不少于18mm，底部木方间距不得大于400mm，木方与脚手架杆件应用铁丝绑扎牢固，胶合板脚手板与木枋应用钉子钉牢。

（6）附着式脚手架的构配件，当出现下列情况之一，应更换或报废：

1）构配件出现塑性变形的；

2）构配件锈蚀严重，影响承载能力和使用功能的；

3）防坠落装置的组成部件任何一个发生明显变形的；

4）弹簧件使用一个单位工程后；

5）穿墙螺栓在使用一个单位工程后，凡发生变形、磨损、锈蚀的；

6）钢拉杆上端连接板在单位工程完成后，出现变形和裂缝的；

7）电动葫芦链条出现深度超过0.5mm咬伤的。

12.5.2 架体结构构造

1. 架体构造

附着式升降脚手架应由竖向主框架、水平支撑桁架、架体构架、附着支承结构、防倾装置、防坠装置组成。

附着式升降脚手架结构构造的尺寸应符合下列规定：

（1）架体结构高度不应大于5倍楼层高，架体宽度不应大于1.2m；

（2）直线布置的架体支承跨度不应大于7m，折线或曲线布置的架体，相邻两主框架支承点处架体外侧距离不得大于5.4m；

（3）架体的水平悬挑长度不得大于2m，且不得大于跨度的1/2；

（4）架体全高与支承跨度的乘积不应大于110m^2。

附着升降脚手架的架体结构应符合以下规定：

1）应在附着支承结构部位设置与架体高度相等的与墙面垂直的定型竖向主框架，竖向主框架应是桁架或刚架结构。竖向主框架结构构造应符合《建筑施工工具式脚手架安全技术规范》（JGJ 202—2010）的相关规定。

2）竖向主框架的底部应设置水平支承桁架，其宽度应与主框架相同，平行于墙面，其高度不宜小于1.8m。水平支承桁架结构构造应符合《建筑施工工具式脚手架安全技术规范》（JGJ 202—2010）的相关规定；水平支承桁架最底层应设置脚手板，并应铺满铺牢，与建筑物墙面之间也应设置脚手板全封闭，宜设置翻转的密封翻板。

3）架体构架宜采用扣件式钢管脚手架，其结构构造应符合《建筑施工扣件式钢管脚手架安全技术规范》（JGJ 130—2011）的规定。

4）架体悬臂高度不得大于架体高度的2/5，且不得大于6m。

2. 附着支撑

附着支撑是附着式升降脚手架的主要传力装置。附着支承结构应包括附墙支座、悬臂梁及斜拉杆，其构造应符合下列规定：

（1）竖向主框架所覆盖的每一楼层处应设置一道附墙支座；

（2）在使用工况时，应将竖向主框架固定于附墙支座上；

（3）在升降工况时，附墙支座上应设有防倾、导向的结构装置；

（4）附墙支座应采用锚固螺栓与建筑物连接，受拉螺栓的螺母不得少于两个或应采用弹簧垫片加单螺母，螺杆露出螺母端部的长度不应少于3扣，且不得小于10mm，垫板尺寸应由设计确定，且不得小于100mm×100mm×10mm；

（5）附墙支座支承在建筑物上连接处混凝土的强度应按设计要求确定，但不得小于C10。

3. 架体升降

附着式升降脚手架应在每个竖向主框架处设置升降设备，两跨以上架体同时升降应采用电动葫芦或电动液压设备，单跨升降时可采用手动葫芦，并应符合下列规定：

（1）升降设备必须与建筑结构和架体有可靠连接；

（2）固定电动升降动力设备的建筑结构应安全可靠；

（3）设置电动液压设备的架体部位，应有加强措施。

4. 防坠落、防倾斜装置

附着式升降脚手架必须具有防倾覆、防坠落和同步升降控制的安全装置。

防倾覆装置应符合下列规定：

（1）防倾覆装置中必须包括导轨和两个以上与导轨连接的可滑动的导向件；

（2）在防倾覆导向件的范围内应设置防倾覆导轨，且应与竖向主框架可靠连接；

（3）在升降和使用两种工况下，最上和最下两个导向件之间的最小间距不得小于2.8m或架体高度的1/4；

（4）应具有防止竖向主框架倾斜的功能；

（5）应用螺栓与附墙支座连接，其装置与导向杆之间的间隙不应大于5mm。

防坠落装置必须符合下列规定：

（1）防坠落装置应设置在竖向主框架处并附着在建筑结构上，每一升降点不得少于一个防坠落装置，防坠落装置在使用和升降工况下都必须起作用；

（2）防坠落装置必须是机械式的全自动装置，严禁使用每次升降都需重组的手动装置；

（3）防坠落装置技术性能除应满足承载能力要求外，还应符合表12-9的规定。

防坠落装置技术性能 **表12-9**

脚手架类别	制动距离(mm)
整体式升降脚手架	≤80
单片式升降脚手架	≤150

12.5.3 安装升降与拆除

1. 安装

附着式升降脚手架应按专项施工方案进行安装，可采用单片式主框架的架体，也可采用空间桁架式主框架的架体。

附着式升降脚手架在首层安装前应设置平台，安装平台应有保障施工人员安全的防护设施，安装平台的水平精度和承载能力应满足架体安装的要求。

安装时应符合下列规定：

(1) 相邻竖向主框架的高差应不大于20mm;

(2) 竖向主框架和防倾导向装置的垂直偏差应不大于5‰，且不得大于60mm;

(3) 预留穿墙螺栓孔和预埋件应垂直于建筑结构外表面，其中心误差应小于15mm;

(4) 连接处所需要的建筑结构混凝土强度应由计算确定，且不得小于C10;

(5) 升降机构连接应正确且牢固可靠;

(6) 安全控制系统的设置和试运行效果符合设计要求;

(7) 升降动力设备工作正常。

附着支承结构的安装应符合设计要求，不得少装和使用不合格螺栓及连接件。升降设备、同步控制系统及防坠落装置等专项设备，均应采用同一厂家产品。升降设备、控制系统、防坠落装置等应采取防雨、防砸、防尘等措施。

2. 升降

附着式升降脚手架可有手动、电动和液压三种升降形式，并应符合下列规定:

(1) 单片架体升降时，可采用手动、电动和液压三种升降形式;

(2) 当两跨以上的架体同时整体升降时，应采用电动或液压设备。

附着式升降脚手架的升降操作应符合下列规定:

(1) 应按升降作业程序和操作规程进行作业;

(2) 操作人员不得停留在架体上;

(3) 升降过程中不得有施工荷载;

(4) 所有妨碍升降的障碍物应已拆除;

(5) 所有影响升降作业的约束已经拆开;

(6) 各相邻提升点间的高差不得大于30mm，整体架最大升降差不得大于80mm。

升降过程中应实行统一指挥、规范指令。升、降指令只能由总指挥一人下达;当有异常情况出现时，任何人均可立即发出停止指令。架体升降到位后，应及时按使用状况要求进行附着固定。在没有完成架体固定工作前，施工人员不得擅自离岗或下班。

附着式升降脚手架架体升降到位固定后，应按现行规范要求进行检查，合格后方可使用。遇五级及以上大风和大雨、大雪、浓雾和雷雨等恶劣天气时，不得进行升降作业。

3. 拆除

附着式升降脚手架的拆除工作应按专项施工方案及安全操作规程的有关要求进行。必须对拆除作业人员进行安全技术交底。拆除时应有可靠的防止人员与物料坠落的措施，拆除的材料及设备不得抛扔。拆除作业应在白天进行。遇五级及以上大风和大雨、大雪、浓雾和雷雨等恶劣天气时，不得进行拆卸作业。

12.5.4 检查和验收

(1) 附着式升降脚手架安装前应具有下列文件:

1) 相应资质证书及安全生产许可证;

2) 附着式升降脚手架鉴定或验收的证书;

3) 产品进场前的自检记录;

4) 特种作业人员和管理人员岗位证书;

5）各种材料、工具的质量合格证、材质单、测试报告；

6）主要部件及提升机构的合格证。

（2）生产经理应组织脚手架在首次安装完毕、提升或下降前、提升、下降到位及投入使用前阶段进行检查与验收。

（3）脚手架首次安装完毕及使用前，应按规定进行检验，合格后方可使用。

（4）脚手架提升、下降作业前应按规定进行检验，合格后方能实施提升或下降作业。

（5）脚手架使用、提升和下降阶段均应对防坠、防倾装置进行检查，合格后方可作业。

12.5.5 安全管理和安全使用

1. 安全管理

（1）脚手架安装前，应根据工程结构、施工环境等特点编制专项施工方案，并应经总承包单位技术负责人审批、项目总监理工程师审核后实施。

（2）必须将脚手架专业工程发包给具有相应资质等级的专业队伍，并应签订专业承包合同，明确总包、分包或租赁等各方的安全生产责任。

（3）附着脚手架专业施工单位应设置专业技术人员、安全管理人员及相应的特种作业人员。特种作业人员应经专门培训，并应经建设行政主管部门考核合格，取得特种作业操作资格证书后，方可上岗作业。

（4）施工现场使用脚手架应由总承包单位统一监督，并应符合下列规定：

1）安装、升降、使用、拆除等作业前，应向有关作业人员进行安全教育；并应监督对作业人员的安全技术交底；

2）应对专业承包单位人员的配备和特种作业人员的资格进行审查；

3）安装、升降后、拆卸等作业时，应派专人进行监督；

4）生产经理应组织脚手架的检查验收，定期对脚手架使用情况进行安全巡检。

2. 安全使用

附着式升降脚手架应按照设计性能指标进行使用，不得随意扩大使用范围；架体上的施工荷载必须符合设计规定，不得超载，不得放置影响局部杆件安全的集中荷载，架体内的建筑垃圾和杂物应及时清理干净。附着式升降脚手架组装就位后，应按规定进行检验和升降调试，符合要求后方可投入使用。

附着式升降脚手架外立面、底板、脚手板必须使用防火功能的防护产品。

当附着式升降脚手架停用超过一个月或遇六级及以上大风后复工时，应进行检查，确认合格后方可使用，使用超过三个月时，应提前采取加固措施。螺栓连接件、升降设备、防倾装置、防坠落装置、电控设备同步控制装置等应每月进行维护保养。

附着式升降脚手架在使用过程中不得进行下列作业：

1）利用架体吊运物料；

2）在架体上拉结吊装缆绳（或缆索）；

3）在架体上推车；

4）利用架体支撑模板或卸料平台；

5）拆除或移动架体上的安全防护设施；

6）任意拆除结构件或松动连结件；

7）其他影响架体安全的作业。

附着式升降脚手架使用应符合下列条件：

1）进入施工现场的附着式升降脚手架产品应具有国务院建设行政主管部门组织鉴定或验收的合格证书。

2）附着式升降脚手架的附着支承结构、防倾防坠落装置等关键部件构配件应有可追溯性标识，出厂时应提供原生产厂家出厂合格证。

3）从事附着式升降脚手架工程的专业施工单位应具有相应资质证书。安装拆卸人员应具有特种作业操作证。

临街搭设时，外侧应有防止坠落物伤人的防护措施。安装、拆除时，在地面应设有围栏和警戒标志，并应派专人看守，非操作人员不得入内。作业层上的施工荷载应符合设计要求，不得超载。不得将模板支架、缆风绳、泵送混凝土和砂浆的输送管等固定在架体上，不得用其悬挂起重设备。

遇5级及以上大风和雨天，不得提升或下降附着式脚手架。当施工中发现、脚手架故障和存在安全隐患时，应及时排除，对可能危及人身安全时，应停止作业。应由专业人员整改。整改后的脚手架应重新进行验收检查，合格方可使用。脚手架作业人员在施工进程中应戴安全帽、系安全带、穿防滑鞋，酒后不得上岗作业。

12.6 门式脚手架

12.6.1 适用范围

门式钢管脚手架是一种工厂生产，现场搭设的脚手架，应用最普遍。它不仅可作为外脚手架，也可作为内脚手架或满堂脚手架。

12.6.2 基本构造

门式钢管脚手架是用普通钢管材料制成工具式标准件。门式脚手架的基本单元部件，包括门架、交叉斜撑和水平梁等。剪刀撑与门架是销钉连接，水平梁与门架横梁是用卡扣自锚连接。

12.6.3 构配件和结构构造

1. 构配件

（1）门架与配件的钢管应采用现行国家标准，其材质应符合现行国家标准，门架与配件的性能、质量及型号的表述方法应符合现行行业标准JG 13的规定。

（2）门架立杆加强杆的长度不应小于门架高度的70%；门架宽度不得小于800mm，且不宜大于1200mm。

（3）加固杆钢管应符合现行国家标准的有关规定。宜采用直径ϕ42×2.5mm的钢管，也可采用直径48×3.5mm的钢管；相应的扣件规格也应分别为ϕ42、ϕ48或ϕ42/ϕ48。

（4）门架钢管平直度允许偏差不应大于管长的1/500，钢管不得接长使用，不应使用带有硬伤或严重锈蚀的钢管。门架立杆、横杆钢管壁厚的负偏差不应超过0.2mm。钢管壁厚存在负偏差时，宜选用热镀锌钢管。

（5）交叉支撑、锁臂、连接棒等配件与门架相连时，应有防止退出的止退机构，当连接棒与锁臂一起应用时，连接棒可不受此限。脚手板、钢梯与门架相连的挂扣，应有防止脱落的扣紧机构。

（6）底座、托座及其可调螺母应采用可锻铸铁或铸钢制作，其材质应符合现行国家标准的有关规定。

（7）扣件应采用可锻铸铁或铸钢制作，其质量和性能应符合现行国家标准《钢管脚手架扣件》GB 15831的要求。连接外径为$\phi42/\phi48$钢管的扣件应有明显标记。

（8）连墙件宜采用钢管或型钢制作，其材质应符合现行国家标准。

（9）悬挑脚手架的悬挑梁或悬挑桁架宜采用型钢制作，其材质应符合现行国家标准。用于固定型钢悬挑梁或悬挑桁架的U形钢筋拉环或锚固螺栓材质应符合现行国家标准的规定。

（10）配件应与门架配套，并应与门架连接可靠。

（11）门架的两侧应设置交叉支撑，并应与门架立杆上的锁销锁牢。

（12）上下榀门架的组装必须设置连接棒，连接棒与门架立杆配合间隙不应大于2mm。

（13）门式脚手架或范本支架上下榀门架间应设置锁臂，当采用插销式或弹销式连接棒时，可不设锁臂。

（14）底部门架的立杆下端宜设置固定底座或可调底座。

（15）可调底座和可调托座的调节螺杆直径不应小于35mm，可调底座的调节螺杆伸出长度不应大于200mm。

2. 结构

（1）门架应能配套使用，在不同组合情况下，均应保证连接方便、可靠，且应具有良好的互换性。

（2）不同型号的门架与配件严禁混合使用。

（3）上下榀门架立杆应在同一轴线位置上，门架立杆轴线的对接偏差不应大于2mm。

（4）门式脚手架的内侧立杆离墙面净距不宜大于150mm；当大于150mm时，应采取内设挑架板或其他隔离防护的安全措施。

（5）门式脚手架顶端栏杆宜高出女儿墙上端或檐口上端1.5m。

3. 加固杆

（1）门式脚手架剪刀撑的设置必须符合下列规定：

1）当门式脚手架搭设高度在24m及以下时，在脚手架的转角处、两端及中间间隔不超过15m的外侧立面必须各设置一道剪刀撑，并应由底至顶连续设置；

2）当脚手架搭设高度超过24m时，在脚手架全外侧立面上必须设置连续剪刀撑：

3）对于悬挑脚手架，在脚手架全外侧立面上必须设置连续剪刀撑。

（2）剪刀撑的构造应符合下列规定（图12-13）：

1）剪刀撑斜杆与地面的倾角宜为45°～60°；

2）剪刀撑应采用旋转扣件与门架立杆扣紧；

3）剪刀撑斜杆应采用搭接接长，搭接长度不宜小于1000mm，搭接处应采用3个及以上旋转扣件扣紧；

4）每道剪刀撑的宽度不应大于6个跨距，且不应大于10m；也不应小于4个跨距，且不应小于6m。设置连续剪刀撑的斜杆水平间距宜为6～8m。

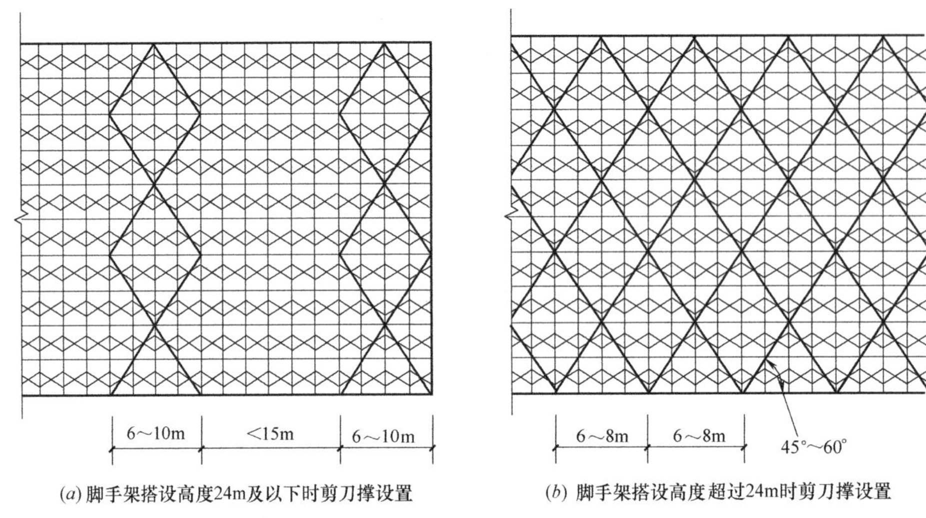

(*a*) 脚手架搭设高度24m及以下时剪刀撑设置　(*b*) 脚手架搭设高度超过24m时剪刀撑设置

图 12-13　剪刀撑设置示意图

（3）门式脚手架应在门架两侧的立杆上设置纵向水平加固杆，并应采用扣件与门架立杆扣紧。水平加固杆设置应符合下列要求：

1）在顶层、连墙件设置层必须设置；

2）当脚手架每步铺设挂扣式脚手板时，至少每4步应设置一道，并宜在有连墙件的水平层设置；

3）当脚手架搭设高度小于或等于40m时，至少每两步门架应设置一道；当脚手架搭设高度大于40m时，每步门架应设置一道；

4）在脚手架的转角处、开口型脚手架端部的两个跨距内，每步门架应设置一道；

5）悬挑脚手架每步门架应设置一道；

6）在纵向水平加固杆设置层面上应连续设置。

（4）门式脚手架的底层门架下端应设置纵、横向通长的扫地杆。纵向扫地杆应固定在距门架立杆底端不大于200mm处的门架立杆上，横向扫地杆宜固定在紧靠纵向扫地杆下方的门架立杆上。

4. 转角处门架连接

（1）在建筑物的转角处，门式脚手架内、外两侧立杆上应按步设置水平连接杆、斜撑杆，将转角处的两榀门架连成一体（图12-14）。

（2）连接杆、斜撑杆应采用钢管，其规格应与水平加固杆相同。

（3）连接杆、斜撑杆应采用扣件与门架立杆及水平加固杆扣紧。

5. 连墙件

（1）连墙件设置的位置、数量应按专项施工方案确定，并应按确定的位置设置预埋件。

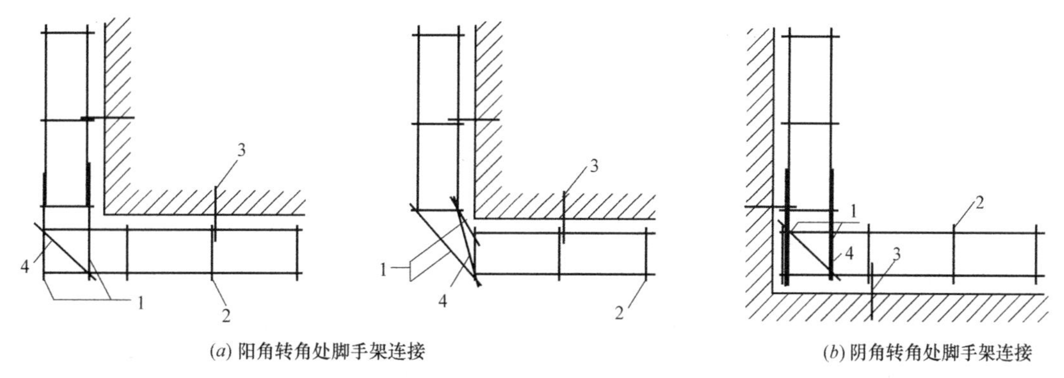

(a) 阳角转角处脚手架连接　　(b) 阴角转角处脚手架连接

图 12-14　转角处脚手架连接

1—连接杆；2—门架；3—连墙件；4—斜撑杆

（2）连墙件的设置除应满足现行规范的计算要求外，尚应满足表 12-10 的要求。

连墙件最大间距或最大覆盖面积　　表 12-10

<table>
<tr><th rowspan="2">序号</th><th rowspan="2">脚手架搭设方式</th><th rowspan="2">脚手架高度(m)</th><th colspan="2"></th><th rowspan="2">每根连墙件覆盖面积(m^2)</th></tr>
<tr><th>竖向</th><th>水平向</th></tr>
<tr><td>1</td><td rowspan="3">落地、密目式安全网全封闭</td><td rowspan="2">≤40</td><td>$3h$</td><td>$3l$</td><td>≤40</td></tr>
<tr><td>2</td><td rowspan="2">$2h$</td><td rowspan="2">$3l$</td><td rowspan="2">≤27</td></tr>
<tr><td>3</td><td>>40</td></tr>
<tr><td>4</td><td rowspan="3">悬挑、密目式安全网全封闭</td><td>≤40</td><td>$3h$</td><td>$3l$</td><td>≤40</td></tr>
<tr><td>5</td><td>40～60</td><td>$2h$</td><td>$3l$</td><td>≤27</td></tr>
<tr><td>6</td><td>>60</td><td>$2h$</td><td>$2l$</td><td>≤20</td></tr>
</table>

注：1. 序号 4～6 为架体位于地面上高度；
2. 按每根连墙件覆盖面积选择连墙件设置时，连墙件的竖向间距不应大于 6m；
3. 表中 h 为步距，l 为跨距。

（3）在门式脚手架的转角处或开口型脚手架端部，必须增设连墙件，连墙件的垂直间距不应大于建筑物的层高，且不应大于 4m。

（4）连墙件应靠近门架的横杆设置，距门架横杆不宜大于 200mm。连墙件应固定在门架的立杆上。

（5）连墙件宜水平设置，当不能水平设置时，与脚手架连接的一端，应低于与建筑结构连接的一端，连墙杆的坡度宜小于 1∶3。

6. 斜梯

（1）作业人员上下脚手架的斜梯应采用挂扣式钢梯，并宜采用“之”字形设置，一个梯段宜跨越两步或三步门架再行转折。

（2）钢梯规格应与门架规格配套，并应与门架挂扣牢固。

（3）钢梯应设栏杆扶手、挡脚板。

7. 通道口

（1）门式脚手架通道口高度不宜大于 2 个门架高度，宽度不宜大于 1 个门架跨距。

（2）门式脚手架通道口应采取加固措施，并应符合下列规定：

1）当通道口宽度为一个门架跨距时，在通道口上方的内外侧应设置水平加固杆，水平加固杆应延伸至通道口两侧各一个门架跨距，并在两个上角内外侧应加设斜撑杆（图 12-15（*a*））；

2）当通道口宽为两个及以上跨距时，在通道口上方应设置经专门设计和制作的托架梁，并应加强两侧的门架立杆（图 12-15（*b*））。

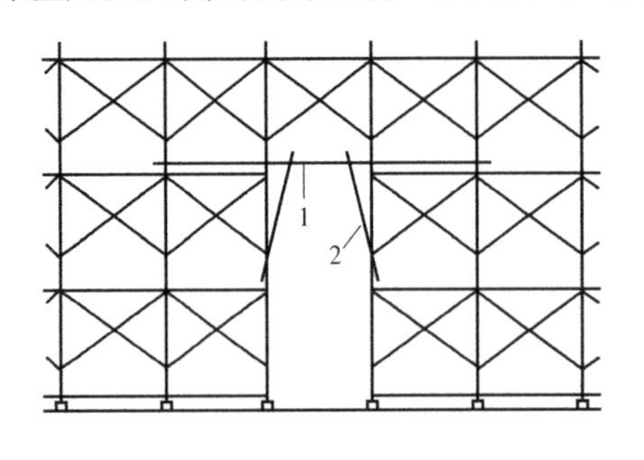

(*a*)

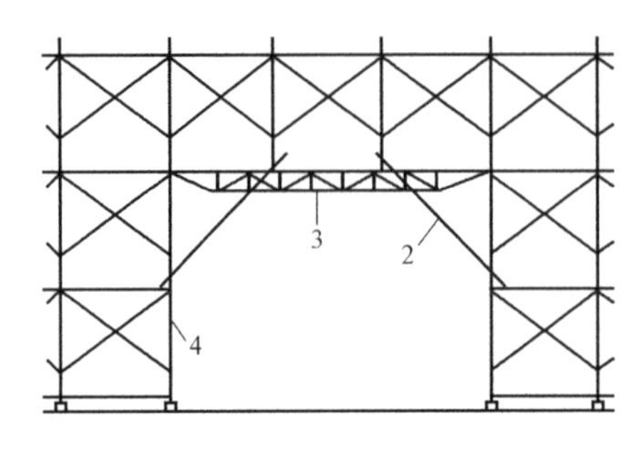

(*b*)

图 12-15　通道口加固示意

（*a*）、（*b*）通道口宽度为一个门架跨距、两个及以上门架跨距

1—水平加固杆；2—斜撑杆；3—托架梁；4—加强杆

8. 地基

（1）门式脚手架与范本支架的地基承载力应根据现行规范的规定经计算确定，在搭设时，根据不同地基土质和搭设高度条件，应符合表 12-11 的规定。

地基要求　　　　表 12-11

搭设高度(m)	地基土质		
	中低压缩性且压缩性均匀	回填土	高压缩性或压缩性不均匀
≤24	夯实原土，干重力密度要求 15.5kN/m^2。立杆底座置于面积不小于 0.075m^2 的垫木上	土夹石或素土回填夯实，立杆底座置于面积不小于 0.10m^2 的垫木上	夯实原土，铺设通长垫木
＞24 且≤40	垫木面积不小于 0.10m^2，其余同上	砂夹石回填夯实，其余同上	夯实原土，在搭设地面满铺 C15 混凝土，厚度不小于 150mm
＞40 且≤55	垫木面积不小于 0.15m^2 或铺通长垫木，其余同上	砂夹石回填夯实，垫木面积不小于 0.15m^2 或铺通长垫木	夯实原土，在搭设地面满铺 C15 混凝土，厚度不小于 200mm

注：垫木厚度不小于 50mm，宽度不小于 200mm；通长垫木的长度不小于 1500mm。

（2）门式脚手架搭设场地必须平整坚实，并应符合下列规定：回填土应分层回填，逐层夯实，场地排水应顺畅，不应有积水。

（3）搭设门式脚手架的地面标高宜高于自然地坪标高 50～100mm。

（4）当门式脚手架与范本支架搭设在楼面等建筑结构上时，门架立杆下宜铺设垫板。

12.6.4 搭设与拆除要求

1. 施工准备

（1）门式脚手架搭设与拆除前，应向搭拆和使用人员进行安全技术交底。

（2）门式脚手架与模板支架搭拆施工的专项施工方案。

（3）门架与配件、加固杆等在使用前应进行检查和验收。

（4）经检验合格的构配件及材料应按品种、规格分类堆放整齐、平稳。

（5）对搭设场地应进行清理、平整，并应做好排水。

2. 地基与基础

（1）门式脚手架与模板支架的地基与基础施工，应符合表12-10的规定和专项施工方案的要求。

（2）在搭设前，应先在基础上弹出门架立杆位置线，垫板、底座安放位置应准确，标高应一致。

3. 搭设要求

（1）门式脚手架的搭设程序应符合下列规定：

1）门式脚手架的搭设应与施工进度同步，一次搭设高度不宜超过最上层连墙件两步，且自由高度不应大于4m；

2）门架的组装应自一端向另一端延伸，应自下而上按步架设，并应逐层改变搭设方向；不应自两端相向搭设或自中间向两端搭设；

3）每搭设完两步门架后，应校验门架的水平度及立杆的垂直度。

（2）搭设门架及配件除应符合本规范的规定外，尚应符合下列要求：

1）交叉支撑、脚手板应与门架同时安装；

2）连接门架的锁臂、挂钩必须处于锁住状态；

3）钢梯的设置应符合专项施工方案组装布置图的要求，底层钢梯底部应加设钢管并应采用扣件扣紧在门架立杆上；

4）在施工作业层外侧周边应设置180mm高的挡脚板和两道栏杆，上道栏杆高度应为1.2m，下道栏杆应居中设置。挡脚板和栏杆均应设置在门架立杆的内侧。

（3）加固杆的搭设除应符合本规范规定外，尚应符合下列要求：

1）水平加固杆、剪刀撑等加固杆件必须与门架同步搭设；

2）水平加固杆应设于门架立杆内侧，剪刀撑应设于门架立杆外侧。

（4）门式脚手架连墙件的安装必须符合下列规定：

1）连墙件的安装必须随脚手架搭设同步进行，严禁滞后安装；

2）当脚手架操作层高出相邻连墙件以上两步时，在连墙件安装完毕前必须采用确保脚手架稳定的临时拉结措施。

（5）加固杆、连墙件等杆件与门架采用扣件连接时，应符合下列规定：

1）扣件规格应与所连接钢管的外径相匹配；

2）扣件螺栓拧紧扭力矩值应为40～65N·m；

3）杆件端头伸出扣件盖板边缘长度不应小于100mm。

（6）悬挑脚手架的搭设应符合本规范的要求，搭设前应检查预埋件和支承型钢悬挑梁的混凝土强度。

(7) 门式脚手架通道口的搭设应符合本规范的要求，斜撑杆、托架梁及通道口两侧的门架立杆加强杆件应与门架同步搭设，严禁滞后安装。

4. 拆除要求

(1) 架体的拆除应按拆除方案施工，并应在拆除前做好下列准备工作：

1) 应对将拆除的架体进行拆除前的检查；

2) 根据拆除前的检查结果补充完善拆除方案；

3) 清除架体上的材料、杂物及作业面的障碍物。

(2) 拆除作业必须符合下列规定：

1) 架体的拆除应从上而下逐层进行，严禁上下同时作业；

2) 同一层的构配件和加固杆件必须按先上后下、先外后内的顺序进行拆除；

3) 连墙件必须随脚手架逐层拆除，严禁先将连墙件整层或数层拆除后再拆架体。拆除作业过程中，当架体的自由高度大于两步时，必须加设临时拉结；

4) 连接门架的剪刀撑等加固杆件必须在拆卸该门架时拆除。

(3) 拆卸连接部件时，应先将止退装置旋转至开启位置，然后拆除，不得硬拉，严禁敲击。拆除作业中，严禁使用手锤等硬物击打、撬别。

(4) 当门式脚手架需分段拆除时，架体不拆除部分的两端必须增设连墙件，连墙件的垂直间距不应大于建筑物的层高，且不应大于4m，按上述规定采取加固措施后再拆除。

(5) 门架与配件应采用机械或人工运至地面，严禁抛投。

(6) 拆卸的门架与配件、加固杆等不得集中堆放在未拆架体上，并应及时检查、整修与保养，并宜按品种、规格分别存放。

12.6.5 安全管理

搭拆门式脚手架或模板支架应由专业架子工担任，并应按住房和城乡建设部特种作业人员考核管理规定考核合格，持证上岗。上岗人员应定期进行体检，凡不适合登高作业者，不得上架操作。当搭拆架体时，施工作业层应铺设脚手板，操作人员应站在临时设置的脚手板上进行作业，并应按规定使用安全防护用品，穿防滑鞋。

门式脚手架与模板支架作业层上严禁超载。

严禁将模板支架、缆风绳、混凝土泵管、卸料平台等固定在门式脚手架上。

六级及以上大风天气应停止架上作业；雨、雪、雾天应停止脚手架的搭拆作业；雨、雪、霜后上架作业应采取有效的防滑措施，并应扫除积雪。门式脚手架与模板支架在使用期间，当预见可能有强风天气所产生的风压值超出设计的基本风压值时，对架体应采取临时加固措施。

在门式脚手架使用期间，脚手架基础附近严禁进行挖掘作业。满堂脚手架与模板支架的交叉支撑和加固杆，在施工期间禁止拆除。

门式脚手架在使用期间，不应拆除加固杆、连墙件、转角处连接杆、通道口斜撑杆等加固杆件。当施工需要，脚手架的交叉支撑可在门架一侧局部临时拆除，但在该门架单元上下应设置水平加固杆或挂扣式脚手板，在施工完成后应立即恢复安装交叉支撑。

应避免装卸物料对门式脚手架或模板支架产生偏心、振动和冲击荷载。门式脚手架外侧应设置密目式安全网，网间应严密，防止坠物伤人。门式脚手架与架空输电线路的安全距离、工地临时用电线路架设及脚手架接地、防雷措施，应按现行行业标准《施工现场临时用电安全技术规范》JGJ 46 的有关规定执行。

在门式脚手架或模板支架上进行电、气焊作业时，必须有防火措施和专人看护。不得攀爬门式脚手架。搭拆门式脚手架或模板支架作业时，必须设置警戒线、警戒标志，并应派专人看守，严禁非作业人员入内。

对门式脚手架与模板支架应进行日常性的检查和维护，架体上的建筑垃圾或杂物应及时清理。

安装门式脚手架必须依据现行行业标准的规定进行设计和编制专项施工方案，并履行审批手续。搭设高度超过 50m 的架体，必须采取加强措施，专项施工方案必须经专家论证。架体搭设前应进行安全技术交底，有文字记录、签名。搭设完毕应办理验收手续，验收应有量化内容并经责任人签字确认。

思考题

1. 建筑脚手架的主要作用是什么？
2. 概述搭设脚手架的安全施工要求。
3. 如何检查和验收脚手架的构配件？
4. 脚手架拆除前要做哪些准备工作？
5. 试述扣件式钢管脚手架搭设安全操作要领。
6. 概述脚手架搭设及拆除施工的安全检查要点。
7. 简述悬挑式钢管脚手架的安全管理内容。
8. 吊篮安全管理要点有哪些？
9. 脚手架上的施工中常见的事故有哪些？

第 13 章　垂直运输机械

13.1　概述

建筑工程施工中，建筑材料垂直运输和施工人员的上下，需要依靠垂直运输设施。塔式起重机、施工升降机（人货两用电梯）、物料提升机是建筑施工中最为常见的垂直运输设备。

随着我国经济的快速发展，工程建设规模也在不断扩大，垂直运输机械技术也在高速发展，使用范围日益广泛。垂直运输机械施工活动涉及面广，施工环境复杂，群体、立体作业概率高，施工危险性较大。在建筑行业事故中，垂直运输机械事故占一定比例。

13.1.1　起重机械工作特点

起重机械是指用于垂直升降或者垂直升降并水平移动重物的机电设备，其范围规定为额定起重量大于或者等于 0.5t 的升降机；额定起重量大于或者等于 1t，且提升高度大于或者等于 2m 的起重机和承重形式固定的电动葫芦等。

起重机械按结构形式分类，分为较小起重设备、桥架式（桥式起重机、门式起重机）、臂架式（自行式、塔式、门座式、铁路式、浮船式、桅杆式起重机）、缆索式等。工业与民用建筑中常用的五种大型起重机械有：塔式起重机、履带式起重机、轮胎式起重机、桥式起重机和门式起重机（图 13-1）。

起重机工作特点如下：

1）起重机械通常结构庞大，机构复杂，能完成取物装置的起升运动、水平运动。在作业过程中，常常是几个不同方向的运动同时操作，技术难度较大。

2）能吊运的重物多种多样，载荷是变化的。有的重物重达上百吨乃至上千吨，体积大且不规则，还有散粒、热熔和易燃易爆危险品等，使吊运过程复杂而危险。

3）需要在较大的范围内运行，有的要装设轨道和车轮（如塔式起重机、桥式起重机等），有的要装上轮胎和履带在地面上行走，活动空间较大，一旦造成事故影响的范围也较大。

4）有的起重机械（仅指施工升降机等），需要直接载运人员做升降运动（如电梯、升降平台等），其可靠性直接影响人身安全。

5）起重机械暴露的、活动的各部件较多，且常与吊运作业人员直接接触（如吊钩、钢丝绳等），潜在许多偶发的危险因素。

6）作业环境复杂。如涉及企业、港口、工地等场所，涉及高温、高压、易燃易爆等环境危险因素，对设备和作业人员形成威胁。

7）起重机作业中常常需要多人协同配合，共同进行。对指挥者、操作者和起重工等要求较高。

起重机械以上的工作特点，决定了建筑施工的安全生产。常见的起重机械设备如图13-1所示。

(a) 塔式起重机

(b) 履带式起重机

(c) 轮胎式及汽车式起重机

图 13-1 常见的起重机械

13.1.2 起重机械的安全管理

为防止和减少起重机械生产安全事故，保障人民群众生命和财产安全，必须加强对起重机械设备的专业化管理和安全监督管理。

1. 纳入特种设备管理体系

近年来我国建筑起重机械相关法规和标准已经形成比较完善的体系，主要由国家法律法规、部委规章、安全技术规范、行业技术标准组成。体系以《中华人民共和国特种设备安全法》（主席令第4号）为总纲，《建设工程安全生产管理条例》（国务院393号令）《特种设备安全监察条例》（国务院549号令）及建设部《建筑起重机械安全监督管理规定》（建设部166号令）为主干，涉及制造、使用、租赁、安装、检测、施工总承包、监理、建设、安监等各单位及政府行政部门。

2. 安全管理制度内容

安全管理机构和使用单位主要负责人、安全管理人员、起重机械作业人员的岗位职责；起重机械安全技术操作规程；起重机械围护、保养、检查和检验制度；起重机械安全技术档案管理制度；起重机械使用登记和定期报检制度等。

起重机安全技术档案包括：起重机械的设计文件、制造单位、产品质量合格证明、使用维护说明等文件以及安装技术文件和资料；起重机械的日常使用、维护、保养、检查状况记录；安全技术监督检验报告；起重机械运行故障和事故记录。

3. 定期检验制度

在用起重机机械安全定期监督检验周期为2年。每年对所用的起重机械至少进行1次全面检查。起重机停用一年后重新启用，或发生重大的设备事故和人员伤亡事故，露天作业的起重机械经受9级以上的风力后的起重机应由特种设备检验检测机构进行全面检查。对起重机安全装置、制动器、离合器等有无异常、可靠性和精度；重要零部件的状态，有无损伤，是否报废；电气、液压系统及其部件的泄漏情况及工作性能；动力系统和控制器等项目进行每月检查。在每天作业前进行日常检查。应检查安全标志及标牌完好程度；各类安全装置、制动器、操纵控制装置、紧急报警装置；吊钩、钢丝绳的安全状况。检查发现有异常情况时，必须及时处理。

4. 作业人员培训教育

起重作业要求指挥、捆扎、驾驶等作业人员配合熟练、互相照应。作业人员必须经过培训考试合格，方可独立上岗操作。起重机械作业人员应了解所用起重机的构造性能，熟悉其工作原理和操作系统，掌握实际操作和安全救护的技能。

13.2 塔式起重机

13.2.1 塔式起重机主要类型和性能参数

1. 主要类型

（1）按工作方式可分为固定式塔吊和运行式塔吊两种。

1）固定式塔吊。塔身不移动，靠塔臂的转动和小车变幅来完成臂杆所能达到的范围内的作业，如爬升式、附着式塔吊。

2）运行式塔吊。可由一个作业面移到另一个作业面，并可载荷运行。在建筑群中使用，不需拆卸，即可通过轨道移到新的工作点，如轨道式塔吊。

（2）按旋转方式可分为上旋式和下旋式两种。

1）上旋式。塔吊不旋转，在塔顶上安装可旋转的起重臂，起重臂旋转时不受塔身的限制。

2）下旋式。塔身与起重臂共同旋转，起重臂与塔顶固定。

2. 基本技术性能参数

（1）起重力矩是塔吊起重能力的主要参数。起重力矩（N·m）=起重量×工作幅度。

（2）起重量是起重吊钩上所悬挂的索具与重物的重量之和（N）。对于起重量要考虑两个数据：一是最大工作幅度时的起重量，二是最大额定起重量。

（3）工作幅度也称回转半径，它是起重吊钩中心到塔吊回转中心线之间的水平距离（m）。

（4）起重高度在最大工作幅度时，吊钩中心至轨顶面的垂直距离（m）。

（5）轨距视塔吊的整体稳定和经济效果而定。

13.2.2 塔式起重机的安全装置

为了保证塔式起重机的安全作业，防止发生各项意外事故，根据《塔式起重机》（GB/T 5031—2008）和《塔式起重机安全规程》（GB 5144—2006）的规定，塔式起重机必须配备各类安全保护装置。安全装置有下列几种：

1. 起重力矩限制器

起重力矩限制器的主要作用是防止塔式起重机超载，避免塔式起重机由于严重超载而发生倾覆或折臂等恶性事故。起重力矩限制器有机械式、液压式、电子式三种。目前多采用机械电子连锁式结构。对起重力矩限制器的安全要求是力矩限制器的误差不应大于10%。

对最大起重量大于6t的起重机，如设有起重量显示装置，则其数值误差不得大于指标值的5%。当起重力矩大于相应工况下的额定值并小于该额定值的110%时，应切断上升和幅度增大方向的电源，但机构可作下降和减小幅度方向的运动。

塔式起重机工作时，当荷载产生的倾覆力矩接近额定值时，起重力矩限制器能自动切断起升电源并发出警报信号。

2. 起重量限制器

起重量限制器的主要作用是保护起吊物品的重量不超过允许的最大起重量，用以防止塔式起重机的吊物重量超过额定值，避免发生结构、机构及钢丝绳损坏事故。起重量限制器可分为自动停止型、报警型和综合型。起重量限制器的安全技术要求如下：

(1) 机械式起重量限制器的综合误差应不大于8%，电子式起重量限制器的综合误差应不大于5%。

(2) 如设有起重量显示装置，则其数值误差不应大于实际值的±5%。

(3) 当起重量大于相应挡位的额定值并小于该额定值的110%时，应切断吊钩上升方向的电源，发出报警信号，停止起吊作业。但机构可做下降方向的运动，把超载重物放下，从而避免因超重而发生倾覆或使起重机构损坏。

(4) 当载荷重量达到额定起重量的90%时，应能发出报警信号。

3. 起升高度限位器

起升高度限位器是用来限制吊钩接触到起重臂头部或载重小车之前，或是下降到最低点（地面或地面以下若干米）以前，使起升机构自动断电并停止工作，防止因起重钩起升过度而破坏起重臂的装置。常用的有两种形式：一是安装在起重臂头附近，二是安装在起升卷筒附近。

从起重臂端头悬挂重锤，当起重钩达到限定位置时，托起重锤，在拉簧作用下，限位开关的杠杆转过一个角度，使起升机构的控制回路断开，切断电源，停止起重钩上升。安装在起升卷筒附近的限制器是通过卷筒的回转，通过链轮和链条或齿轮带动丝杆转动，并通过丝杆的转动使控制块移动到一定位置时，限位开关断电。

对小车变幅的塔式起重机，吊钩装置顶部升至小车架下端的最小距离为800mm处时，应能立即停止起升运动，但应有下降运动。

所有形式塔式起重机，当钢丝绳松弛可能造成卷筒乱绳或反卷时应设置下限位器，在吊钩不能再下降或卷筒上钢丝绳只剩3圈时应能立即停止下降运动。

4. 幅度限位器

幅度限位器用以限制起重臂在俯仰时不超过极限位置。当起重的俯仰到一定限度之前，发出警报，当达到限定位置时，则自动切断电源。

动臂式塔式起重机的幅度限位器是用于防止臂架在变幅时，变幅到仰角极限位置时（一般与水平夹角为63°～70°之间）切断变幅机构的电源，使其停止工作，同时还设有机械止挡，以防臂架因起幅中的惯性而后翻。小车运行变幅式塔式起重机的幅度限制器用来防止运行小车超过最大或最小幅度的两个极限位置。一般小车变幅限位器是安装在臂架小车运行轨道的前后两端，用行程开关达到控制。

对动臂变幅的塔式起重机，应设置幅度限位开关，在臂架到达相应的极限位置前开关动作，停止臂架再往极限方向变幅。对小车变幅的塔式起重机应设置小车行程限位开关和终端缓冲装置。限位开关动作后应保证小车停车时其端部距缓冲装置最小距离为200mm 。

动臂变幅的塔式起重机应设置臂架低位置和臂架高位置的幅度限位开关，以及防止臂架反弹后翻的装置。

5. 行程限位器

（1）小车行程限位器

设有小车变幅式起重臂的头部和根部，包括重点开关和缓冲器（常用的有橡胶和弹簧两种），用来切断小车牵引机构的电路，防止小车越位而造成安全事故。

（2）大车行程限位器

包括设有轨道两端尽头的制动缓冲器装置和制动钢轨及装在起重机行走台上的终点开关，用来防止起重机脱轨。

6. 回转限位器

无集电器的起重机应安装回转限位器且工作可靠。塔式起重机回转部分在非工作状态下应能自由旋转；对有自锁作用的回转机构，应安装极限力矩联轴器。

7. 夹轨钳

夹轨钳是装设有行走底架（或台车）的金属结构上，用来夹紧钢轨，防止起重机在大风情况下被风力吹动而行走造成塔式起重机出轨倾翻事故的装置。轨道式塔式起重机应安装夹轨器，使塔式起重机在非工作状态下不能在轨道上移动。

8. 风速仪

自动记录风速，当超过6级风速以上时自动报警，使操作司机及时采取必要的防范措施，如停止作业、放下吊物等。

9. 障碍指示灯

塔顶高度大于30m且高于周围建筑物的塔式起重机，必须在起重机的最高部位（臂架、塔帽或人字架顶端）安装红色障碍指示灯，并保证供电不受停机影响。

10. 钢丝成防脱槽装置

主要用以防止钢丝绳在传动过程中，脱离滑轮槽而造成钢丝绳卡死和损伤。

11. 吊钩保险

吊钩保险是安装在吊钩挂绳处的一种防止起吊钢丝绳由于角度过大或挂钩不妥时，造成起吊钢丝绳脱钩，吊物坠落事故的装置。吊钩保险一般采用机械卡环式，用弹簧来控制挡板，阻止钢丝绳的滑脱。

13.2.3 塔式起重机基本规定

塔式起重机安装、拆卸单位必须具有从事塔式起重机安装、拆卸业务的资质。起重设备安装工程专业承包资质分为1级、2级、3级。

塔式起重机安装、拆卸单位应具备安全管理保证体系，有健全的安全管理制度，包括：转场保养、安装拆卸前维修、保修制度、员工的培训制度、周期检查制度、安装和拆卸中的检查。

塔式起重机安装、拆卸作业应配备下列人员：持有安全生产考核合格证书的项目负责人和安全负责人、机械管理人员；按照国家有关规定经过专门的安全作业培训，并取得建筑施工特种作业操作资格证书的建筑起重机械安装拆卸工、垂直运输机械作业人员、起重司机、起重信号工、司索工等特种作业操作人员。塔式起重机应具有特种设备制造许可证、产品合格证、制造监督检验证明，并已在县级以上地方建设主管部门备案登记。塔式起重机应符合现行国家标准《塔式起重机安全规程》（GB 5144—2006）、《建筑施工塔式起重机安装、使用、拆卸安全技术规程》（JGJ 196—2010）及《塔式起重机》（GB/T 5031—2008）的相关规定。

塔式起重机启用前应检查下列项目：

（1）塔式起重机的备案登记证明等文件；

（2）建筑施工特种作业人员的操作资格证书；

（3）专项施工方案；

（4）辅助起重机械的合格证及操作人员资格证书。

对塔式起重机应建立技术档案，其技术档案应包括下列内容：

（1）购销合同、制造许可证、产品合格证、制造监督检验证明、使用说明书、备案证明等原始资料；

（2）定期检验报告、定期自行检查记录、定期维护保养记录、维修和技术改造记录、运行故障和生产安全事故记录、累计运转记录等运行资料；

（3）历次安装验收资料。

塔式起重机的选型和布置应满足工程施工要求，便于安装和拆卸，并不得损害周边其他建筑物或构筑物。有下列情况之一的塔式起重机严禁使用：

（1）国家明令淘汰的产品；

（2）超过规定使用年限经评估不合格的产品；

（3）不符合国家现行相关标准的产品；

（4）没有完整安全技术档案的产品。

塔式起重机安装、拆卸前，应编制专项施工方案，制定安全施工措施，指导作业人员实施安装、拆卸作业，并由专业技术人员现场监督。专项施工方案应根据塔式起重机使用说明书和作业场地的实际情况编制，并应符合国家现行相关标准的规定。专项施工方案应由本单位技术、安全、设备等部门审核、技术负责人审批后，经监理单位批准实施。

施工起重机械安装完毕后，安装单位应当自检，出具自检合格证明，并向施工单位进行安全使用说明，办理验收手续并签字。施工起重机械的使用达到国家规定的检验检测期限的，必须经具有专业资质的检验检测机构检测。

塔式起重机专项施工方案编制依据：

（1）现行国家行业标准规程和现行法规；

（2）施工现场具体情况和周围环境；

（3）施工平面布置图；

（4）设备使用说明书；

（5）其他。

塔式起重机安装前应编制专项施工方案，并应包括下列内容：

（1）工程概况；

（2）安装位置平面和立面图；

（3）所选用的塔式起重机型号及性能技术参数；

（4）施工前准备和设备维护检查工作说明；

（5）基础和附着装置的设置；

（6）爬升工况及附着节点详图；

（7）施工设置、安装顺序和安全质量要求；

（8）设备主要安装部件的重量和吊点位置；

（9）安装辅助设备的型号、性能及布置位置；

（10）电源的设置；

（11）施工人员配置及岗位职责；

（12）吊索具和专用工具的配备；

（13）设备施工工艺流程及具体步骤内容、施工安全注意事项；

（14）安全装置的调试；

（15）重大危险源和安全技术措施；

（16）应急预案；

（17）进退场现场配合。

塔式起重机拆卸专项方案应包括下列内容：

（1）工程概况；

（2）塔式起重机位置的平面和立面图；

（3）拆卸顺序；

（4）部件的重量和吊点位置；

（5）拆卸辅助设备的型号、性能及布置位置；

（6）电源的设置；

（7）施工人员配置；

（8）吊索具和专用工具的配备；

（9）重大危险源和安全技术措施；

（10）应急预案等。

当多台塔式起重机在同一施工现场交叉作业时，应编制专项方案，并应采取防碰撞的安全措施。任意两台塔式起重机之间的最小架设距离应符合下列规定：低位塔式起重机的起重臂端部与另一台塔式起重机的塔身之间的距离不得小于2m；高位塔式起重机的最低位置的部件（或吊钩升至最高点或平衡重的最低部位）与低位塔式起重机中处于最高位置部件之间的垂直距离不得小于2m。

在塔式起重机的安装、使用及拆卸阶段，进入现场的作业人员必须佩戴安全帽、防滑鞋、安全带等防护用品，无关人员严禁进入作业区域内。在安装、拆卸作业期间，应设警戒区。

塔式起重机在安装前和使用过程中，发现有下列情况之一的，不得安装和使用：

（1）结构件上有可见裂纹和严重锈蚀的；

（2）主要受力构件存在塑性变形的；

（3）连接件存在严重磨损和塑性变形的；

（4）钢丝绳达到报废标准的；

（5）安全装置不齐全或失效的。

塔式起重机使用时，起重臂和吊物下方严禁有人员停留。物件吊运时，严禁从人员上方通过。严禁用塔式起重机载运人员。

13.2.4 塔式起重机安全技术

1. 塔式起重机安装技术要点

（1）安装条件

塔式起重机安装前，必须经维修保养，并应进行全面的检查，确认合格后方可安装。在施工现场安装、拆卸施工起重机械，必须由具有相应资质的单位承担。新购置的塔式起重机由厂家直接运输到现场安装时，可不进行维修保养，但应进行新购设备的检验验收工作。

塔式起重机的基础及其地基承载力应符合产品说明书和设计图纸的要求。安装前应对基础进行验收，合格后方能安装。基础周围应有排水设施。塔式起重机基础验收单位应包括施工（总）承包单位、基础施工单位、塔式起重机安装单位、监理单位等。

行走式塔式起重机的轨道及基础应按产品说明书的要求进行设置，且应符合现行国家标准《塔式起重机安全规程》（GB 5144—2006）及《塔式起重机》（GB/T 5031—2008）的规定。

内爬式塔式起重机的基础、锚固、爬升支承结构等应根据产品说明书提供的荷载进行设计计算，并应对内爬式塔式起重机的建筑承载结构进行验算。

（2）基础设计

塔式起重机的基础应按国家现行标准和其产品说明书所规定的要求进行设计和施工。施工（总承包）单位应根据地质勘察报告确认施工现场的地基承载能力。

当施工现场无法满足塔式起重机产品说明书对基础的要求时，可自行设计基础，常用的基础形式包括：

1）板式基础（图 13-2），指矩形、截面高度不变的混凝土基础；

2）桩基承台式混凝土基础；

3）组合式基础，指由若干个格构式钢柱或钢管柱与其下端连接的基桩以及上端连接的混凝土承台或型钢平台组成的基础。

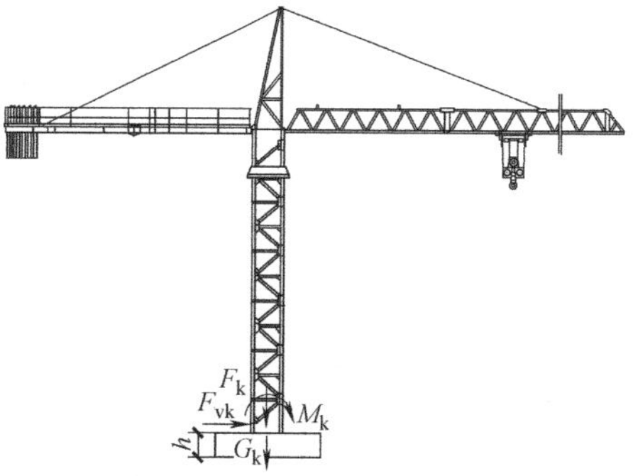

图 13-2 塔式起重机板式基础计算简图

板式基础设计计算应符合下列规定：

1）应进行抗倾覆稳定性和地基承载力验算；

2）整体抗倾覆稳定性应满足下式规定：

$$e=\frac{M_{\mathrm{k}}+F_{\mathrm{vk}}\cdot h}{F_{\mathrm{k}}+G_{\mathrm{k}}}\leqslant\frac{b}{4} \tag{13-1}$$

式中　M_k——相应于荷载效应标准组合时，作用于矩形基础顶面短边方向的力矩值（kN·m）；

F_{vk}——相应于荷载效应标准组合时，作用于矩形基础顶面短边方向的水平荷载值（kN）；

h——基础高度（m）；

F_k——塔式起重机作用于基础顶面的竖向荷载标准值；

G_{vk}——基础及上土自重标准值（kN）；

b——矩形基础底面短边长度（m）。

3）地基承载力应满足下式规定：

$$p_k=\frac{F_k+G_k}{bl}\leqslant f_a \tag{13-2}$$

式中　p_k——相应于荷载效应标准组合时，基础底面处的平均压力值（kPa）；

l——矩形基础底面的长边长度（m）；

p_k——修正后的地基承载力特征值（kPa）。

地基承载力计算尚应满足式（13-3）或式（13-4）的规定：

当偏心距 $e\leqslant\frac{b}{6}$ 时：　$$p_{kmax}=\frac{F_k+G_k}{bl}+\frac{M_k+F_{vk}\cdot h}{W}\leqslant 1.2f_a \tag{13-3}$$

当偏心距 $e>\frac{b}{6}$ 时：　$$p_{kmax}=\frac{2(F_k+G_k)}{3al}\leqslant 1.2f_a \tag{13-4}$$

式中　p_{kmax}——相应于荷载效应标准组合时，基础底面边缘的最大压力值（kPa）；

W——基础底面的抵抗矩（m^3）；

a——合力作用点至基础底面最大压力边缘的距离（m）。

4）基础底板配筋应按抗弯计算确定

计算公式与配筋构造应符合现行国家标准《混凝土结构设计规范》（GB 50010—2010）的相关规定。桩基承台的混凝土基础的设计计算应按现行行业标准《建筑桩基础技术规范》（JGJ 94—2008）的相关规定进行验算。

（3）附着装置的设计

当塔式起重机附着使用时，附着装置的设置和自由端高度等应符合使用说明书的规定；当附着水平距离、附着间距等不满足使用说明书要求时，应进行设计计算、绘制制作图和编写相关说明，并要经过审批手续。

附着装置的构件和预埋件应由原制造厂家或由具有相应能力的起企业制作。

附着装置设计时，应对支撑处的建筑主体结构进行验算。

（4）安装

安装前应根据专项施工方案，对塔式起重机基础的下列项目进行检查，确认合格后方可实施。

1）基础的位置、标高、尺寸。

2）基础的隐蔽工程验收记录和混凝土强度报告等相关资料。

3）安装辅助设备的基础、地基承载力、预埋件等。

4）基础的排水措施。

安装作业应根据专项施工方案要求实施。安装作业人员应分工明确、职责清楚。安装前应对安装作业人员进行安全技术交底。安装作业中应统一指挥，明确指挥信号。当视线受阻、距离过远时，应采用对讲机或多级指挥。

安装辅助设备就位后，应对其机械和安全性能进行检验，合格后方可作业。因为实际应用中，经常出现因安装辅助设备自身安全性能故障而发生塔式起重机安全事故，所以要对安装辅助设备的机械性能进行检查，合格后方可使用。

安装所使用的钢丝绳、卡环、吊钩和辅助支架等起重机具均应符合有关规定，并应经检查合格后方可使用。因为钢丝绳、卡环、吊钩和辅助支架等起重机具的安全性能，均是设备与吊装中的安全环节之一，所以使用前对其进行的检查非常必要。

自升式塔式起重机的顶升加节应符合下列规定：

1）顶升系统必须完好。

2）结构必须完好。

3）顶升前，塔式起重机下支座与顶升套架应可靠连接。

4）顶升前，应确保顶升横梁搁置正确。

5）顶升前，应将塔式起重机配平；顶升过程中，应确保塔式起重机的平衡。

6）顶升加节顶的顺序，应符合使用说明书的规定。

7）顶升过程中，不应进行起升、回转、变幅等操作。

8）顶升结束后，应将标准节与回转下支座可靠连接。

9）塔式起重机加节后需进行附着的，应按照先装附着装置、后顶升加节的顺序进行，附着装置的位置和支撑点的强度应符合要求。

塔式起重机的独立高度、悬臂高度应符合使用说明书的要求。塔式起重机的独立高度指的是塔式起重机未附墙之前处于独立工作状态时的塔身高度；塔式起重机的悬臂高度指的是塔式起重机附墙后最上面一道附着点之上塔身部分的高度。

雨雪、浓雾天气严禁进行安装作业。安装时塔式起重机最大高度处的风速应符合使用说明书的要求，且风速不得超过12m/s。安装、拆卸塔式起重机时，如塔式起重机使用说明书中有特殊规定允许风力等级的，按使用说明书规定执行。

塔式起重机不宜在夜间进行安装作业；当需在夜间进行塔式起重机安装和拆卸作业时，应保证提供足够的照明。

当遇特殊情况安装作业不能连续进行时，必须将已安装的部位固定牢靠并达到安全状态，经检查确认无误后，方可停止作业。塔式起重机在安装、拆卸作业过程中，绝对不允许只安装或保留一个臂就中断作业。

电气设备应按使用说明书的要求进行安装，安装所用的电源线路应符合现行行业标准《施工现场临时用电安全技术规范》（JGJ 46—2005）的要求。

塔式起重机的安全装置必须齐全，并应按程序进行调试合格。连接件及其防松脱件严禁用其他代用品代用。连接件被代用后，会失去固有的连接作用，往往容易造成机构散架，出现安全事故，所以实际使用中严禁连接件代用。连接件及其防松防脱件应使用力矩扳手或专用工具紧固连接螺栓。连接螺栓只有在扭矩达到规定值时，才能确保不易松动。

安装完毕后，应及时清理施工现场的辅助用具和杂物。

安装单位应对安装质量进行自检，填写自检报告书。安装单位自检合格后，应委托有相应资质的检验检测机构进行检测。经自检和检测合格后，应由总承包单位组织出租、安装、使用、监理等单位进行验收，并应填写验收表，合格后方可使用。塔式起重机停用6个月以上的，在复工前，应重新进行验收，合格后方可使用。

2. 塔式起重机使用技术要点

塔式起重机司机、起重信号工、司索工等操作人员应取得特种作业人员资格证书，严禁无证上岗。塔式起重机使用前，应对起重司机、起重信号工、司索工等作业人员进行安全技术交底，安全技术交底应形成书面交底材料，并经签字确认。

塔式起重机的力矩限制器、重量限制器、变幅限位器、行走限位器、高度限位器等安全保护装置不得随意调整和拆除，严禁用限位装置代替操纵机构。因为限位装置代替操纵机构既不可靠，且容易导致限位装置损坏，失去保护作用。

塔斯起重机起吊前，应对安全装置进行检查，确认合格后方可起吊；安全装置失灵时，不得起吊。塔式起重机起吊前，应对吊具和锁具进行检查，确认合格后方可起吊；当吊具锁具不符合相关规定的，不得用于起吊作业。塔式起重机回转、变幅、行走、起吊动作前应示意警示。起吊时应统一指挥，明确指挥信号；当指挥信号不清楚时，不得起吊。起吊前，当吊物与地面或其他物件之间存在吸附力或摩擦力而未采取处理措施时，不得起吊。

作业中遇突发故障，应采取措施将吊物降落到安全地点，严禁吊物长时间悬挂在空中。遇有风速12m/s及以上的大风或大雨、大雪、大雾等恶劣天气时，应停止作业。雨雪过后，应先经过试吊，确认制动器灵敏、可靠后方可进行作业。夜间施工应有足够照明，照明的安装应符合现行行业标准《施工现场临时用电安全技术规范》(JGJ 46—2005)的要求。塔式起重机不可起吊重量超过额定载荷的吊物，且不得起吊重量不明的吊物。在吊物载荷达到额定载荷的90%时，应先将吊物吊离地面200～500mm后，检查机械状况、制动性能、物件绑扎情况等，确认无误后方可起吊。对有晃动的物件，必须栓拉溜绳使之稳固。物件起吊时应绑扎牢固，不得在吊物上堆放或悬挂其他物件；零星材料起吊时，必须用吊笼或钢丝绳绑扎牢固。当吊物上站人时不得起吊。标有绑扎位置或记号的物件，应按标明位置或绑扎。钢丝绳与物件的夹角宜为45°～60°，且不得小于30°。吊索与吊物棱角之间应有防护措施；未采取防护措施的，不得起吊。

作业完毕后，应松开回转制动器，各部件应置于非工作状态，控制开关应置于零位，并应切断总电源。行走式塔式起重机停止作业时，应锁紧夹轨器。

当塔式起重机高度超过30m时，应配备障碍灯，起重臂根部铰点高度超过50m时应配备风速仪。

严禁在塔式起重机机身上附加广告牌或其他标语牌。

每班作业应做好例行保养，并应做好记录。记录的主要内容包括结构件外观、安装装置、传动机构、连接件、制动器、索具、夹具、吊钩、滑轮、钢丝绳、液位、油位、油压、电源、电压等。实行多班作业的设备应执行交接班制度，认真填写交接班记录，接班司机经检查确认无误后方可开机作业。

塔式起重机应实施各级保养。转场时应进行转场保养，并应有记录。塔式起重机的主要部件和安全装置等应进行经常性检查，每月不得少于1次，并应有记录；当发现有安全隐患时，应及时进行整改。当塔式起重机使用周期超过一年时，应进行全面检查，合格后方可继续使用。使用过程中塔式起重机发生故障时，应及时维修，维修期间应停止作业。

3. 塔式起重机拆卸技术要点

塔式起重机拆卸作业应遵守其安装时遵守的若干规定。

塔式起重机拆卸作业前应检查主要结构件、连接件、电气系统、起升机构、回转机构、变幅机构、顶升机构等项目，具体的检查检测方法按现行国家标准《塔式起重机》（GB/T 5031—2008）的相关规定进行。发现隐患应采取措施，解决后方可进行拆卸作业。塔式起重机拆卸作业宜连续进行；当遇特殊情况拆卸作业不能继续时，应采取措施保证塔式起重机处于安全状态。

当用于拆卸作业的辅助起重设备设置在建筑物上时，应明确设置位置、锚固方法，并应对辅助设备的安全性及建筑物的承载能力等进行验算。

附着式塔式起重机应明确附着装置的拆卸顺序和方法。自升式塔式起重机每次降节前，应检查顶升系统和附着式装置的连接等，确认完好后方可进行作业。

拆卸时应先降节，后拆除附着装置。拆卸完毕后，为塔式起重机拆卸作业而设置的所有设施应拆除，清理场地上作业时所用的吊索具、工具等各种零配件和杂物。

4. 吊索具使用技术要点

塔式起重机安装、使用、拆卸时，起重吊具、索具应符合下列要求：

1）吊具和索具产品应符合现行行业标准《起重机械吊具与索具安全规程》（LD 48—1993）的规定。

2）吊具和索具应与吊重种类、吊运具体要求及环境条件相适应。

3）作业前应对吊具和索具进行检查，当确认完好时方可投入使用。

4）吊具承载时不得超过额定起重量，吊索（含各分肢）不得超过安全工作载荷。

5）塔式起重机吊钩的吊点重心与吊重重心在同一条垂线上，使吊重处于稳定平衡状态。

新购置或修复的吊具、索具应进行检查，确认合格后方可使用。吊具、索具在每次使用前应进行检查，经检查确认符合要求后方可继续使用。当发现有缺陷时，应停止使用。吊具和索具每6个月应进行一次检查，并应做好记录。检查记录应作为继续使用、维修或报废的依据。

（1）钢丝绳

钢丝绳作吊索时，其安全系数不得小于6倍。钢丝绳的报废应符合现行国家标准《起重机用钢丝绳检验和报废使用规范》（GB/T 5972—2009）的规定。

当钢丝绳的端部采用编结固接时，编结部分的长度不得小于钢丝绳直径的20倍，并不应小于300mm，插接绳股应拉紧，凸出部分应光滑、平整，且应在插接末尾留出适当长度，用金属丝扎牢，钢丝绳插接方法宜符合现行行业标准《起重机械吊具与索具安全规程》（LD 48—1993）的要求。用其他方法插接的应保证其插接连接强度不小于该绳最小破断拉力的75%。当采用绳夹固接时，钢丝绳吊索绳夹最少数量应满足表13-1的要求。

钢丝绳小锁绳夹最少数量　　表 13-1

绳夹规格(钢丝绳公称直径)d_r(mm)	钢丝绳夹的最少数量/组
≤18	3
18～26	4
26～36	5
36～44	6
44～60	7

钢丝绳夹板应在钢丝绳受力绳一边，绳夹间距 A 如图 13-3 所示，不应小于钢丝绳直径的 6 倍。

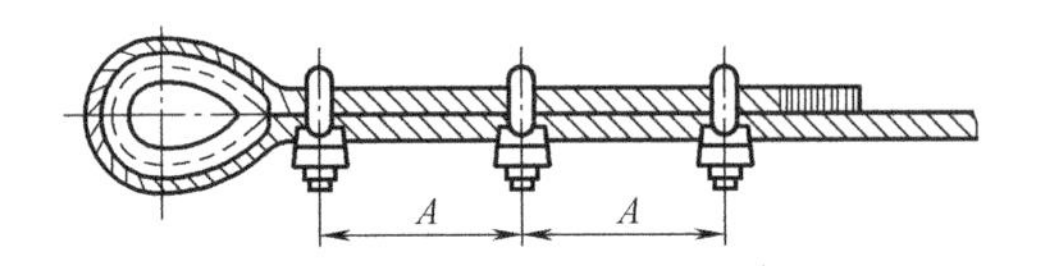

图 13-3　钢丝绳夹压板布置

当吊索出现接头时，其接头部分的强度较低，往往只能达到吊索本身设计强度的 75%～80%，所以吊索必须由整根钢丝绳支撑，中间不得有接头。环形吊索应只允许有一处接头。

当采用两点或多点起吊时，吊索数宜与吊点数相符，且根据吊索的材质、结构尺寸、索眼端部固定连接、端部配件等性能应相同。

钢丝绳严禁采用打结方式系结吊物。当吊索弯折曲率半径小于钢丝绳公称直径的 2 倍时，应采用卸扣将吊索与吊点拴接。卸扣应无明显变形、可见裂纹和弧焊痕迹。销轴螺纹应无损伤现象。

（2）吊钩与滑轮

吊钩应符合现行行业标准《起重机械吊具与索具安全规程》（LD 48—1993）的相关规定。滑轮有下列情况之一的应予以报废：

1）表面有裂纹；

2）挂绳截面磨损量超过原高度的 10%；

3）钩尾和螺纹部分等危险截面及钩筋有永久性变形；

4）开口度比原尺寸增加 15%；

5）钩身的扭转角超过 10°。

滑轮的最小绕卷直径应符合现行国家标准《塔式起重机设计规范》（GB/T 13752—2017）的相关规定。滑轮有下列情况之一的应予以报废：

1）裂纹或轮缘破损；

2）轮槽不均匀磨损达 3mm；

3）滑轮绳槽壁厚磨损量达原壁厚的 20%；

4）铸造滑轮槽底磨损达到钢丝绳原直径的 30%；焊接滑轮槽底磨损达钢丝绳原直径的 15%。

滑轮、卷筒均应设有钢丝绳防脱装置；吊钩应设有钢丝绳防脱钩装置。

13.2.5 塔式起重机常见危险因素

根据《危险性较大的分部分项工程安全管理规定》（2019 年修订版）规定的起重吊装及安装拆卸危险性较大工程如下：

1）采用非常规起重设备、方法，且单件起吊重量在 10kN 及以上的起重吊装工程。

2）采用起重机械进行安装的工程。

3）起重机械设备自身的安装、拆卸。

塔式起重机安装、使用和拆卸过程中涉及的危险因素包括：

1）安装、拆卸作业人员和司机未经培训、考核合格，并取得建筑特种作业人员操作资格证书。

2）未对作业人员进行安全技术交底。

3）安装、拆卸时，作业人员未佩戴安全保护装备。

4）材料搬运时，起吊钢丝绳强度不够，断股、断丝过多，扭曲变形严重，磨损大。容易引起物体打击、机具损坏事故。

5）卸扣扎头刚度不够、变形、滑丝。

6）吊运时，吊物绑扎不牢或小件无吊篮。

7）施工现场裸露的电线、电源。

8）塔式起重机作业半径范围内未采取相应的保护措施。

9）安全保护装置失灵或不齐全。

10）塔式起重机主要受力构件存在塑性变形，连接件存在严重磨损和塑性变形。

11）塔式起重机安装后未经检测、验收程序即投入使用。

12）塔式起重机在施工过程中未进行定期维护保养。

13）塔式起重机在使用过程中违反安全管理制度和操作规程。

14）当多台塔式起重机在同一施工现场交叉作业时，未编制专项施工方案并采取防碰撞的安全措施。

15）塔式起重机基础及承载力设计不符合要求或基础承载力不足，发生倾覆、倒塌事故。

16）建设单位、监理单位、租赁单位、安装拆卸单位、特种设备检测单位、总承包单位以及使用单位等未按法律法规要求履行安全管理职责。

13.3 施工升降机

13.3.1 施工升降机分类

1. 施工升降机

建筑施工升降机（又称外用电梯、施工电梯、附壁式升降机）是一种使用工作笼（吊笼）载人、载物沿导轨架做上下运输的机械。《吊笼有垂直导向的人货两用施工升降机》（GB 26557—2011）对升降架的定义如下：临时安装的、带有有导向的平台、吊笼或其他运载装置并可在建筑施工工地各层站停靠服务的升降机械。

施工升降机可根据需要的高度到施工现场进行组装，一般架设可达 100m，用于超高层建筑施工时可达 200m。电梯的组装既可借助本身安装在顶部的电动吊杆组成，也可利用施工现场的塔吊等其中设备组装。

施工升降机因其结构坚固，装拆方便，不用另设机房等优点，而广泛应用于工业、高层建筑、桥梁、矿井、水塔等土木工程领域。施工升降机的主要特点是吊笼和平衡重的对称布置，使倾覆力矩很小，立柱又通过附墙架与建筑结构牢固连接（不需缆风绳），所以受力合理，安全可靠。

2. 施工升降机的分类

施工升降机按其传动形式分为齿轮齿条式（SC 型）、卷扬机钢丝绳式（SS 型）、齿轮齿条钢丝绳混合式（SH 型）三种。其中，SC 型齿轮齿条式施工升降机是目前国内建筑施工企业使用较多的人货两用升降机。

1）齿轮齿条式施工升降机：采用电动齿轮齿条传动方式进行升降驱动，以实现升降吊笼垂直运输，具有结构简单、使用方便、升降快速、传动平衡等特点。

2）钢丝绳式施工升降机：采用钢丝绳作为载荷悬挂系统的施工升降机。

3）混合式升降机：一个吊轮采用齿轮齿条传动，另一吊笼采用钢丝绳提升的施工升降机。

13.3.2　施工升降机构造

以施工现场常见的双龙齿轮齿条式施工升降机为例介绍施工升降机的基本构造。施工升降机主要由金属结构、驱动机构、安全保护装置和电气控制系统等部分组成。

金属结构由吊笼、底笼、导轨架、对（配）重、天轮及小起重机钩、附墙架等组成。

1）吊笼

吊笼（梯笼）是施工升降机运载任何物料的构件，笼内有传动机构、防坠安全器及电气箱等装置，外侧附有驾驶室，另外还设置了门外保险开关与门连锁。为确保安全，当吊笼前后两道门均关好后，吊笼才能运行。吊笼内空净高不得小于 2m。

2）底笼

底笼的底架是施工升降机与基础连接部分，多用槽钢焊接成平面框架，并用地脚螺栓与基础相固结。底笼的底架上装有导轨架的基础节，吊笼不工作时停在其上。底笼外围有钢板网护栏，入口处有门，门的自动开启装置与梯笼门配合动作。在底笼的骨架上装有 4 个缓冲弹簧，在吊笼坠落时可起缓冲作用。

3）导轨架

导轨架是吊笼上下运动的导轨、升降机的主体，能承受规定的各种荷载。导轨架是由若干个具有互换性的标准节，经螺栓连接而成的多支点的空间桁架，用来传递和承受荷载。导轨架的主弦杆和腹杆多用钢管制成，横缀条则选用不等边角钢。

4）标准节

标准节的高度为 1.5m，它由无缝钢管焊接而成，每节装有传动齿条，可按所需高度搭接。在允许运行的最高点和最低点处，装设行程极限开关，当吊笼上升或下降至极限位置，碰到限位开关时，便自行断电。

5）附墙架

立柱的稳定是靠与结构物进行附壁连接来实现的，所以安装电梯时，应随立柱搭设，按说明书规定的距离及时进行连接。附墙架包括稳固撑、附壁撑、导柱管、过桥梁、剪刀撑。

6）主传动机构

电动机通过联轴节带动涡轮减速箱，驱动涡轮轴端的传动齿轮，由齿轮与固定在立柱上的齿轮相啮合，随齿条的反作用力使吊笼上下运行。

7）限速器

它是升降机的主要安全装置，可以限制吊笼的运行速度，防止坠落。

8）天轮

立柱顶的左前方和右后方安装两组定滑轮，分别支撑两对吊笼和平衡重，单笼时，只使用一组天轮。

9）平衡重

吊笼在正常运行时挂有平衡重，在电梯顶部装有平衡重保护开关，当平衡重钢丝绳突然断开，吊笼失去平衡时，保护开关会操纵电磁控制器使吊笼停止运行。

10）吊杆

吊杆固定在吊笼顶部，用于电梯拆装。当立柱吊装完毕进入正常运行时，应把吊杆拆下，同时拆下吊笼顶上的护栏，需用时再重新安装。

13.3.3 施工升降机基本规定

施工升降机安装单位应具备建设行政主管部门颁发的起重设备安装工程专业承包资质和建筑施工企业安全生产许可证。施工升降机安装、拆卸项目应配备与承担相适应的专业安装作业人员以及专业安装技术人员。施工升降机的安装拆卸工、电工、司机等应具有建筑施工特种作业操作资格证书。

施工升降机使用单位应与安装单位签订施工升降机安装、拆卸合同，明确双方的安全生产责任。实行施工总承包的，施工总承包单位与安装单位签订施工升降机安装、拆卸工程安全协议书。施工升降机应具有特种设备制造许可证、产品合格证、使用说明书、起重机械制造监督检验证书，并已在产权单位工商注册所在地县级以上建设行政主管部门备案登记。

施工升降机安装作用前，安装单位应编制施工升降机安装、拆卸工程专项施工方案，由安装单位技术负责人批准后，报送施工总承包单位或使用单位、监理单位审核，并告知工程所在地县级以上建设行政主管部门。

施工总承包单位进行的工作应包括下列内容：

1）向安装单位提供拟安装设备的基础施工资料，确保施工升降机进场安装所需的施工条件；

2）审核施工升降机的特种设备制造许可证、产品合格证、起重机械制造监督检验证书、备案证明等文件；

3）审核施工升降机安装单位、使用单位的资质证书、安全生产许可证和特种作业人员的特种作业操作资格证书；

4）审核安装单位指定的施工升降机安装、拆卸工程专项施工方案；

5）审核使用单位制定的施工升降机安全应急预案；

6）指定专职安全生产管理人员监督检查施工升降机安装、使用、拆卸情况。

施工升降机的类型、型号和数量应能满足施工现场货物尺寸、运载重量、运载频率和使用高度等方面的要求。当利用辅助起重设备安装、拆卸施工升降机时，应对辅助设备设置位置、锚固方法和基础承载能力等进行设计和验算。

施工升降机安装、拆卸工程专项施工方案应根据使用说明书的要求、作业场地及周边环境的实际情况、施工升降机使用要求等编制。当安装、拆卸过程中专项施工方案发生变更时，应按程序重新对方案进行审批，未经审批不得继续进行安装、拆卸作业。

施工升降机安装、拆卸工程专项施工方案应包括下列主要内容：

1）工程概况；

2）编制依据；

3）作业人员组织和职责；

4）施工升降机安装位置平面、立面图和安装作业范围平面图；

5）施工升降机技术参数、主要零部件外形尺寸和重量；

6）辅助起重设备的种类、型号、性能及位置安排；

7）吊索具的配置、安装与拆卸工具及仪表；

8）安装、拆卸步骤与方法；

9）安全防护措施；

10）安全应急预案。

13.3.4　施工升降机的安全技术

1. 安装技术要点

(1) 安装条件

有下列情况之一的施工升降机不得安装使用：

1）属国家明令淘汰或禁止使用的；

2）超过由安全技术标准或制造厂家规定使用年限的；

3）经检验达不到安全技术标准规定的；

4）无完整安全技术档案的；

5）无齐全有效的安全保护装置的。

根据中华人民共和国建设部令第 166 号《建筑起重机械安全监督管理规定》第九条的规定，安全技术档案应包括以下内容：购销合同、制造许可证、产品合格证、制造监督检验证书、备案证明、安装使用说明书等原始资料；定期检验报告、定期自行检查记录、定期维护保养记录、维修和技术改造记录、运行故障和生产安全事故记录、累积运转记录等运行资料；历次安装验收资料。

施工升降机安装前应对各部位进行检查。对有可见裂纹的构件应进行修复或更换，对有严重锈蚀、严重磨损、整体或局部变形的构件必须进行更换，符合产品标准的有关规定后方能进行安装。安装前应做好升降机的保养工作。安装作业前，应对辅助起重设备和其他安装辅助用具的机械性能和安全性能进行检查，合格后方能投入作业。

施工升降机地基、基础应满足说明书的要求。对基础设置在地下室顶板、楼面或其他下部悬空结构上的施工升降机，应对基础支撑结构进行承载力验算。施工升降机安装前应按现行规范要求对基础进行验收，合格后方能安装。

安装作业前，安装单位应根据施工升降机基础验收表、隐蔽工程验收单和混凝土强度报告等相关资料，确认所安装的施工升降机和辅助起重机的基础、地基承载力、预埋件、基础排水措施等符合施工升降机安装、拆卸工程专项方案的要求。

安装作业前，安装技术人员应根据施工升降机安装、拆卸工程专项施工方案和使用说明书的要求，对安装作业人员进行技术交底，并由安装作业人员在交底书上签字。在施工期间内，交底书应留存备案。

施工升降机必须安装防坠安全器。防坠安全器应在一年有效标定期内使用。根据《施工升降机齿轮锥鼓形渐进式防坠安全器》（JB 121—2000）的规定：防坠安全器无论是否使用，在有效检验期满后必须重新进行检验标定。施工升降机防坠安全器的寿命为 5 年。

施工升降机应安装超载保护装置。超载保护装置在载荷达到额定重量的 110%前应能中止吊笼启动，在齿轮齿条式载人施工升降机荷载达到额定重量的 90%时应能给出报警信号。

附墙架附着点处的建筑结构承载力应满足施工升降机使用说明书的要求。施工升降机的附墙架形式、附着高度、垂直间距、附着点水平距离、附墙架与水平面之间的夹角、导轨架自由端高度和导轨架与主体结构间水平距离等均应符合使用说明书的要求。当附墙架不能满足施工现场要求时，应对附墙架另行设计。附墙架的设计应满足构件刚度、强度、稳定性等要求，制作应满足设计要求。

新安装或转移工地重新安装以及经过大修后的升降机，在投入使用前，必须经过坠落试验。

在施工升降机使用期限内，非标准构件的设计计算书、图纸、施工升降机安装工程专项施工方案及相关资料应在工地存档。

（2）安装作业

安装作业人员应按施工安全技术交底内容进行工作。安装单位专业技术人员、专职安全管理人员应进行现场监督。

施工升降机的安装作业范围应设置警戒线及明显的警示标志。非作业人员不得进入警戒范围。任何人不得在悬吊物下方行走或停留。进入现场的安装作业人员应佩戴安全防护用品，高处作业人员应系好安全带，穿防护鞋。作业人员严禁酒后作业。

安装作业中应统一指挥，明确分工。危险部位安装时应采取可靠的防护措施。当指挥信号传递困难时，应使用对讲机等通信工具进行指挥。

当遇大雨、大雪、大雾或风速大于 13m/s 等恶劣天气时，应停止安装作业。风力等级与风速对照表见表 13-2。

电气设备安装应按施工升降机使用说明书的规定进行，安装用电应符合现行行业标准《施工现场临时用电安全技术规范》（JGJ 46—2005）的规定。施工升降机金属结构和电气设备金属外壳均应接地，接地电阻不应大于 4Ω。

风力等级与风速对照表 **表13-2**

风力(级)	1	2	3	4	5	6
风速范围(m/s)	0.3～1.5	1.6～3.3	3.4～5.4	5.5～7.9	8.0～10.7	10.8～13.8
风力(级)	7	8	9	10	11	12
风速范围(m/s)	13.9～17.1	17.2～20.7	20.8～24.4	24.5～28.4	28.5～32.6	32.7以上

安装作业时必须将按钮盒或操作盒移至吊笼顶部操作。当轨道架或附墙架上有人员作业时，严禁开动施工升降机。在吊笼顶部作业前应确保吊笼顶部护栏齐全完好。吊笼顶上所有的零部件和工具应放置平稳，不得超出安全护栏。

传递工具或器材不得采取投掷的方式。

安装作业过程中安装作业人员和工具等总载荷不得超过施工升降机的额定安装载重量。在安装吊杆上有悬挂物时，严禁开动施工升降机。严禁超载使用安装吊杆。

当需安装导轨架加厚标准节时，应确保普通标准节和加厚标准节的安装部位正确，不得用普通标准节替代加厚标准节。导轨架安装时，应对施工升降机导轨架的垂直度进行测量校对。施工升降机导轨架偏差应符合使用说明书和表13-3的规定。

安装垂直度偏差 **表13-3**

导轨架架设高 h(m)	$h \leqslant 70$	$70 < h \leqslant 100$	$100 < h \leqslant 150$	$150 < h \leqslant 200$	$h > 200$
垂直度偏差(mm)	不大于 $h/1000$	$\leqslant 70$	$\leqslant 90$	$\leqslant 110$	$\leqslant 130$
	对钢丝绳式施工升降机，垂直度偏差不大于 $1.5h/1000$				

接高导轨架标准节时，应按使用说明书的规定进行附墙连接。每次加节完毕后，应对施工升降机导轨架的垂直度进行校正，且应按规定及时重新设置行程限位和极限限位，经验收合格后方能运行。

连接件与连接件之间的防松防脱件应符合使用说明书的规定，不得用其他物件替代。对有预应力要求的连接螺栓，应使用扭力扳手或专用工具，按规定的拧紧次序将螺栓准确地紧固到规定的扭矩值。安装标准节连接螺杆时，宜螺杆在下，螺母在上。若螺杆在上，则当螺母脱落后螺杆仍在原位，不易被发现，进而导致施工升降机的安全事故的发生。

施工升降机最外侧边缘与外面架空输电线路的边线之间，应保持安全操作距离。最小安全操作距离应符合表13-4的规定。

最小安全操作距离 **表13-4**

外电线电路电压(kV)	<1	1～10	35～110	220	330～500
最小安全操作距离(m)	4	6	8	10	15

当发生故障或危及安全的情况时，应立即停止安装作业，采取必要的安全防护措施，应设置警示标志并报告技术负责人。在故障或危险情况未排除之前，不得继续安装作业。当遇到意外情况不能继续安装作业时，应使已安装的部件达到稳定状态并固定牢靠，经确认合格后方能停止作业。作业人员下班离岗时，应采取必要的防护措施，并应设置明显的警示标志。

安装完毕后应拆除为施工升降机安装作业而设置的所有临时设施，清理施工场地上作业时所用的索具、工具、辅助用具、各种零配件和杂物等。

钢丝绳式施工升降机的安装还应符合下列规定：

1）卷扬机应安装在平整、坚实的地点，且应符合使用说明书的要求；

2）卷扬机、曳引机应按使用说明书的要求固定牢靠；

3）应按规定配备防坠安全装置；

4）卷扬机卷筒、滑轮、曳引轮等应有防脱绳装置；

5）每天使用前应检查卷扬机制动器，动作应正常；

6）卷扬机卷筒与滑轮中心线应垂直对正，钢丝绳出绳偏角大于2°时应设置排绳器；

7）卷扬机的传动部位应安装牢固的防护罩；卷扬机卷筒旋转方向应与操纵开关上指示方向一致。卷扬机钢丝绳在地面上运行区域内应有相应的安全保护措施。

（3）安装自检和验收

施工升降机安装完毕且调试后，安装单位应按本规程表13-5及使用说明书的有关要求对安装质量进行自检，并应向使用单位进行安全使用说明。

施工升降机安装自检表　　表13-5

<table>
<tr><td colspan="2">工程名称</td><td colspan="2"></td><td>工程地址</td><td colspan="2"></td></tr>
<tr><td colspan="2">安装单位</td><td colspan="2"></td><td>安装资质等级</td><td colspan="2"></td></tr>
<tr><td colspan="2">制造单位</td><td colspan="2"></td><td>使用单位</td><td colspan="2"></td></tr>
<tr><td colspan="2">设备型号</td><td colspan="2"></td><td>备案登记号</td><td colspan="2"></td></tr>
<tr><td colspan="2">安装日期</td><td></td><td>初始安装高度</td><td></td><td colspan="2">最高安装高度</td></tr>
<tr><td colspan="2">检查结果代号说明</td><td colspan="5">√=合格　○=整改后合格　×=不合格　无=无此项</td></tr>
<tr><td>名称</td><td>序号</td><td>检查项目</td><td colspan="2">要求</td><td>检查结果</td><td>备注</td></tr>
<tr><td rowspan="5">资料检查标志</td><td>1</td><td>基础验收表和隐蔽工程验收单</td><td colspan="2">应齐全</td><td></td><td></td></tr>
<tr><td>2</td><td>安装方案、安全交底记录</td><td colspan="2">应齐全</td><td></td><td></td></tr>
<tr><td>3</td><td>转场保养作业单</td><td colspan="2">应齐全</td><td></td><td></td></tr>
<tr><td>4</td><td>统一编号牌</td><td colspan="2">应设置在规定位置</td><td></td><td></td></tr>
<tr><td>5</td><td>警示标志</td><td colspan="2">吊笼内应有安全操作规程，操纵按钮及其他危险处应有醒目的警示标志，施工升降机应设置限载和楼层标志</td><td></td><td></td></tr>
<tr><td rowspan="3">基础和围护设施</td><td>6</td><td>地面防护围栏门联锁保护装置</td><td colspan="2">应装机电联锁装置。吊笼位于底部规定位置时，地面防护围栏门才能打开。地面防护围栏门开启后吊笼不能启动</td><td></td><td></td></tr>
<tr><td>7</td><td>地面防护围栏</td><td colspan="2">基础上吊笼和对重升降通道周围应设置地面防护围栏，高度≥1.8m</td><td></td><td></td></tr>
<tr><td>8</td><td>安全防护区</td><td colspan="2">当施工升降机基础下方有施工作业区时，应加设对重坠落伤人的安全防护区及其安全防护措施</td><td></td><td></td></tr>
</table>

续表

<table>
<tr><th>名称</th><th>序号</th><th>检查项目</th><th colspan="2">要求</th><th>检查结果</th><th>备注</th></tr>
<tr><td rowspan="11">金属结构件</td><td>9</td><td>金属结构件外观</td><td colspan="2">无明显变形、脱焊、开裂和锈蚀</td><td></td><td></td></tr>
<tr><td>10</td><td>螺栓连接</td><td colspan="2">紧固件安装准确、紧固可靠</td><td></td><td></td></tr>
<tr><td>11</td><td>销轴连接</td><td colspan="2">销轴连接定位可靠</td><td></td><td></td></tr>
<tr><td rowspan="8">12</td><td rowspan="8">导轨架垂直度</td><td>架设高度h(m)</td><td>垂直度偏差(mm)</td><td></td><td></td></tr>
<tr><td>$h\leq70$</td><td>$\leq h/1000$</td><td></td><td></td></tr>
<tr><td>$70<h\leq100$</td><td>≤70</td><td></td><td></td></tr>
<tr><td>$100<h\leq150$</td><td>≤90</td><td></td><td></td></tr>
<tr><td>$150<h\leq200$</td><td>≤110</td><td></td><td></td></tr>
<tr><td>$h>200$</td><td>≤130</td><td></td><td></td></tr>
<tr><td colspan="2">对钢丝绳式施工升降机，垂直度偏差应$\leq1.5h/1000$</td><td></td><td></td></tr>
<tr><td rowspan="2">吊笼</td><td>13</td><td>紧急逃离门</td><td colspan="2">吊笼顶应有紧急出口，装有向外开启活动板门，并配有专用扶梯。活动板门应设有安全开关，当门打开时，吊笼不能启动</td><td></td><td></td></tr>
<tr><td>14</td><td>吊笼顶部护栏</td><td colspan="2">吊笼顶周围应设置护栏，高度≥1.05m</td><td></td><td></td></tr>
<tr><td>层门</td><td>15</td><td>层站层门</td><td colspan="2">应设置层站层门。层门只能由司机启闭，吊笼门与层站边缘水平距离≤50mm</td><td></td><td></td></tr>
<tr><td rowspan="5">传动及导向</td><td>16</td><td>防护装置</td><td colspan="2">转动零部件的外露部分应有防护罩等防护装置</td><td></td><td></td></tr>
<tr><td>17</td><td>制动器</td><td colspan="2">制动性能良好，有手动松闸功能</td><td></td><td></td></tr>
<tr><td>18</td><td>齿条对接</td><td colspan="2">相邻两齿条的对接处沿齿高方向的阶差应≤0.3mm，沿长度的齿差应$h\leq0.6$mm</td><td></td><td></td></tr>
<tr><td>19</td><td>齿轮齿条啮合</td><td colspan="2">齿条应有90%以上的计算宽度参与啮合，且与齿轮的啮合侧隙应为0.2～0.5mm</td><td></td><td></td></tr>
<tr><td>20</td><td>导向轮及背轮</td><td colspan="2">连接及润滑良好、导向灵活、无明显倾侧现象</td><td></td><td></td></tr>
<tr><td rowspan="4">附着装置</td><td>21</td><td>附着装置</td><td colspan="2">应采用配套标准产品</td><td></td><td></td></tr>
<tr><td>22</td><td>附着间距</td><td colspan="2">应符合使用说明书要求或设计要求</td><td></td><td></td></tr>
<tr><td>23</td><td>自由端高度</td><td colspan="2">应符合使用说明书要求</td><td></td><td></td></tr>
<tr><td>24</td><td>与建筑物连接</td><td colspan="2">应牢固可靠</td><td></td><td></td></tr>
<tr><td rowspan="3">安全装置</td><td>25</td><td>防坠安全器</td><td colspan="2">只能在有效标定期限内使用(应根据检测合格证)</td><td></td><td></td></tr>
<tr><td>26</td><td>防松绳开关</td><td colspan="2">对重应设置防松绳开关</td><td></td><td></td></tr>
<tr><td>27</td><td>安全钩</td><td colspan="2">安装位置及结构应能防止吊笼脱离导轨架或安全器的输出齿轮脱离齿条</td><td></td><td></td></tr>
</table>

续表

名称	序号	检查项目	要求	检查结果	备注
安全装置	28	上限位	安装位置：提升速度 $v<0.8$m/s 时，留有上部安全距离应≥1.8m；$v\geq 0.8$m/s 时，留有上部安全距离应≥$1.8+0.1v^2$(m)		
	29	上极限开关	极限开关应为非自动复位型，动作时能切断总电源，动作后须手动复位才能使吊笼启动		
	30	越程距离	上限位和上极限开关之间的越程距离应≥0.15m		
	31	下限位	安装位置：应在吊笼制停时，距下极限开关一定距离		
	32	下极限开关	在正常工作状态下，吊笼碰到缓冲器之前，下极限开关应首先动作		
电气系统	33	急停开关	应在便于操作处装设非自动复位的急停开关		
	34	绝缘电阻	电动机及电气原件（电子元器件部分除外）的对地绝缘电阻应≥0.5MΩ；电气线路的对地绝缘电阻应≥1MΩ		
	35	接地保护	电动机和电气设备金属外壳均应接地，接地电阻应≤4Ω		
	36	失压、零位保护	灵敏、正确		
	37	电气线路	排列整齐，接地、零线分开		
	38	相序保护装置	应设置		
	39	通讯联络装置	应设置		
	40	电缆及电缆导向	电缆应完好无损，电缆导向架按规定设置		
对重和钢丝绳	41	钢丝绳	应规格正确，且未达到报废标准		
	42	对重安装	应按说明书安装		
	43	对重导轨	接缝平整，导向良好		
	44	钢丝绳端部固结	应固结可靠。绳卡规格应与绳径匹配，其数量不得少于3个，间距不小于绳径的6倍，滑鞍应放在受力一侧		

自检结论：

检查人签字：

检查日期：　　年　　月　　日

注：对不符合要求的项目应在备注栏具体说明，对要求量化的参数应填实测值。

安装单位自检合格后，应经有相应资质的检验检测机构监督检验。检验合格后，使用单位应组织租赁单位、安装单位和监理单位等进行验收。施工升降机安装验收应按表13-6进行。

严禁使用未经验收或验收不合格的施工升降机。使用单位应自施工升降机安装验收合格之日起 30 日内，将施工升降机安装验收资料、施工升降机安全管理制度、特种作业人员名单等，向工程所在地县级以上建设行政主管部门办理使用登记备案。

安装自检表、检测报告和验收记录等应纳入设备档案。

施工升降机安装验收表　　表 13-6

工程名称			工程地址	
设备型号			备案登记号	
设备生产厂			出厂编号	
出厂日期			安装高度	
安装负责人			安装日期	
检查结果代号说明	√＝合格　○＝整改后合格　×＝不合格　无＝无此项			
检查项目	序号	内容和要求	检查结果	备注
主要部件	1	导轨架、附墙架连接安装齐全、牢固，位置正确		
	2	螺栓拧紧力矩达到技术要求，开口销完全撬开		
	3	导轨架安装垂直度满足要求		
	4	结构件无变形、开焊、裂纹		
	5	对重导轨符合使用说明书要求		
传动系统	6	钢丝绳规格正确，未达到报废标准		
	7	钢丝绳固定和编结符合标准要求		
	8	各部位滑轮转动灵活、可靠，无卡阻现象		
	9	齿条、齿轮、曳引轮符合标准要求、保险装置可靠		
	10	各机构转动平稳、无异常声音		
	11	各润滑点润滑良好、润滑油牌号正确		
	12	制动器、离合器动作灵活可靠		
电气系统	13	供电系统正常，额定电压值偏差小于等于±5%		
	14	接触器、继电器接触良好		
	15	仪表、照明、报警系统完好可靠		
	16	控制、操纵装置动作灵敏可靠		
	17	各种电气安全保护装置齐全、可靠		
	18	电气系统对导轨架的绝缘电阻应≥0.5MΩ		
	19	接地电阻应≤4Ω		
安全系统	20	防坠安全器在有效标定期限内		
	21	防坠安全器灵敏可靠		
	22	超载保护装置灵敏可靠		
	23	上、下限位开关灵敏可靠		
	24	上、下极限开关灵敏可靠		

续表

检查项目	序号	内容和要求		检查结果	备注
安全系统	25	急停开关灵敏可靠			
	26	安全钩完好			
	27	额定载重量标牌牢固清晰			
	28	地面防护围栏门、吊笼门机电联锁灵敏可靠			
试运行	29	空载	双吊笼施工升降机分别对两个吊笼进行试运行。试运行中吊笼应启动、制动正常，运行平稳，无异常现象		
	30	额定载重量			
	31	125%额定载重量			
坠落试验	32	吊笼制动后，结构及连接件应无任何损坏或永久变形，且制动距离应符合要求			

验收结论

总承包单位(盖章)

验收日期：　　年　　月　日

总承包单位		参加人员签字	
使用单位		参加人员签字	
安装单位		参加人员签字	
监理单位		参加人员签字	
租赁单位		参加人员签字	

2. 施工升降机使用技术要点

(1) 使用前的准备工作

施工升降机司机应持有建筑施工特种作业操作资格证书，不得无证操作。使用单位应对施工升降机司机进行书面安全技术交底，交底资料应留存备案。

使用单位应按使用说明书的要求对需润滑部件进行全面润滑。

(2) 操作使用

不得使用有故障的施工升降机。严禁施工升降机使用超过有效标定期的防坠安全器。防坠安全器具有防坠、限速双重功能，当吊笼超载下行或吊笼悬挂装置断裂时，防坠安全器应能将吊笼制停并保持静止状态。防坠安全器只能在有限的标定期限内使用，有效标定期限不应超过一年。施工升降机防坠安全器的寿命为 5 年。为确保施工升降机的安全使用，施工升降机应每 3 个月做一次坠落试验，并形成记录。如果使用超过有效期的安全器，则不能保证其作用的发挥。

施工升降机额度载重量、额定乘员数应置于吊笼醒目位置。严禁在超过额定载重量或额定乘员数的情况下使用施工升降机。为了限制施工升降机超载使用，施工升降机应装有超载保护装置，超载保护装置应在载荷达到额定载重量的 110%前终止吊笼启动。同时，施工升降机超载使用对导轨架、防坠安全器等部件的使用寿命都有不利影响。

当电源电压与施工升降机额定电压值的偏差超过±5%，或供电总功率小于施工升降机的规定值时，不得使用施工升降机。应在施工升降机作业范围内设置明显的安全警示标志，应在集中作业区做好安全防护措施。

当建筑物超过2层时，施工升降机地面通道上方应搭设防护棚。当建筑物高度超过24m时，应设置双层防护棚。施工升降机运行通道内不得有障碍物。不得利用施工升降机的导轨架、横竖支撑、层站等牵拉或悬挂脚手架、施工管道、绳缆标语、旗帜等。

使用单位应根据不同的施工阶段、周围环境、季节和气候，对施工升降机采取相应的安全防护措施。当遇大雨、大雪、大雾、施工升降机顶部风速大于20m/s或导轨架、电缆表面结有冰层时，不得使用施工升降机。

使用单位应在现场设置相应的设备管理或配备专职的设备管理人员，并指定专职设备管理人员、专职安全生产管理人员进行监督检查。使用期间，使用单位应按使用说明书的要求对施工升降机定期进行保养。

严禁使用行程限位开关作为停止运行的控制开关。行程限位开关的主要作用，是在非正常操作过程中或施工升降机本身发生故障造成意外时能有效制动施工升降机。而频繁使用限位开关进行停层，会影响限位开关的使用寿命及功能，对施工升降机安全性造成严重影响。

在施工升降机基础周边水平距离5m以内，不得开挖井沟，不得堆放易燃易爆物品及其他杂物。施工升降机安装在建筑物内部井道中时，应在运行通道四周搭设封闭屏障。

安装在阴暗处或夜班作业的施工升降机，应在全行程装设明亮的楼层编号标志灯。夜间施工时作业区应有足够的照明，照明应满足现行行业标准《施工现场临时用电安全技术规范》(JGJ 46—2005）的要求。夜间施工的照明情况应符合下列规定：现场照明应采用高光效、长寿命的照明光源；对需大面积照明的场所，应采用高压汞灯、高压钠灯或混光用的卤钨灯等；照明器材和器具的质量应符合国家现行有关强制性标准的规定，不得使用绝缘老化或破损的器具和器材；照明变压器必须使用双绕组型安全隔离变压器，严禁使用自耦变压器；对夜间影响飞行或车辆通行的在建工程及机械设备，必须设置醒目的红色信号灯，其电源应设在施工现场总电源开关的前侧，并应设置外电线路停止供电时的应急自备电源等。

施工升降机司机严禁酒后作业。工作时间内司机不应与其他人员闲谈，不应有妨碍施工升降机运行的行为。施工升降机司机应遵守安全操作规程和安全管理制度。实行多班作业的施工升降机，应执行交接班制度，交接司机应按规定要求填写交接班记录表。接班司机应进行班前检查，确认无误后，方能开机作业。

施工升降机每天第一次使用前，司机应将吊笼升离地面1～2m，停车试验制动器的可靠性。当发现问题，应经修复合格后方能运行。施工升降机每3个月进行1次1.25倍额定载重量的超载试验，确保制动器性能安全可靠。

工作时间内司机不打擅自离开施工升降机。当有特殊情况需离开时，应将施工升降机停到最底层，关闭电源并锁好吊笼门。操作手动开关的施工升降机时，不得利用机电联锁开动或停止施工升降机。

层门门栓宜设置在靠施工升降机一侧，且层门应处于常闭状态。未经施工升降机司机许可，不得启闭层门。

施工升降机使用过程中，运载物料的尺寸不应超过吊笼的界限。散装物料运载时应装入容器、进行捆绑或使用织物袋包装，堆放时应使载荷分布均匀。运载熔化沥青、强碱、溶液、强酸、易燃物品或其他特殊物料时，应由相关技术部门做好风险评估和采取安全措施，且应向施工升降机司机、相关作业人员书面交底后方能载运。当使用搬运机械向施工升降机吊笼内搬运物料时，搬运机械不得碰撞施工升降机。卸料放置速度应缓慢。当运料小车进入吊笼时，车轮处的集中载荷不应大于吊笼底板和层站底板的允许承载力。

吊笼上的各类安全装置应保持完好有效。经过大雨、大雪、台风等恶劣天气后应对各安全装置进行检查，确认安全有效后方能使用。

当在施工升降机运行中发现异常情况时，应立即停机，直到排除故障后方能继续运行。当在施工升降机运行中由于断电或其他原因中途停止时，可进行手动下降。吊笼手动下降速度不得超过额定运行速度。

作业结束后应将施工升降机返回最底层停放，将各控制开关拨到零位，切断电源，锁好开关箱、吊笼门和地面防护围栏门。

钢丝绳式施工升降机的使用还应符合下列规定：

1）钢丝绳应符合现行国家标准《起重机钢丝绳保养、维护、安装、检验和报废》（GB/T 5972—2009）的规定；

2）施工升降机吊笼运行时钢丝绳不得与遮掩物或其他物件发生碰触或摩擦；

3）当吊笼位于地面时，最后缠绕在卷扬机卷筒上的钢丝绳不应少于 3 圈，且卷扬机卷筒上钢丝绳应无乱绳现象；

4）卷扬机工作时，卷扬机上部不得放置任何物件；

5）不得在卷扬机、曳引机运转时进行清理或加油。

（3）检查、保养和维修

在每天开工前和每次换班前，施工升降机司机应按使用说明书及表 13-7 的要求对施工升降机进行检查。对检查结果应进行记录，发现问题应向使用单位报告。

在使用期间，审议单位应每月组织专业技术人员按表 13-8 对施工升降机进行检查，并对检查结果应进行记录。

当遇到可能影响施工升降机安全技术性能的自然灾害、发生设备事故或停工 6 个月以上时，应对施工升降机重新组织检查验收。

施工升降机每日使用前检查表 **表 13-7**

工程名称		工程地址	
使用单位		设备型号	
租赁单位		备案登记号	
检查时间	年 月 日		
检查结果代号说明	√=合格 ○=整改后合格 ×=不合格 无=无此项		

序号	检查项目	检查结果	备注
1	外电源箱总开关、总接触器正常		
2	地面防护围栏门及机电联锁正常		

续表

序号	检查项目	检查结果	备注
3	吊笼、吊笼门及机电联锁操作正常		
4	吊笼顶紧急逃离门正常		
5	吊笼及对重通道无障碍		
6	钢丝绳连接、固定情况正常，各曳引钢丝绳松紧一致		
7	导轨架连接螺栓无松动、缺失		
8	导轨架及附墙件无异常移动		
9	齿轮、齿条啮合正常		
10	上、下限位开关正常		
11	极限限位开关正常		
12	电缆导向架正常		
13	制动器正常		
14	电机和变速箱无异常发热及噪声		
15	急停开关正常		
16	润滑油无泄漏		
17	警报系统正常		
18	地面防护围栏内及吊笼顶无杂物		
发现问题：	维修情况：		
司机签名：			

施工升降机每月检查表　　　　**表13-8**

工程名称			工程地址		
制造单位			出厂编号		
设备型号			备案登记号		
出厂日期			安装高度		
安装负责人			安装日期		
检查结果代号说明	√＝合格　○＝整改后合格　×＝不合格　无＝无此项				
名称	序号	检查项目	要求	检查结果	备注
标志	1	统一编号牌	应设置在规定位置		
	2	警示标志	吊笼内应有安全操作规程，操纵按钮及其他危险处应有醒目的警示标志，施工升降机应设置限载和楼层标志		

续表

<table>
<tr><th>名称</th><th>序号</th><th>检查项目</th><th colspan="2">要求</th><th>检查结果</th><th>备注</th></tr>
<tr><td rowspan="5">基础和围护设施</td><td>3</td><td>地面防护围栏门机电联锁保护装置</td><td colspan="2">应装机电联锁装置。吊笼位于底部规定位置时，地面防护围栏门才能打开。地面防护围栏门开启后吊笼不能启动</td><td></td><td></td></tr>
<tr><td>4</td><td>地面防护围栏</td><td colspan="2">基础上吊笼和对重升降通道周围应设置地面防护围栏，高度≥1.8m</td><td></td><td></td></tr>
<tr><td>5</td><td>安全防护区</td><td colspan="2">当施工升降机基础下方有施工作业时，应加设对重坠落伤人的安全防护区及其安全措施</td><td></td><td></td></tr>
<tr><td>6</td><td>电缆收集筒</td><td colspan="2">固定可靠、电缆能准确导入</td><td></td><td></td></tr>
<tr><td>7</td><td>缓冲弹簧</td><td colspan="2">应完好</td><td></td><td></td></tr>
<tr><td rowspan="10">金属结构件</td><td>8</td><td>金属结构件外观</td><td colspan="2">无明显变形、脱焊、开裂和锈蚀</td><td></td><td></td></tr>
<tr><td>9</td><td>螺栓连接</td><td colspan="2">紧固件安装准确、紧固可靠</td><td></td><td></td></tr>
<tr><td>10</td><td>销轴连接</td><td colspan="2">销轴连接定位可靠</td><td></td><td></td></tr>
<tr><td rowspan="7">11</td><td rowspan="7">导轨架垂直度</td><td>架设高度 h(m)</td><td>垂直度偏差(mm)</td><td></td><td></td></tr>
<tr><td>$h \leqslant 70$</td><td>$\leqslant h/1000$</td><td></td><td></td></tr>
<tr><td>$70 < h \leqslant 100$</td><td>$\leqslant 70$</td><td></td><td></td></tr>
<tr><td>$100 < h \leqslant 150$</td><td>$\leqslant 90$</td><td></td><td></td></tr>
<tr><td>$150 < h \leqslant 200$</td><td>$\leqslant 110$</td><td></td><td></td></tr>
<tr><td>$h > 200$</td><td>$\leqslant 130$</td><td></td><td></td></tr>
<tr><td colspan="4">对钢丝绳式施工升降机、垂直度偏差应 $\leqslant 1.5h/1000$</td></tr>
<tr><td rowspan="4">吊笼及层门</td><td>12</td><td>紧急逃离门</td><td colspan="2">应完好</td><td></td><td></td></tr>
<tr><td>13</td><td>吊笼顶部护栏</td><td colspan="2">应完好</td><td></td><td></td></tr>
<tr><td>14</td><td>吊笼门</td><td colspan="2">开启正常，机电联锁有效</td><td></td><td></td></tr>
<tr><td>15</td><td>层门</td><td colspan="2">应完好</td><td></td><td></td></tr>
<tr><td rowspan="5">传动及导向</td><td>16</td><td>防护装置</td><td colspan="2">转动零部件的外露部分应有防护罩等防护装置</td><td></td><td></td></tr>
<tr><td>17</td><td>制动器</td><td colspan="2">制动性能良好，有手动松闸功能</td><td></td><td></td></tr>
<tr><td>18</td><td>齿轮齿条啮合</td><td colspan="2">齿条应有90%以上的计算宽度参与啮合，且与齿轮的啮合侧隙应为0.2～0.5mm</td><td></td><td></td></tr>
<tr><td>19</td><td>导向轮及背轮</td><td colspan="2">连接机润滑良好、导向灵活、无明显倾侧现象</td><td></td><td></td></tr>
<tr><td>20</td><td>润滑</td><td colspan="2">无漏油现象</td><td></td><td></td></tr>
<tr><td rowspan="4">附着装置</td><td>21</td><td>附墙架</td><td colspan="2">应采用配套标准产品</td><td></td><td></td></tr>
<tr><td>22</td><td>附着间距</td><td colspan="2">应符合使用说明书要求或设计要求</td><td></td><td></td></tr>
<tr><td>23</td><td>自由端高度</td><td colspan="2">应符合使用说明书要求</td><td></td><td></td></tr>
<tr><td>24</td><td>与建筑物连接</td><td colspan="2">应牢固可靠</td><td></td><td></td></tr>
</table>

续表

名称	序号	检查项目	要求	检查结果	备注
安全装置	25	防坠安全器	应在有效标定期限内使用		
	26	防松绳开关	应有效		
	27	安全钩	应完好有效		
	28	上限位	安装位置:提升速度 $v<0.8$m/s时,留有上部安全距离应≥1.8m;$v\geq0.8$ m/s时,留有上部安全距离应≥$1.8+0.1v^2$(m)		
	29	上极限开关	极限开关应为非自动复位型,动作时能切断总电源,动作后需手动复位才能使吊笼启动		
	30	下限位	应完好有效		
	31	越程距离	上限位和上极限开关之间的越程距离应≥0.15m		
	32	下极限开关	应完好有效		
	33	紧急逃离门安全开关	应有效		
	34	急停开关	应有效		
电气系统	35	绝缘电阻	电动机及电气原件(电子元器件部分除外)的对地绝缘电阻应≥0.5MΩ;电气线路的对地绝缘电阻应≥1MΩ		
	36	接地保护	电动机和电气设备金属外壳均应接地,接地电阻应≤4Ω		
	37	失压、零位保护	应有效		
	38	电气线路	排列整齐,接地、零线分开		
	39	相序保护装置	应有效		
	40	通讯联络装置	应有效		
	41	电缆及电缆导向	电缆应完好无损,电缆导向架按规定设置		
对重和钢丝绳	42	钢丝绳	应规格正确,且未达到报废标准		
	43	对重导轨	接缝平整,导向良好		
	44	钢丝绳端部固结	应固结可靠。绳卡规格应与绳径匹配,其数量不得少于3个,间距不小于绳径的6倍,滑鞍应放在受力一侧		

检查结论:

租赁单位检查人签字:

使用单位检查人签字:
日期:　　年　　月　　日

注:对不符合要求的项目应在备注栏具体说明,对要求量化的参数应填实测值。

保养、维修的时间间隔应根据使用频率、操作环境和施工升降机状况等因素确定。使用单位应在施工升降机使用期间安排足够的保养、维修时间。

对保养和维修的施工升降机，经检测确认各部件状态良好后，宜对施工升降机进行额定载重量试验。双吊笼施工升降机应对左右吊笼分别进行额定载重量试验。试验范围应包括施工升降机正常运行的所有方面。

施工升降机使用期间，每3个月应进行不少于一次的额定载重量坠落试验。坠落试验的方法、时间间隔及评定标准应符合使用说明书和有关要求。对施工升降机进行检修时应切断电源，并应设置醒目的警示标志。当需通电检修时，应做好防护措施。

不得使用未排除安全隐患的施工升降机。安全隐患包括：吊笼或层门的机电连锁失效、安全装置失效、层站栏杆或吊笼门不完整、导电体暴露、构件显著磨损或连接错位、结构部件严重腐蚀或破坏、安全保护设施缺失等。

严禁在施工升降机运行中保养、维修作业。保养、维修工作需要作业人员在导轨架或附墙架上进行，若此时施工升降机在运行，则吊笼或对重的上下移动可能引发安全事故。

施工升降机保养过程中，对磨损、破坏程度超过规定的部件，应及时进行维修更换，并由专业技术人员检查验收。应将各种与施工升降机检查、保养和维修相关的记录纳入安全技术档案，并在施工升降机使用期间内在工地存档。

3. 施工升降机的拆卸技术要点

施工升降机拆卸作业应符合拆卸工程专项方案的要求。拆卸前应对施工升降机的关键部件进行检查，当发现问题时，应在问题解决后方能进行拆卸作业。拆卸作业还应符合相关规定。

应有足够的工作面作为拆卸场地，应在拆卸场地周围设置警戒线和醒目的安全警示标志，应派专人监护。拆卸施工升降机时，不得在拆卸工作区域内进行与拆卸无关的其他工作。

夜间不得进行施工升降机的拆卸作业。由于施工升降机拆卸作业复杂，夜间工作场地光线不佳，不利于拆卸专业人员的相互配合，易发生操作失误，从而引发安全事故。

拆卸附墙架时施工升降机导轨架的自由端高度应始终满足使用说明书的要求。在拆卸施工升降机之前，拆卸专业人员应确保最后一个附墙架拆除后，基础框架还可以提供各个方向的稳定性。

施工升降机拆卸应连续作业。当拆卸作业不能连续完成时，应根据拆卸状态采取相应的安全措施。吊笼未拆除前，非拆卸作业人员不得在地面防护围栏内、施工升降机运行通道内、导轨架内以及附墙架上等区域活动。施工升降机拆卸过程中，各安全装置较难全面有效发挥作用。吊笼未拆除之前，如果人员在地面防护围栏内、施工升降机通道内、导轨架标准节内、易发生安全事故。另外，在施工升降机拆卸过程中，很多零部件处于松动状态，或已经被拆下，吊笼的动作容易引起这些零部件坠落，从而引发物体打击等安全事故。

13.3.5 施工升降机常见危险因素

1. 安装、使用和拆卸时

施工升降机在安装、使用和拆卸过程中涉及的危险因素包括：

（1）特种作业人员不具备相应素质和能力，没有达到相关职业考核标准。

（2）未对作业人员进行安全技术交底。

（3）安装、拆卸时，作业人员没有佩戴安全保护用具。

（4）高处违章作业。

（5）安全开关失灵，对于升降机的安全运行存在安全隐患。

（6）施工升降机安装后未经检测、验收程序即投入使用。比如附墙架与标准节连接不牢固或未及时解决连接不牢固问题，导致事故发生。

（7）施工升降架使用过程中未进行定期维修保养，如超载保护装置失效、坠安全器灵敏性不可靠等。

（8）未按照规定设置停靠门，楼层安全停靠门缺失。

（9）施工升降机吊笼导轮缺失、带病运行。

（10）围栏的联锁装置的安装缺失。

（11）施工升降机使用过程中违反安全管理制度和操作规程，如超载、非司机人员操作等。

2. 与升降机有关的危险

表 13-9 给出了与升降机安装、更改、拆卸、使用和检查维护的所有方面相关的危险。

与升降机使用相关的危险示例　　表 13-9

作业类型	相关危险内容
升降机安装、更改、拆卸	1)在高处作业
	2)机械式搬运和提升
	3)坠落物如物料和工具
	4)导轨架节螺栓缺失或连接失效、附着架失效或其与支撑结构的连接失效导致导轨架失稳
	5)拆卸期间移除最后的附墙架时导致导轨架失稳
	6)手动搬运重物
	7)导轨架自身失效
	8)可能夹住人员的驱动机构、吊笼/运载装置等运动件的运动
	9)暴露的带电导体
	10)超载导致吊笼/运载装置运动失控
	11)附墙架锚固点钻孔引起的危险，如噪声、粉尘、异物、手/手臂振动
	12)吊笼/运载装置上升或下降失控
	13)吊笼/运载装置的意外移动
	14)可能导致人员滑倒或绊倒的湿滑和/或不平表面
	15)环境危险，如照明不足，极端温度、雨和风
	16)安全装置缺失或设置不当导致的危险
	17)运载人员时不遵守制造商使用说明书导致的危险
	18)其他不遵守制造商使用说明书导致的危险

续表

作业类型	相关危险内容
升降机运行、检查维护	1)未经授权或不当使用、误用升降机导致的危险
	2)未经授权对升降机进行更改或加装导致的危险
	3)吊笼/运载装置超载导致的危险
	4)吊笼/运载装置装载不当导致的危险,如偏心装载、装载不稳固、装载集中、载荷突出到吊笼/运载装置边界外等
	5)工具、物料等从吊笼/运载装置上坠落或坠落到吊笼/运载装置上
	6)可能撞击、夹住或缠住人员的升降机运动件
	7)可能将人员夹在升降机和固定物(如建筑物或脚手架)之间的升降机运动件
	8)吊笼被困在空中(例如由于动力或控制回路失效)而其上的人员陷入困境
	9)吊笼/运载装置上升或下降失控
	10)暴露的带电导体
	11)不按制造商使用说明书操作、维护和检查导致的危险
	12)环境危险,如照明不足、极端温度、风和雨
	13)在吊笼/运载装置上滑倒、绊倒或坠落
	14)在层站上坠入升降通道
	15)安全装置、升降通道防护装置缺失或设置不当导致的危险
	16)运载人员时不遵守制造商使用说明书导致的危险
	17)在导轨架高之后,未按制造商使用说明书要求调整对垂悬挂钢丝绳的长度而进行正常运行导致的危险
	18)运行过程中对重从导轨脱出的危险
	19)其他不遵守制造商使用说明书导致的危险

13.4 施工起重吊装作业

起重吊装作业是指使用起重设备将建筑结构构件或设备提升或移动至设计指定位置和标高并安全要求安装固定的施工过程。建筑工程施工中的起重吊装作业必须符合《建筑施工起重吊装工程安全技术规范》(JGJ 276—2012)的规范要求外,尚应符合国家现行有关标准的规定。

起重吊装作业属高处危险作业,作业条件多变,施工技术也比较复杂,施工前应编制专项施工方案,按照规定程序,经审批后方可实施。其内容包括:现场环境、工程概况、施工工艺、起重机械的选型依据、起重扒杆的设计计算、地锚设计、钢丝绳及索具的设计选用、地耐力及道路的要求,构件堆放就位图以及吊装过程中的各种防护措施等,作业方案必须针对工程状况和现场实际并具有指导性。大型起重机械应按施工方案要求选型,现场重新组装后，进行试运转试验，验收合格，方可投入使用。

结构及设备安装的安全方面，重点就是人的行为因素，起重指挥、司索工及机械操作工上岗前必须进行专业培训并取得《特种作业许可证》方可从事起重作业。

13.4.1　施工起重吊装安全管理要求

为加强对起重机械作业人员的管理，《起重机司机安全技术考核标准》中对起重机司机的培训、考核和发证工作做了规定。起重机操作人员、起重信号工、司索工等特种作业人员必须持特种作业资格证书上岗。严禁非起重机驾驶人员驾驶、操作起重机。

图 13-4　现场指挥起重吊运

1. 起重吊运指挥信号

为确保起重吊运安全，防止发生事故，适应科学管理的需要，《起重机手势信号》（GB 5082—2019）规范对起重机司机所使用的基本信号和有关安全技术做了统一规定。该标准还明确规定了起重吊运指挥人员必须经有关部门进行安全技术培训，取得合格证后方能进行指挥（图 13-4）。

2. 设备使用前的检查

首先完成进行机械进场后的各项报验工作、检查各主要部位结构有无变形、连接销钉有无松动、节点有无开焊、装配是否正位、索具是否固定良好、施工区域有无障碍、施工场地是否满足要求、司机是否持证上岗、所吊重物重量是否明确等。

3. 设备定期保养检查

起重机初始投入使用 5 年后，应由有资格的人员进行一次加强的定期检查或进行连续的定期检查，检查的目的是确保起重机持续安全使用。设备在使用一段时间后，要对设备主要部位进行停机保养，必要时要定时让设备厂家到场进行设备检修，并做好日检、周检、月检记录及交接班记录（图 13-5）。

图 13-5　设备定期保养检查

4. 起重作业人员上岗制度

起重作业人员必须经过专业技能培训持证（特殊工种操作证）上岗，进场后统一进行身体各个方面的体检工作，身体状况及技能水平满足现场施工方能进行现场作业。

《安全生产法》规定：任何单位不得强调“生产需要，客观困难”而冒险指派，强令没有取得特种作业操作证的人员从事特种作业。

5. 起重作业安全制度

施工前进行安全技术交底、认真执行班前会制度、设置施工警戒区专人监护、严格执行“十不吊”原则，做好安全巡检及吊装记录。

“十不吊”内容有：

(1) 吊物重量不明或超负荷不吊；

(2) 指挥信号不明不吊；

(3) 违章指挥不吊；

(4) 吊物捆绑不牢不吊；

(5) 吊物上有人不吊；

(6) 起重机安全装置不灵不吊；

(7) 吊物被埋入地下不吊；

(8) 作业场所光线阴暗或视线不清不吊；

(9) 斜拉吊物不吊；

(10) 有棱角的吊物没有采取相应的防护措施不吊。

6. 起重作业过程安全管理

(1) 起重吊装作业应编制吊装方案和安全技术措施，经批准后实施。吊装作业前应进行技术交底，已经批准的吊装方案确需变更时，应将变更后的方案按原程序上报审批并重新交底。

(2) 起重作业人员应取得政府部门颁发的“特种作业操作证”，并持证上岗。

(3) 起重吊装作业前，应检查所使用的机械、滑轮、吊具和地锚等，必须符合安全要求。所有起重机索具应具有合格证，且不得超负荷使用，并应定期进行检查，挂牌标识。

(4) 对新安装的、经过大修或改变重要性能的起重机械，在使用前必须按照起重机性能试验的有关规定进行吊重试验。

(5) 起重机每班作业前应先作无负荷的升降、旋转、变幅，前后左右的运行以及制动器、限位装置的安全性能试验，如设备有故障，应排除后才能正式作业。

(6) 起重机司机与信号员应按各种规定的手势或信号进行联络。作业中，司机应与信号员密切配合，服从信号员的指挥。但在起重作业发生危险时，无论是谁发出的紧急停车信号，司机应立即停车。

(7) 司机在得到指挥发出的起吊信号后，须先鸣信号后起重。起吊时重物应先离地面试吊，当确认重物挂牢、制动性能良好和起重机稳定后再继续起吊。

(8) 起重设备的通行道路应平整，承载力应满足设备通行要求，吊装作业区域四周应设置明显标志，严禁非操作人员入内。夜间不宜作业，当确需夜间作业时，应有足够的照明。

(9) 大型重物吊装前，检查吊装工艺参数和吊装机索具，确认符合吊装方案要求，由责任人员签署“吊装命令书”后，方可进行试吊和吊装作业。

(10) 起重机吊运重物时，不能从人头上越过，也不要吊着重物在空中长时间停留，在特殊情况下，如需要暂时停留，应发出信号，通知一切人员不要在重物下面站立或通过。工件吊装就位后，应采取固定措施并确认符合要求后方可松绳摘钩。

(11) 起吊重物时，吊钩钢丝绳应保持垂直，禁止吊钩钢丝绳在倾斜状态下去拖动被吊的重物。在吊钩已挂上但被吊重物尚未提起时，禁止起重机移动位置或做旋转运动。禁止吊拔埋在地下或凝结在地下或重量不明的物品。

(12) 绑扎所用的吊索、卡环、绳扣等的规格应根据计算确定。起吊前，应对起重机钢丝绳及连接部位和吊具进行检查。

(13) 重物起吊、旋转时，速度要均匀平稳，以免重物在空中摆动发生危险。在放下重物时，速度不要太快，以防重物突然下落而损坏。吊长、大型重物时应有专人拉溜绳，防止因重物摆动，造成事故。

(14) 起重机严禁超过本机额定起重量工作。如果用两台起重机同时起吊一件重物时，必须有专人统一指挥，两机的升降速度应保持相等，其重物的重量不得超过两机额定起重量总和的75%；绑扎吊索时要注意重量的分配、每机分担的重量不能超过额定起重量的80%。

(15) 吊装作业应划定警戒区域，并设置警示标志，必要时应设专人监护。

(16) 当起重机运行时，禁止人员上下，从事检修工作或用手触摸钢丝绳和滑轮等部位。

(17) 大雨、雾、大雪及六级以上大风（风速大于10.8m/s）等恶劣天气不得进行吊装作业。雨雪后进行吊装作业时，应及时清理冰雪并应采取防滑和防漏电措施，先试吊，确认制动器灵敏可靠后方可进行作业。

(18) 吊运金属溶液和易燃、易爆、有毒、有害等危险品时，应制定专门的安全措施，司机要连续发出信号，通知无关人员离开。

(19) 使用电磁铁的起重机，应当划定一定的工作区域，在此区域内禁止有人。在往车辆上装卸铁块时，重物严禁从驾驶室上面经过，汽车司机必须离开驾驶室，以防止吸铁失灵铁块落下伤人。

(20) 起重机在吊装作业中禁止起落起重臂，在特殊情况下，应严格按说明书的有关规定执行。严禁在起重臂起落稳妥前变换操纵杆。

(21) 起重机的工作地点，应有足够的工作场所和夜间照明设备。起重机与附近的设备、建筑物应保持一定的安全距离，使其在运行时不会发生碰撞。

(22) 起重机在吊装高处的重物时，吊钩与滑轮之间应保持一定的距离，防止卷扬过限将钢丝绳拉断或起重臂后翻。在起重臂达到最大仰角和吊钩在最低位置时，卷筒上的钢丝绳应至少保留3圈以上。

(23) 起重机不得在架空输电线路下面作业，在通过架空输电线路时，应将起重臂落下，以免碰撞。在架空输电线路一侧作业时，不论在任何情况下，起重臂、钢丝绳或重物等与架空输电线路的最小距离不小于安全距离。

(24) 暂停作业时，对吊装作业中未形成稳定体系的部分，必须采取临时固定措施。

(25) 起重机作业时，严格执行“十不吊”原则，严禁违章作业及指挥。

(26) 对吊物进行移动、吊升、停止、安装时的全过程应采用旗语或通用手势进行指挥，信号不明不得启动，上下联系应相互协调，也可采用通信工具。

(27) 工件吊耳的设计应符合下列规定：

1) 吊耳材质应与工件材质相同或相近。

2) 不锈钢和有色金属设备吊耳加强板应与设备材质相同。

3) 吊耳形式、方位及数量应符合自身强度、工件局部强度和吊装工艺要求。

(28) 制作吊耳与吊耳加强板的材料必须有质量证明文件，且不得有裂纹、重皮、夹层等缺陷。

(29) 吊耳焊接应有焊接工艺，且宜在设备制造时焊接，需整体热处理的设备，应一同热处理。

（30）吊耳与设备连接焊缝应按吊耳设计文件规定进行检验并有检测报告。

（31）高处作业所使用的工具和零配件等，应放在工具袋（盒）内，并严禁抛掷。

13.4.2 风险分析与安全管理要点

起重作业的安全风险，是指在利用起重机进行物料搬运或其他作业过程中，发生对人员伤害事故的可能性（概率）和可能造成伤害的严重性（程度）这两个要素的综合指标。

1. 起重作业安全事故的特点

起重机在进行吊装搬运作业，以及建筑机械安装、维修、拆卸和安全检查等各个阶段都可能发生事故，其中吊装搬运过程中事故发生居多。尤其是在生产任务繁重、生产现场狭窄混乱、作业刚刚开始时，临近作业结束下班时，工作计划不周详或临时增添新任务时，作业中出了差错需要重新调整的时候容易发生安全事故。

从事故发生的季节性规律来看，节假日前后、7～9月份、年底前是事故多发易发时间段。这主要是因为这期间，工作应酬较多、天气炎热、工作任务繁重等，使得作业人员身心易疲劳，作业时集中力下降，导致事故频频发生。

2. 作业人员面临的危险

起重机工作范围的现场人员置身于掉落重物的危险区域内，起重机司机正常操作、高处设备的维护检修、起重机的搭设和拆除以及机械安全检查等，作业人员面临高处作业的危险。

3. 高发事故的人员特征

事故统计数据说明，受伤害的人员有起重机司机、司索工还有与起重作业无关的人员。其中易冲动，好冒险，经验不足，以及相对文化素质较低的人员最容易出事故。

4. 起重作业事故主要类别

起重作业事故发生的类别主要有：物体打击、挤压碰撞、重物坠落、触电、起重机倾翻五类。从事故统计来看，以挤压碰撞和吊物（具）坠落两类为突出。

（1）挤压碰撞伤害

挤压伤害事故是指作业人员被运行中的起重机械、吊物挤压碰撞而造成的人身伤害或伤亡的事故。主要有四种情况：

1）吊物（具）在起重机械运行过程中摆动挤压撞人；

2）吊物（具）摆放不稳发生倾倒碰砸人；

3）在起重机械运行机构与回转机构之间有人停留或通过，受到运行（回转）中的起重机机械的挤压碰撞；

4）作业人员在起重机械与建（构）筑物之间（如站、坐在桥式起重机大车运行轨道上），受到运行中的起重机械的挤压碰撞。

（2）吊物（具）坠落伤害

吊物（具）坠落伤害是指起重吊装作业中由于吊物或吊具从高处坠落导致人员伤害或伤亡的事故。吊物（具）坠落砸人是发生在起重作业中最常见的，也是带有普遍性的伤亡事故，其危险性极大，后果非常严重，分析主要有四种情况。

1）捆绑吊挂方法不当、捆绑不牢固；

2）设备、吊索具有缺陷（带病使用）；

3）吊物重量估算不准，超负荷；

4）起重用钢丝绳、夹具等工器具选用不当。

5. 起重作业安全事故原因分析

（1）人的因素：人员缺乏安全知识，疏忽大意或采取不安全的操作动作等而引起事故。

1）违章操作；

2）违反劳动纪律。

（2）物的因素：机械设备工具等有缺陷或环境条件差而引起事故。

（3）人与物的综合因素：上述两种因素综合引起。

（4）事故原因分析：

事故原因分析如表13-10所示，主要分直接原因和间接原因。

事故原因分析　　表13-10

事故原因	具体原因分析	措　施
直接原因	物的原因	使用检验合格的机械设备；安全保护装置应齐全完整；应先试吊；缆风绳完成加固
	人的原因	持证上岗；安全常态化管理；作业前应进行施工技术交底；施工现场的监督检查不能流于形式
间接原因	技术原因	设计不规范；制造缺陷；不实时更换报废零件；安全防护等
	教育原因	开展经常性安全教育和安全技术培训；提高安全意识和安全技能水平
	身体原因	必须身体健康；视力、体力良好；无不利于高空作业的疾病
	精神原因	停止疲劳过度、精神不振和思想情绪低落的人员作业
	管理原因	作业前进行工作安全分析（JSA）；对发生的事故严肃处理；各作业面需设置监护；统一指挥，施工安全职责到位

事故的直接原因主要有以下几方面：

1）起重机在吊运物体时，无专人或不熟悉指挥信号，物体下降过快，造成脱钩。

2）钢丝绳没有定期检查，吊运物体受力过大而造成断裂伤人。

3）流动式起重机吊运物体时幅度过大、超负荷吊运造成起重机倾覆伤人。

4）流动式起重机停放在路况不坚实的地面上作业，造成起重机倾覆。

5）由于指挥不当，使吊运的物体经过人体头顶上方，突然坠落，地面人员遭受伤害。

6）由于吊挂钩时不当，使物体不稳定产生晃动，碰到堆物或撞击周围人员。

7）指挥信号不明确、信号中途中断、错误信号造成起重作业伤害。

8）由于吊物（具）旋转方式不当，对重大吊物（具）旋转不稳没有采取必要的安全防护措施。

9）移动式起重机在高压电区域作业，因指挥不当或挂钩物体不稳定产生晃动，导致扒杆或钢丝绳等碰触高压线或设备，引起触电事故或跳闸。

10）塔式、桥式起重机基础不坚实，回转制动失效，没有安全设施而发生倒塌。

11）起吊物体搬运时不稳定，造成倒塌。

12）由于设计不合理，造成吊攀不牢固，在起吊过程中物体从高处坠落。

13）由于起重作业人员选用的钢丝绳、链条、卸卡等吊索具的不当，安全系数不足或没有，造成吊物坠落伤人、设备损坏。

14）井架吊篮违章乘人，卷扬机故障造成吊篮坠落伤人。

15）缆风绳、地锚设置不合理，造成设备倒塌伤人。

16）多工种协同施工的作业面，缺乏统一指挥，安全监护未设或形同虚设。

17）起重机工具等设备只管使用，不管维护保养而带病使用。

事故的间接原因主要有以下几方面：

1）建设单位在未取得许可的情况下组织施工单位进场作业，未履行建设单位职责。

2）只注意生产而不注意安全。没有正确理解安全第一、预防为主的安全生产方针。

3）没有明确分工，没有落实或严格执行各项安全生产责任制。

4）塔机安装无安装专项施工方案、安装现场无专业人员。

5）制度上有章不循，管理上违章不追究，或缺乏安全规章制度。

6）对工人缺少安全教育和培训考核。

7）对粗制滥造、结构不合理、安装不好的起重设备、工器具未经鉴定验收即盲目使用。

8）起重设备缺乏必要的安全，保险、信号等装置不齐或失灵、失效。

9）没有严格对设备进行定期检查、维护保养、调换更新等。

10）作业场所通道不平拥挤，光线不良，环境不好。

11）严重违反安全操作和劳动纪律。

12）对发生的事故不严肃处理，没有做到“四不放过”，致使重复事故不断发生。

13）对塔式起重机设备租赁、安装、使用、拆除等环节管理不到位。

14）监理单位履行职责不到位，未及时发现和制止违章作业行为。

13.4.3　地下连续墙钢筋笼吊装作业

1. 吊装工艺流程

深基坑续墙钢筋笼吊装流程如图 13-6 所示。

深基坑钢筋笼尺寸较大，特点是扁、平、长，且重量较重。钢筋笼从平铺状态转为竖立状态时，必须考虑钢筋笼的变形，采取合理的功法工艺，保证钢筋笼的整体稳定性。

2. 地下连续墙钢筋笼吊装

地下连续墙钢筋笼吊装应符合下列要求：

1）吊具、吊点加固钢筋及确定钢筋笼吊放标高的吊筋，应进行起吊重量分析，通过乘以一定的安全系数进行强度验算以确定选用规格，确保钢筋笼起吊施工的安全性。

2）成槽完成后吊放钢筋笼前，应实测当时导墙顶标高，计入卡住吊筋的搁置型钢横梁高度，根据设计标高换算出钢筋笼吊筋的长度，以保证结构和施工所需要的预埋件、插筋、保护铁块位置准确，方便后续施工。

3）钢筋笼应整体吊放到位，如遇钢筋笼超长超重等特殊情况，必须分节吊放时，应

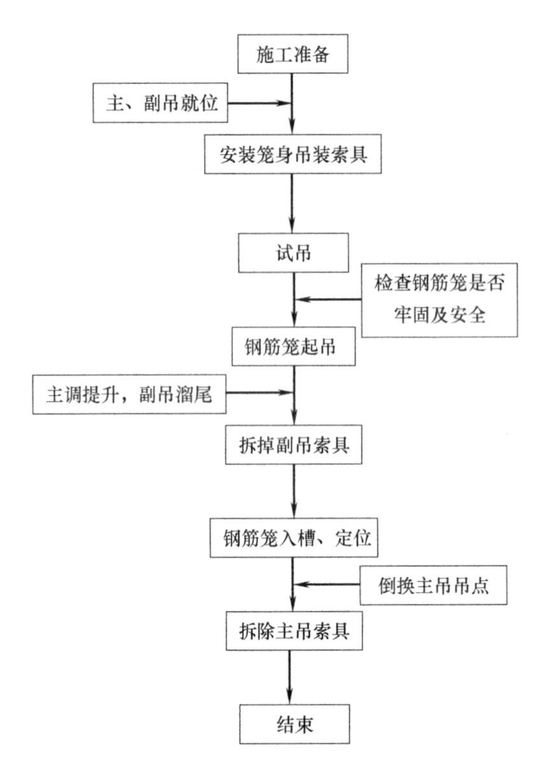

图 13-6 钢筋笼吊装流程图

注意分节钢筋笼搭接的钢筋间距，尽量减少水平配置的钢筋。

4）钢筋笼吊装前清除钢筋笼上剩余的钢筋断头、焊接接头等遗留物，防止起吊时发生高空坠物伤人的事故。

5）起重机荷载越大，安全系数越小，越要认真对待。因此当起吊荷载接近满负荷时，要经过试吊检查无误后再起吊，这是预防事故的必要措施。起吊荷载接近满负荷时，其安全系数相应降低，操作中稍有疏忽，就会发生超载，需要慢速操作，以保证安全。

6）钢筋笼较长时，应采用多点法起吊钢筋笼，钢筋笼起吊前应细致检查，以防坠落伤人。

7）钢筋笼应在清槽后立即吊放，钢筋笼中心对准单元槽段的中心，在吊放过程中应垂直扶稳缓慢下方，避免碰撞槽壁，如遇阻碍不得强行下放。

8）钢筋笼制作和吊放误差应符合相关规定。

思考题

1. 简述施工机械的安全管理主要内容。
2. 塔式起重机的分类有哪些？
3. 塔式起重机的组成有哪些？安全装置的作用是什么？
4. 简述塔式起重机常见的危险因素。
5. 塔式起重机附墙装置的安装应注意哪些方面？

6. 什么情况下的建筑起重机械不得出租、使用?
7. 施工升降机重新安装后进行的试验方法及内容有哪些?
8. 施工升降机的安全技术内容有哪些?
9. 施工升降机常见危险因素有哪些?
10. 简述施工起重吊装安全管理要求。
11. 简述施工吊装作业安全管理要点。
12. 地下连续墙钢筋笼吊装作业风险源有哪些?

第 14 章　高 处 作 业

14.1　概述

按照国家标准《高处作业分级》（GB/T 3608—2008）的规定：“在距坠落高度基准面2m 以上（含 2m）有可能坠落的高处进行的作业，均称为高处作业。”

所谓坠落高度基准面，是指发生坠落时最低坠落着落点的水平面。如从作业位置可能坠落到的最低的地面、楼面、楼梯平面、相邻较低建筑物的屋面、基坑的底面、脚手架的通道板等。高处作业的危害包括人员受伤、致残、死亡和带来财产损失。

高处坠落事故是建筑业导致死亡事故的主要原因。高处坠落事故常见的伤害形式有：（1）从脚手架或垂直运输设施上坠落；（2）从洞口、楼梯口、电梯口、天井口或坑口坠落；（3）从楼面、屋顶、操作平台、高台边缘坠落；（4）在钢结构搭建、临边等安装施工中的坠落；（5）从起重机等机械设备上坠落伤害；（6）其他因踩空、连接不良、碰撞、失衡等引起的坠落事故（7）从活梯、支架和移动作业平台施工上坠落伤害。建筑施工有90%左右的作业属于高处作业。进行高处作业，都必须做好各项防护措施。

14.1.1　高处作业的相关概念

1. 可能坠落范围

是指以作业位置为中心，可能坠落范围半径为半径划成的与水平面垂直的柱形空间。

2. 可能坠落范围半径 R

为确定可能坠落范围而规定的相对于作业位置的水平距离。其大小取决于作业现场的地形、地势或建筑物分布等有关的基础高度。依据该值可以确定不同高处作业时，安全平网的搭设宽度。

3. 基础高度 h_b

是指以作业位置为中心，6m 为半径，划出的垂直于水平面的柱形空间内的最低处与作业位置间的高度差。该值是用以确定高处作业的依据。

4. 高处作业高度 h_w

作业区各作业位置至相应坠落高度基准面的垂直距离中的最大值。作业高度是确定高处作业危险性高低的依据，作业高度越高，作业的危险性越大。高处作业高度划分为 2～5m、5～15m、15～30m 和 30m 以上四个区段。

根据《高处作业分级》的规定，作业高度的计算方法是：首先依据基础高度 h_b 查表 14-1 确定可能坠落范围半径 R，再根据基础高度 h_b 和可能坠落半径 R 计算出作业高度。

高处作业基础高度与坠落半径（m） 表 14-1

序号	上层作业高度 h_b(m)	坠落半径(m)
1	$2 \leqslant h \leqslant 5$	3
2	$5 < h \leqslant 15$	4
3	$15 < h \leqslant 30$	5
4	$h > 30$	6

根据规定，直接引起坠落的客观危险因素分为以下几种：

1）阵风风力 5 级（风速 10.8m/s）以上；

2）平均气温等于或低于 5℃的作业环境；

3）接触冷水温度等于或低于 12℃的作业；

4）作业场地有冰、雪、霜、水、油等易滑物；

5）作业场所光线不足，能见度差；

6）作业活动范围与危险电压带电体的距离小于表 14-2 的规定。

作业活动范围与危险电压带电体的距离 表 14-2

危险电压带电体的电压等级(kV)	距离(m)
≤10	1.7
35	2.0
63～110	2.5
220	4.0
330	5.0
500	6.0

7）摆动，立足处不是平面或只有很小的平面，即任一边小于 500mm 的矩形平面、直径小于 500mm 的圆形平面或具有类似尺寸的其他形状的平面，致使作业者无法维持正常姿势；

8）存在有毒气体或空气中含氧量低于 0.195 的作业环境；

9）可能会引起各种灾害事故的作业环境和抢救突然发生的各种灾害事故。

不存在表 14-2 列出的任一种客观因素的高处作业按表 14-3 规定的 A 类分级，存在表 14-2 列出的一种或一种以上客观危险因素的高处作业按表 14-3 的 B 类分级。

高处作业分级 表 14-3

分类法	高处作业高度(m)			
	$2 < h_w \leqslant 5$	$5 < h_w \leqslant 15$	$15 < h_w \leqslant 30$	$h_w > 30$
A	Ⅰ	Ⅱ	Ⅲ	Ⅳ
B	Ⅱ	Ⅲ	Ⅳ	Ⅳ

14.1.2 高处作业基本规定

（1）建筑施工中凡涉及临边与洞口作业、攀登与悬空作业、操作平台、交叉作业及安全网搭设的，应在施工组织设计或施工方案中制定高处作业安全技术措施。

（2）建筑施工高处作业前，应对安全防护设施进行检查、验收，验收合格后方可进行作业，验收可分层或分阶段进行。

（3）高处作业施工前，应对作业人员进行安全技术教育及交底，并应配备相应防护用品。

（4）高处作业施工前，应检查高处作业的安全标志、安全设施、工具、仪表、防火设施、电气设施和设备，确认其完好，方可进行施工。

（5）高处作业人员应经过体检，合格后方可上岗。高处作业人员应按规定正确佩戴和使用高处作业安全防护用品、用具，并应经专人检查。

（6）对施工作业现场所有可能坠落的物料，应及时拆除或采取固定措施。高处作业所用的物料应堆放平稳，不得妨碍通行和装卸。工具应随手放入工具袋；作业中的走道、通道板和登高用具，应随时清理干净；拆卸下的物料及余料和废料应及时清理运走，不得任意放置或向下丢弃。传递物料时不得抛掷。

（7）施工现场应按规定设置消防器材，当进行焊接等动火作业时，应采取防火措施。

（8）在雨、霜、雾、雪等天气进行高处作业时，应采取防滑、防冻措施，并应及时清除作业面上的水、冰、雪、霜。当遇有6级以上强风、浓雾、沙尘暴等恶劣气候，不得进行露天攀登与悬空高处作业。暴风雪及台风暴雨后，应对高处作业安全设施进行检查，当发现有松动、变形、损坏或脱落等现象时，应立即修理完善，维修合格后再使用。

（9）需要临时拆除或变动安全防护设施时，应采取能代替原防护设施的可靠措施，作业后应立即恢复。

（10）安全防护设施验收资料应包括下列主要内容：

1）施工组织设计中的安全技术措施或专项方案；

2）安全防护用品用具、产品合格证明；

3）安全防护设施验收记录；

4）预埋件隐蔽验收记录；

5）安全防护设施变更记录及签证。

（11）安全防护设施验收应包括下列主要内容：

1）防护栏杆立杆、横杆及挡脚板的设置、固定及其连接方式；

2）攀登与悬空作业时的上下通道、防护栏杆等各类设施的搭设；

3）操作平台及平台防护设施的搭设；

4）防护棚的搭设；

5）安全网的设置情况；

6）安全防护设施构件、设备的性能与质量；

7）防火设施的配备；

8）各类设施所用的材料、配件的规格及材质；

9）设施的节点构造及其与建筑物的固定情况，扣件和连接件的紧固程度；

10）安全防护设施的验收应按类别逐项检查，验收合格后方可使用，并应做出验收记录。

（12）各类安全防护设施，并应建立定期不定期的检查和维修保养制度，发现隐患应及时采取整改措施。

（13）每个工程项目中涉及的所有高处作业的安全技术措施必须列入工程的施工组织

设计，并经审批后方可施工。

14.2 临边作业及洞口作业

14.2.1 临边作业

临边作业是指在工作面边沿无围护或围护设施高度低于 800mm 的高处作业，包括楼板边、楼梯段边、屋面边、阳台边及各类坑、沟、槽等边沿的高处作业。

1. 临边作业的防护种类

临边作业的安全防护，主要有以下三种类型。

（1）设置防护栏杆。对于基坑周边、无外脚手架的屋面与楼层周边，未安装栏杆或栏板的阳台、料台与挑檐平台周边，雨篷与挑檐边，水箱及水塔周边必须设置防护栏杆。

（2）分层施工的楼梯口和梯段边，必须安装临边防护栏杆；顶层楼梯口应随结构的进度安装正式防护栏杆或临时栏杆；梯段旁边应设置两道栏杆，作为临时护栏。

（3）垂直运输设备，如井架与施工用电梯和脚手架等与建筑物通道的两侧边，都必须设置防护栏杆。地面通道上部应装设安全防护棚。双笼井架通道中间，应予分隔封闭。栏杆的下部还必须架设挡脚板、挡脚竹笆或金属网片。各种垂直运输接料平台，各种垂直运输接料平台，除两侧设防护栏杆外，平台口还应设置安全门或活动防护栏杆。沿街马路居民密集区，除防护栏杆外，敞口立面必须采用密目式安全网全封闭。

2. 架设安全网

首层墙高度超过 3.2m 的二层楼面周边，以及无外脚手架的超过 3.2m 的楼层周边，必须在外围架设安全网一道。防护栏杆必须自上而下用安全立网封闭，或在栏杆下面设置严密固定的高度不低于 18cm 的挡脚板或 40cm 的挡脚笆。

3. 防护栏杆的规格和搭设要求

临边作业的防护栏杆应由横杆、立杆及挡脚板组成，防护栏杆应为两道横杆，上杆距地面高度应为 1.2m，下杆应在上杆和挡脚板中间设置。当防护栏杆高度大于 1.2m 时，应增设横杆，横杆间距不应大于 600mm。防护栏杆立杆间距不应大于 2m，挡脚板高度不应小于 180mm。防护栏杆的规格要求见表 14-4。

防护栏杆的规格要求　　表 14-4

组成构件		规格(mm)		
立柱	长度	L :1200～1500(栏杆高)+500～700(基坑固定)		
	直径	毛竹小头 $\phi\geqslant80$	钢管 $\phi48\times(2.75\sim3.5)$	钢筋 $d\geqslant18$
横杆		钢管 $\phi48\times(2.75\sim3.5)$;钢筋横杆上杆 $d\geqslant16$,下杆 $d\geqslant14$ (横杆长度大于 2000 时必须加设栏杆柱)		
通道板		板厚 75		
挡脚板		木挡脚板高度不低于 180		竹笆不低于 400

（1）防护栏杆立杆底端应固定牢固。当在基坑四周土体上固定时，应采用钢管并打入地面 500～700mm 深；钢管离边口的距离不应小于 500mm；当基坑周边采用板桩时，如用钢

管做立杆，钢管立杆应设置在板桩外侧；当采用木立杆时，预埋件应与木杆件连接牢固。

（2）防护栏杆杆件的规格及连接，当采用钢管作为防护栏杆杆件时，横杆及栏杆立杆应采用脚手钢管，并应采用扣件、焊接、定型套管等方式进行连接固定；当采用其他材料作防护栏杆杆件时，应选用与钢管材质强度相当的材料，并应采用螺栓、销轴或焊接等方式进行连接固定。

（3）栏杆立杆和横杆的设置、固定及连接，应确保防护栏杆在上下横杆和立杆任何处，均能承受任何方向的最小1kN外力作用。当栏杆所处位置有发生人群拥挤、车辆冲击和物件碰撞等可能时，应加大横杆截面或加密立杆间距。

（4）防护栏杆应张挂密目式安全立网或其他材料封闭。

4. 临边作业安全技术要求

（1）坠落高度基准面2m及以上进行临边作业时，应在临空一侧设置防护栏杆，并应采用密目式安全立网或工具式栏板封闭。

（2）分层施工的楼梯口、楼梯平台和梯段边，应安装防护栏杆；外设楼梯口、楼梯平台和梯段边还应采用密目式安全立网封闭。

（3）工程施工过程中，为防止落物和减少污染，建筑物外围边沿处，应采用密目式安全立网进行全封闭，有外脚手架的工程，密目式安全立网应设置在脚手架外侧立杆上，并与脚手杆紧密连接；没有外脚手架的工程，应采用密目式安全立网将临边全封闭。

（4）施工升降机、龙门架和井架物料提升机等各类垂直运输设备设施与建筑物间设置的运料通道，都是人、机、料汇聚作业且安全风险性较高的场所，故通道平台两侧边应设置防护栏杆、挡脚板，并应采用密目式安全立网或工具式栏板封闭。

（5）各类垂直运输接料平台口应设置高度不低于1.80m的楼层防护门，并应设置防外开装置；多笼井架物料提升机通道中间，应分别设置隔离设施。

14.2.2 洞口作业

洞口作业是指在地面、楼面、屋面和墙面等有可能使人和物料坠落，其坠落高度大于或等于2m的孔、洞口旁边的高处作业，包括施工现场及通道旁深度在2m及2m以上的桩孔、沟槽与管道空洞等边沿上的作业。

施工现场因工程或工序需要而产生洞口，常见的"四口"即楼梯口、电梯井口、预留洞口、井架通道口。造成人与物有坠落危险或危及人身安全的孔或洞口，根据具体情况，必须按规定要求进行防护。

1. 洞口作业安全基本要求

（1）当竖向洞口短边边长小于500mm时，应采取封堵措施；当垂直洞口短边边长大于或等于500mm时，应在临空一侧设置高度不小于1.2m的防护栏杆，并应采用密目式安全立网或工具式栏板封闭，设置高度不低于180mm的挡脚板。

（2）楼板、屋面和平台等面上洞口短边边长为25～500mm时，应采用承载力满足使用要求的盖板覆盖。盖板四周搁置应均衡，且应防止盖板移位，并应用黄色或红色油漆予以标识。

（3）当非竖向洞口短边边长为500～1500mm的洞口（图14-1），应采用专项设计盖板覆盖，并应采取固定措施，以便有效承受坠物的冲击。一般可采用钢管及扣件组合而成的钢管防护网，网格间距不应大于400mm；并在其上满铺竹笆或脚手板。或采用贯穿于

图 14-1 水平方向洞口的防护

混凝土板内的受力钢筋构成防护网，钢筋网间隔不得大于 200mm。

（4）当非竖向洞口短边边长大于或等于 1500mm 时，应在洞口作业侧设置高度不小于 1.2m 的防护栏杆，洞口应采用安全平网封闭。

（5）楼板、屋面和平台等面上短边尺寸小于 250mm 但大于 25mm 的孔口，必须用坚实的盖板盖设。盖板应能防止挪动移位，并应用黄色或红色油漆予以标识。

（6）位于车辆行驶道旁的洞口、深沟与管道坑、槽，所加盖板应能承受不小于当地额定卡车后轮有效承载力 2 倍的荷载。

（7）建筑施工过程中的电梯井口应设置防护门，其高度不应小于 1.5m，防护门底端距地面高度不应大于 50mm，并应设置挡脚板。

（8）在进入电梯安装施工工序之前，电梯井道内应每隔 2 层且不大于 10m 加设一道安全平网。电梯井内的施工层上部，应设置隔离防护设施。电梯井口防护门如图 14-2 所示。

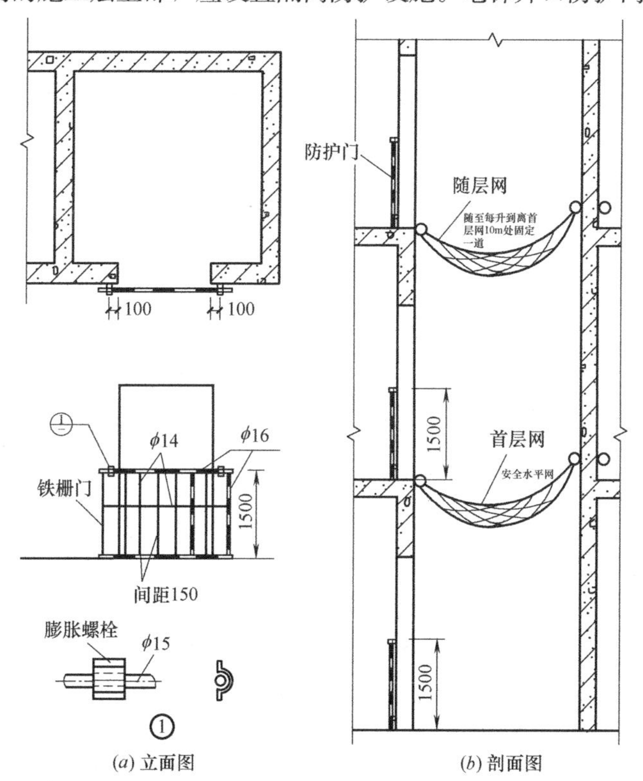

图 14-2 电梯井口防护门

（9）为防止人员坠落，洞口盖板应能承受不小于1kN的集中荷载和不小于2kN/m^{2}的均布荷载，有特殊要求的盖板应另行设计。

（10）墙面等处落地的竖向洞口、窗台高度低于800mm的竖向洞口及框架结构在浇筑完混凝土未砌筑墙体时的洞口，应按临边防护要求设置防护栏杆。板与墙的洞口，必须用承载力满足使用要求的盖板覆盖盖板、防护栏杆、安全网或其他防坠落的防护设施。

（11）钢管桩、钻孔桩等桩孔上口、杯形，条形技术上口，未填土的坑槽，以及人孔、天窗等处，均应按洞口防护设置稳固的盖件。

（12）施工现场通道附近的各类洞口与坑槽等处，除设置防护设施与安全标志外，夜间还应设置红灯示警。

2. 洞口部安全检查事项（表14-5）

洞口部安全检查事项　　表14-5

检查项目	检查要点
洞口部防护设施材料是否符合要求	(1)需要使用无缺陷、腐蚀、变形的材料 (2)根据周边的作业条件及洞口类型采用有充分强度和刚性的材料
是否符合洞口部形状	使用符合洞口形状的防护设施,防护设施形成定型化、工具化
设置及维持状态是否适当	(1)盖板能防止挪动移位、能保持四周搁置均衡,有固定其位置的措施 (2)栏杆的固定及横杆连接是否牢固 (3)确认栏杆柱上是否有裂缝
洞口部防护设施设置时间是否恰当	(1)掌握洞口部的防护设施的需要量并检查准备情况 (2)产生洞口立刻设置防护设施

14.3　攀登与悬空作业

14.3.1　攀登作业

攀登作业是指借助登高用具或登高设施，在攀登条件下进行的高处作业。在建筑物周围搭拆脚手架、张挂安全网、登高安装钢结构构件、装拆龙门架等均属于这种作业。

攀登作业主要是利用梯子攀登和结构安装中的登高作业，在施工组织设计中应确定用于现场施工的登高和攀登设施。现场登高应借助结构或脚手架的上下通道、梯子及其他攀登设施和用具。柱、梁和行车梁等构件吊装所需的直爬梯及其他登高用拉攀件，应在构件施工图或说明内做出说明。

1. 攀登作业安全技术要求

（1）登高作业应借助施工通道、梯子及其他攀登设施和用具。

（2）攀登作业设施和用具应牢固可靠；当采用梯子攀爬作用时，踏面荷载不应大于1.1kN；当梯面上有特殊作业时，应按实际情况进行专项设计。

（3）为防止梯子翻倒梯子上端应有固定措施。梯子的顶部距梯子上端支撑点的距离应不小于600mm。梯子的种类和形式不同，其安全防护措施也不同。

1）立梯：使用时梯面应与水平面成 75°夹角，踏步不得缺失，梯格间距宜为 300mm，不得垫高使用。

2）折梯：上部夹角以 35°±45°为宜，铰接必须牢固，并有可靠的拉撑措施。

3）固定式直爬梯：应用金属材料制成。梯子净宽应为 400～600mm，支撑应采用不小于∟ 70×6 的角钢，埋设与焊接必须牢固。梯子顶端的踏步应与攀登顶面齐平，并加设 1.1～1.5m 高的扶手。攀登高度宜为 5m，超过 3m 时，宜加设护笼，超过 8m 时必须设置梯间平台。

4）活梯：单独使用时，使用具有踏面的活梯，垂直高度不得超过 2m，高度为 1.2m 以上时不得站在踏面上作业，利用活梯的站板须保证有充分的宽度，捆绑固定牢固，伸出长度以 100～200mm 为宜。

（4）同一梯子上不得两人同时作业。在通道处使用梯子作业时，应有专人监护或设置围栏。脚手架操作层上严禁架设梯子作业。

（5）钢结构安装时，应使用梯子或其他登高设施攀登作业。坠落高度超过 2m 时，应设置操作平台。操作平台横杆的高度，当无电焊防风要求时，其不宜小于 1.2m，当有电焊防风要求时，操作平台的防护栏杆高度不宜小于 1.8m。

（6）当安装屋架时，应在屋脊处设置上下的扶梯。梯形屋架应在两端设置攀登上下的扶梯。扶梯踏步间距不应大于 400mm。屋架杆件安装时搭设的操作平台，应设置防护栏杆或使用作业人员拴挂安全带的安全绳。

（7）深基坑施工应设置扶梯、入坑踏步及专用载人设备或斜道等设施。采用斜道时，应加设间距不大于 400mm 的防滑条等防滑措施。作业人员严禁沿坑壁、支撑或乘运土工具上下。

（8）作业人员应从规定的通道上下，不得在阳台之间等非规定通道进行攀登，也不得任意利用吊车臂架等施工设备进行攀登。上下梯子时必须面向梯子，且不得手持器物。

（9）梯子如需接长使用时，必须有安全可靠的连接措施，且接头不得超过 1 处，连接后梯梁的强度不得低于单梯梯梁的强度。

（10）钢柱吊装松钩时，施工人员宜通过钢挂梯登高，并应采用防坠器进行人身保护。钢挂梯应预先与钢柱可靠连接，并应随柱起吊。

（11）攀登的用具，结构构造上必须牢固可靠。供人上下的踏板其使用荷载不应大于 1.1kN，当梯面上有特殊作业，重量超过上述荷载时，应按实际情况验算。

（12）登高安装钢梁时，应视钢梁高度，在两端设置挂梯或搭设钢管脚手架。梁面上行走时，其一侧的临时护栏杆可采用钢索，当改用扶手绳时，绳的自然下垂度不应大于 $L/20$（L 为绳的长度），并应控制在 100mm 以内。

2. 攀登作业时安全检查要点（表 14-6）

攀登作业时安全检查要点　　表 14-6

序号	检查项目	检查要点
1	梯子材料是否适当	使用无缺陷、变形的梯子，其质量符合国家标准
2	设置角度是否符合要求	立梯角度在 75°±5°之内；固定梯子角度以 90°为宜，倾斜角在 15°之内

续表

序号	检查项目	检查要点
3	防滑措施的采取	梯脚底部坚实平整，采用防滑材料，采取防滑设施；确认梯子固定，不得使用其他材料对梯脚进行加高处理
4	上下间距是否适当	确保踏板上下有250～300mm的等间距
5	长度是否适当	攀登高度以5m为宜，超过3m时加设护笼，超过8m时需设梯间平台，活梯限制高度为2m

14.3.2　悬空作业

悬空作业是指在周边无任何防护设施或防护设施不能满足防护要求的临空状态下进行的高处作业。其特点是无立足点或无牢靠立足点的条件下进行的高处作业。建筑施工中的构件吊装、管道安装、模板支撑和拆除、钢筋绑扎和安装钢骨架、混凝土浇筑、预应力张拉、门窗安装作业等。

悬空作业的基本安全要求如下：

（1）悬空作业应设有牢固的立足点，并应配置登高和防坠落的设施。

（2）悬空作业所用的索具、脚手板、吊篮、平台等设备，均需检查或技术鉴定后方可使用。

（3）构件吊装和管道安装

1）钢结构吊装，构件宜在地面组装，安全设施应一并设置。吊装时，应在作业层下方设置一道水平安全网；

2）吊装钢筋混凝土屋架、梁、柱等大型构件前，应在构件上预先设置登高通道、操作立足点等安全设施；

3）在高空安装大模板、吊装第一块预制构件或单独的大中型预制构件时，应站在作业平台上操作；

4）钢结构安装施工宜在施工层搭设水平通道，水平通道两侧应设置防护栏杆，当利用钢梁作为水平通道时，应在钢梁一侧设置连续的安全绳，安全绳宜采用钢丝绳；

5）钢结构、管道等安装施工的安全防护设施宜采用标准化、定型化产品。

（4）严禁在未固定、无防护的构件及安装中的管道上作业或通行。安装中的管道，特别是横向管道，并不具有承受操作人员重量的能力，操作时严禁在其上面站立和行走。

（5）当吊装作业利用吊车梁等构件作为水平通道时，临空面的一侧应设置连续的栏杆等防护措施。当采用钢索做安全绳时，钢索的一端应采用花兰螺栓收紧；当采用钢丝绳做安全绳时，绳的自然下垂度不应大于绳长的1/20，并应控制在100mm以内。

（6）模板支撑体系搭设和拆卸

1）模板支撑的搭设和拆卸应按规定程序进行，不得在上下同一垂直面上同时装拆模板。结构复杂的模板装、拆应严格按照施工组织设计的措施进行；

2）在坠落基准面2m及以上高处搭设与拆除柱模板及悬挑结构的模板时，四周应设斜支撑并应设置操作平台；

3）在进行高处拆模作业时应配置登高用具或搭设支架。

(7) 绑扎钢筋和预应力张拉

绑扎立柱和墙体钢筋，不得沿钢筋骨架攀登或站在骨架上作业。在坠落基准面 2m 及以上高处绑扎柱钢筋和进行预应力张拉时，应搭设操作平台。

(8) 混凝土浇筑与结构施工

浇筑高度 2m 以上的混凝土结构构件时，应设置脚手架或操作平台。悬挑的混凝土梁、檐、外墙和边柱等结构施工时，应搭设脚手架或操作平台，并应设置防护栏杆，采用密目式安全立网封闭。

(9) 屋面作业

在坡度大于 25°的屋面上作业，当无外脚手架时，应在屋檐边设置不低于 1.5m 高的防护栏杆，并应采用密目式安全立网全封闭。在轻质型材等屋面上作业，应搭设临时走道板，不得在轻质型材上行走；安装压型板前，应采取在梁下支设安全平网或搭设脚手架等安全防护措施。

(10) 外墙作业

1) 门窗作业时，应有防坠落措施，操作人员在无安全防护措施情况下，不得站立在樘子、阳台栏板上作业；封填材料未达到强度以及电焊时，严禁手拉门、窗进行攀登；

2) 高处作业不得使用座板式单人吊具，不得使用自制吊篮；

3) 在高处外墙安装门、窗，无外脚手架时，应张挂安全网；无安全网时，操作人员应系好安全带，其保险钩应挂在操作人员上方的可靠物件上；

4) 进行各项窗口作业时，操作人员的中心应位于室内，不得在窗台上站立，必要时应系好安全带进行操作。

14.4 吊篮作业

吊篮脚手架是通过上部设置的支撑点将吊架、吊篮等悬吊起来，并可随意升降，供砌筑或装饰专用。这种方法与外墙面搭设的外脚手架相比，可节约大量钢管材料，节约劳力、缩短工期、操作方便灵活。吊篮脚手架一般有手动和电动。手动吊篮根据施工现场的工程特点设计，电动吊篮对高层建筑外墙面维修、清扫时具有灵活、轻便的特点。

但近年来，吊篮使用普及化的同时，因吊篮使用不规范，吊篮质量缺陷，疏忽管理等原因引发的安全生产事故呈上升趋势，所以加强建筑施工中的吊篮管理尤为重要。

14.4.1 基本构造

吊篮脚手架主要由吊篮、支撑设施（挑梁和挑架）、吊篮绳（钢丝绳或钢筋连杆）和升降装置组成（图 14-3）。

1. 手动吊篮

手动吊篮由支承设施（挑梁或桁架）、吊篮绳、安全绳、安全锁、手板葫芦和吊篮架等组成。吊篮脚手架必须对吊篮及挑梁结构进行强度和刚度验算，钢丝绳安全系数验算。吊篮可设 1～2 个工作平台，每层高度不大于 1.8m，架子一般宽为 0.8～1.2m。一般情况下，吊篮长度为 3m 以内时可设置 2 个吊点，3～8m 时应设置 3 个吊点，吊点应均匀分

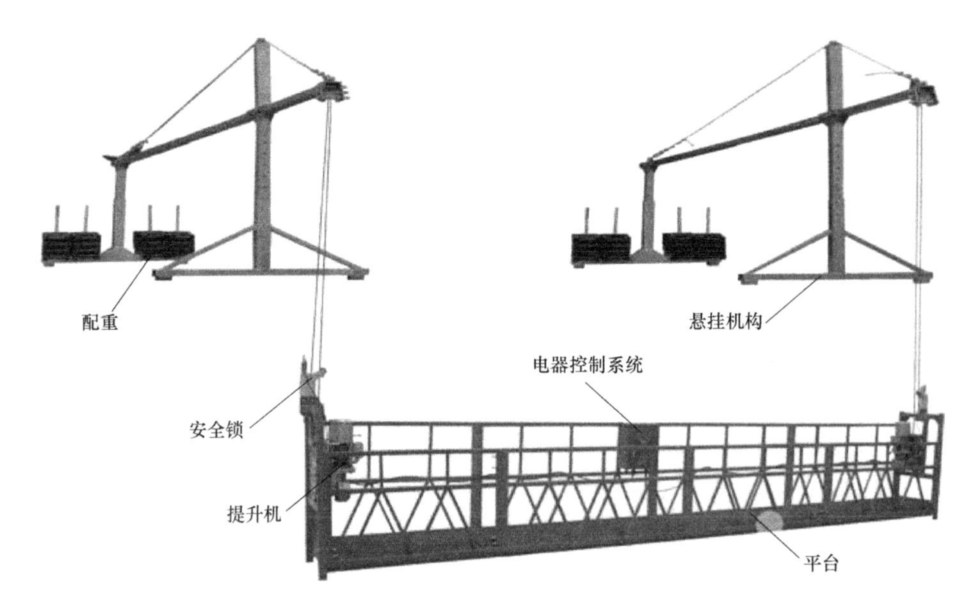

图 14-3　吊篮基本结构图

布。吊篮外侧和两端应设置 500mm、1m 和 1.5m 高 3 道防护栏杆，内侧设置 600mm 和 1.2m 高两道防护栏杆，四周设置 180mm 高的挡脚板，底部用安全网封严。

吊篮的悬挂吊点，可用工字钢、槽钢作为悬挑梁，挑出建筑物作为吊点，挑出长度不宜大于挑梁长度挑梁全场的 1/4.5，挑出长度常取 0.6～0.8m。

升降吊篮的机具，必须使用建筑吊篮专用手扳葫芦和建筑吊篮专用安全锁，吊篮升降时设置不小于 ϕ12.5mm 的保险钢丝绳，所有承重绳和保险钢绳不准有接头，且按有关规定紧固。手动提升机必须设有闭锁装置。

2. 电动吊篮

电动吊篮一般均为定型产品，由作业吊篮、电动提升机构、悬挂机构、安全锁和行程限位等组成。

作业吊篮一般采用型钢或铝合金型材组成。四周设有能够承受 1kN 水平移动集中荷载的 1.2m 高的护栏。

悬挂机构由悬挑梁、支架、配重及配重脚手架组成，一般均为现场配置，悬挑长度可调节。

悬臂梁型悬挂机构：

（1）适用于所有吊篮及屋面结构，后面压配重块；

（2）钢丝绳后挂式设计，改善了悬臂受力状况，钢丝绳收放方便、安全；

（3）高度可调，悬臂伸出量可调：700～1500mm。

女儿墙夹钳型悬挂机构：

（1）结构简单，不需配重块，安装方便，运输便利，节省人工和费用；

（2）主要适用于女儿墙强度较高的建筑物或结构屋；

（3）根据用户需要，还可提供女儿墙安装的独立安全绳悬挂架。

14.4.2 吊篮脚手架安全要求

1. 悬挂机构的安全要求

（1）悬挂吊篮的支架支撑点处结构的承载能力，应大于所选择吊篮各工况的荷载最大值。

（2）悬挂机构前支架严禁支撑在女儿墙、女儿墙外或建筑物挑檐边缘。

（3）悬挂机构前支架应与支撑面保持垂直，脚轮不得受力。

（4）配重应稳定可靠的放置在配重架上，应有防止随意移动的措施（通常采用配重支管），严禁使用破损的配重件或其他替代物。配重件的重量应符合设计规定。

2. 悬吊平台（图 14-4）

（1）悬吊平台承受两倍均布额定载重量时，不得出现焊接缝裂纹、螺栓铆钉松动和结构件破坏等现象。

（2）悬吊平台工作面护栏高度不低于 0.8m，其余部位则不低于 1.1m，护栏应能承受 1000N 的水平集中荷载。

（3）吊篮平台内工作宽度不小于 0.4m，并应设置防滑底板，底板有效面积不小于 0.25m^2/人，底板排水孔直径最大为 10mm。

（4）悬吊平台底部四周应设有高度不小于 150mm 挡板，挡板与底板间隙不大于 5mm。

（5）悬吊平台工作中的纵向倾斜角度不应大于 8°。

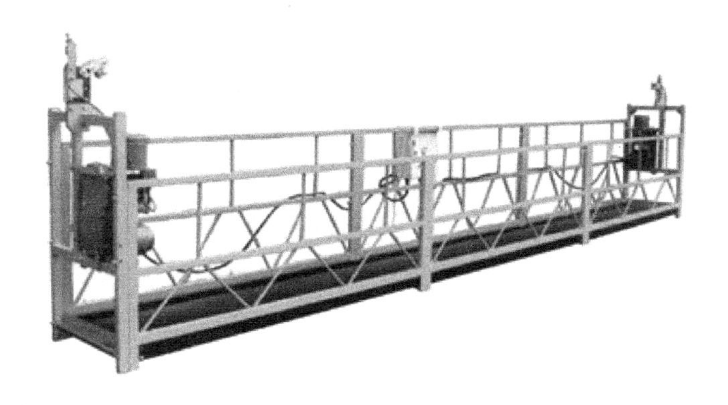

图 14-4　悬吊平台

3. 爬升式提升机（图 14-5）

（1）提升机绳轮直径 D 与钢丝绳直径 d 之比不小于 20。

（2）提升机必须设有制动器，制定力矩应大于额定提升力矩的 1.5 倍，制动器必须设有手动释放装置，动作应灵敏可靠。

（3）提升机与悬吊平台应连接可靠，其连接强度不应小于 2 倍允许冲击力。

（4）提升机传动系统在绳轮之前禁止采用离合器和摩擦传动。

（5）手动提升机应必须设有闭锁装置。

（6）手动提升机施加于手柄端的操作力不应大于 250N。

4. 卷扬式提升机（图 14-6）

（1）禁止使用摩擦传动、带传动和离合器。

（2）每个吊点必须设置 2 根独立的钢丝绳，当其中一个失效时，保证吊篮不发生倾斜和坠落。

（3）必须设置手动升降机构。当停电或电源故障时，作业人员能安全撤离。

（4）必须设置限位保护装置，当吊篮达到上限位时应能立即停止。

（5）必须要配备主制动器和后备制动器，每套制动器均能使 125%额定载荷重量级钢丝绳工作长度全部放出的总量的吊篮停住。

（6）主制动器应为常闭式，在停电或紧急状态下，能手动打开制动器，后备制动器必须独立于主制动器，在主制动器失效时能使吊篮在 1m 的距离内可靠停住。

图 14-5　爬升式提升机

图 14-6　卷扬式提升机

5. 安全锁（图 14-7）

图 14-7　安全锁

（1）安全锁必须在有效标定期限内使用，有效标定期限不大于一年，静力载荷 10min 不能有任何滑移。

（2）具有有效的铅封或漆封；

（3）使用规定的钢丝绳；

（4）在正常工况下使用；

（5）工作环境温度为－20～＋40℃；

（6）由经培训的人员按照使用说明书要求进行操作。

14.4.3　检查、操作及维护

（1）吊篮应经专业人员安装调试，并进行空载运行试验，操作系统、上限位装置、提升机、手动滑降装置、安全锁动作等均应灵活、安全可靠方可使用。

（2）吊篮投入运行后，应按照使用说明书要求定期进行全面检查，并做好记录。

（3）吊篮的操作人员应经过培训，合格后并取得有效的证明方可进行操作。

（4）有架空输电线场所，吊篮的任何部位与输电线的安全距离不应小于 10m，如果条件限制，应与有关部门协商，并采取安全防护措施后方可架设。

(5) 每天工作前应经过安全检查员核实配重和检查悬挂机构。

(6) 每天工作前应进行空载运行，以确认设备处于正常状态。

(7) 吊篮上的操作人员应配备独立于悬吊平台的安全绳及安全带或其他安全装置，应严格遵守操作规程。

(8) 吊篮严禁超载或带故障使用。

(9) 吊篮在正常使用时，严禁使用安全锁制动。

(10) 吊篮按使用说明书要求进行检查、测试、维修保养。

(11) 随行电缆损坏或有明显擦伤时，应立即维护和更换。

(12) 控制线路和各种电器元件，动力线路的接触器应保持干燥、无灰尘污染。

(13) 钢丝绳不得折弯，不得沾有砂浆、杂物等。

(14) 定期检查安全锁：提升机若发生异常温升和声响，应立即停止使用。

(15) 除非测试、检查和维修需要，任何人不得使安全装置或电气保护装置失效，在完成测试、检查和维修后，应立即将这些装置恢复到正常状态。

14.4.4 吊篮安全使用要求

(1) 吊篮上应设置专用的挂设安全带的安全绳及安全锁扣。

(2) 安全绳要固定在建筑物可靠位置独立设置，不得与吊篮有任何连接。

(3) 不得将吊篮用作垂直运输设备，不能使用吊篮运送物料。

(4) 吊篮内的作业人员不得超过2人。

(5) 吊篮正常工作时，不得在建筑物顶部、窗口等处进入吊篮，不得空中翻越相邻吊篮。

(6) 遇有雨雪、大雾、风沙及5级以上大风等恶劣天气时，应停止作业。

(7) 吊篮停用时，将悬吊平台放置地面，并切断电源。

14.4.5 吊篮安全管理要点

1. 安全管理

(1) 明确人员责任，建立专人专机负责制；

(2) 编制吊篮实施方案及安全操作规程；

(3) 操作人员经培训考核合格，需要取得登高作业证；

(4) 操作人员必须适合高空作业，作业前安全交底；

(5) 建立吊篮验收、定期检查制度；

(6) 备齐吊篮出厂资料：产品必须有醒目耐久的标识牌，注明产品名称、主要技术性能制造日期、出厂编号、制造厂等。

2. 安全装置

(1) 使用手搬葫芦应装设防止吊篮平台发生自动下滑的闭锁装置。

(2) 电动提升机构宜配两套独立的制动器，每套制动器均可使带有额定荷载125%的吊篮平台停住。

(3) 吊篮必须装有上、下限位开关同时发出的报警信号装置。

（4）吊篮必须装有动作灵敏、可靠的安全锁，安全锁必须在有效期内。

（5）独立于支架固定的安全绳，每根安全绳上应安装安全锁。

（6）用于连接安全带和安全绳的自锁器。

3. 安装注意事项

（1）按照专项施工方案进行安全交底，明确分工，并指导安装人员操作。

（2）平台、提升机构安装必须牢固、可靠。

（3）提升机构转动外露部分必须防护措施。

（4）安全装置如制动器、形成限位、安全锁必须经检验合格。

（5）钢丝绳必须符合相关规定，不许以链接两根或多根钢丝绳方法加长或修补。

（6）悬挂机构施加于建筑物或构筑物支撑处的作用力应符合建筑结构承载要求。

（7）应对吊篮作业区域进行清理；

4. 吊篮使用

（1）高处作业吊篮应设置作业人员专用的挂设安全带的安全绳及安全锁扣。

（2）使用前检查吊篮各部件、安全装置的安全性。

（3）作业人员佩戴好安全带、安全帽、使用自锁器固定安全绳上。

（4）禁止在吊篮内使用登高工具。

（5）吊篮内的作业人员不应超过2人。

（6）吊篮平台内应保持荷载均衡，严禁超载。

（7）吊篮作业区设警戒线，监护人。

（8）10m范围内不准有高压线或高压装置。

（9）大风、暴雨等恶劣天气禁止使用。

（10）下班将吊篮放置地面、切断电源、锁好电箱，重要部件采取防雨措施。

5. 吊篮检查、维修

（1）进行日常检查，发现故障立即停机，维修。日常保养、维修及大修要有记录。

（2）定期专项检查，提升机、安全锁、安全绳必须在使用期限内使用。

（3）设置专业技术人员专职对吊篮进行维修、保养。

14.4.6 吊篮作业事故分析

吊篮作业事故分析见表14-7。

吊篮作业事故分析 **表14-7**

类别	危险因素	安全措施
人为因素	(1)作业人员无视安全操作规程进行施工作业，引发坠落事故； (2)没有系好安全带，作业中发生坠落； (3)没有戴安全帽、安全带等个人防护用品进行施工时发生坠落	(1)贯彻执行安全生产教育、做好安全生产宣传工作； (2)必须佩戴安全帽、安全带等个人防护用具； (3)酒后、过度疲劳和情绪异常者不得参与吊篮作业
物质因素	(1)吊篮钢丝绳因磨损、挤伤，施工中被断裂； (2)挑梁锚固不可靠发生破坏，导致坠落	吊篮必须按要求检验合格后，作业人员方可上机操作

续表

类别	危险因素	安全措施
作业方法	(1)两人一起使用一根保险绳,导致坠落; (2)在空中攀缘窗口出入或从一悬吊平台跨入另一平台时坠落	(1)无特殊安全措施时,禁止两人同时使用一根保险绳; (2)不得在悬吊平台内使用梯子、凳子、垫脚物等进行作业; (3)作业人员必须在地面进出悬吊平台

14.5 操作平台

操作平台是指施工中用以站人，载物并可进行操作的平台。操作平台有固定式平台和移动式平台，还有悬挑式平台。

14.5.1 一般规定

(1) 操作平台应进行设计计算，并应编制专项方案，架体构造与材质应满足相关现行国家、行业标准规定。

(2) 操作平台的架体应采用钢管、型钢等组装，并应符合现行国家标准《钢结构设计标准》(GB 50017—2017) 及相关脚手架行业标准规定。平台面铺设的钢、木或竹胶合板等材质的脚手板，应符合强度要求，并应平整满铺及可靠固定。

(3) 操作平台的临边应按相关规定设置防护栏杆，单独设置的操作平台应设置供人上下、踏步间距不大于 400mm 的扶梯。

(4) 操作平台投入使用时，应在平台的内侧设置标明允许负载值的限载牌限定允许的作业人数，物料应及时转运，不得超重与超高堆放。

(5) 操作平台使用中应每月不少于 1 次定期检查，应由专人进行日常维护工作，及时消除安全隐患。

14.5.2 移动式操作平台的安全防护

可以搬动的用于结构施工、室内装饰和水电安装等的操作平台，使用时应符合以下规定：

(1) 操作平台应有专业技术人员按现行的相应规范进行设计，计算及图纸应编入施工组织设计。

(2) 操作平台的面积不应超过 $10m^2$，高度不应超过 5m，高宽比不应大于 2∶1，施工荷载不应超过 $1.5kN/m^2$。

(3) 装设轮子的移动式操作平台，轮子与平台架体连接应牢固可靠，立柱底端离地面不得大于 80mm，行走轮和导向轮应配有制动器或刹车闸等固定措施。

(4) 移动式行走轮的承载力不应小于 5kN，行走轮制动器的制动力矩不应小于 2.5 N·m，移动式操作平架体应保持垂直，不得弯曲变形，行走轮的制动器除在移动情况外，均应保持制动状态。

(5) 移动式操作平台在移动时，操作平台上不得站人。

（6）移动式升降工作平台应符合现行国家标准《移动式升降工作平台设计计算、安全要求和测试方法》GB 25849 和《移动式升降工作平台 安全规则、检查、维护和操作》GB/T 27548 的要求。

14.5.3　落地式操作平台

（1）落地式操作平台的架体构造应符合下列规定：

1）落地式操作平台的高度不应超过 15m，高宽比不应大于 3∶1；

2）施工平台的施工荷载不应超过 2.0kN/m^2，当接料平台的施工荷载大于 2.0kN / m^2 时，应进行专项设计；

3）操作平台应独立设置，并应与建筑物进行刚性连接或加设防倾措施，不得与脚手架连接；

4）用脚手架搭设操作平台时，其立杆间距和步距等结构构造要求应符合相关脚手架规范的规定，应在立杆下部设置底座或垫板、纵向与横向扫地杆，在外立面设置剪刀撑或斜撑；

5）操作平台应从底层第一步水平杆起逐层设置连墙件，且间隔不应大于 4m，并应设置水平剪刀撑。连墙件应采用可承受拉力和压力的构件，并应与建筑结构可靠连接。

（2）落地式操作平台的搭设材料及搭设技术要求、允许偏差应符合相关脚手架规范的规定。

（3）落地式操作平台应按相关脚手架规范的规定计算受弯构件强度、连接扣件抗滑承载力、立杆稳定性、连墙杆件强度与稳定性及连接强度、立杆地基承载力等。

（4）落地式操作平台一次搭设高度不应超过相邻连墙件以上两步。

（5）落地式操作平台的拆除应由上而下逐层进行，严禁上下同时作业，连墙件应随工程施工进度逐层拆除。

（6）落地式操作平台检查与验收应符合下列规定：

1）搭设操作平台的钢管和扣件应有产品合格证；

2）搭设前应对基础进行检查验收，搭设中应随施工进度按结构层对操作平台进行检查验收；

3）遇 6 级以上大风、雷雨、大雪等恶劣天气及停用超过一个月恢复，使用前应进行检查；

4）操作平台使用中，应定期进行检查。

14.5.4　悬挑式平台

（1）悬挑式操作平台的设置应符合下列规定：

1）操作平台的搁置点、拉结点、支撑点应设置在主体结构上，且应可靠连接；

2）严禁将操作平台设置在临时设施上；

3）操作平台的结构应稳定可靠，且其承载力应符合使用要求。

（2）悬挑式操作平台的悬挑长度不宜大于 5m，均布荷载不应大于 5.5kN/m^2，集中荷载不应大于 15kN，承载力需经设计验收，悬挑梁应锚固固定。

（3）采用斜拉方式的悬挑式操作平台，应在平台两边各设置前后两道斜拉钢丝绳，每一道均应作单独受力计算和设置。

（4）采用支承方式的悬挑式操作平台，应在钢平台的下方设置不少于两道的斜撑，斜撑的一端应支承在钢平台主结构钢梁下，另一端支承在建筑物主体结构。

（5）采用悬臂梁式的操作平台，应采用型钢制作悬挑梁或悬挑桁架，不得使用钢管，其节点应是螺栓或焊接的刚性节点，不得采用扣件连接。当平台板上的主梁采用与主体结构预埋件焊接时，预埋件、焊缝均应经设计计算，建筑主体结构应同时满足强度要求。

（6）悬挑式操作平台应设置4个吊环，吊运时应使用卡环，不得使吊钩直接钩挂吊环。吊环应按通用吊环或起重吊环设计，并应满足强度要求。

（7）当悬挑式操作平台安装时，钢丝绳应采用专用的钢丝绳夹连接，钢丝绳夹数量应与钢丝绳直径相匹配，且不得少于4个。钢丝绳夹的连接方法应满足规范要求。建筑物锐角利口周围系钢丝绳处应加衬软垫物。

（8）悬挑式操作平台的外侧应略高于内侧；外侧应安装固定的防护栏杆并应设置防护挡板完全封闭。

（9）人员不得在悬挑式操作平台吊运、安装时上下。

（10）悬挑式操作平台的构造和设计应符合相关规定。

14.5.5 操作平台安全检查要点

操作平台安全检查要点见表14-8。

操作平台安全检查要点 表14-8

检查项目		检查要点
移动式平台	操作平台安全	临边设1.2m高防护栏杆； 操作平台面满铺，为使其不松动两处以上需固定； 平台的次梁间距应不大于400mm； 平台上标注承载重量及安全使用检查要点
	有无升降设备	设置升降设备
	装设轮子的移动台固定	使用中，确定四个固定轮脚的刹车； 有防颠倒措施
	移动时措施得当与否	不载人移动
悬挑式平台	平台的搁支点上部拉结点设置	按现行规范进行设计； 支点、拉结点位于建筑物上
	斜拉杆和钢丝绳	悬挂部件制作及埋设符合要求； 两侧各设置前后两道
	平台安全	周边设置固定的防护栏杆； 钢平台台面、钢平台与建筑结构间铺板应严密、牢固； 平台上标注承载重量及安全使用检查要点

14.6 交叉作业

交叉作业是指垂直空间贯通状态下，可能造成人员或物体坠落，并处于坠落半径范围内上下左右不同层面的立体作业。在上下立体交叉作业时，必须在前后左右保持一定安全距离，下方作业人员应避开"坠落半径"的范围。

交叉作业时，必须遵守下列安全规定：

（1）支模、粉刷、砌筑等各工种进行上下立体交叉作业时，不得在同一垂直方向上操作，下层作业的位置，应处于坠落半径之外，坠落半径见表14-1的规定。模板、脚手架等拆除作业应适当增大坠落半径。不符合以上条件时，应搭设能防止坠物伤害下方人员的安全防护棚。设置隔离区是为了防止无关人员进入有可能由落物造成物体打击事故的区域。

（2）施工现场人员进出的通道口（包括井架、施工用电梯的进出通道口）应搭设安全防护棚。

（3）处于起重设备的起重机臂回转范围之内的通道，顶部应搭设防护棚。

（4）操作平台内侧通道的上下方应设置阻挡物体坠落的隔离防护措施。

（5）防护棚的顶棚使用竹笆或胶合板搭设时，应采用双层搭设，间距不应小于700mm；当使用木板时，可采用单层搭设，木板厚度不应小于50mm，或可采用与木板等强度的其他材料搭设。防护棚的长度应根据建筑物高度与可能坠落半径确定。

（6）当建筑物高度大于24m并采用木板搭设时，应搭设双层防护棚，两层防护棚的间距不应小于700mm。当建筑物高度大于24m时，坠落物的冲击力较大，单层防护棚可能起不到防护作用。

（7）防护棚的架体构造、搭设与材质应符合设计要求。

（8）悬挑式防护棚悬挑杆的一端应与建筑物结构可靠连接，满足结构稳定、连接牢固的要求，并应符合相关的规定。

（9）不得在防护棚棚顶堆放物料。防护棚的顶棚在设计时并未考虑堆放物料，因此不能承受堆物的荷载。

14.7 高处坠落事故的原因

（1）脚手架搭设不规范、作业层防护不严、脚手架跳板不铺满、架体与墙体的拉接点少且不牢固或被随意拆除造成脚手架倒塌或人员坠落。

（2）防护栏杆、作业踏板设置不良或不牢固。

（3）临边洞口处作业无防护设施或防护不严密、不牢固。

（4）模板支撑系统无剪刀撑，强度及刚度不够。

（5）在塔吊、龙门架的安装、拆除过程中，违反操作规程。

（6）高处作业上下未设置联系信号或通讯装置、未安排专人负责。

（7）钢结构工程施工时未设置防坠落设施。

（8）未设置跌落安全防护网或防护网有缺陷。

（9）防跌落设备有缺陷或没有系安全带。

（10）违章乘坐吊篮，钢丝绳断裂、吊盘停靠装置失效。

（11）工人未经培训违章作业，缺乏必要的自我保护意识和安全知识。

（12）施工单位重生产、轻安全，只讲进度和效益，安全生产责任制不落实，安全管理措施不到位。

分析上述高处坠落事故发生的原因，高处作业存在于脚手架的安装和拆除施工，模板的搭设、拆除和使用，钢结构的搭建和临边施工，屋面施工等的多个环节中。因此，对高处作业的安全管理工作也就更显示出其重要性。必须做好“三宝”、“四口”、“五临边”的防护。

“三宝”主要是指安全帽、安全带、安全网等防护用品的正确使用。“四口”防护主要指预留洞口、电梯井口、通道口、楼梯口等防护。“五临边”防护是指楼面临边、屋面临边、阳台临边、升降口临边、基坑临边等防护。在建筑施工过程中，存在不少施工事故是与没有正确佩戴和使用建筑“三宝”有关的，施工作业时不戴安全帽、高空作业时不戴安全带、脚手架外围防护不及时挂设安全网，随时可能发生高处坠落、物体打击等事故。同样，“四口、五临边”也是造成高处坠落、物体打击事故的主要危险源。

14.8 坠落事故预防措施

1. 实施可持续性安全教育工作

（1）长抓不懈的安全教育培训是提高安全能力、避免和消除坠落事故的最佳方式。通过安全教育培训能够传递安全生产经验，掌握安全知识，提高安全责任心，提高安全生产技能。安全教育是反复、持续性工作。

（2）防坠落安全教育主要以事故案例分析及视听觉教育为中心进行，并推行体验式教育，极大提高其教育效果。

2. 安全设施的设置及改善

（1）防坠落设施具有多样性。不同的高处作业场所，需设置不同的防护设施。这些设施主要是安全网、操作平台、防护栏杆、加盖板等，且在施工作业过程中重复进行设置及拆除作业。

（2）因为防坠落设施大部分是工程结束后需要拆除的临时性构造物，且设置及拆除较烦琐，完善的防坠落设施下进行施工作业并非易事。

（3）若开发普及装拆方便，易调整操作台高度、运输方便的工作台，可以显著减少坠落事故。

3. 保护用具的使用及安全管理的强化

（1）用来保护施工人员人身安全必需佩戴的个人安全防护用具，有安全帽、安全带、防护镜、防护口罩、送气口罩等多种形式，根据施工作业使用目的按规定正确佩戴和使用。

（2）加强安全教育，认识安全帽、安全带等保护用具的重要性和学会正确的使用方法。对违章作业人员进行批评处罚，严禁违章作业。若发现佩戴不好、作业效率低下，及时进行整改。

4. 消除不安全行为

(1) 不安全行为是指引起事故的施工人员的行为，理论上占事故发生原因的88%。

(2) 不安全行为是因人的智能、性格、经验等人的因素和人际关系、气候状况、施工照明、噪声等引起。

(3) 合理组织施工，使作业人员劳逸结合，改善作业条件和临时居住环境、消除引发不安全行为的因素等，并按方案施工，认真落实各项安全技术措施。

14.9 建筑施工安全“三宝”的防护

建筑施工安全“三宝”是指现场施工作业中必备的安全帽、安全网和安全带。操作人员进入施工现场首先必须熟练掌握“三宝”的正确使用方法，达到辅助预防的效果。

14.9.1 安全帽

安全帽是用来避免或减轻外来冲击和碰撞对头部造成伤害的防护用品。必须符合《安全帽》(GB 2811—2007) 和《安全帽测试方法》(GB/T 2812—2006) 的相关规定。现场根据工作人员的管理职责不同佩戴不同颜色的安全帽。

1. 安全帽的构造

依据帽壳的外部形状可以划分为单顶筋、双顶筋、多顶筋、“V”字顶筋、“米”字顶筋、无顶筋和钢盔式等多种形式（图14-8)。

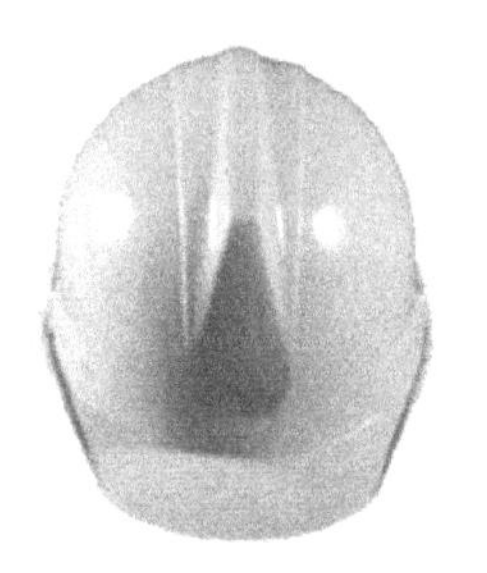

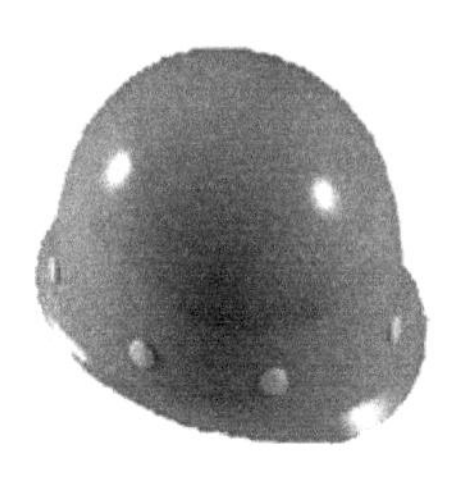

图14-8 安全帽的构造

2. 安全帽的标准

任何一类安全帽，均应满足以下要求：

(1) 每顶安全帽应有以下四项永久性标志：制造厂名称、商标、型号；制造年、月；生产合格证和验证；生产许可证编号。

(2) 安全帽的质量必须符合国家标准。它由具有一定强度的帽壳和帽衬缓冲结构组成，可以承受和分散落物的冲击力，并保护和减轻高处坠落时头部先着地的撞击伤害。

国标规定：用5kg钢锤自1m高度落下进行冲击试验，头模所受冲击力的最大值不应超过500kg；耐穿透性能用3kg钢锤自1m高度落下进行试验，钢锤不应与头模接触。

(3) 帽壳采用半球形，表面光滑，易于滑走落物。前部的帽舌尺寸为10～55mm，其余部分的帽檐尺寸为10～35mm。

(4) 帽衬顶端至帽壳内面的垂直间距为20～25mm，帽衬至帽壳内侧面的水平间距为5～20mm。

(5) 安全帽在保证承受冲击力的前提下，要求越轻越好，重量不应超过400g。

3. 安全帽使用有效期

安全帽应注意在有效期内使用，竹编的安全帽有效期为2年，塑料安全帽的有效期限为2.5年，玻璃钢和胶质安全帽的有效期限为3.5年，超过有效期的安全帽应报废。

4. 安全帽力学性能

(1) 基本技术性能：有冲击吸收性能 、耐穿刺性能、下颚带的强度。

(2) 特殊技术性能：有防静电性能、电绝缘性能、侧向刚性、阻燃性能、耐低温性能等。

5. 安全帽的分类及要求

佩戴安全帽时，必须系紧下颚系带，并按工种分色佩戴，不同头型或冬季佩戴在防寒帽外时，应随头型大小调节紧牢帽箍，保留帽衬与帽壳之间缓冲作用的空间。

(1) 为了防止头部受伤，根据发生事故因素，头部的安全防护大体上分为以下几类：

1) 对飞来物体击向头部的防护。

2) 当作业人员从2m以上高处坠落时头部的防护。

3) 对头部触电时的防护。

(2) 头部的防护一般采用安全帽。按其防护目的安全帽有以下几种：

1) 防护物体坠落和飞来冲击的安全帽。

2) 装卸时防止人员从高处坠落时的安全帽。

3) 电气工程应用的耐电安全帽。

(3) 安全帽应具备如下条件：

1) 要用尽可能轻的材料制作，能够缓冲落物的冲击，且能够适用于不同的防护目的，并有足够的强度。

2) 带着感到舒适，即使在室外阳光下工作，也不感到闷热，通气性能好。

3) 帽体要具有足够的冲击吸收性能和耐穿透性能，根据环境要求，还可以有耐燃烧性、耐低温性、侧向刚性和电绝缘性等。

4) 颜色鲜明、样式美观、经久耐用、价格低廉。

6. 安全帽的风险分析及安全管理要点

(1) 风险分析

质量问题：劣质材料制作安全帽，材质强度及结构不满足规范要求。

使用佩戴：作业人员不正确佩戴安全帽，或者使用已经变形或开裂的安全帽。

存储：热塑性安全帽使用热水冲洗，或放置在暖气上烘烤，造成帽体变形。

其他情况：安全帽超过有效期或受到严重冲击后，仍在使用的。

(2) 安全管理要点

1) 进入施工现场必须正确佩戴安全帽，并要系好系结实下颚带，否则会因物体坠落(或人体下坠)时安全帽掉落而起不到防护作用。

2) 缓冲衬垫的松紧要由带子调节。人的头顶和帽体内部的空间至少要有32mm才能使用。这样遭冲击时有空间供变形，也有利于通风。

3）应戴正，帽带系紧，帽箍的大小应根据佩戴人的头型调整箍紧。不要把帽歪带在脑后，否则会降低安全帽对于冲击的防护作用。

4）要定期检查，检查安全帽是否破损，如有破损，其分解和消减外力的性能已减弱或丧失，不可继续使用。安全帽必须是耐冲击、耐穿透、耐低温的，经有关部门检验合格其上有“安鉴”标志和有工厂检验合格证。

5）检查是否用合格的帽衬，帽衬的作用在于吸收和缓解冲击力，安全帽无帽衬，就失去了保护头部的功能。并检查帽带是否齐全，若不符合要求，立即更换。

6）现场作业中，不得随意将安全帽脱下搁置一旁，或当坐垫使用。

7）安全帽不用时，需放在干燥通风的地方，远离热源，不要受日光的直射，这样才能确保在有效使用期内的防护功能不受影响。

8）安全帽只要受过一次强力的撞击，就无法再次有效吸收外力，有时尽管外表上看不到任何损伤，但内部已经遭到损伤，不能继续使用。

9）当安全帽到了标定年限，虽无明显裂纹，也应报废更换。

14.9.2　安全网

安全网是用来防止人、物坠落，或用来避免、减轻坠落及物击伤害的网具。

1. 分类和标记

按照功能分为安全平网、安全立网及密目式安全立网。防护的对象是作业面和作业场所内的全体作业人员，主要用在高层建筑、造船、修船、桥梁建造、水上装卸、大型设备安装及其他高空高架作业场所。

安全网由名称、类别、规格和标准代号四部分组成，字母 P、L、ML 分别代表平网、立网和密目式安全立网。如宽 3m，长 6m 的锦纶安全网标记为：锦纶安全网-P-3×6（GB 5725）；宽 4m，长 6m 密目式安全立网标记为：ML-1.8×6（GB 16909）。

2. 安全网的组成

安全平网、立网（图 14-9）一般由网体、边绳、系绳、筋绳等组成。

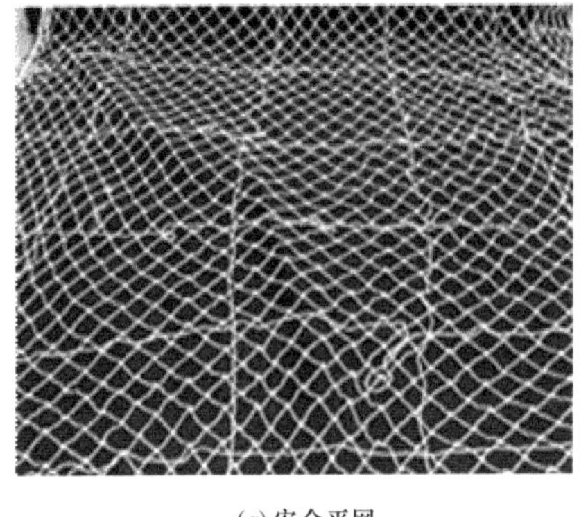

(*a*) 安全平网

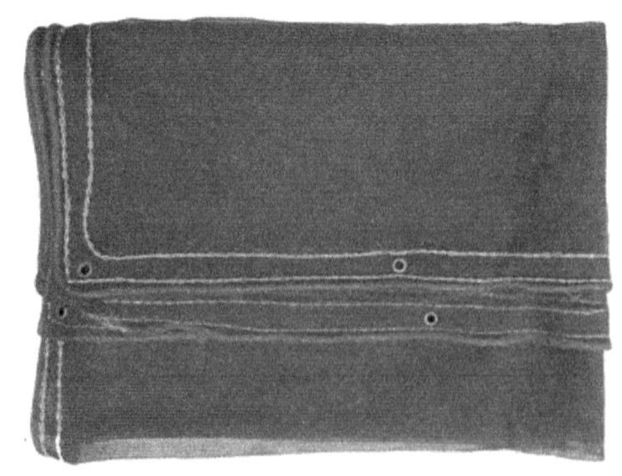

(*b*) 密目式安全立网

图 14-9　安全网

（1）网体：由丝束、线或绳编制或采用其他工艺制成的网状物。构成安全网的主体，其防护作用是用来接住坠落物或人。

（2）边绳：沿网体边缘与网体有效连接在一起的绳，构成网的规格，在使用中起固定和连接作用。

（3）系绳：连接在安全网的边绳上，使网在安装时能绑系固定在支撑点上，在使用中起连接和固定作用。

（4）筋绳：指按照设计要求有规则地分布在安全网上，与网体及边绳连接在一起的绳。在使用中起增加平（立）网强度的作用。

密目式安全立网一般由网体、边绳、开眼环扣和附加系绳组成。

（1）网体：以聚乙烯为原料，网目密度大于 800 目/100cm^2，用编织机制成的网状体，构成网的主体。其防护作用是挡住作业面上人和物体的坠落。

（2）边绳：经加工设置在网体边缘内的绳，起加强网边强度的作用。

（3）开眼环扣：具有一定强度，安装在网边缘上环状部件（铁质），在使用中网体通过系绳和开眼环扣连接在支撑点上。

（4）附加系绳：能通过开眼环扣把网固定在支撑点上的连接绳。

3. 安全平网和安全立网的技术要求

（1）安全平网和立网的材料、结构、尺寸、外观、重量要求，见表 14-9。

安全平网和立网的材料、结构、尺寸、外观、重量要求　　表 14-9

序号	项目名称	技术要求
1	材料	可采用绵纶、维纶、涤纶或其他耐候性不低于上述几种材料的原材料，同一张安全网上的同种构件的材料应一致
2	结构和外观	(1)同一张安全网上的同种构件的规格、制作、方法应一致，外观应平整； (2)安全网上的所有节点必须固定； (3)安全网的系绳应沿网边均匀分布。相邻两根系绳的间距应≤0.75m 系绳的长度应≥0.8m，当系绳和绳筋是一根时，系绳部分必须加长，至少应制成双根，并与边绳连接牢固； (4)安全网上的筋绳分布应合理，安全平网上相邻两根筋绳的距离应≥30cm
3	宽(高)度	平网≥3m，立网≥1.2m，产品规格允许偏差为±2%以下
4	网目	网目的形状为菱形或方形，网目边长 30mm×30mm～80mm×80mm
5	重量	每张安全网的重量一般不宜超过 15kg

（2）安全平网和立网的绳的断裂强度，冲击性能、阻燃性能要求，见表 14-10。

安全平网和立网的绳的断裂强度，冲击性能、阻燃性能要求　　表 14-10

项目名称		技术要求
冲击性能	平网冲击高度 10m	(1)冲击物为重 100±2kg，长 100cm，底面积 2800mm^2 模拟人形沙包，自规定的高度(10m 或 2m)自由落下，冲击点是安全网的几何中心； (2)冲击试验后网绳(网体)、边绳、系绳都不能有断裂
	立网冲击高 2m	

续表

项目名称		技术要求	
断裂强力（N）	边绳	平网≥7000N	立网≥3000N
	网体	应符合相应的产品标准要求	
	筋绳	平网≤3000N(立网无此要求)	
阻燃性能		续燃、阻燃时间均应≤4s(阻燃型安全网)	

（3）密目式安全立网的规格、外观、构造要求，见表14-11。

密目式安全立网的规格、外观、构造要求　　表14-11

序号	项目名称	技术要求			
1	规格	长(m)×宽(m)	允许公差	环扣间距	(1)密目网的最小宽度不得低于1.2m； (2)生产者可根据网体的强度，自行决定是否在网边缘增加边绳及边绳的规格； (3)用户可根据需要配备系绳
		3.6×1.8	±2%	≤0.45m	
		5.4×1.8			
		6.0×1.8			
2	外观	(1)缝线应均匀，不得有跳针、漏针，缝边宽窄应一致； (2)每张网上只允许有1个接缝，接缝部分应端正牢固； (3)网体上不得有断纱、破洞、变形或其他影响性能及使用的缺陷			
3	构造	(1)密目网密度不得低于800目/100cm^2； (2)密目网各边缘上安装的开眼环扣必须牢固可靠； (3)环扣的孔径不得低于8mm			

（4）密目式安全立网的安全性能、强度和其他要求，见表14-12。

密目式安全立网的安全性能、强度和其他要求　　表14-12

序号	项目名称	性能要求
1	断裂强度×断裂伸长(kN·mm)	≥49，低于49的试样允许有一片，最低值≥44
2	接缝部位抗拉强力(kN)	同断裂强力
3	梯形断裂强力(N)	≥对应方向断裂强力的5%，最低值≥49
4	开眼环扣强力(N)	≥2.45L(环扣间距，单位是mm)
5	耐贯穿性能	(1)不发生穿透； (2)试验后网体被切断的曲(折)线长度>60mm，直线长度>100mm
6	抗冲击性能	网边(或边绳)不允许断裂，网体断裂直线长度≤200mm，曲(折)线长度≤150mm
7	系绳断裂强力(N)	≥1960
8	老化后断裂强力保留率	≥80%
9	阻燃性能(仅对阻燃型安全网)(s)	续燃时间≤4，阻燃时间≤4
其他说明	(1)冲击试验的高度为1.5m，冲击试验使用的人型的重量和尺寸同安全平网和立网； (2)贯穿性能试验的高度是3m，贯穿物体的重量是(5±0.02)kg，贯穿点是网体的中心，网面与水平面成30°角	

4. 安全网的安全管理要求

(1) 未安装前要检查安全网是否是合格产品，有无准用证，产品出厂时必须有产品质量检验合格证，旧网必须有允许使用的证明书或合格的检验记录。

(2) 安装前要对安全网和安全网的支撑物进行检查，必须有足够的强度、刚度和稳定性。多张网连接使用时，相邻部分应靠紧或重叠，连接绳材料与网相同，强度不得低于其网绳强度。

(3) 安装时，在每个系结点上，边绳应与支撑物（架）靠紧，并用一根独立的系绳连接，系结点沿网边均匀分布，其距离不得大于750mm。

(4) 安全网的有效负载高度一般为6m，最大不超过10m。

(5) 安装平网时，除按上述要求外，还要遵守支搭安全网的“三要素”，即：负载高度、网的宽度、缓冲距离的有关规定。

(6) 平网安装时不宜绷得过紧，应外高内低（外侧高出50m），网的负载高度在5m以内时，网伸出建筑物宽度3m以上，大于5m时网伸出建筑物宽度最小4m。

(7) 如图14-10所示，第一道安全网一般张挂在二层楼板面（3～4m高度），然后每隔6～8m再挂一道活动安全网。多层或高层建筑除在二层设一道固定安全网外，每隔四层应再设一道固定的安全网。

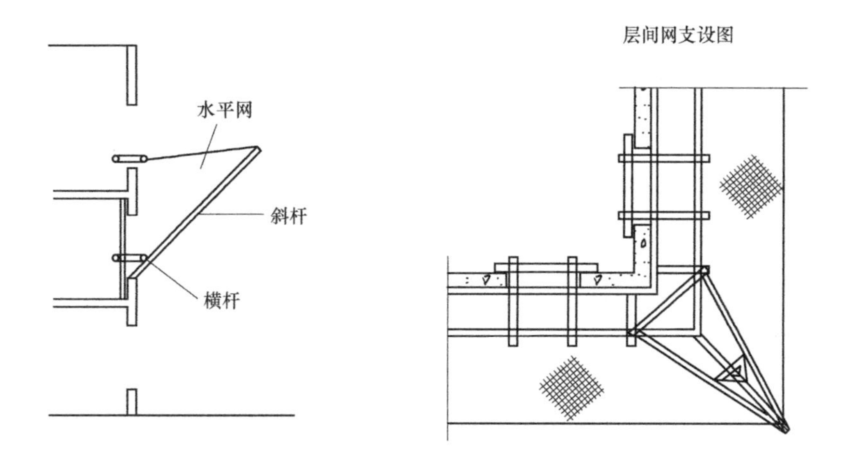

图14-10　第一道安全网布置图

(8) 缓冲距离：指网底距下方物体表面的垂直距离。3m宽的水平安全网，网底距下方物体的表面不得小于3m；6m宽的水平安全网，网底距下方物体的表面不得小于5m。安全网下边不得堆物。

(9) 在施工程的电梯井、采光井、螺旋式楼梯口，除必须设防护门（栏）外，还应在井口内首层，并每隔四层固定一道安全网；烟囱、水塔等独立建筑物施工时，要在里、外脚手架的外围固定一道6m宽的双层安全网；井内应设一道安全网。

(10) 安装立网时，除必须满足上述的要求外，安装平面应与水平面垂直，立网底部必须与脚手架全部封严。

（11）要保证安全网受力均匀。须经常清理网上落物，网内不得有积物。

（12）安全网安装后，必须设专人检查验收，合格签字后方能使用。

（13）拆除安全网必须在有经验人员的严密监督下进行。

（14）根据《安全网》（GB 5725—2009）规定，立网边绳、系绳断裂强力不低于300kgf（绑扎丝要用16号以上铁丝，建议使用塑料绑扎带），网绳的断裂强力为150～200kgf，网目的边长不大10cm。

（15）挂设立网必须拉直、拉紧。网平面与支撑作业面的边沿处最大的间隙不得超过150mm。

5. 安全网在使用中应避免发生的现象

（1）随意拆除安全网的部件。

（2）把网拖过粗糙的表面或锐边。

（3）人员跳入和撞击或将物体投入和抛掷到网内和网上。

（4）大量焊接火星和其他火星落入安全网上。

（5）安全网周围有严重的腐蚀性酸、碱烟雾。

（6）安全网要定期检查，并及时清理网上的落物，保持网表面清洁。

（7）当网受到脏物污染或网上嵌入砂浆、泥灰粒及其他可能引起磨损的异物时，应进行冲洗，自然干燥后再用。

（8）安全网受到很大冲击，发生严重变形、霉变、系绳松脱、搭接处脱开，则要修理或更换，不可勉强使用。

14.9.3　安全带

建筑施工中的攀登作业、悬空作业如搭设脚手架、吊装混凝土构件、钢构件及设备等，均属于高空作业，操作人员都应系安全带。

安全带是防止高处作业人员发生坠落或发生坠落后将作业人员安全悬挂的个体防护装备，按照使用条件的不同，安全带可分为围杆作业安全带、区域限制安全带、坠落悬挂安全带（图14-11）。安全带的分类见表14-13。

(*a*) 围杆作业安全带

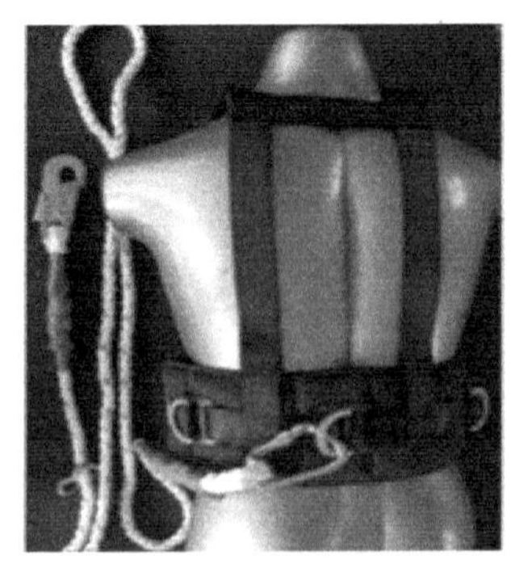

(*b*) 区域限制安全带

(*c*) 坠落悬挂安全带

图14-11　安全带类型

安全带的分类　表 14-13

分类	部件组成	挂件装置
围杆作业安全带	系带、连接器、调节器(调节扣)、围杆带(围杆绳)	杆(柱)
区域限制安全带	系带、连接器(可选)、安全绳、调节器、连接器	挂点
	系带、连接器(可选)、安全绳、调节器、连接器、滑车	导轨
坠落悬挂安全带	系带、连接器(可选)、缓冲器(可选)、安全绳、连接器	挂点
	系带、连接器(可选)、缓冲器(可选)、安全绳、连接器、自锁器	导轨
	系带、连接器(可选)、缓冲器(可选)、速差自控器、连接器	挂点

1. 安全带的组成

安全带应选用符合《安全带》(GB 6095—2009)、《安全带测试方法》(GB/T 6096—2009)标准要求的合格产品。安全带由带、绳、金属配件三部分组成。安全带按结构分为单腰带式、双背带式、攀登式3种。其中单腰带式有架子工Ⅰ型悬挂安全带、架子工Ⅱ型悬挂安全带、铁路调车工悬挂安全带、电信工悬挂安全带、通用Ⅰ型悬挂安全带、通用Ⅱ型悬挂自锁式安全带等6个品种。双背带式有通用Ⅰ型悬挂双背带式安全带、通用Ⅱ型悬挂双背带式安全带、通用Ⅲ型悬挂双背带式安全带、通用Ⅳ型悬挂双背带式安全带、全丝绳安全带等5个品种。攀登式有通用Ⅰ型攀登活动带式安全带、通用Ⅱ型攀登活动式安全带、通用攀登固定式安全带3个品种。

2. 安全带的一般要求

安全带的一般要求见表14-14所示。

安全带的一般要求　表 14-14

项目名称	技术要求
总体结构	与身体接触的一面不应有突出物,结构应平滑
	不应使用回料或再生料,使用皮革不应有接缝
	安全带可同工作服合为一体,但不应封闭在衬里,以便穿脱时检查和调整
	腋下、大腿内侧不应有绳、带意外的物品,不应有任何部件压迫喉部、外生殖器
	坠落悬挂安全带的安全绳同主带的连接点应固定在佩戴者的后背、后腰或胸前,不应位于腋下、腰侧或腹部
零部件	金属零件应浸塑或电镀以防锈蚀
织带与绳	绳、织带和钢丝绳形成的环眼内应有塑料或金属支架
	禁止将安全绳用作悬吊绳,悬吊绳与安全绳禁止公用连接器
	所有绳在构造上及使用中不得打结主带应是整根,不能有接头,宽度不应小于40mm,辅带宽度不应小于20mm

3. 安全带必须具备的条件

(1) 必须有足够的强度,可承受人体掉下来的冲击力。

(2) 可防止人体着落致伤的某一限度(即它应在一定限度前就能拉住人体,使之不再往下坠落)。绳不能过长,一般安全带的绳长1.5～2m为宜。

(3) 必须满足以下安全带的负荷试验:冲击试验,对架子工安全带抬高1m试验,以

100kg 重量拴挂，自由坠落不破断为合格；腰带和吊绳断力不应低于 1.5kN。

（4）安全带的带体上应缝有永久性字样的商标、合格证和检验证。合格证上应注明产品名称、生产年月、拉力试验、冲击试验、制造厂名和检验员姓名。

（5）安全带一般使用五年应报废。使用两年后，按批量抽检，以 80kg 重量做自由坠落试验，不能断为合格。

4. 安全带的安全管理

（1）严格控制安全带进场质量管理，生产厂家按照合格供应商名册里选择。

（2）安全带应高挂低用，防止摆动和碰撞，不能将钩直接挂在安全绳上，一般应挂到连接环上；安全带上的各种部件不得任意拆掉。

（3）培养工人使用安全带的意识，一定要保证工人正确佩戴及使用安全带。

（4）加强日常安全行为监管，杜绝高空作业不使用安全带的情况。

（5）安全带应避开尖刺、钉子等，并不得接触明火。

（6）严禁使用打结和继接的安全绳，以防坠落时腰部受到较大冲力伤害。

思考题

1. 什么是高处作业？什么是高处作业的基础高度？
2. 概述临边作业的基本概念及主要安全设施。
3. 概述悬空作业的基本概念及建筑施工中的主要类型。
4. 概述交叉作业的安全防护措施。
5. 如何正确佩戴安全帽？
6. 高处作业点下方应如何设置安全警戒区？
7. 预防高处坠落事故的技术措施有哪些？
8. 高处作业中有哪些常见多发事故？
9. 简述洞口处周边施工的检查要点。
10. 请简述“三宝、四口、五临边”。
11. 简述活梯、移动作业台的安全检查要点。
12. 请简述安全帽佩戴的注意点？

参考文献

[1] 住房和城乡建设部工程质量安全监管司. 建设工程安全生产管理[M]. 2版. 北京：中国建筑工业出版社，2008.

[2] 住房和城乡建设部工程质量安全监管司. 建设工程安全生产法律法规[M]. 2版. 北京：中国建筑工业出版社，2008.

[3] 傅贵. 安全管理学-事故预防的行为控制方法[M]. 北京：科学出版社，2013.

[4] 住房和城乡建设部工程质量安全监管司. 建设工程安全生产技术[M]. 2版. 北京：中国建筑工业出版社，2008.

[5] 焦建荣. 建筑施工伤亡事故分析-六大伤害警示录[M]. 北京：化学工业出版社，2014.

[6] 沈万岳. 建筑工程安全技术与管理实务[M]. 北京：北京大学出版社，2012.

[7]《建设工程安全资料员培训教材》编写组. 建设工程安全资料员培训教材[M]. 北京：中国建材工业出版社，2010.

[8] 闫成德，戴英俊. 建筑工程施工安全管理[M]. 长沙：湖南科学技术出版社，2014.

[9] 李天琪. 安全员岗位技能必读[M]. 长沙：湖南科学技术出版社，2015.

[10] 李英姬，齐良锋. 建筑施工安全技术[M]. 北京：中国建筑工业出版社，2012.

[11] 伍爱有，李润求. 安全工程学[M]. 北京：中国矿业大学出版社，2012.

[12] 佟淑娇. 事故应急技术[M]. 沈阳：东北大学出版社，2015.

[13] 刘双跃. 事故调查与分析技术[M]. 北京：冶金工业出版社，2014.

[14] 罗云. 安全经济学[M]. 北京：中国质检出版社，中国标准出版社，2013.

[15] 冯小川. 安全管理与生产技术[M]. 北京：中国环境科学出版社，2007.

[16] 王晟，王清葵，葛英炜. 建筑施工工地安全检查及临时用电[M]. 北京：中国电力出版社，2010.

[17] 武明霞. 建筑安全技术与管理[M]. 北京：机械工业出版社，2006.

[18] 朱建军. 建筑安全工程[M]. 北京：化学工业出版社，2007.

[19] 李钰. 建筑施工安全[M]. 北京：中国建筑工业出版社，2009.

[20] 建设部工程质量安全监督与行业发展司. 建筑工程安全生产技术[M]. 北京：中国建筑工业出版社，2004.

[21] 王恩华，王广伟. 建筑钢结构工程施工技术与质量控制[M]. 北京：机械工业出版社，2010.

[22] 魏群. 钢结构工程安全员必读[M]. 北京：中国建筑工业出版社，2010.

[23] 住房和城乡建设部. JGJ 8—2016 建筑变形测量规程[S]. 北京：中国建筑工业出版社，2016.

[24] 住房和城乡建设部. GB 50497—2009 建筑基坑工程监测技术规范[S]. 北京：中国建筑工业出版社，2009.

[25] 张乃禄. 安全评价技术[M]. 西安：西安电子科技大学出版社，2016.

[26]《安全管理学》编委会. 安全管理学[M]. 北京：中国铁道出版社，2014.

[27] 罗云. 风险分析与安全评价[M]. 北京：化学工业出版社，2016.

[28] 董玉华. 事故理论与分析技术[M]. 北京：中国石油大学出版社，2014.

[29] 罗云. 现代安全管理[M]. 北京：化学工业出版社，2010.

[30] 李云贵，何关培，邱奎宁建筑工程施工BIM应用指南[M]. 北京：中国建筑工业出版社，2017. 3

[31] 江正荣. 地基与基础工程施工禁忌手册[M]. 北京：机械工业出版社，2005.

[32] 应惠清. 土木工程施工技术[M]. 北京：高等教育出版社，2004.

[33] 李书全. 土木工程施工[M]. 上海：同济大学出版社，2004.

[34] 刘茂. 事故风险分析理论与方法[M]. 北京：北京大学出版社，2011.

[35] 夏明耀，曾进伦. 地下工程设计施工手册[M]. 北京：中国建筑工业出版社，1999.

[36] 张瑞生. 建筑工程质量与安全管理实训[M]. 北京：中国建筑工业出版社，2007.

[37] 江正荣. 建筑施工工程师手册[M]. 2版. 北京：中国建筑工业出版社，2002.

[38] 张建东，阪本一马．建筑施工安全与事故分析［M］．北京：中国建筑工业出版社，2009.
[39] 工程地质手册编委会．工程地质手册［M］．4版．北京：中国建筑工业出版社，2007.
[40] 李忠勇，瞿跃方．建筑钢结构工程质量竣工资料实例［M］．上海：同济大学出版社，2010.
[41] 陈红领．建筑工程事故分析与处理［M］．郑州：郑州大学出版社，2007.
[42] 周江涛．建筑施工安全技术［M］．太原：山西科学技术出版社，2009.